S. **AULAGNIER,** P. **HAFFNER,**
A.J. **MITCHELL-JONES,** F. **MOUTOU,** J. **ZIMA**

Illustrations : J. **BORGESE,** J. **CHEVALLIER,** J. **NORWOOD,** J. **VARELA SIMÓ**

MAMMIFÈRES

d'Europe, d'Afrique du Nord
et du Moyen-Orient

DELACHAUX
ET NIESTLÉ

Remerciements

Nous remercions chaleureusement les personnes suivantes pour leurs réponses à nos nombreuses questions, qu'il s'agisse des textes ou des illustrations et pour leur grande patience pendant la préparation et la réalisation de ce livre : Giovanni Amori, Michel Barataud, Andriy-Taras Bashta, Petr Benda, Sandro Bertolino, Valérie Besnard, Patrick Brunet-Lecomte, Elisabeth Calvet, Fabrice Cuzin, Piotr Daszkiewicz, Christiane Denys, Christian Dietz, Allowen Evin, Suren Vladimirovich Gazaryan, Lena Godlevska, Patrick Gouat, Laurent Granjon, Tony Hutson, Jean Joachim, Gareth Jones, Boris Kryštufek, Nichole Lemaine, Johan Michaux, Ioseb Natradze, Antonín Reiter, Manuel Ruedi, Mostafa A. Saleh, François Spitz, Michel Thévenot, Peter Vogel, Vladimir Vohralík.

Dédicace

À la mémoire de Marie-Charlotte Saint Girons et François Bourlière, pour leur approche des Mammifères, et de Robert Hainard pour le regard qu'il leur portait.

Illustrations :

Toutes les illustrations de mammifères sont de **Jean Chevallier**, hormis les mammifères des pages 37 et 53 à 149 qui sont de **Juan Varela Simó**.

Toutes les illustrations de crânes et dentures sont de **Julien Norwood**, hormis les illustrations des pages 37, 45b, 88h, 88md, 89h, 89mg, 93m, 93b, 95hd, 95bg, 95bd, 97hm, 97md, 97bg, 99hd, 99bd, 101hd, 101md, 103mbd, 109m, 175md, 177hg 151bg, 151bd, 155hd, 155md, 155bd, 163bd, 165h, 165mh, 165b, 165mb, 167b, 169h, 169b, 175md, 177m et 253 à 269, qui sont de **Julie Borgese**.

L'illustration page 30 est de **Deyrmon**.

1re de couverture : Chacal doré, Blaireau asiatique, Macroscélide de Rozet, Grand rhinolophe, Hérisson d'Europe, Dauphin commun, Gerboise de Wagner, Chevreuil de Sibérie.

4e de couverture : Gazelle de montagne, Oreillard du Maghreb, Souslik du Taurus.

FSC www.fsc.org
MIXTE
Papier | Pour une gestion forestière responsable
FSC® C014138

Dépôt légal : novembre 2020
ISBN : 978-2-603-02742-4
Couverture : Fabienne Gabaude
Mise en pages : Nord Compo, Villeneuve-d'Ascq
Cartographie : Patrick Haffner, sauf mention contraire
Photogravure : IGS-CP

Achevé d'imprimer par Finidr (République Tchèque) en mars 2026.

SOMMAIRE

AVANT-PROPOS

Avec 6 495 espèces reconnues en 2018, les Mammifères ne constituent pas le groupe animal le plus nombreux, mais ce sont, avec les Oiseaux, les organismes les plus étudiés. Cet intérêt particulier pour des animaux qui sont pour la plupart nocturnes et discrets est sans doute lié à l'appartenance de notre espèce à ce groupe, mais aussi aux relations étroites que nous entretenons avec nombre d'entre eux, relations qui seront développées plus loin.

LES MAMMIFÈRES

Les Mammifères sont des animaux vertébrés homéothermes (ils maintiennent leur température interne à un niveau constant), à quelques exceptions près. Originellement, ils possèdent un pelage qui recouvre presque entièrement le corps, des glandes mammaires dont la sécrétion est destinée à allaiter les jeunes, un squelette osseux, dont une boîte crânienne qui renferme un cerveau développé, quatre pattes terminées par des pieds à cinq doigts, une queue dans le prolongement de la colonne vertébrale. Les Mammifères sont encore caractérisés par la présence de nombreuses glandes à la surface de leur peau, glandes dont les sécrétions jouent un rôle important dans la communication entre individus, car ils possèdent un odorat très développé. Les dents sont également très particulières, avec une spécialisation d'avant en arrière chez la plupart des espèces (incisives, canines, prémolaires, molaires). Leur nombre, leur taille, leur développement et leur morphologie sont très variables, fortement liés à leur régime alimentaire, et peuvent constituer des critères d'identification. L'autre grand trait partagé par la plupart des Mammifères est le développement des jeunes dans des organes maternels différenciés (utérus), impliquant une fécondation interne. Le mâle possède un organe de copulation, le pénis, qui présente aussi une grande variété de formes et d'ornementations, souvent spécifiques.

Bien évidemment, parmi les 6 495 espèces, un certain nombre de Mammifères s'écartent de ce plan d'organisation. La plupart des Carnivores présentent tous ces caractères, à l'exception du nombre de doigts, parfois réduit à quatre. À l'opposé, les Cétacés présentent de telles adaptations à la vie aquatique que leur squelette s'écarte profondément de celui de l'animal modèle avec la réduction de la ceinture et des membres postérieurs, le développement d'une forte musculature dans la queue et la multiplication de dents toutes identiques, la perte de la plupart des glandes (à l'exception des glandes lactéales). La perte des canines est partagée par tous les Rongeurs (2 552 espèces), qui connaissent également une réduction, parfois totale, des prémolaires. Même l'homéothermie n'est pas parfaite chez un certain nombre de Rongeurs, de Chiroptères et d'Eulipotyphles qui présentent la particularité d'abaisser leur température interne lors d'épisodes météorologiques défavorables, réduisant ainsi leur consommation d'énergie, stockée sous forme de graisse. De fait, la systématique des Mammifères à l'échelle des grands groupes reflète ces écarts par rapport au modèle de base.

LES ESPÈCES DE MAMMIFÈRES

L'espèce est l'unité taxonomique de base pour tout le monde vivant, mais le concept d'espèce varie selon les approches : concept typologique fondé sur la similitude morphologique, concept nominaliste qui repose sur le caractère abstrait de la classification, concept biologique pour lequel l'espèce est constituée de populations qui forment une communauté reproductive caractérisée par une unité écologique, concept génétique basé sur l'isolement préservant l'intégrité des pools géniques, concept phylogénétique attaché à la monophylie de groupes d'individus, etc. Concrètement, la reconnaissance des espèces repose sur l'identification de discontinuités phénotypiques (morphologie, vocalisations, etc.), mais aussi parfois génétiques (caryotypes, séquences de l'ADN mitochondrial et nucléaire) ou géographiques (isolats), voire une combinaison de critères.

Depuis Linné, les espèces reçoivent une dénomination scientifique binominale : le premier élément correspondant au genre évolue avec les connaissances, alors que le second, propre à l'espèce, demeure invariable dans le temps tant que le statut spécifique n'est pas discuté. Par ailleurs, des dénominations affectées à une catégorie inférieure, notamment sous-espèce, peuvent être élevées au rang d'espèce à la faveur de révisions taxonomiques.

Chez les Mammifères, les espèces sont établies depuis longtemps pour quelques groupes (Carnivores, Cétartiodactyles), encore que de récentes études génétiques remettent en cause la classification établie (voir par exemple le Cerf élaphe *Cervus elaphus* ou les Chamois/Isard *Rupicapra* spp.). Chez les Chiroptères, les Lagomorphes, les Eulipotyphles, des taxons déjà identifiés ont été élevés récemment au rang d'espèce mais d'autres ont été découverts sur la base de critères nouveaux comme les vocalisations ou les marqueurs moléculaires. Chez les Rongeurs, la notion d'espèce est encore très fluctuante dans un nombre élevé de groupes. C'est pourquoi la systématique, qui peut être variable d'un auteur à l'autre, évolue assez fortement au gré des nouvelles connaissances et de l'identification des discontinuités évoquées plus haut. L'accroissement du nombre d'espèces (6 495 en 2018 *vs* 5 416 en 2005) et de genres (1 314 contre 1 229 en 2005) correspond essentiellement à une meilleure compréhension de leur diversité. La découverte de Mammifères vraiment nouveaux reste minoritaire.

SYSTÉMATIQUE

Sur la base de la nomenclature linnéenne, les espèces qui partagent un certain nombre de caractères sont regroupées dans un genre, unité taxonomique à géométrie variable selon les groupes animaux ; les différences entre genres de Mammifères sont par exemple beaucoup plus ténues qu'entre genres d'Insectes. Même chez les Mammifères, la définition des genres fluctue d'un groupe à l'autre (les Primates sont généralement plus « découpés » que les Rongeurs) et d'un auteur à l'autre, voire selon la tendance du moment (regroupement *vs* éclatement). Par exemple, chez les phoques, le nombre d'espèces regroupées dans le genre *Phoca* a évolué selon la reconnaissance ou non des genres *Pagophilus* (pour le Phoque du Groenland *Phoca groenlandica*) ou *Pusa* (pour le Phoque annelé *P. hispida* et le Phoque de la Caspienne *P. caspica*). De même, sur la base d'une différenciation génétique nette, il a été proposé pour le Vison d'Amérique *(Mustela vison)* un nouveau genre, *Neovison*, qui n'a pas encore convaincu toute la communauté mammalogique. Chaque genre est désigné par un nom commun à toutes les espèces qu'il regroupe.

Dans la nomenclature classique, sur les mêmes principes, les genres sont regroupés en familles, souvent subdivisées en sous-familles, puis en ordres. Les noms des familles sont construits sur la base du nom du genre le plus représentatif avec ajout d'une terminaison en *-idae* (-idés en français). Pour les sous-familles, la construction est identique avec une terminaison en *-inae* (-inés en français). Pour la dénomination des ordres, il n'existe pas de règle et le nom de la plupart d'entre eux est tiré des *Systema Naturae*, ouvrages de Linné publiés entre 1735 et 1770, qui sont à l'origine de la nomenclature actuelle, la dixième édition de 1758 faisant référence. C'est ainsi que le mot « carnivore » peut désigner un ordre de Mammifères, les Carnivores, ou un régime alimentaire carné. Tous les animaux au régime carnivore ne sont pas des Carnivores et certains Carnivores consomment des poissons (les loutres), des invertébrés (comme le Blaireau *Meles meles*) ou des végétaux (la plupart des ours).

Avec le développement des travaux de phylogénie, notamment moléculaire, les ordres de Mammifères ont connu plusieurs modifications récentes. Tout d'abord, les Marsupiaux ou Mammifères pseudo-placentaires ont été répartis dans plusieurs ordres, dont les Diprotodontes (kangourous, koala, wombats et possums), qui sont caractérisés par la présence d'une seule paire d'incisives fonctionnelles sur la mâchoire inférieure. Plus récemment, il a été montré que les plus primitifs des Euthériens, ou Mammifères placentaires, étaient originaires d'Afrique. Dénommés Afrothériens, ils regroupent, entre autres, les ordres des Siréniens (dugongs), des Proboscidiens (éléphants), des Hyracoïdes (damans) et des Macroscélides. Tout aussi récemment, les Insectivores ont été éclatés en plusieurs ordres dont les Eulipotyphles qui regroupent hérissons, musaraignes et taupes. La récente évidence de parenté des Cétacés (baleines et dauphins) avec les Artiodactyles (ongulés à nombre de doigts pair) a été concrétisée par la création de l'ordre des Cétartiodactyles.

Deux représentants actuels des Afrothériens dans le Paléarctique occidental

LES MAMMIFÈRES DU PALÉARCTIQUE OCCIDENTAL

LE PALÉARCTIQUE OCCIDENTAL

La région Paléarctique correspond à l'espace eurasiatique qui a directement subi les effets des glaciations du début de l'ère quaternaire. Elle couvre en fait toute l'Europe, l'Asie tempérée (dont l'ouest de la Sibérie), mais aussi l'Afrique du Nord où le Sahara constitue une limite, fluctuante selon les auteurs puisqu'une vingtaine de propositions ont été discutées, depuis l'exclusion de toute l'Afrique jusqu'à l'inclusion de la totalité du Sahara. Le tropique du Cancer est une délimitation médiane qui exclut la fraction du Sahara largement ouverte sur le Sahel. De fait, l'Afrique du Nord méditerranéenne partage plus d'espèces avec l'Europe et, surtout, le Proche-Orient qu'avec l'Afrique subsaharienne, à la faveur d'échanges le long des rivages orientaux, puisque le détroit de Gibraltar est resté inondé et sans doute infranchissable pour les

Le Paléarctique occidental

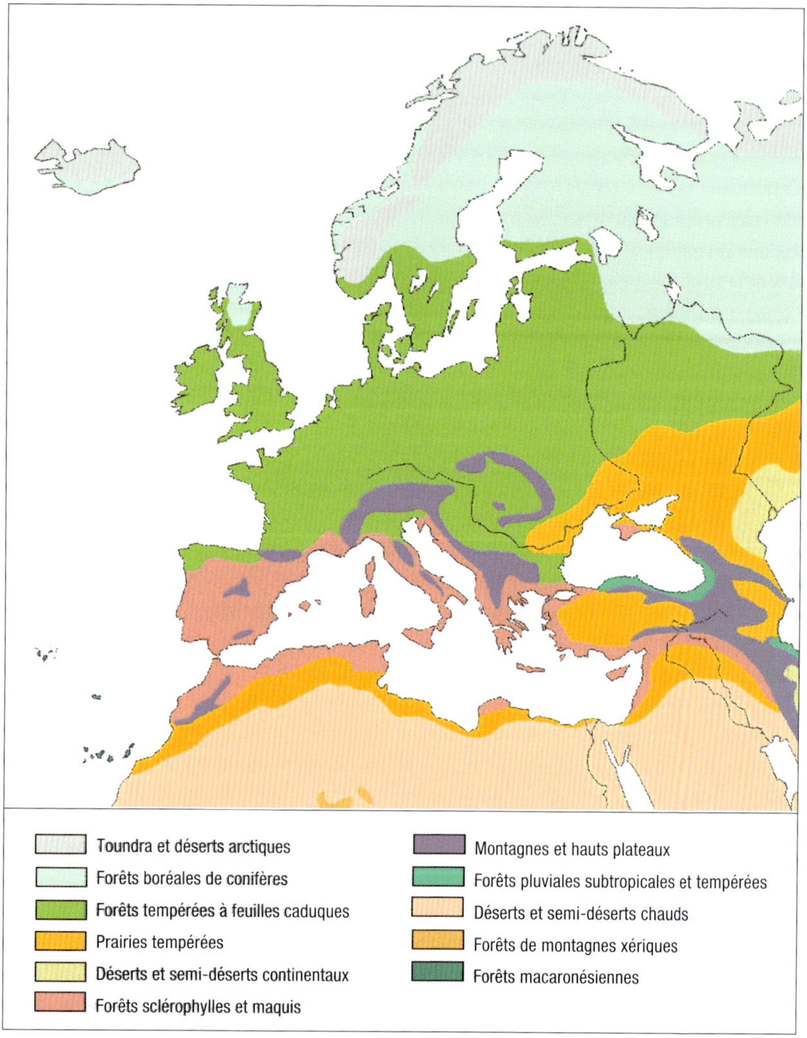

Carte de la végétation du Paléarctique occidental

Mammifères au plus fort des glaciations et de la baisse du niveau des océans. De même, la faune saharienne, surtout au nord du tropique du Cancer, présente une grande affinité avec celle des zones steppiques et désertiques du Proche-Orient, voire d'Asie centrale. La position de la péninsule Arabique est aussi controversée, avec l'exclusion de tout ou partie de l'Arabie. Alors que les auteurs de ce guide souhaitaient intégrer l'Afrique du Nord et prendre en compte toutes les espèces présentes sur l'aire de répartition ainsi définie, le tropique du Cancer est apparu comme un compromis.

Le Paléarctique occidental est une entité encore plus difficile à définir, même s'il est courant de différencier les territoires situés à l'ouest de l'Oural, qui matérialise la séparation classique Europe-Asie, des plaines de l'Asie centrale et de la Sibérie. Cette sous-région possède une flore et une faune relativement homogènes, issues des mêmes événements de spéciation et de colonisation. Plus au sud, les steppes et les déserts du Proche-Orient s'ouvrent aussi vers l'Asie au-delà des monts Zagros (Iran). À nouveau, le cas de la péninsule Arabique est délicat puisque son climat aride et ses paysages désertiques sont dans la continuité des étendues sahariennes et que nulle frontière objective ne peut être reconnue. La limite retenue pour cet ouvrage suit le méridien 50°E qui passe au nord de l'Arabie et traverse la mer Caspienne. Les terres émergées les plus septentrionales de cette sous-région sont le Spitzberg, tandis que les îles atlantiques des Açores, soit le méridien 30°O, en constituent la limite occidentale.

Le Paléarctique occidental offre toute la variété d'habitats des régions tempérées, depuis la banquise du cercle polaire jusqu'aux déserts chauds du Sahara. Malgré leur thermorégulation, peu de Mammifères sont capables de coloniser tout cet espace. L'espèce qui présente la plus large répartition est le Renard roux *(Vulpes vulpes)* qui, de plus, est observé jusque dans des habitats très anthropisés comme les métropoles. Très souvent, l'aire de répartition des espèces est beaucoup plus réduite et associée à une ressource, aliment ou refuge, lorsque ce n'est pas la compétition entre espèces qui conditionne leur extension. C'est le cas pour les crocidures des jardins *(Crocidura gueldenstaedtii)* et musette *(C. russula)*, comme en témoigne la présence relictuelle de la première sur des îles atlantiques. Ainsi, le Mulot sylvestre *(Apodemus sylvaticus)* est associé à la présence d'arbres, depuis la forêt dense jusqu'aux haies en paysage bocager et aux formations buissonnantes caractéristiques de la région méditerranéenne. Les Carnivores, moins dépendants de la végétation, présentent souvent des aires de répartition qui couvrent plusieurs zones naturelles. D'autres espèces sont inféodées à un habitat particulier.

Ainsi, l'Ours polaire *(Ursus maritimus)* est confiné à la banquise et aux côtes de l'Arctique, le Campagnol de Sundevall *(Craseomys rufocanus)* est un hôte de la toundra et des montagnes de Scandinavie, le Polatouche *(Pteromys volans)* est associé à la taïga dense, la Marmotte des Alpes *(Marmota marmota)* est essentiellement observée dans les prairies alpines, le Murin de Bechstein *(Myotis bechsteinii)* gîte préférentiellement dans les forêts de feuillus médio-européennes, la Souris d'Afrique du Nord *(Mus spretus)* s'écarte peu de la zone méditerranéenne, le Souslik d'Europe *(Spermophilus citellus)* et le Souslik tacheté *(S. suslicus)* vivent dans les steppes et la Mérione à queue rouge *(Meriones libycus)* occupe toutes les zones désertiques. Enfin, quelques espèces sont très spécialisées et peu influencées par les zones de végétation naturelle, comme les Mammifères aquatiques : Loutre d'Europe *(Lutra lutra)*, Castor d'Eurasie *(Castor fiber)*, etc., ou les hôtes des éboulis comme le Hamster-souris perse *(Calomyscus bailwardi)* ou le Campagnol des neiges *(Chionomys nivalis)*.

LISTE DES ESPÈCES

Pour établir la liste des espèces d'une région, deux conceptions s'opposent. L'une repose sur la liste des espèces natives et sur leurs affinités biogéographiques. L'autre, retenue pour ce guide, est liée à l'espace : la composition faunique est déterminée par les espèces présentes à l'intérieur des limites définies pour la région. La première approche est parfois délicate dans le cas où les membres d'une même famille sont répartis dans deux régions, comme les Ctenodactylidae avec trois espèces du Paléarctique occidental : le Goundi de l'Atlas *(Ctenodactylus gundi)*, le Goundi du Sahara *(C. vali)* et le Goundi du Mzab

(Massoutiera mzabi), et deux espèces afrotropicales : le Goundi de Félou *(Felovia vae)* et le Goundi à queue touffue *(Pectinator spekei)*. La seconde approche, plus facile, intègre notamment les espèces introduites comme le Wallaby de Bennett *(Notamacropus rufogriseus)*, le Ragondin *(Myocastor coypus)*, l'Écureuil gris *(Sciurus carolinensis)* ou la Petite mangouste indienne *(Urva auropunctata)*, qui se reproduisent dans leurs pays d'introduction. De fait, ces espèces sont plus ou moins régulièrement observées par les naturalistes et doivent donc figurer dans un guide de terrain, au-delà des rencontres ponctuelles avec des échappés de captivité, sans suite *(cf. infra)*. Cette conception pragmatique est renforcée par la présence généralement considérée comme naturelle d'un certain nombre d'espèces introduites par l'homme, volontairement ou non, au cours des dix derniers millénaires, depuis le Mouflon *(Ovis gmelinii)* jusqu'au Rat surmulot *(Rattus norvegicus)*, en passant par la Genette *(Genetta genetta)*, ou le Rat noir *(Rattus rattus)*.

Dans ce guide sont décrites toutes les espèces de Mammifères vivant à l'état sauvage en 2020 dans le Paléarctique occidental, incluant les Cétacés et le Sirénien qui fréquentent les océans et mers de l'aire définie précédemment. Les espèces disparues récemment, essentiellement au cours du XXe siècle, sont présentées dans le chapitre sur les relations entre les Mammifères et l'homme.

Espèces domestiques

Le choix a été fait de ne pas présenter les espèces domestiques, même pour celles dont certaines populations vivent à l'état semi-sauvage ou celles qui, retournées à l'état sauvage, se reproduisent comme les espèces sauvages en fonction de la capacité d'accueil des habitats et au gré des aléas climatiques. Ces populations férales (un anglicisme) ou marronnes ont pour caractéristique d'être constituées d'animaux plus ou moins fortement différenciés de l'espèce d'origine par le jeu de la domestication. En revanche, les espèces qui comptent des populations sauvages et domestiques, comme le Renne *(Rangifer tarandus)*, sont pleinement décrites (mais seule la forme sauvage est considérée).

Ces Mammifères domestiques méritent une courte présentation car ils se rencontrent plus souvent et plus facilement que les espèces sauvages. Il faut toujours y penser devant une trace de Carnivore ou d'ongulé : chien et chat d'un côté, mouton et chèvre de l'autre sont quand même plus nombreux que le Loup gris *(Canis lupus)*, le Chat forestier *(Felis silvestris)*, les Chamois/Isard (*Rupicapra* spp.) ou même le Chevreuil européen *(Capreolus capreolus)*. Ils interviennent souvent aussi comme facteurs de dérangement de la faune sauvage et comme vecteurs de maladies. Les descriptions restent succinctes tant la variabilité est grande chez ces espèces.

• **Chien** *(Canis familiaris)*. Il est impossible de donner une description de cette espèce tant la sélection opérée par l'homme a façonné de morphologies différentes définies comme des races. La domestication du chien à partir du Loup gris est vieille d'au moins quinze mille ans, mais les détails en sont encore mal connus, notamment le nombre de sites de domestication. Une réalité actuelle est l'existence dans diverses régions, autour du bassin méditerranéen tout particulièrement, de chiens errants et/ou divagants, qui posent de réels problèmes à la fois de biodiversité (hybridation avec les espèces locales du genre *Canis*, transmission de pathogènes, etc.), de santé publique (rage, échinococcose) et d'économie (dégâts aux troupeaux).

• **Chat domestique** *(Felis catus)*. Assez diversifiée également, la morphologie du Chat domestique s'éloigne peu néanmoins de celle du Chat forestier *(Felis silvestris)* et surtout du Chat ganté *(F. lybica)*, dont il tire ses origines. D'après les sources disponibles, la domestication serait intervenue au Levant voilà sept à huit millénaires. Les chats domestiques qui mènent une existence complètement libre sont dénommés chats harets. L'impact de ces animaux sur la petite faune est probablement considérable. Les preuves d'hybridation avec le Chat forestier sont malheureusement de plus en plus fréquentes. L'origine des chats « sauvages » des îles méditerranéennes est discutée.

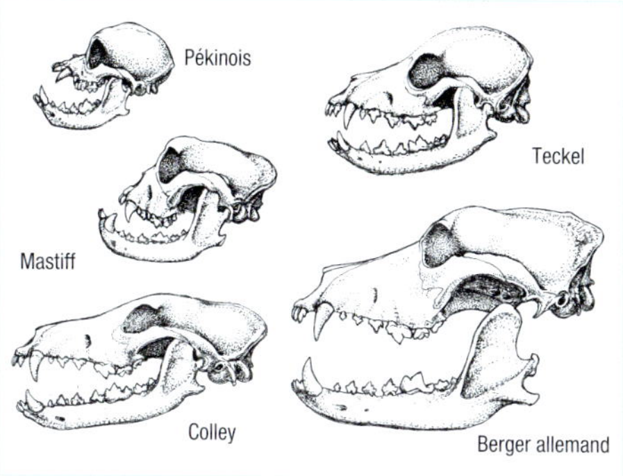

Chien *(Canis familiaris)*

• **Cheval** *(Equus caballus)*. Ongulé de taille moyenne à grande, à un seul doigt terminé par un sabot large, aux oreilles dressées, à la crinière tombante ou hirsute et à la queue très longue. Jadis largement répandus dans les plaines d'Eurasie, les chevaux sauvages, notamment le Tarpan d'Europe orientale, ont disparu. Subsistent des races primitives comme le Konik (Pologne), le Poney d'Exmoor (Angleterre), le Sorraia (Portugal, Espagne), etc. Certaines populations vivent à l'état semi-sauvage mais ne constituent pas des populations férales pour autant car elles demeurent toujours sous le contrôle de l'homme.

• **Âne** *(Equus asinus)*. Ongulé qui diffère du cheval par ses oreilles longues, sa crinière dressée et sa queue revêtue de poils courts à la base. Disparu à l'état sauvage ; les formes domestiques proviennent vraisemblablement de plusieurs populations africaines.

• **Dromadaire** *(Camelus dromedarius)*. Hg : 230 cm, P : 400-500 kg. Ongulé de grande taille aux membres et au cou allongés, porteur d'une bosse dorsale caractéristique. Domestiqué dans la péninsule arabe voilà cinq mille ans, il a disparu à l'état sauvage.

Dromadaire
(Camelus dromedarius)

• **Bœuf** *(Bos taurus)*. Hg : 125-160 cm, P : 200-1 500 kg selon les races. Parmi les bovins domestiques, des races primitives de la bordure occidentale de la Méditerranée ressemblent à l'Aurochs *(Bos primigenius)*, dont elles tirent leur origine. Les races modernes, sélectionnées pour la production de viande ou de lait, s'éloignent de la morphologie originelle : animal trapu aux cornes épaisses en forme de lyre, au pelage noir roussâtre et à longue queue. Quelques populations vivent à l'état libre, parfois depuis plusieurs siècles. Il existe plusieurs souches d'Aurochs « reconstitués », réalisées en croisant des races bovines domestiques primitives. Elles sont parfois utilisées dans certains espaces naturels pour des essais de réensauvagement.

• **Buffle d'eau** *(Bubalus bubalis)*. Hg : 120-170 cm, P : 300-550 kg. Ruminant de grande taille, au corps massif prolongé d'une longue queue, qui porte des cornes aplaties développées vers l'extérieur puis vers l'arrière. Forme domestique d'une espèce d'Asie du Sud-Est qui a été introduite dans des zones

Buffle d'eau
(Bubalus bubalis)

humides d'Égypte et de Tunisie. Des troupeaux domestiques se rencontrent aussi dans le sud de l'Italie, les Balkans, le Caucase et le Moyen-Orient.

• **Chèvre** *(Capra hircus)*. Hg : 60 cm, P : 20-45 kg. Ruminant de taille moyenne à queue courte et dressée, aux cornes de longueur variable enroulées en spirales lâches et aux oreilles plus ou moins tombantes. Premier ruminant domestiqué, la chèvre est restée très rustique malgré les différences de morphologie affichées par certaines races. Des populations férales vivent localement en France, dans les îles Britanniques, le sud de la Moravie (Tchéquie) et plusieurs îles méditerranéennes.

• **Mouton** *(Ovis aries)*. Hg : 60-80 cm, P : 30-60 kg. Ruminant de taille moyenne au pelage généralement laineux, aux cornes enroulées en spirale et recourbées vers l'arrière. Issu de la domestication de mouflons d'Asie Mineure et centrale. La principale population férale, le Mouton de Soay, vit dans l'archipel de Saint-Kilda (Écosse).

Espèces accidentelles

Des animaux échappés de captivité peuvent apparaître occasionnellement, voire former une petite population temporaire. Seules les espèces qui se reproduisent régulièrement dans le Paléarctique occidental sont présentées dans ce guide. Le Coati roux *(Nasua nasua)* procyonidé sud-américain semble récemment arrivé à Majorque, Baléares. Néanmoins son devenir n'est pas encore fixé et sa localisation limite les possibilités d'envahissement.

Chauve-souris cendrée
(Lasiurus cinereus)

Par ailleurs, la faible capacité de déplacement de la plupart des Mammifères ne leur permet généralement pas de fréquenter des territoires en dehors de leur aire régulière de présence. De fait, plusieurs espèces de Chiroptères exotiques ont été observées occasionnellement. La **Chauve-souris cendrée** *(Lasiurus cinereus)*, espèce migratrice américaine, a été trouvée à plusieurs reprises en Islande et une fois en Écosse (îles Orcades). C'est une espèce de grande taille (AB : 42-59 mm ; P : 20-35 g), aux oreilles rondes et au pelage dense, d'aspect chiné, givré, qui recouvre toute la face supérieure de l'uropatagium. Des spécimens uniques de deux autres espèces américaines, la Sérotine brune *(Eptesicus fuscus)* et le Murin brun *(Myotis lucifugus)*, ont été identifiés, la première aux Pays-Bas, le second en Islande.

Les autres visiteurs occasionnels sont des Cétacés dont l'habitat, l'océan mondial, permet des déplacements inhabituels. Ainsi, sans chercher à être exhaustif, une Baleine grise du Pacifique *(Eschrichtius robustus)* a été observée en Méditerranée en 2010 et en 2021. L'espèce était présente dans l'Atlantique Nord jusqu'au Moyen Âge. Le Petit rorqual antarctique *(Balaenoptera bonaerensis)*, propre à l'hémisphère Sud, passe parfois l'équateur et a déjà été observé dans les eaux européennes, comme le Dauphin d'Électre *(Peponocephala electra)*, normalement lié aux eaux tropicales et subtropicales.

CHOIX TAXONOMIQUES

La nomenclature scientifique la plus largement utilisée pour les Mammifères a été celle de Wilson & Reeder, *Mammal species of the world. A taxonomic and geographic reference*, pendant presque deux décennies. Pourtant la troisième édition parue en 2005 n'était pas totalement satisfaisante. Préparé depuis plusieurs années, cet ouvrage ne prenait pas en compte tous les derniers travaux de systématique, fort nombreux depuis la généralisation des outils génétiques. Ainsi, la nomenclature des *Myotis* et des *Plecotus* n'est pas celle qui a été validée en 2006 par les experts de l'Accord relatif à la conservation des populations de chauves-souris en Europe (Eurobats). Rédigé par différents auteurs en charge chacun d'un groupe, l'ouvrage reflète aussi des choix contrastés, avec la reconnaissance d'un nombre élevé d'espèces en attendant une révision taxonomique par certains ou au contraire le regroupement de taxons sur la base d'études morphologiques pour d'autres. Ainsi, la nomenclature des *Gerbillus* reprend, à titre provisoire, de nombreuses formes parfois décrites de la seule localité type, alors qu'elles partagent morphologie et caryotype avec une espèce plus largement distribuée. Inversement, une récente étude génétique montre la profonde divergence entre les deux *Dama*, élevant nettement *D. mesopotamica* au rang d'espèce. Enfin, l'application de la règle d'antériorité pour les noms scientifiques induit des choix qui, souvent, ne résistent pas à la Commission internationale de nomenclature zoologique, comme la proposition du nom de genre *Myoxus* en lieu et place de *Glis*. Avec cette troisième édition, ce sont les *Clethrionomys* qui se voient rebaptisés *Myodes*, genre défini pour plusieurs espèces dont la première est désormais *Lemmus lemmus*. Enfin, la récente décision de cette commission de valider les noms issus de description d'animaux domestiques ne fait pas l'unanimité. Tel est notamment le cas pour les *Ovis*, dont la plupart se retrouvent groupés sous la dénomination *Ovis aries*, alors qu'ils forment des entités distinctes génétiquement et morphologiquement, et sont très différents des formes domestiques actuelles.

La référence taxonomique actuelle est sans contexte le *Handbook of the Mammals of the world*, publié sous forme de neuf volumes de 614 à 1 008 pages (sans la bibliographie pour ce dernier) entre 2009 et 2019. Plusieurs des questions soulevées par l'ouvrage précédent nous semblent ici résolues de manière nettement plus consensuelle, même si certains choix restent discutables (et discutés) et surtout si des études récentes ont apporté un éclairage nouveau sur les taxons qui ont été traités dans les premiers volumes consacrés aux Carnivores et ongulés. Ainsi des analyses génétiques ont montré que les populations isolées de Belette d'Égypte *(Mustela subpalmata)*, bien que morphologiquement différentes, ne sont pas distinguables de la Belette d'Europe *(M. nivalis)*. Le cas des spalax est assez remarquable. Alors que les populations isolées du genre *Spalax*, identifiées par leur formule chromosomique, sont admises au rang spécifique, celles du genre *Nannospalax* sont regroupées en trois espèces qui présentent des nombres de chromosomes très variables. Ce guide s'inspire donc clairement de la systématique développée dans ce monumental ouvrage, toutefois certains choix différents ont été opérés sur la base d'avis d'experts, comme le maintien récemment publié de *Clethrionomys*, avec le souci de faciliter la lecture d'ouvrages spécialisés par les lecteurs particulièrement intéressés par un groupe d'espèces.

Avec cette nouvelle référence, le nombre d'espèces de Mammifères du Paléarctique occidental, Cétacés exceptés, passe de 401 en 2008 à 447, dans l'attente de la description de nouvelles espèces comme le *Myotis* sp. C de Corse et autres révisions taxonomiques, surtout en limite orientale de l'aire. Les modifications majeures concernent d'abord le genre *Microtus* avec 15 nouvelles espèces, mais 2 ont été invalidées (solde + 13). Les Vespertilionidae comptent 8 nouvelles espèces appartenant à 4 genres (*Barbastella*, *Eptesicus*, *Plecotus* et *Myotis*), dont 3 *Myotis* d'Europe occidentale (*crypticus*, *escalerai* et *zenatius*), mais 3 *Myotis* d'Europe orientale (*aurascens*, *hajastanicus* et *nipalensis*) ont été regroupés en *M. davidii* (solde + 5). Les genres *Talpa* et *Rupicapra* ont connu une pareille inflation de 4 espèces sur la base d'isolats de populations essentiellement.

Le nombre de genres a également augmenté, passant de 147 à 155, avec notamment deux nouveaux genres de Phocidae et de Vespertilionidae, sans compter les changements de dénomination pour des groupes paraphylétiques, comme les précédemment genres *Tadarida* (avec *Nyctinomus aegyptiacus*), *Pipistrellus* (avec *Vansonia rueppellii*), *Elephantulus* (avec *Petrosaltator rozeti*) ou *Gazella* (avec *Nanger dama*). Enfin une nouvelle famille a été individualisée, les Sminthidae, deux autres ont changé de dénomination, et surtout deux ordres ont été regroupés, Erinaceomorpha et Soricomorpha formant désormais l'ordre des Eulipotyphla.

Les espèces présentent des variations géographiques sous la forme de différences constantes de pelage, de taille ou d'autres caractéristiques parfois invisibles sur l'animal en main, qui sont identifiées comme sous-espèces (et désignées par une appellation trinominale). Ainsi, le Petit murin est dénommé *Myotis blythii omari* au Proche-Orient, Turquie et Crète, *M. b. oxygnathus* en Europe continentale et Sicile. La différence entre les souris *Mus musculus musculus* et *M. m. domesticus* est encore plus cryptique et repose essentiellement sur des critères génétiques, avec une surface étroite d'hybridation qui court à travers l'Europe. Le statut de ces sous-espèces est parfois réévalué au rang d'espèces, comme ce fut le cas pour les Isard des Abruzzes *(Rupicapra ornata)* et Isard des Cantabriques *(R. parva)* ou les Rat épineux occidental *(Acomys chudeaui)* et Rat épineux du Sahara *(A. seurati)*. Inversement certaines espèces regroupées sont parfois identifiées comme sous-espèces, comme la Pipistrelle du désert *(Pipistrellus kuhlii deserti)*. Seules les sous-espèces pour lesquelles les différences morphologiques sont marquantes ou susceptibles d'être élevées au rang spécifique sont mentionnées dans ce guide.

Ordre de présentation des espèces

Si presque tous les ouvrages présentent les espèces selon les grands groupes de la systématique, ordres et familles, les listes peuvent ensuite être fournies par ordre alphabétique des genres et des espèces, ce qui facilite la recherche d'un taxon, ou selon un classement phylogénétique reposant sur les définitions les plus récentes des sous-familles et des tribus, comme dans la troisième et dernière édition de *Mammal species of the world* ou dans le *Handbook of the Mammals of the world*. Un tel classement a l'avantage de regrouper les genres les plus semblables (à l'exception de certains Chiroptères). Afin de faciliter la recherche rapide d'espèces, les groupes supragénériques, présentés ci-dessous dans un cadre systématique, sont rappelés en haut de page.

LISTE SYSTÉMATIQUE DES ORDRES, FAMILLES ET GENRES DE MAMMIFÈRES DU PALÉARCTIQUE OCCIDENTAL

- **Diprotodontia**
  - Macropodidae — *Notamacropus*
- **Macroscelidea**
  - Macroscelididae — *Petrosaltator*
- **Hyracoidea**
  - Procaviidae — *Procavia*
- **Sirenia**
  - Dugongidae — *Dugong*
- **Primates**
  - Cercopithecidae — *Macaca*
- **Lagomorpha**
  - Ochotonidae — *Ochotona*
  - Leporidae — *Lepus, Oryctolagus, Sylvilagus*
- **Rodentia**
  - Sciuridae
    - Sciurinae — *Pteromys, Sciurus*
    - Callosciurinae — *Callosciurus*
    - Xerinae — *Atlantoxerus, Xerus, Marmota, Spermophilus, Tamias*
  - Castoridae — *Castor*
  - Gliridae
    - Leithiinae — *Dryomys, Eliomys, Muscardinus, Myomimus*
    - Glirinae — *Glis*
  - Dipodidae
    - Allactaginae — *Allactaga, Pygeretmus, Scarturus*
    - Dipodinae — *Dipus, Jaculus, Stylodipus*
  - Sminthidae — *Sicista*
  - Calomyscidae — *Calomyscus*
  - Cricetidae
    - Cricetinae — *Allocricetulus, Cricetulus, Cricetus, Mesocricetus*
    - Arvicolinae — *Dicrostonyx, Ellobius, Lagurus, Lemmus, Myopus, Clethrionomys, Craseomys, Ondatra, Prometheomys, Dinaromys, Arvicola, Chionomys, Microtus*
  - Muridae
    - Gerbillinae — *Gerbillus, Meriones, Pachyuromys, Psammomys, Sekeetamys, Tatera*
    - Murinae — *Apodemus, Arvicanthis, Lemniscomys, Mastomys, Micromys, Mus, Nesokia, Rattus*
    - Deomyinae — *Acomys*
  - Spalacidae — *Nannospalax, Spalax*
  - Ctenodactylidae — *Ctenodactylus, Massoutiera*
  - Hystricidae — *Hystrix*
  - Echimyidae — *Myocastor*
- **Eulipotyphla**
  - Erinaceidae — *Atelerix, Erinaceus, Hemiechinus, Paraechinus*
  - Soricidae
    - Soricinae — *Neomys, Sorex*
    - Crocidurinae — *Crocidura, Diplomesodon, Suncus*
  - Talpidae
    - Desmaninae — *Galemys, Desmana*
    - Talpinae — *Talpa*
- **Chiroptera**
  - Pteropodidae — *Rousettus*
  - Rhinopomatidae — *Rhinopoma*
  - Nycteridae — *Nycteris*
  - Hipposideridae — *Asellia, Hipposideros*
  - Rhinolophidae — *Rhinolophus*
  - Emballonuridae — *Taphozous*
  - Molossidae — *Nyctinomus, Tadarida*
  - Miniopteridae — *Miniopterus*
  - Vespertilionidae
    - Vespertilioninae — *Barbastella, Eptesicus, Hypsugo, Nyctalus, Nycticeinops, Otonycteris, Plecotus, Pipistrellus, Rhyneptesicus, Vansonia, Vespertilio*
    - Myotinae — *Myotis*
- **Carnivora**
  - Canidae — *Canis, Nyctereutes, Vulpes*
  - Ursidae — *Ursus*
  - Procyonidae — *Procyon*
  - Mustelidae
    - Mustelinae — *Mustela*
    - Galictinae — *Poecilictis, Vormela*
    - Martinae — *Gulo, Martes*
    - Mellivorinae — *Mellivora*
    - Melinae — *Meles*
    - Lutrinae — *Lutra, Lutrogale*
  - Odobenidae — *Odobenus*
  - Phocidae
    - Phocinae — *Cystophora, Erignathus, Halichoerus, Pagophilus, Phoca, Pusa*
    - Monachinae — *Monachus*
  - Viverridae — *Genetta*
  - Herpestidae — *Herpestes, Urva*
  - Hyaenidae — *Hyaena*
  - Felidae
    - Pantherinae — *Panthera*
    - Felinae — *Acinonyx, Caracal, Felis, Leptailurus, Lynx, Otocolobus*
- **Perissodactyla**
  - Equidae — *Equus*
- **Cetartiodactyla**
  - Suidae — *Sus*
  - Balaenidae — *Balaena, Eubalaena*
  - Balaenopteridae — *Balaenoptera, Megaptera*

- Physeteridae — *Physeter*
- Kogiidae — *Kogia*
- Ziphiidae — *Hyperoodon, Mesoplodon, Ziphius*
- Monodontidae — *Delphinapterus, Monodon*
- Delphinidae — *Delphinus, Feresa, Globicephala, Grampus, Lagenorhynchus, Lagenodelphis, Leucopleurus, Orcinus, Pseudorca, Sousa, Stenella, Steno, Tursiops*
- Phocoenidae — *Phocoena*
- Cervidae
  - Cervinae — *Axis, Cervus, Dama, Hydropotes, Muntiacus*
  - Capreolinae — *Alces, Capreolus, Odocoileus, Rangifer*
- Bovidae
  - Antilopinae — *Addax, Ammotragus, Capra, Gazella, Nanger, Ovibos, Ovis, Oryx, Rupicapra, Saiga*
  - Bovinae — *Bos*

Au sein des genres, le choix est identique, avec une difficulté supplémentaire pour recueillir des informations suffisantes sur les relations entre toutes les espèces. De plus, les cas de convergence morphologique entre espèces incitent à regrouper des taxons difficiles à identifier en dehors de comparaisons fines, par exemple chez les pipistrelles avec la Pipistrelle commune *(Pipistrellus pipistrellus)* et la Pipistrelle pygmée *(P. pygmaeus)*, les murins avec le Murin à moustaches *(Myotis mystacinus)*, le Murin de Brandt *(M. brandtii)* et le Murin d'Alcathoe *(M. alcathoe)*, les visons avec le Vison d'Europe *(Mustela lutreola)* et le Vison d'Amérique *(M. vison)*, ou les campagnols du groupe *arvalis* et les campagnols du groupe *agrestis*.

La succession des ordres et des familles est enfin un compromis entre la récente phylogénie et des contraintes pratiques, qui expliquent par exemple l'association du Primates Cercopithecidae *(Macaca sylvanus)* et du Chiroptera Pteropodidae *(Rousettus aegyptiacus)* ou des Cetartiodactyla Suidae *(Sus scrofa)* et Bovidae *(Bos bonasus)* avec un Perissodactyla Equidae *(Equus hemionus)* sur la même planche.

OBSERVER LES MAMMIFÈRES

Souvent discrets, parfois solitaires, régulièrement nocturnes, les Mammifères peuvent sembler ingrats à observer en nature. Ils ont de bonnes raisons de ne pas chercher à se faire remarquer. Certains sont chassés, pour leur fourrure, leur viande, leurs cornes ou leurs bois, d'autres sont considérés, voire officiellement classés, comme « nuisibles » ou « susceptibles d'occasionner des dégâts ». Il leur est encore reproché de « ravager » cultures et plantations, de miner berges et talus ou de véhiculer des germes infectieux.

Pourtant, les Mammifères constituent un ensemble d'espèces tout à fait étonnantes, passionnantes à étudier et à regarder vivre. Il ne faut pas oublier que l'espèce humaine appartient également à ce groupe zoologique. Il n'est donc pas surprenant de ressentir tant d'intérêt à leur approche. En fait, avec un minimum d'expérience et souvent un peu de patience, le promeneur peut avoir de la chance, c'est-à-dire être récompensé par la vue d'une biche accompagnée de son faon, une scène de chasse aux campagnols par un renard dans un pré récemment fauché ou une colonie de phoques sur le rivage d'une baie découvrant à marée basse. Les occasions de rencontrer des Mammifères sont en fait nombreuses, et le Paléarctique occidental, vaste et diversifié, peut offrir le cadre à de belles observations.

COMMENT OBSERVER ?

Les règles initiales d'observation sont assez simples. Si l'espèce humaine, comme de nombreux Primates, est essentiellement une espèce visuelle, qui voit le monde qui l'entoure avec ses yeux, les autres espèces de Mammifères sont plutôt auditives ou olfactives, percevant le monde d'abord avec leurs oreilles et avec leur nez. Il n'est pas simple d'imaginer la représentation sensitive de leur environnement, mais elle est certainement bien différente de la nôtre. Cela veut dire que, pour surprendre les Mammifères sauvages, il faut penser aux bruits et aux odeurs qui peuvent trahir la présence de l'observateur alors qu'une silhouette un peu discrète peut passer inaperçue. Il est quand même conseillé de porter une tenue de teinte neutre, sans nécessairement adopter un équipement de camouflage de type militaire. Inversement, une toile de camouflage

peut être très utile en cas d'affût prolongé. Il faut aussi éviter les tissus bruyants et sonores. Des vêtements confortables, résistants et imperméables, sont toujours recommandés, mais à adapter bien sûr au climat local pour passer quelques heures dehors.

Le plus souvent, les observations se font en marchant tranquillement le long d'un sentier. Il faut éviter de faire trop de bruit, de parler, et le mieux est de se déplacer face au vent si cela est possible. En s'arrêtant régulièrement pour écouter, il est possible d'anticiper une rencontre, souvent brève, mais toujours fortement émotive. Il faut aussi accepter de se promener sans chien. En effet, celui-ci peut effrayer, voire agresser les animaux sauvages. C'est pourquoi il n'est pas autorisé de visiter certains espaces protégés avec un chien. La forte fréquentation de visiteurs dans les parcs nationaux en été se traduirait par un dérangement presque constant de la faune. Inversement, rechercher la faune à cheval peut être une approche intéressante. Véritable véhicule tout-terrain, le cheval cache la silhouette du cavalier et se laisse parfois approcher par les animaux sauvages.

Les autres espèces animales comme les oiseaux sont à la fois des sentinelles pour la faune et pour l'observateur. Marcher le long d'une lisière, légèrement à l'intérieur des arbres, évite d'apparaître comme une silhouette, toujours un peu inquiétante quand elle se découpe sur un ciel clair. Bien observer un espace ouvert avant de le traverser permet aussi d'éviter des dérangements et des fuites rapides, toujours frustrantes. En montagne, il faut regarder un peu loin devant, souvent au-dessus, sur les pelouses d'altitude, et scruter dans les couloirs d'avalanche pour surprendre les chamois, ou bien observer les escarpements rocheux pour découvrir les bouquetins.

Coulée dans la végétation

Il est toujours plus simple de visiter un terrain déjà connu qu'un site complètement nouveau. Cela dit, les règles restent les mêmes. Rechercher traces, indices de présence, sentes et coulées permet de se faire une idée des espèces présentes et de leurs lieux de passage. Un certain nombre de ces indices de présence sont évoqués dans les descriptions des espèces. Après ce premier examen du terrain, il est possible de mieux cibler ses sorties et de préparer des affûts. Un endroit confortable, bien orienté, permettra d'attendre l'émergence de la famille de blaireaux, le passage de chevreuils ou le défilé des pipistrelles au sortir de leur gîte diurne.

Bien sûr, de bons yeux aident pour bien observer mais des jumelles sont chaudement recommandées. Les ornithologues y sont habitués, ainsi qu'aux longues-vues, avec lesquelles il est pourtant un peu encombrant de se promener. Certaines observations font oublier ces inconvénients. Le choix des jumelles peut mériter un long débat. Il faut combiner taille, poids, maniabilité, coût, grossissement, luminosité et encombrement global. Souvent, des 10 × 40 ou des 8 × 30, c'est-à-dire respectivement un grossissement de 10 ou de 8 et une luminosité de 40 ou de 30, représentent des paramètres satisfaisants pour de longues et belles observations de Mammifères. La pratique des jumelles s'apprend, comme beaucoup de techniques, et suivre rapidement les évolutions d'un Écureuil roux *(Sciurus vulgaris)* dans une forêt des Alpes ou la course d'une Gazelle dorcas *(Gazella dorcas)* dans le nord du Sahara représente des moments privilégiés. Les jumelles à vision infrarouge, issues de matériel initialement militaire, sont parfois utiles pour observer des espèces la nuit.

Le matériel d'observation et d'étude des Mammifères s'est récemment enrichi de détecteurs d'ultrasons utilisés de plus en plus couramment pour écouter les chauves-souris en vol. Les appareils permettant réellement d'identifier les espèces se multiplient mais le prix des plus performants est encore élevé. L'interprétation des enregistrements nécessite un certain entraînement même s'il existe maintenant des applications pour téléphones portables. Certains groupes d'espèces comme les murins restent difficiles à identifier et les logiciels de reconnaissance automatique ne sont pas encore assez performants pour séparer des espèces aux vocalisations relativement semblables et surtout sont étalonnés pour certaines régions. Or, outre la variabilité des émissions en fonction du milieu dans lequel se déplacent les chauves-souris, les mêmes espèces n'émettent pas nécessairement dans les mêmes fréquences en Afrique du Nord ou au Proche-Orient.

Les outils d'études de terrain se développent rapidement et ne seront qu'évoqués ici. La pose d'émetteurs permet de suivre les déplacements d'individus. La miniaturisation des émetteurs VHF autorise à présent d'équiper des animaux de moins d'une dizaine de grammes pour une radiolocalisation au moyen d'antennes, portées à la main ou montées sur un véhicule. D'autres émetteurs, plus gros, transmettent automatiquement leur localisation à un satellite. À l'inverse, les récepteurs GPS portés par les animaux stockent les localisations fournies par une constellation de satellites. Les émetteurs peuvent être intégrés à des colliers, des harnais, ou être implantés chirurgicalement en localisation intra-abdominale. L'utilisation de ces équipements est soumise à autorisation. De plus, des règles éthiques strictes doivent être respectées pour éviter les abus éventuels au détriment des animaux. La capture et la manipulation ne sont jamais sans risque pour l'animal, risque qui doit être minimisé le plus possible.

D'autres outils peuvent être utilisés, comme les pastilles ou barrettes fluorescentes, les bagues gravées et/ou de couleur, les colorants organiques déposés dans l'alimentation pour retracer l'espace occupé par un individu ou un clan, etc. Pour les Mammifères marins, mais pas seulement, des fichiers de photo-identification permettent de reconnaître les individus sur le long terme et de les suivre à distance, ce qui reste une méthode des plus recommandées. L'étude de la biologie d'un animal ne doit pas le perturber et donc modifier son comportement. Les études modernes font aussi de plus en plus appel à des techniques non invasives d'identification et de suivi des animaux, notamment par empreinte génétique. Le matériel collecté est alors constitué de poils abandonnés sur la végétation, de fèces, d'urine, etc. Les analyses en laboratoire prennent le pas sur les suivis sur le terrain, au bénéfice surtout des animaux. L'utilisation de pièges photographiques se généralise également. Ils permettent, en particulier, de détecter sans les déranger des espèces rares et discrètes, d'observer des comportements singuliers, voire d'identifier des individus.

Il convient enfin de rappeler quelques règles de sécurité et surtout de bon sens pour tous les mammalogistes de terrain. Quelle que soit la sortie prévue, quelles que soient les précautions prises, il faut toujours anticiper un changement de temps, voire un incident ou un imprévu, surtout en montagne ou en mer. Cela signifie qu'il vaut mieux ne pas partir seul ou alors bien indiquer son terrain d'observation à une tierce personne. Il faut prendre dans son sac à dos quelques vêtements, de l'eau et un minimum de nourriture. Un téléphone portable, si gênant dans les salles de réunion ou les lieux publics, peut devenir bien utile.

QUAND OBSERVER ?

Cette question renvoie, d'une part, à l'heure de la journée, et, d'autre part, à la saison. Pour l'heure, il faut se rappeler que les Mammifères sont généralement des espèces plus crépusculaires que franchement nocturnes, surtout là où les dérangements ne sont pas trop importants. Leur rythme d'activité est souvent bimodal, avec une phase de repos en milieu de nuit et une autre au milieu de la journée, qui encadrent deux phases d'activité, une autour du lever du jour et l'autre autour du coucher du soleil. Il est donc possible d'observer les Mammifères sur le terrain tout en se réservant une petite sieste, comme eux, aux heures les plus chaudes. Inversement, il faut accepter de se lever assez tôt et de se coucher tard, surtout avec les Chiroptères. Dans le détail, il faut adapter les horaires d'observation aux espèces, aux saisons et aux milieux d'observation. Des espèces plutôt nocturnes, comme le Chat forestier *(Felis silvestris)*, peuvent profiter des rares rayons de soleil pour se réchauffer un beau jour d'hiver. Inversement, pendant les journées de forte chaleur, le Macroscélide de Rozet *(Petrosaltator rozeti)* évitera le milieu de journée pour ses bains de soleil. D'autres espèces comme les musaraignes ou certains Rongeurs alternent plusieurs phases d'activité et de repos de quelques heures tout au long de la journée, quelle que soit la saison. En mer, d'autres critères interviennent comme la météorologie, les marées, les courants et les migrations.

Il ne faut pas oublier que certaines espèces sont complètement inactives au cœur de l'hiver. C'est le cas des hibernants comme le Hérisson d'Europe *(Erinaceus europaeus)*, de nombreux Chiroptères, de la Marmotte des Alpes *(Marmota marmota)*, du Loir gris *(Glis glis)*, du Lérot *(Eliomys quercinus)*, du Muscardin *(Muscardinus avellanarius)*, de la Grande gerboise d'Égypte *(Jaculus orientalis)*, etc. Selon la latitude, plusieurs Carnivores présentent des phases de torpeur prolongées si le mauvais temps persiste. Paradoxalement, l'hiver peut cependant être une bonne saison pour l'observation des Mammifères, même si les journées sont plus courtes, car, avec la végétation réduite, la vue porte plus loin, et le manteau de neige simplifie la lecture des traces. Comme les espèces actives sont également moins nombreuses, leur reconnaissance est facilitée. Inversement, dans les zones les plus sèches et les plus arides, c'est au cours de l'été, saison chaude et sèche, que la vie sera au ralenti. Certains Rongeurs, Eulipotyphles et Chiroptères estivent dans ces conditions. Cela peut même arriver sous des latitudes assez tempérées en cas de canicule estivale.

Les observations seront particulièrement riches lors de deux périodes particulières. Peu après la naissance des jeunes, l'inexpérience de cette nouvelle génération procure l'occasion de belles observations. L'époque des accouplements, le rut, est aussi favorable pour observer des espèces qui oublient parfois une certaine prudence, voire une certaine retenue. Le bouquinage des lièvres (*Lepus* spp.), les « lièvres fous de mars », et le brame du Cerf élaphe *(Cervus elaphus)* à l'automne en sont deux exemples parmi bien d'autres. Certaines places de rut sont d'ailleurs devenues trop fréquentées par les humains, au risque de perturber les animaux observés.

OÙ OBSERVER ?

Entre le Spitzberg et le Hoggar, les Açores et la mer Caspienne, de 390 m au-dessous du niveau de la mer pour la mer Morte à plus de 5 600 m dans le Caucase, le Paléarctique occidental offre une gamme de paysages assez extraordinaire, depuis la toundra et les forêts boréales au nord jusqu'aux steppes et déserts au sud. Le peuplement des îles, atlantiques et méditerranéennes, aide à mieux comprendre l'histoire biogéographique complexe de l'ensemble. Quelques massifs montagneux impressionnants comme les Alpes, le Caucase ou les Carpates se dressent au-dessus de plaines et de plateaux fortement marqués par l'empreinte humaine. Les défrichements se sont succédé pendant des siècles avec aujourd'hui, dans certains pays, une réelle reprise forestière. Malheureusement, l'assèchement des zones humides se poursuit alors que les conséquences de leur réduction sont déjà manifestes. L'ouest du Paléarctique occidental est fortement marqué par l'agriculture et par sa récente industrialisation, surtout en Europe. L'environnement et les Mammifères en ont beaucoup souffert. Si chaque paysage héberge une faune originale, il devient parfois difficile de pouvoir l'observer tant les bouleversements ont été profonds. Des aires protégées ont été établies un peu partout, mais leur surface totale ne représente qu'une faible fraction de l'ensemble et une grande partie de la diversité biologique est irrémédiablement perdue.

Pour commencer les observations, le plus simple est d'abord de regarder à côté de chez soi. Il existe certainement une portion de territoire encore intéressante et facilement accessible. S'y promener régulièrement au fil des heures et des saisons permet d'acquérir une première expérience et de l'entretenir. Un certain nombre des règles de visite des habitats y seront apprises, parallèlement à l'apprentissage de l'identification des espèces. En effet, il est toujours plus facile de rapporter une nouvelle espèce à une autre déjà connue que de la découvrir sans élément de référence. Un nouveau renard sera plus petit, plus pâle, avec une allure différente de celle du Renard roux *(Vulpes vulpes)*. Le Desman des Pyrénées *(Galemys pyrenaicus)* associe une morphologie de taupe à un comportement de Mammifère aquatique. Il est plus facile de reconnaître une Chèvre égagre *(Capra aegagrus)* pour qui connaît le Bouquetin des Alpes *(C. ibex)*, et réciproquement.

CONCLUSION

Il y a plusieurs raisons de chercher les Mammifères et plusieurs manières de les observer. Il est toujours intéressant d'en garder quelques souvenirs. L'appareil photographique numérique est souvent une aide précieuse non seulement pour alimenter une photothèque, mais aussi pour préciser ultérieurement une identification. Là aussi, des règles de pratique et d'éthique suggèrent de ne pas chercher à déranger coûte que coûte un animal au prétexte de le photographier. Certaines observations, dans de bonnes conditions, peuvent aussi permettre de faire des dessins d'ambiance ou des croquis de détail. Sans chercher nécessairement à imiter immédiatement les talentueux illustrateurs de ce guide, certains dessins peuvent s'avérer utiles pour enregistrer un détail ou une allure. Un carnet de terrain bien tenu peut aussi devenir une vraie source d'information et de références. Consigner par écrit le contexte des observations et les observations elles-mêmes permet également de faire des suivis intéressants d'une espèce, d'un groupe d'individus d'une espèce ou de noter des situations originales. Il ne faut pas hésiter ensuite à les publier, afin de partager des données qui enrichissent les connaissances sur les Mammifères, à leur bénéfice bien sûr. Depuis les bulletins associatifs jusqu'aux revues spécialisées, le choix est vaste. Les bases de données naturalistes sont maintenant bien développées. Il ne faut pas sous-estimer la valeur de ses propres observations. Passer par une association permet souvent de bénéficier d'un certain encadrement et d'acquérir un début de méthode pour observer et valoriser ces observations.

BIOGÉOGRAPHIE DES MAMMIFÈRES DU PALÉARCTIQUE OCCIDENTAL

Lynx pardelle *(Lynx pardinus)*

Pour une région dont la richesse faunistique n'est pas toujours reconnue, le nombre d'espèces de Mammifères du Paléarctique occidental, tel que défini précédemment, atteint pourtant 488 (dont 41 Cétacés et Sirénien). Certaines ont une vaste répartition géographique, qui la dépasse largement, comme le Loup gris *(Canis lupus)*, le Renard roux *(Vulpes vulpes)*, le Sanglier *(Sus scrofa)* ou la Souris grise *(Mus musculus)*. Inversement, la région héberge un nombre élevé d'espèces endémiques (205) comme le Macroscélide de Rozet *(Petrosaltator rozeti)*, le Desman des Pyrénées *(Galemys pyrenaicus)*, nombre de musaraignes (*Sorex* spp. et *Crocidura* spp.), plusieurs lièvres (*Lepus* spp.), de nombreux Rongeurs (105) dont la Marmotte des Alpes *(Marmota marmota)*, des sousliks (*Spermophilus* spp.), des gerboises (*Allactaga* spp.), des sicistes (*Sicista* spp.), des campagnols (*Microtus* spp.), des gerbilles (*Gerbillus* spp.), les spalax (*Spalax* spp. et *Nannospalax* spp.) et même un Carnivore, le Lynx pardelle *(Lynx pardinus)*, des ongulés comme les Bouquetin des Alpes *(Capra ibex)* et Bouquetin des Pyrénées *(C. pyrenaica)*, les 6 espèces de Chamois/Isard (*Rupicapra* spp.), des Chiroptères comme le Grand murin *(Myotis myotis)* et autres *Myotis* des groupes *mystacinus* et *nattereri*, des rhinolophes (*Rhinolophus* spp.), oreillards (*Plecotus* spp.), des barbastelles (*Barbastella* spp.) et des pipistrelles (*Pipistrellus* spp.), sans lister les espèces insulaires qui seront évoquées plus loin. De nombreuses autres espèces présentent une distribution qui s'étend peu au-delà des limites considérées, à la faveur des étendues désertiques du Sahara et d'Arabie essentiellement. Ce sont surtout des Rongeurs, comme la Gerbille champêtre *(Gerbillus campestris)*, le Pachyuromys à queue en massue *(Pachyuromys duprasi)*, le Rat de sable diurne *(Psammomys obesus)*, mais aussi un Carnivore, le Fennec *(Vulpes zerda)* et des ongulés comme la Gazelle dama *(Nanger dama)*, l'Aoudad *(Ammotragus lervia)*, l'Addax *(Addax nasomaculatus)* et l'Oryx algazelle *(Oryx dammah)*. Quelques espèces étendent un peu leur répartition en direction de l'Oural, comme le Muscardin *(Muscardinus avellanarius)*, le Mulot à collier *(Apodemus flavicollis)*, le Murin à moustaches *(Myotis mysctacinus)* ou le Putois d'Europe *(Mustela putorius)*, ou au sud-est de la mer Caspienne comme le Loir gris *(Glis glis)* ou la Mérione de Tristram *(Meriones tristrami)*, voire les deux comme la Pipistrelle de Nathusius

	Autochtones	Endémiques	Introduits
Diprotodontia	-	-	1
Hyracoidea	1	-	-
Macroscelidea	1	1	-
Sirenia	1	-	-
Lagomorpha	11	5	1
Rodentia	195	105	6
Eulipotyphla	61	42	1
Primates	1	1	-
Chiroptera	73	31	-
Carnivora	52	3	3
Cetartiodactyla	74	17	5
Perissodactyla	-	-	1
	470	205	18

(Pipistrellus nathusii). Ce fort taux d'endémisme et l'extension d'espèces désertiques confirment la différenciation d'un Paléarctique occidental ouvert sur les déserts environnants.

Cette richesse faunistique était encore plus grande au cours des récents millénaires, voire au début du XXe siècle. Sans remonter à la faune décrite par les pétroglyphes du Sahara, qui témoignent d'une faune de savane avec Girafe *(Giraffa camelopardalis)*, Rhinocéros blanc *(Ceratotherium simum)* et Phacochère *(Phacochoerus africanus)*, plusieurs espèces ont disparu depuis le début de notre ère. Ainsi, l'Éléphant d'Afrique *(Loxodonta africana)* a disparu du Maghreb vers le VIIe siècle, l'Aurochs *(Bos primigenius)* s'est éteint en Europe au XVIIe siècle, simultanément avec l'Hippopotame *(Hippopotamus amphibius)* en Basse-Égypte. Le processus s'est accéléré à partir de la fin du XIXe siècle avec l'extinction du Tarpan *(Equus ferus)* en Pologne, de la Gazelle rousse *(Eudorcas rufina)* en Algérie et de l'Âne sauvage *(Equus asinus)* en Égypte, puis du Bubale *(Alcelaphus buselaphus)* en 1926 au Maroc, de l'Hémippe *(Equus hemionus hemippus)* en Jordanie peu après, du Lion *(Panthera leo)* vers 1930 au Maroc et 1940 en Iran, et du Tigre *(Panthera tigris)* peut-être seulement dans les années 1970 en Turquie. L'Oryx d'Arabie *(Oryx leucoryx)* a aussi disparu de la zone dans la première moitié du XXe siècle, avant de s'éteindre en nature dans les années 1970 dans le sud de la péninsule Arabique. Les prochaines espèces sur la liste des extinctions seront le Guépard *(Acinonyx jubatus)* et la Panthère *(Panthera pardus)*. L'Oryx algazelle, l'Addax et la Gazelle dama font l'objet de programmes de sauvegarde en captivité et de réintroductions.

Un peuplement issu des glaciations quaternaires

Le peuplement mammalien de cet ensemble naturel s'explique par son histoire et les glaciations y ont joué un rôle majeur. Les espèces de la région sont souvent capables de supporter des variations thermiques assez importantes, car un climat globalement tempéré n'exclut pas des extrêmes. Le refroidissement des températures au début de l'ère quaternaire s'est traduit par une extension vers le sud des glaciers arctiques et par un fort développement des glaciers montagnards, dans les Alpes tout particulièrement. La faune d'alors, pas toujours adaptée à un climat aussi froid, s'est déplacée vers le sud, la mer Méditerranée constituant une barrière infranchissable pour de nombreuses espèces d'Europe. Ainsi se sont constituées des zones refuges dans les péninsules Ibérique, Italienne et Balkanique, ainsi qu'au sud du Caucase ou dans les Carpates, avant une recolonisation différentielle des zones dégagées par la fonte des glaciers. Il en résulte que la diversité spécifique n'est pas homogène sur l'ensemble de la région ; elle est sensiblement plus grande dans les zones méditerranéennes qui correspondent précisément aux anciens refuges de l'époque glaciaire.

Dans ces zones refuges et pendant les glaciations, les espèces qui occupaient auparavant de grands espaces ont été fragmentées en autant de sous-populations isolées. Quelques millénaires ou quelques dizaines de milliers d'années plus tard, ces sous-populations sont devenues dans certains cas de nouvelles espèces. C'est ainsi qu'il est possible d'expliquer, par exemple, l'existence et la répartition de la Musaraigne carrelet *(Sorex araneus)* et de la Musaraigne couronnée *(S. coronatus)*, ou du Hérisson d'Europe *(Erinaceus europaeus)* et du Hérisson des Balkans *(E. roumanicus)*, ou des sous-espèces de Souris grise (*Mus m. musculus* et *M. m. domesticus*). Même pour de grandes espèces, comme l'Ours brun *(Ursus arctos)*, la séparation des populations à l'est et à l'ouest des Alpes a donné naissance à des lignées génétiques distinctes, qui ont conditionné le choix des populations sources pour les programmes de repeuplement. Dans le détail, l'origine des espèces peut être assez complexe comme le montre la diversité des musaraignes du groupe *« araneus »*, ou la présence de trois espèces de lièvres (*Lepus castroviejoi*, *L. granatensis* et *L. europaeus*) dans la péninsule Ibérique. Ces découvertes récentes illustrent l'intérêt des études biogéographiques associées aux recherches sur la spéciation. Comment expliquer sinon la présence des isards *(Rupicapra pyrenaica, R. parva, R. ornata)* dans les Pyrénées, les Cantabriques et les Abruzzes, et des chamois *(R. rupicapra, R. carpatica, R. asiatica)* dans les Alpes, les Carpates et le Caucase ?

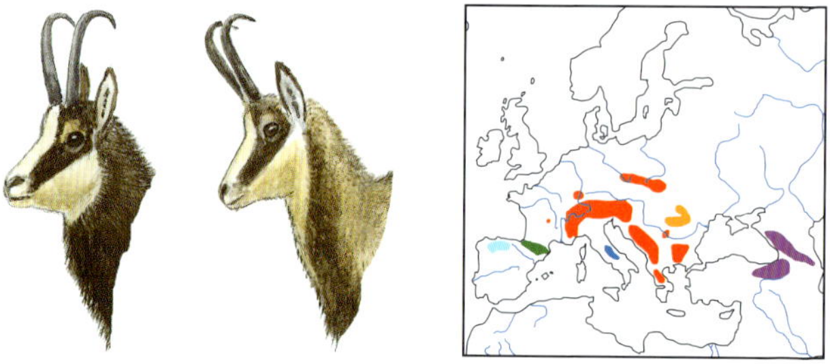

Portraits de Chamois et d'Isard avec carte synthétique de la distribution des six espèces de *Rupicapra*

Un autre facteur de spéciation est lié au mode de vie des espèces. Les petits Mammifères souterrains utilisant très peu le sens de la vue ont souvent évolué en un grand nombre de formes extrêmement proches morphologiquement, donc difficiles à reconnaître pour les mammalogistes. C'est le cas des taupes (*Talpa* spp.), des campagnols souterrains (*Microtus [Terricola]* spp., anciennement *Pitymys*), mais aussi des spalax et de nombreuses gerbilles du genre *Gerbillus* qui comptent des populations isolées par des barrières infranchissables dans les conditions actuelles. La diversité spécifique de la région s'explique donc par les phénomènes de spéciations liées aux refuges de la période glaciaire, à l'isolement de populations d'espèces peu mobiles et à l'arrivée d'espèces venant des régions périphériques. Des taxons afrotropicaux sont entrés par le Sahara atlantique, comme la Crocidure de Dollman *(Crocidura lusitania)*, l'Écureuil terrestre du Sénégal *(Euxerus erythropus)*, le Rat à mamelles multiples *(Mastomys erythroleucus)* et/ou la vallée du Nil, comme la Roussette d'Égypte *(Rousettus aegyptiacus)*, le Nyctère de la Thébaïde *(Nycteris thebaica)* ou le Rat roussard du Nil *(Arvicanthis niloticus)*. Au Moyen-Orient, outre l'apport majeur d'espèces d'Asie centrale dans une continuité écologique, la pénétration de taxons indo-malais est notable, avec le Rhinopome d'Hardwicke *(Rhinopoma hardwickii)*, la Petite mangouste indienne *(Urva auropunctata)* ou la Gerbille des Indes *(Tatera indica)*, sans compter les espèces transportées involontairement par les humains comme les pachyures (*Suncus* spp.) ou les rats (*Rattus* spp.).

Un peuplement lié au climat

Le peuplement du Paléarctique occidental est profondément marqué par des contrastes climatiques, de température et d'aridité. À côté d'espèces à vaste répartition médio-européenne et dont la diversité actuelle est liée au rythme de renouvellement des générations et aux capacités de recolonisation, il existe aussi des espèces étroitement liées aux climats froids et qui se trouvent soit au nord de la région paléarctique, soit isolées dans les massifs montagneux. Le Renard polaire *(Vulpes lagopus)*, le Glouton *(Gulo gulo)*, le Renne *(Rangifer tarandus)*, le Lemming arctique *(Dicrostonyx torquatus)* ou le Lemming de Sibérie *(Lemmus sibiricus)* sont de la première catégorie, la Musaraigne alpine *(Sorex alpinus)*, l'Oreillard montagnard *(Plecotus macrobullaris)* et la Marmotte des Alpes de la seconde. Le Lièvre variable *(Lepus timidus)* est le seul Mammifère qui réponde aux deux patrons. Indépendamment de l'impact de toute activité humaine directe, le devenir de ces espèces est probablement menacé par le réchauffement climatique actuel. À l'opposé, quelques espèces d'origine tropicale sont limitées aux zones méridionales les plus chaudes, comme la

Crocidure de savane *(Crocidura viaria)*, la Phyllorhine cendrée *(Hipposideros tephrus)*, le Nycticéinope de Schlieffen *(Nycticeinops schlieffeni)* ou le Ratel *(Mellivora capensis)*. Des populations se retrouvent isolées au nord du Sahara du fait de l'aridité croissante. Malgré le réchauffement climatique, leur pérennité n'est pas garantie à long terme en raison des faibles effectifs actuels. Toujours au sud du Paléarctique occidental, mais aussi au sud-est, c'est le déficit hygrométrique qui contraint le peuplement avec des espèces adaptées à la sécheresse comme le Fennec, le Chat des sables *(Felis margarita)*, les gazelles, notamment la Gazelle leptocère *(Gazella leptoceros)*, des Gerbillinés comme le Pachyuromys à queue en massue ou la Mérione du désert *(Meriones crassus)*. Enfin, le peuplement méditerranéen est scindé en deux sous-ensembles à présent séparés par l'avancée du désert jusqu'à la côte orientale de l'Afrique du Nord. Il est composé au nord d'espèces qui se sont différenciées dans les zones refuges quaternaires, comme la Taupe aveugle *(Talpa caeca)*, le Lynx pardelle, le Campagnol de Savi *(Microtus savii)* ou le Mulot rupestre *(Apodemus mystacinus)*. Au sud, des espèces se sont aussi individualisées parmi les groupes de Mammifères terrestres, comme l'Écureuil de Berbérie *(Atlantoxerus getulus)*, la Grande gerboise d'Égypte *(Jaculus orientalis)* ou la Gazelle de Cuvier *(Gazella cuvieri)*. Seules quelques espèces ont colonisé les deux rives, avec l'aide de l'homme pour certaines, comme la Souris d'Afrique du Nord *(Mus spretus)* et très probablement le Mulot sylvestre *(Apodemus sylvaticus)*, ou par la voie des airs pour les chauves-souris, comme le Rhinolophe de Méhely *(Rhinolophus mehelyi)*, le Murin de Capaccini *(Myotis capaccinii)* ou la Noctule de Leisler *(Nyctalus leisleri)*.

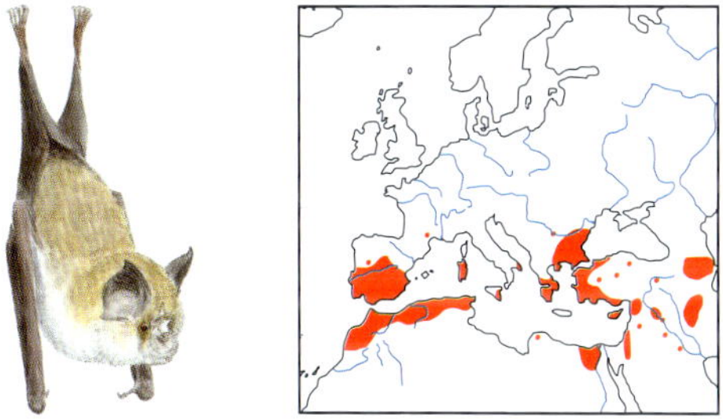

Portrait et distribution de *Rhinolophus mehelyi*

Le peuplement des îles

Les îles constituent des foyers de différenciation d'espèces particulièrement actifs en fonction de leur surface et de leur éloignement du continent.

En ce qui concerne les îles atlantiques et méditerranéennes, plusieurs cas de figure sont possibles. Au nord, l'Islande est très isolée, hébergeant une faune terrestre pauvre, nettement arctique avec le Renard polaire et l'accidentel Ours polaire *(Ursus maritimus)*, lié à la banquise et aux glaces dérivantes. Les îles Britanniques ont longtemps été rattachées au continent et leur faune est juste un peu appauvrie. Au sud, les peuplements naturels des archipels de la Macaronésie (Açores, Canaries, Madère) se limitent à quelques Eulipotyphles, aux Chiroptères et au Phoque moine *(Monachus monachus)*. Les Rongeurs endémiques des Canaries ont disparu, notamment la Souris des Canaries *(Canariomys tamarani)*, éteinte très récemment. Le cas des îles méditerranéennes est plus complexe et plus intéressant. Certaines îles sont isolées depuis l'ère tertiaire, donc depuis des millions d'années,

Pika

et leur faune mammalienne était vraiment originale. Dans les îles méditerranéennes, il y avait de grandes musaraignes et des Rongeurs géants (par exemple *Crocidura esuae*, *Episoriculus corsicanus*, *Hypmomys morpheus*, *Rhagamys orthodon*), des hippopotames, des antilopes et des éléphants nains (par exemple *Hippopotamus creutzburgi*, *Phanourios minutus*, *Myotragus balearicus*, *Elephas falconeri*, *E. creticus*), tous connus par des restes fossiles, voire subfossiles. La disparition de ces espèces endémiques et leur remplacement progressif par la faune des continents proches sont manifestement liés à l'arrivée des humains il y a quelques millénaires. Un des derniers survivants en Corse et en Sardaigne était un petit Lagomorphe de la famille des Ochotonidae, le Pika sarde *(Prolagus sardus)*, dont les derniers représentants ont vécu au début de notre ère. La Musaraigne de Corse *(Episoriculus corsicanus)* n'a pas dépassé le premier millénaire, le Campagnol corso-sarde *(Tyrrhenicola henseli)* s'est éteint entre le IIIe et le XIIe siècle.

Malgré un appauvrissement en espèces indigènes, les îles hébergent encore plusieurs espèces endémiques : la Crocidure de Sicile *(Crocidura sicula)* dans l'archipel sicilo-maltais, la Crocidure des Canaries *(C. canariensis)* à Fuerteventura, Lobos, Lanzarote et Monte Clara, la Crocidure de Zimmermann *(C. zimmermanni)* et le Rat épineux de Crète *(Acomys minous)* en Crète, la Noctule des Açores *(Nyctalus azoreum)* dans l'archipel du milieu de l'Atlantique, la Pipistrelle de Madère *(Pipistrellus maderensis)* à Madère et dans quatre îles des Canaries, l'Oreillard de Tenerife *(Plecotus teneriffae)* à Tenerife, La Palma et El Hierro, l'Oreillard sarde *(P. sardus)* en Sardaigne, le Rat épineux de Chypre *(Acomys nesiotes)* à Chypre, etc.

La biogéographie insulaire peut être étendue à tout habitat isolé au sein d'un territoire, étendue d'eau au milieu des terres, forêt dans un espace steppique ou de cultures, ou sommets isolés des montagnes. Si la plupart des Mammifères aquatiques sont capables de se déplacer d'un plan d'eau à l'autre, notamment grâce au réseau hydrographique, le Phoque de la Caspienne *(Pusa caspica)* représente un exemple de spéciation par isolement, probablement à partir du Phoque annelé *(P. hispida)*. Comme dans le cas du Phoque du lac Baïkal *(P. sibirica)*, ses ancêtres auraient été poussés vers le sud lors des glaciations et auraient atteint l'un la mer Caspienne, l'autre le lac Baïkal, en remontant des fleuves depuis l'océan Arctique.

Les massifs montagneux sont souvent découpés par de profondes vallées qui constituent autant de barrières à la dispersion des espèces d'altitude. De ce fait, ce sont des foyers actifs de spéciation pour les animaux à évolution rapide et à faible capacité de déplacement comme les Rongeurs. Ainsi, les sicistes du Caucase constituent un complexe de quatre espèces parapatriques, différenciées principalement par leur caryotype. Du nord-ouest au sud-est se succèdent la Siciste du Caucase *(Sicista caucasica)*, 2n = 32, la Siciste d'Ossétie *(S. kazbegica)*, 2n = 40, 42, la Siciste de Klukhor *(S. kluchorica)*, 2n = 24 et la Siciste d'Arménie *(S. armenica)*, 2n = 36.

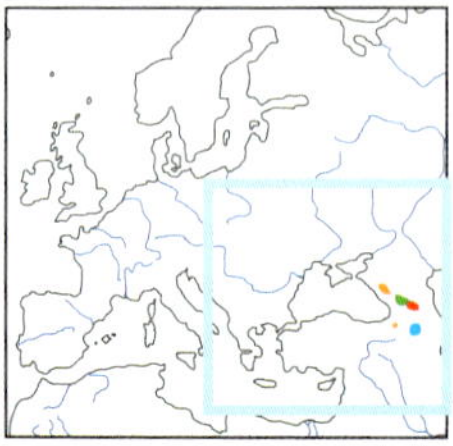

Carte synthétique de la distribution des quatre espèces de *Sicista* du Caucase

LES MAMMIFÈRES ET L'HOMME

Nombre d'espèces de Mammifères sont étroitement associées aux humains, soit volontairement, soit involontairement. Ces relations bénéficient d'une appréciation positive lorsque les Mammifères sont domestiqués, tels le chien *(Canis familiaris)*, le Mouton *(Ovis aries)* ou le Dromadaire *(Camelus dromedarius)*, ou fournissent des nutriments comme les ongulés sauvages (cerfs, chevreuils, bouquetins, etc.) ou les Lagomorphes, encore que le Lapin de garenne *(Oryctolagus cuniculus)* ait souvent été considéré comme un ennemi des cultures. En revanche, elles sont franchement négatives pour tous les prédateurs considérés comme des concurrents naturels, depuis les grands Carnivores qui ont pour la plupart été exterminés, comme le Lion *(Panthera leo)* ou le Tigre *(Panthera tigris)*, ou sont au bord de l'extinction comme le Guépard ou la Panthère. Les petits prédateurs ne sont pas épargnés, à commencer par le Renard roux *(Vulpes vulpes)*, mais aussi la Fouine *(Martes foina)*, la Martre des pins *(M. martes)*, le Putois d'Europe *(Mustela putorius)*, etc. Les appréciations sont aussi négatives pour toutes les espèces qui consomment des végétaux cultivés comme de nombreux Rongeurs, surtout lorsque leurs populations connaissent une poussée démographique (pullulation de Campagnol des champs *Microtus arvalis* ou de Mérione de Shaw *Meriones shawii*), mais aussi le Magot *(Macaca sylvanus)* et le Sanglier *(Sus scrofa)*, qui bénéficie cependant de son statut de gibier, avec parfois des lâchers d'animaux d'élevage. Elles sont encore négatives pour toutes les espèces qui compromettent les infrastructures et la santé humaines, comme le Ragondin *(Myocastor coypus)*, qui mine les berges par ses terriers, ou le Rat surmulot *(Rattus norvegicus)*, qui ronge les câbles et véhicule des germes potentiellement pathogènes. Sans entrer en concurrence avec les humains, les chauves-souris sont encore mal perçues, alors même qu'elles pâtissent directement ou indirectement des activités humaines : destruction ou dérangement de gîtes souterrains ou arboricoles, appauvrissement des terrains de chasse par l'usage de pesticides ou la modification de l'utilisation des terres. Malgré une forte capacité de dispersion, ces Mammifères volants stigmatisent toutes les interactions négatives indirectes qui affectent également les autres groupes, à l'exception de la concurrence avec les espèces introduites.

LES INTRODUCTIONS

Depuis le néolithique, les humains entraînent un cortège d'espèces à leur suite, espèces domestiquées d'une part, espèces commensales d'autre part. Avec l'exploitation d'un nombre croissant d'espèces, des introductions volontaires ou involontaires d'espèces ont jalonné l'histoire du peuplement de Mammifères du Paléarctique occidental. C'est bien évidemment le cas de la Souris grise *(Mus musculus)*, du Rat noir *(Rattus rattus)* et du Rat surmulot.

Au cours du XXe siècle, seize espèces exotiques comptent au moins une population qui a fait souche dans cet espace, sans compter les translocations au sein de la sous-région, par exemple avec l'introduction de l'Écureuil roux *(Sciurus vulgaris)* et de la Marmotte grise *(Marmota baibacina)* dans le Caucase, de la Marmotte des Alpes *(Marmota marmota)* dans les Pyrénées, de l'Aoudad *(Ammotragus lervia)* en Espagne, en Italie, en Croatie, en France, et échappé de captivité en Tchéquie, du Mouflon *(Ovis gmelinii)* dans de nombreux pays, etc. Plusieurs espèces exploitées pour leur fourrure, que ce soient des Rongeurs, comme le Rat musqué *(Ondatra zibethicus)*, le Castor canadien *(Castor canadensis)* ou le Ragondin, ou des Carnivores comme le Vison d'Amérique *(Mustela vison)*, se sont échappées d'élevages peu hermétiques ou d'exploitations abandonnées car devenues peu rentables, ou ont été volontairement relâchées comme le Chien viverrin *(Nyctereutes procyonoides)*.

D'autres espèces ont été volontairement introduites à des fins cynégétiques ou d'ornement de parcs. Ce sont des Cervidae, le Cerf axis *(Axis axis)*, l'Hydropote chinois *(Hydropotes inermis)*, le Muntjac de Chine *(Muntiacus reevesi)*, le Cerf sika *(Cervus nippon)* et le Chevreuil de Virginie *(Odocoileus virginianus)*, un Lagomorphe, le Lapin de Floride *(Sylvilagus floridanus)* et un Diprotodonte (!), le Wallaby de Bennett *(Notamacropus rufogriseus)*.

Enfin, des Rongeurs essentiellement, vendus comme animaux de compagnie, ont été relâchés, avec des conséquences souvent limitées mais parfois dramatiques. Ce sont surtout des écureuils, l'Écureuil gris *(Sciurus carolinensis)*, l'Écureuil à ventre rouge *(Callosciurus erythraeus)*, l'Écureuil de Finlayson *(C. finlaysonii)* et le Tamias de Sibérie *(Tamias sibiricus)*, mais aussi deux Carnivores, le Raton laveur *(Procyon lotor)*, mascotte de militaires américains en poste en Europe, et le Coati roux *(Nasua nasua)* récemment apparu à Majorque, Baléares.

Avec les bouleversements récents apportés par les humains aux paysages, l'implantation de Rongeurs américains et d'ongulés asiatiques a connu certains succès qui ne sont pas sans poser quelques problèmes de cohabitation, parfois au détriment de la faune indigène. Même si ces espèces et leurs interactions négatives avec la faune native seront précisées lors de leur présentation, il n'est pas inutile de rappeler le caractère envahissant de l'Écureuil gris, qui a supplanté l'Écureuil roux dans une grande partie des îles Britanniques, ou bien du Vison d'Amérique, qui concurrence vivement le Vison d'Europe *(Mustela lutreola)*, en forte régression dans toute son aire de répartition. Outre les atteintes aux paysages, comme la dégradation des berges de cours d'eau par le Ragondin, il convient de souligner les interactions négatives pour la faune de Mammifères autochtones, dont l'hybridation du Cerf sika avec le Cerf élaphe *(Cervus elaphus)* en Irlande et en Grande-Bretagne.

Vison d'Europe *(Mustela lutreola)*

Vison d'Amérique *(Mustela vison)*

AGENTS PATHOGÈNES ET ZOONOSES

Plusieurs maladies des Mammifères sauvages sont bien connues, soit que leur apparition et que leur évolution aient intrigué les biologistes, soit que les mêmes agents pathogènes contaminent parfois l'espèce humaine. La myxomatose du Lapin de garenne, la kérato-conjonctivite du Chamois *(Rupicapra rupicapra)*, la morbillivirose du Phoque veau marin *(Phoca vitulina)* ou la gale chez plusieurs espèces sont dans le premier cas. La rage, l'échinococcose alvéolaire, les hantavirus du Campagnol roussâtre *(Clethrionomys glareolus)*, la leishmaniose des mériones (*Meriones* spp.) et des rats de sable (*Psammomys* spp.) sont dans le second. Inversement, il ne faut pas oublier que les animaux domestiques sont régulièrement sources de contagion pour les Mammifères sauvages et pour les humains. Ainsi, le rôle du Dromadaire dans la transmission d'un coronavirus responsable du MERS (syndrome respiratoire du Moyen-Orient) a été mis en évidence en 2012 dans la péninsule Arabique. Quelques exemples sont présentés pour illustrer la richesse des champs d'études des Mammifères.

Chiroptères

Les chauves-souris restent des Mammifères mal connus dont l'étude est délicate. La mise en évidence de la rage des Chiroptères en Europe date seulement des années 1980. Pratiquement, tout reste encore à découvrir sur l'épidémiologie de cette infection chez ces animaux. Les virus en cause, comme les lyssavirus EBL1, EBL2 et Bokeloh, sont différents des virus de la rage des Carnivores terrestres ; les cycles épidémiologiques sont manifestement indépendants. Les Chiroptères peuvent aussi héberger un champignon parasite, *Histoplasma capsulatum*, présent dans les régions tropicales, où le guano peut en être infecté. Il est responsable de l'histoplasmose qui affecte les voies respiratoires. Ceci impose des mesures de protection adaptées.

Primates

Avec une seule espèce de primate non humain, le Magot, le risque de zoonose devrait être faible. Mais ce singe est régulièrement exporté illégalement d'Afrique du Nord, où il est exposé à la rage, vers l'Europe, où il est vendu comme animal de compagnie, alors qu'il s'accommode mal de la captivité et peut devenir agressif et dangereux.

Carnivores

Les deux zoonoses majeures sont la rage et l'échinococcose alvéolaire, pour lesquelles le chien et le chat domestiques peuvent jouer le rôle d'intermédiaire entre les espèces sauvages et l'homme.

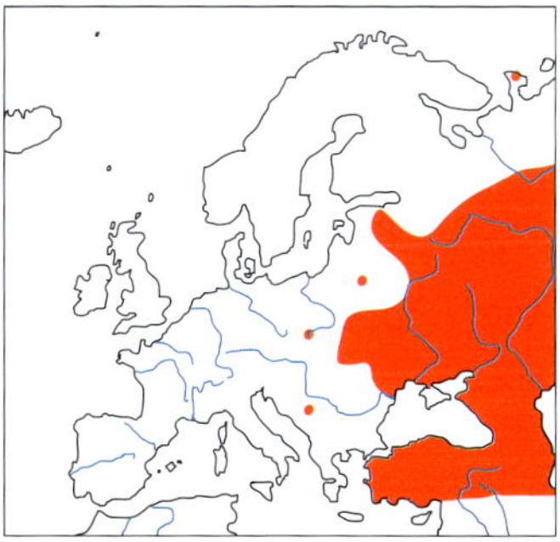

Répartition de la rage vulpine en 2019. Source : *Rabies Bulletin Europe*

La rage est une maladie virale du Chien domestique, présente en particulier autour de la Méditerranée (Proche et Moyen-Orient, Afrique du Nord). Le contrôle des chiens errants est un souci de santé publique, mais il reste délicat à maîtriser. La maladie est passée au Renard roux au cours de la première moitié du XXe siècle en Europe centrale et a envahi une bonne partie du continent. Des campagnes de vaccination par voie orale des renards ont permis de faire reculer la maladie et certains pays d'Europe de l'Ouest ont réussi à l'éradiquer. Le Raton laveur nord-américain est un vecteur potentiel de la maladie, comme il a été observé le long de la côte atlantique nord-américaine. Le Chien viverrin, d'origine asiatique, est devenu réservoir de la rage de la Finlande à l'Ukraine.

L'échinococcose alvéolaire est une maladie parasitaire ; la forme adulte du ténia *(Echinococcus multilocularis)* est portée dans l'intestin par le Renard roux, mais aussi par le chien, plus rarement le chat, domestiques. Les campagnols (*Arvicola monticola* et *Microtus* spp.) sont les hôtes intermédiaires.

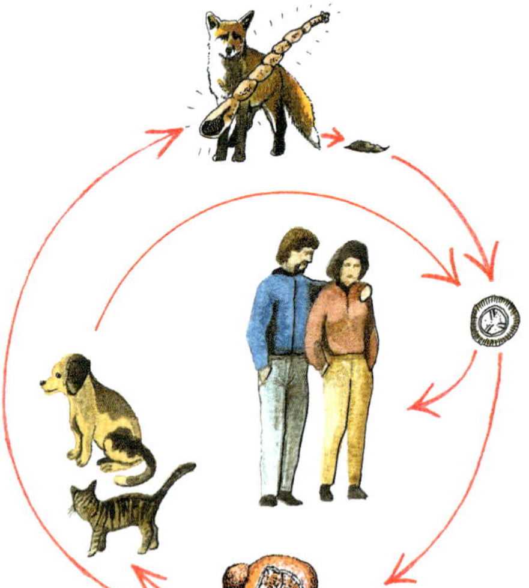

Cycle de l'échinococcose alvéolaire
(Dessin : Deyrmon)

À côté de ces zoonoses, la transmission de maladies est plutôt orientée des Carnivores ou autres animaux domestiques vers les Carnivores sauvages, comme la tuberculose bovine qui affecte le Blaireau *(Meles meles)* dans les îles Britanniques et plus récemment sur le continent. Le Blaireau est alors doublement victime, de la maladie et de campagnes de « régulation ».

Le Chat forestier *(Felis silvestris)* souffre de la contamination par des lentivirus félins, clairement liés aux contacts avec le Chat domestique.

Les ours comme les Canidae peuvent héberger dans leurs muscles un ver parasite, *Trichinella* spp., responsable chez l'homme de la trichinellose, conséquence de la consommation de viande mal cuite. Le Sanglier, omnivore, peut aussi en être porteur.

Cétartiodactyles terrestres

Les Cétartiodactyles terrestres sauvages sont tout aussi importants pour les risques de zoonoses que pour leur rôle éventuel dans l'épidémiologie de certaines pathologies des animaux d'élevage. L'augmentation des effectifs de certaines espèces, à la suite d'une meilleure gestion cynégétique depuis une trentaine d'années, sera intéressante à suivre au plan épidémiologique. C'est ainsi que brucellose, tuberculose, fièvre Q, leptospirose, voire charbon bactéridien, toutes maladies bactériennes, peuvent être mentionnées. Dans l'état actuel des connaissances, les espèces sauvages sont plus victimes d'infections transmises par des troupeaux domestiques que le contraire. Pourtant, le Chevreuil européen *(Capreolus capreolus)* ou le Chamois des Alpes *(Rupicapra rupicapra)* et l'Isard des Pyrénées *(R. pyrenaica)* sont régulièrement accusés, sans argument à l'appui, d'être responsables de résurgences de certaines de ces maladies dans des troupeaux bovins ou ovins transhumants. Des épizooties de kérato-conjonctivite bactérienne ont affecté les chamois/isards dans plusieurs massifs européens. Heureusement, après une phase aiguë, de nombreux animaux peuvent récupérer. Le rôle de réservoir bactérien joué par les troupeaux domestiques est discuté. Un suivi sanitaire augmente la connaissance des maladies dont souffrent ces espèces, souvent liées à une trop grande promiscuité avec les troupeaux domestiques en alpages, y compris dans des espaces protégés (parcs nationaux). Les isards des Pyrénées ont été affectés par un pestivirus et plusieurs populations ibériques de Bouquetin des Pyrénées *(Capra pyrenaica)* sont atteintes par la gale sarcoptique. Une population de bouquetins des Alpes *(C. ibex)* contaminés par la brucellose des petits ruminants domestiques a fait l'objet d'abattages massifs alors que l'espèce est protégée. Les premiers cas européens d'encéphalopathie spongiforme subaiguë transmissible (ESST), identifiée depuis les années 1960 chez les Cervidae nord-américains, ont été détectés depuis 2016 chez des rennes *(Rangifer tarandus)* et des élans *(Alces alces)* de Scandinavie. Un mouvement commercial non identifié a introduit en Europe le virus de la fièvre catarrhale ovine (maladie de la langue bleue) qui a envahi les troupeaux de ruminants domestiques et sauvages.

Le Sanglier pose un certain nombre de problèmes possiblement graves pour l'élevage porcin, avec la brucellose porcine, la maladie d'Aujeszky, la tuberculose bovine, la peste porcine classique et, depuis le début du XXIe siècle, la peste porcine africaine. Certaines pratiques cynégétiques (élevages, enclos de chasse, nourrissage en nature, déplacements intra-européens) contribuent à diffuser les agents pathogènes.

Lagomorphes

Les Lagomorphes sont des gibiers très recherchés, ce qui a motivé de nombreux lâchers dits de repeuplement, pas toujours parfaits sur le plan sanitaire ou zoologique (mélange de lignées, introduction d'espèces exotiques). Les lièvres d'Europe *(Lepus europaeus)* importés pourraient être à l'origine de plusieurs cas humains de tularémie (zoonose bactérienne) et les lapins de garenne peuvent jouer un rôle dans le cycle de la Grande Douve du foie *(Fasciola hepatica)* qui provoque la distomatose. Une épidémie humaine de leishmaniose autour de Madrid semble liée à un parasite hébergé par le Lièvre ibérique *(Lepus granatensis)*. Les récentes panzooties de caliciviroses, apparues chez le Lièvre d'Europe et le Lapin, de garenne et domestique, ont inquiété certains responsables sanitaires à l'évocation de possibilités de changement d'hôtes. La fièvre boutonneuse (ou exanthématique) méditerranéenne à *Rickettsia conorii* a vu son incidence décroître après la flambée de myxomatose des années 1950-1960 en Europe et la diminution des densités de lapins.

Rongeurs

Les effectifs (en espèces et en individus), les répartitions et les niches écologiques variées des Rongeurs les placent en bonne position pour pouvoir jouer un rôle dans plusieurs cycles épidémiologiques. La grande peste du Moyen Âge est à relier au Rat noir et à ses puces ; la peste bubonique existe toujours au Moyen-Orient et en Afrique du Nord. Les mériones, leurs puces et leurs terriers sont toujours concernés. La leptospirose, autre zoonose bactérienne, est classiquement transmise à l'homme *via* l'urine des Rongeurs et l'eau de baignade.

Le rôle du Ragondin ou du Rat noir comme réservoir secondaire dans le cycle de la Grande douve du foie est attesté. L'agent de la fièvre des castors, ou *Beaver fever*, parasite unicellulaire *(Giardia lamblia)* décrit d'Amérique du Nord chez le Castor canadien et le Rat musqué, ne semble pas connu chez le Castor d'Eurasie *(Castor fiber)*, même si la giardiose est émergente en Europe. En Afrique du Nord et au Moyen-Orient, la leishmaniose, maladie parasitaire due aux protozoaires *Leishmania* spp., affecte les Gerbillinae des zones arides. Les Canidae (Renard roux, Chien domestique) peuvent aussi jouer un rôle de réservoir, sachant que les protozoaires responsables sont transmis par de petits Diptères piqueurs, des phlébotomes.

Enfin, un parasite unicellulaire très universel, l'agent de la toxoplasmose, a été mis en évidence pour la première fois à l'Institut Pasteur de Tunis à partir d'un goundi du genre *Ctenodactylus*, d'où son nom scientifique : *Toxoplasma gondii*. De fait, le cycle du parasite est plutôt lié à la viande de ruminants, source majeure de contamination humaine, et aux chats domestiques chez lesquels il se reproduit.

Conclusion

Face à une maladie nouvellement identifiée chez une espèce sauvage, les biologistes et les responsables sanitaires sont confrontés à une situation encore mal codifiée. Il peut s'agir d'une véritable émergence ou de la mise en évidence d'un germe préexistant. Pour évaluer l'importance du risque, il faudrait connaître la prévalence de l'agent dans la population considérée. Le recensement, l'échantillonnage, l'identification des animaux, les méthodes de capture-recapture, sont lourds et complexes à mettre en œuvre, même s'ils restent incontournables à un moment ou à un autre.

Deux types de mesures peuvent être envisagés : agir sur le réservoir sauvage ou essayer de couper le lien entre l'agent et les humains (ou les animaux domestiques) sans nécessairement chercher à éliminer ni l'agent pathogène ni le réservoir. Cette seconde option est souvent mal comprise. Pourtant, si l'agent pathogène est présent depuis longtemps, la question est plutôt de savoir pourquoi il semble être soudain devenu plus agressif. Est-ce lié à l'hôte, au micro-organisme, à l'environnement ou à plusieurs paramètres de l'écosystème ?

Vacciner le réservoir est la méthode appliquée dans le cas de la rage vulpine en Europe, avec une réussite unique à ce jour. Le régime omnivore du Renard roux a facilité le succès d'une vaccination par voie orale volontaire (le renard consomme directement l'appât vaccinal).

Le contrôle démographique de la population réservoir pour essayer de jouer sur les seuils de transmission épidémique est envisagé à deux niveaux : limitation de la reproduction par une méthode immunocontraceptive ou réduction des effectifs par élimination d'individus. Facile *a priori*, cette seconde méthode n'est pas toujours efficace et peut même être contreproductive en favorisant la démographie et la dispersion de l'espèce, alors que les vaccins immunocontraceptifs ne sont pas encore prêts à être largement utilisés sur le terrain.

Pour argumenter les choix correspondant à ces options, ce sont toujours les études écologiques qui manquent le plus, faute de moyens, souvent, et de temps, toujours. La surveillance du statut sanitaire de la faune sauvage permettant l'identification précoce et donc la prévention de l'émergence et surtout la diffusion de maladies est toujours préférable à des opérations lourdes de lutte *a posteriori*. Pour contrôler les risques, il existe des règles simples, comme maîtriser les introductions et les déplacements de la faune par les humains et éviter de faciliter la contagion croisée entre les animaux domestiques et sauvages. D'une manière générale la pratique du nourrissage de la grande faune est à proscrire. Les troupeaux domestiques ne devraient visiter les espaces protégés que parfaitement sains et bien encadrés.

Au niveau individuel, il ne faut jamais toucher sans précaution, ni sans protection, les animaux sauvages trouvés en nature, morts ou vivants, «abandonnés», blessés, ou échoués. Pour ceux qui manipulent régulièrement des individus d'espèces sauvages, des tenues adaptées et des vaccinations préventives (rage par exemple) peuvent s'avérer indispensables.

CONSERVATION

Les nombreuses interventions des humains sur les paysages et la faune sauvage se sont traduites par une modification importante des peuplements de Mammifères du Paléarctique occidental. L'agriculture et l'aménagement des territoires ont rarement pris en compte la faune à sa juste valeur. Les grands Carnivores ont été persécutés pendant longtemps et la tendance peine à s'inverser. Certains discours contemporains sur le Lynx boréal *(Lynx lynx)*, le Loup gris *(Canis lupus)* ou l'Ours brun *(Ursus arctos)* ignorent manifestement toutes les connaissances scientifiques acquises depuis quelques décennies. Les campagnes d'empoisonnement des campagnols (*Arvicola* spp. et *Microtus* spp.) éliminent dans le même temps tout leur cortège de prédateurs, des Mustelidae aux renards (*Vulpes* spp.) en passant par les rapaces. La chasse incontrôlée des ongulés a entraîné la régression, voire la disparition de certaines espèces. L'Aurochs *(Bos primigenius)*, la Gazelle rousse *(Eudorcas rufina)*, le Tarpan *(Equus ferus)*, déjà cités, sont maintenant définitivement éteints. Trop chassée pour sa fourrure, la Zibeline *(Martes zibellina)* a disparu de la taïga européenne. Quels que soient les critères retenus, de nombreuses espèces sont dans un état de conservation médiocre.

L'Union Internationale pour la Conservation de la Nature (UICN) a développé un outil permettant, à partir des informations disponibles, d'apprécier le statut probable de presque toutes les espèces de Mammifères et de nombreux autres animaux et plantes. Ces évaluations alimentent une liste rouge périodiquement mise à jour (www.redlist.org), vaste compilation des connaissances autour du devenir possible de la biodiversité de la planète. En ce début de XXIe siècle, l'UICN a lancé une révision mondiale du statut des Mammifères sauvages. Le processus risque de confirmer l'état précaire de nombre d'entre eux, mais aussi le manque de connaissances toujours flagrant pour presque tous. Clairement, le Guépard *(Acinonyx jubatus)*, la Panthère *(Panthera pardus)*, l'Hyène rayée *(Hyaena hyaena)* et toutes les antilopes vont bientôt disparaître du Paléarctique occidental. Il est difficile de rester optimiste car si des espèces aussi emblématiques disparaissent, que faire ou que dire pour toutes les autres ?

Toujours à l'échelle internationale, des conventions proposent des plans d'action ou de restauration, par exemple les conventions de Berne (espèces et habitats européens), de Bonn (espèces migratrices), de Washington (réglementation du commerce international des espèces menacées). Les Mammifères ne sont pas oubliés, et leur nombre élevé sur la plupart des listes annexées à ces textes internationaux traduit un état de conservation préoccupant. Des accords internationaux complètent ces conventions pour des groupes particulièrement menacés : Eurobats (populations européennes de Chiroptères), Ascobans (petits Cétacés de la Baltique et de la mer du Nord), Accobams (Cétacés de la mer Noire, de la Méditerranée et de la zone Atlantique adjacente), etc.

Chaque pays possède également, au moins sur le papier, des programmes de protection des espèces « prioritaires », qui combinent la création et le maintien d'un réseau d'espaces protégés avec des réglementations interdisant la destruction des espèces rares et menacées. Les intérêts économiques, la pression de l'agriculture, le besoin de développement et, malheureusement parfois, des situations d'instabilité politique, rendent tous ces souhaits souvent bien modestes dans leur concrétisation. Les projets de sauvegarde associent parfois à la protection des espaces et des espèces des programmes de reproduction en captivité. C'est le cas pour les antilopes sahélo-sahariennes, animaux plus faciles à élever et surtout à relâcher en nature que des Carnivores, par exemple. Leurs besoins d'espaces et de ressources sont plus aisés à satisfaire, et leur réintroduction plus acceptée par les populations locales. Toutefois, il faut des espaces adaptés, accessibles et sûrs à long terme pour espérer les rendre à la nature avec un espoir raisonnable de réussite. Sinon, le maintien en captivité risque de durer. Pourtant, les réserves clôturées ne peuvent prétendre représenter la seule issue à la préservation de la biodiversité. Il faut encore préciser que le choix des individus fondateurs et la gestion des troupeaux captifs sont cruciaux. Diverses espèces de gazelles, ou des populations géographiquement éloignées des mêmes espèces, ont été mélangées en captivité avant d'être relâchées. Certains survivants du Bison d'Europe *(Bos bonasus)* ont été croisés avec des bisons d'Amérique *(B. bison)* au début du XXe siècle. Des loutres européennes *(Lutra lutra)* ont été hybridées en captivité avec des conspécifiques d'origine asiatique, dans un programme de réintroduction !

Étudiant l'impact des humains sur les espèces, peuplements, écosystèmes, et développant des approches pratiques pour éviter l'extinction d'espèces dans, si possible, leur écosystème originel, la biologie de la conservation est devenue une « interdiscipline » incontournable de la science contemporaine. Elle constitue une synthèse de nombreuses disciplines qui fournissent les principes et de nouvelles approches pour la gestion des ressources : stratégies pour protéger les espèces rares, pour identifier des espaces à gérer ou à protéger, pour maintenir la diversité génétique des petites populations et pour concilier la protection avec les besoins des populations locales. En retour, les expériences de terrain influencent les recherches conceptuelles. Les enjeux sont considérables et le bilan de la conservation reste encore très modeste en ce début de XXIe siècle tant les tendances restent fortement négatives pour de nombreuses espèces, notamment pour les « grands » Mammifères.

PRÉSENTATION DES ESPÈCES

Les 488 espèces retenues à la date de rédaction de ce guide sont présentées individuellement selon des rubriques identiques pour toutes, avec une carte montrant leur distribution et des illustrations variables selon les critères d'identification utilisables sur l'animal entier ou sur le crâne. Lorsque deux espèces au moins appartiennent à un même genre, un paragraphe introductif synthétise les caractères communs, tant morphologiques qu'écologiques.

Noms

Le nom français usuel de l'espèce est suivi du nom scientifique. Pour ce guide, il n'a pas été jugé nécessaire de sacrifier à la tendance actuelle de désignation vernaculaire binominale. Pour les espèces très connues et en l'absence d'ambiguïté, un seul nom a été retenu. La nomenclature vernaculaire s'est appuyée largement sur trois ouvrages, *The atlas of European Mammals* (Mitchell-Jones *et al.* 1999), *Mammifères du monde. Inventaire des noms scientifiques, français et anglais* (Gunther 2003) et *Handbook of the Mammals of the world* (Wilson & Mittermeier 2009-2019, Mittermeier *et al.* 2013, Wilson *et al.* 2016-2017). Comme pour la nomenclature scientifique, des choix liés à l'usage ont modifié une liste qui a été complétée par des noms proposés pour les espèces qui ne figuraient dans aucun de ces livres.

Une liste des noms anglais, utiles lors de déplacements à l'étranger, est fournie en fin d'ouvrage. Elle est inspirée des mêmes ouvrages que la liste des noms français, auxquels ont été rajoutés *Common names of Mammals of the world* (Wilson & Cole, 2000), *Mammals of the world. A checklist* (Duff & Lawson 2004), *Mammal species of the world. A taxonomic and geographic reference* (Wilson & Reeder 2005). Les noms en usage dans les îles Britanniques ont prévalu sur une nomenclature plus internationale, proposée notamment par le dernier ouvrage.

Mensurations

Les mensurations donnent un ordre de grandeur de la taille des animaux que les planches ont tendance à homogénéiser. De plus, elles peuvent s'avérer fort utiles pour identifier des espèces de morphologie assez semblable. Toutes ces mensurations sont délicates à prendre en respectant toujours la même méthode et le même choix (pinceau caudal ou non, ongles ou non). Cela explique une partie des variations enregistrées. Par ailleurs, les mensurations des individus d'une espèce peuvent être très variables d'une population à l'autre. Des fourchettes sont donc plus réalistes.

Les animaux doivent être posés sur le dos, bien à plat, afin de pouvoir être mesurés

AB : longueur de l'avant-bras (pour les Chiroptères).

TC : longueur tête + corps, prise du bout du museau à la base de la queue.

Q : longueur de la queue, prise de la base a l'extrémité du pinceau de poils terminal.

Hg : hauteur au garrot de l'animal debout (pour les Carnivores et les Cétartiodactyles terrestres).

Pp : longueur du pied postérieur, prise du talon au bout des ongles.

Or : longueur de l'oreille, depuis l'orifice auditif jusqu'à l'extrémité du pavillon.

En : envergure (pour les Chiroptères).

Cbl : longueur condylobasale (Cil : longueur condylo-incisive pour certaines espèces telles que les crocidures).

LC : longueur du crâne (pour les Chiroptères).

LT : longueur totale (pour les Cétacés).

P : poids.

dans les meilleures conditions possible. S'ils sont vivants, la variabilité peut augmenter. L'erreur consentie devrait toujours être indiquée, selon l'instrument de mesure utilisé et le type d'animal mesuré.

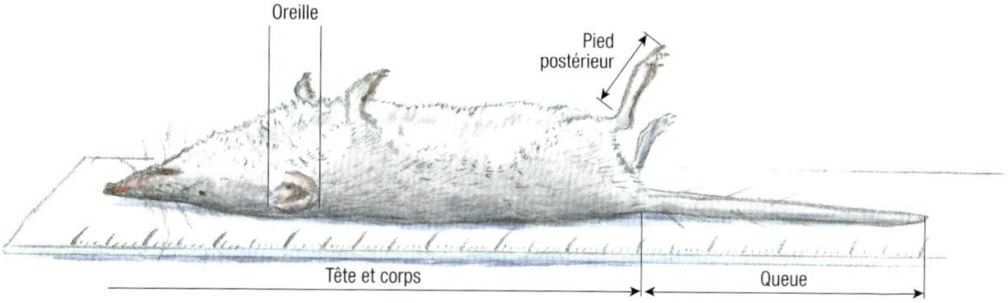

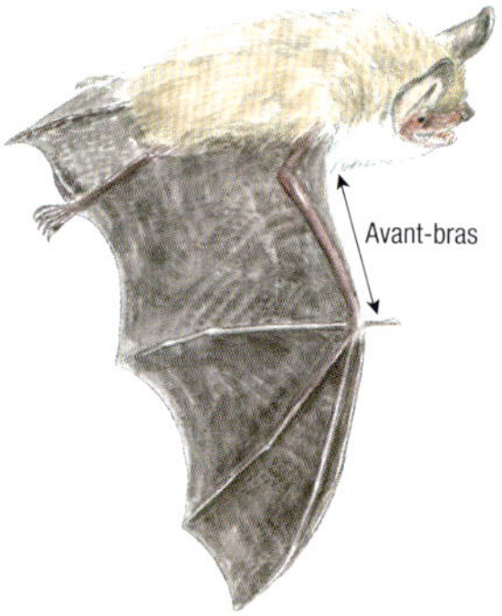

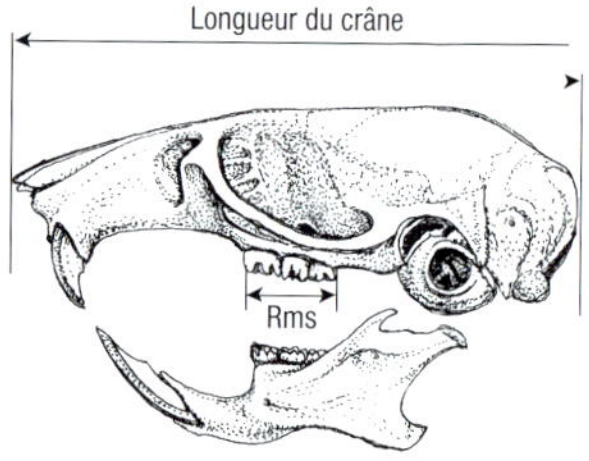

Apodemus sylvaticus

Le dimorphisme sexuel est généralement peu marqué chez les Mammifères ; toutefois dans le cas de différence de taille manifeste, les mensurations des deux sexes sont données séparément.

Enfin, d'autres mensurations sont incluses dans le paragraphe suivant lorsqu'elles s'avèrent utiles, voire indispensables, pour l'identification, comme la largeur du rostre au niveau de la M^1 (**RoM**), la longueur de la rangée molaire supérieure (**Rms**), la largeur de la constriction interorbitaire (**IO**), la largeur bizygomatique (**Iz**) et la longueur de la première molaire inférieure (**LM_1**) pour certains Rongeurs, la hauteur coronoïde (**Hc**) ou la hauteur de la branche montante de la mandibule pour des musaraignes, la longueur de la rangée dentaire de la canine à la troisième molaire supérieure (**CM^3**) et la largeur entre canines (**CC**) pour certains Chiroptères.

Description

Tous les Mammifères ne peuvent être déterminés facilement par l'observation directe, voire avec l'animal en main pour les espèces de petite taille. Les caractères spécifiques peuvent être très discrets, surtout lorsqu'ils reposent sur l'examen approfondi des parties génitales ou du crâne, voire pis, lorsque le caryotype ou le séquençage de marqueurs moléculaires sont les seuls critères indiscutables. Afin de permettre au lecteur de mesurer la difficulté qui l'attend pour différencier des espèces proches, des critères parfois cryptiques sont fournis pour certaines espèces alors que la description reste très générale pour d'autres, plus faciles à identifier. Cette description débute néanmoins par le (ou les) caractère(s) de morphologie externe qui permet l'identification, avant la présentation des différentes parties de l'animal. Les indications données sur la couleur du pelage doivent être considérées avec précaution tant celle-ci est variable selon le milieu de vie des animaux (le pelage de nombre d'espèces de Rongeurs, comme la Gerbille champêtre *Gerbillus campestris*, ou d'Eulipotyphles, comme le Hérisson oriental *Erinaceus concolor*, s'éclaircit avec l'aridité de l'environnement) ou la période de l'année (le pelage hivernal est souvent plus fourni et plus terne que le pelage estival, comme chez le Chamois des Alpes *Rupicapra rupicapra*, d'autres espèces, comme le Lièvre variable *Lepus timidus*, présentent un pelage blanc en hiver, brun en été). Cette variation saisonnière sera indiquée pour certaines espèces ou en cas de caractéristiques génétiques locales (l'Écureuil roux, *Sciurus vulgaris*, compte des individus roux à noirs, en passant par un brun grisâtre). Les caractères internes (dont la formule dentaire), qui peuvent s'avérer fort utiles en cas de découverte de restes osseux, sont abordés en fin de description.

Deux pelages d'Écureuil roux

Des variations morphométriques importantes sont parfois signalées entre populations, surtout pour les espèces qui occupent une vaste aire de répartition et vivent sous des conditions climatiques très différentes. Ainsi, la Belette d'Europe *(Mustela nivalis)* pèse de 30 à 50 g tout au nord de son aire de répartition pour atteindre 60 à 200 g en Afrique du Nord. C'est sans doute pour cela que des observations, jamais confirmées, d'Hermine *(M. erminea)* ont été rapportées au Maghreb (où certains individus ont l'extrémité de la queue brun sombre).

La formule dentaire est donnée pour chaque espèce, parfois dans la description du genre lorsqu'elle est commune à toutes les espèces. Chez les Mammifères euthériens, la denture définitive compte au maximum 44 dents, soit, d'avant en arrière : trois incisives, une canine, quatre prémolaires et trois molaires par demi-mâchoire, ou 3/3I, 1/1C, 4/4P, 3/3M pour différencier denture supérieure et denture inférieure. Chaque dent est numérotée ; par convention M_1 désigne la première molaire inférieure, mais P^4 désigne la dernière prémolaire supérieure avant la M^1 car les prémolaires qui disparaissent au cours de l'évolution sont les premières. Chez les musaraignes (Soricidae), les dents indifférenciées à une seule pointe, toutes identiques, en arrière de la première incisive, en forme de crochet à la mâchoire supérieure, très allongée à la mandibule, sont dénommées unicuspides (U). La formule chromosomique (**2n**) est le nombre de chromosomes que renferme chaque cellule d'un organisme, **NFa** est le nombre de bras des autosomes, **NF** le nombre de bras des autosomes et chromosomes sexuels. C'est un critère d'identification en l'absence de caractères morphologiques discriminants et c'est surtout un marqueur souvent spécifique.

Sorex araneus

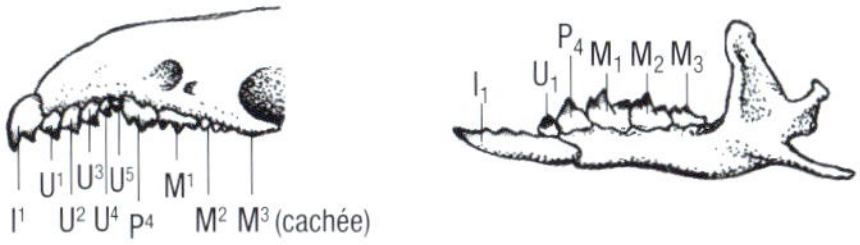

Rangées dentaires supérieure et inférieure d'une Musaraigne

Enfin, ce paragraphe peut inclure des notes taxonomiques afin d'éclairer le lecteur sur les choix effectués par rapport aux ouvrages de référence, mais aussi pour faciliter les comparaisons avec d'autres ouvrages plus spécialisés et souvent plus anciens.

Habitat – Distribution

Afin d'alléger le texte, le choix a été fait de ne pas commenter les cartes de répartition mais de seulement préciser les principaux habitats dans lesquels vivent les espèces, ainsi que, lorsqu'elle est connue, la tranche altitudinale qu'elles occupent. Ces informations ont pour objectif de préciser les lieux où elles peuvent être le plus couramment observées. En effet, une carte de répartition, surtout à l'échelle d'un territoire aussi vaste que le Paléarctique occidental, n'est pas le reflet précis de l'occupation de l'espace par une espèce donnée. Seuls les habitats favorables dans l'aire considérée seront occupés. Ainsi, une espèce psammophile, comme le sont de nombreuses gerbilles (*Gerbillus* spp.), présentera une distribution discontinue, restreinte aux étendues sableuses, au sein de son aire de répartition. Une espèce forestière comme le Polatouche *(Pteromys volans)*, qui ne franchit pas des espaces ouverts de plus d'une cinquantaine de mètres, sera inféodée aux grandes surfaces boisées. À l'extrême, une espèce aquatique comme la Loutre d'Europe *(Lutra lutra)* n'occupe que le linéaire des cours d'eau et canaux qui constituent son habitat préférentiel. Enfin, des espèces de plaine, comme le Grand hamster *(Cricetus cricetus)*, pourront pénétrer des massifs montagneux à la faveur des fonds de vallée ; au contraire, des espèces de montagne, comme la Marmotte des Alpes *(Marmota marmota)*, n'occuperont que les zones d'altitude.

Dans le cas d'espèces à répartition très réduite ou pour lesquelles certaines populations sont isolées et de petite taille (populations insulaires, par exemple), quelques indications géographiques peuvent compléter cette rubrique.

Biologie

Afin de faciliter l'observation des espèces, ou au moins leur localisation, des données ont été rapportées sur leur rythme d'activité, quotidien et saisonnier (nombre d'espèces de petite taille connaissent une période d'hibernation, ou d'estivation dans les étendues arides du sud du Paléarctique occidental), sur leurs comportements sociaux, en particulier les vocalisations, assez rares chez les Mammifères mais souvent discriminantes, leurs gîtes ou abris et leur régime alimentaire quand ils sont connus. Les informations sur les densités de population sont plus rares et ne concernent qu'un petit nombre d'espèces.

CARTES DE RÉPARTITION

L'aire de répartition normale de chaque espèce est représentée par une surface pleine sur un fond de carte qui varie légèrement en fonction de la zone concernée. Ce mode de représentation, inévitablement peu précis, illustre plutôt une distribution potentielle qui doit être interprétée en fonction des compléments d'information livrés dans le paragraphe « Habitat ». Pour les espèces macaronésiennes, un agrandissement permet de mieux visualiser une distribution qui serait peu visible à l'échelle considérée. Les populations d'une espèce qui occupe une aire très réduite sur le continent sont désignées par un point de taille minimale uniforme pour le rendre visible. Dans le cas d'espèces qui ont connu récemment une forte réduction de leur distribution, un figuré plus clair représente l'aire de répartition historique, dans laquelle sont souvent envisagées des réintroductions, au moins pour les ongulés. Les cartes des Mammifères marins présentent, pour la plupart, deux couleurs. Le rouge représente l'aire de présence permanente de l'espèce ou, pour les migratrices, l'aire de présence régulière à une saison donnée pour s'alimenter ou se reproduire. Le rose représente l'aire où l'espèce est erratique mais régulière ou bien l'aire fréquentée lors des déplacements migratoires. Ainsi, la probabilité d'observer un Dauphin bleu et blanc *(Stenella coeruleoalba)* est plus grande près des côtes marocaines que de celles d'Irlande. Cette représentation ne tient pas compte de l'abondance de l'espèce, qui peut être rare dans sa zone de présence permanente. Compte tenu de la grande mobilité des Mammifères marins, ces aires sont approximatives et ces espèces peuvent être observées occasionnellement en dehors.

Les cartes de répartition proviennent de sources variées et sont plus ou moins précises selon les groupes. Les cartes des Chiroptères ont bénéficié de corrections apportées par de nombreux spécialistes lors des réunions de l'Accord Eurobats. Pour les Carnivores et les Cétartiodactyles terrestres, il est parfois difficile de dissocier l'aire actuelle de l'aire historique, notamment pour les espèces qui sont peu souvent signalées. Enfin, les cartes des Rongeurs et Eulipotyphles sont issues de la compilation de nombreuses sources, dont des ouvrages spécialisés listés dans la bibliographie et de publications apportant des éléments nouveaux de taxonomie.

Le degré de précision des cartes est proportionnel à la facilité d'observation et d'identification des espèces, mais aussi à la stabilité de leur statut spécifique. Ainsi, la carte d'une espèce facile à déterminer au gîte et établie de longue date, comme le Grand rhinolophe *(Rhinolophus ferrumequinum)*, sera plus précise que celle d'une espèce décrite (ou reconnue) récemment, comme le Murin cryptique *(Myotis crypticus)*, d'autant que la difficulté d'identification ne permet pas de retracer les observations antérieures rapportées dans la littérature. Hors Europe, les prospections sont parfois incomplètes ; ainsi, la faune du désert de Libye reste méconnue, tout comme celle d'une partie du Sahara algérien, du nord-est de la Jordanie ou du nord de l'Irak. Enfin, les aires des espèces à distribution réduite, comme le Campagnol de Martino *(Dinaromys bogdanovi)*, sont souvent connues plus précisément que celles des espèces à large répartition, comme le Campagnol souterrain *(Microtus subterraneus)*.

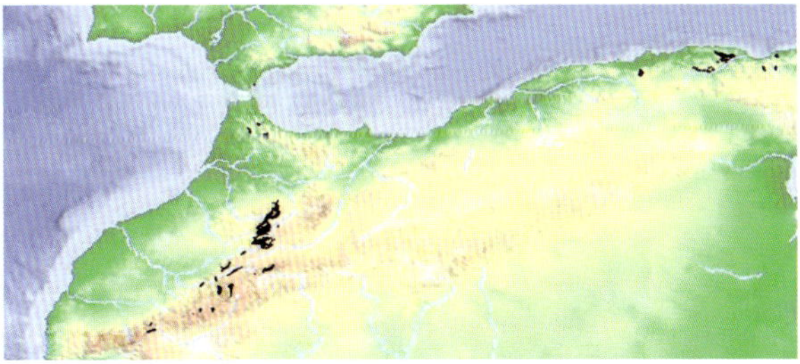

Cartes de répartition du Magot *(Macaca sylvanus)*. À gauche : carte détaillée (en noir) ; à droite : carte du guide (en rouge)

Au-delà du fait que les distributions de toutes les espèces ne sont pas encore parfaitement connues et que les schémas proposés représentent une interprétation des données disponibles, la taille des cartes ne permet pas toujours d'aller jusqu'à une précision parfois réellement connue. Des zones qui paraissent complètement occupées peuvent en fait correspondre, pour des questions d'échelle, à un ensemble de plus petites zones impossibles à représenter individuellement. C'est le cas du Magot *(Macaca sylvanus)*, dont la distribution géographique, parfaitement connue, n'est continue ni au Maroc, ni en Algérie. Par souci d'homogénéité, il n'a pas paru souhaitable d'utiliser des agrandissements. Pour la population introduite de Gibraltar, il est clair aussi que la taille du point est bien plus grande que celle du rocher.

L'évolution des connaissances peut devenir un handicap dans certaines circonstances. Quand une espèce comme la Musaraigne carrelet *(Sorex araneus)*, au sens qui lui était donné au début du XXe siècle, se retrouve maintenant éclatée en plusieurs espèces jumelles, il devient difficile d'interpréter les données anciennes. L'usage des détecteurs d'ultrasons a permis de séparer la Pipistrelle commune *(Pipistrellus pipistrellus)*, qui émet avec une fréquence d'énergie maximale (**FME**) autour de 45 kHz *vs* 55 kHz pour la Pipistrelle pygmée *(P. pygmaeus)*. Leurs distributions respectives sont encore à approfondir. Cet exemple illustre aussi le sens tout relatif du qualificatif « commun » attribué à tant d'espèces.

Un autre souci est apparu avec les trop nombreuses espèces dont l'aire de répartition a régressé au cours des dernières décennies. C'est le cas des grands Carnivores, sauf peut-être, localement, le Loup gris *(Canis lupus)* et le Lynx boréal *(Lynx lynx)*. Le statut de l'Ours brun *(Ursus arctos)* est contrasté, avec une diminution réelle à l'est et des renforcements de population à l'ouest. La combinaison sur les cartes de zones de présence confirmée et de zones récemment perdues est particulièrement trompeuse pour les grands félins. Combien de temps survivront Panthère *(Panthera pardus)* et Guépard *(Acinonyx jubatus)* dans le Paléarctique occidental ? La carte de l'Hyène rayée *(Hyaena hyaena)* en Turquie est certainement très optimiste, mais les derniers points de présence ne seraient sans doute pas visibles à cette échelle.

Deux questions ont guidé les choix qui ont été opérés. Quel est le temps à respecter pour admettre qu'une espèce a disparu d'une partie de son aire ? Est-il utile de rappeler une partie de la répartition historique ? La bonne surprise de la redécouverte d'une population, supposée éteinte localement, reste rare dans la zone considérée, fortement peuplée. Inversement, certaines espèces ont été largement déplacées, introduites, réintroduites, et leur répartition actuelle ne ressemble plus forcément à leur répartition initiale. Les cartes doivent donc se lire avec certaines réserves. En voici quelques exemples.

Les distributions du Mouflon *(Ovis gmelinii)* et du Daim européen *(Dama dama)* n'ont vraiment de sens qu'en Turquie, en Transcaucasie et en Iran. Ailleurs, leur répartition résulte de déplacements, souvent en enclos ou en parcs, parfois en nature, mais leur présence est liée à des translocations. Les distributions proposées des Cervidae exotiques sont celles des populations libres, excluant les animaux élevés dans des enclos. D'autres espèces exotiques ont échappé à la captivité ou, pour diverses raisons, ont été introduites ou déplacées, parfois depuis bien longtemps. Il convient ici de rappeler que le Lapin de garenne *(Oryctolagus cuniculus)* a été anciennement introduit dans une bonne partie de l'Europe. Son aire naturelle devait seulement couvrir une partie de la péninsule Ibérique et le sud de la France.

Les situations des gazelles et antilopes du Sahara et d'Arabie sont plus délicates. La Gazelle dorcas *(Gazella dorcas)* mise à part, ces espèces ont pratiquement toutes disparu en nature. Les Gazelles de Cuvier *(G. cuvieri)*, de montagne *(G. gazella)* et goîtreuse *(G. subgutturosa)* se maintiennent difficilement. Les aires représentées correspondent soit aux dernières régions d'observation, soit aux derniers habitats potentiels. Inversement, ces espèces font toutes l'objet d'élevage en captivité et certaines ont été réintroduites dans des espaces protégés clos de leurs pays d'origine. C'est pour cela que les parcs nationaux de Bou-Hedma en Tunisie et de Souss-Massa au Maroc sont indiqués pour l'Addax *(Addax nasomaculatus)*, l'Oryx algazelle *(Oryx dammah)* et la Gazelle dama *(Nanger dama)*. Il faut espérer que ces espèces pourront retrouver la liberté, mais les zones d'accueil sûres sont peu nombreuses. Les zones qui figurent sur la carte de l'Oryx d'Arabie *(O. leucoryx)* hébergent des troupeaux issus de centres de reproduction.

Enfin, il n'est pas possible de donner d'indication de densité sur les cartes. Les aires de répartition d'espèces comme le Renard roux *(Vulpes vulpes)*, la Belette, l'Écureuil roux ou le Mulot sylvestre *(Apodemus sylvaticus)* sont assez comparables, mais leurs densités respectives sont certainement très différentes. C'est encore plus vrai pour une espèce comme le Loup gris, dont la densité est encore plus faible. Dans le sud de la Russie, en Ukraine, en Turquie et au Proche- comme au Moyen-Orient, sa densité, naturellement peu élevée, est sans doute proche de zéro dans beaucoup d'endroits de la zone considérée, soit parce qu'il en a récemment été éliminé, soit parce qu'il n'y trouve plus les ressources nécessaires à ses besoins.

ILLUSTRATIONS

Comme dans tout guide, les illustrations sont indispensables pour permettre l'identification rapide de l'animal observé. Mais, contrairement à la majorité des ouvrages similaires, toutes les espèces ne sont pas représentées et certaines sont illustrées par un détail caractéristique (surtout parmi les Rongeurs et les Eulipotyphles). Ce choix, mûrement réfléchi, est destiné à ne pas donner l'impression fausse que la détermination d'une espèce peut reposer sur une variation de couleur de pelage, de longueur de la queue ou autre caractère propre à l'individu (ou à la population) qui a servi de modèle au dessinateur. Dans tous les cas où des espèces assez semblables sont illustrées, la lecture du texte s'impose pour rechercher les éléments discriminants.

Pour les espèces qui présentent des variations évidentes de certains caractères, comme la couleur du pelage ou un dimorphisme sexuel marqué, plusieurs dessins sont proposés pour illustrer l'étendue de ces variations.

La seule morphologie externe ne permettant pas toujours d'identifier une espèce, des dessins de crânes (et de mandibules), de rangées dentaires ou d'autres pièces du squelette complètent les planches. Leur présence est d'autant plus justifiée que ce sont des éléments fréquemment collectés sur le terrain ou extraits des pelotes de réjection des rapaces pour les espèces de petite taille.

DESCRIPTION DES ESPÈCES

Diprotodontia – Macropodidae

Wallaby de Bennett – *Notamacropus rufogriseus*

TC : 60-90 cm, Q : 60-70 cm, Pp : 20-22 cm, Cbl : 10,5-12,5 cm, P : 15-20 kg ♂♂ plus grands que ♀♀.

Description. Kangourou de petite taille. Bipède sauf lorsqu'il se déplace lentement. Pelage brun-gris foncé sur le dos et la tête, roussâtre derrière le cou et sur les épaules, gris clair ou blanc dessous. Queue gris argenté. Extrémités des membres, des oreilles, du museau et de la queue noires. Petite tête et grandes oreilles. Pattes antérieures courtes. Pattes postérieures longues et grands pieds adaptés à une progression par bonds. Queue longue et robuste servant de balancier lors de la course et de point d'appui quand l'animal est en station debout ou progresse lentement. La ♀ possède une poche (marsupium) dans laquelle le nouveau-né finit son développement. 32-34 dents (3/1, 0-1/0, 2/2, 4/4). • **Habitat.** Forêts, friches avec buissons, broussailles, landes lorsqu'il s'alimente. Originaire de l'est de l'Australie et de Tasmanie. Introduit dans plusieurs pays d'Europe mais ne semble subsister à l'état sauvage que sur l'île de Man (îles Britanniques) et près de Rambouillet (France). Autre population introduite à Peak District (Grande-Bretagne) peut-être éteinte. • **Biologie.** Crépusculaire et nocturne mais parfois diurne. Solitaire. Très discret, ne sort à découvert que pour se nourrir de végétaux (herbes, feuilles, racines, graines). En Europe, consomme des Poacées, des joncs, des carex, des laîches, des bruyères, des fougères, des myrtilles…

Notamacropus rufogriseus

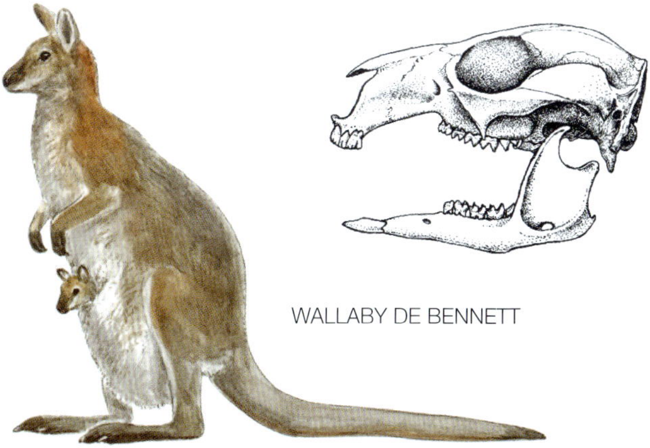

WALLABY DE BENNETT

Macroscélide de Rozet – *Petrosaltator rozeti*

TC : 90-120 mm, Q : 105-137 mm, Pp : 30-35 mm,
Or : 21-27 mm, Cbl : 29-35 mm, P : 40-50 g.

Description. Étonnant petit animal, unique dans la zone considérée, haut sur pattes avec un long nez en forme de trompe, très mobile. Grands yeux, oreilles développées, longue queue nue (≈ 110 % TC) avec petit pinceau terminal. Pelage dorsal long et soyeux, beige à gris-roux, parfois foncé, plus clair sur les flancs. Pelage ventral blanc grisâtre. Pattes grises, postérieures plus longues que les antérieures. 5 doigts aux 4 pattes. Le pouce du pied est peu développé. Langue cylindrique et pointue. 3 paires de mamelles. Crâne au rostre allongé et aux arcades zygomatiques fortes, mandibule anguleuse. 40 dents (3/3, 1/1, 4/4, 2/2). Récemment séparé du genre *Elephantulus*, subsaharien. • **Habitat.** Milieux rocheux dans les zones arides et semi-arides à végétation relativement dense, jusqu'à 2 725 m dans le Haut Atlas (Maroc). Seule espèce au nord du Sahara d'un ordre strictement africain. • **Biologie.** Crépusculaire, plus nocturne que les autres rats à trompe. En hiver surtout s'expose au soleil par courtes périodes avec variation de sa température interne. Présente des phases de torpeur à rythmicités circadiennes ou spontanées. Territorial, solitaire ou par couple, domaine vital de 0,3 à 0,5 ha. Abri sous un rocher ou dans un terrier de Rongeur. Très vif, court et saute bien grâce à ses longs pieds. Portées de 1 à 4 jeunes qui naissent les yeux ouverts et couverts de poils. Détecté par les crottes déposées par place (jusqu'à 90) ovales, longues de 5-6 mm, renfermant surtout des fragments d'arthropodes. Chasse de petites proies vivantes, essentiellement des Insectes, des jeunes lézards, et se nourrit aussi de fruits.

Daman de rochers – *Procavia capensis*

TC : 39-58 cm, Q : ≈ 3 cm, Hg : 25-30 cm, Pp : 6-9 cm,
Or : 3-4 cm, Cbl : 7,3-9,9 cm, P : 1,5-4,5 kg.

Description. Silhouette arrondie, queue non visible, oreilles courtes. Pelage gris-brun, nuances rousses sur le dos et les flancs, mi-long ; pelage ventral brun clair. Glande dorsale entourée de longs poils érectiles, parfois jaune. Tout le corps couvert de poils sensibles qui dépassent du pelage. Cou très court. Souvent une tache claire au-dessus de l'œil. 4 doigts courts devant, 3 derrière, le plus long porte une griffe en crochet, les autres un ongle. 34 dents (1/2, 0/0, 4/4, 3/3). L'unique paire d'incisives supérieures est à croissance continue. Cri d'alarme : séries de glapissements conclues par des grognements. Peut être confondu avec le Daman des steppes *(Heterohyrax brucei)*, signalé mais non confirmé en Égypte, au pelage ventral blanc ou crème ; cri d'alarme : miaulements plaintifs et stridents. • **Habitat.** Rochers, escarpements, falaises, éboulis, près d'acacias, source majeure de nourriture. Surtout dans les massifs montagneux. • **Biologie.** Diurne, colonial, un ♂ pour plusieurs ♀♀. Actif autour des abris, souvent bien visibles grâce aux marques de déjection sur la roche. Excellent grimpeur, alerte. Vue et ouïe aussi développées que l'odorat. Nombreux prédateurs dont aigles et Carnivores. Se nourrit à terre et dans les arbres, essentiellement de feuilles et de graines d'acacia. De nombreuses autres espèces végétales sont consommées, voire des invertébrés et de petits lézards. Une heure d'alimentation par jour suffit à ses besoins. Peut se passer d'eau libre.

Dugong – *Dugong dugon*

LT : 270-300 cm, P : 250-500 kg.

Description. Gris, apparaît souvent brun. Gros museau moustachu, large et plat. Ouverture de la bouche vers le bas. Œil petit, orifice auriculaire discret. Petites nageoires pectorales sans ongle, pas de nageoire dorsale, nageoire caudale triangulaire comme chez les Cétacés. Les deux sexes de même taille, la ♀ peut être un peu plus grande que le ♂. Une paire de mamelles pectorales. Défenses (incisives) apparentes chez les ♂♂ et les ♀♀ âgées. Molaires réduites. Le jeune mesure 100-130 cm et pèse 25-35 kg à la naissance. • **Habitat.** Eaux côtières le long des rivages tropicaux et subtropicaux indo-pacifiques. Marginal : golfe Persique et mer Rouge (au sud de Marsa al-Alam, Égypte), le plus souvent dans des eaux de moins de 10 m de profondeur mais peut descendre à plus de 30 m. Sensible aux pollutions venues de la côte, comme après les inondations qui peuvent détruire localement les herbiers marins. En régression sévère, captures accidentelles et aménagements touristiques. Populations concernées résiduelles. • **Biologie.** Très discret, difficile à voir en surface, plus facile en plongée. Broute les herbiers sous-marins en y laissant une marque de tondeuse régulière. Remonte respirer toutes les quelques minutes. Vie sociale mal connue. Le plus souvent solitaire, rassemblements temporaires et opportunistes sur de riches herbiers et lors du rut. Plusieurs ♂♂ peuvent suivre la même ♀. Un jeune unique après 13 mois de gestation tous les 3 à 6 ans. Recherche les phanérogames marines.

Petrosaltator rozeti

Procavia capensis

Dugong dugon

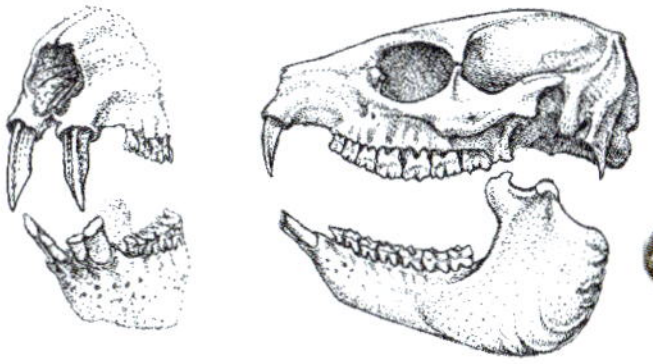

DAMAN DE
ROCHERS

MACROSCÉLIDE
DE ROZET

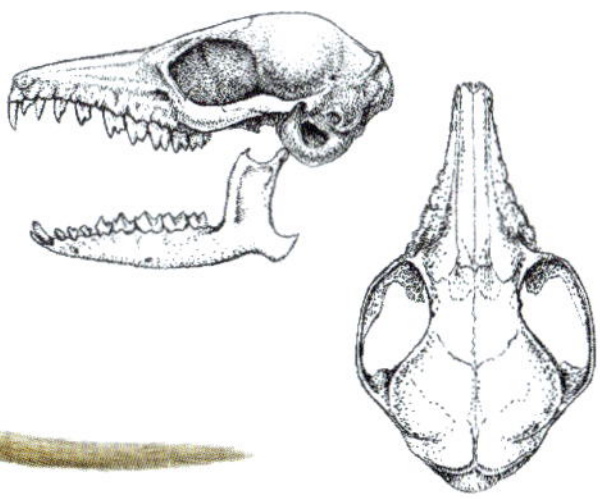

DUGONG

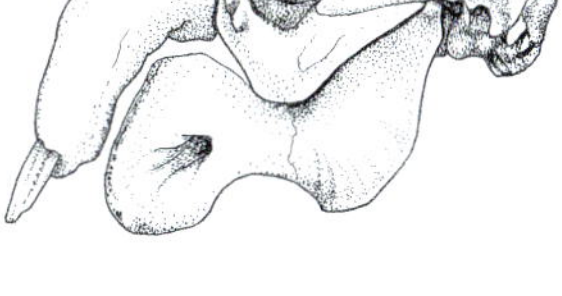

Genre *Ochotona*. Les pikas sont des Lagomorphes de petite taille et plus ronds que les autres, avec des oreilles assez courtes, des pattes antérieures et postérieures sensiblement de même longueur, une queue très courte, peu visible. Les os naseaux s'élargissent antérieurement. Le processus postorbitaire est absent. Les incisives supérieures sont doubles (2 grandes en avant, 2 plus petites juste en arrière). 26 dents (2/1, 0/0, 3/2, 2/3). Certains *Ochotona* gîtent dans des dépressions du sol, d'autres creusent des terriers. Très peu d'espèces adoptent les deux modes de vie.

Pika des steppes – *Ochotona pusilla*

TC : 150-210 mm, Pp : 25-36 mm, Or : 17-22 mm, Cbl : 33-39 mm, P : 95-277 g.

Description. Pelage dorsal et flancs brun-gris foncé en été, plus clairs en hiver. Pelage ventral gris blanchâtre. Lèvre supérieure et menton ocre. Pieds et coussinets des doigts recouverts de poils denses bruns. • **Habitat.** Steppes arbustives sur sol humide, couvert d'herbes denses et de buissons. Aussi dans les steppes arides, mais recherche alors les secteurs les plus humides. • **Biologie.** Surtout nocturne. Grégaire. Plus souvent entendu que vu, au crépuscule ou de nuit. Le ♂ émet des séries de longs trilles assez graves. La ♀ chante aussi pour attirer les ♂♂ ou en réponse à une autre ♀. Creuse des terriers groupés en petites colonies. Herbivore.

Pika afghan – *Ochotona rufescens*

TC : 150-250 mm, Pp : 31-40 mm, Or : 20-27 mm, Cbl : 43-53 mm, P : 155-240 g.

Description. En été, gris-brun sur le dos, gris à blanc sale teinté de jaunâtre sur le ventre et les flancs, collier crème bordé de roux. En hiver, uniformément brun, collier absent ou très peu distinct. • **Habitat.** Déserts rocheux ou au contraire terrains dépourvus de pierres, mais avec toujours une végétation recouvrant assez peu le sol, forêts claires de genévriers. Jusqu'à 2 900 m. • **Biologie.** Diurne, avec un pic d'activité le matin. Plus ou moins grégaire selon les populations. Communication vocale peu développée. Gîte en surface ou creuse des terriers selon les populations. Se nourrit de plantes de milieux arides ou cultivés.

Genre *Lepus*. Les lièvres sont des Lagomorphes aux très longues pattes postérieures (deux fois la longueur des antérieures) favorisant la course et le saut, et aux grandes oreilles. Le crâne est plus léger que celui des autres Lagomorphes. Les os naseaux ne s'élargissent pas antérieurement, le processus postorbitaire est présent, le pont palatin est plus étroit que la fosse mésoptérygoïde. Les incisives supérieures sont doubles. 28 dents (2/1, 0/0, 3/2, 3/3). Les ♀♀ sont généralement plus grandes que les ♂♂. Les *Lepus* vivent surtout dans les milieux ouverts. En situation naturelle, les différentes espèces du genre s'excluent et occupent exceptionnellement un même milieu en un même lieu. Le gîte (ou forme) est une simple dépression en surface, souvent cachée sous les herbes ou un buisson, mais ils construisent parfois un terrier simple. Les jeunes naissent couverts de poils, les yeux ouverts, et peuvent se déplacer dans les minutes qui suivent leur naissance. La systématique du genre *Lepus* n'est pas totalement résolue. De nombreuses translocations d'individus (renforcements de population, introductions) ont été opérées pour des raisons cynégétiques, conduisant parfois à des hybridations entre espèces natives et introduites.

Lièvre du Maghreb – *Lepus mediterraneus*

TC : 380-510 mm, Q : 80-115 mm, Pp : 100-135 mm, Or : 105-126 mm, Cbl : 74-102 mm, P : 1,5-2,5 kg.

Description. Taille et coloration très variables d'une population à l'autre. Pelage très souple, poils de garde droits sur le dos, généralement sable à brun-roux piqueté de gris. Tache frontale (rare) et pelage ventral blancs. Oreilles avec un rebord pâle ou parfois noir à l'extrémité. Incisives avec cannelures peu profondes, souvent remplies de cément. • **Habitat.** Milieux ouverts. Savanes, steppes, déserts pierreux végétalisés, lits d'oueds, prairies, terres cultivées. Jusqu'à 3 550 m dans le Haut Atlas (Maroc). Introduit en Sardaigne. • **Biologie.** Nocturne. Plutôt solitaire. Fuit vers les zones ouvertes quand il se sent en danger. Peut construire un terrier très simple pour s'abriter de la chaleur dans certaines zones désertiques. Se nourrit de plantes herbacées, aussi d'écorces, racines et fruits.

Lièvre des savanes – *Lepus microtis*

TC : 410-480 mm, Q : 70-130 mm, Pp : 102-115 mm, Or : 90-110 mm, Cbl : 77-91 mm.

Description. De même taille que *L. mediterraneus*. Pelage plus raide et plus coloré. Pelage dorsal brun-gris avec une tache rousse sur la nuque, flancs, poitrine et pattes roux. Tache frontale (fréquente) et pelage ventral blancs. Extrémité des oreilles noire. Queue bicolore, noire dessus, blanche dessous. Incisives profondément cannelées. • **Habitat.** Savanes buissonneuses ou arborées, steppes arborées. • **Biologie.** Nocturne mais actif de jour. Très solitaire. Fuit vers le couvert quand il se sent en danger. Herbivore.

Ochotona pusilla

Ochotona rufescens

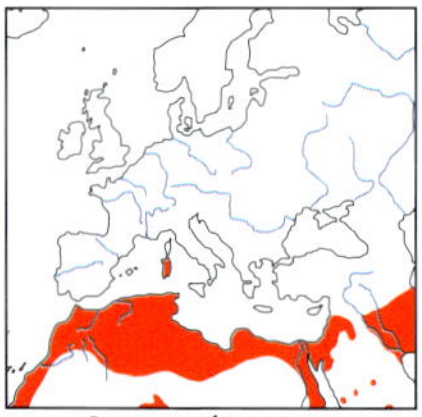
Lepus mediterraneus

Lepus microtis

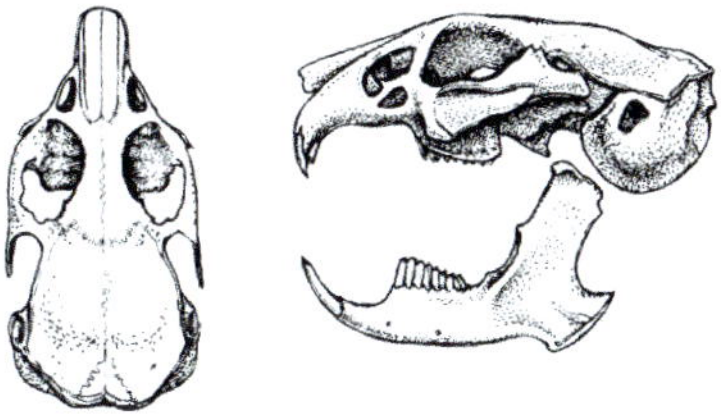

PIKA DES STEPPES

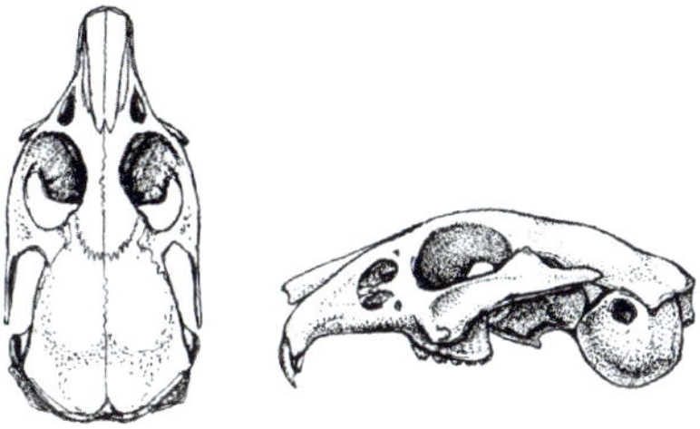

PIKA AFGHAN

LIÈVRE DES SAVANES

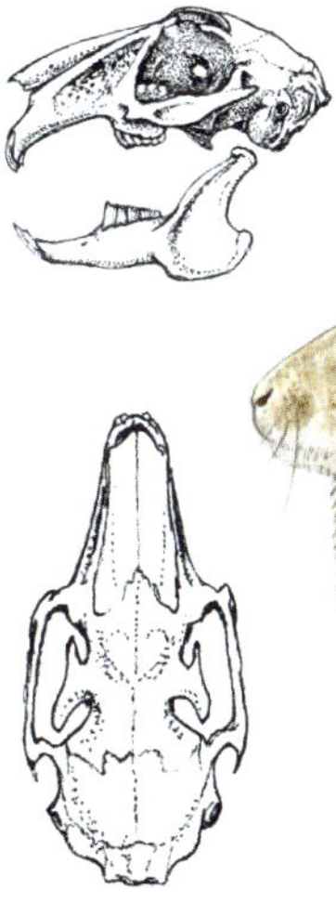

LIÈVRE DU MAGHREB

Lièvre d'Europe – *Lepus europaeus*

TC : 422-680 mm, Q : 62-140 mm, Pp : 93-185 mm,
Or : 85-140 mm, Cbl : 69-102 mm, P : 2,5-6,4 kg.

Description. Oreilles proportionnellement plus courtes que celles de *L. mediterraneus*. Pelage long, avec des poils de garde courbés sur le dos (sauf dans le Caucase et en Asie Mineure, où ils sont droits) et des poils de bourre blancs à la base. Pelage dorsal brun-fauve foncé à brun-roux foncé, avec tons jaunâtres (avec plus de jaune sur le dos dans le Caucase et en Asie Mineure). Flancs brun clair avec reflets vineux. Tête, cou, poitrine et membres bruns. Pelage ventral blanc crème. En hiver, plus de blanc sur les côtés de la tête et à la base des oreilles et de gris sur les hanches. Oreilles gris pâle avec tache noire triangulaire bien marquée à l'extrémité. Queue bicolore, noire dessus, blanche dessous. Incisive supérieure antérieure n'atteignant pas la suture entre le maxillaire et le prémaxillaire. Largeur du pont palatin inférieure à 65 % de la plus grande largeur de la fosse mésoptérygoïde. • **Habitat.** Milieux ouverts avec buissons ou haies, forêts claires, marais, steppes, zones subdésertiques, dunes, pâturages, champs cultivés, landes à bruyères dans les régions où *L. timidus* est absent. Largement introduit en marge de son aire de répartition (Corse, Italie, sud de la Suède, Grande-Bretagne, Irlande du Nord). Jusqu'à 2 300 m dans les Alpes (France). • **Biologie.** Surtout nocturne, mais peut aussi être actif le jour, spécialement à la saison de reproduction (fin d'hiver et printemps). Solitaire, sauf en période de rut. Consomme surtout des plantes vertes, mais aussi ligneuses, des tubercules (betteraves par exemple), des racines, des céréales. Écorce les jeunes arbres en hiver.

Lièvre de Corse – *Lepus corsicanus*

TC : 441-612 mm, Q : 66-120 mm, Pp : 114-141 mm,
Or : 90-126 mm, Cbl : 90 mm, P : 3,5-5,0 kg.

Description. Légèrement plus petit et plus élancé que *L. europaeus*. Oreilles et pieds postérieurs proportionnellement plus grands. Poils de bourre gris à la base. Pelage ventral blanc plus démarqué des flancs. Incisive supérieure antérieure atteignant la suture entre le maxillaire et le prémaxillaire. En coupe transversale, face postérieure plate ou convexe (concave chez *L. europaeus*). • **Habitat.** Mosaïque de milieux ouverts avec buissons et forêts de feuillus, cultivés ou non. Jusqu'à 2 400 m sur le mont Etna (Italie). Introduit en Corse. • **Biologie.** Comme *L. europaeus*.

Lièvre de Castroviejo – *Lepus castroviejoi*

TC : 490-520 mm, Q : 70-96 mm, Pp : 135-145 mm,
Or : 90-100 mm, Cbl : 82-87 mm, P : 2,0-3,5 kg.

Description. Plus petit que *L. europaeus* et plus grand que *L. granatensis*. Pelage long, avec des poils de garde courbés sur le dos, de coloration brun-fauve jaunâtre. Pelage ventral blanc bien démarqué des flancs. Frange grise entre les oreilles et les joues. • **Habitat.** Landes et fourrés, clairières de forêts de feuillus. Vit entre 1 300 et 1 900 m en été, descend jusqu'à 1 000 m en hiver. • **Biologie.** Comme *L. europaeus*.

Lièvre ibérique – *Lepus granatensis*

TC : 426-483 mm, Q : 87-115 mm, Pp : 110-128 mm,
Or : 90-107 mm, Cbl : 73-91 mm, P : 1,9-2,8 kg.

Description. Le plus petit des lièvres ibériques. Pelage dorsal marron ocre teinté de roux, chiné de noir sur l'échine, plus sombre au nord-ouest qu'au sud de la péninsule Ibérique. Pelage ventral blanc contrastant nettement avec le dos, plus étendu que chez les autres lièvres, formant une bande sur le haut des pattes. Intérieur des pattes et dessus des pieds blancs. • **Habitat.** Plutôt milieux ouverts : forêts clairsemées, marais côtiers, matorrals, pâturages, prairies d'altitude, oliveraies, vignes, champs cultivés. 0 à 1 900 m en Espagne. Introduit en France. • **Biologie.** Comme *L. europaeus*.

Lièvre des steppes – *Lepus tolai*

TC : 387-590 mm, Q : 72-116 mm, Pp : 106-135 mm,
Or : 80-120 mm, Cbl : 80-88 mm, P. 1,6-2,7 kg.

Description. Plus petit que *L. europaeus*. Aspect plus léger et gracieux. Oreilles proportionnellement plus longues, hanches plus minces et queue plus protubérante. Pelage souple, soyeux, poils de garde droits sur le dos, gris paille chiné de noir. Flancs plus gris. Pelage ventral blanc. Oreilles gris pâle avec une tache brun-noir à l'extrémité peu développée. Queue noire à brun-noir dessus, blanche dessous. Largeur du pont palatin supérieure à 65 % de la plus grande largeur de la fosse mésoptérygoïde. • **Habitat.** Déserts et steppes, spécialement en bordure de vallées fluviales avec forêts inondables, fourrés et buissons. • **Biologie.** Actif surtout au crépuscule et la nuit. De jour, gîte dans une dépression qu'il creuse avec ses pattes avant. Se nourrit de végétation herbacée et de racines.

Lepus europaeus

Lepus corsicanus

Lepus castroviejoi

Lepus granatensis (rouge)

Lepus tolai (violet)

LIÈVRE D'EUROPE
LIÈVRE DE CORSE
LIÈVRE DE CASTROVIEJO
LIÈVRE IBÉRIQUE
LIÈVRE DES STEPPES

Lièvre variable – *Lepus timidus*

TC : 410-680 mm, Q : 40-90 mm, Pp : 112-185 mm, Or : 67-100 mm, Cbl : 63-98 mm, P : 1,4-5,8 kg. La taille décroît du nord (*L. t. timidus* de Scandinavie) vers le sud (*L. t. varronis* des Alpes).

Description. Plus petit que *L. europaeus* en situation de sympatrie. Silhouette plus ronde. Pieds arrière plus longs. En été, pelage dorsal gris pâle à brun-gris sombre en montagne, brun-roux en plaine, sans les tons jaunâtres de *L. europaeus*, avec des poils de bourre gris-bleu. Tête plus brune que le corps. Pelage ventral blanc. Oreilles plus courtes que la tête, brun-gris, noires à l'extrémité. Queue courte habituellement blanche. Devient entièrement blanc en hiver, sauf l'extrémité des oreilles. En Irlande, seuls quelques individus blanchissent ou se tachent de blanc. Incisive supérieure antérieure dépassant la suture entre le maxillaire et le prémaxillaire. • **Habitat.** En montagne : forêts, alpages, landes, rocailles (de 650 à 4 000 m dans les Alpes en été, 3 200 m en hiver). En plaine dans le nord de son aire de répartition : forêts claires, toundra, landes, tourbières, steppes, roselières en Russie, champs. Introduit en Angleterre, dans les îles Hébrides, Orcades, Shetland et Féroé. Les introductions au Spitzberg et dans les Pyrénées ont échoué. • **Biologie.** Surtout actif la nuit, à l'aube ou au crépuscule. Plus diurne durant la saison de reproduction. Plus sociable que les autres *Lepus*, forme parfois des groupes pouvant atteindre une centaine d'individus. Pendant la saison de la reproduction, un petit groupe de ♂♂ peut suivre une ♀ pendant des heures à quelques mètres sans se battre. Gîte dans une dépression de terre ou de neige. En hiver, creuse des tunnels sous la neige pour atteindre sa nourriture ou se protéger du froid et des rapaces. En Grande-Bretagne, creuse aussi des terriers simples et peu profonds pour y abriter ses jeunes. Consomme diverses plantes herbacées en fonction des saisons. Régime plus ligneux en hiver (bruyères, écorce de jeunes arbres).

Lapin de garenne – *Oryctolagus cuniculus*

TC : 327-500 mm, Q : 40-80 mm, Pp : 63-110 mm, Or : 60-90 mm, Cbl : 65-90 mm, P : 0,9-1,4 kg.

Description. Pieds postérieurs généralement < 100 mm (Pp > 100 mm chez les *Lepus* sympatriques). Pelage dorsal, tête et flancs gris-beige à gris-brun, voire noirâtre, avec une tache rousse sur la nuque. Pelage ventral gris blanchâtre. Oreilles relativement courtes, noires seulement sur le bord supérieur. Pattes brun-gris. Queue bicolore, brun foncé dessus, blanche dessous. Individus sombres ou mélaniques fréquents dans certaines populations. Pont palatin plus large que la fosse mésoptérygoïde. Foramen mentonnier plus proche de la première prémolaire que des incisives (équidistant chez les lièvres). Incisives supérieures doubles. 28 dents (2/1, 0/0, 3/2, 3/3). • **Habitat.** Forêts claires et clairières, landes, prairies, garrigues, dunes côtières, carrières de sable, champs. Recherche des terrains avec des herbes courtes, faciles à creuser, bien drainés et parsemés de buissons ou de haies. Jusqu'à 2 000 m dans les Pyrénées (France), rare au-dessus de 1 000 m. Originaire de la péninsule Ibérique, introduit ailleurs. • **Biologie.** Grégaire mais très territorial. Cohabite habituellement avec des congénères dans une garenne (ensemble de terriers plus ou moins reliés entre eux), mais peut aussi vivre en couple isolé et gîter sous des buissons. Communauté fortement hiérarchisée (♂ dominant). Jeunes naissant dans un terrier peu profond (rabouillère), nus, aveugles et incapables de se déplacer. Se nourrit de végétaux herbacés, aussi des racines, des écorces ou des rameaux d'arbrisseaux en hiver. Consomme fréquemment des plantes cultivées et commet des dégâts dans les jardins potagers.

Lapin de Floride – *Sylvilagus floridanus*

TC : 300-480 mm, Q : 25-65 mm, Pp : 87-105 mm, Or : 49-74 mm, Cbl : 64-76 mm, P : 0,8-1,8 kg.

Description. Ressemble à *O. cuniculus* mais silhouette encore plus ramassée et oreilles proportionnellement plus courtes. Pelage long et dense, gris-brun à brun-roux sur le dos, blanc sur le ventre. Nuque roussâtre ou cannelle. Parfois une tache blanche sur le front. Oreilles plus foncées que le dos, l'extrémité parfois noire. Queue cotonneuse, bicolore, brun-roux sur le dessus, blanche dessous. Incisives supérieures doubles. 28 dents (2/1, 0/0, 3/2, 3/3). • **Habitat.** En Europe : prairies, champs de céréales avec bosquets, buissons, haies, rives de cours d'eau. Jusqu'à 1 500 m. Introduit depuis l'Amérique du Nord en Italie. Tentatives infructueuses d'introduction en France et en Espagne. • **Biologie.** Actif surtout la nuit et à l'aube et au crépuscule. Plus diurne dans les lieux calmes. Timide mais agressif vis-à-vis des autres Léporidés. Ne creuse pas mais utilise parfois les terriers d'autres espèces. Gîte habituellement en surface, sous une racine, un roncier ou une touffe d'herbe. Mange des végétaux herbacés en été, des racines, des bourgeons, des tiges et des écorces d'arbrisseaux en hiver. Commet des dégâts dans les jardins potagers.

Lepus timidus

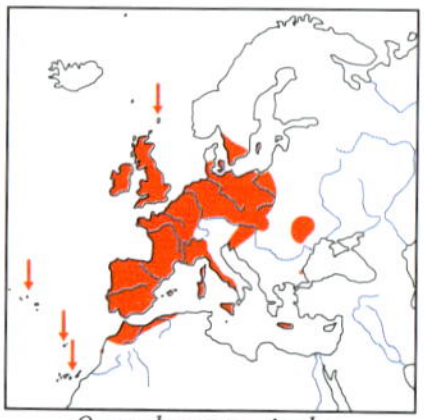
Oryctolagus cuniculus

Sylvilagus floridanus

LIÈVRE VARIABLE
forme d'Irlande
hiver
été
LAPIN DE
FLORIDE
LAPIN DE
GARENNE

Genre ***Sciurus***. Ce sont des Rongeurs de taille moyenne à queue touffue, aplatie, de longueur au moins égale à la moitié de tête + corps. Tête arrondie, gros yeux latéraux, oreilles longues (20 mm) parfois surmontées de pinceaux de poils longs. Les membres antérieurs (4 doigts) sont plus courts que les postérieurs (5 doigts), tous portent de longues griffes. Les incisives supérieures sont grandes, la couronne des molaires supérieures est presque carrée. 20-22 dents (1/1, 0/0, 1-2/1, 3/3).

Écureuil roux – *Sciurus vulgaris*

TC : 180-290 mm, Q : 140-230 mm, Pp : 50-68 mm,
Or : 20-38 mm, Cbl : 44-53 mm, P : 205-480 g.

Description. Queue presque aussi longue que TC, aux poils longs, de même couleur que le dos. Oreilles avec des pinceaux de poils longs en hiver. Pelage dorsal du roux au noir en passant par le gris clair et le gris foncé. Pelage ventral blanc. Pattes plus ou moins roussâtres ; pas de coussinet sur la partie arrière du pied postérieur. 22 dents (P^3 petite), P^4 semblable aux molaires. • **Habitat.** Toutes zones boisées (conifères et feuillus), du niveau de la mer à 2 200 m dans les Alpes : forêts, parcs et jardins. Introduit dans le Caucase. • **Biologie.** Diurne, activité maximale le matin. Grimpe avec agilité, descend le long des troncs tête en bas, saute d'arbre en arbre. Construit un nid. Excité, il émet un cri trisyllabique caractéristique. Se nourrit dans les arbres et au sol, de graines d'arbres, de bourgeons, etc., saisis avec ses pattes. N'hiberne pas et stocke des réserves.

Écureuil méridional – *Sciurus meridionalis*

TC : 235-265 mm, Q : 200-230 mm, Pp : 52-66 mm,
Or : 23-33 mm, Cbl : 47-55 mm, P : 320-530 g.

Description. Espèce très semblable à l'Écureuil roux, mais légèrement plus grande. Pelage dorsal, queue, tête et pieds noir brillant en hiver, avec des plages brun sombre en été. Pelage ventral blanc. • **Habitat.** Forêts de pins et de chênes de Calabre. • **Biologie.** Peu documentée. Assez dépendant des cônes de pins dont il se nourrit.

Écureuil de Perse – *Sciurus anomalus*

TC : 190-255 mm, Q : 120-170 mm, Pp : 46-65 mm,
Or : 23-36 mm, Cbl : 42-51 mm, P : 250-410 g.

Description. Queue de longueur égale à 50-85 % de TC. Oreilles sans pinceaux de poils longs en hiver. Pelage dorsal gris, plus sombre à l'arrière du corps ; bande latérale rougeâtre plus ou moins marquée. Pelage ventral chamois. Pattes antérieures fines et longues ; un coussinet sur la partie arrière du pied postérieur. 20 dents (P^3 absente). • **Habitat.** Forêts de feuillus (chênaies), de conifères (pins, genévriers) ou mosaïque de pins, oliviers et essences arbustives, dans les zones recevant plus de 500 mm de pluie. Jusqu'à 2 000 m en Turquie. • **Biologie.** Diurne, activité maximale le matin et en fin d'après-midi. Souvent au sol et parmi les rochers, cherche refuge dans la canopée, plus rarement dans les fissures. Nid dans un trou d'arbre, à 3-5 m du sol. Se nourrit de noix, glands, graines de conifères, baies, bourgeons, champignons ; stocke des réserves.

Écureuil gris – *Sciurus carolinensis*

TC : 230-310 mm, Q : 190-250 mm, Pp : 60-75 mm,
Or : 28-32 mm, Cbl : 49-64 mm, P : 370-750 g.

Description. Le plus robuste. Queue presque aussi longue que TC, frangée de poils blancs caractéristiques. Oreilles sans pinceaux. Pelage dorsal essentiellement gris plus ou moins marqué de brun. Pelage ventral blanc. Pattes antérieures robustes ; un coussinet sur la partie arrière du pied postérieur. 22 dents (P^3 petite). • **Habitat.** Bois de feuillus, plus rare dans les conifères ; haies, parcs et jardins. Introduit en Grande-Bretagne (1876-1929), Irlande (1913) et Italie (1948 et 1966). • **Biologie.** Diurne, peu farouche. Souvent au sol, construit un grand nid, souvent à l'extrémité d'une branche. Excité, il pousse un cri rauque terminé par une vague de jacassements. Se nourrit de glands, noix, graines ; écorce les arbres pour accéder à la sève.

Polatouche – *Pteromys volans*

TC : 135-225 mm, Q : 90-150 mm, Pp : 30-39 mm,
Or : 14-20 mm, Cbl : 33-38 mm, P : 95-190 g.

Description. Membrane entre les pattes antérieures (supportée par un os à la base du pied) et postérieures pour un vol plané. Tête arrondie, museau pointu, gros yeux, oreilles assez petites (sans pinceau terminal). Queue touffue, assez aplatie, gris-brun plus sombre, plus pâle dessous. Pelage soyeux de couleur variable selon les régions : gris argenté en Finlande, mêlé de jaune en Russie. 22 dents. • **Habitat.** Forêts de conifères et de bouleaux, mais aussi de trembles, saules, aulnes et charmes, avec une préférence pour les vieux arbres et un recouvrement de la canopée de 60-90 %. • **Biologie.** Nocturne. Grimpe avec agilité, vols planés jusqu'à 40 m d'un arbre à l'autre. Loge dans les trous creusés par les pics, parfois dans des nids d'Oiseaux. Sommeil hivernal. Émet des cris grinçants.

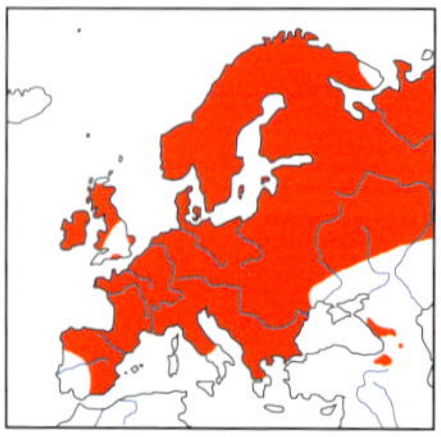

Sciurus vulgaris

Sciurus meridionalis (rouge)

Sciurus anomalus (violet)

Sciurus carolinensis

Pteromys volans

ÉCUREUIL ROUX
ÉCUREUIL MÉRIDIONAL
ÉCUREUIL DE PERSE
ÉCUREUIL GRIS
POLATOUCHE

Genre ***Callosciurus***. Ce sont des Rongeurs de taille moyenne d'Asie du Sud-Est, très colorés, au pelage serré, pas particulièrement doux, à la queue modérément touffue, de longueur au moins presque égale à tête + corps. Tête arrondie, gros yeux latéraux, oreilles de longueur moyenne sans pinceau de poils longs. Le pelage ventral est presque aussi sombre que le pelage dorsal. 22 dents (1/1, 0/0, 2/1, 3/3). Arboricoles, viennent souvent au sol.

Écureuil à ventre rouge – *Callosciurus erythraeus*

TC : 200-225 mm, Q : 160-200 mm, Pp : 48-52 mm,
Or : 18-23 mm, Cbl : 48-51 mm, P : 340-460 g.

Description. Même taille que l'Écureuil roux. Queue presque aussi longue que TC. Pelage dorsal brun olive, pelage ventral roux acajou avec une bande médiane brun olive. Gorge, cou, pattes et pieds gris, queue suffusée de fauve à extrémité blanche. • **Habitat.** Jardins du cap d'Antibes (France). Originellement, forêts tropicales et subtropicales, buissons près des terres cultivées de l'est de l'Inde à la Malaisie au sud, à Taïwan à l'est. Forme introduite vers 1970 du nord-ouest de l'aire de répartition. Extension longtemps contenue par l'agglomération d'Antibes. Deux populations également implantées dans le nord de la Belgique. • **Biologie.** Diurne, deux pics d'activité, en début et fin de journée. Grimpe avec agilité, construit son nid dans un arbre. Animal bruyant, émet notamment un cri mouillé par saccades de 3-4 notes et un cri flûté, série de notes régulières en trains de 2 à 8 notes. Se nourrit de graines d'arbres, feuilles, fruits, bourgeons ; pratique l'écorçage pour se nourrir de sève, causant ponctuellement de sévères dommages.

Écureuil de Finlayson – *Callosciurus finlaysonii*

TC : 210-220 mm, Q : 225-240 mm, Pp : 46-49 mm,
Or : 19-23 mm, Cbl : ≈ 55 mm, P : 220-250 g.

Description. Même taille que l'Écureuil roux. Queue plus longue que TC de couleur fauve. Oreilles plutôt petites. Pelage dorsal brun olive à fauve lavé de noir. Pelage ventral crème avec une démarcation nette sur les flancs. Anneau blanc autour de chaque œil. • **Habitat.** Parcs publics de 2 ha avec cèdres, tilleuls, pins noirs, platanes à Acqui Terme (Italie) – deux couples, probablement originaires de Thaïlande, introduits illégalement vers 1980. Forêts côtières de pins d'Alep et chênes verts des environs de Maratea (Italie), où 3-4 couples ont été lâchés vers 1985. Originellement, forêts ouvertes, cocoteraies et forêts denses du centre de la Birmanie jusqu'au Viêtnam. • **Biologie.** Diurne. Écorce les conifères et feuillus pour se nourrir d'aubier et de sève lorsque fruits et graines deviennent rares, causant des dommages irréversibles aux arbres.

Écureuil de Berbérie – *Atlantoxerus getulus*

TC : 165-230 mm, Q : 90-190 mm, Pp : 40-52 mm,
Or : 12-18 mm, Cbl : 39-50 mm, P : ♂ 230-280 g, ♀ 210-250 g.

Description. Rongeur de taille moyenne. Queue touffue, aplatie, < TC, rayée longitudinalement. Museau court et arrondi, grands yeux latéraux et petites oreilles sans pinceau terminal. Pelage dorsal court, gris-brun rayé de trois bandes : 1 bande pâle dorsale et 2 bandes blanchâtres sur les flancs. Pelage ventral et cercle orbitaire grisâtres. Les jeunes diffèrent des adultes par un pelage plus long et plus soyeux, et seulement 2 ou 3 bandes sombres à la queue. Griffes puissantes. 22 dents (1/1, 0/0, 2/1, 3/3). • **Habitat.** Tous biotopes rocheux, depuis les flancs de montagne jusqu'au désert, surtout dans les milieux ouverts avec des arbres clairsemés et des buissons (évite les zones dénudées et les forêts). En altitude jusqu'à 4 000 m dans le Haut Atlas. Introduit sur l'île de Fuerteventura (Canaries) en 1965. • **Biologie.** Écureuil terrestre, se déplace le plus souvent à terre. Diurne et colonial, avec deux pics d'activité, le matin et en fin d'après-midi, jusqu'à 40 °C. Terrier aménagé dans un site pauvre en végétation : éboulis, muret de pierres sèches, etc. 2-3 ♀♀ avec leurs jeunes peuvent partager un abri. Reproduction saisonnière variable selon l'altitude. Se nourrit de fruits d'olivier, de genévrier, de pistachier, d'arganier (qu'il peut accumuler dans des cachettes), de céréales (et de mollusques terrestres à Fuerteventura). Nécessite la présence d'eau, mais craint l'humidité.

Écureuil terrestre du Sénégal – *Euxerus erythropus*

TC : 220-290 mm, Q : 180-270 mm, Pp : 58-69 mm,
Or : 14-20 mm, Cbl : 53-55 mm, P : 450-600 g.

Description. Plus grand que l'Écureuil de Berbérie. Queue touffue, aplatie, de longueur égale à 60-70 % de TC, avec 2 larges bandes sombres. Museau relativement allongé et pointu, grands yeux latéraux et petites oreilles sans pinceau terminal. Pelage dorsal plus grossier, brun-fauve, rayé longitudinalement d'une bande claire sur chaque flanc. Pelage ventral et cercle orbitaire blancs. Griffes longues et peu incurvées. 22 dents (1/1, 0/0, 2/1, 3/3). • **Habitat.** Au Maroc, limité à l'arganeraie de la plaine du Souss, plus abondant à proximité des parcelles cultivées. • **Biologie.** Écureuil terrestre. Diurne, actif surtout le matin et en fin d'après-midi. Terrier dans les éboulis et pierriers. Se nourrit de racines, graines, fruits, feuilles et petits animaux.

Callosciurus erythraeus

Callosciurus finlaysonii

Atlantoxerus getulus

Euxerus erythropus

ÉCUREUIL À VENTRE ROUGE

ÉCUREUIL DE FINLAYSON

ÉCUREUIL DE BERBÉRIE

ÉCUREUIL TERRESTRE DU SÉNÉGAL

Genre ***Marmota***. Ce sont des Rongeurs de grande taille (TC > 400 mm) au corps trapu porté par des pattes courtes aux fortes griffes, prolongé par une queue courte (< 50 % TC) et très velue. Le museau est large et court (arcades zygomatiques larges, diastème court), les oreilles petites dépassant peu la fourrure, le cou massif. 22 dents (1/1, 0/0, 2/1, 3/3). Terrestres, elles occupent des habitats ouverts comme les steppes, les prairies alpines, les prairies jusqu'en lisière de forêt. L'hibernation peut durer 9 mois pendant lesquels elles vivent sur leurs réserves de graisse. La Marmotte des steppes (*Marmota baibacina*) a été introduite dans le Caucase.

Marmotte des Alpes – *Marmota marmota*

TC : 470-610 mm, Q : 150-200 mm, Pp : 80-95 mm, Or : 28-30 mm, Cbl : 84-97 mm, P : 2,5-6,5 kg.

Description. Silhouette trapue. Pelage dorsal variant de gris à jaune roussâtre. Dessus de la tête très sombre, contrastant avec le reste du pelage. Museau et joues plus clairs. Pelage ventral blanc à jaune ou orangé. Queue plus pâle à la base avec une pointe sombre. • **Habitat.** Terrains découverts en montagne de 600 à 3 200 m, mais surtout entre 1 400 et 2 700 m, de préférence sur les alpages mais aussi dans les rochers, de préférence en versant sud. Introduite dans les Pyrénées et le Massif central (France) et les Carpates (Roumanie). • **Biologie.** Diurne, surtout active en milieu de journée, sauf chaleur excessive. Vit en petits groupes familiaux. Monogame, mais caractérisée par de nombreuses fécondations extra-couple. Se dresse sur les pattes postérieures pour faire le guet, émet deux types de sifflements d'alarme. Terrier profond (jusqu'à 3 m de profondeur et 10 m de long) plus ou moins complexe creusé dans des sols alluvionnaires à rocheux. Marquage territorial olfactif. Se nourrit de Poacées, herbacées, racines, graines et baies. Hibernation d'octobre à avril, plus courte en altitude moyenne.

Marmotte bobak – *Marmota bobak*

TC : 490-575 mm, Q : 106-130 mm, Pp : 80-87 mm, Cbl : 89-101 mm, P : < 7,3 kg.

Description. Un peu plus grande que la Marmotte des Alpes. Queue et pattes relativement plus courtes. Pelage court et dense, plus uniforme ; dessus de la tête pas très sombre. Pelage ventral plus clair mais de même couleur. Museau et joues parfois brun sombre. Queue de même couleur que le dos avec une pointe brune ou noire. • **Habitat.** Steppes herbacées ou buissonnantes et autres terrains découverts, plaines et collines, dans les sols durs et les friches, voire les zones cultivées. • **Biologie.** Diurne, particulièrement active le matin et le soir. Vie en colonies de plusieurs familles. Se dresse sur les pattes postérieures pour faire le guet, émet un cri court suraigu en cas d'alerte. Terrier complexe creusé dans la terre sèche jusqu'à 5 m de profondeur. Se nourrit surtout de végétaux des steppes, mais aussi de plantes cultivées, céréales notamment. Hibernation de septembre à début avril.

Genre ***Spermophilus***. Ce sont des écureuils terrestres de taille moyenne, aux grands yeux, aux oreilles courtes (< 10 mm) sans pinceau terminal, aux bajoues utilisées pour transporter la nourriture, aux vibrisses plutôt courtes (25 mm) et à la queue courte (< 50 % TC), recouverte de poils courts mais denses. Les pattes sont courtes, les pieds, robustes, portent des griffes peu incurvées. Le pelage est parfois semé de lignes, de petites taches claires. La couronne des molaires supérieures, relativement hypsodontes, est triangulaire. P^3 petite, mais bien développée. Le diastème est généralement plus long que la rangée molaire supérieure. 22 dents (1/1, 0/0, 2/1, 3/3). Hôtes des milieux ouverts, ils évitent les forêts denses. Fréquemment dressés, immobiles, en appui sur leurs pattes postérieures.

Souslik d'Europe – *Spermophilus citellus*

TC : 180-230 mm, Q : 38-70 mm, Pp : 31-43 mm, Or : 7-12 mm, Cbl : 38-46 mm, P : 150-370 g.

Description. Petit souslik. Pied postérieur aux soles plantaires velues. Pelage dorsal court et épais, chamois à gris-jaune peu visiblement tacheté, flancs plus clairs. Pelage ventral beige à gris-jaune. Queue plutôt longue (29 % TC), face dorsale grisonnante, avec poils noirs, plus sombres vers la pointe, face ventrale jaune pâle. Pieds blanchâtres. Pourtour de l'œil clair. Constriction interorbitaire (IO) de 9-10 mm. 2n = 40, NF = 70-78. • **Habitat.** Prairies sur sol drainé (végétation basse de Poacées et prairies de fauche), steppes rases, forêts très ouvertes, bordures de routes et de champs (absent des terres cultivées et des prairies hautes). Surtout en plaine, depuis presque le niveau de la mer jusqu'à faible altitude. • **Biologie.** Diurne, activité maximale en milieu de jour, sauf en été. Vit en colonies lâches sans territorialité. Grégaire, creuse des terriers complexes aux entrées multiples en terrain dégagé et des terriers temporaires plus simples. 8 types de vocalisations décrits, dont des sifflements d'alarme. Se nourrit surtout de feuilles, bourgeons, racines et graines. Hibernation de septembre à mars, possible léthargie en été.

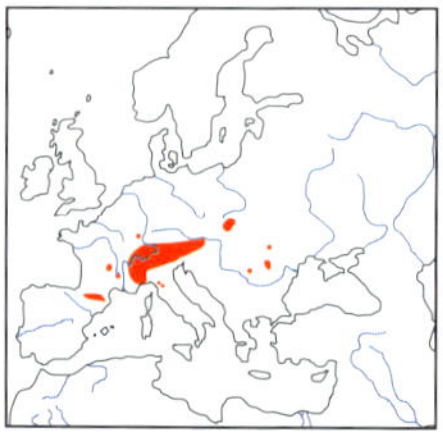

Marmota marmota

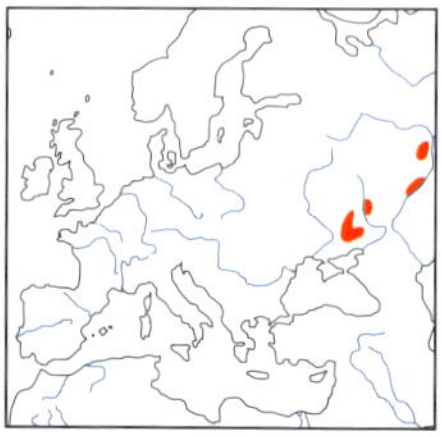

Marmota bobak

Spermophilus citellus

MARMOTTE DES ALPES

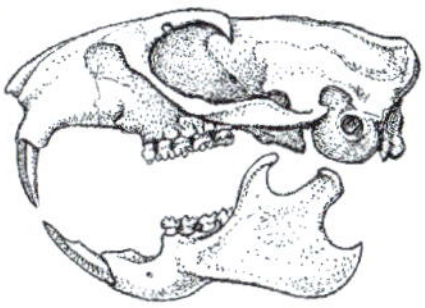

MARMOTTE BOBAK

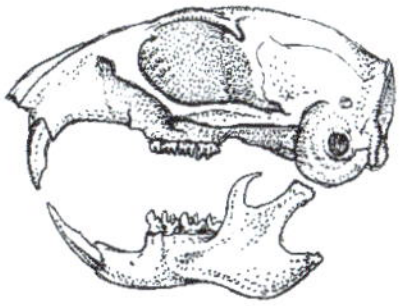

SOUSLIK D’EUROPE

Souslik du Taurus – *Spermophilus taurensis*

TC : 195-210 mm, Q : 50-70 mm, Pp : 41-46 mm, Or : 6-9 mm, Cbl : 41-45 mm, P : 190-340 g.

Description. Petit souslik. Pied postérieur aux soles plantaires nues. Pelage dorsal grisonnant rougeâtre non moucheté, plus clair sur les flancs, les joues, le menton et des plages derrière l'oreille. Pelage ventral blanchâtre. Queue rougeâtre, plus claire dessous. 2n = 40, NF = 76. • **Habitat.** Montagnes au-dessus de 1 500 m, dans les zones rocheuses à végétation clairsemée, évite les sols profonds, parfois dans les murs des villages. • **Biologie.** Peu documentée. Diurne. Émet un cri d'alarme tonal à 2 éléments, le premier à fréquence descendante, le second à fréquence montante.

Souslik d'Asie Mineure – *Spermophilus xanthoprymnus*

TC : 150-235 mm, Q : 30-45 mm, Pp : 31-41 mm, Or : 8-16 mm, Cbl : 34-44 mm, P : 180-325 g. ♂♂ plus grands que ♀♀.

Description. Petit souslik (la taille augmente dans les régions froides). Pieds postérieurs aux soles plantaires velues. Pelage dorsal uniforme, brun sombre à grisâtre, parfois d'apparence grisonnante, flancs crème, blanchâtres ou jaunes. Pelage ventral blanchâtre ou jaunâtre. Queue plus courte que chez le Souslik d'Europe (21 % TC), de même couleur que le dos, sans poils noirs, plus claire dessous. Pieds jaunâtres. Museau et joues grisâtres, yeux cerclés de chamois pâle à crème. IO : 8,7 mm en moyenne. 2n = 42, NF = 68-82. • **Habitat.** Steppes rases, prairies sur sol drainé, souvent associé à des rochers dans les pentes des collines et montagnes. Entre 800 et 2 900 m, dans les régions à faible pluviométrie (< 500 mm). • **Biologie.** Diurne strict avec activité réduite en milieu de journée par forte température. Grégaire, mais chaque individu occupe seul son terrier. Creuse des terriers temporaires jusqu'à 150 cm de long et 3-5 entrées et des terriers permanents plus complexes jusqu'à 2 m de profondeur. Portée de 3-9 jeunes, date de mise bas en fonction de l'altitude. Sifflements monosyllabiques. Se nourrit de bulbes, racines, feuilles et graines qu'il stocke sous terre (jusqu'à 1,3 kg), consomme des Insectes, vers et petits vertébrés. Hibernation de mi-août à février-mars, estivation dès juillet dans les zones arides.

Souslik jaune – *Spermophilus fulvus*

TC : 260-375 mm, Q : 75-120 mm, Pp : 45-60 mm, Cbl : 49-62 mm, P : 460-1 220 g. ♂♂ plus grands que ♀♀.

Description. Souslik grand et massif avec de fortes incisives. Pied postérieur aux soles plantaires nues (talon recouvert de poils jaunes). Pelage dorsal gris jaunâtre sans moucheture (poils de jarre brun doré, poils de bourre gris fumée). Pelage ventral blanchâtre à chamois. Queue plutôt longue (≈ 30 % TC), face dorsale gris jaunâtre, poils noirs, plus sombre avec noir vers la pointe blanche ; face ventrale rouille pâle. Griffes noires, pointes jaunâtres. Pourtour de l'œil jaune paille. Diastème de même longueur que la rangée molaire supérieure. IO : 10,2-16,2 mm. 2n = 36, NF = 70. • **Habitat.** Steppes sableuses et semi-déserts où il se concentre dans les sites les plus humides. Végétation associée : armoises, salicornes, tamaris. Remplacé par d'autres sousliks dans les terrains cultivés et prairies. • **Biologie.** Diurne strict, forte activité alimentaire le matin quand la végétation est humide. Colonies lâches fortement connectées entre elles, mâles territoriaux. Creuse des terriers permanents complexes tapissés de végétation formant des monticules de 20 cm de haut et 75-135 cm de diamètre et des terriers temporaires plus simples. Portée de 1-10 jeunes. Émet des vocalisations aiguës. Se nourrit de bulbes, racines, graines, tiges et feuilles, consomme parfois des Insectes. Hibernation d'août-septembre à mars-avril et possible estivation.

Souslik rouge – *Spermophilus major*

TC : 250-340 mm, Q : 73-105 mm, Pp : 42-54 mm, Cbl : 47-59 mm, P : 500-570 g.

Description. Grand souslik. Pied postérieur aux soles plantaires nues (sauf talon et côtés). Pelage dorsal ocre brun sombre mêlé de jaune et de rouille, avec des rangées de mouchetures claires, flancs ocre à rouille. Pelage ventral blanc, crème ou gris-jaune pâle. Taches rousses sur les joues, arrière de la tête gris cendré. Pourtour de l'œil fauve peu marqué. Queue plutôt longue (≈ 30 % TC), face dorsale comme le dos, sans poils noirs ; face ventrale rouille. IO < 11 mm. 2n = 36, NF = 72. • **Habitat.** Prairies, bordures de terrains cultivés où il se nourrit, bords de route, ravins, pentes steppiques et lisières de forêts. Sols argileux. Peut s'accommoder de terrains anthropisés à végétation rase et de zones plus arides. • **Biologie.** Diurne, actif surtout en début et fin de journée selon la température. Vit en colonies lâches, avec des ♂♂ territoriaux. Creuse des terriers simples, un ou deux orifices, temporaires (profondeur : 30-50 cm) et permanents (40-150 cm). Portée de 7-8 jeunes. Émet de courtes vocalisations aiguës. Se nourrit de racines de Poacées, feuilles, bulbes, fleurs, de graines de céréales, parfois œufs et Insectes. Hibernation d'août-septembre à mars-avril.

Spermophilus taurensis

Spermophilus xanthoprymnus

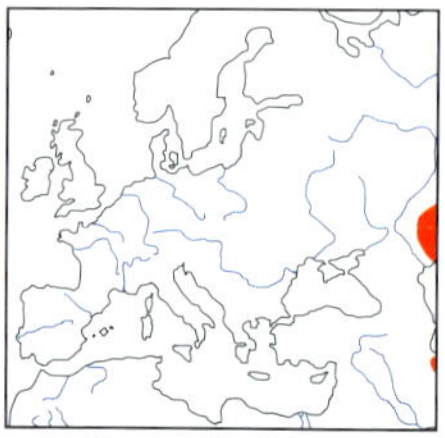
Spermophilus fulvus

Spermophilus major

SOUSLIK DU TAURUS

SOUSLIK D'ASIE MINEURE

SOUSLIK JAUNE

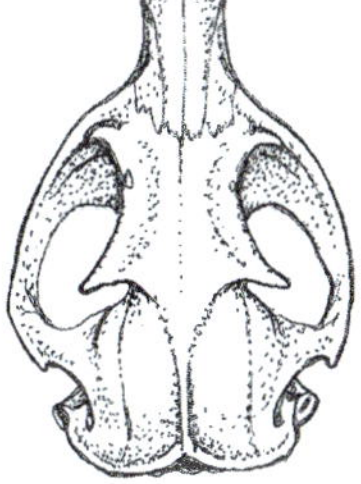

SOUSLIK ROUGE

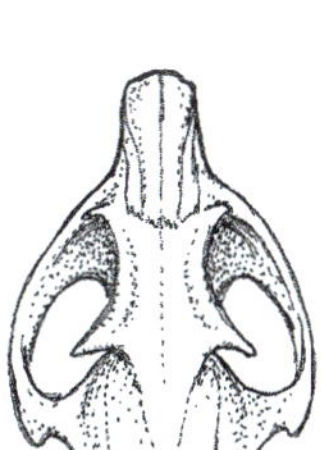

Souslik du Caucase – *Spermophilus musicus*

TC : 205-240 mm, Q : 40-50 mm, Pp : 36-38 mm,
Cbl : 40-45 mm.

Description. Petit souslik. Pied postérieur aux soles plantaires nues (sauf talon et côtés). Pelage dorsal gris jaunâtre peu moucheté de brun jaunâtre, flancs plus clairs. Pelage ventral gris sale teinté de jaune. Queue courte (≈ 20 % TC), face dorsale gris intense teinté de brun clair, avec poils noirs sur toute la longueur, prédominants dans le dernier tiers, face ventrale plus claire, pointe sombre. IO : 9 mm. 2n = 36, NF = 72. • **Habitat.** Steppes des montagnes rocheuses et prairies subalpines, champs de céréales. • **Biologie.** Diurne. Petites colonies isolées, mais vit solitaire. Creuse des terriers longs et complexes, jusqu'à 1 m de profondeur. Portée de 2-4 jeunes. Émet des vocalisations aiguës. Se nourrit de bourgeons, fleurs, graines et bulbes, parfois d'Insectes. Hibernation d'août-septembre à mars-avril.

Souslik nain – *Spermophilus pygmaeus*

TC : 175-250 mm, Q : 25-50 mm, Pp : 24-38 mm,
Cbl : 36-42 mm, P : 235 g (moyenne).

Description. Petit souslik. Pied postérieur aux soles plantaires nues (poils blanchâtres talon et côtés). Pelage dorsal gris jaunâtre à gris brunâtre peu tacheté ou uniforme, dessus de la tête plus sombre avec une tache rougeâtre au-dessus de l'œil, flancs jaune paille baigné de gris. Pelage ventral blanchâtre plus ou moins teinté de jaune, gorge et poitrine blanches. Queue courte (≤ 22 % TC), sans poils noirs (sauf de la Crimée à la Caspienne), blanc jaunâtre à la pointe. Pieds blancs à jaunâtres. IO : 9 mm. 2n = 36, NF = 72. • **Habitat.** Steppes sur sol argileux et sableux, prairies, sols durs des terrains non cultivés (migre dans les champs en période de croissance végétale). • **Biologie.** Diurne, surtout actif à l'aube et durant la journée. Colonies importantes. Creuse des terriers faits de galeries simples ; seul le terrier permanent comporte un nid. Portée de 6-8 jeunes. Cris d'alarme aigus et assez complexes. Se nourrit de racines, bulbes, feuilles, graines de céréales et herbacées, ne stocke pas de réserves. Hibernation d'août-septembre à mars-avril.

Souslik tacheté – *Spermophilus suslicus*

TC : 180-250 mm, Q : 30-56 mm, Pp : 29-37 mm,
Cbl : 41-45 mm, P : 200-360 g.

Description. Petit souslik. Pied postérieur aux soles plantaires velues (poils gris). Pelage dorsal brun-roux à brun grisâtre semé de taches rondes claires. Pelage ventral gris-jaune, poitrine et cou blancs. Queue courte (≈ 20 % TC), face dorsale brun noirâtre, pointe blanche. IO : 7,4 mm en moyenne. 2n = 34-36, NF = 66-70. • **Habitat.** Zones ouvertes et plates couvertes de Poacées. Steppes, terres cultivées où il creuse des terriers temporaires. Terriers permanents dans steppe, prairies, flancs de ravins, bords de routes, jachères. • **Biologie.** Diurne, avec activité maximale le matin et en fin de journée. Territorial. Creuse des terriers assez simples et des terriers plus complexes et profonds (1-2 m) pour l'hibernation et la mise bas. Portée de 3-8 jeunes. Sifflements mélodieux, divers petits cris aigus. Se nourrit d'herbes et de céréales (tiges et graines), parfois de petits animaux, stocke peu de réserves. Hibernation d'août-septembre jusqu'en mars ou avril.

Tamias de Sibérie – *Tamias sibiricus*

TC : 120-170 mm, Q : 80-120 mm, Pp : 31-38 mm,
Or : 13-18 mm, Cbl : 34-42 mm, P : 50-120 g.

Description. Petit écureuil au pelage dorsal gris brunâtre à ocre jaunâtre rayé de 5 bandes marron foncé, flancs plus clairs, pelage ventral blanc. Queue plus longue que celle des sousliks (65-70 % TC), moins touffue que celle des écureuils arboricoles, grise dessus avec trois raies noires, tricolore dessous avec une zone médiane brun clair encadrée de noir. Tête oblongue rayée de beige et roussâtre. Oreilles plutôt longues et pointues, sans pinceau terminal. Soles plantaires velues. Crâne avec nasaux et constriction interorbitaire larges, diastème deux fois plus long que la rangée molaire supérieure. P^3 très petite. 22 dents (1/1, 0/0, 2/1, 3/3). • **Habitat.** Forêts de conifères et de feuillus avec sous-bois buissonnant, depuis la taïga jusqu'aux cédraies, mélézins et sapinières de montagne, mais aussi dans les bosquets, à proximité des cultures. Animal de compagnie sous le nom « Écureuil de Corée » relâché dans de nombreux parcs et jardins, où il peut atteindre des densités élevées. Populations introduites en Allemagne, Autriche, Belgique, France, Italie, Pays-Bas, Suisse. • **Biologie.** Diurne, actif surtout le matin et en fin de journée en saison chaude, sorties plus tardives au printemps. Surtout terrestre, grimpe avec agilité. Sédentaire et solitaire, creuse des terriers relativement simples, de 60 à 140 cm de long et 40 à 95 cm de profondeur. Se nourrit de graines et bourgeons, de baies, de champignons, moins souvent de petits invertébrés, stocke des réserves (1,5-2 kg). Hibernation de novembre à mars.

Spermophilus musicus

Spermophilus pygmaeus

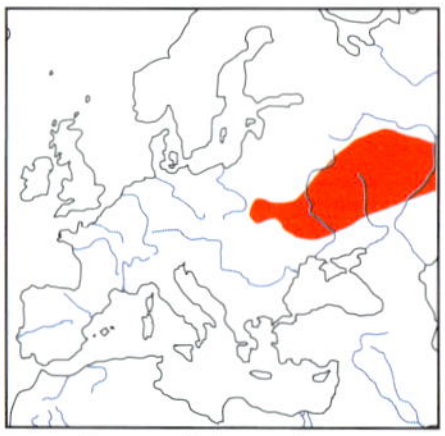
Spermophilus suslicus

Tamias sibiricus

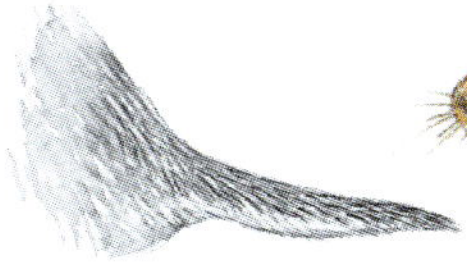

SOUSLIK DU CAUCASE

SOUSLIK NAIN

SOUSLIK TACHETÉ

TAMIAS DE SIBÉRIE

Genre *Castor*. Ce sont les plus gros Rongeurs du Paléarctique (TC > 700 mm). Leur corps, trapu, porté par des pattes courtes, est prolongé par une queue aplatie horizontalement, large (12-16,5 cm), couverte d'écailles, velue à la base seulement. La tête est massive, le museau large et court, les yeux petits, les oreilles dépassent peu la fourrure. Les orteils des pattes antérieures portent de fortes griffes utilisées pour creuser, les orteils des pattes postérieures sont palmés. L'orifice urogénital et l'anus débouchent dans un pseudo-cloaque. 20 dents (1/1, 0/0, 1/1, 3/3). Aquatiques, ils se déplacent aisément dans l'eau, plus maladroitement à terre, où la queue sert d'organe d'équilibre. En plongée, ils obturent leurs orifices : nez, oreilles, cloaque. Les groupes familiaux occupent un terrier creusé dans la berge, terrier-hutte lorsqu'il est renforcé de branchages ou hutte lorsque la berge est peu pentue ou le sol trop friable. L'entrée est toujours située sous l'eau. Ils marquent leur territoire avec le produit de glandes musquées situées près des organes génitaux, le castoréum. Le produit de glandes voisines sert à graisser le pelage. Ils communiquent aussi en frappant de la queue en plongeant et émettent parfois une sorte de ronflement. Ils se nourrissent de plantes aquatiques et riveraines, de racines, de jeunes branches, et se contentent en hiver de l'écorce de buissons et d'arbres qu'ils abattent de manière très caractéristique.

Castor d'Eurasie – *Castor fiber*

TC : 750-1 000 mm, Q : 280-380 mm, Pp : 160-180 mm,
Or : 30-41 mm, Cbl : 120-160 mm, P : 15-38 kg.

Description. Pelage dorsal brun jaunâtre à brun foncé. Os nasaux assez longs. 2n = 48. • **Habitat.** Lacs, étangs, fleuves, rivières, fossés avec ripisylve (saules, peupliers, aulnes, frênes, bouleaux, chênes). Peut vivre dans les zones cultivées, voire les villes. Préfère les zones de faible altitude, mais des introductions à 500 m ont réussi. Au début du XXe siècle, il ne subsistait que dans 5 bassins isolés : Rhône (France), Elbe (Allemagne), sud de la Norvège, Neman et Dnepr (Biélorussie) et Voronezh (Russie). Expansions et réintroductions depuis ces refuges sont à l'origine de la répartition actuelle. • **Biologie.** Principalement nocturne, sort avec le coucher du soleil.

Castor canadien – *Castor canadensis*

TC : 750-1 200 mm, Q : 260-410 mm, Pp : 155-270 mm,
Or : 23-35 mm, Cbl : 120-150 mm, P : 14-40 kg.

Description. Pelage dorsal plus sombre, de gris-brun à noir. Os nasaux plus courts que chez le Castor d'Eurasie. 2n = 40. • **Habitat.** Lacs, étangs, fleuves, rivières, fossés fournissant un accès à l'eau et à des arbres. Très largement répandu en Amérique du Nord, il a été introduit en Finlande en 1937 à partir d'une population de l'état de New York, préliminaire à son expansion rapide en Russie. Les lâchers en Pologne, Ukraine et France n'ont pas donné lieu à une installation durable. Des populations mixtes sont connues sur le Danube, à proximité de Vienne (Autriche). • **Biologie.** Nocturne. En Finlande, où les deux espèces ont été lâchées, il s'impose au Castor d'Eurasie.

Famille des Gliridae. Ce sont des Rongeurs de petite taille à queue longue (ou assez longue) et touffue et aux pieds pourvus de larges coussinets (quatre doigts aux pattes antérieures, cinq orteils aux pattes postérieures). Tous, sauf *Glis*, possèdent une mandibule perforée dans sa partie angulaire. 20 dents (1/1, 0/0, 1/1, 3/3). Les molaires sont brachyodontes et présentent des crêtes transversales.

Lérotin – *Dryomys nitedula*

TC : 80-113 mm, Q : 73-119 mm, Pp : 17-24 mm,
Or : 10-16 mm, Cbl : 22-28 mm, P : 15-50 g.

Description. Petit loir à queue touffue, aussi longue que le corps, grise avec parfois une pointe blanche, poils de longueur croissante de la base à l'extrémité. Pelage dorsal souvent brun jaunâtre, brun roussâtre ou gris, pelage ventral gris-jaune, nettement démarqué. Masque facial sombre de la base des longues vibrisses jusqu'aux oreilles. Yeux et oreilles de taille moyenne. Six coussinets plantaires à chaque pied. Dents jugales avec 4 crêtes transversales. 2n = 48. • **Habitat.** Varié. Forêts décidues (hêtraies notamment), mixtes et résineuses (jusqu'à 2 000 m), steppes boisées et formations arbustives persistantes (maquis de chênes verts en Israël). Plus répandu au-dessus de 500 m, semble largement absent de la plaine pannonienne et des Apennins. Jusqu'en limite des forêts décidues vers le nord. Faible recouvrement avec l'aire d'*Eliomys quercinus*. • **Biologie.** Nocturne. Nids sphériques tressés dans un arbre creux, un buisson, un tas de bois ou une fente de rochers. Moins arboricole que le muscardin ou le loir. Se nourrit d'arthropodes et de végétaux. Hibernation d'octobre à avril, variable avec le climat (brève ou facultative en Israël).

Lérotin de Calabre – *Dryomys aspromontis*

TC : 73-100 mm, Q : 72-86 mm, Pp : 16-20 mm, Or : 11-13 mm,
Cbl : 20-25 mm, P : 14-26 g.

Description. Semblable à *D. nitedula* mais pelage dorsal gris plus clair et queue à pointe blanche. • **Habitat.** Forêts de hêtres entre 900 et 1 500 m. • **Biologie.** Semblable à *D. nitedula*.

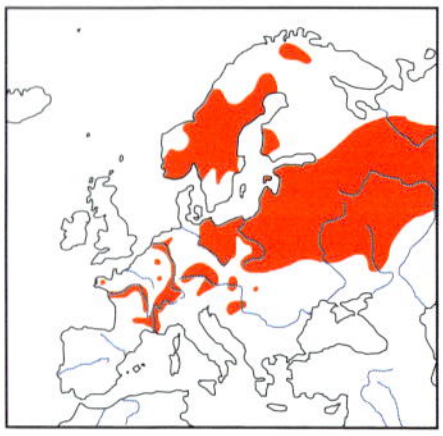
Castor fiber

Castor canadensis

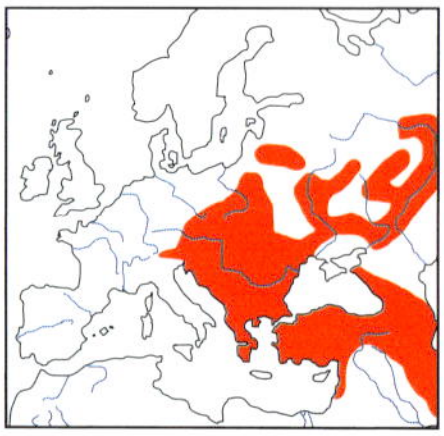
Dryomys nitedula

Dryomys aspromontis

CASTOR D'EURASIE

CASTOR CANADIEN

LÉROTIN

Lérotin laineux – *Dryomys laniger*

TC : 81-96 mm, Q : 48-76 mm, Pp : 15-19 mm, Or : 11-17 mm, Cbl : 22-27 mm, P : 17-32 g.

Description. Semblable au Lérotin, mais légèrement plus petit, avec un pelage laineux, une queue nettement plus courte (53-89 % TC) et sans masque facial, mais des yeux cerclés de brun-noir. Pelage généralement gris fumée sur le dos, blanc crème sur le ventre avec une démarcation nette sur les flancs. Queue sensiblement bicolore, grise dessus, blanchâtre dessous, à pointe blanche. Adapté à la vie rupestre avec de larges coussinets plantaires et des doigts et orteils cannelés. Bulles tympaniques développées. 2n = 46. • **Habitat.** Paysages rocheux à végétation clairsemée, offrant fissures, crevasses et autres cavités dans les éboulis, entre 1 500 et 2 950 m, au-dessus de la limite des arbres. Capturé à proximité de forêts de cèdres, genévriers, sapins et chênes. • **Biologie.** Nocturne. Se nourrit d'Arthropodes (Coléoptères, Orthoptères) et de divers végétaux. Hibernation en captivité.

Lérot – *Eliomys quercinus*

TC : 100-170 mm, Q : 90-150 mm, Pp : 22-32 mm, Or : 22-26 mm, Cbl : 33-42 mm, P : 45-120 g, jusqu'à 210 g avant l'hibernation.

Description. Gliridé de taille moyenne, au pelage dorsal uniformément brun rougeâtre ou brun grisâtre contrastant fortement avec le pelage ventral blanc. Masque noir de la base des vibrisses jusque sous et derrière les grandes oreilles, entourant les yeux. Touffe de poils blancs devant chaque oreille. Queue presque de même longueur que TC, bicolore (sombre dessus, plus claire dessous), à poils courts à la base mais avec un pinceau de longs poils blancs à la pointe, parfois tronquée (autotomie caudale). 4 coussinets aux pieds antérieurs, 6 aux postérieurs. Bulles tympaniques peu développées. Dents jugales avec 4 crêtes transversales. 2n = 48-54. • **Habitat.** Forêts de feuillus et de résineux, mais aussi dans la végétation buissonnante, les rochers, les vergers, les jardins. Jusqu'à 2 500 m dans les Alpes et les Pyrénées. Nids d'été sphériques surtout dans des buissons et arbres creux. Hiberne dans les arbres creux, rochers, murs de pierre, bâtiments, voire dans les grottes et autres souterrains. • **Biologie.** Nocturne et crépusculaire. Plus terrestre qu'arboricole. Densités de population avant reproduction de 30/ha dans les habitats favorables à moins de 2/ha dans les zones alpines. Se nourrit de fruits, graines, bourgeons, invertébrés, petits vertébrés et œufs. Torpeur facultative en période d'activité et hibernation d'octobre à avril dans le nord de son aire, un ou deux mois dans le sud.

Lérot à queue noire – *Eliomys melanurus*

TC : 105-144 mm, Q : 81-136 mm, Pp : 22-27 mm, Or : 20-31 mm, Cbl : 30-35 mm, P : 38-67 g.

Description. Semblable à *E. quercinus*, mais avec une queue dont la moitié distale est une touffe de longs poils noirs. Pelage dorsal en dégradé de gris teinté de brun le long de la colonne vertébrale. Pelage ventral, poitrine et joues, blanc, nettement démarqué sur les flancs. Bulles tympaniques développées. 2n = 48. • **Habitat.** Biotopes peu boisés, souvent avec des affleurements rocheux, maquis, steppes, berges d'oueds, dunes côtières, falaises calcaires, jardins et murs de pierre dans les oasis, ruines, pénètre parfois dans les tentes. Jusqu'à 2 850 m. • **Biologie.** Nocturne. Actif toute l'année malgré des températures hivernales proches de 0 °C, torpeur facultative par temps chaud assurant une économie de 65 % de la dépense énergétique quotidienne. Consomme surtout des Insectes, escargots. Myriapodes et geckos.

Lérot du Maghreb – *Eliomys munbyanus*

TC : 90-140 mm, Q : 100-130 mm, Pp : 20-27 mm, Or : 18-27 mm, Cbl : 26-32 mm, P : 42-62 g.

Description. Semblable à *E. quercinus* au Maghreb, quoique de taille inférieure (forme *munbyanus*), semblable à *E. melanurus* dans le Sahara atlantique (forme *occidentalis*). Pelage dorsal brun-roux *(munbyanus)* ou gris brunâtre *(occidentalis)*. Pelage ventral blanc. Queue blanche dessous, le noir couvrant moins de 75 % du dessus et pointe blanche *(munbyanus)* ou presque entièrement noire et touffue *(occidentalis)*. Bulles tympaniques peu développées (< 30 % longueur occipito-nasale, *munbyanus*) ou développées (> 32 % longueur occipito-nasale, *occidentalis*). 2n = 46 *(munbyanus)*. • **Habitat.** Biotopes variés de forêts humides de chênes et de pins aux palmeraies des régions présahariennes, maquis, matorrals, milieux rocheux, berges d'oueds, pénètre dans les habitations. Depuis les plaines côtières jusqu'à 3 800 m dans le Haut Atlas (Maroc). Dans le Sahara lits d'oueds, éboulis à proximité des zones cultivées, dont jardins. • **Biologie.** Nocturne. Actif toute l'année, peut tomber en léthargie par temps froid (pas d'hibernation pour *occidentalis*) ou chaud. Construit des nids d'herbes sèches dans des trous d'arbre, des crevasses de rochers ou sous les toits d'habitations. Frugivore, consomme aussi des graines et des Insectes.

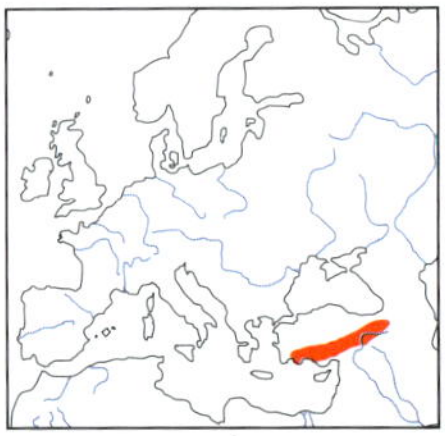

Dryomys laniger

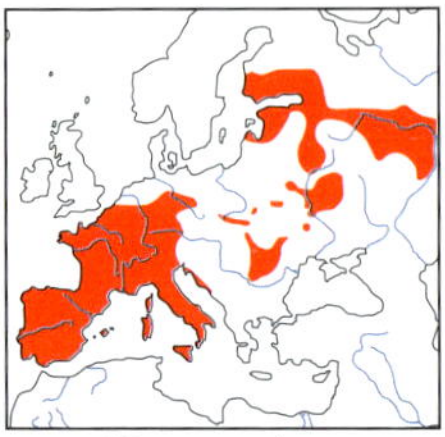

Eliomys quercinus

Eliomys melanurus

Eliomys munbyanus

LÉROTIN LAINEUX

LÉROT

LÉROT À QUEUE NOIRE

LÉROT DU MAGHREB

Muscardin – *Muscardinus avellanarius*

TC : 60-90 mm, Q : 57-68 mm, Pp : 15-18 mm, Or : 10-14 mm, Cbl : 20-23 mm, P : 15-20 g, jusqu'à 43 g avant l'hibernation.

Description. Petit Gliridé à la queue épaisse et touffue légèrement plus courte que TC, parfois avec une pointe blanche. Pelage dorsal des adultes brun doré brillant, plus gris chez les juvéniles et les adultes sortant de mue. Pelage ventral plus clair. Gros yeux et longues vibrisses. Pieds antérieurs possédant un coussinet interne utilisé comme un pouce, pieds postérieurs articulés à la cheville facilitant l'escalade. Dents jugales à 5 crêtes transversales. 2n = 46. • **Habitat.** Boisements décidus diversifiés, avec sous-bois dense, mais aussi formations buissonnantes, haies et forêts de conifères. Nids d'été tissés dans des arbres creux et des buissons, éventuellement dans des nichoirs. Nid d'hiver tissé très serré au niveau du sol ou au-dessous. • **Biologie.** Espèce arboricole, assez longévive, recrutement lent, faible densité de population (moins de 10/ha). Consomme des aliments très énergétiques, bourgeons, chatons, fruits, graines, noix et Insectes dans la canopée ou sur le sol. Ouvre les noisettes en laissant des traces caractéristiques. Hibernation après une période d'accumulation de graisse qui peut doubler son poids estival, d'octobre à avril sous climat froid, plus brièvement vers le sud, actif toute l'année dans la région méditerranéenne. Torpeur estivale possible par temps frais ou en l'absence de nourriture.

Genre ***Myomimus***. Ce sont des Gliridés qui ne possèdent pas la queue touffue caractéristique de la famille, ce qui leur confère plutôt une allure de souris. La queue, faiblement velue, se termine en pointe. La tête est relativement grande, avec de courtes oreilles.

Loir d'Ognev – *Myomimus roachi*

TC : 80-136 mm T : 60-100 mm, Pp : 19-23 mm, Or : 13-18 mm, Cbl : 24-28 mm, P : 21-70 g.

Description. Gliridé trapu à queue plutôt courte (en moyenne 78 % TC) et presque nue. Pelage dorsal brun-gris, avec une bande centrale sombre. Pelage ventral gris clair à crème. Oreilles grises. Pas de masque facial. 5 coussinets aux pieds antérieurs, 6 aux postérieurs. 7 paires de mamelles, beaucoup plus que chez tous les autres Gliridés. Rms > 3,5 mm. 2n = 44. • **Habitat.** Boisements, formations buissonnantes, haies dans les paysages ouverts ou agricoles, friches, vergers et jardins. Absent des forêts et secteurs de cultures intensives. Toujours à faible altitude. • **Biologie.** Nocturne et crépusculaire. Plutôt arboricole. Se nourrit surtout d'Insectes (Orthoptères et Lépidoptères), mais aussi de fruits et de graines. Hiberne sous le sol d'octobre à avril après accumulation de graisse sous-cutanée.

Loir de Perse – *Myomimus setzeri*

TC : 70-81 mm, Q : 50-62 mm, Pp : 14-17 mm, Or : 11-13 mm, Cbl : 20-21 mm, P : 9-10 g.

Description. Très petit Gliridé à queue courte (69-82 % TC) et presque nue, effilée à son extrémité, et aux oreilles courtes et arrondies. Pelage dorsal long et soyeux, brun grisâtre avec une bande centrale brun plus sombre, flancs chamois, pelage ventral gris pâle. Oreilles grises. Rms < 3,5 mm. Récemment reconnu comme une espèce séparée de *M. personatus*, même si les spécimens observés restent peu nombreux. • **Habitat.** Montagnes et plateaux d'altitude, de 1 800 à 2 800 m, avec une végétation buissonnante (*Pistacia*) ou arborée (pins) clairsemée. • **Biologie.** Non documentée. Espèce trouvée principalement dans les pelotes de régurgitation de *Bubo bubo* (0,4 à 1,8 % des proies).

Loir gris – *Glis glis*

TC : 130-190 mm, Q : 110-170 mm, Pp : 25-32 mm, Or : 17-24 mm, Cbl : 30-39 mm, P : 70-185 g, jusqu'à 400 g avant l'hibernation.

Description. Le plus grand Gliridé, qui ressemble à un petit écureuil, queue touffue, gros yeux. Pelage dorsal gris, parfois teinté de brun, avec une bande plus sombre au centre du dos et autour des yeux. Pelage ventral blanc à gris clair, nettement démarqué sur les flancs. 6 coussinets aux pieds antérieurs et aux pieds postérieurs. Dents jugales avec 4 crêtes transversales complètes et trois crêtes intermédiaires incomplètes. • **Habitat.** Forêts décidues matures : grands arbres porte-graines, hêtres, chênes et châtaigniers. Aussi dans les forêts de conifères, forêts humides mixtes, vergers et jardins. Plus commun en plaine qu'en montagne, où il atteint 2 000 m dans le Caucase et les Pyrénées. Nids d'été dans des arbres creux, branches près du tronc et cavités dans les rochers. S'installe fréquemment dans les habitations. 2n = 62. • **Biologie.** Strictement nocturne. Bruyant, émet un ronflement caractéristique. Densités de population avant reproduction de 30/ha en moyenne, jusqu'à 50/ha. Se nourrit de fruits, noix, bourgeons, écorces, Insectes et champignons. Reproduction liée à la production de graines des principaux arbres forestiers. Hiberne d'octobre à avril dans des terriers jusqu'à 60 cm sous le sol, parfois dans des arbres creux ou des grottes. Peut entrer en torpeur estivale par temps frais.

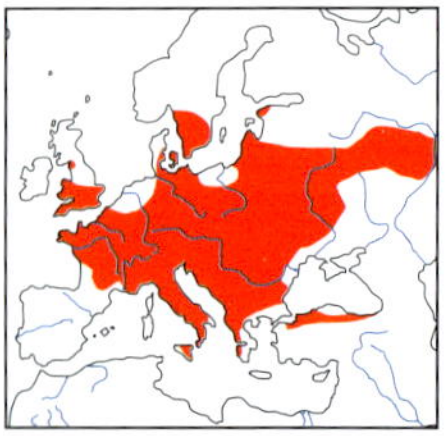

Muscardinus avellanarius

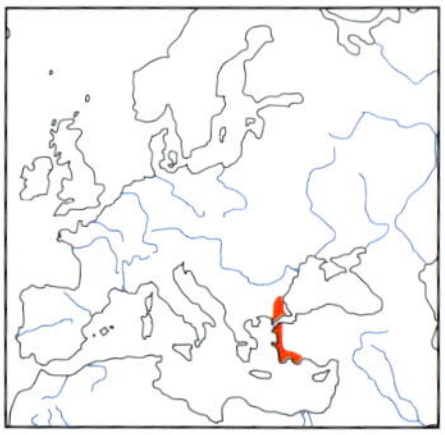

Myomimus roachi

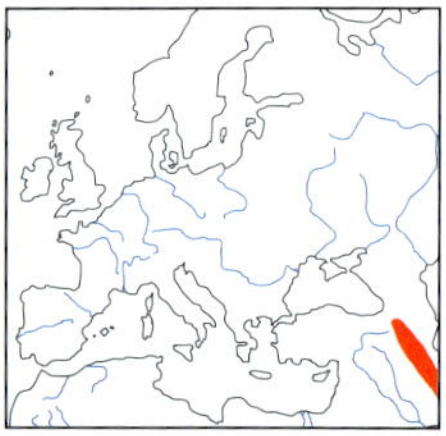

Myomimus setzeri

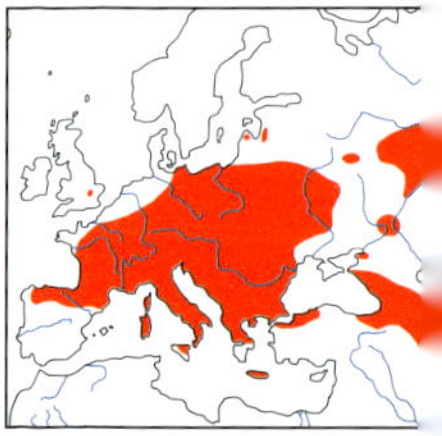

Glis glis

MUSCARDIN
LOIR D'OGNEV
LOIR DE PERSE
LOIR GRIS

Famille des Dipodidae. Rongeurs à longue queue (> 125 % TC) arrondie et touffue et aux membres postérieurs très allongés, adaptés à une locomotion par bonds ; os des métatarses fusionnés en os canon. Tête arrondie à gros yeux, oreilles moyennes à grandes et vibrisses longues, noires à pointes blanches.
Sous-famille Allactaginae, gerboises de taille petite à grande. 5 doigts au pied postérieur (sauf *Scarturus tetradactylus*), 2 petits, 3 grands et fonctionnels. Bulles tympaniques peu développées. Incisives supérieures, blanches, protodontes, sans sillon. Molaires grandes et semi-hypsodontes, émail de la couronne des molaires supérieures en forme de E. Mandibule perforée dans sa partie postérieure. 18 dents (1/1, 0/0, 1/0, 3/3). 2N = 48, NF = 96 (sauf *Pygeretmus pumilio* NF = 92).

Grande gerboise – *Allactaga major*

TC : 180-260 mm, Q : 175-310 mm, Pp : 82-98 mm,
Or : 48-62 mm, Cbl : 39-46 mm, P : 200-420 g.

Description. Grande gerboise. Pelage dorsal doux, soyeux, gris-brun teinté de cannelle à jaune sable, flancs plus clairs. Pelage ventral blanc. Bordures des soles plantaires couvertes de poils bruns à gris clair. Touffe de la queue noire et blanche, la longueur de la pointe blanche varie de 65-70 à 100-110 mm. Gland du pénis en pointe, avec 50-60 denticules, sillon médian fourchu à mi-longueur. • **Habitat.** Zones steppiques des lisières de forêts et clairières jusqu'au semi-désert, incluant les dunes sableuses. Sols compacts, bords de route, de champs, prairies évitant les terrains cultivés. • **Biologie.** Crépusculaire et nocturne. Creuse des terriers estivaux temporaires et permanents simples. Chambre du terrier hivernal à 1-2,5 m de l'entrée, obturée. Se nourrit de graines et de bulbes. Hiberne d'octobre à mars-avril.

Gerboise afghane – *Scarturus elater*

TC : 90-120 mm, Q : 140-185 mm, Pp : 46-65 mm,
Or : 28-43 mm, Cbl : 24-28 mm, P : 32-73 g.

Description. Petite gerboise. Pelage dorsal fauve et gris, pelage ventral blanc, sans démarcation sur les flancs. Soles plantaires nues. Touffe de la queue tricolore, crème à la base, blanche à la pointe au-delà d'une bande noire. Gland du pénis petit, plutôt en pointe, avec 25-30 denticules, absents de la base et de la pointe, sillon médian fourchu. • **Habitat.** Déserts et semi-déserts sur sol rocheux, sableux ou argileux, habitats à couvert végétal réduit, plus rarement dans la steppe à armoises. • **Biologie.** Nocturne. Terrier bouché de terre composé d'un tunnel de 40-120 cm et d'une chambre sphérique à 25-60 cm de la surface, occupé par un seul adulte, sauf pendant l'hibernation. Terriers temporaires superficiels. Se nourrit de graines, de bulbes et de racines. Hibernation rare à l'ouest, activité réduite en hiver, essentiellement en début de nuit.

Gerboise de l'Euphrate – *Scarturus euphraticus*

TC : 80-130 mm, Q : 145-210 mm, Pp : 47-65 mm,
Or : 27-42 mm, Cbl : 26-31 mm, P : 48-92 g.

Description. Pelage dorsal fauve grisâtre. Pelage ventral blanc. Soles plantaires nues, bordées de poils bruns. Touffe de la queue blanche et noire, à trois bandes. Gland du pénis tronqué, avec 140-150 denticules, sillon médian marqué sur toute la longueur, non divisé. • **Habitat.** Steppes et semi-déserts, surtout entre 450 et 600 m en Turquie. Terrier creusé au pied des collines, dans les lits d'oueds et les zones végétalisées des hamadas. • **Biologie.** Nocturne. Terrier de 45 cm de profondeur, 100 cm de longueur, avec 1 ou 2 galeries de secours proches de la surface du sol, une seule entrée active, bouchée durant la journée. Herbivore généraliste. Torpeur estivale, hiberne de novembre à janvier.

Gerboise d'Anatolie – *Scarturus williamsi*

TC : 100-145 mm, Q : 170-255 mm, Pp : 53-71 mm,
Or : 31-52 mm, Cbl : 28-35 mm, P : 60-140 g.

Description. Plus grande que la précédente. Pelage dorsal long et satiné, brun sombre à jaune rougeâtre sur les flancs. Pelage ventral blanc. Soles plantaires nues. Touffe de la queue tricolore, jaune rougeâtre à la base, brune au centre, blanche à la pointe. Gland du pénis émoussé, avec 30-40 denticules, sillon médian peu marqué non divisé. • **Habitat.** Semi-déserts, flancs de collines au sol pierreux et caillouteux. Jusqu'à 2 500 m. • **Biologie.** Nocturne. Creuse dans les pentes des galeries relativement droites. Chambre du nid située jusqu'à 170 cm de longueur et à 70 cm de profondeur. Se nourrit de végétation xérique, de graines sèches et d'Insectes. Pas de torpeur estivale, hiberne de novembre à février.

Gerboise de Wagner – *Scarturus aulacotis*

TC : 95-130 mm, Q : 160-200 mm, Pp : 51-61 mm,
Or : 30-42 mm, Cbl : 28-32 mm.

Description. Anciennement incluse dans *S. euphraticus*. De morphologie similaire. Pénis non décrit. • **Habitat.** Aride, flancs de collines, surtout près d'oueds et les zones végétalisées des hamadas. Évite les secteurs sableux. • **Biologie.** Nocturne.

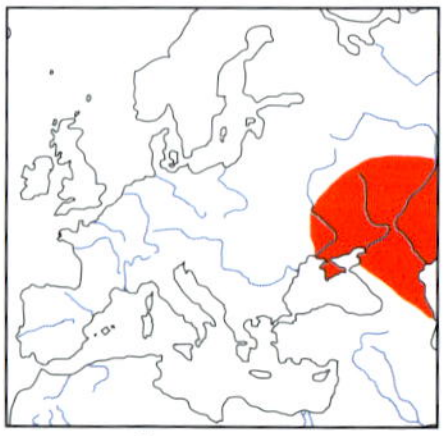
Allactaga major

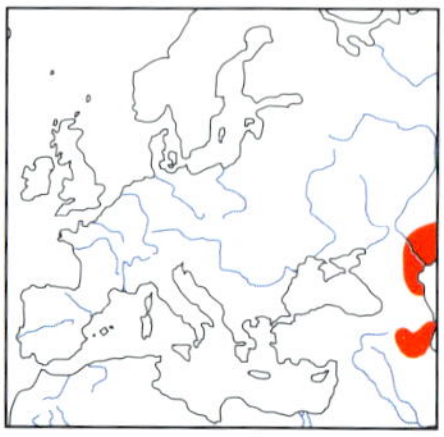
Scarturus elater

Scarturus euphraticus (rouge)
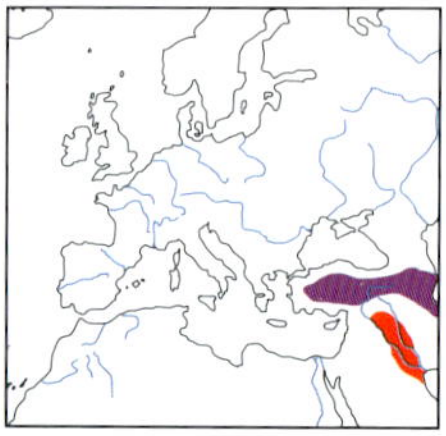
Scarturus williamsi (violet)

Scarturus aulacotis

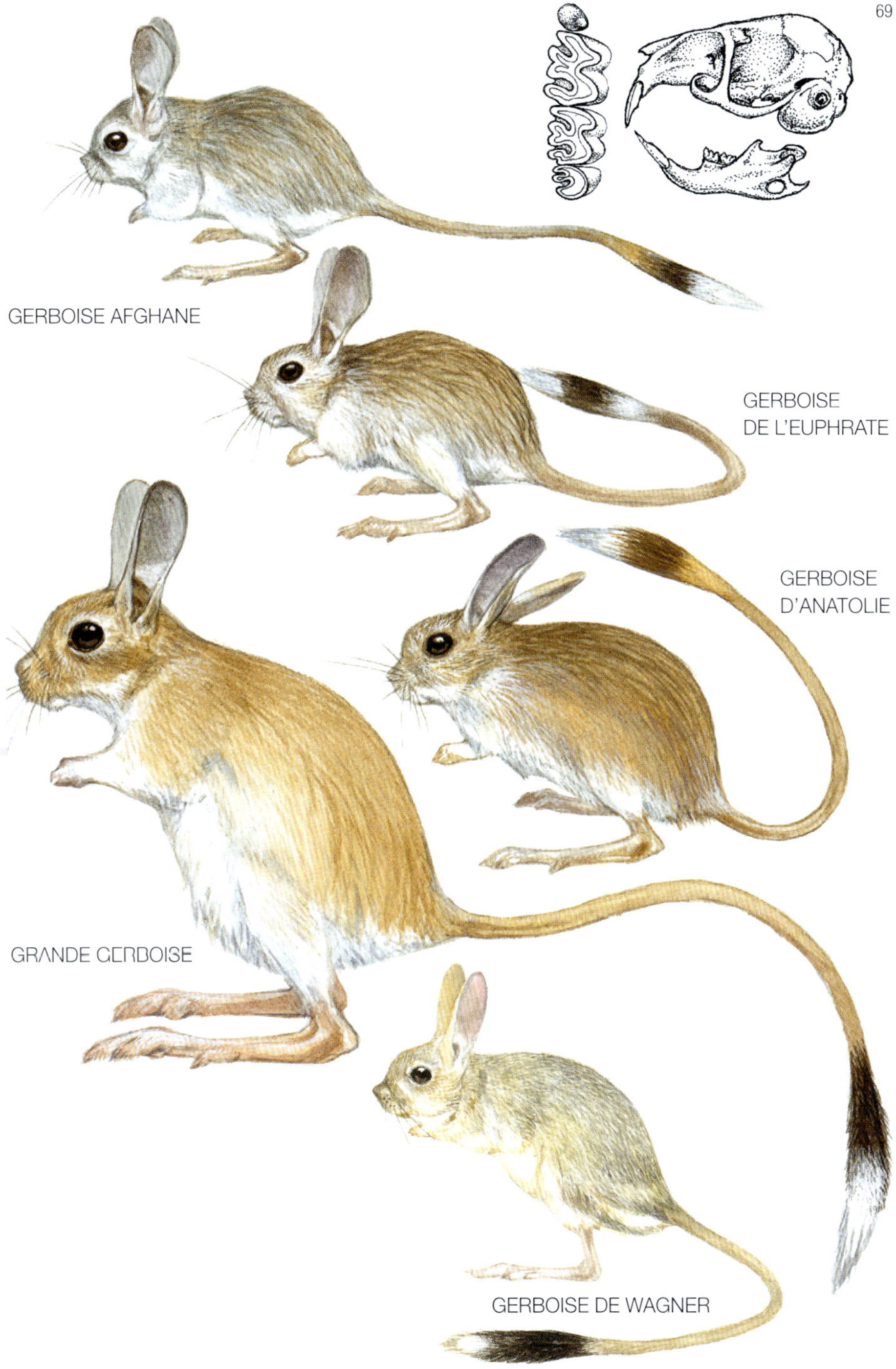
GERBOISE AFGHANE
GERBOISE
DE L'EUPHRATE
GERBOISE
D'ANATOLIE
GRANDE GERBOISE
GERBOISE DE WAGNER

Gerboise tétradactyle – *Scarturus tetradactylus*

TC : 100-120 mm, Q : 155-180 mm, Pp : 51-59 mm,
Or : 37-43 mm, Cbl : 27-31 mm, P : 48-56 g.

Description. Petite gerboise. Pied postérieur à 4 doigts. Pelage dorsal grivelé noir et fauve, flancs grisâtres. Pelage ventral blanc. Soles plantaires nues, doigts recouverts de longs poils noirâtres. Touffe caudale large et aplatie, bicolore, noire à pointe blanche. Oreilles pigmentées. Gland du pénis en forme de cœur, denticules dirigés latéralement. Suture nasofrontale tronquée, petit M médian. • **Habitat.** Plaines côtières caillouteuses, salines et milieux voisins, déserts plats, près des champs. • **Biologie.** Nocturne. Creuse des terriers simples, 60-150 cm de profondeur, souvent temporaires.

Gerboise-lièvre – *Pygeretmus pumilio*

TC : 90-130 mm, Q : 125-185 mm, Pp : 40-55 mm,
Or : 22-32 mm, Cbl : 23-27 mm, P : 44-61 g.

Description. Petite gerboise. Pied postérieur à 5 doigts (3 sont fonctionnels), soles plantaires nues. Pelage dorsal gris pâle à gris-brun foncé, flancs et dessus de la tête plus clairs. Pelage ventral blanc teinté de beige. Queue épaisse (dépôts de graisse sous-cutanés), petite touffe terminale avec bandes noires et blanches réduites. Oreilles courtes. Gland du pénis lancéolé, denticules dirigés latéralement. Incisives supérieures faiblement protodontes, lisses et blanches. Bulles tympaniques peu développées. Mandibule avec fenêtre ovoïde. Surface des molaires avec 3 boucles seulement. P4 absente chez l'adulte. 16 dents (1/1, 0/0, 0/0, 3/3). 2N = 48, NF = 92. • **Habitat.** Affectionne les sols à accumulation de sel : solonetz et solontchaks, à végétation clairsemée et plantes succulentes. • **Biologie.** Nocturne. Terrier complexe, bouché durant la journée, couloir principal atteignant plusieurs mètres, galeries latérales, profondeur de 70 à 100 cm en hiver. Se nourrit de plantes succulentes avant et après fructification, de graines, de bulbes. Stocke des réserves. Hiberne d'octobre à mars en moyenne.

Gerboise à pattes rugueuses – *Dipus sagitta*

TC : 110-150 mm, Q : 140-180 mm, Pp : 59-67 mm,
Or : 16-23 mm, Cbl : 29-34 mm, P : 77-84 g.

Description. Pied postérieur à 3 doigts, rangées de longs poils sur les bordures des soles plantaires. Pelage dorsal fauve à jaune sable. Pelage ventral blanc. Queue avec touffe de 26-30 mm composée d'un anneau noir irrégulier et d'une pointe blanche. Oreilles relativement courtes. Pénis avec deux pointes dorsales, rainuré depuis le milieu. Incisives supérieures protodontes, creusées d'un sillon ; émail jaune. Bulles tympaniques atteignant le condyle occipital. Surface des molaires assez complexe. 18 dents (1/1, 0/0, 1/0, 3/3). 2N = 48, NF = 94-96. • **Habitat.** Tous substrats sableux depuis les forêts sèches sur terrasses jusqu'aux dunes du désert couvertes d'une végétation xérique. Jusqu'à 1 300 m sur les plateaux. • **Biologie.** Crépusculaire et nocturne. Terriers simples à 1 entrée, bouchée en journée, plus complexes chez les femelles. Se nourrit de graines, feuilles, tiges, racines, inflorescences, occasionnellement d'Insectes. Ne boit pas. Hiberne d'octobre à fin mars, mais activité rapportée lors d'hivers doux.

Genre *Jaculus*. Ce sont des gerboises de taille petite à moyenne, qui possèdent 3 doigts au pied postérieur ; les doigts sont garnis de poils rigides. La queue est très longue (150 % de TC), la touffe apicale est bicolore, noire puis blanche à la pointe. Les oreilles sont courtes (< 50 % Pp). Les incisives supérieures, blanches, sont creusées d'un sillon. L'émail de la couronne des deux premières molaires supérieures dessine un Z. 16 dents (1/1, 0/0, 0/0, 3/3). Leur aptitude à vivre dans le désert par concentration rénale acquise conditionne leur répartition.

Petite gerboise d'Égypte – *Jaculus jaculus*

TC : 95-130 mm, Q : 190-230 mm, Pp : 60-70 mm,
Or : 17-28 mm, Cbl : 29-32 mm, P : 64-74 g.

Description. Petite gerboise (TC < 130 mm). Pelage dorsal jaune clair orangé. Pelage ventral blanchâtre. Queue de même couleur que le dos en face dorsale, blanchâtre en face ventrale. Oreilles à pointe pigmentée. Gland du pénis massif, allongé, sans épines. Vibrisses blanches à la base et poils blancs sur les soles plantaires. Incisives supérieures opisthodontes. Bulles tympaniques dépassant le condyle occipital. Suture nasofrontale en U. Mandibule avec 1 ou 2 perforations. 2N = 48, NF = 96. • **Habitat.** Déserts et semi-déserts sableux. Terrier dans le sable stabilisé des dunes, des oueds, des dépressions avec végétation clairsemée. • **Biologie.** Nocturne. Terrier à 2 entrées, bouchées durant la journée en été, ouvertes en hiver, creusé à 1 m de profondeur en hiver. Effectue de longs déplacements (10 km dans la nuit) pour se nourrir de graines et de feuilles. Déplacements bipèdes même à faible vitesse, sauts jusqu'à 1 m. Présence d'eau non indispensable.

Scarturus tetradactylus

Pygeretmus pumilio

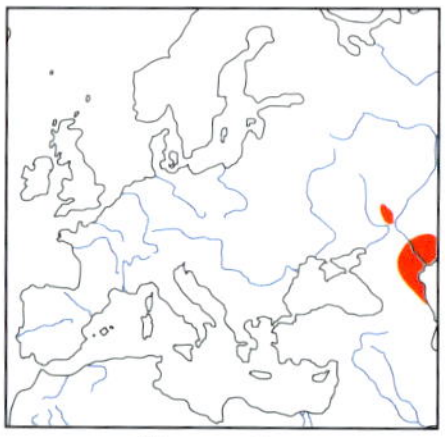
Dipus sagitta

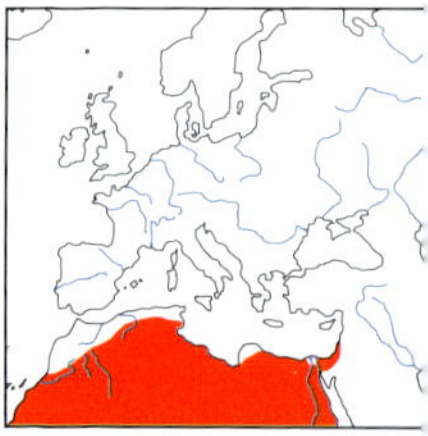
Jaculus jaculus

GERBOISE TÉTRADACTYLE

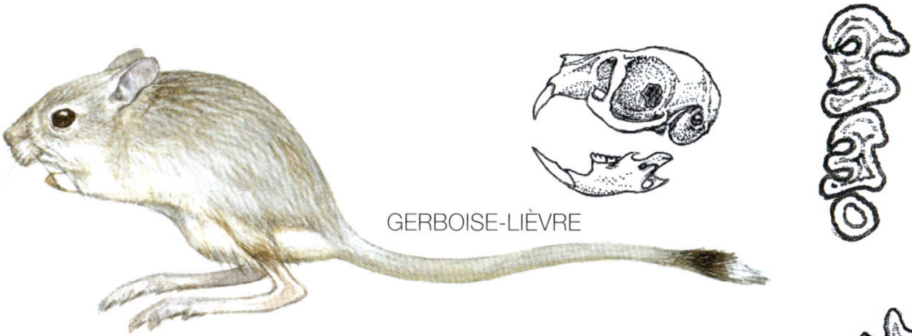

GERBOISE-LIÈVRE

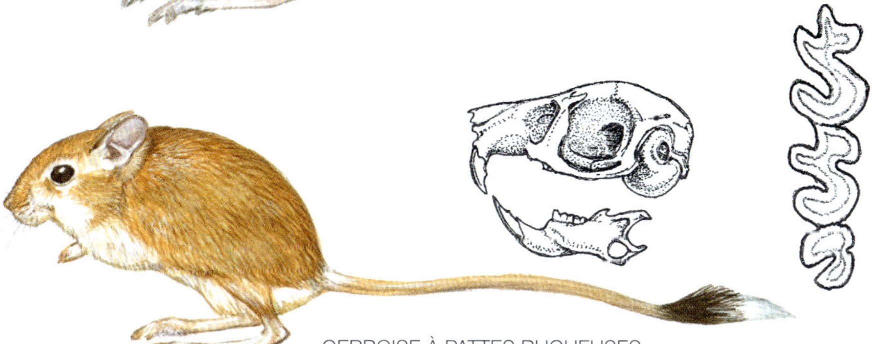

GERBOISE À PATTES RUGUEUSES

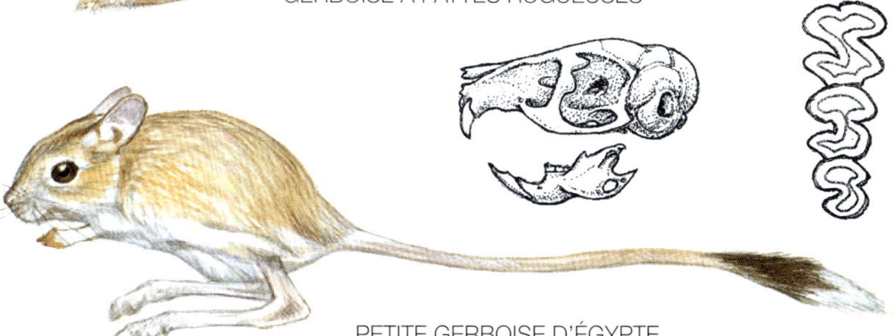

PETITE GERBOISE D'ÉGYPTE

Gerboise du désert – *Jaculus hirtipes*

TC : 95-140 mm, Q : 170-220 mm, Pp : 55-70 mm, Or : 18-25 mm, Cbl : 29-32 mm, P : 45-95 g. ♀♀ légèrement plus grandes que ♂♂.

Description. Petite gerboise (TC < 140 mm). Pelage dorsal grisâtre à brun clair. Pelage ventral et flancs blancs. Queue de même couleur que le dos en face dorsale, blanchâtre en face ventrale. Oreilles à pointe pigmentée. Gland du pénis, massif, allongé, sans épines. Vibrisses noires et poils pigmentés sur les soles plantaires. Incisives supérieures opisthodontes. Bulles tympaniques dépassant le condyle occipital. Suture nasofrontale en U. Mandibule avec 1 ou 2 perforations. 2N = 48, NF = 96. • **Habitat.** Déserts et semi-déserts. Terrier dans le sol compact des regs et hamadas. • **Biologie.** Nocturne et crépusculaire. Terrier de profondeur très variable selon le sol et la saison, 40-60 cm en été, 1,5-3 m en hiver. Se nourrit de graines, feuilles et racines en se déplaçant lentement sur 4 pattes. Bipède à forte vitesse, sauts jusqu'à 2 m. Certaines populations stockent des réserves. Présence d'eau non indispensable.

Gerboise d'Arabie – *Jaculus loftusi*

TC : 95-115 mm, Q : 130-200 mm, Pp : 51-64 mm, Or : 17-26 mm, Cbl : 27-31 mm, P : 45-90 g. ♀♀ légèrement plus grandes que ♂♂.

Description. Petite gerboise assez semblable aux précédentes (TC < 125 mm). Pelage blond grisâtre, base des poils gris fumée clair, quelques poils noirs au bas du dos. Pelage ventral, pattes antérieures et bas des joues blanc pur. Queue de même couleur plus sombre que le dos en face dorsale, blanchâtre en face ventrale, pinceau terminal brun sombre à pointe blanche. Gland du pénis, massif, allongé, sans épines. Base des vibrisses gris sombre. Bulles tympaniques dépassant le condyle occipital. Suture nasofrontale en U. Mandibule avec 1 ou 2 perforations. 2N = 48, NF = 96. • **Habitat.** Déserts sableux et steppes rocailleuses, du niveau de la mer jusqu'à 1 100 m. • **Biologie.** Strictement nocturne. Terrier variable avec le substrat, superficiel à moins de 30 cm en sol caillouteux, profond jusqu'à 2 m dans les sols sableux, à plusieurs entrées, généralement bouchées. Active même pendant les nuits froides d'hiver, possible estivation par forte chaleur. Présence d'eau non indispensable.

Grande gerboise d'Égypte – *Jaculus orientalis*

TC : 130-180 mm, Q : 195-250 mm, Pp : 70-80 mm, Or : 24-35 mm, Cbl : 31-38 mm, P : 95-170 g.

Description. Plus grande que les précédentes (TC > 130 mm). Pelage dorsal grisâtre mêlé de beige rosâtre, flancs grisâtres, deviennent blanchâtres au contact du ventre. Queue nettement bicolore, grisâtre dessus, blanche dessous. Oreilles pigmentées. Gland du pénis pourvu de courtes épines et de deux longs appendices. Incisives supérieures orthodontes. Bulles tympaniques atteignant le condyle occipital. Suture nasofrontale en forme de V. Mandibule avec une perforation ronde. 2N = 48, NF = 88-92. • **Habitat.** Milieux ouverts, surtout les zones steppiques, mais aussi les dunes côtières, les prairies et les terrains cultivés : jardins, oliveraies, champs (évite les forêts). Jusqu'à 2 150 m dans le Haut Atlas oriental (Maroc). • **Biologie.** Nocturne et crépusculaire. Plus sociable que les autres *Jaculus*. Creuse un terrier simple profond (2-3 m). Se nourrit de feuilles, bourgeons, racines et graines, utilisant l'eau contenue dans les plantes. Bipède à faible vitesse, sauts jusqu'à 50 cm. Peut entrer en léthargie par temps froid.

Gerboise à grosse queue – *Stylodipus telum*

TC : 100-130 mm, Q : 135-165 mm, Pp : 46-55 mm, Or : 16-20 mm, Cbl : 27-30 mm, P : 45-73 g.

Description. Petite gerboise. Pied postérieur à 3 doigts, soles plantaires nues, mais poils courts, sombres, sur les côtés et les doigts. Pelage dorsal variable selon les régions, brun ocre sombre, flancs et ventre blancs. Queue sans touffe terminale, poils grossiers sombres sur le dernier tiers devenant plus longs dorsalement, pas de pointe blanche. Oreilles relativement courtes. Pénis avec deux stylets dorsaux, sillon médian depuis la base. Incisives supérieures protodontes, blanches avec sillon. Bulles tympaniques dépassant légèrement le condyle occipital. Surface d'usure des molaires en S. P^4 absente chez l'adulte. 16 dents (1/1, 0/0, 0/0, 3/3). 2N = 58, NF = 94. • **Habitat.** Steppes à végétation pauvre, semi-déserts et déserts, sur sols de densité variable, sableux, caillouteux, terrasses alluviales. • **Biologie.** Crépusculaire et nocturne. Terrier de jour individuel, bouché durant la journée, et terrier abri aux entrées ouvertes de 1 à 2 m de long, 40-80 cm de profondeur, utilisé par plusieurs individus, rarement ensemble. Se nourrit de graines et de végétation verte. Accumule de la graisse dans sa queue. Hiberne de fin octobre à fin mars.

Jaculus hirtipes

Jaculus loftusi

Jaculus orientalis

Stylodipus telum

GERBOISE DU DÉSERT

GRANDE GERBOISE D'ÉGYPTE

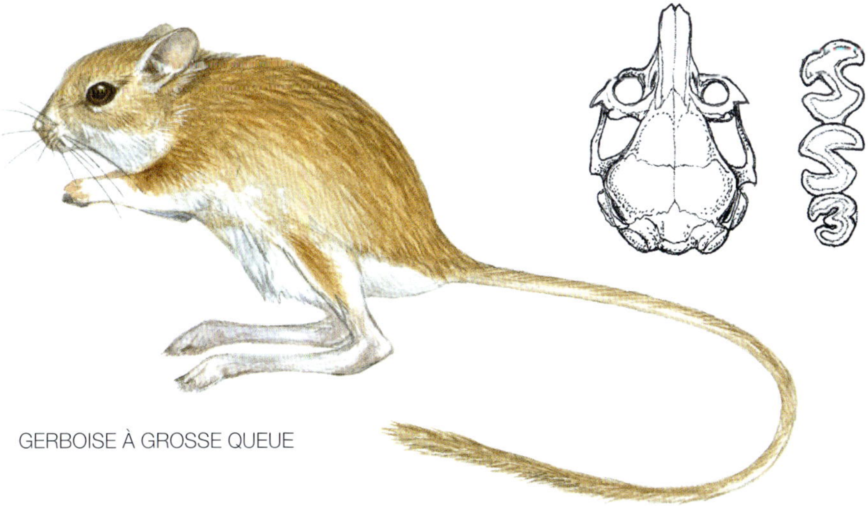

GERBOISE À GROSSE QUEUE

Genre ***Sicista***. Ce sont de petits Rongeurs à forme murine, aux pattes postérieures peu développées, aux pieds avec 5 métatarses distincts. Le cinquième doigt postérieur peut s'écarter presque à angle droit. La queue est longue à très longue, sans touffe terminale, semi-préhensile. Le crâne est peu spécialisé, avec des arcades zygomatiques grêles et des bulles tympaniques petites. Les dents jugales sont brachyodontes avec des tubercules en 2 rangées parallèles. Les incisives supérieures sont orthodontes à émail jaune. 18 dents (1/1, 0/0, 1/0, 3/3). Les sicistes hibernent et peuvent entrer en léthargie estivale lors de conditions défavorables à leur activité.

Siciste des bouleaux – *Sicista betulina*

TC : 50-75 mm, Q : 76-109 mm, Pp : 14-18 mm, Or : 10-14 mm, Cbl : 17-19 mm, P : 6-12 g.

Description. Pelage dorsal gris pâle à fauve, ombré de noir grisâtre, uniforme de part et d'autre d'une bande médiane noire (2-3 mm de large) de la tête à la base de la queue. Pelage ventral gris blanchâtre à gris jaunâtre. Queue longue (125-135 % TC), dessus gris-brun, dessous plus clair. Vibrisses de 18-20 mm. 2 épines et 2 sillons transversaux sur la face dorsale du pénis. Baculum : 2,9-3,3 mm. Centre de la suture nasofrontale au même niveau que les côtés. 2n = 32, NFa = 60. • **Habitat.** Forêts, principalement de bouleaux, mais aussi épicéas, aulnes, sous-bois dense, en plaine dans le nord, plutôt en montagne jusqu'à 2 100 m dans le sud. Également dans les steppes avec des zones boisées, les prairies et clairières humides, les prairies et champs en bordure de forêt. • **Biologie.** Nocturne et crépusculaire. Vit surtout à la surface du sol et grimpe avec agilité. Établit un nid d'été globuleux (diamètre 5-8 cm) dans les arbres morts, un terrier ou une souche. Se nourrit de graines, d'Insectes et de fruits. Hiberne d'octobre à avril-mai dans un nid souterrain ou une souche.

Siciste de Strand – *Sicista strandi*

TC : 65-77 mm, Q : 85-101 mm, Pp : 16-19 mm, Or : 9-14 mm, Cbl : 17-19 mm, P : 9-13 g.

Description. Très semblable à *S. betulina* dont elle se distingue surtout par le caryotype : 2n = 44, NFa = 52. Pelage brun rougeâtre plus sombre dans le Caucase que dans le nord de l'aire, uniforme de part et d'autre d'une large bande médiane noire (3 mm) de la tête à la base de la queue. Queue longue (125-145 % TC). Pénis avec de grands denticules en face ventrale. Baculum : 3,3-3,9 mm. • **Habitat.** Forêts, bois et lisières du Nord-Caucase, forêts humides et autres boisements, sauf forêts sèches, steppes buissonnantes, moins souvent en prairies et toujours à proximité d'arbres et buissons, jusqu'à 2 300 m. • **Biologie.** Nocturne et crépusculaire, parfois diurne en fonction de la température. Se nourrit d'Insectes, graines et fruits. Hiberne de début octobre jusqu'en avril.

Siciste des steppes – *Sicista subtilis*

TC : 59-72 mm, Q : 74-82 mm, Pp : 14-17 mm, Or : 10-13 mm, Cbl : 17-19 mm, P : 6-12 g.

Description. Pelage dorsal brun grisâtre à gris pâle teinté de jaune, plus sombre dans le nord de l'aire, marqué par une bande médiane noire de la tête à la base de la queue, parfois incomplète, bordée d'une ligne jaune grisâtre de chaque côté et de bandes sombres diffuses. Pelage ventral blanchâtre. Queue plus courte (110-130 % TC). Vibrisses de 20-24 mm. Pénis : une seule épine (> 1 mm) qui dépasse du sillon dorsal et 1 sillon transversal. Centre de la suture nasofrontale en retrait. 2n = 24, NFa = 38-44 *(S. s. subtilis)*, 2n = 26, NFa = 46 (*S. s.* cf. *severtzovi*) ; deux espèces proches restent à décrire de la basse vallée du Don (Russie) : 2n = 22-26, NFa = 39-44 et 2n = 16, 21, 22, NFa = 26-29. • **Habitat.** Des steppes aux zones semi-arides avec buissons, en passant par des forêts ouvertes, bois de bouleaux alternés avec prairies, bordures de prairies et champs cultivés. Surtout en plaine, jusqu'à 1 680 m. • **Biologie.** Nocturne et crépusculaire, parfois diurne. Grimpe également en s'aidant de sa queue. Nid d'été, petit et ovale, en herbes et autres végétaux dans un trou ou sous un buisson. Se nourrit de graines d'herbes et de céréales, de petits animaux. Hiberne d'octobre à avril.

Siciste de Hongrie – *Sicista trizona*

TC : 54-66 mm, Q : 63-95 mm, Pp : 13-17 mm, Or : 10-14 mm, Cbl : 17-18 mm, P : 4-15 g.

Description. Plus petit siciste. Pelage dorsal brun clair ou sombre en hiver, brun grisâtre en été, marqué par une bande médiane noire de la tête à la base de la queue, souvent bordée d'une ligne claire de chaque côté. Pelage ventral brun pâle. Queue relativement longue et préhensile. Pénis : une seule épine courte (< 1 mm). 2n = 26, NFa = 48. • **Habitat.** Plages naturelles de végétation herbacée haute dans les prairies, steppes et champs abandonnés. • **Biologie.** Nocturne et crépusculaire. Fortes densités observées. Gîte dans une souche, tronc d'arbre ou terrier d'une autre espèce. Se nourrit d'Insectes, de feuilles et de fruits.

Sicista betulina

Sicista strandi

Sicista subtilis

Sicista trizona

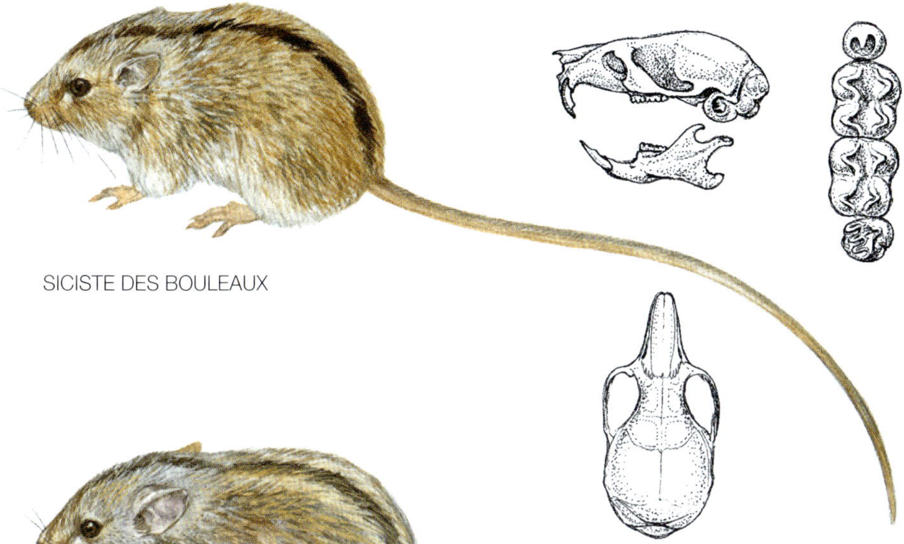

SICISTE DES BOULEAUX

SICISTE DES STEPPES

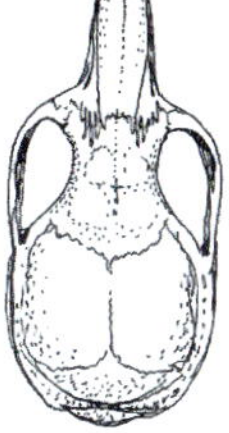

SICISTE DE HONGRIE

Siciste d'Ukraine – *Sicista loriger*

TC : 53-78 mm, Q : 60-90 mm, Pp : 13-17 mm, Or : 10-14 mm, Cbl : 17-19 mm, P : 8-12 g.

Description. Pelage dorsal gris jaunâtre à gris brunâtre, marqué par une large bande médiane noire de la tête à la base de la queue, bordée par deux bandes beiges plutôt diffuses de chaque côté. Pelage ventral blanchâtre ou gris jaunâtre. Pénis : une seule épine longue (> 2 mm). 2n = 26, NFa = 46. • **Habitat.** Steppes sableuses, buissonnantes, prairies naturelles, bordures de routes et de champs cultivés. • **Biologie.** Nocturne et crépusculaire. Occupe le terrier d'autres espèces et cavités entre les pierres ou les racines d'arbres. Se nourrit principalement d'Insectes et autres invertébrés. Hiberne d'octobre à mi-avril.

Siciste du Caucase – *Sicista caucasica*

TC : 44-69 mm, Q : 84-115 mm, Pp : 17-22 mm, Or : 9-13 mm, Cbl : 17-21 mm, P : 5-7 g.

Description. Pelage dorsal rougeâtre ocre avec des poils à pointe brun noirâtre, sans bande médiane noire. Pelage ventral blanchâtre à gris, base des poils grise, pas de démarcation sur les flancs. Queue très longue (140-180 % TC), unicolore ou bicolore (poils noirâtres ou grisâtres sur la face dorsale) selon les individus. Pied postérieur relativement long (> 30 % TC), coussinet interne extrêmement long et légèrement concave. Pénis long et mince, gland simple, sans épine et sans sillon transversal sur la face dorsale, couvert de denticules plus gros et plus denses dans la moitié antérieure. Baculum incurvé à pointe lancéolée. Os nasaux longs : 7,1-8,6 mm. Quatre espèces cryptiques et allopatriques sont distinguées par leur caryotype. 2n = 32, NFa = 46. • **Habitat.** Prairies et clairières avec végétation herbacée épaisse entre 1 400 et 2 100 m, pelouses alpines entre 2 100 et 2 700 m. Le spécimen rapporté du nord-est de la Turquie devrait être *S. armenica*. • **Biologie.** Nocturne et crépusculaire. Se nourrit de graines, de baies, d'Insectes. Hibernation longue (période d'activité de 3-3,5 mois entre 1 400 et 2 000 m), avec activité maximale en juin-juillet.

Siciste d'Arménie – *Sicista armenica*

TC : 62-70 mm, Q : 95-102 mm, Pp : 16-19 mm, Or : 9-11 mm, Cbl : 18-20 mm, P : 6-7 g.

Description. Très semblable à *S. caucasica*, dont elle se distingue par une tête des spermatozoïdes plus longue (5,1-5,7 µ *vs* 4,4-5,3 µ) et le caryotype 2n = 36, NFa = 50. Pelage dorsal gris rougeâtre, sans poils noirs, flancs et joues plus clairs. Pelage ventral blanc grisâtre. Queue longue (150-160 % TC) bicolore, sombre dessus, pâle dessous. Gland du pénis simple, cylindrique, plus étroit à la base, face ventrale uniformément couverte de denticules de même taille. Baculum incurvé à pointe émoussée. • **Habitat.** Pour la localité type, pente couverte d'herbe grasse à la limite de l'étage subalpin, à 2 200 m, près de la source de la rivière Marmarik. Des spécimens anciens des environs de Karaklis et du mont Maimak pourraient appartenir à cette espèce. • **Biologie.** Se nourrit de racines et d'Insectes.

Siciste d'Ossétie – *Sicista kazbegica*

TC : 62-67 mm, Q : 91-110 mm, Pp : 17-19 mm, Or : 9-10 mm, Cbl : 17-19 mm, P : 6-8 g.

Description. Très semblable à *S. caucasica*, dont elle se distingue surtout par le caryotype 2n = 40-42, NFa = 48 ou 50. Pelage dorsal gris jaunâtre teinté de brun, sans bande médiane noire, plus jaune sur les flancs et les joues. Pelage ventral blanc grisâtre. Queue longue (140-170 % TC) légèrement bicolore. Gland du pénis simple, cylindrique, face ventrale uniformément couverte de denticules de même taille. Baculum droit. Longueur de la tête des spermatozoïdes : 5,7-7,3 µ. Os nasaux plutôt longs : 7-7,6 mm. • **Habitat.** Prairies subalpines denses et boisements de bouleaux rampants riches en baies des versants du Caucase entre 1 850 m et 2 200 m. • **Biologie.** Nocturne. Période d'activité réduite à 3-3,5 mois.

Siciste de Klukhor – *Sicista kluchorica*

TC : 61-70 mm, Q : 86-108 mm, Pp : 16-23 mm, Or : 8-11 mm, Cbl : 17-18 mm, P : 6-9 g.

Description. Très semblable à *S. caucasica*, dont elle se distingue surtout par le caryotype 2n = 24, NFa = 42. Pelage dorsal plus dense, fauve grisâtre, sans bande médiane noire. Queue longue (150-165 % TC) bicolore. Gland du pénis simple, cylindrique, plus étroit que chez *S. caucasica*, face ventrale uniformément couverte de denticules de même taille. Baculum incurvé à extrémité large. Longueur de la tête des spermatozoïdes : 4,5-5 µ. Os nasaux courts : 6,1-6,9 mm. • **Habitat.** Pelouses subalpines envahies de rhododendrons du nord-ouest du Caucase, clairières à végétation herbacée dense, entre 1 500 et 2 600 m. • **Biologie.** Nocturne, parfois actif le jour. Se nourrirait plus de graines et d'Insectes que les autres sicistes du Caucase. Période d'activité réduite à 2-3 mois.

Sicista loriger (rouge)

Sicista caucasica (violet)

Sicista armenica

Sicista kazbegica

Sicista kluchorica

SICISTE D'UKRAINE

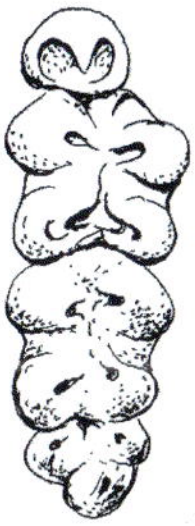

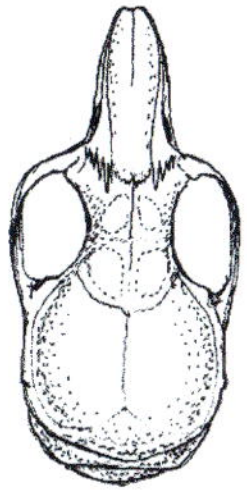

SICISTE DU CAUCASE

SICISTE D'ARMÉNIE / S. D'OSSÉTIE / S. DE KLUKHOR

Les *Calomyscus* sont des Rongeurs adaptés à la vie souterraine. Le pelage dorsal, long et soyeux, est nettement démarqué du pelage ventral blanchâtre. La queue est plutôt longue (≤ TC). Les pattes postérieures sont assez courtes, les soles plantaires nues, sauf quelques poils blancs au talon. Les yeux sont grands, les oreilles longues et arrondies, presque nues. Les vibrisses sont très longues (≤ 50 % TC), noires en haut, blanches en bas. Les femelles possèdent 6 mamelles. Le crâne est assez plat, avec rostre allongé et forte constriction interorbitaire. Les incisives supérieures sont lisses, opisthodontes, recouvertes d'émail orange. Les molaires, brachyodontes, présentent deux rangées de cuspides basses, les M3 sont très réduites.16 dents (1/1, 0/0, 0/0, 3/3). Les *Calomyscus* occupent principalement des habitats à faible couvert végétal sur des sols drainés dans les montagnes.

Hamster-souris perse – *Calomyscus bailwardi*

TC : 78-92 mm, Q : 90-99 mm, Pp : 20-24 mm, Or : 19-22 mm, Cbl : 23-24 mm, P : 14-25 g.

Description. Grande taille (Cbl ≥ 23 mm). Queue bicolore (sombre dessus, blanchâtre dessous), avec de longs poils formant un pinceau terminal fourni. Pelage dorsal gris sombre à brun chamoisé. 2n = 37, NFa = 40 (nord des Zagros, Iran), 2n = 50-52, NFa = 48-56 (sud des Zagros). • **Habitat.** Montagnes rocheuses avec végétation rare, jusqu'à 3 300 m en Iran. • **Biologie.** Nocturne en été, actif aussi de jour en automne et en hiver. Se nourrit de graines d'herbacées et de Poacées.

Hamster-souris de Syrie – *Calomyscus tsolovi*

TC : 66-75 mm, Q : 55-66 mm, Pp : 13-17 mm, Or : 12-14 mm, Cbl : 19-21 mm.

Description. Petite taille (Cbl ≤ 21 mm), queue courte (≤ TC), unicolore, terminée par un petit pinceau de poils longs. Pelage dorsal brun grisâtre. • **Habitat.** Déserts caillouteux. • **Biologie.** Non documentée.

Hamster-souris d'Azerbaïdjan – *Calomyscus urartensis*

TC : 70-83 mm, Q : 76-101 mm, Pp : 18-21 mm, Or : 16-20 mm, Cbl : 21-23 mm, P : 14-25 g.

Description. Taille moyenne, queue longue (≥ TC). Pelage dorsal brun grisâtre. 2n = 32, NFa = 42. • **Habitat.** Steppes des montagnes rocheuses avec des buissons et des genévriers. • **Biologie.** Solitaire ou en petits groupes. Se nourrit de graines et de fruits, parfois de parties vertes et de bourgeons.

Hamster-souris d'Elburz – *Calomyscus elburzensis*

TC : 74-83 mm, Q : 84-97 mm, Pp : 18-20 mm, Or : 13-19 mm.

Description. Taille moyenne, queue longue (≥ TC). Pelage dorsal brun clair, poils gris à la base. 2n = 44, NFa = 70 *(C. e. isatissus)*. • **Habitat.** Montagnes rocheuses avec des buissons. • **Biologie.** Nocturne et solitaire.

Hamster nain d'Eversmann – *Allocricetulus eversmanni*

TC : 110-155 mm, Q : 17-28 mm, Pp : 16-20 mm, Or : 14-19 mm, Cbl : 27-32 mm, P : 40-60 g.

Description. Hamster moins robuste que les espèces des genres *Mesocricetus* et *Cricetus*, mais plus grand que *Cricetulus*. Queue environ de même longueur que le pied postérieur, très velue avec de longs poils à la base de la queue qui atteignent la moitié de sa longueur. Pelage dorsal brun sombre à sable. Pelage ventral blanchâtre, démarcation nette entre les deux. Museau plutôt émoussé, face large, abajoues. Formule dentaire : 16 dents (1/1, 0/0, 0/0, 3/3). • **Habitat.** Steppes arides naturelles et semi-déserts, prairies et jardins. Occasionnellement dans les bâtiments. • **Biologie.** Nocturne et crépusculaire. Creuse des terriers simples. Se nourrit surtout de végétation herbacée, mais aussi de graines, fruits, Insectes, voire jeunes vertébrés. Stocke des réserves pour l'hiver. Hiberne de décembre à février-mars.

Hamster nain migrateur – *Cricetulus migratorius*

TC : 80-147 mm, Q : 19-30 mm, Pp : 15-17 mm, Or : 14-20 mm, Cbl : 21-29 mm, P : 25-44 g.

Description. Plus petit hamster de la région. Queue plus longue que le pied postérieur, uniformément couverte de poils courts. Pelage dorsal généralement gris fumée assez clair à brun grisâtre, sans les marques sombres des hamsters de grande taille. Pelage ventral blanc, nettement démarqué le long des flancs. 4 paires de mamelles. Museau plutôt émoussé, face large, abajoues. Ressemble aux campagnols mais yeux et oreilles plus grands. Formule dentaire : 16 dents (1/1, 0/0, 0/0, 3/3). • **Habitat.** Terrains cultivés, prairies, boisements ouverts, steppes, semi-déserts et déserts caillouteux, des zones côtières aux versants des hautes montagnes. Pénètre dans les habitations. • **Biologie.** Nocturne et crépusculaire. Solitaire. Creuse des terriers avec des chambres de stockage et un nid, vit aussi dans des trous dans le sol ou dans les éboulis. Se nourrit de graines, fruits, racines et végétaux verts, parfois de petits animaux.

Calomyscus bailwardi

Calomyscus tsolovi (rouge)

Calomyscus urartensis (violet)

Calomyscus elburzensis (rouge)

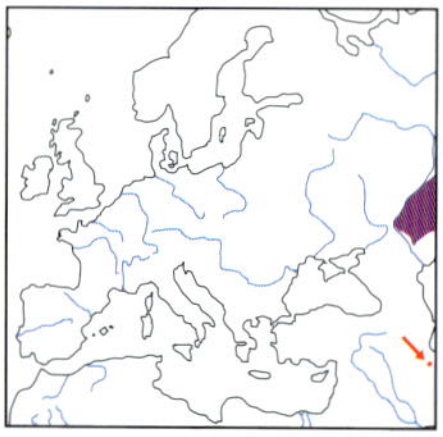

Allocricetulus eversmanni (violet)

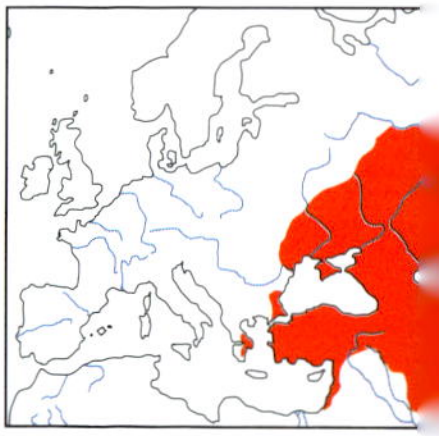

Cricetulus migratorius

HAMSTER-SOURIS PERSE

HAMSTER-SOURIS DE SYRIE

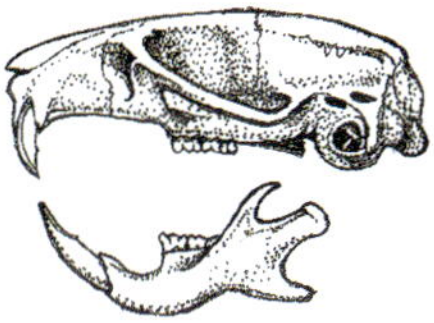

HAMSTER NAIN D’EVERSMANN

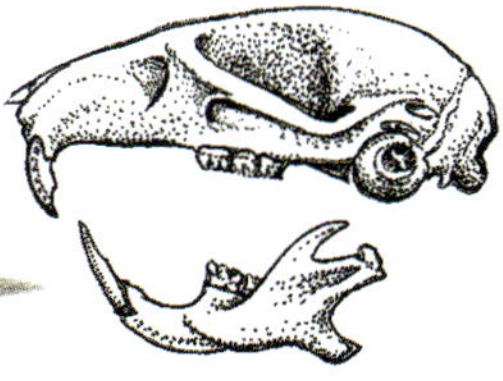

HAMSTER NAIN MIGRATEUR

Grand hamster – *Cricetus cricetus*

TC : 170-320 mm, Q : 30-68 mm, Pp : 30-40 mm, Or : 21-35 mm, Cbl : 39-52 mm, P : 150-700 g. ♂♂ plus grands que ♀♀.

Description. Plus grand hamster, au corps trapu et à queue courte semée de poils courts. Pelage dorsal roux clair avec des taches blanches sur le museau, les joues, la gorge et les flancs à l'arrière des pattes antérieures. Pelage ventral noir. Oreilles rondes, yeux assez petits, grandes abajoues. 4 paires de mamelles. Formule dentaire : 16 dents (1/1, 0/0, 0/0, 3/3). • **Habitat.** Prairies steppiques, paysages agricoles (champs de céréales et de plantes fourragères), jusqu'à 650 m. Évite les prairies très pâturées et les milieux humides. Considéré comme déprédateur en Europe orientale, menacé en Europe occidentale avec des extinctions locales. • **Biologie.** Principalement nocturne. Solitaire, chaque animal occupe un ensemble de terriers avec une chambre de repos et des chambres de stockage de réserves. Vocalisations non spécifiques, petits cris aigus, stridulations, grince des dents lorsqu'il est excité. Densité de population non cyclique avec des pullulations locales (jusqu'à 500/ha). Se nourrit de graines, de racines et de tubercules. Hiberne d'octobre à avril, se réveillant de temps à autre pour consommer ses réserves.

Genre *Mesocricetus*. Tous sont plus petits que le Grand hamster, dont ils diffèrent également par des marques noires sur la tête. Leur corps trapu est porté par des pattes courtes et des pieds petits. La queue est très courte, les oreilles relativement grandes, ainsi que les abajoues. Les femelles possèdent de 7 à 11 paires de mamelles. Formule dentaire : 16 dents (1/1, 0/0, 0/0, 3/3).

Hamster doré de Syrie – *Mesocricetus auratus*

TC : 120-165 mm, Q : 13-15 mm, Pp : 19 mm, Or : 21-22 mm, Cbl : 33-36 mm, P : 80-150 g.

Description. Hamster à queue très courte (Q < Pp). Pelage dorsal uniformément roux vif, très légèrement plus sombre au milieu du dos. Masque facial variable, bande sombre ou noire derrière l'oreille peu marquée, petite bande noire sur le dessus de la tête parfois présente. Poitrine brunâtre plus ou moins sombre avec une étroite bande blanche centrale. Pelage ventral blanc crème. Animal de compagnie et de laboratoire, les formes domestiques sont plus pâles que les sauvages (avec des variétés de couleur créées par sélection). 2n = 44. • **Habitat.** Affectionne les champs de céréales, des plaines steppiques aux collines, trouvé également dans les prairies. • **Biologie.** Nocturne et crépusculaire. Terriers jusqu'à 2 m de profondeur comprenant des chambres de stockage de grains. Se nourrit surtout de blé, aussi des fruits et des Insectes.

Hamster doré de Turquie – *Mesocricetus brandti*

TC : 130-190 mm, Q : 10-39 mm, Pp : 23-26 mm, Or : 24 mm, Cbl : 35-39 mm, P : 100-300 g.

Description. Légèrement plus grand que *M. auratus*, avec une queue courte (Q > Pp). Pelage dorsal gris sombre, marques faciales très nettes, avec une bande noire au-dessous de l'oreille. Pelage ventral jaune grisâtre avec une bande noire transversale sur la poitrine. 2n = 42. • **Habitat.** Steppes rocheuses arides, champs et prairies jusqu'à 2 300 m. • **Biologie.** Terrier creusé dans des sols compacts. Se nourrit principalement de grains de céréales, graines et parties vertes des végétaux, parfois des Insectes. Stocke des réserves. Hiberne d'octobre à mars.

Hamster doré de Newton – *Mesocricetus newtoni*

TC : 140-170 mm, Q : 18-26 mm, Pp : 19-23 mm, Or : 14-22 mm, Cbl : 34-38 mm, P : 80-150 g.

Description. Semblable à *M. auratus* en taille et à *M. brandti* en coloration. Pelage dorsal gris avec bande médiane noire de la tête jusqu'au milieu du dos. Gorge et partie antérieure du ventre noirâtres, partie postérieure gris jaunâtre. 2n = 38. • **Habitat.** Steppes arides pauvres en végétation, avec des tas de graviers, champs cultivés. Parfois dans vignes et jardins. Toujours à faible altitude, < 460 m. Population totale estimée à quelques milliers. • **Biologie.** Nocturne et crépusculaire. Solitaire. Terrier à plusieurs entrées et chambres pour le nid et le stockage de réserves. Se nourrit de végétaux verts, graines, fruits et petits animaux. Hibernation d'octobre à mars.

Hamster doré du Caucase – *Mesocricetus raddei*

TC : 165-280 mm, Q : ≤ 15 mm, Cbl : 37-50 mm, P : 200-320 g.

Description. Le plus grand *Mesocricetus*, avec une queue très courte (Q < Pp). Pelage ventral noirâtre, sauf pourtour des pieds et de l'anus. 2n = 44. • **Habitat.** Collines steppiques arides du piémont du Caucase, prairies de montagne, champs cultivés. Jusqu'à 2 400 m au Daghestan. • **Biologie.** Creuse des terriers complexes. Essentiellement végétarien, Poacées, graines de blé et d'orge, bulbes. Considéré comme déprédateur par les agriculteurs. Hiberne d'octobre à mars.

Cricetus cricetus

Mesocricetus auratus (rouge)

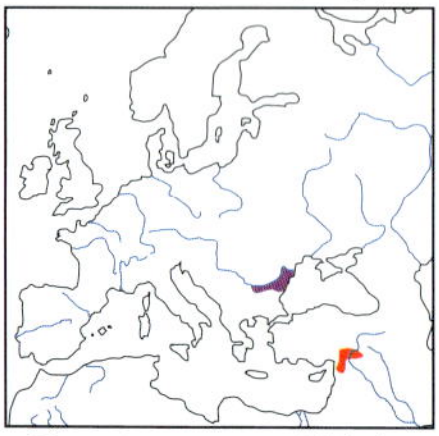

Mesocricetus newtoni (violet)

Mesocricetus brandti

Mesocricetus raddei

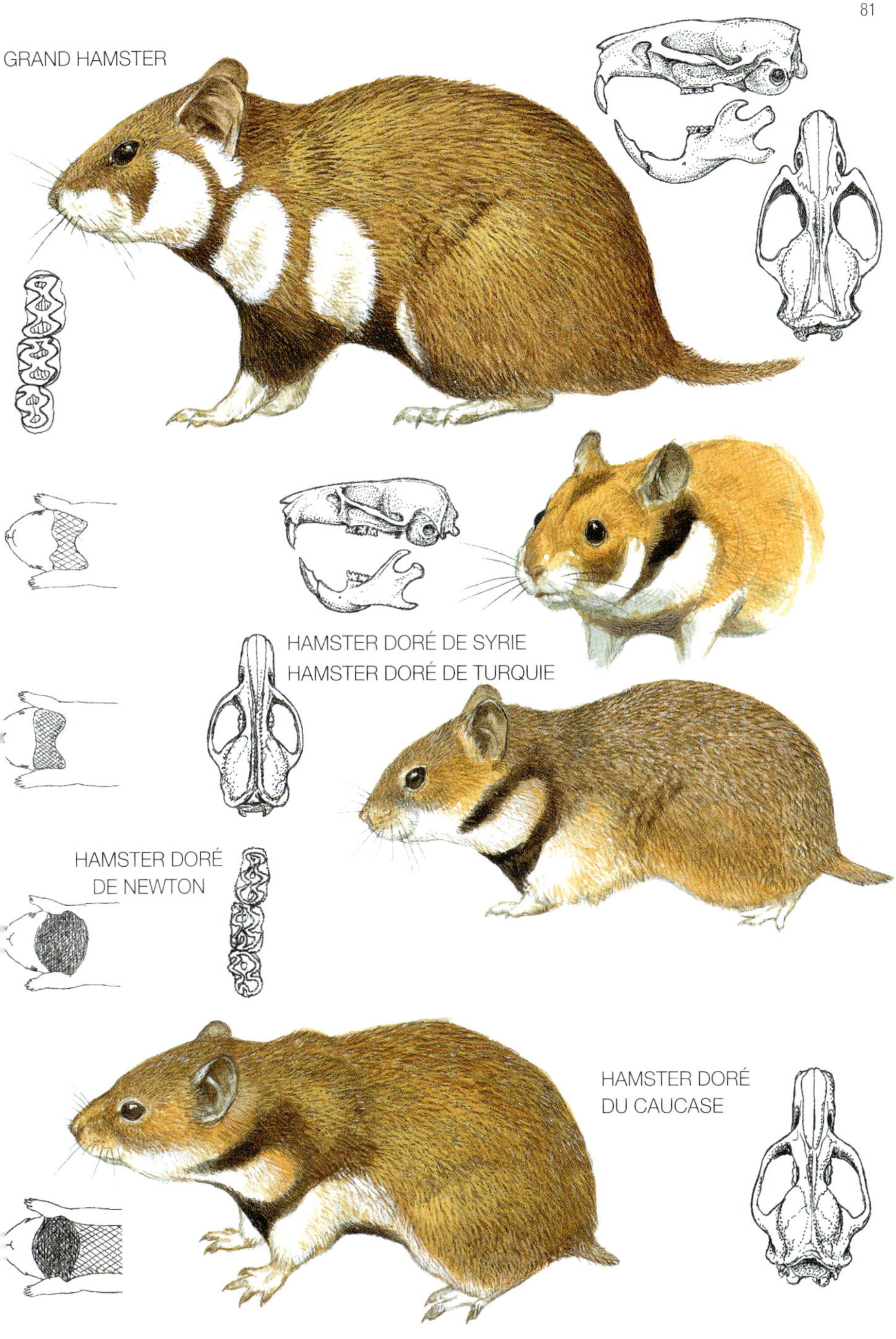
GRAND HAMSTER
HAMSTER DORÉ DE SYRIE
HAMSTER DORÉ DE TURQUIE
HAMSTER DORÉ
DE NEWTON
HAMSTER DORÉ
DU CAUCASE

Sous-famille des Arvicolinae. Ce sont de petits Rongeurs au corps trapu, sans dimorphisme sexuel visible. La tête est large et plate, le museau court et arrondi. Les yeux et les oreilles sont petits. Chez les lemmings, les mamelles sont généralement au nombre de 4, une paire pectorale, une paire inguinale, les premières tendant à se réduire. 16 dents (1/1, 0/0, 0/0, 3/3). Ils possèdent des molaires caractéristiques à couronne haute et prismatique (hypsodontes) dont la surface d'usure présente des triangles alternes et des boucles. Ils vivent surtout dans les milieux ouverts à végétation herbacée. Ce sont les proies principales de nombreux prédateurs qui exploitent leurs densités souvent élevées.

Lemming des toundras – *Lemmus lemmus*

TC : 110-155 mm, Q : 10-19 mm, Pp : 16-19 mm, Or : 6-11 mm, Cbl : 22,4-27,9 mm, P : 50-130 g.

Description. Lemming grand et trapu au pelage bigarré très caractéristique, grande tache noire du museau à la nuque, petites plages jaune brunâtre derrière les yeux et les oreilles, bande noire au milieu du dos brun jaunâtre. Pelage ventral plus clair. Queue et oreilles très courtes. Soles plantaires couvertes de poils denses, coussinets peu individualisés. Crâne large et bas au profil plat à l'exception des nasaux, arcades zygomatiques puissantes. Mandibule svelte, processus coronoïde court et émoussé. • **Habitat.** Toundra et hautes montagnes de Scandinavie au-dessus de la limite des arbres entre 600 et 2 450 m (généralement en dessous de 1 000 m), souvent dans les marais et tourbières, ou dans les zones plantées de bouleaux et de saules nains. Se répand dans les boisements et les plaines cultivées lors des « années à lemmings ». • **Biologie.** Principalement nocturne. Creuse un terrier peu profond au-dessous des pierres en été et de nombreuses galeries au ras du sol sous la neige en hiver ; le nid estival mesure 15-18 cm de diamètre, le nid hivernal 20-30 cm pour un diamètre interne de 8-10 cm. Se nourrit surtout de mousses et de Poacées, moins fréquemment de bourgeons et d'arbrisseaux nains. Peut se reproduire en hiver lorsque la neige est abondante. Fluctuations des populations sur un cycle de quatre années, dépassant parfois le seuil des pullulations. Lors des pics de densité, les effectifs peuvent dépasser la disponibilité des ressources locales, ce qui entraîne une émigration en masse vers les forêts de conifères sur de longues distances (jusqu'à 100 km), phénomène observé tous les 20-30 ans. Migrants désorganisés et parfois agressifs ; face à la barrière constituée par un plan d'eau, essaient de traverser et beaucoup se noient, même s'ils peuvent nager sur 2-3 km.

Lemming de Sibérie – *Lemmus sibiricus*

TC : 100-160 mm, Q : 14-20 mm, Pp : 15-18 mm, Or : 8-11 mm, Cbl : ≈ 30 mm, P : 50-120 g.

Description. Taille variable avec la latitude. Morphologie semblable mais coloration du pelage différente de celle de *L. lemmus* : pelage dorsal brun ocre avec une bande médiane noire parfois interrompue du cou jusqu'au milieu du dos, sans plage noire nettement délimitée sur la tête et avec parfois une teinte rouge sur la partie postérieure. Pelage ventral gris blanchâtre, nettement démarqué sur les flancs. • **Habitat.** Toundra semée de quelques arbres et buissons, prairies arctiques dans les vallées alluviales avec des aulnes et bouleaux nains. • **Biologie.** Vit dans des terriers en été, sous la neige en hiver ; construit un nid avec des herbes. Se nourrit principalement de mousses, Poacées et pousses d'arbustes. Migrations sur de faibles distances (< 1 km), ♀♀ avec jeunes territoriales, ♂♂ et juvéniles nomades.

Lemming des forêts – *Myopus schisticolor*

TC : 80-125 mm, Q : 12-20 mm, Pp : 15-17 mm, Or : 8-12 mm, Cbl : 20,1-24,7 mm, P : 20-45 g.

Description. Lemming plus petit, avec une queue et des oreilles très courtes, un pelage long d'une coloration gris ardoise typique. Bande médiane de couleur rouille sur la partie postérieure du dos chez les animaux matures. Petite valve auriculaire utilisée pour accommoder l'ouverture du conduit auditif. Pieds postérieurs nus à la base des soles plantaires, coussinets bien développés. Crâne large et bas au profil plat à l'exception des nasaux, arcades zygomatiques puissantes. Mandibule avec processus coronoïde court. • **Habitat.** Taïga riche en mousses entre 600 et 2 450 m, en particulier les parties humides avec des repousses de conifères et même des tourbières ; absent au-dessus de la limite des arbres. En période de reproduction, préfère les vieilles forêts d'épicéas au sol couvert d'une épaisse couche de mousse. Populations scandinaves déclinantes avec l'exploitation extensive des forêts d'épicéas. • **Biologie.** Activité polyphasique, essentiellement nocturne. Nid d'herbes sèches, mousses et prêles dans une souche, entre des racines d'arbre ou dans des blocs rocheux couverts de mousses. Sex-ratio très déséquilibré avec seulement un quart de ♂♂ dans les populations, certaines ♀♀ ne produisant que des portées de ♀♀. Peut se reproduire en hiver. Fluctuation des populations, sans pullulations. Se nourrit surtout de mousses. Stocke des réserves.

Lemmus lemmus

Lemmus sibiricus

Myopus schisticolor

LEMMING DES TOUNDRAS

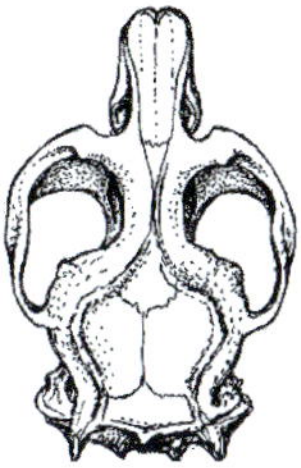

LEMMING DE SIBÉRIE

LEMMING DE FORÊT

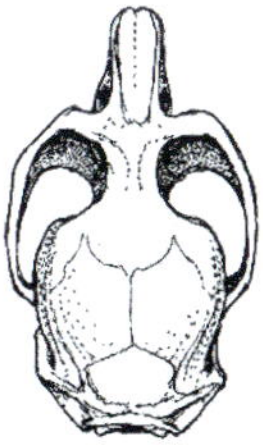

Lemming arctique – *Dicrostonyx torquatus*

TC : 95-150 mm, Q : 14-20 mm, Pp : 15-19 mm, Or : 4 mm, Cbl : 28,0-32,5 mm, P : 60-150 g.

Description. Lemming de grande taille à queue courte et oreilles externes réduites. Pelage dorsal gris fumée teinté de brun roussâtre, bande claire barrant la nuque et une bande noire courant au milieu de la tête et du dos. Pelage des juvéniles semblable à celui de *Lemmus sibiricus*. En hiver, pelage presque blanc, marqué de taches ou bandes jaunâtres (ce lemming et quelques espèces proches sont les seuls Rongeurs au pelage très différent selon les saisons). Griffes des pattes antérieures à plus forte croissance en hiver et à double bordure utilisées pour creuser le sol gelé ou la neige. Incisives supérieures à émail jaune ou orange. Molaires complexes, toujours hypsodontes. • **Habitat.** Toundra des régions arctiques, pelouses au-dessus des forêts. Préfère des sites surélevés, collines ou mamelons, substrats rocheux ou sableux, fortement végétalisés. • **Biologie.** Activité polyphasique. Colonial, vit dans des terriers peu profonds (< 50 cm) ou sous le couvert neigeux en hiver. Se nourrit de Poacées, pousses d'arbustes, baies, mousses et champignons, stocke des réserves.

Genre *Ellobius*. Campagnols de taille moyenne, adaptés à la vie souterraine avec un corps cylindrique, un museau court, un cou peu marqué, une queue très courte (< Pp), des griffes courtes et puissantes, de petits yeux peu apparents, des pavillons externes des oreilles presque absents. Les pieds antérieurs et postérieurs sont longs et larges, disproportionnés, aux soles plantaires nues. Le crâne est court et large, la mandibule puissante avec un processus alvéolaire proéminent. Les incisives saillantes sont recouvertes d'émail blanc. Les *Ellobius* produisent des terriers complexes, trahis à la surface par de petits monticules de terre, aux tunnels longs et assez superficiels desservant une chambre avec le nid tapissé d'herbes sèches, parfois des chambres de stockage de réserves et des latrines.

Campagnol fouisseur fauve – *Ellobius lutescens*

TC : 100-130 mm, Q : 7-16 mm, Pp : 20-23 mm, Cbl : 26,9-30,5 mm, P : 58-84 g.

Description. Lèvre supérieure fendue. Pelage dorsal brun grisâtre, pelage ventral plus clair, de couleur chamois grisâtre. Pelage plus sombre sur la tête, formant un masque facial peu marqué. Tache blanche sur la gorge de certains animaux. Crâne avec crête sagittale très développée. Molaires assez simples, à racines chez les vieux individus. 2n = 17. • **Habitat.** Biotopes herbeux secs, prairies et semi-déserts, aussi bordure des champs cultivés, voire en forêt. Présent de 700 à 2 500 m d'altitude. • **Biologie.** Activité maximale le matin et le soir. Vit en groupe familial. Strictement souterrain, creusant le sol avec ses incisives et sa tête, poussant la terre derrière son corps avec ses pattes antérieures et postérieures. Strictement herbivore, se nourrit principalement de bulbes, tubercules, racines et autres organes souterrains des plantes, stocke des réserves. N'hiberne pas.

Campagnol fouisseur du Nord – *Ellobius talpinus*

TC : 85-130 mm, Q : 8-15 mm, Pp : 18-23 mm, Cbl : 27-32 mm, P : 37-60 g.

Description. De morphologie semblable au précédent, légèrement plus petit avec une lèvre supérieure non fendue. Pelage dorsal brun roussâtre. Tête distinctement plus sombre que le corps, ventre sensiblement plus clair. Crâne à crête sagittale peu marquée. Molaires avec racines. 2n = 54. • **Habitat.** Steppes arides et déserts, versants herbeux des collines, prairies, champs et jardins. Dépend de la couverture neigeuse en hiver et peut migrer dans les forêts de bouleaux. • **Biologie.** Activité maximale le matin et le soir, réduite en hiver et lors de sécheresses estivales (léthargie possible). Vit en colonies comptant plusieurs groupes familiaux avec une seule femelle reproductrice. Strictement souterrain, ne sort de son terrier, creusé par 2 ou plusieurs individus, que la nuit. Se nourrit des parties souterraines des plantes, ne stocke pas de réserves.

Lagure des steppes – *Lagurus lagurus*

TC : 80-120 mm, Q : 10-15 mm, Pp : 13-16 mm, Or : 5-6 mm, Cbl : 22-25 mm, P : 19-40 g. ♂♂ légèrement plus grands que ♀♀.

Description. Espèce de petite taille. Pelage dorsal et tête gris à brun sombre parcourus par une bande sombre sur toute la longueur. Pelage ventral progressivement plus clair. Pavillon de l'oreille très petit. Queue (< Pp) uniformément blanchâtre avec long pinceau terminal. Soles plantaires des pieds postérieurs couvertes de poils denses. Bulles tympaniques développées. 2n = 54, NF = 60. • **Habitat.** Steppes naturelles et semi-déserts au sol argileux, pâtures, champs cultivés, bords de routes. En Europe, présent surtout en plaine, rapporté jusqu'à 4 000 m en Asie. Régresse en Ukraine. • **Biologie.** Crépusculaire et nocturne en été, diurne les autres saisons. Espèce sociale, vit en colonies de groupes familiaux monogames. Creuse des terriers simples peu profonds. Fluctuations périodiques, pullulations locales suivies de migrations à longue distance. Se nourrit surtout de graines de Poacées et autres végétaux.

Dicrostonyx torquatus

Ellobius lutescens

Ellobius talpinus

Lagurus lagurus

LEMMING ARCTIQUE

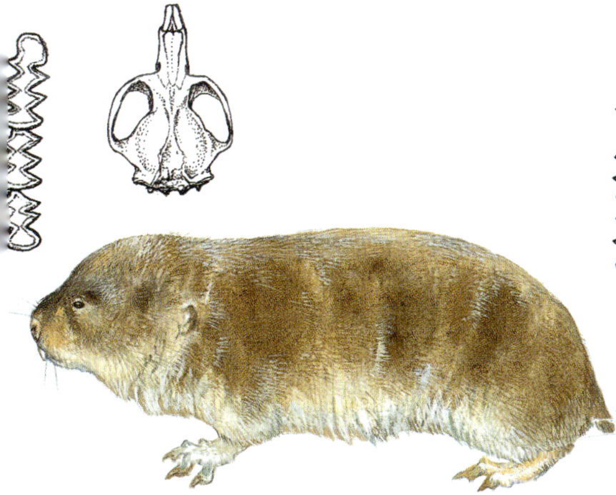

CAMPAGNOL FOUISSEUR DU NORD

AMPAGNOL FOUISSEUR FAUVE

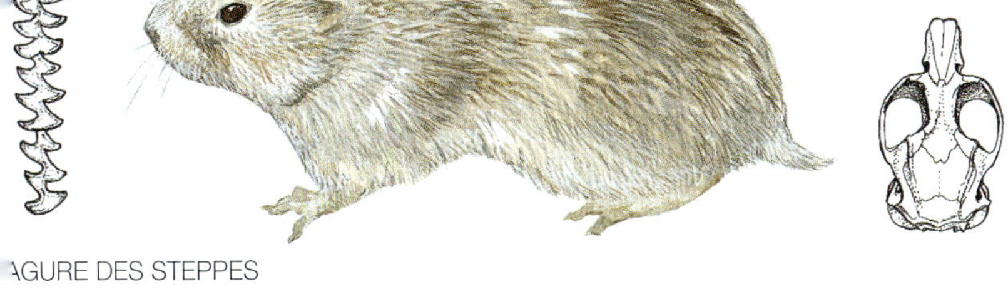

AGURE DES STEPPES

Genre ***Clethrionomys***. Ce sont des campagnols à dos roux et molaires qui s'enracinent avec l'usure. La queue est plutôt longue pour un campagnol, les yeux relativement grands, le museau n'est pas aussi émoussé que chez les autres genres. Les pieds, étroits, comptent quatre doigts aux pattes antérieures, cinq orteils aux pattes postérieures. Les femelles possèdent quatre paires de mamelles. Le dessin de la surface d'usure des dents jugales est moins anguleux que chez les *Microtus*. Les *Clethrionomys* sont associés aux milieux buissonneux, que ce soit en forêt ou dans les landes et marais jusqu'aux saules nains et airelles de la toundra. Leurs vocalisations, discrètes, sont des babillements et de petits cris aigus.

Campagnol roussâtre – *Clethrionomys glareolus*

TC : 80-120 mm, Q : 35-60 mm, Pp : 15-19 mm, Or : 12-16 mm, Cbl : 20,3-23,5 mm, P : 15-40 g. Animaux en limite d'aire et en montagne plus grands, queue relativement plus longue.

Description. Petit campagnol à queue modérément longue (≈ 50 % TC) et au pelage dorsal typiquement roussâtre (les juvéniles sont plus ternes). Animaux au pelage de coloration vive dans les plaines d'Europe centrale et le sud-est de l'Europe, plus sombre dans le nord-est. Pelage ventral grisâtre argenté nettement démarqué des flancs et du dos roussâtre. Queue assez velue, nettement plus sombre dessus que dessous, terminée par un petit pinceau. Vibrisses sombres aux pointes blanches. • **Habitat.** Campagnol forestier, hôte des forêts décidues, mixtes et résineuses, surtout abondant en lisière et dans les clairières au sous-bois riche en buissons, du niveau de la mer jusqu'à 2 600 m dans les Alpes. Peut occuper tous les biotopes riches en buissons ou en herbes hautes avec des arbres épars. Ubiquiste dans les îles non colonisées par les *Microtus*. • **Biologie.** Surtout nocturne, activité diurne surtout souterraine. Espèce grégaire, les ♀♀ sont territoriales pendant la période de reproduction, qui s'étend jusqu'en hiver lorsque la nourriture est abondante. Fluctuations non cycliques des populations avec des pics de densité à plus de 100/ha. Creuse un réseau complexe de galeries aux nombreuses entrées, nid sphérique sous une branche tombée, une racine, ou souterrain. Par sa grande agilité à grimper dans les arbres et les buissons, peut s'alimenter au-dessus du sol. Principalement herbivore, consomme des bourgeons, graines et fruits, parfois des Insectes et autres petits invertébrés. Peut occasionner des dommages aux plantations forestières.

Campagnol boréal – *Clethrionomys rutilus*

TC : 80-120 mm, Q : 20-41 mm, Pp : 16-19 mm, Or : 12-17 mm, Cbl : 19,6-26,0 mm, P : 15-41 g.

Description. De même taille que *C. glareolus*, mais avec une queue plus courte et une coloration plus claire et plus brillante, sans teinte grise. Pelage dorsal roussâtre vif, pelage ventral blanc jaunâtre. Queue indistinctement bicolore couverte de poils longs, terminée par un pinceau de poils de 10-12 mm de long. • **Habitat.** Forêts résineuses de production au sous-bois riche et végétation herbacée. Commun aussi dans les forêts de bouleaux ouvertes et les taillis d'aulnes, voire au-dessus de la limite des arbres dans les buissons de la toundra ; évite les coupes à blanc. Entre occasionnellement dans les bâtiments en automne et en hiver. • **Biologie.** Actif de nuit et de jour. Creuse des terriers et construit des nids d'herbe et de mousse cachés entre des racines ou des pierres, dans un trou d'arbre. Fluctuations de population avec des pics de densité tous les 4-5 ans. Grimpe habilement, même dans les arbres. Se nourrit de feuilles, graines de conifères, bourgeons, baies, écorces, lichens, champignons et Insectes. Peut stocker des réserves pour l'hiver.

Campagnol de Sundevall – *Craseomys rufocanus*

TC : 100-140 mm, Q : 25-43 mm, Pp : 16-20 mm, Or : 13-17 mm, Cbl : 22,2-27,4 mm, P : 25-55 g.

Description. Plus grand que les *Clethrionomys* de la région. Pelage des adultes gris sur les joues et les flancs, coloration roussâtre réduite à une étroite zone qui court du dessus de la tête jusqu'au bas du dos. Queue relativement fine, longue et velue, gris foncé dessus, gris jaunâtre dessous. • **Habitat.** Forêts septentrionales, occupe aussi les coupes, les forêts ouvertes de bouleaux et de pins et la toundra partout où poussent des arbustes nains. Dans des tourbières sèches et landes semées de buissons. Préfère les vallées alluviales et les sites rocheux offrant de nombreuses cavités naturelles. Pénètre parfois dans les habitations. • **Biologie.** Semblable aux *Clethrionomys*. Nids sphériques d'herbes sèches généralement cachés sous les racines et les souches, dans des arbres creux, voire haut dans les branches, grimpant avec agilité. Comportement agressif entre les ♂♂ aux domaines non recouvrants, mais pas entre les ♀♀. Fluctuations de population cycliques, pics de densité tous les 4-5 ans. Se nourrit des parties vertes des Poacées et autres herbacées, des pousses d'arbustes nains et buissons (myrtilles et canneberges), de graines de conifères et de baies.

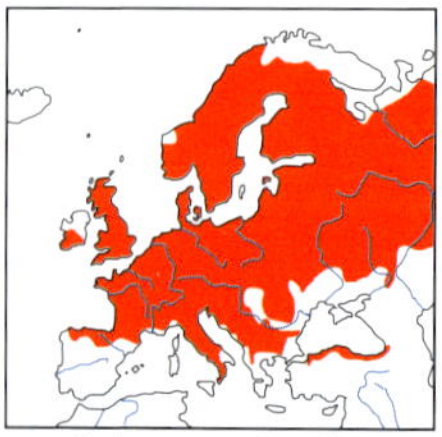

Clethrionomys glareolus

Clethrionomys rutilus

Craseomys rufocanus

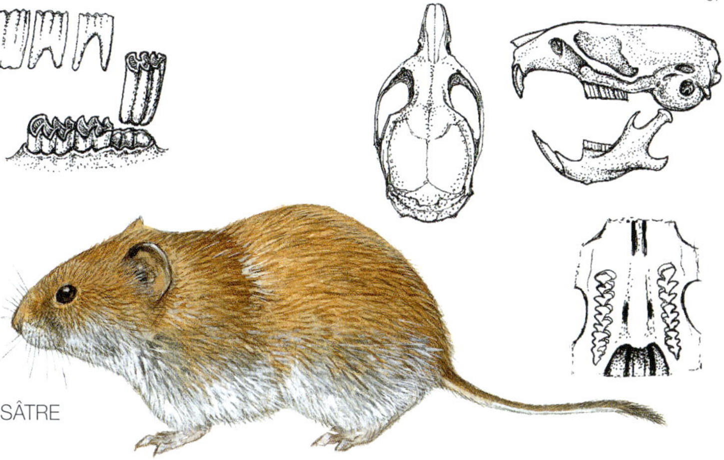

CAMPAGNOL ROUSSÂTRE

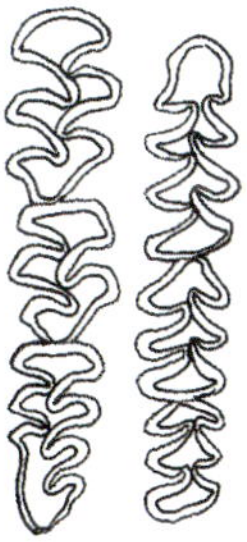

CAMPAGNOL BORÉAL

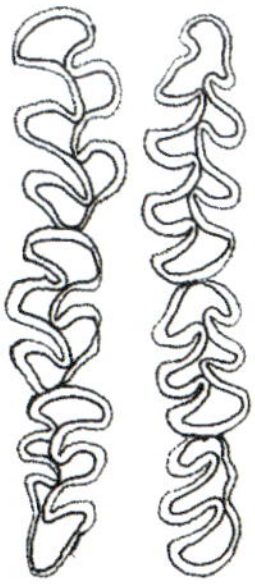

CAMPAGNOL DE SUNDEVALL

Genre **Arvicola**. Ce sont de grands et robustes campagnols, à tête large, aux oreilles cachées dans le pelage, au museau arrondi et au pelage dense et rude. Les molaires, à couronne haute et prismatique, sont à croissance continue. Les morphotypes et écotypes (terrestres à incisives protodontes *vs* aquatiques à incisives orthodontes) n'identifient pas les groupes génétiques. Les espèces et/ou populations terrestres ont des mœurs fouisseuses, celles inféodées aux habitats aquatiques ne présentent pas d'adaptation à la nage et peuvent entrer en compétition pour les terriers avec le Ragondin et le Rat musqué.

Campagnol terrestre – *Arvicola amphibius*

TC : 130-230 mm, Q : 100-140 mm, Pp : 28-35 mm, Or : 15-20 mm, Cbl : 30-45 mm, P : 130-320 g (écotypes aquatiques). TC : 120-165 mm, Q : 60-90 mm, Pp : 22-27 mm, Or : 12-15 mm, P : 75-130 g (écotypes terrestres). ♂♂ plus grands que ♀♀.

Description. Campagnol trapu, généralement de deux fois la taille de *Microtus agrestis*, à queue longue, surtout dans les populations aquatiques. Pelage dorsal brun clair à brun sombre. Pelage ventral gris blanchâtre ou jaunâtre (des individus mélaniques ont été signalés). Morphotypes distingués par la masse corporelle, la couleur du pelage et des traits crâniens. 2 paires de mamelles. 2n = 36. (= *A. terrestris*.) • **Habitat.** Milieux aquatiques variés pour certaines populations, rivières, ruisseaux, marais, jusqu'à 3 210 m en Arménie. Prairies de moyenne montagne, jusqu'à 2 500 m, pour les populations fouisseuses, vergers et jardins, plus rarement dans les zones boisées. Populations aquatiques en déclin dans l'ouest de la répartition. • **Biologie.** Surtout nocturne et crépusculaire, mais peut être actif le jour. Forme aquatique : nage et plonge bien, se propulsant avec les 4 membres. Creuse des terriers complexes dans des berges pourvues d'une végétation abondante, ouverts au-dessus ou au-dessous de l'eau, peut aussi construire un nid dans la végétation riveraine. Peut occasionner des dommages aux jardins et vergers situés près de l'eau. Forme fouisseuse dans des terriers assez semblables à ceux des taupes, avec des monticules de terre généralement aplatis et confluents. Fluctuations de densité de population périodiques avec des pullulations jusqu'à 1 000/ha. Se nourrit surtout de plantes aquatiques ou herbacées terrestres selon les populations, avec une préférence pour les racines, les bulbes et les tubercules. Laisse des traces identifiables sur les tiges coupées. Consomme parfois des mollusques, petits poissons et Insectes, stocke des réserves parfois volumineuses.

Campagnol fouisseur – *Arvicola monticola*

TC : 125-185 mm, Q : 50-85 mm, Pp : 21-27 mm, Or : 10-14 mm, Cbl : 31-37 mm, P : 55-170 g.

Description. Grand campagnol aux mœurs fouisseuses à queue courte (< 50 % TC). Pelage dorsal brun jaunâtre à gris fumée plus sombre sur la tête, flancs plus clairs. Pelage ventral grisâtre mêlé de jaune et d'ocre ou lavé de blanc. 2n = 36. • **Habitat** Prairies naturelles depuis le niveau de la mer jusqu'à 2 000 m • **Biologie.** Activité polyphasique, en hiver sous la neige. Creuse avec les dents des terriers à plusieurs entrées débouchant dans un monticule et plusieurs chambres. Fluctuations pluriannuelles d'abondance de forte amplitude. Se nourrit à l'intérieur de ses galeries de bulbes, racines et tubercules, voire d'écorces.

Campagnol italique – *Arvicola italicus*

TC : 115-200 mm, Q : 52-120 mm, Pp : 23-37 mm, Or : 10-20 mm, Cbl : 30-40 mm, P : 75-250 g.

Description. Grand campagnol aquatique. Pelage dorsal brun plus clair que celui d'*Arvicola amphibius*, flancs clairs. Pelage ventral gris ardoise chamoisé. Queue longue (50-70 % TC) brun sombre dessus, grise dessous. 2n = 36. • **Habitat.** Végétation riveraine des milieux aquatiques, rivières, lacs et marais, parfois lagunes. Généralement en plaine mais jusqu'à 1 600 m en Calabre. • **Biologie.** Surtout diurne. Très aquatique l'été, plus terrestre l'hiver. Creuse des terriers peu profonds dans les berges, nid tapissé de tiges et de feuilles d'herbes. Se nourrit surtout de parties vertes de plantes aquatiques et semi-aquatiques.

Campagnol amphibie – *Arvicola sapidus*

TC : 165-220 mm, Q : 107-135 mm, Pp : 32-38 mm, Or : 14-20 mm, Cbl : 39-42 mm, P : 150-280 g. ♂♂ plus grands que ♀♀.

Description. Très grand campagnol. D'apparence semblable mais généralement plus grand que les *A. amphibius*. Pelage dorsal brun sombre, ventre jaunâtre pâle. Queue relativement plus longue. 2n = 40. • **Habitat.** Tous milieux aquatiques, rivières, lacs et marais, où la végétation riveraine procure un couvert. Préférentiellement au bord de cours d'eau lents des plaines côtières jusqu'à 2 600 m dans la Sierra Nevada (Espagne). Semble décliner dans une partie de son aire de répartition. • **Biologie.** Diurne et nocturne. Très bon nageur et plongeur. Creuse des terriers dans les berges des rivières, avec une entrée sous l'eau ; nid d'herbes sèches. Pas de fluctuations de population. Principalement herbivore.

Arvicola amphibius

Arvicola monticola

Arvicola italicus

Arvicola sapidus

CAMPAGNOL TERRESTRE

CAMPAGNOL FOUISSEUR

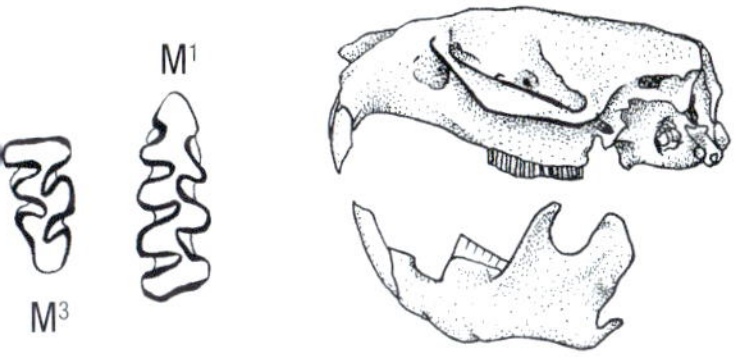

CAMPAGNOL ITALIQUE

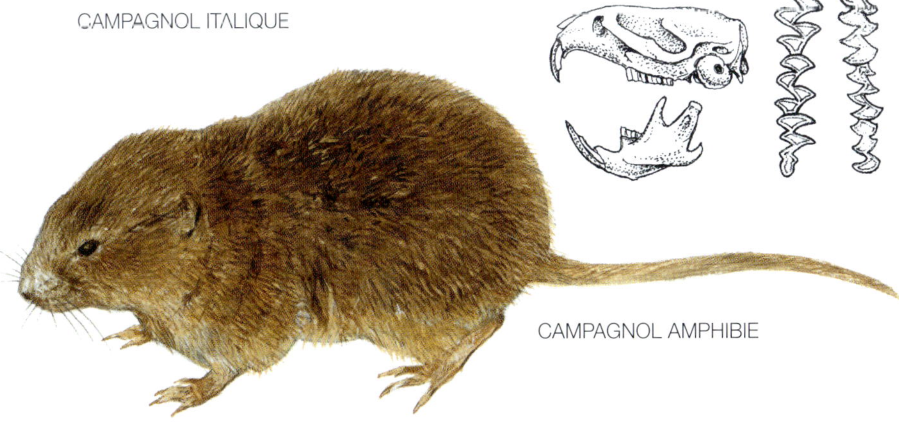

CAMPAGNOL AMPHIBIE

Rat musqué – *Ondatra zibethicus*

TC : 240-400 mm, Q : 190-280 mm, Pp : 65-80 mm, Or : 21-27 mm, Cbl : 55-70 mm, P : 600-2 400 g.

Description. Le plus grand campagnol, plus petit que le Castor et le Ragondin. Queue longue, comprimée latéralement et presque nue, oreilles courtes, grands pieds bordés de soies, non palmés. Pelage dorsal brun sombre ou châtain, pelage ventral brun grisâtre, sans démarcation nette sur les flancs. Pieds postérieurs grands, partiellement palmés, doigts pourvus de poils rigides. 5 paires de mamelles. Incisives supérieures légèrement protodontes, sans racine et sans sillon. Molaires avec racines. 2n = 54. • **Habitat.** Toujours aquatique, eaux douces des rivières, lacs, étangs et marais aux berges recouvertes de végétation, surtout eaux peu profondes et dormantes, ou faiblement courantes. Introduit d'Amérique du Nord en Bohême en 1905, puis échappé d'élevages où il était utilisé pour sa fourrure (France, Belgique, Pologne) ou introduit dans de nombreux pays d'Europe (Finlande, Russie, Lituanie). • **Biologie.** Surtout crépusculaire et nocturne, mais visible de jour, se chauffant parfois au soleil au-dessus de son gîte. Meilleur nageur que les *Arvicola* aquatiques, utilisant ses pieds postérieurs et sa queue. Plonge lorsqu'il est dérangé et peut nager sous l'eau sur de longues distances. Nid construit en surface dans la végétation aquatique, hutte d'hiver à plusieurs chambres atteignant 1 m de haut. Creuse aussi des terriers dans les berges avec une entrée généralement sous l'eau ; cette activité fragilisant les berges et digues, il est considéré comme déprédateur. Se nourrit principalement de plantes aquatiques, phragmites, joncs, massettes, etc., occasionnellement de plantes cultivées en bordure de rivière et de mollusques.

Campagnol-Prométhée – *Prometheomys schaposchnikowi*

TC : 115-180 mm, Q : 36-60 mm, Pp : 20-25 mm, Or : 10-15 mm, Cbl : 30,0-32,6 mm, P : 56-88 g. ♂♂ légèrement plus grands que ♀♀.

Description. Assez grand campagnol souterrain aux très petits yeux, aux oreilles peu visibles et aux griffes antérieures très longues (6-7 mm). Pelage long et soyeux, brun roussâtre sur le dos, cannelle rosâtre sur le ventre, sans démarcation nette sur les flancs. Queue épaisse à la base, beaucoup plus longue que le pied postérieur (≈ 1/3 TC), velue, uniformément brune avec souvent une pointe blanche. 4 paires de mamelles. Crâne court et robuste. Incisives supérieures orthodontes, avec de légers sillons. Molaires à 2 racines, émail formant des triangles alternes confluents. • **Habitat.** Préfère les prairies grasses des versants longtemps enneigés, présent aussi dans les prairies au sein des forêts et dans les terres cultivées, évite les pentes raides et les pierriers. Distribution altitudinale entre 1 500 et 2 800 m avec couverture neigeuse pendant plus de 200 jours/an. • **Biologie.** Activité continue en toutes saisons. Strictement souterrain, vit en petites colonies de familles composées d'un couple et ses jeunes. Ameublit le sol avec les longues griffes de ses puissantes pattes antérieures, puis le pousse en surface. Monticules de terre à l'entrée des terriers recouvrant généralement les ouvertures. Chambre du nid d'herbes sèches située jusqu'à 1 m sous la surface où débouchent des galeries étroites. Densités de population fluctuantes avec des pics jusqu'à 150-200/ha. Strictement herbivore, se nourrit au-dessus et au-dessous du sol, stocke des racines, tubercules et bulbes pour l'hiver.

Campagnol de Martino – *Dinaromys bogdanovi*

TC : 110-150 mm, Q : 70-119 mm, Pp : 22-26,5 mm, Or : 14-23 mm, Cbl : 27,6-34,6 mm, P : 55-90 g.

Description. Assez grand campagnol aux caractères ancestraux, queue longue bicolore (brun sombre dessus, blanchâtre dessous), oreilles et pieds postérieurs grands. Pelage long et soyeux gris-bleu sur le dos, blanc grisâtre sur le ventre, pieds blancs. Yeux modérément grands, vibrisses longues (≈ 60 mm). Ressemble à *Chionomys nivalis* mais queue plus longue (≈ 75 % TC) et pelage moins teinté de brun. 3 paires de mamelles. Molaires brachyodontes avec racines chez les adultes, émail relativement large. M avec 5 triangles fermés alternes. • **Habitat.** Alpages rocailleux au-delà de la limite des arbres jusqu'à 2 200 m, préférence pour les paysages karstiques où il peut descendre au niveau de la mer. • **Biologie.** Nocturne, mais peut être observé le jour. Sédentaire, se déplace en marchant, courant, sautant et grimpant sur les rochers, les buissons et les arbres. Nécessite la présence de profondes fentes entre les rochers qui lui procurent abri et conditions de température et d'hygrométrie favorables pour établir son nid. Croissance plus lente et longévité plus grande que pour les autres campagnols. Densités de population généralement faibles. Se nourrit de feuilles de plantes herbacées, mais aussi au printemps de bourgeons et pousses de conifères. Possible compétition avec le Campagnol des neiges pour l'habitat et la nourriture.

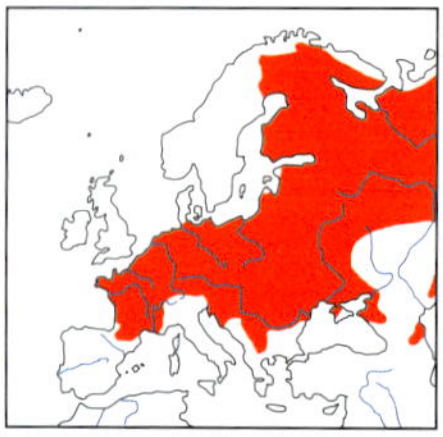

Ondatra zibethicus

Prometheomys schaposchnikowi

Dinaromys bogdanovi

RAT MUSQUÉ

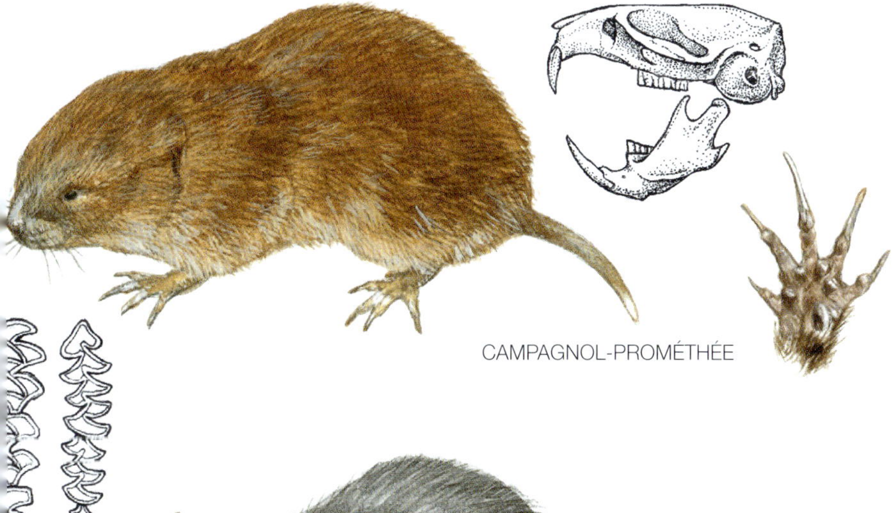

CAMPAGNOL-PROMÉTHÉE

CAMPAGNOL DE MARTINO

Genre ***Chionomys***. Ce sont de grands campagnols inféodés aux montagnes et aux habitats rocheux à basse altitude. Ils possèdent une longue queue (> 50 % TC), un pelage doux et fin et de très longues vibrisses (> 35 mm). Les femelles possèdent 4 paires de mamelles. Les incisives supérieures sont recouvertes d'émail jaune orangé à orange, les inférieures sont jaune pâle. Les molaires, à croissance continue, présentent une couronne haute et prismatique ; le cinquième triangle de la M_1 est généralement confluent avec la boucle antérieure.

Campagnol des neiges – *Chionomys nivalis*

TC : 90-140 mm, Q : 50-75 mm, Pp : 17-22,5 mm,
Or : 13-19 mm, Cbl : 24,3-32,0 mm, P : 29-68 g.

Description. Campagnol de taille moyenne, vibrisses blanches et queue relativement longue (< 55 % TC). Pelage dorsal gris fumée à brun grisâtre, plus sombre dans les régions humides que dans les régions arides. Pelage ventral blanc grisâtre, sans démarcation nette sur les flancs. Oreilles et pieds couverts de poils courts, blanchâtres. Queue uniformément blanche terminée par un pinceau de poils. Bulles tympaniques plus grandes que chez les autres *Chionomys*. M^3 à 3 angles internes et courte (< 0,6 mm). 2n = 54, NFa = 52. • **Habitat.** Alpages rocailleux au-dessus de la limite des arbres, forêts claires, buissons sur sol pierreux et éboulis entre 1 000 et 4 700 m, seul campagnol européen trouvé à haute altitude. Pénètre dans les chalets et autres constructions. Également présent à basse altitude dans les versants arides rocheux et boisés, notamment dans les garrigues méditerranéennes. Inféodé aux sols squelettiques, contrairement à la plupart des campagnols. • **Biologie.** Particulièrement diurne, se chauffe parfois au soleil sur les rochers. Occupe des fentes de rochers, mais peut creuser aussi un terrier peu profond avec chambre tapissé d'herbes sèches, grenier et crottoir. Peu farouche, entre dans les refuges en montagne. Forme de petites colonies, populations jamais très nombreuses, sans fluctuation cyclique ni pullulation occasionnelle. Se nourrit de Poacées et autres herbacées, de mousses, de lichens et d'arbrisseaux. Fait sécher de l'herbe qu'il stocke à l'automne.

Campagnol de Gudauri – *Chionomys gud*

TC : 102-152 mm, Q : 57-96 mm, Pp : 18-23 mm,
Or : 15-19 mm, Cbl : 27,3-30,1 mm, P : 34-63 g.

Description. Ressemble à *C. nivalis*, mais légèrement plus grand et queue pâle, indistinctement bicolore et plus longue (55-65 % TC). Pelage dorsal gris fumée teinté de brun, pelage ventral blanc pur, sans démarcation nette sur les flancs. Vibrisses blanches. M^3 à 4 angles internes. 2n = 54, NFa = 54. • **Habitat.** Milieux rocailleux des étages alpins et subalpins dans les forêts claires et pelouses, souvent associé aux murets de pierre des pâturages de montagne. Conditions plus humides que *C. nivalis* en Asie Mineure. De 500 à 3 000 m. • **Biologie.** Surtout crépusculaire. Deux pics d'activité. Trouve refuge dans des fentes de rochers et parmi les blocs, creuse des terriers simples. Strictement herbivore. Commence à amasser des réserves dès le mois de juin, les tas de nourriture peuvent atteindre 6 kg de matière sèche.

Campagnol de Robert – *Chionomys roberti*

TC : 125-156 mm, Q : 80-108 mm, Pp : 22-27 mm,
Or : 14-20 mm, Cbl : 28,8-32,9 mm, P : 40-78 g.

Description. Le plus grand *Chionomys*, à queue la plus longue (> 65 % TC) et aux vibrisses noires. Pelage dorsal brun sombre. Pelage ventral gris fumée, nettement démarqué sur les flancs. Queue indistinctement bicolore, noirâtre dessus, grise dessous, avec un pinceau terminal. Juvéniles plus sombres à queue uniformément sombre. M^3 à 4-5 angles internes. 2n = 54, NFa = 54. • **Habitat.** Sites humides boisés au sous-bois riche le long de torrents de montagne. Vit entre les rochers, souvent éclaboussés, couverts de mousse et de rhododendrons. Présent entre 500 et 3 200 m, avec un optimum entre 1 000 et 1 500 m. • **Biologie.** Surtout nocturne. Peut être considéré comme semi-arboricole, grimpant à 3-4 m au-dessus du sol. Évite de nager, traverse les cours d'eau en sautant de bloc en bloc. Nids creusés entre les racines d'un arbre ou sous les pierres. Strictement herbivore, affectionne les fougères et les feuilles de sureau, stocke de la nourriture sous des pierres en bordure de cours d'eau.

Campagnol du Lazistan – *Chionomys lasistanius*

TC : 112-130 mm, Q : 57-82 mm, Pp : 19-21 mm,
Or : 15-19 mm, Cbl : 27,3-30,1 mm, P : 34-63 g.

Description. Petit *Chionomys*, à queue longue (> 55 % TC) et aux vibrisses blanches. Pelage dorsal gris fumée semé de brun. Pelage ventral blanc terne, sans démarcation nette sur les flancs. Queue uniformément blanchâtre ou légèrement bicolore, avec un pinceau terminal. M^3 à 4 angles internes et longue (> 0,6 mm). 2n = 54, NFa = 54. • **Habitat.** Zones rocheuses dans les prairies alpines et forêts claires d'épicéas et de sapins, de 1 550 à 2 500 m. Rarement présent dans les mêmes milieux que *C. nivalis* et *C. roberti*. • **Biologie.** Grimpe parmi les rochers et se réfugie dans des anfractuosités. Herbivore, ne stocke pas de nourriture.

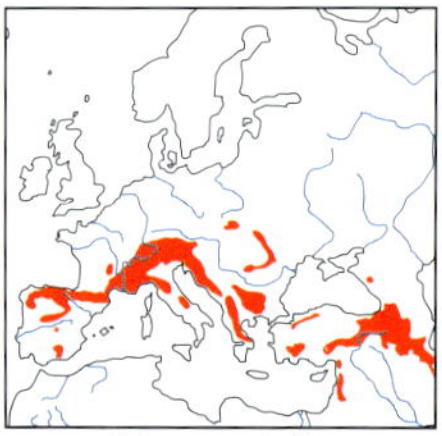

Chionomys nivalis

Chionomys gud

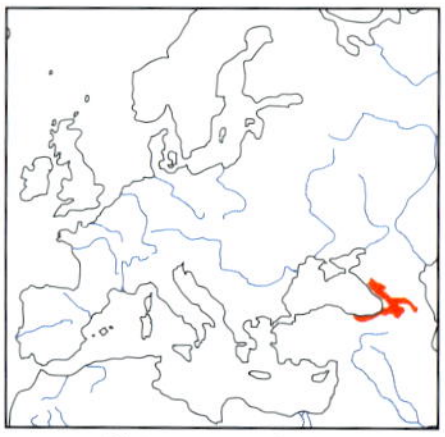

Chionomys roberti

Chionomys lasistanius

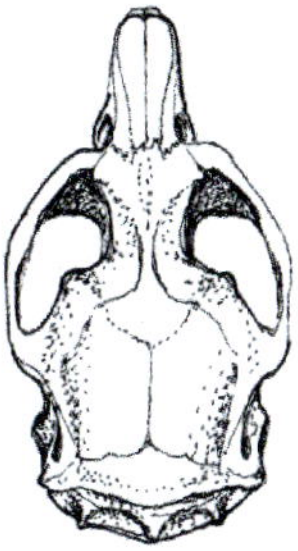

CAMPAGNOL DES NEIGES

CAMPAGNOL DE GUDAURI

CAMPAGNOL DE ROBERT

Genre ***Microtus***. Ce sont des campagnols de taille petite à moyenne au corps cylindrique et à queue courte (< 50 % TC), aux oreilles petites, aux yeux réduits et aux vibrisses courtes (< 30 mm). Les femelles possèdent 2 à 4 paires de mamelles. Le crâne est massif, avec un rostre nasal court, des arcades zygomatiques larges et robustes. La forme de la ligne de suture nasofrontale est spécifique. La mandibule est solide, l'incisive inférieure effilée. Les molaires, hypsodontes, possèdent une couronne haute et prismatique au dessin anguleux. Espèces dominantes dans les prairies, les *Microtus* présentent une tendance à un mode de vie fouisseur. Leur potentiel reproducteur est généralement élevé, à l'origine parfois de pullulations locales. Les vocalisations sont des pépiements et des babillements difficilement utilisables pour une identification spécifique, certaines espèces émettent des cris d'alarme depuis l'entrée des terriers. La systématique des *Microtus* n'est pas stabilisée, aux descriptions ou regroupements d'espèces s'ajoutent des modifications des dénominations génériques. Après invalidation de *Pitymys* pour les campagnols souterrains du Paléarctique, des espèces se voient attribuer un nouveau genre : *Alexandromys* pour *M. oeconomus*, *Lasiopodomys* pour *M. gregalis*, *Iberomys* pour *M. cabrerae*.

Campagnol nordique – *Microtus oeconomus*

TC : 95-161 mm, Q : 30-77 mm, Pp : 17-22 mm, Or : 10-16 mm, Cbl : 26-31 mm, P : 30-103 g.

Description. Campagnol relativement grand au pelage dorsal sombre, brun-roux à brun foncé, et à la queue bicolore, noirâtre dessus, brun-roux dessous. Face interne des oreilles moins velue et queue relativement plus longue que chez *M. agrestis*. Crâne assez large (largeur zygomatique [lz] : 14,6-16,7 mm). M^3 avec 4 angles internes et 3-4 angles externes. Dessin de la surface d'usure de M_1 spécifique, avec une structure simple partagée par *Chionomys nivalis*. 2n = 30, NF = 54. • **Habitat.** Prairies, roselières, marais dans la taïga et la toundra. Affectionne les prairies humides, les rivages inondés des lacs, les berges de cours d'eau et les tourbières. Peut migrer en hiver vers des milieux à l'abri des crues ; aux Pays-Bas, talus des routes et dunes. Populations isolées du sud et l'ouest de l'aire de répartition menacées par la perte d'habitat. • **Biologie.** Crépusculaire et partiellement diurne en été, activité non rythmée en hiver sous la neige. Nid de mousse et d'herbe au-dessus du sol ou dans un terrier complexe. Fluctuations cycliques dans certaines populations. Peut causer des dommages aux prairies et forêts de conifères en forte densité.

Se nourrit des parties vertes de plantes herbacées en été, d racines, de graines et d'écorces d'arbres et de buissons en hiver.

Campagnol grêle – *Microtus gregalis*

TC : 90-148 mm, Q : 20-44 mm, Pp : 15-21 mm, Or : 10-15 mm, Cbl : 25-30 mm, P : 30-65 g. ♂♂ légèrement plus grands que ♀♀

Description. Assez grand campagnol à tête et crâne étroits (lz 12,0-13,6 mm). Pelage de couleur assez variable, généralemen brun grisâtre sur le dos avec une coloration plus claire à l pointe des poils, gris teinté de jaunâtre sur le ventre. Bande noir estompée sur la nuque et la partie antérieure du dos chez certain animaux. Queue distinctement bicolore. Boîte crânienne étroite bulles tympaniques assez petites. M^3 avec 4 angles interne et 3 angles externes. M_1 avec 5 triangles alternes. 2n = 36 NF = 54. • **Habitat.** Différents milieux ouverts, toundra d plaine et de montagne. • **Biologie.** Principalement nocturn en été, progressivement plus diurne en hiver. Forme de petite colonies qui occupent un ensemble de terriers peu profond (< 20 cm) aux entrées relativement étroites, comprenant plu sieurs chambres. Se nourrit surtout des parties vertes des plante au printemps et en été, ajoutant des graines, fruits et racines e automne et hiver, stocke des réserves.

Campagnol de Cabrera – *Microtus cabrerae*

TC : 110-135 mm, Q : 35-52 mm, Pp : 19-23 mm, Or : 13-17 mm, Cbl : 22,4-30,6 mm, P : 40-78 g.

Description. Campagnol assez semblable à *M. arvalis*, plu grand et plus sombre. Pelage dorsal brun assez sombre, pelag ventral gris sombre teinté de brun jaunâtre. Poils nettement plu longs sur la croupe. Crâne plutôt convexe de profil, os nasau > diastème. Incisives supérieures opisthodontes. M^3 avec 4 angle internes et 3 angles externes. M_1 avec 5 triangles alternes. M avec 2 angles externes. 2n = 54, NF = 64. • **Habitat.** Pente humides et piémonts sous climat méditerranéen, surtout entr 500 et 1 200 m, évite les régions aux fortes températures esti vales. Aussi marais côtiers, prairies pâturées, champs et boise ments ouverts avec sous-bois buissonneux. Populations petites e fragmentées, les pratiques culturales modernes réduisant encor son aire de répartition. • **Biologie.** Activité nocturne et diurne principalement limitée à ses galeries souterraines, surtout en été Petites colonies sujettes à de fortes fluctuations interannuelle (17 à 350/ha). Herbivore, consomme des feuilles, tiges et graine de Poacées et autres herbacées, sélectionne certaines espèces.

Microtus oeconomus

Microtus gregalis

Microtus cabrerae

CAMPAGNOL NORDIQUE

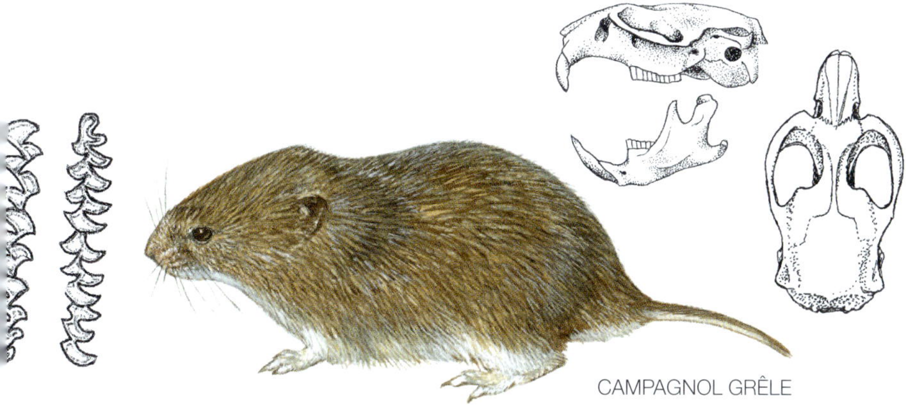

CAMPAGNOL GRÊLE

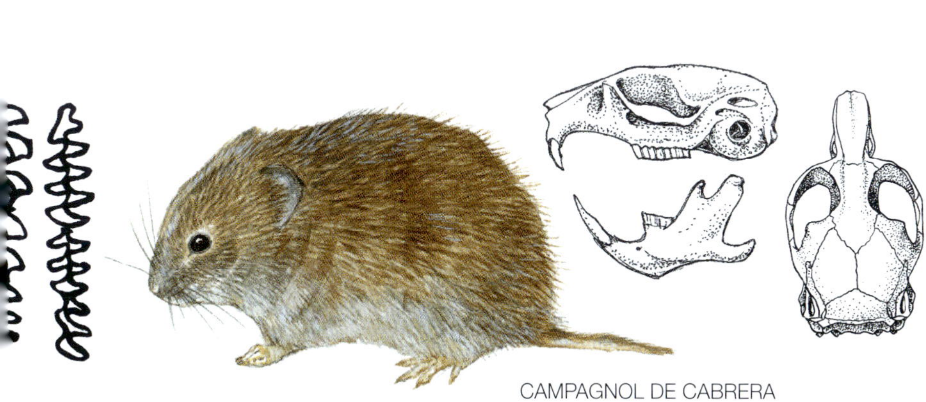

CAMPAGNOL DE CABRERA

Campagnol agreste – *Microtus agrestis*

TC : 90-130 mm, Q : 25-49 mm, Pp : 17-20 mm, Or : 10-13 mm, Cbl : 23,7-26,8 mm, P : 19-52 g.

Description. Campagnol de taille moyenne au pelage sombre et hirsute, brunâtre lavé de blanchâtre sur le dos, plus clair sur les flancs, gris sur le ventre. Queue plus sombre dessus que dessous. Face interne et bordure supérieure des oreilles couvertes de longs poils clairsemés, lobe méatal obturant partiellement le conduit auditif. Pieds postérieurs avec 6 coussinets plantaires. Incisives supérieures opisthodontes. M^3 avec 4 angles internes et 3 angles externes. Angle interne supplémentaire à la M^2. M_1 avec 5 triangles alternes. 2n = 50, NF = 54. • **Habitat.** Terrains humides couverts d'herbe haute, boisements clairs, plantations forestières jeunes, prairies, marais et landes d'altitude jusqu'à 2 000 m. Évite les prairies fortement pâturées. Peut élargir son habitat en l'absence d'autres campagnols, surtout *M. arvalis*. • **Biologie.** Nocturne et diurne, surtout crépusculaire. Sédentaire, développe un réseau de galeries sous l'herbe haute et de tunnels superficiels dans le sol. Établit un nid globuleux dans la végétation dense au-dessus du sol ou sous terre. Fluctuations cycliques tous les trois à cinq ans de certaines populations, peut causer des dommages aux jeunes plantations et aux vergers lors des pics de densité. Se nourrit de feuilles et tiges de Poacées et autres herbacées, évitant certaines espèces, parfois ronge l'écorce des jeunes arbres en hiver et consomme des larves d'Insectes.

Campagnol du Portugal – *Microtus rozianus*

TC : 100 mm, Q : 39 mm, Pp : 19 mm, Or : 13 mm, Cbl : 22,9-27,7 mm.

Description. Récemment distingué de *M. agrestis* par des séquences nucléotidiques. Semble plus petit, au pelage dorsal brun-roux, pelage ventral grisâtre et bulles tympaniques plus petites. • **Habitat.** Jonchaies, phragmitaies et marais avec végétation halophile. • **Biologie.** Semblable à *M. agrestis*. Herbivore assez sélectif.

Campagnol de Lavernède – *Microtus lavernedii*

TC : 97-140 mm, Q : 26-55 mm, Pp : 17-19 mm, Or : 12-15 mm, Cbl : 21,2-27,5 mm, P : 20-59 g.

Description. Récemment distingué de *M. agrestis*. Pelage dorsal d'un brun terreux mêlé de ferrugineux. Pelage ventral gris cendré foncé. Queue bicolore, noirâtre dessus, grisâtre dessous. Incisives supérieures orthodontes. • **Habitat.** Prairies d'herbe haute et épaisse, boisements clairs et biotopes humides, tourbières, sansouires et végétation riveraine des marais, cour d'eau et canaux d'irrigation. Jusqu'à 2 000 m dans les Pyrénées • **Biologie.** Crépusculaire et nocturne. Construit des nids e surface dans la végétation dense ou sous des touffes. Herbivor sélectif, préférant au printemps des végétaux énergétiques, par fois ronge l'écorce des arbres et coupe les tiges des céréales.

Campagnol des champs – *Microtus arvalis*

TC : 80-120 mm, Q : 25-37 mm, Pp : 14-16 mm, Or : 9-12 mm, Cbl : 20,3-27,6 mm, P : 14-46 g. Campagnols des îles Orcades plus grands que sur le continent.

Description. Légèrement plus petit que *M. agrestis*, pelage plu clair et plus lisse. Queue de couleur presque uniforme. Face intern des oreilles couverte de poils clairs, courts et denses, lobe méata insignifiant. Pieds postérieurs avec 6 coussinets plantaires. Inci sives supérieures orthodontes. M^3 avec 4 angles internes et 3 angle externes. M^2 sans angle interne supplémentaire. M_1 avec 5 triangle alternes. 2n = 46, NF = 84. • **Habitat.** Prairies ouvertes, don prairies pâturées, halophytes inondables, terrains cultivés, talu herbeux, lisières forestières et pelouses de montagne jusqu' 3 100 m dans les Alpes. • **Biologie.** Activité polyphasique, surtou nocturne et crépusculaire en surface, plus diurne en hiver. Mœur assez fouisseuses, nid et chambres de stockage de réserves dans u système de galeries. Fluctuations cycliques des populations en rela tion avec la structure du paysage. Pics de densité dépassant 1 000/h occasionnant des dommages aux cultures. Se nourrit des partie vertes de Poacées et autres herbacées sauvages et cultivées.

Campagnol obscur – *Microtus obscurus*

TC : 100-136 mm, Q : 32-51 mm, Pp : 14-18 mm, Or : 10-13 mm, Cbl : 22,5-26,7 mm, P : 23-48 g.

Description. Espèce jumelle de *M. arvalis*, légèrement plu grande, non identifiable sur la seule morphologie externe Pelage dorsal brun sombre, flancs plus clairs. Pelage ventral gri lavé de jaune. Caractéristiques dentaires identiques à celles d *M. arvalis*. 2n = 46, NF = 72-74. • **Habitat.** Prairies d'herb rase, pâtures, clairières, steppes d'altitude, jusqu'à 2 600 m e Turquie. • **Biologie.** Activité comme *M. arvalis*. Creuse de galeries souterraines très ramifiées, dont la chambre avec nid 25-35 cm de profondeur. Pullulations cycliques. Se nourrit sur tout de feuilles et tiges de plantes herbacées, sauvages et cultivées

Microtus agrestis (rouge)

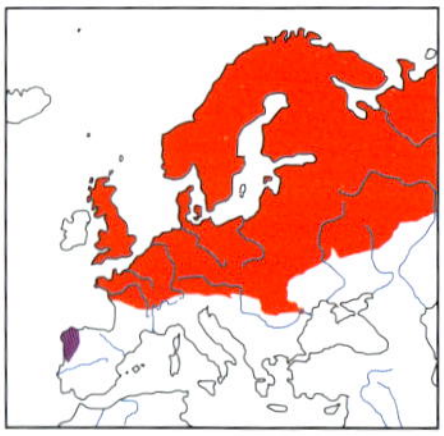

Microtus rozianus (violet)

Microtus lavernedii

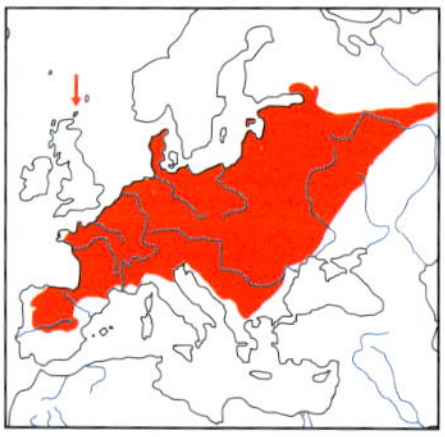

Microtus arvalis

Microtus obscurus

CAMPAGNOL AGRESTE

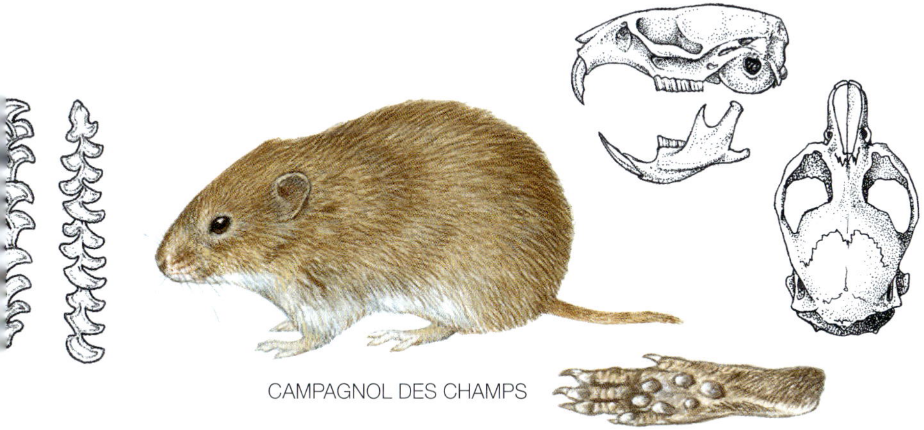

CAMPAGNOL DES CHAMPS

CAMPAGNOL OBSCUR

Campagnol d'Ondrias – *Microtus rossiaemeridionalis*

TC : 90-130 mm, Q : 32-55 mm, Pp : 16-20 mm, Or : 9-13 mm, Cbl : 23,5-28,0 mm, P : 21-58 g. ♂♂ plus lourds que ♀♀.

Description. Espèce jumelle de *M. arvalis*, légèrement plus grand mais non identifiable sur la seule morphologie externe. Pied postérieur plus long avec 6 coussinets plantaires, pelage dorsal brun plus clair que *M. obscurus*. M^3 avec 3 ou 4 angles internes et 3 angles externes. M^2 et M_1 comme *M. arvalis*. 2n = 54, NF = 56. Synonymes : *epiroticus*, *levis*, *subarvalis*. • **Habitat.** Végétation herbacée haute et dense, buissons, jardins, le long des rivières, roselières, jusqu'à 2 500 m. Évite les prairies rases. Peut entrer dans les bâtiments agricoles. • **Biologie.** Activité polyphasique. Creuse des terriers complexes à plusieurs entrées, jusqu'à 30-35 cm de profondeur. Très fortes fluctuations de population. Plus granivore que *M. arvalis*, peut alors causer d'importants dommages aux cultures.

Campagnol à moustaches – *Microtus mystacinus*

TC : 92-119 mm, Q : 33-42 mm, Pp : 16-18 mm, Or : 10-15 mm, Cbl : 22,9-27,3 mm, P : 18-27 g.

Description. Espèce jumelle de *M. rossiaemeridionalis*, non identifiable sur la seule base de la morphologie externe. Caractéristiques dentaires comme *M. arvalis*. 2n = 54, NF = 58. • **Habitat.** Milieux ouverts et champs. • **Biologie.** Non documentée dans l'aire considérée.

Campagnol social – *Microtus socialis*

TC : 90-120 mm, Q : 20-37 mm, Pp : 14-20 mm, Or : 8-12 mm, Cbl : 23,1-26,5 mm, P : 20-38 g. Importantes variations de taille selon les populations, animaux petits en Ukraine, grands dans le Caucase. ♂♂ plus grands que ♀♀.

Description. Campagnol au pelage dorsal long brun sombre teinté de grisâtre, parfois lavé de rouge. Pelage ventral gris clair, sans démarcation nette sur les flancs. Queue relativement longue, brunâtre dessus, grisâtre dessous. Pieds postérieurs avec 5 coussinets plantaires. M^3 avec 4 angles internes et 3-4 angles externes. Souvent un angle interne supplémentaire à la M^2. 2n = 62, NF = 62. • **Habitat.** Prairies, pâtures, steppes et semi-déserts (sur sols assez humides), mais aussi champs de céréales, vergers et clairières dans les forêts sèches. Entre 650 et 2 500 m en Turquie. • **Biologie.** Diurne et surtout crépusculaire. Creuse des terriers profonds (jusqu'à 80 cm de profondeur), aux très nombreuses entrées. Vit en colonies relativement prolifiques. Se nourrit de graines de céréales, parties vertes des plantes, parfois d'invertébrés, stocke des réserves (< 3 kg).

Campagnol d'Anatolie – *Microtus anatolicus*

TC : 105-125 mm, Q : 21-34 mm, Pp : 17-23 mm, Or : 9-11 mm, Cbl : 26,0-29,2 mm, P : 24-53 g.

Description. Semblable à *M. socialis*, mais plus petit. Pelage dorsal chamois grisâtre. Pelage ventral blanchâtre teinte de chamois ou grisâtre avec démarcation par une ligne sombre sur les flancs. Queue grisâtre dessus, blanchâtre dessous. Pieds blanchâtres. Rostre peu épais (7,1-8,2 mm). Molaires semblables à *M. socialis*. 2n = 60, NF = 62. • **Habitat.** Steppes d'halophytes et de joncs. • **Biologie.** Diurne et nocturne. Forme de petites colonies aux terriers à larges entrées connectées par des couloirs dans la végétation.

Campagnol d'Iran – *Microtus irani*

TC : 105-130 mm, Q : 20-36 mm, Pp : 16-18 mm, Or : 9-11 mm, Cbl : 26,9-30,1 mm, P : 33-42 g. Taille inférieure chez les sous-espèces *schidlovskii* et *karamani* de Turquie.

Description. Pelage dorsal long et dense, plus clair que chez les autres campagnols du groupe *socialis*, beige à brun grisâtre ou brunâtre grisonnant. Pelage ventral blanchâtre ou grisâtre. Queue courte (22-27 % TC), indistinctement bicolore. Rostre peu épais (6,5-7,5 mm). Incisives supérieures protodontes ou orthodontes. Souvent un angle interne supplémentaire à la M^2. 2n = 60, NF = 60. Incl. *schidlovskii*. • **Habitat.** Steppes en montagne, prairies, champs et vergers, entre 1 000 et 2 100 m. • **Biologie.** Diurne et nocturne. Terriers simples. Vit en colonies relativement prolifiques. Herbivore, occasionne des dégâts aux cultures.

Campagnol d'Elbeyli – *Microtus elbeyli*

TC : 97-120 mm, Q : 20-33 mm, Pp : 13-20 mm, Or : 11-14 mm, Cbl : 22,9-27,8 mm, P : 23-36 g.

Description. Pelage dorsal ocre à brun sombre, flancs plus clairs démarqués du pelage ventral chamois pâle. Mandibule plus fine que *M. guentheri*, processus coronoïde plus proéminent et incliné. Angle interne supplémentaire à la M^2. M^3 avec 4 angles internes et 3 angles externes. 2n = 46, NF = 50. • **Habitat.** Steppes et champs de céréales. • **Biologie.** Non documentée.

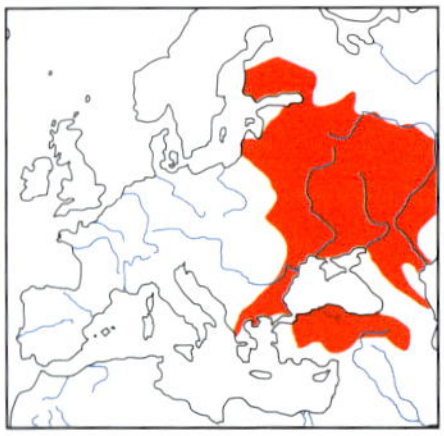
Microtus rossiaemeridionalis

Microtus mystacinus

Microtus socialis (rouge)
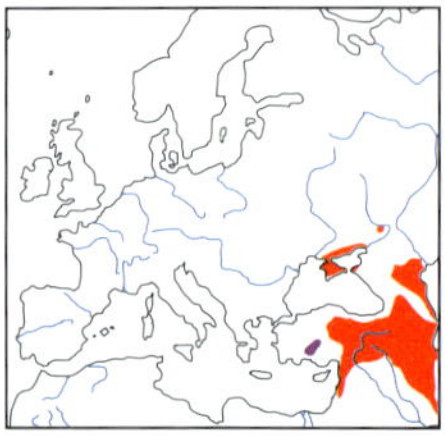
Microtus anatolicus (violet)

Microtus irani (rouge)

Microtus elbeyli (violet)

CAMPAGNOL D'ONDRIAS

CAMPAGNOL À MOUSTACHES

CAMPAGNOL SOCIAL

CAMPAGNOL D'ANATOLIE

Campagnol de Dogramaci – *Microtus dogramacii*

TC : 99-125 mm, Q : 18-26 mm, Pp : 16-21 mm, Or : 8-12 mm, Cbl : 25,6-29,9 mm, P : 19-37 g.

Description. Semblable à *M. socialis*, mais queue plus courte, boîte crânienne plus courte et étroite, constriction interorbitaire plus étroite. Pelage dorsal plus brun jaunâtre, pieds et dessous la queue presque blanchâtre. Queue assez distinctement bicolore au pinceau terminal court. Angle interne supplémentaire à la M^2 chez 50 % des individus. 2n = 48, NF = 50-54 (Turquie), 2n = 54, NF = 56 (*qazvinensis*, Iran). • **Habitat.** Steppes entre 200 et 800 m. • **Biologie.** Non documentée.

Campagnol méditerranéen – *Microtus guentheri*

TC : 97-138 mm, Q : 22-36 mm, Pp : 16-22 mm, Or : 9-15 mm, Cbl : 26,7-31,8 mm, P : 32-76 g.

Description. Plus grand que *M. socialis* et *M. arvalis*. Pelage chamois à fauve roussâtre sur le dos, gris blanchâtre sur le ventre, sans démarcation nette sur les flancs. Queue plus courte que celle de *M. arvalis*. Pieds postérieurs avec 5 coussinets plantaires. Rostre épais (7,9-9,6 mm). Incisives supérieures orthodontes. M^3 avec 4 angles internes et 3 angles externes. Parfois un angle interne supplémentaire à la M^2. 2n = 54, NF = 54-56. • **Habitat.** Terrains cultivés, prairies drainées et pentes couvertes d'une végétation clairsemée. • **Biologie.** Nocturne et diurne, évite les fortes températures. Colonial, petit domaine vital. Terriers complexes et étendus, sans chambre de stockage et latrines, entrées entourées par des amas de terre et les crottes. Fort potentiel reproducteur et fluctuations de population marquées, sévères déclins locaux. Se nourrit des parties vertes et graines de plantes annuelles et succulentes.

Campagnol de Harting – *Microtus hartingi*

TC : 97-138 mm, Q : 22-36 mm, Pp : 17-21 mm, Or : 8-16 mm, Cbl : 26,5-30,9 mm, P : 30-76 g.

Description. Semblable à *M. guentheri*. Pelage chamois clair sur le dos, plus sombre sur les flancs, blanc chamoisé sur le ventre. Rostre épais (7,8-9,6 mm). M^3 avec 4 angles internes et 3 angles externes. Sans (Grèce) ou avec (Turquie) angle interne supplémentaire à la M^2. 2n = 54, NF = 56. Incl. *strandzensis* de Bulgarie, *lydius* et *sevketi* de Turquie. • **Habitat.** Prairies sur sols secs, dont pâtures, friches et champs de céréales, steppes, jusqu'à 2 000 m mais préfère les altitudes < 1 000 m. Distribution très fragmentée dans des patches d'habitats favorables. • **Biologie.** Diurne et nocturne. Terriers simples à complexes, jusqu'à une profondeur de 45 cm. Vit en unités familiales. Se nourrit des parties vertes des plantes et de graines, stocke des réserves.

Campagnol de Libye – *Microtus mustersi*

TC : 99-124 mm, Q : 20-31 mm, Pp : 12-18 mm, Or : 10-12 mm, Cbl : 24,6-26,5 mm.

Description. Campagnol au pelage dorsal brun dense et court, flancs plus clairs. Pelage ventral gris blanchâtre. Queue bicolore, brune dessus, blanchâtre dessous. Incisives supérieures orthodontes. M^3 avec 3 angles internes et 3 angles externes. M^2 sans angle interne supplémentaire. • **Habitat.** En plaine dans la végétation dense buissonnante, en montagne dans les rochers et la végétation succulente, mais aussi dans les champs et à proximité des étendues d'eau. • **Biologie.** Diurne et nocturne. Vit en colonies dans des terriers complexes. Herbivore, stocke des herbes.

Sous-genre ***Terricola*** (anciennement *Pitymys*). Ces campagnols sont caractérisés par un corps plus petit que celui des précédents, des oreilles peu visibles, un pied postérieur réduit et un pelage court et doux. Œil minuscule, généralement semblable à une tête d'épingle. La plupart des espèces possèdent seulement 5 coussinets plantaires et 2 ou 3 paires de mamelles. Tous partagent une caractéristique de la surface d'usure de M_1 : les triangles 4 et 5 sont confluents.

Campagnol souterrain – *Microtus subterraneus*

TC : 75-115 mm, Q : 25-36 mm, Pp : 13-16 mm, Or : 8-11 mm, Cbl : 20,8-23,2 mm, P : 13-26 g.

Description. Campagnol au pelage sombre grisâtre à brun jaunâtre sur le dos, gris sur le ventre, sans démarcation nette sur les flancs. Queue indistinctement bicolore relativement courte (≈ 1/3 TC). 2 paires de mamelles inguinales. M^3 avec 4 angles internes et 3 angles externes. 2n = 52 ou 54, NF = 60. • **Habitat.** Prairies et boisements clairs, préférant les sites modérément humides au sol épais recouvert d'une végétation dense, vergers, jardins. Souvent en lisière de forêt et clairières de forêts décidues, dans les prairies, voire les milieux rocailleux en montagne jusqu'à la limite des arbres, atteignant 2 300 m (Alpes). • **Biologie.** Principalement nocturne. Typiquement souterrain, creuse des terriers complexes aux nombreuses galeries, nids de mousse et d'herbe juste sous la surface du sol. Pas de fluctuations cycliques des populations connues. Se nourrit sous terre de racines, rhizomes et bulbes, consomme aussi les parties végétales vertes des plantes et les fruits tombés au sol.

Microtus dogramacii

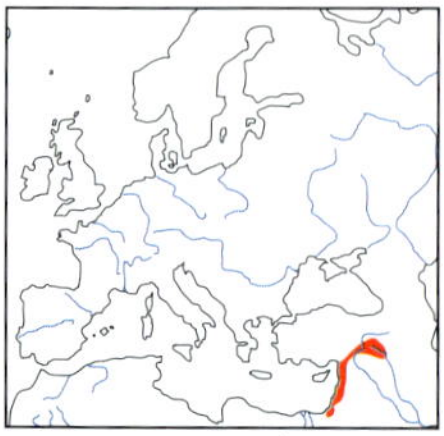
Microtus guentheri

Microtus hartingi (rouge)

Microtus mustersi (violet)

Microtus subterraneus

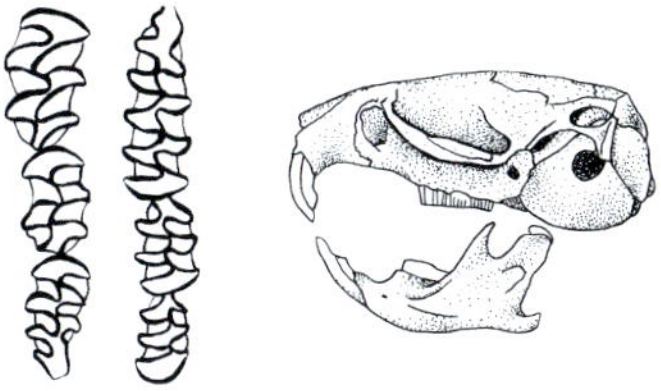

CAMPAGNOL DE DOGRAMACI

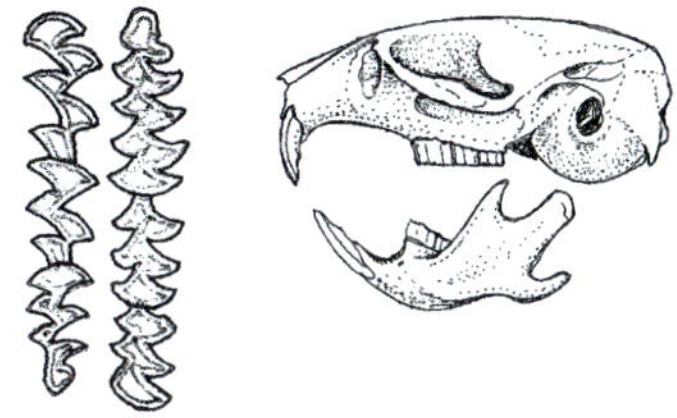

CAMPAGNOL MÉDITERRANÉEN

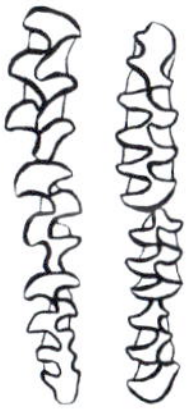

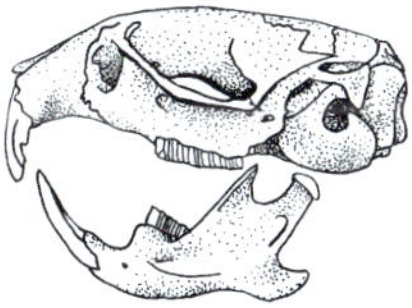

CAMPAGNOL DE HARTING

CAMPAGNOL DE LIBYE

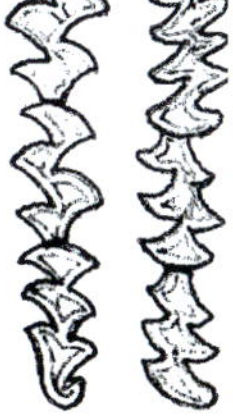

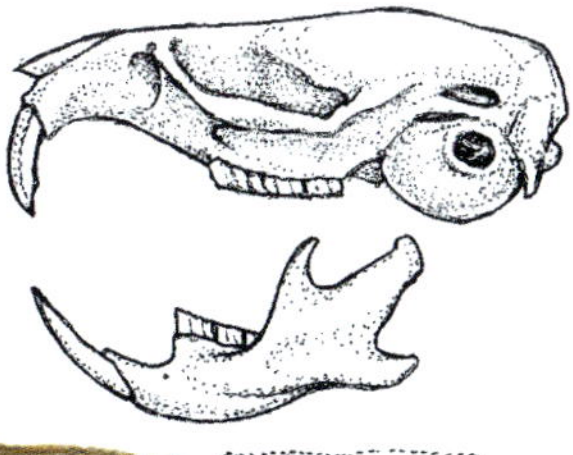

CAMPAGNOL SOUTERRAIN

M^3

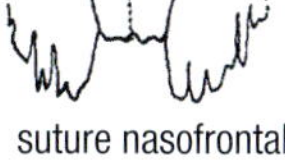

suture nasofrontale

Campagnol de Major – *Microtus majori*

TC : 80-112 mm, Q : 30-49 mm, Pp : 14-18 mm, Or : 9-12 mm, Cbl : 22,5-24,9 mm, P : 20-29 g.

Description. Campagnol souterrain de taille moyenne à queue relativement longue. Ressemble à *M. subterraneus* mais pelage plus sombre, gris-brun sur le dos, gris ardoise sur le ventre. Queue 35-45 % TC. 3 paires de mamelles. Incisives supérieures orthodontes. M^3 avec 4 angles internes et 3 angles externes. LM_1 : 2,25-2,58 mm. 2n = 54, NF = 60. • **Habitat.** Forêts mixtes, généralement parmi les rochers couverts de mousse et le long des cours d'eau dans les buissons de rhododendrons à partir de 500 m. Forêts décidues de montagne dans le Caucase jusqu'à 1 400 m, particulièrement commun dans les clairières. Rare dans les pelouses alpines. • **Biologie.** Surtout nocturne. Au-dessus de la limite des arbres, trouve refuge dans des galeries superficielles ou entre les rochers. Se nourrit des parties vertes des plantes en été, collecte des graines, des faines et des glands en automne.

Campagnol du Daghestan – *Microtus daghestanicus*

TC : 80-106 mm, Q : 28-42 mm, Pp : 14-16 mm, Or : 9-12 mm, Cbl : 21,7-24,1 mm, P : 15-25 g.

Description. Légèrement plus petit que *M. majori*. Pelage dorsal teinté de roux plus sombre que celui de *M. subterraneus*, mais pas aussi sombre que celui de *M. majori*. Queue ≈ 37 % TC. Se distingue du syntopique *M. obscurus* par de plus petits yeux. 3 paires de mamelles. M^3 avec 4 angles internes et 3 angles externes. LM_1 : 2,16-2,60 mm. Plusieurs formes chromosomiques avec 2n = 38 à 54, NF = 58. Incl. *nasarovi* (2n = 38 et 42). • **Habitat.** Milieux ouverts, pelouses alpines, sèches et semi-humides, au-dessus de 2 000 m en Turquie. Steppes et pelouses sèches à haute altitude dans le Caucase, mais aussi en bordure de champs de céréales. • **Biologie.** Surtout nocturne, plus fouisseur que *M. majori*, creuse ses terriers. Se réfugie entre les rochers avec les *Chionomys* dans les sites plutôt humides.

Campagnol de Fatio – *Microtus multiplex*

TC : 90-110 mm, Q : 30-44 mm, Pp : 15-17 mm, Or : 9-11 mm, Cbl : 22,3-26,6 mm, P : 20-30 g.

Description. Assez grand, pied postérieur plus grand que *M. subterraneus*, difficile à identifier par la morphologie externe. Pelage plus clair teinté de jaunâtre et de roussâtre sur le dos et les flancs. Incisives supérieures légèrement protodontes. 2 paires de mamelles. M^3 avec 4 angles internes et 3 angles externes. 2n = 48, NF = 54 (2n = 46, NF = 52 en Toscane). • **Habitat.** Clairières, pâtures, prairies, forêts matures au sous-bois herbacé dense, en plaine mais aussi dans les forêts de pins de montagne jusqu'à 2 800 m. • **Biologie.** Polyphasique à tendance diurne. Terrier complexe avec parfois déblais autour des entrées, réutilisant parfois des galeries de taupe. Lié à la présence de neige qui réduit la mortalité hivernale. Abondance locale jusqu'à 100/ha. Plus souterrain que *M. subterraneus*, se nourrit surtout des parties souterraines des plantes, racines, rhizomes et bulbes, parfois de châtaignes.

Campagnol de Liechtenstein – *Microtus liechtensteini*

TC : 84-115 mm, Q : 25-45 mm, Pp : 14-18 mm, Or : 6-11 mm, Cbl : 22,0-26,1 mm, P : 14-34 g.

Description. Semblable à *M. multiplex*, parapatrique avec une étroite zone de contact dans le nord de l'Italie (vallée de l'Adige). Pelage dense et long, brun sombre sur le dos, gris sur le ventre. M^3 avec 4 angles internes et 3-4 angles externes. 2n = 46, NF = 52. Incl. *bavaricus*. • **Habitat.** Boisements de montagne et prairies sur des terrains défrichés jusqu'à 1 900 m. Préfère les clairières et les petites prairies à végétation herbacée abondante. Descend jusqu'à la côte : prairies sèches et bordures de haies. • **Biologie.** Crépusculaire et nocturne. Creuse des terriers aux entrées souvent occultées. Populations généralement peu abondantes. Se nourrit surtout des parties vertes de plantes.

Campagnol des Tatras – *Microtus tatricus*

TC : 85-117 mm, Q : 31-49 mm, Pp : 16-19 mm, Or : 9-12 mm, Cbl : 22,9-26,5 mm, P : 18-41 g.

Description. Campagnol souterrain d'assez grande taille (Pp ≥ 16 mm) à queue relativement longue (35-41 % TC). Se différencie de *M. subterraneus*, sympatrique, par un pelage plus sombre teinté de roussâtre sur le dos, blanchâtre sur le ventre, un pied postérieur plus grand avec 6 coussinets plantaires et de plus longues vibrisses. M^3 avec 4 angles internes et 3 angles externes. 2n = 32, NF = 46. • **Habitat.** Forêts d'épicéas en montagne sur sols profonds, prairies en bordure de cours d'eau et milieux rocailleux humides. Présent de 800 à 2 350 m. • **Biologie.** Nocturne et crépusculaire. Ne creuse pas de galeries, vit dans celles d'autres Rongeurs et entre des rochers. Densité généralement faible. Se nourrit de parties aériennes des plantes, de racines, de mousses et de baies.

Microtus majori

Microtus daghestanicus

Microtus multiplex (rouge)

Microtus liechtensteini (violet)

Microtus tatricus

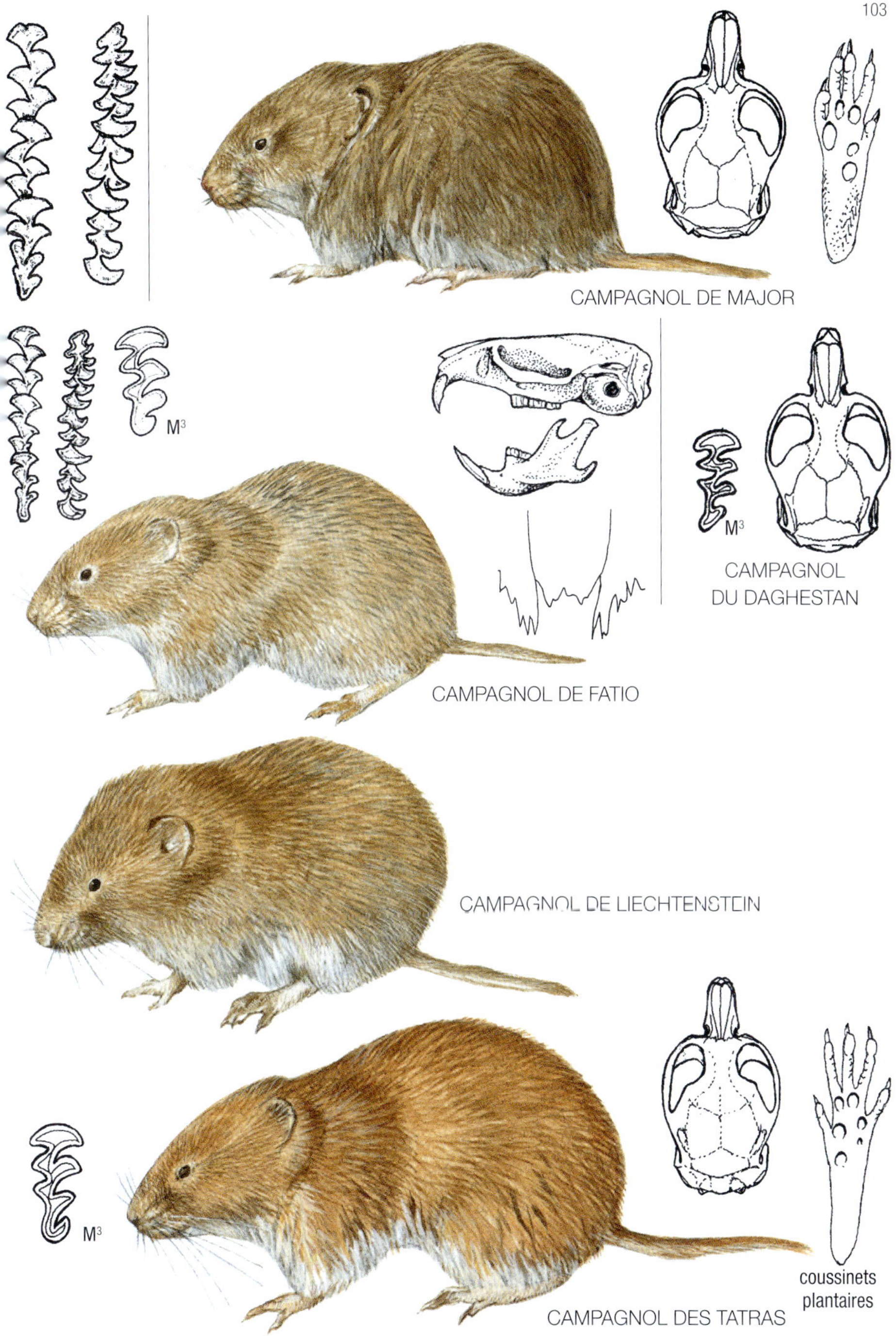
CAMPAGNOL DE MAJOR
M3
M3
CAMPAGNOL
DU DAGHESTAN
CAMPAGNOL DE FATIO
CAMPAGNOL DE LIECHTENSTEIN
M3
coussinets
plantaires
CAMPAGNOL DES TATRAS

Campagnol de Felten – *Microtus felteni*

TC : 83-105 mm, Q : 24-39 mm, Pp : 14-15,5 mm, Or : 6-8 mm, Cbl : 21,6-23,8 mm, P : 16-28 g.

Description. Petit campagnol au pelage long, brun sombre sur le dos, gris argenté sur le ventre. Queue courte (25-33 % TC). 2 paires de mamelles. Incisives supérieures légèrement protodontes. M^3 avec 3 angles internes et 3 angles externes. 2n = 54, NF = 56. • **Habitat.** Espèce rare connue de quelques sites de son aire de répartition restreinte au centre-ouest des Balkans entre 40 et 2 050 m. Forêts de conifères (pins et sapins), clairières et prairies dans l'étage du hêtre, bords des torrents, plus rarement dans les terrains cultivés des vallées. Inféodé à la moyenne montagne, adapté à des milieux plus secs que *M. subterraneus* sympatrique mais exceptionnellement syntopique. • **Biologie.** Surtout nocturne, semi-fouisseur. Populations jamais denses. Se nourrit des parties aériennes et souterraines des plantes et de graines.

Campagnol provençal – *Microtus duodecimcostatus*

TC : 80-111 mm, Q : 23-35 mm, Pp : 15-19 mm, Or : 7-10 mm, Cbl : 20,8-25,5 mm, P : 19-32 g.

Description. Légèrement plus grand et plus robuste que *M. subterraneus*. Pelage dense et très soyeux, brun ombré de gris ou chamois sur le dos, gris argenté sur le ventre (un cas d'albinisme total rapporté dans une population naturelle). Queue uniformément grise. Oreilles petites, en partie cachées par les poils. 2 paires de mamelles. Crâne massif. Suture nasofrontale fortement indentée au centre. Incisives supérieures protodontes. M^3 courte avec 3 angles internes et 3 angles externes, le deuxième est plus court que les 2 autres. 2n = 62, NF = 76-82. • **Habitat.** Milieux ouverts au sol suffisamment friable et profond pour le fouissement, garrigues au sol meuble, terrains cultivés et jardins. Inféodé à la zone méditerranéenne, plus tolérant aux températures élevées et à la sécheresse que les autres campagnols. Présent du bord de mer jusqu'à 2 250 m dans la Sierra Nevada (Espagne). • **Biologie.** Nocturne et crépusculaire, parfois actif le jour. Le plus souterrain des campagnols dans son aire de répartition, déploie une intense activité de creusement jusqu'à 50 cm de profondeur (voire 1 m pour atteindre un sol humide en été). Fluctuations des populations, densité jusqu'à 900/ha. Se nourrit des parties souterraines des plantes, de Poacées et autres herbacées, parfois d'écorces et de fruits, occasionne des dégâts dans les vergers.

Campagnol basque – *Microtus lusitanicus*

TC : 77-105 mm, Q : 17-31 mm, Pp : 13-15,5 mm, Or : 6-10 mm, Cbl : 20,4-23,0 mm, P : 14-23 g.

Description. Légèrement plus petit, notamment le pied postérieur, plus gracile et plus sombre que *M. duodecimcostatus*. Pelage brun sombre sur le dos, gris sur le ventre. Queue indistinctement bicolore. Suture nasofrontale finement indentée. Incisives supérieures orthodontes. M^3 avec 3 angles internes et 3 angles externes, le deuxième est plus court que les 2 autres. 2n = 62, NF = 72-76. Incl. *mariae*. • **Habitat.** Milieux ouverts, prairies, vergers, champs cultivés et bois clairs de chênes et de châtaigniers, souvent associé aux murets de pierre. Atteint 2 000 m dans la Sierra de Gredos (Espagne) et 2 050 m dans les Pyrénées. • **Biologie.** Activité polyphasique. Moins fouisseur que les précédents, utilise un système de galeries souterraines superficielles et profondes jusqu'à 40 cm de profondeur. Densités entre 100 et 300/ha, pas de fluctuations cycliques. Se nourrit surtout de feuilles et de tiges en hiver et au printemps, de racines, bulbes et tubercules en été et automne, peut occasionner des dégâts dans les vergers et cultures, stocke des réserves.

Campagnol des Pyrénées – *Microtus pyrenaicus*

TC : 92-105 mm, Q : 23-34 mm, Pp : 14-16 mm, Or : 7-9 mm, Cbl : 21,5-24,0 mm, P : 17-24 g.

Description. Taille et coloration intermédiaires entre les deux précédents, difficile à distinguer sur le terrain. Coloration jaunâtre ou brun roussâtre au milieu du dos, plus grise dans les Pyrénées. Queue bicolore. Suture nasofrontale peu indentée. Incisives supérieures orthodontes. M^3 avec 3 angles internes et 3 angles externes, le deuxième est égal aux 2 autres. 2n = 54, NF = 60. Incl. *gerbei*. • **Habitat.** Prairies, champs cultivés, vergers et jardins, en plaine, forêts claires de montagne jusqu'à 2 000 m dans les Pyrénées ; contraint par la température (< isotherme 15-16 °C) et les précipitations (> 1 000 mm). Contrairement aux précédents, préfère les sols profonds avec une couverture végétale dense. • **Biologie.** Surtout nocturne. Moins souterrain que les précédents, parfois totalement épigé. Densités de population moyennes (< 100 /ha) en plaine et en montagne. Émet, entre autres, des sons par heurts répétés des incisives sur le sol. Se nourrit surtout de parties végétales aériennes de Poacées et autres herbacées, stocke des réserves (géophytes).

Microtus felteni

Microtus duodecimcostatus

Microtus lusitanicus

Microtus pyrenaicus

CAMPAGNOL DE FELTEN

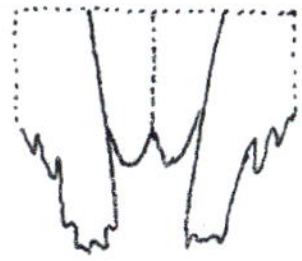

CAMPAGNOL PROVENÇAL

suture nasofrontale

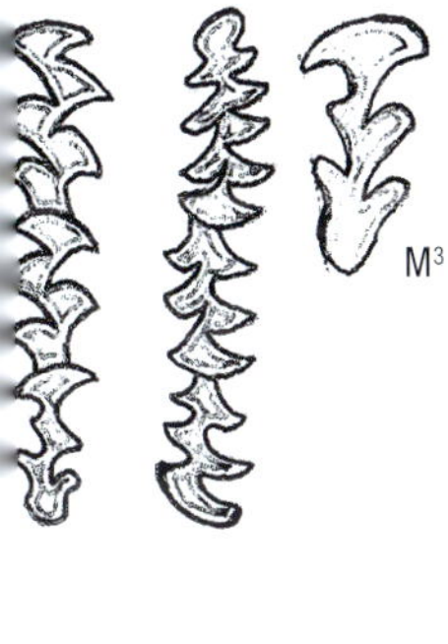

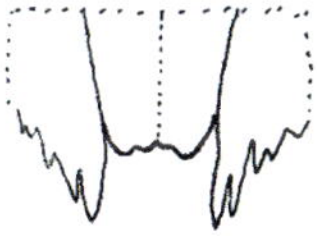

CAMPAGNOL BASQUE

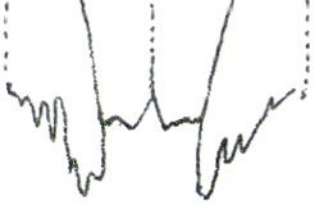

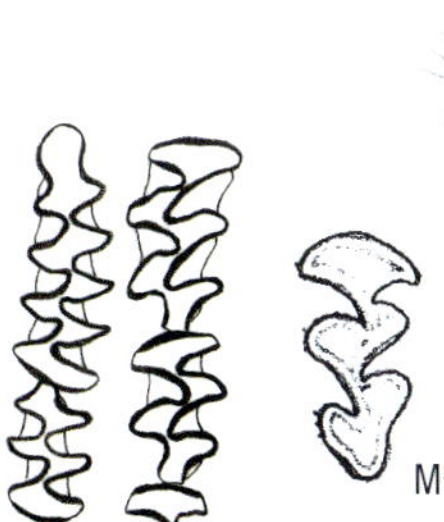

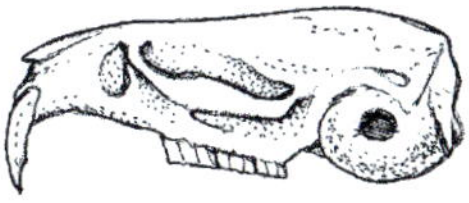

CAMPAGNOL DES PYRÉNÉES

Campagnol de Savi – *Microtus savii*

TC : 73-113 mm, Q : 24-35 mm, Pp : 14-16,5 mm, Or : 7-10 mm, Cbl : 19,0-26,8 mm, P : 17-26 g.

Description. Difficile à distinguer des autres campagnols souterrains, mais le seul dans une grande partie de son aire. Oreilles plus petites, cachées dans le pelage, plus clair que *M. subterraneus*. Queue courte (≈ 26 % TC), légèrement bicolore. 2 paires de mamelles. M^3 avec 3 angles internes et 3 angles externes, le deuxième est égal aux 2 autres (4 angles internes pour des populations d'Italie centrale). 2n = 54, NF = 62. • **Habitat.** Milieux ouverts, prairies, pâtures et terrains cultivés, jardins et forêts claires de résineux, feuillus ou mixtes jusqu'à 2 800 m. Adapté aux milieux anthropisés, évite les habitats humides, fortement boisés ou rocheux. • **Biologie.** Activité surtout nocturne et crépusculaire. Strictement souterrain, structure sociale élaborée, plusieurs individus utilisant des nids communautaires. Terriers complexes aux ouvertures verticales trahies par des déblais. Pullulations locales périodiques avec une densité pouvant dépasser 100/ha, cause alors des dommages aux cultures et aux vergers. Se nourrit de toutes les parties de plantes herbacées.

Campagnol de Calabre – *Microtus brachycercus*

TC : 84-98 mm, Q : 21-26 mm, Pp : 13,5-15 mm, Or : 7-8 mm, Cbl : 19,6-24,5 mm, P : 14-24 g.

Description. Semblable à *M. savii*, queue plus courte (≈ 26 % TC), 3 paires de mamelles. Pelage brun sombre sur le dos, gris ardoisé sur le ventre. Incisives supérieures légèrement protodontes. M^3 avec 3 angles internes et 3 angles externes, le deuxième est égal aux 2 autres. 2n = 54, NF = 60. Incl. *niethammericus*. • **Habitat.** Prairies, jardins, champs, boisements clairs, voire zones urbanisées. Évite la montagne. • **Biologie.** Non documentée.

Campagnol de Sicile – *Microtus nebrodensis*

TC : 96-104 mm, Q : 16-26 mm, Pp : 16 mm, Or : 10 mm, Cbl : 19,4-25,2 mm, P : 18-22 g.

Description. Semblable à *M. savii*, plus grand en moyenne, queue plus courte (≈ 20 % TC). 3 paires de mamelles. 45 vertèbres (*vs* 47 pour *M. savii*). Pelage brun chamoisé sur le dos, argenté ombré de jaunâtre sur le ventre. Crâne plus allongé, moins aplati. M^3 courte avec 3 angles internes et 3 angles externes, le deuxième est égal aux 2 autres. 2n = 54, NF = 62. • **Habitat.** Vergers, cultures herbacées et maquis entre 175 et 1 700 m. • **Biologie.** Non documentée.

Campagnol de Thomas – *Microtus thomasi*

TC : 71-119 mm, Q : 18-30 mm, Pp : 14-16 mm, Or : 8-10 mm, Cbl : 20,7-25,6 mm, P : 17-43 g. Taille supérieure au nord (moyenne TC = 102,4 mm) qu'au sud (moyenne TC = 88,2 mm).

Description. Assez grand campagnol souterrain à très courte queue (16-23 % TC) et petits yeux. Pelage dorsal brun rougeâtre à brun grisâtre, plus clair sur les flancs, plus sombre sur la tête. Pelage ventral grisâtre. Vibrisses courtes. 5 coussinets plantaires aux pieds postérieurs. 3 paires de mamelles. Incisives protodontes. M^3 courte avec 3 angles internes et 3 angles externes. Plusieurs races chromosomiques : 2n = 40-44, NF = 42-46. • **Habitat.** Terrasses alluviales sèches, clairières dans les forêts de chênes verts, prairies d'herbes hautes en zone karstique, bordures de champs cultivés, vergers, oliveraies et friches autour des habitations. Très adapté aux biotopes xériques. Présent de 40 à 1 700 m. • **Biologie.** Activité polyphasique. Le plus fouisseur des campagnols des Balkans. Creuse avec ses incisives des réseaux complexes de galeries dans des sols profonds ; rejette les déblais sous forme de « taupinières ». Densité de population jusqu'à plusieurs centaines/ha. Se nourrit des parties vertes des plantes herbacées, les tirant directement depuis les galeries. Stocke des racines, bulbes, tubercules, feuilles, tiges, graines et fruits. Peut causer des dommages aux jardins et vergers par attaque des racines.

Campagnol d'Azerbaïdjan – *Microtus schelkovnikovi*

TC : 88-111 mm, Q : 18-30 mm, Pp : 14.5-16 mm, Or : 8-10 mm, Cbl : 23,8-25,3 mm, P : 23-31 g.

Description. Campagnol souterrain de taille moyenne à queue (< 25 % TC) et oreilles très courtes. Pelage dorsal brun grisâtre sombre sur le dos, plus brun-roux en été. Pelage gris sur le ventre, sans démarcation nette sur les flancs. Queue nettement bicolore. 4 paires de mamelles. Incisives supérieures orthodontes. M^3 avec 4 angles internes et 4 angles externes. M^2 avec angle interne supplémentaire. LM_1 : 2,66-3,20 mm, dessin caractéristique. 2n = 54, NF = 62. • **Habitat.** Forêts décidues humides entre 100 et 1 400 m, préfère les sites ombragés à strate herbacée dense. Petits bois isolés ou forêts riveraines dans les montagnes steppiques. • **Biologie.** Activité polyphasique. Creuse des terriers peu profonds à plusieurs entrées ou utilise les terriers d'autres espèces. Vit en groupes familiaux. Se nourrit surtout de parties souterraines des plantes.

Microtus savii

Microtus brachycercus

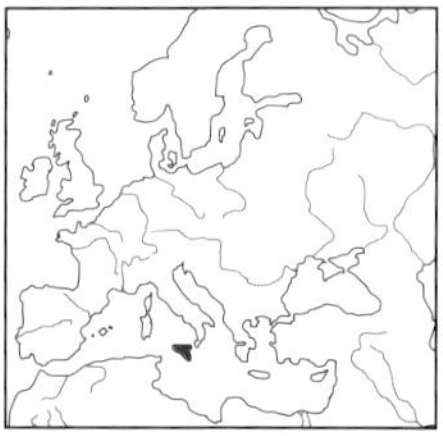
Microtus nebrodensis

Microtus thomasi (rouge)

Microtus schelkovnikovi (violet)

CAMPAGNOL DE SAVI

CAMPAGNOL DE CALABRE

CAMPAGNOL DE THOMAS

CAMPAGNOL D'AZERBAÏDJAN

Genre ***Gerbillus***. Ce sont des petits Rongeurs des milieux steppiques et désertiques d'Afrique et d'Asie, au pelage doux, généralement fauve sur le dos, blanchâtre sur le ventre. Leur queue, peu poilue, à pointe sombre, est généralement plus longue que tête + corps. Le museau court est arrondi, les yeux plutôt grands, et les oreilles, moyennement longues. Les pattes postérieures sont plus longues que les antérieures. Le crâne est large avec un rostre étroit et des bulles tympaniques développées, visibles en vue dorsale, parfois hypertrophiées. Les incisives supérieures sont revêtues d'émail jaune creusé d'un sillon. Les molaires, légèrement hypsodontes, ont une surface d'usure avec des lames d'émail transversales formant une couronne plane avec des angles saillants et rentrants des deux côtés. 16 dents (1/1, 0/0, 0/0, 3/3). La détermination des espèces est rendue difficile par leur grande ressemblance morphologique. Seule l'utilisation conjointe de critères morphologiques, biométriques et caryologiques, voire génétiques, permet l'identification indiscutable de certaines espèces. Tous les *Gerbillus* sont nocturnes et ne sortent de leur terrier que lorsque les conditions climatiques sont favorables à l'extérieur. Ces espèces présentent des adaptations physiologiques à la rétention d'eau, à la torpeur.

Petite gerbille à queue courte – *Gerbillus simoni*

TC : 69-103 mm, Q : 57-96 mm, Pp : 18-22 mm, Or : 11-15 mm, Cbl : 19-23 mm, P : 13-22 g.

Description. Petite gerbille à soles plantaires nues, légèrement pigmentées, et à queue courte (Q ≤ TC), plus ou moins bicolore, pinceau terminal presque absent. Pelage dorsal doux et fourni, brun jaunâtre, sans tache sur la croupe. Oreilles à pointe pigmentée. Crâne avec des bulles tympaniques réduites et une plaque zygomatique tronquée. Surface d'usure des molaires, très caractéristique, avec des crêtes non séparées. 2n = 60. Incl. *kaiseri*, animaux plus petits, queue plus longue (Q ≈ TC), pelage plus sombre. • **Habitat.** Étendues sableuses littorales ouvertes, salines, chotts des hauts plateaux d'Algérie, steppes à alpha et armoise, steppes remplacées par des cultures. Fréquente des milieux relativement humides. Sur les îles Kerkennah (Tunisie) vit une population décrite sous le nom de *G. zakariae*. • **Biologie.** Creuse des terriers peu profonds, dont les orifices sont sans déblais, dans les steppes et dans les champs de céréales. Se nourrit de graines, feuilles et Insectes.

Gerbille du Maghreb – *Gerbillus maghrebi*

TC : 106-119 mm, Q : 102-111 mm, Pp : 26-27 mm, Or : 17-19 mm, Cbl : 27-29 mm, P : 34-58 g.

Description. Gerbille de taille moyenne, assez trapue, à soles plantaires nues et à queue courte (généralement Q < TC), bicolore, sans pinceau terminal (mais avec des poils sombres plus nombreux à la pointe). Pelage dorsal fauve noisette, plus court que *G. simoni*, plus sombre sur la tête. Pelage ventral saumon ocre pâle. Crâne large avec des bulles tympaniques petites et des arcades zygomatiques relativement robustes. Plaque zygomatique découvrant largement la suture maxillo-prémaxillaire. Mandibule à processus coronoïde haut et long, ramus large. Molaires grandes (Rms : 3,9-4,6 mm). • **Habitat.** Terrains rocheux et argileux (évite le sable et les lits d'oueds) avec une végétation herbacée et buissonnante de zone semi-aride. Préférant les collines aux plaines, n'a jamais été capturée dans les champs récemment cultivés, les matorrals et les forêts. • **Biologie.** Creuse des terriers peu profonds. Se nourrit surtout de graines et de feuilles. Commune dans les pelotes de *Tyto alba*.

Gerbille champêtre – *Gerbillus campestris*

TC : 75-125 mm, Q : 85-153 mm, Pp : 24-30 mm, Or : 14-20 mm, Cbl : 23-30 mm, P : 21-45 g.

Description. Gerbille de taille moyenne à soles plantaires nues et à queue longue (Q > TC), sombre dessus, blanchâtre à brunâtre dessous, avec pinceau terminal grisâtre sur au moins un tiers. Pelage dorsal brun dans les plaines côtières, plus clair et orangé avec l'aridité du milieu, jusqu'à isabelle au Sahara, sans tache sur la croupe. Pelage ventral blanc. Cercle orbital blanc et tache blanche derrière l'oreille. Oreilles pigmentées. Crâne avec des bulles tympaniques petites et des arcades zygomatiques relativement fines. Mandibule à processus coronoïde court et ramus assez étroit. Molaires grandes (Rms : 3,5-4,3 mm). 2n = 56, 57, 58. Une population du littoral tunisien, essentiellement plus petite, a été décrite sous le nom de *G. jamesi*. • **Habitat.** Milieux cultivés et steppiques de la zone méditerranéenne couverts d'herbacées et d'arbustes, évite le sable et les forêts. Au Sahara, occupe les biotopes rocheux et les oasis, s'abritant dans les anfractuosités, les éboulis des hamadas où le vent accumule des végétaux. • **Biologie.** Abri dans terrier peu profond ou fissures. Granivore, consomme une quantité réduite de feuilles, tiges, fruits, et une part non négligeable d'Insectes. Très commune dans les pelotes de régurgitation de rapaces nocturnes.

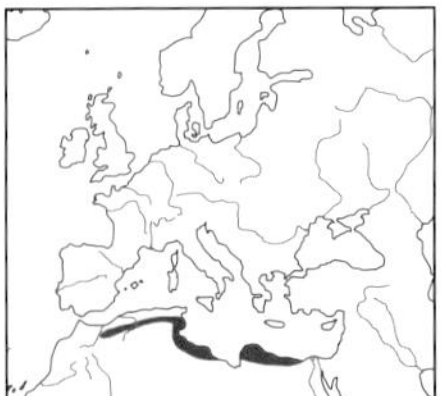

Gerbillus simoni

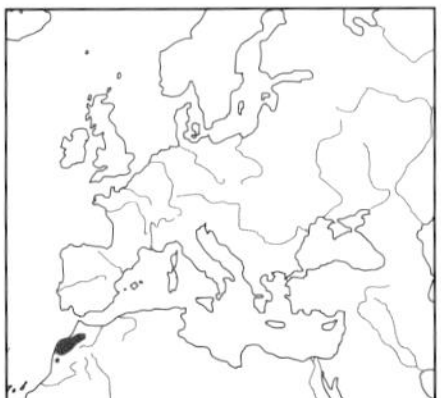

Gerbillus maghrebi

Gerbillus campestris

PETITE GERBILLE À QUEUE COURTE

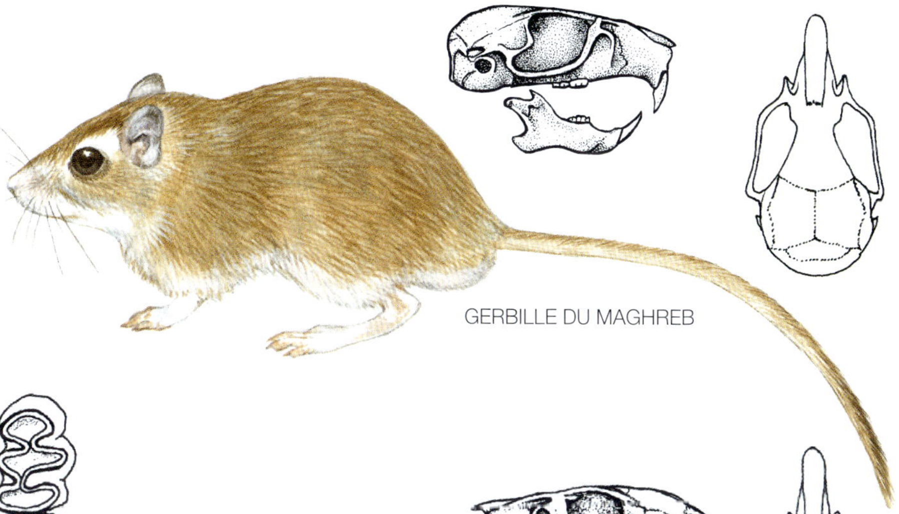

GERBILLE DU MAGHREB

GERBILLE CHAMPÊTRE

Gerbille pygmée – *Gerbillus henleyi*

TC : 60-75 mm, Q : 70-107 mm, Pp : 16-21 mm, Or : 7-10 mm, Cbl : 17-20 mm, P : 6-12 g.

Description. Très petite gerbille à soles plantaires nues, non pigmentées, et à queue grêle, avec un pinceau petit (un quart de la longueur), fin et sombre. Pelage dorsal gris-brun foncé avec des plages blanches derrière l'oreille et sur la croupe plus ou moins distinctes. Pelage ventral blanc. Oreilles non pigmentées. Bulles tympaniques grandes par rapport à la taille du crâne, qui dépassent peu le condyle occipital. Molaires petites (Rms < 3 mm). 2n = 52. *G. syrticus*, décrite de Libye, est une forme locale. • **Habitat.** Zones très arides du Sahara avec une extension en Arabie : dunes de sable côtières couvertes d'halophytes, salines, lits d'oueds avec anabases et rétames, plaines caillouteuses et hamadas. • **Biologie.** Nocturne. Creuse des terriers simples, très superficiels, aux entrées bouchées durant la journée. Plus consommatrice de graines que les autres gerbilles.

Gerbille naine – *Gerbillus nanus*

TC : 72-110 mm, Q : 80-145 mm, Pp : 19-30 mm, Or : 7-14 mm, Cbl : 19-28 mm, P : 14-29 g.

Description. Petite gerbille à soles plantaires nues, non pigmentées, et à longue queue bicolore (fauve dessus, blanc argenté dessous) terminée par un petit pinceau gris pâle. Pelage dorsal brun jaunâtre à gris-fauve avec une tache blanchâtre sur la croupe. Pelage ventral blanc nettement démarqué sur les flancs. Plages blanches au-dessus de l'œil et derrière l'oreille. Oreilles à pointe légèrement pigmentée. Bulles tympaniques dépassant le condyle occipital. 2n = 52. • **Habitat.** Déserts à végétation relativement abondante, surtout lits d'oueds, plateaux et autres habitats au sol léger ou ensablé, évite les zones rocailleuses. Jusqu'à 1 000 m en Arabie Saoudite. • **Biologie.** Crépusculaire et nocturne. Creuse des terriers complexes, jusqu'à 1,50 m de long, à l'abri de buissons. Se nourrit de Poacées, graines et bourgeons, dont elle tire l'eau nécessaire à son métabolisme.

Gerbille naine d'Égypte – *Gerbillus amoenus*

TC : 70-105 mm, Q : 90-145 mm, Pp : 19-27 mm, Or : 10-14 mm, Cbl : 19-26 mm, P : 14-36 g.

Description. Espèce jumelle de *G. nanus*, à longue queue bicolore (noirâtre dessus, fauve clair dessous) terminée par un très petit pinceau brun. Pelage dorsal cannelle à brun jaunâtre, flancs progressivement plus pâles, grande tache blanche sur la croupe. Pelage ventral blanc. Bulles tympaniques dépassant peu le condyle occipital. Mandibule à processus coronoïde haut et ramus étroit. Molaires moyennes (Rms : 3-4 mm). 2n = 52. Incl. *grobbeni* et *vivax* de Libye, *garamantis* d'Algérie (2n = 54). • **Habitat.** Déserts à sol plutôt profond : lits d'oueds, salines, oasis, dayas ou sebkhas riches en buissons. • **Biologie.** Creuse des terriers simples, à 25 cm sous la surface, dans les sols durs et les berges de séguias, occupe parfois les terriers de *Psammomys obesus*. Se nourrit de feuilles, tiges, graines selon la saison.

Gerbille de Nubie – *Gerbillus mackilligini*

TC : 72-86 mm, Q : 99-138 mm, Pp : 22-26 mm, Or : 12-14 mm, Cbl : 23-25 mm.

Description. Petite gerbille à soles plantaires nues, non pigmentées, et à longue queue bicolore (sombre dessus, fauve blanchâtre dessous), pinceau terminal très long (≈ 50 % Q) et sombre. Pelage dorsal brun jaunâtre, sans tache blanche sur la croupe, flancs plus pâles avec une fine bordure jaunâtre jusque sur les pattes antérieures et postérieures. Pelage ventral blanc. Plages blanches au-dessus de l'œil et derrière l'oreille peu visibles. Oreilles pigmentées. Boîte crânienne large, bulles tympaniques dépassant le condyle occipital. • **Habitat.** Vallée verdoyante de la rive orientale du Nil : zones herbeuses et buissons proches de l'eau, villages abandonnés, ruines, jusqu'à 750 m. • **Biologie.** Terriers obturés durant la journée.

Gerbille de Mésopotamie – *Gerbillus mesopotamiae*

TC : 75-91 mm, Q : 85-121 mm, Pp : 21-25 mm, Or : 11-16 mm, Cbl : 21-27 mm.

Description. Petite gerbille à soles plantaires nues et longue queue faiblement bicolore (fauve semé de noir dessus, plus claire dessous) sans pinceau terminal sombre. Pelage dorsal brun roussâtre à brun grisâtre, grisonnant du dessus de la tête à la croupe, sans tache blanche. Pelage ventral blanc nettement démarqué des flancs, roussâtres. Plages blanches au-dessus de l'œil et derrière l'oreille. Oreilles gris sombre, en moyenne plus grandes que chez *G. nanus* et *G. dasyurus*. Bulles tympaniques ne dépassant pas le condyle occipital. 2n = 52. • **Habitat.** Bordures de l'Euphrate, près des terrains cultivés, dunes sableuses à la limite cultures et désert. • **Biologie.** Crépusculaire et nocturne, se déplace de terrier en terrier, peu profond et peu ramifié en sol compact, plus complexe avec plusieurs entrées en sol profond.

Gerbillus henleyi

Gerbillus nanus (rouge)

Gerbillus amoenus (violet)

Gerbillus mackillingini

Gerbillus mesopotamiae

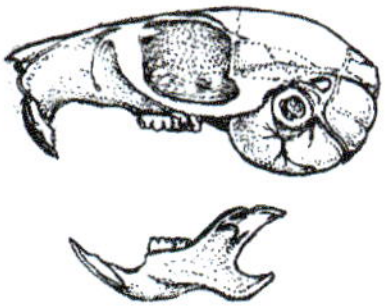

GERBILLE PYGMÉE

GERBILLE NAINE

GERBILLE NAINE D'ÉGYPTE

GERBILLE DE NUBIE

GERBILLE DE MÉSOPOTAMIE

Gerbille de Wagner – *Gerbillus dasyurus*

TC : 70-110 mm, Q : 85-140 mm, Pp : 20-27 mm, Or : 9-16 mm, Cbl : 21-27 mm, P : 15-35 g.

Description. Petite gerbille à soles plantaires nues, non pigmentées, et à queue longue (122-155 % TC), plus ou moins distinctement bicolore, terminée par un pinceau gris assez sombre. Pelage dorsal gris-fauve, sans tache blanche sur la croupe. Pelage ventral blanc nettement démarqué sur les flancs. Plages blanches au-dessus de l'œil et derrière l'oreille plus ou moins visibles. Oreilles pigmentées. Crâne plus robuste que celui de *Gerbillus nanus*. Bulles tympaniques ne dépassant pas le condyle occipital. 2n = 60. • **Habitat.** Des montagnes méditerranéennes au désert, préfère les sols rocailleux dans les collines steppiques, sur les hamadas, évite les sols friables, sableux. De 400 m à 2 000 m dans le Sinaï. • **Biologie.** Creuse des terriers relativement simples, avec une galerie principale, un seul nid et des conduits d'aération, de développement variable selon le substrat. Les entrées, sous des buissons, sont obturées durant la journée dans le désert uniquement. Utilise aussi les terriers de *Psammomys obesus*, de *Meriones* spp. Se nourrit de plantes grasses, graines de plantes annuelles et d'Insectes, parfois loin du terrier.

Gerbille de Libye – *Gerbillus tarabuli*

TC : 80-117 mm, Q : 110-165 mm, Pp : 25-35 mm, Or : 12-17 mm, Cbl : 25-34 mm, P : 20-65 g.

Description. Taille moyenne, soles plantaires velues et à queue longue (120-145 % TC), bicolore, ocre dessus, blanche dessous, terminée par un petit pinceau grisâtre. Pelage dorsal uniformément ocre fauve (pas plus sombre à l'arrière). Pelage ventral blanc. Plages blanches au-dessus de l'œil et derrière l'oreille. Oreilles pigmentées. Bulles tympaniques développées en arrière du condyle occipital. Constriction interorbitaire large (5,3-7 mm). Suture nasofrontale large et concave. Mandibule à processus coronoïde haut et ramus étroit. Molaires grandes (Rms : 3,9-5,5 mm). 2n = 40. Inclut *riggenbachi* du Sahara atlantique. • **Habitat.** Sols légers, surtout dans les steppes des zones côtières, dunes fixées et déserts intérieurs. • **Biologie.** Creuse à la base d'une touffe de végétation, entre les racines d'un acacia, un terrier de profondeur variable (15 à 150 cm) à plusieurs entrées, bouchées dans la journée, et des chambres de réserves, graines et fruits, en grande quantité (> 1 kg).

Gerbille du Soudan – *Gerbillus nancillus*

TC : 54-69 mm, Q : 76-89 mm, Pp : 15-18 mm, Or : 10-12 mm, P : 7-11 g.

Description. Taille très petite, soles plantaires légèrement velues et à queue longue (120-140 % TC), bicolore, terminée par un petit pinceau noirâtre, Pelage dorsal sable à brun orangé, plus clair sur les flancs. Pelage ventral blanc nettement démarqué. Plages blanches au-dessus de l'œil et derrière l'oreille. Bulles tympaniques peu développées. 2n = 56. • **Habitat.** Sols sableux ou sablo-argileux en milieu naturel ou cultivé. • **Biologie.** Peu documentée.

Gerbille hespérine – *Gerbillus hesperinus*

TC : 90-114 mm, Q : 98-120 mm, Pp : 20-28 mm, Or : 13-19 mm, Cbl : 25-28 mm.

Description. Taille moyenne, soles plantaires velues et à longue queue. Pelage dorsal fauve lavé de gris (plus sombre que celui de *G. tarabuli*), s'éclaircissant sur les flancs. Pelage ventral blanc. Face supérieure des pieds blanche, poils des doigts lavés de fauve. Oreilles longues, foncées à la pointe. Bulles tympaniques moins développées que chez *G. hoogstraali* et *G. occiduus*. Constriction interorbitaire plutôt large (6-6,5 mm). Suture nasofrontale peu découpée, pointée vers l'arrière. 2n = 58. • **Habitat.** Dunes littorales de la région d'Essaouira, couvertes d'arganiers et de rétames. Fréquente surtout le sommet et le versant abrité. • **Biologie.** Non documentée.

Gerbille du Souss – *Gerbillus hoogstraali*

TC : 80-100 mm, Q : 103-130 mm, Pp : 26-30 mm, Or : 13-17 mm, Cbl : 26-28 mm, P : 22-30 g.

Description. Taille moyenne, soles plantaires velues et longue queue. Pelage dorsal cannelle à chamois brun, nettement démarqué du pelage ventral blanc. Oreilles sombres à la pointe. Bulles tympaniques volumineuses, dépassant nettement le condyle occipital ; largeur minimale entre bulles : 0,7-1 mm. Constriction interorbitaire étroite (5,2-5,7 mm). Suture nasofrontale droite ou concave vers l'avant. 2n = 72. • **Habitat.** Biotopes sableux de la plaine du Souss, y compris les sols durs recouverts d'une fine pellicule de sable, et dunes littorales entre Haut Atlas et Anti-Atlas. • **Biologie.** Creuse un terrier au pied d'un petit buisson, *Ziziphus lotus* notamment.

Gerbillus dasyurus

Gerbillus tarabuli

Gerbillus nancillus

Gerbillus hesperinus (rouge)

Gerbillus hoogstraali (violet)

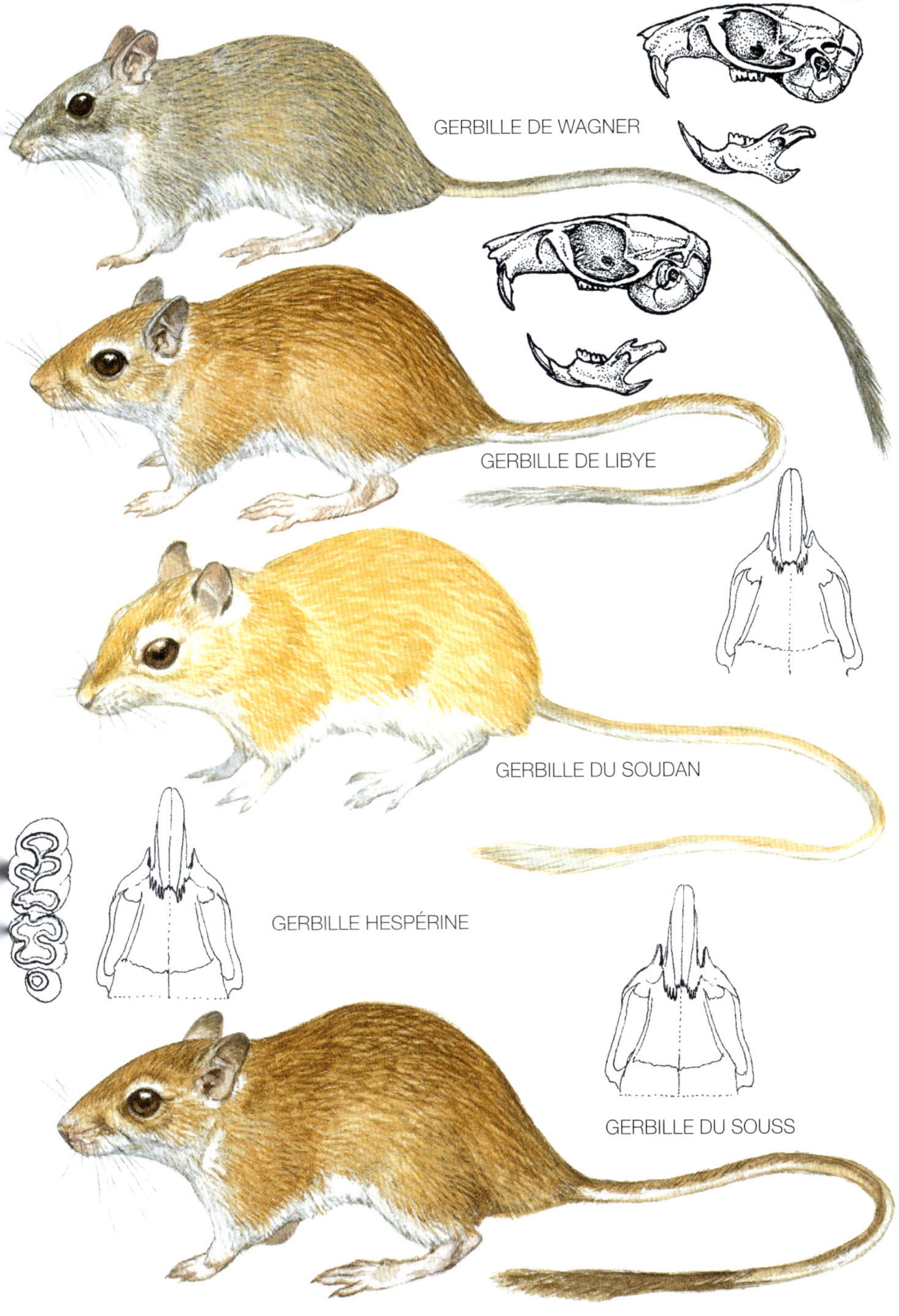
GERBILLE DE WAGNER
GERBILLE DE LIBYE
GERBILLE DU SOUDAN
GERBILLE HESPÉRINE
GERBILLE DU SOUSS

Gerbille occidentale – *Gerbillus occiduus*

TC : 75-99 mm, Q : 98-126 mm, Pp : 28-31 mm, Or : 10-16 mm, Cbl : 24-28 mm.

Description. Taille moyenne, soles plantaires velues et à longue queue (125 % TC). Pelage dorsal fauve, nettement démarqué du pelage ventral blanc qui déborde sur les flancs. Oreilles en moyenne plus courtes que celles de *G. hesperinus* et *G. hoogstraali*, sombres à leur extrémité. Bulles tympaniques volumineuses, dépassant nettement le condyle occipital ; largeur minimale entre bulles : 1-1,7 mm. Constriction interorbitaire relativement large (5,9-6,4 mm). Suture nasofrontale découpée, plus ou moins en pointe vers l'arrière. 2n = 40. • **Habitat.** Dunes côtières couvertes de végétation peu dense. • **Biologie.** Non documentée.

Grande gerbille d'Égypte – *Gerbillus pyramidum*

TC : 102-135 mm, Q : 128-180 mm, Pp : 31-38 mm, Or : 14-20 mm, Cbl : 30-35 mm, P : 37-67 g.

Description. Grande gerbille à soles plantaires velues et à queue longue (125-150 % TC), bicolore, fauve dessus, avec ou sans pointes brunes, blanche dessous, avec une base fauve, terminée par un pinceau noirâtre (un tiers de Q). Pelage dorsal fauve à brunâtre, marqué par une bande dorsale sombre, tache blanche sur la croupe, petite ou absente. Pelage ventral blanc. Plage blanche autour de l'œil. Oreilles pigmentées. Bulles tympaniques ne dépassant pas le condyle occipital. Suture nasofrontale large et tronquée. 2n = 38. • **Habitat.** Zones sableuses près des cultures, des palmeraies, des berges des canaux, avec une végétation buissonnante et arborée clairsemée. • **Biologie.** Crépusculaire et nocturne. Très sensible au bruit et au mouvement. Terriers très semblables à ceux de *G. gerbillus* à 1-5 entrées contenant des réserves, dont des crottes de dromadaires (qui contiennent des graines non digérées). Se nourrit de graines et autres éléments végétaux.

Gerbille de Lataste – *Gerbillus latastei*

TC : 98-120 mm, Q : 110-144 mm, Pp : 25-32 mm, Or : 13-18 mm, Cbl : 25-29 mm, P : 34-50 g. Dimorphisme sexuel attesté pour les principales mensurations.

Description. Gerbille de taille moyenne à soles plantaires velues et à queue longue (116 % TC), sans pinceau terminal évident pour les individus clairs, à petit pinceau terminal formé de poils courts, grisâtres à bruns pour les individus sombres. Pelage dorsal de couleur variable. Pelage ventral blanc nettement démarqué sur les flancs. Plages blanches autour de l'œil et derrière l'oreille. Oreilles pigmentées. Crâne allongé dans la région faciale. Bulles tympaniques plus grandes que chez *G. pyramidum*, mais ne dépassant pas le condyle occipital. 2n = 74. Incl. *aureus* au pelage et oreilles sombres. • **Habitat.** Zones sableuses consolidées des bords d'oueds, plateaux et versants des hamadas avec végétation plus ou moins rare et petites dunes mobiles. • **Biologie.** Nocturne. Stocke des réserves dans son terrier, notamment des graines de ricin.

Gerbille de Flower – *Gerbillus floweri*

TC : 95-130 mm, Q : 130-158 mm, Pp : 31-38 mm, Or : 14-17 mm, Cbl : 28-32 mm, P : 49-63 g.

Description. Grande gerbille robuste à soles plantaires velues et à queue longue (120-130 % TC), bicolore, fauve clair dessus, blanche dessous, terminée par des poils blanc grisâtre, et bruns, pas de pinceau terminal. Oreilles plutôt petites, non pigmentées. Pelage dorsal plus pâle que celui de *G. pyramidum*, bande dorsale sombre peu distincte, tache blanche sur la croupe. Pelage ventral blanc, nettement démarqué sur les flancs. Plages blanches autour de l'œil et derrière l'oreille. Crâne plus large, bulles tympaniques plus développées, os nasaux plus courts, suture nasofrontale étroite et tronquée. 2n = 50, 51, 52 (nord de l'aire), 64, 65, 66 (sud de l'aire : Néguev, Sinaï), avec hybridation rapportée dans la zone de contact. • **Habitat.** Zones sableuses, collines de sable friable, palmeraies, terrains cultivés, parfois en forte densité. • **Biologie.** Terriers étendus, les entrées bouchées durant la journée. Consomme notamment des graines de coloquintes.

Gerbille pâle – *Gerbillus perpallidus*

TC : 95-117 mm, Q : 128-150 mm, Pp : 32-36 mm, Or : 14-18 mm, Cbl : 27-31 mm, P : 26-48 g.

Description. Grande gerbille à soles plantaires velues et à queue nettement bicolore. Pelage dorsal plus clair que celui de *G. pyramidum*, fauve orangé sans bande dorsale sombre, avec des plages blanches au-dessus de l'œil et derrière l'oreille, tache blanche sur la croupe. Pelage ventral et pieds blancs. Oreilles non pigmentées. Bulles tympaniques dépassant largement le condyle occipital. Suture nasofrontale étroite, en pointe. 2n = 40. • **Habitat.** Dunes de sable côtières, aires sableuses en bordure de lac salé, pentes sableuses nues ou avec végétation clairsemée, jusqu'en bordure des zones cultivées, bosquets d'acacias. • **Biologie.** Probablement nocturne. Creuse des terriers dans le sable.

Gerbillus occiduus (rouge)

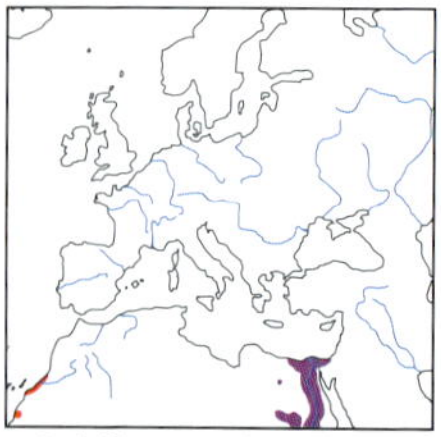

Gerbillus pyramidum (violet)

Gerbillus latastei

Gerbillus floweri

Gerbillus perpallidus

GRANDE GERBILLE D'ÉGYPTE

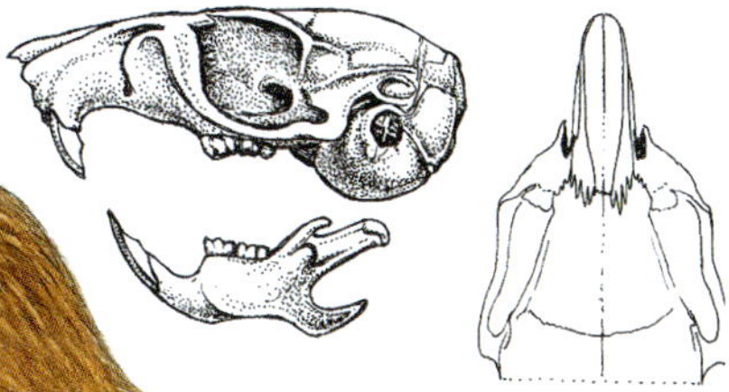

GERBILLE DE LATASTE

GERBILLE DE FLOWER

GERBILLE PÂLE

Petite gerbille du sable – *Gerbillus gerbillus*

TC : 70-105 mm, Q : 95-145 mm, Pp : 25-32 mm,
Or : 10-18 mm, Cbl : 22-29 mm, P : 14-35 g.

Description. Taille moyenne, soles plantaires velues, sauf près du talon, queue longue (135-145 % TC), bicolore, blanchâtre dessous, poils courts avec petit pinceau terminal blanc grisâtre. Pelage dorsal uniformément fauve clair à brun jaunâtre, avec une tache blanche sur la croupe. Pelage ventral blanc nettement démarqué sur les flancs. Oreilles non pigmentées. Plages blanches au-dessus de l'œil et derrière l'oreille. Pieds et doigts pourvus de longs poils. Crâne relativement aplati, bulles tympaniques ne dépassant pas le condyle occipital. Suture nasofrontale en pointe. Mandibule à processus coronoïde court et ramus étroit. Molaires grandes (Rms : 3,3-4,5 mm). 2n = 42 (♀), 43 (♂). • **Habitat.** Zones dunaires et autres grandes surfaces sableuses, sols alluviaux, dépressions salines (sebkhas) avec couvert végétal pauvre, palmeraies, toutes accumulations de sable. Jusqu'à 1 100 m. • **Biologie.** Adaptée à vivre dans des biotopes à faible humidité. Terrier à 1 à 4 entrées (3-4 cm de diamètre), long de 50 cm à 4,5 m, profond de 30 à 80 cm, contenant des réserves, essentiellement des fruits de plantes steppiques et crottes de dromadaires. Se nourrit de graines, mais aussi de feuilles, fruits, bourgeons.

Gerbille de Cheesman – *Gerbillus cheesmani*

TC : 74-103 mm, Q : 94-146 mm, Pp : 24-33 mm, Or : 9-14 mm,
Cbl : 23-28 mm, P : 17-35 g.

Description. Taille moyenne, gracile, à soles plantaires velues, queue longue (> 120 % TC), bicolore, blanche dessous, à poils courts, pinceau terminal réduit blanc grisâtre. Pelage dorsal long et dense, moins rosâtre que celui de *G. gerbillus*, avec des taches blanches sur la croupe et les joues. Pelage ventral blanc, nettement démarqué sur les flancs. Plages blanches au-dessus de l'œil et derrière l'oreille. Bulles tympaniques développées, dépassant le condyle occipital. Suture nasofrontale en pointe. 2n = 38. La forme *arduus* d'Arabie Saoudite est pâle à queue plus longue (150 % TC). • **Habitat.** Sols sableux et limoneux depuis le littoral jusqu'aux plaines désertiques, végétation constituée surtout de plantes halophytes et d'armoises, jusqu'à 1 240 m. • **Biologie.** Parfois observée de jour. Plus solitaire que *G. mesopotamiae*. Terrier parfois complexe avec 3-4 entrées, nid de végétaux finement déchiquetés à 1 m de profondeur.

Gerbille d'Anderson – *Gerbillus andersoni*

TC : 70-115 mm, Q : 90-135 mm, Pp : 25-32 mm,
Or : 14-18 mm, Cbl : 22-28 mm, P : 16-38 g.

Description. Taille moyenne, soles plantaires velues et queue longue (115-140 % TC), densément recouverte de poils courts, terminée par un petit pinceau de poils brunâtres (1/4 Q). Pelage dorsal brunâtre orangé, avec une petite tache blanche sur la croupe. Pelage ventral blanc. Plage blanche au-dessus de l'œil mais pas derrière l'oreille. Pieds et doigts sans poils longs. Oreilles à pigmentation sombre. Crâne avec bulles tympaniques atteignant parfois mais ne dépassant pas le condyle occipital et suture nasofrontale tronquée. 2n = 40. Incl. *bonhottei* (Sinaï et Jordanie), au pelage dorsal blond roussâtre et aux bulles tympaniques développées, *allenbyi* (Israël), au pelage gris-brun, aux bulles tympaniques petites, et *eatoni* (Libye), au crâne plus grand et plus globuleux. • **Habitat.** Tous les biotopes sableux depuis les dunes côtières stabilisées, aux sols sableux des oueds, des flancs de montagne, des palmeraies (dont les cultures) et des semi-déserts non cultivés. • **Biologie.** Terriers creusés à la base de buissons, entrées de 3-4 cm. Se nourrit de végétaux verts en hiver, de graines au printemps, avec quelques Insectes en été.

Pachyuromys – *Pachyuromys duprasi*

TC : 95-120 mm, Q : 55-65 mm, Pp : 22-24 mm, Or : 12-16 mm,
Cbl : 30-41 mm, P : 22-65 g.

Description. Gerbille à corps court et trapu et queue courte (< 50 % TC), bicolore, renflée en massue, à pointe sombre sans pinceau terminal. Pelage dorsal long de couleur variable, souvent beige-gris, plus sombre sur la croupe. Pelage ventral blanc. Soles plantaires velues, sauf au talon. Oreilles pigmentées, faiblement velues. Bulles tympaniques hypertrophiées. Incisives supérieures creusées d'un sillon. Molaires avec cuspides soudées en lamelles dès le jeune âge. 16 dents (1/1, 0/0, 0/0, 3/3). 2n = 54. • **Habitat.** Régions semi-arides et arides. Sols compacts des hamadas et autres plateaux caillouteux, sable avec végétation. • **Biologie.** Crépusculaire et nocturne. Terriers simples ou complexes (3-12 entrées), plus ou moins développés (9-20 m²), avec une majorité de galeries à faible profondeur. Occupe aussi les terriers d'autres espèces. Plutôt granivore, consomme les fruits de coloquintes, aussi des végétaux verts et des Insectes. Peut constituer des réserves de graisse dans sa queue.

Gerbillus gerbillus

Gerbillus cheesmani

Gerbillus andersoni

Pachyuromys duprasi

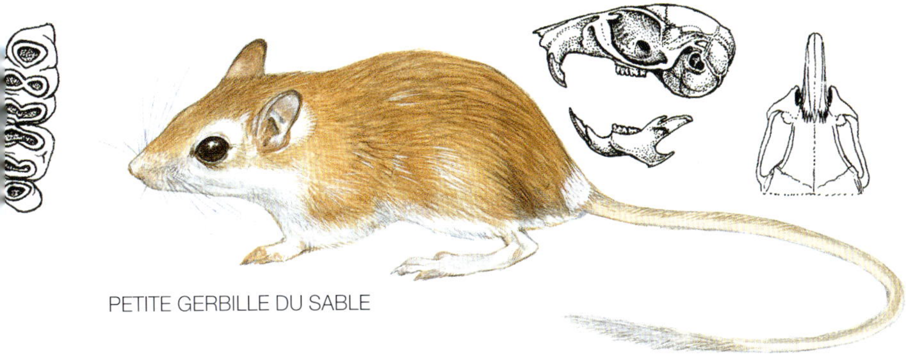

PETITE GERBILLE DU SABLE

GERBILLE DE CHEESMAN

GERBILLE D'ANDERSON

PACHYUROMYS

Genre ***Meriones***. Ce sont des Rongeurs de taille moyenne, trapus, aux pattes postérieures plus longues que les antérieures, aux soles plantaires couvertes de poils blancs ou grisâtres, sauf indication contraire. Ils possèdent un pelage épais, une queue velue (> 85 % TC) terminée par un pinceau de poils sombres, plus ou moins développé selon les espèces, un museau plutôt arrondi, de gros yeux saillants et des oreilles bien visibles. Le ventre est blanc. Le crâne est caractérisé par des bulles tympaniques très développées (> 12 mm), voire hypertrophiées et des plaques zygomatiques peu développées vers l'avant. Les incisives sont creusées d'un profond sillon et recouvertes d'émail jaune. Les molaires sont généralement hypsodontes, le dessin de la surface d'usure est dès l'origine lamelleuse à lobes plus ou moins losangiques. 16 dents (1/1, 0/0, 0/0, 3/3). Les *Meriones* vivent dans les déserts, steppes arides, plaines alluviales, prairies et terrains cultivés. Terrestres, elles creusent des terriers plus ou moins complexes selon les espèces qui renferment des chambres pour le stockage de réserves (jusqu'à 10 kg de graines). Le nid est constitué d'herbes sèches. Les densités de population sont très variables, depuis 1/10 ha chez *M. crassus* à 30-40/ha chez *M. shawii* en période de pullulation, avec 5-10/ha pour *M. meridianus* ou 20-30/ha pour *M. tamariscinus* lorsque les conditions sont favorables.

Mérione des tamaris – *Meriones tamariscinus*

TC : 142-180 mm, Q : 123-160 mm, Pp : 25-27 mm,
Or : 15-22 mm, Cbl : 40 mm, P : 80-120 g.

Description. Mérione de taille moyenne à soles plantaires velues marquées par une bande centrale brun sombre. Pelage dorsal et flancs fauve mêlé de brun rougeâtre, grisâtre autour des yeux et sur les joues ; plage blanche derrière l'oreille peu marquée. Pelage ventral blanc nettement démarqué. Queue courte (80 % TC), bicolore, sombre dessus, pâle dessous, avec un pinceau terminal peu développé de couleur brune. Bulles tympaniques petites, de longueur inférieure à celle du diastème. 2n = 40. • **Habitat.** Berges des cours d'eau, haies, terres agricoles irriguées dans les oasis, sols sableux, même salés, couverts d'herbe rase. Jusqu'à 1 500 m. • **Biologie.** Crépusculaire et nocturne, active la journée en hiver sauf par temps froid ou de neige. Solitaire et agressive. Creuse des terriers simples et longs (nid situé à 50-130 cm de l'entrée), parfois regroupés (30-50/ha), sous des buissons, des monticules, voire des meules de foin. Comme les *Psammomys*, se nourrit de Chénopodiacées.

Mérione à queue rouge – *Meriones libycus*

TC : 123-170 mm, Q : 115-190 mm, Pp : 32-41 mm,
Or : 15-22 mm, Cbl : 30-40 mm, P : 60-140 g.

Description. Mérione de taille moyenne, à soles plantaires partiellement velues (nues près du talon), à griffes sombres et à queue relativement longue (≥ TC), unicolore gris-jaune, rougeâtre à la base, couverte de poils denses, avec un pinceau terminal noir développé. Pelage dorsal doux fauve-gris, piqueté de gris, avec une petite plage blanchâtre derrière l'oreille variable selon les régions. Oreilles de taille moyenne non pigmentées. Bulles tympaniques dépassant le condyle occipital (> longueur du diastème), plus développées en Afrique qu'en Asie. Mandibule à processus coronoïde haut et ramus étroit. 2n = 44. • **Habitat.** Sable compact à sols durs en conditions désertiques et semi-désertiques, particulièrement abondante dans les lits d'oueds, les dayas, parfois dans les jardins. • **Biologie.** Nocturne ou plutôt diurne selon les régions. Creuse un terrier complexe sur un rayon de 5 m (profondeur jusqu'à 150 cm) dont les entrées (2 à 8) sont situées au pied d'un jujubier ou autre végétal buissonnant, comprenant un couloir d'accès rectiligne, des galeries contournées et au moins une chambre pour des réserves. Les adultes occupent des terriers séparés. Densités faibles (≈ 5 /km^2). Se nourrit de graines et de fruits d'Astéracées, Fabacées, Chénopodiacées, Poacées.

Mérione d'Israël – *Meriones sacramenti*

TC : 130-190 mm, Q : 120-180 mm, Pp : 30-41 mm,
Or : 17-22 mm, Cbl : 36-42 mm, P : 125-275 g.

Description. Mérione de taille moyenne, à soles plantaires partiellement velues (nues près du talon), à griffes claires (rosâtres) et à queue assez courte (≈ TC), brun-fauve avec une bande dorsale noire, au moins vers l'extrémité, fauve à la base, avec un pinceau terminal développé, noir avec quelques poils blancs. Pelage dorsal relativement grossier fauve-gris, piqueté, plus clair sur les flancs, avec une petite tache pâle derrière l'oreille et une autre peu marquée au-dessus de l'œil. Pieds partiellement pigmentés. Oreilles pigmentées. Crâne robuste et anguleux. Bulles tympaniques dépassant le condyle occipital (> longueur du diastème). Mandibule très robuste. 2n = 46. • **Habitat.** Dunes côtières mobiles ou stables, avec végétation clairsemée, et semi-déserts. Localement abondante. • **Biologie.** Nocturne. Creuse ses terriers dans le sable. Se nourrit de feuilles, graines, fruits et racines.

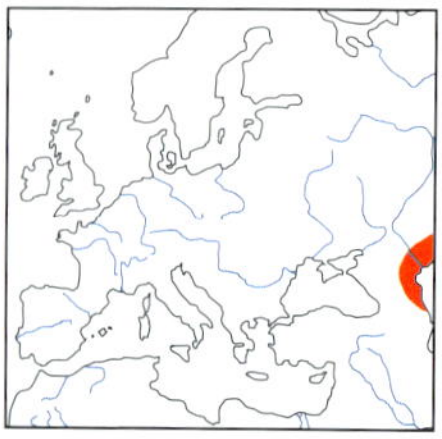

Meriones tamariscinus

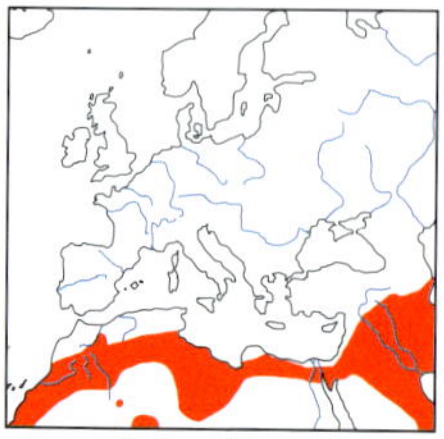

Meriones libycus

Meriones sacramenti

MÉRIONE DES TAMARIS

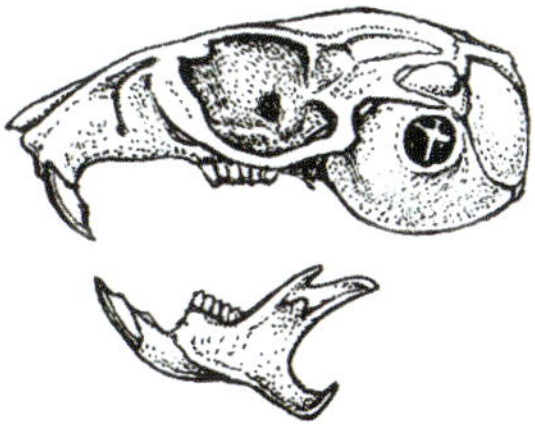

MÉRIONE À QUEUE ROUGE

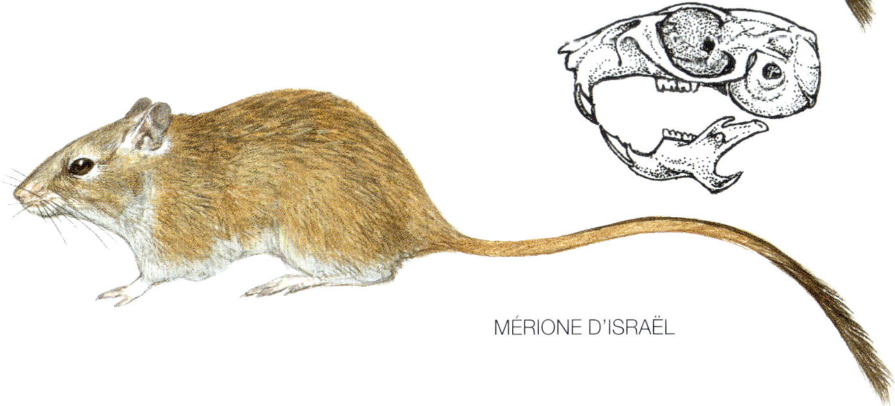

MÉRIONE D’ISRAËL

Mérione de Shaw – *Meriones shawii*

TC : 125-180 mm, Q : 117-178 mm, Pp : 31-37 mm,
Or : 14-22 mm, Cbl : 32-43 mm, P : 70-180 g.

Description. Mérione de taille moyenne, à soles plantaires partiellement velues (nues près du talon), à griffes claires et à queue relativement courte (≈ TC), de même couleur que le dos (plus claire sur les côtés), avec un petit pinceau terminal noirâtre. Pelage dorsal doux, fauve à gris piqueté de brun, avec une plage blanchâtre derrière l'oreille et une plage grise au-dessus et au-dessous de l'œil. Oreilles à l'extrémité pigmentée. Bulles tympaniques plus longues que le diastème, atteignant le condyle occipital. Mandibule à processus coronoïde court et ramus large. 2n = 44. • **Habitat.** Milieux cultivés, vit dans les zones désertiques à la faveur des oasis (palmeraies, jardins) ; évite les forêts. Répandue de l'étage bioclimatique humide à l'étage saharien. • **Biologie.** Nocturne, parfois active de jour le matin. Creuse des terriers complexes à plusieurs entrées, sous des buissons, dans des sols argileux, pierreux et dans les dunes côtières. Granivore, se nourrit de céréales, également de fruits, végétaux verts et Insectes, stocke des réserves.

Grande mérione – *Meriones grandis*

TC : 150-200 mm, Q : 160-180 mm, Pp : 39-42 mm,
Or : 19-23 mm, Cbl : 39-47 mm, P : 160-250 g.

Description. Grande mérione, très semblable à *M. shawii*, à laquelle elle est souvent associée comme sous-espèce. Soles plantaires partiellement velues (nues près du talon), griffes claires et queue relativement courte (≈ TC), de couleur plus claire que le dos avec une raie sombre depuis la base et un pinceau terminal noir. Pelage dorsal doux, fauve-gris foncé piqueté de brun, plus clair sur les flancs. Pelage ventral légèrement rosé sur la ligne médiane. Crâne relativement plus grand, plus étroit, aux bulles tympaniques plus longues que le diastème, mais plus petites que chez *M. shawii*. M^3 et M_3 déportées de l'axe de la rangée dentaire. 2n = 44. • **Habitat.** Steppes et terrains cultivés des plaines et collines atlantiques, jusque dans l'Atlas marocain, atteignant 3 300 m dans le Jbel Siroua. • **Biologie.** Crépusculaire et nocturne. Vit en colonies, chaque famille occupant un terrier, entrée dissimulée sous un buisson. Sujette à des pullulations locales, jusqu'à 130/ha en terrain cultivé. Se nourrit surtout de graines dans les plaines cultivées, de Chénopodiacées, Poacées et Euphorbiacées dans les milieux naturels, stocke des réserves.

Mérione de Tristram – *Meriones tristrami*

TC : 105-155 mm, Q : 105-170 mm, Pp : 28-37 mm,
Or : 14-22 mm, Cbl : 27-36 mm, P : 60-150 g.

Description. Mérione plutôt petite, à soles plantaires velues (ave une zone nue près du talon), à griffes claires et à queue relative ment courte (≈ TC), bicolore, fauve jaunâtre dessus, plus clair dessous, avec un pinceau terminal réduit. Pelage dorsal doux fauve, plus clair sur les flancs, avec une tache blanchâtre au-des sus de l'œil et derrière l'oreille. Variation clinale influencée pa l'humidité, l'altitude et le substrat, depuis des animaux petits e pâles en Syrie à des animaux grands et sombres au Liban. Oreille grandes et partiellement nues, pigmentées à la pointe. Bulles tym paniques réduites (≤ longueur du diastème). Mandibule avec pro cessus angulaire proéminent. 2n = 72. • **Habitat.** Grande variét de biotopes sur sols argileux, sableux, évite seulement les désert recevant moins de 100 mm de pluie annuelle. Commune dans le plaines et les collines steppiques en climat méditerranéen. Jusqu' 2 000 m dans le Caucase. • **Biologie.** Nocturne et crépusculaire Terriers superficiels à 1-2 entrées en hiver, plus profonds (jusqu' 70 cm) à 4-5 entrées en été. Un individu ou un couple occupe 1 5 réseaux, renfermant souvent des réserves. Sujette à des fluctua tions de population. Se nourrit de graines, feuilles et tiges.

Mérione de Vinogradoff – *Meriones vinogradovi*

TC : 140-170 mm, Q : 130-170 mm, Pp : 31-39 mm,
Or : 19-22 mm, Cbl : 33-41 mm, P : 100-200 g.

Description. Mérione de taille moyenne, à soles plantaire velues avec bande centrale brun rougeâtre, à griffes grisâtre et à queue courte (< TC), densément couverte de poils courts non distinctement bicolore, avec un pinceau terminal développé noir. Pelage dorsal fauve grisâtre terne, semé de noir, flancs joues et base de la queue fauve orange. Oreilles assez grandes e poilues. Crâne et mandibule plus robustes que chez *M. tristram* Bulles tympaniques peu développées (≤ longueur du diastème) ne dépassant pas le condyle occipital. 2n = 44. • **Habitat.** Sol profonds dans les flancs de montagne nus, semi-déserts, friches berges de cours d'eau, champs cultivés. • **Biologie.** Diurne e hiver et au printemps, nocturne en été. Terriers peu profond (en moyenne 60 cm) : un terrier principal, très ramifié, san organisation, pour 4-5 individus et des terriers isolés servant au stockage de réserves. Se tient dressée à une entrée comme *Psam momys*. Se nourrit de graines et parties vertes des végétaux.

Meriones shawii

Meriones grandis

Meriones tristami

Meriones vinogradovi

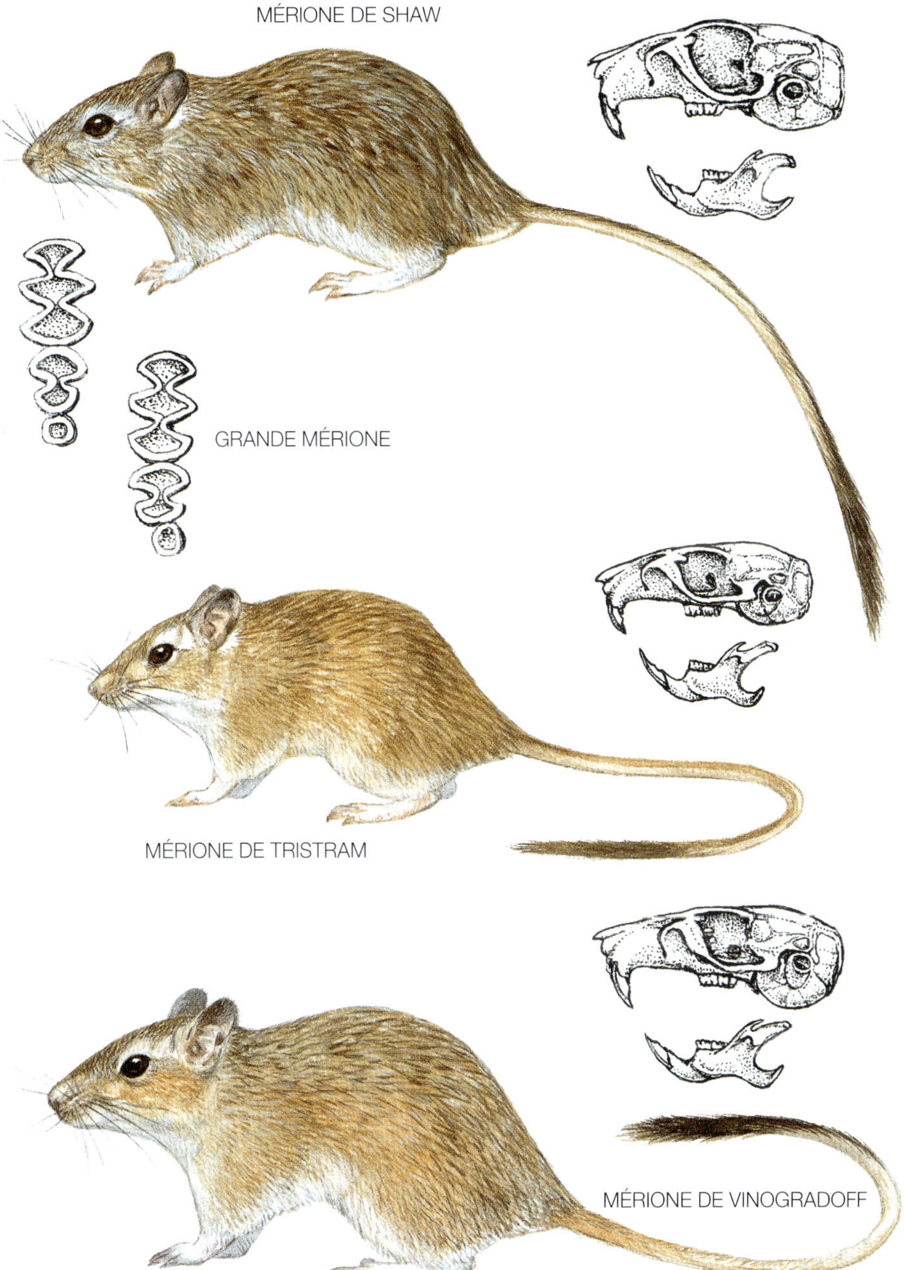
MÉRIONE DE SHAW
GRANDE MÉRIONE
MÉRIONE DE TRISTRAM
MÉRIONE DE VINOGRADOFF

Mérione du désert – *Meriones crassus*

TC : 100-160 mm, Q : 98-158 mm, Pp : 30-38 mm,
Or : 14-22 mm, Cbl : 28-39 mm, P : 55-115 g.

Description. Taille moyenne, soles plantaires partiellement velues (nues près du talon), griffes claires et à queue relativement courte (≈ TC), couverte de poils courts fauves à la base, avec un petit pinceau terminal noir. Pelage dorsal soyeux fauve, plus clair sur les flancs, avec une plage blanchâtre au-dessus de l'œil et derrière l'oreille. Oreilles non pigmentées. Bulles tympaniques hypertrophiées, beaucoup plus longues que le diastème, dépassant largement le condyle occipital. Mandibule à processus coronoïde court et ramus étroit. 2n = 60. • **Habitat.** Milieux désertiques, sur sols compacts et sableux : lits d'oueds et hamadas, zone côtière en Égypte, parfois à proximité d'activités humaines. • **Biologie.** Activité maximale dans l'heure qui suit le crépuscule, des captures sont rapportées de jour. Grégaire mais non coloniale. Creuse des terriers hors de la végétation, contrairement aux autres mériones. Complexes, à plusieurs entrées et nombreuses chambres (20-40 cm à 1,50 m de profondeur), ils servent à stocker de la nourriture, dont des crottes de dromadaires. Densité toujours faible (1/10 ha en moyenne). Particulièrement adaptée à l'absence d'eau par concentration de l'urine. Granivore, consomme également des tiges de plantes succulentes, des fruits et des Insectes. Déplacements nocturnes de plusieurs kilomètres.

Mérione méridienne – *Meriones meridianus*

TC : 90-144 mm, Q : 85-135 mm, Pp : 25-34 mm, Or : ≈ 15 mm,
Cbl : 26-34 mm, P : 24-60 g.

Description. Petite mérione, soles plantaires velues (sauf au talon) et queue relativement courte (≈ TC) et fine, fauve ocrée à la base, avec un pinceau terminal noir. Pelage dorsal jaune sable. Bulles tympaniques plus longues que le diastème, dépassant le condyle occipital. Mandibule à processus coronoïde long et ramus étroit. 2n = 50. • **Habitat.** Dunes sableuses des déserts et steppes avec des buissons, prairies, terrains cultivés et abandonnés. • **Biologie.** Nocturne et active tôt le matin. Assez solitaire, surtout pendant la saison de reproduction et en hiver. Creuse sous les racines de buissons ou sous des monticules des terriers profonds à plusieurs chambres (5-15). Se nourrit de plantes, graines et Insectes, stocke des réserves à l'automne. Dérangée, elle frappe le sol du pied, comme de nombreux Gerbillinés.

Mérione d'Arménie – *Meriones dahli*

TC : 90-135 mm, Q : 100-134 mm, Pp : 25-36 mm,
Or : 13-16 mm, Cbl : 28-33 mm, P : 37-80 g.

Description. Petite mérione, soles plantaires partiellemen velues (nues près du talon), assez semblable à *M. meridianus* queue relativement courte (≈ TC), ocre à la base, terminée pa un pinceau noir. Pelage dorsal soyeux, plus sombre, brunâtr à gris cendré, flancs avec parfois des reflets rougeâtres. Petit plage blanche derrière l'oreille souvent très nette. Bulles tympa niques rondes et petites, quoique plus longues que le diastème 2n = 50. • **Habitat.** Zones de sable partiellement consolidé de vallées alluviales et des bas de versants, couvertes de calligonums tamaris et herbacées, jusqu'à 900 m. • **Biologie.** Crépusculair et nocturne au printemps et en été, active le jour en automne En hiver, peut sortir par temps de pluie et de neige. Solitaire mais domaines d'individus voisins chevauchants, avec utilisatio possible d'un même abri temporaire. Terrier assez long (3-4 m) 1-3 entrées, chambres pour les nids ou pour stocker des réserves Se nourrit de graines et de végétaux verts.

Mérione de Perse – *Meriones persicus*

TC : 120-185 mm, Q : 125-190 mm, Pp : 36-45 mm,
Or : 20-26 mm, Cbl : 34-43 mm, P : 80-140 g.

Description. Taille moyenne, soles plantaires totalement nues queue longue (> TC) et très poilue, brun-fauve dessus, plu claire dessous, pinceau terminal épais, gris pâle, parfois plu foncé. Pelage dorsal doux et dense, fauve dans les régions déser tiques de Mésopotamie, rougeâtre dans les montagnes kurdes flancs et joues plus clairs, nettement démarqués du ventre. Plag blanchâtre au-dessus de l'œil et derrière l'oreille. Oreilles gri pâle recouvertes de poils brun clair sur leur face dorsale. Crân robuste aux bulles tympaniques petites (≤ longueur du diastème) ne dépassant pas le condyle occipital. Mandibule fine, processu coronoïde peu développé, ramus large. 2n = 42. • **Habitat** Paysages accidentés, pentes rocheuses des montagnes au-dessou de 1 800 m et talus, prairies jusqu'en bordure de forêt. • **Biologie.** Nocturne. Nids dans une fissure de rochers bien exposés o terriers sous de larges blocs dans les pentes herbeuses, jamais e terrain plat. Terrier principal assez complexe, occupé par un o plusieurs individus, et des terriers annexes, avec des galeries pe profondes et d'autres atteignant 1 m. Stocke du matériel végéta herbacé dont les graines et autres plantes dont elle se nourrit.

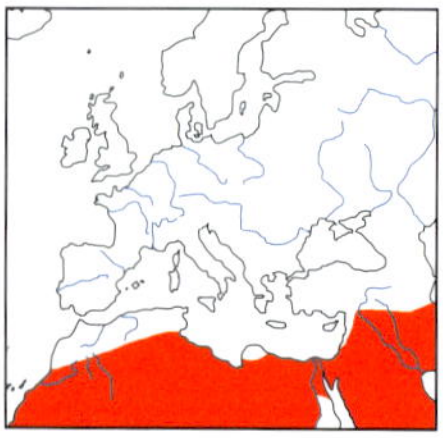
Meriones crassus

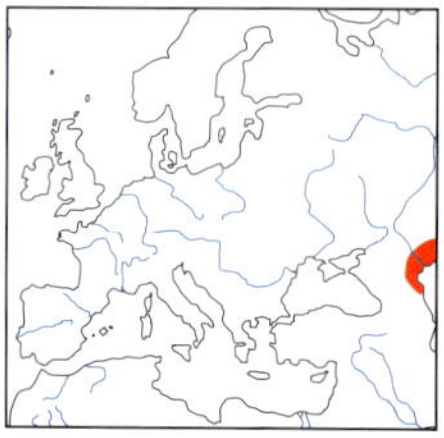
Meriones meridianus

Meriones dahli

Meriones persicus

MÉRIONE DU DÉSERT

MÉRIONE MÉRIDIENNE

MÉRIONE DE PERSE

Genre ***Psammomys***. Ce sont des Rongeurs de taille moyenne, plus trapus que les *Meriones*, à queue plus courte (longueur < 85 % TC), velue, terminée par un pinceau de poils noirs, au museau plutôt arrondi, aux gros yeux saillants et aux oreilles velues, courtes et arrondies. Les soles plantaires sont partiellement velues. Le crâne est robuste et anguleux, avec des bulles tympaniques développées, atteignant le condyle occipital, et des plaques zygomatiques peu développées vers l'avant. Les incisives supérieures, recouvertes d'émail orange, sont lisses. Les molaires, hypsodontes chez les jeunes, deviennent brachyodontes chez les adultes ; la surface d'usure est assez semblable à celle des *Meriones*. 16 dents (1/1, 0/0, 0/0, 3/3). Les *Psammomys* sont diurnes, mais aussi actifs la nuit. Ils vivent parfois en petites colonies, se nourrissent de Chénopodiacées, riches en eau (84-88 %) et en sodium (1,5 g pour 100 g de poids frais), mais aussi de plantes cultivées. Toujours en alerte, ils se dressent en appui sur les pattes postérieures au sortir du terrier et émettent un sifflement lorsqu'ils sont dérangés. Comme les *Meriones* ils communiquent en frappant le sol avec leurs pattes.

Rat de sable diurne – *Psammomys obesus*

TC : 120-185 mm, Q : 90-155 mm, Pp : 30-40 mm,
Or : 12-16 mm, Cbl : 30-45 mm, P : 85-235 g.

Description. Pelage long fauve, très pâle, rougeâtre ou brun sombre sur le dos, ocre pâle sur les flancs, le ventre et les joues ; petite plage blanche derrière l'oreille. Queue courte (70 % TC). 2n = 48. • **Habitat.** Sable compact des oueds et plaines alluviales, dayas sur les hamadas, salines dans les plaines côtières, tous lieux à végétation succulente halophyte. • **Biologie.** Creuse des terriers complexes, à plusieurs entrées et deux ou trois étages de galeries, dont une circulaire, à l'abri d'un buisson, dans une butte. Pullulations locales certaines années.

Rat de sable de Thomas – *Psammomys vexillaris*

TC : 115-130 mm, Q : 80-120 mm, Pp : 30-35 mm,
Or : 10-12 mm, Cbl : 30-34 mm.

Description. Plus petit, oreilles plus courtes. Pelage fauve pâle sur le dos, crème ou blanc sur les flancs et le ventre, sans plage blanche derrière l'oreille. Queue plutôt longue (85 % TC). 2n = 46. • **Habitat.** Substrats plus sableux que *P. obesus*. • **Biologie.** Semblable à *P. obesus*.

Gerbille à queue touffue – *Sekeetamys calurus*

TC : 98-130 mm, Q : 112-164 mm, Pp : 28-35 mm,
Or : 17-23 mm, Cbl : 29-37 mm, P : 26-50 g.

Description. Semblable aux *Gerbillus*. Pelage long, brun-jaun à pointes noires sur le dos, sans tache blanche sur la croupe blanc sur le ventre. Queue longue (120 % TC), très poilue, grise pinceau terminal aplati très développé (≥ 50 % Q), noir à point blanche. Museau court, arrondi, yeux et oreilles plutôt grands Pieds postérieurs allongés et étroits, soles plantaires nues. Bulle tympaniques nettement développées au-delà du condyle occipi tal. Incisives supérieures opisthodontes revêtues d'émail jaun creusé d'un sillon. Molaires avec cuspides soudées en lamelles dè le jeune âge, évoluant vers le dessin des *Meriones*. 16 dents (1/1 0/0, 0/0, 3/3). 2n = 38. • **Habitat.** Biotopes rocheux en clima aride, y compris dans des zones dépourvues de végétation, ver sants avec blocs sur lesquels elle grimpe avec aisance. • **Biologie** Nocturne. Terriers dans blocs et surplombs. Se nourrit d graines de plantes du désert, coloquintes notamment, d'Insecte de matière verte à l'occasion.

Gerbille des Indes – *Tatera indica*

TC : 155-205 mm, Q : 165-220 mm, Pp : 38-50 mm,
Or : 19-30 mm, Cbl : 40-47 mm, P : 115-190 g.

Description. Grande taille, pieds postérieurs étroits, soles plan taires presque nues et griffes robustes. Pelage dense et doux, bru grisâtre mêlé de noir sur le dos, blanc sur le ventre, nettemen démarqué. Queue plutôt courte (≈ TC), au pelage court, noi dessus et dessous, pâle sur les côtés, pinceau terminal réduit sombre. Oreilles grandes et larges. Plaques zygomatiques for tement projetées en avant. Bulles tympaniques n'atteignant pa le condyle occipital. Incisives supérieures opisthodontes revêtue d'émail orange creusé d'un sillon. Molaires faiblement hypso dontes avec des cuspides chez les jeunes, évoluant en lames che les adultes. 16 dents (1/1, 0/0, 0/0, 3/3). 2n = 68. • **Habitat** Terrains agricoles, forêts des contreforts des montagnes, semi déserts, quoique moins adaptée aux milieux arides que les autre Gerbillinés. Vit aussi près des villages, dans les palmeraies. Limi tée par le froid et la présence de végétation verte, peut occupe des zones à faible végétation une partie de l'année. • **Biologie** Nocturne. Terriers reconnaissables à l'importance des déblais e à des entrées proches (environ 10 cm). Assez profonds (> 1 m) ils comportent un couloir principal en spirale qui desser 2-3 étages, les galeries latérales en cul-de-sac servent à stocke des réserves. Se nourrit de graines en hiver, de rhizomes au prin temps et en été. Pullulations locales.

Psammomys obesus

Psammomys vexillaris

Sekeetamys calurus

Tatera indica

RAT DE SABLE DIURNE

GERBILLE À QUEUE TOUFFUE

GERBILLE DES INDES

Rat des moissons – *Micromys minutus*

TC : 56-80 mm, Q : 50-80 mm, Pp : 13-16 mm, Or : 8-11 mm, Cbl : 14,7-19,0 mm, P : 5-11 g.

Description. Plus petit Rongeur d'Europe, aspect d'une petite souris, oreilles courtes ressemblant à celles des campagnols, queue longue et légèrement préhensile. Pelage dorsal brun orange vif, finement démarqué du pelage ventral blanc. 16 dents (1/1, 0/0, 0/0, 3/3), molaires à couronne basse et racines (5 pour la M^1). Rangée molaire courte (Rms : 2,8-3,0 mm). • **Habitat.** Roselières, buissons, herbes hautes, haies en bordure de route ou de champ, lisières de bois, clairières en forêts humides. Essentiellement en plaine mais peut atteindre 1 700 m. Adaptation secondaire aux champs de céréales et aux rizières. • **Biologie.** Principalement nocturne, mais activité diurne assez commune, surtout en hiver. Bon grimpeur, passe beaucoup de temps au-dessus du sol, à la recherche de graines notamment. Nid sphérique d'herbes tressées d'un diamètre de 8-10 cm, amarré en hauteur à des ronces ou des rameaux de buissons. Refuge dans un terrier pour l'hiver. Populations assez fluctuantes (en moyenne 6-25/ha) avec des pics de densité jusqu'à 400/ha. Se nourrit de graines, pousses vertes, fruits et baies, mais aussi d'Insectes.

Genre ***Apodemus***. Ce sont des rongeurs de petite taille pourvus d'une queue assez longue et mince, de pieds postérieurs assez longs, d'yeux proéminents et de grandes oreilles. Les ♀♀ possèdent 3 paires de mamelles (4 paires chez *A. agrarius*). 16 dents (1/1, 0/0, 0/0, 3/3), incisives couvertes d'émail orange (supérieures) ou jaune (inférieures), molaires à couronne basse et racines (généralement 4 pour la M^1), peu adaptées à la consommation d'herbacées. Les *Apodemus* sont agiles, grimpent et sautent. Ce sont les « souris » les plus abondantes dans les forêts, mais quelques espèces sont adaptées aux milieux ouverts. Omnivores, ils se nourrissent surtout de graines. Ils n'hibernent pas. Les espèces sont souvent difficiles à identifier et la systématique du genre n'est pas encore stabilisée.

Mulot rayé – *Apodemus agrarius*

TC : 75-126 mm, Q : 65-93 mm, Pp : 17-22 mm, Or : 12-15 mm, Cbl : 19-26 mm, P : 16-45 g.

Description. Assez grand, facilement reconnaissable à la large bande sombre qui court le long du dos, brun-roux, de la nuque à la croupe. Pelage ventral blanc grisâtre. Queue plutôt courte (< 75-80 % TC), bicolore. Yeux et oreilles plus petits que chez les autres *Apodemus*. Vibrisses relativement courtes. Crâne long et étroit. • **Habitat.** Broussailles, haies, lisières de forêts champs de céréales, jardins, roselières. Généralement confiné au sites humides de plaine et aux fonds de vallées, jusqu'à 1 750 m en Macédoine. Peut rentrer dans les granges et habitation en automne et en hiver. • **Biologie.** Plus diurne que les autre mulots. Grimpe peu, creuse des terriers simples à 30-40 cm d profondeur à 3-4 entrées et utilise les galeries des autres Rongeurs. Fluctuations de population (entre 5 et 50/ha) avec de pullulations irrégulières, cause alors des dommages aux culture Se nourrit de graines, bourgeons, fruits et baies, avec un appo animal, Insectes et leurs larves, vers et Mollusques.

Mulot rupestre – *Apodemus mystacinus*

TC : 98-132 mm, Q : 98-145 mm, Pp : 23-28 mm, Or : 16-22 mm, Cbl : 24,8-29,7 mm, P : 37-57 g.

Description. Mulot robuste aux oreilles relativement grande Pelage doux et dense, de coloration grisâtre caractéristique su le dos, blanc pur sur le ventre, sans trace de collier ou de tach sur la gorge. Queue longue (90-140 % TC). • **Habitat.** Colline rocheuses buissonneuses et moyennes montagnes du littoral d Méditerranée orientale et du Proche-Orient, du niveau de la me jusqu'à 2 700 m. Commun dans les murets des vergers, champ de blé, vignes, oliveraies et plantations de figuiers. Parfois asso cié aux forêts de pins et aux bois de chênes verts. • **Biologie** Nocturne strict. Vit dans un terrier ou sous des rochers où assemble un nid d'herbes sèches. Pas de fluctuations de popula tion. Se nourrit de glands, grains et graines d'herbacées, de pin et de légumineuses, d'écorces et de caroubes, mais aussi de peti animaux, escargots, Insectes et petits vertébrés.

Mulot des Balkans – *Apodemus epimelas*

TC : 100-150 mm, Q : 102-146 mm, Pp : 24-28 mm, Or : 17-22 mm, Cbl : 25,5-30,6 mm, P : 28-56 g.

Description. Plus grand mulot d'Europe, avec un pelage gris su le dos, plus clair sur le ventre, de longues vibrisses et de grande oreilles. Par sa taille, pourrait être confondu avec de jeunes rat mais ses pieds sont plus minces. • **Habitat.** Rupestre, préfère le milieux secs et les collines rocheuses ouvertes avec des buissons, le murets le long des champs, rarement dans les forêts. Présent d niveau de la mer jusqu'à 1 620 m. • **Biologie.** Nocturne et cré pusculaire. Vit dans des fentes de rocher ou dans des terriers ent les blocs. Se nourrit des parties vertes des plantes, de graines, d noyaux d'olive et de cerise, de baies de genévrier, de petits animau

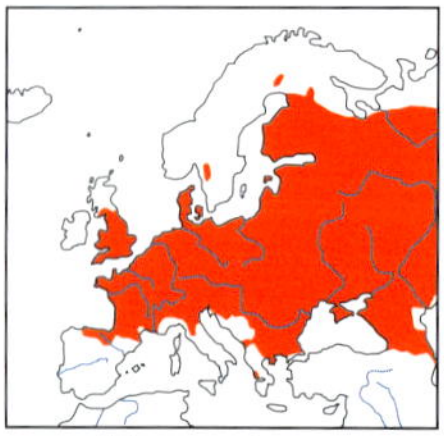
Micromys minutus

Apodemus agrarius

Apodemus mystacinus

Apodemus epimelas

RAT DES MOISSONS

MULOT RAYÉ

MULOT RUPESTRE

Mulot à collier – *Apodemus flavicollis*

TC : 88-130 mm, Q : 90-135 mm, Pp : 22-27 mm,
Or : 16-20 mm, Cbl : 22,0-27,6 mm, P : 22-56 g.

Description. Mulot de taille intermédiaire entre *A. mystacinus* et *A. sylvaticus*, au museau assez pointu, à queue souvent plus longue que TC, nettement annelée (180-230 anneaux). Pelage dorsal brun chaud teinté de jaunâtre et de roussâtre, plus vif que celui d'*A. sylvaticus*. Pelage ventral blanc pur, gris blanchâtre dans les populations du Proche-Orient, très nettement démarqué sur les flancs, de coloration plus vive que le dos. Animaux du Caucase plus petits, au pelage dorsal grisâtre. Gorge arborant une tache brun jaunâtre à fauve orange plus ou moins large, rejoignant souvent le pelage brun du dos sous forme d'un collier complet dans la plupart des populations européennes ; tache jaune et réduite à une plage ovale dans les populations du sud de l'Europe, en Asie Mineure et dans le Caucase. Vibrisses longues. Incl. *arianus*, *tauricus*. • **Habitat.** Confiné aux espaces boisés, présent dans divers types de forêts ; bordures de forêts décidues matures (chênaies, hêtraies) considérées comme l'habitat optimal. Trouvé aussi en limite de champs, dans les vergers, haies, jardins arborés ou bosquets. Moins fréquent qu'*A. sylvaticus* dans les broussailles et les milieux ouverts, mais pénètre volontiers dans les habitations en automne. Présent en plaine et en montagne jusqu'à 2 120 m dans les Alpes, 2 500 m dans le Caucase. Absent de la plupart des îles atlantiques et méditerranéennes. • **Biologie.** Strictement nocturne, avec une seule période d'activité. Grimpe et saute avec agilité, peut même se déplacer dans la canopée. Terriers situés sous les bords de rochers ou de racines d'arbres. Construit un nid de feuilles et d'herbes sèches caché sous une souche ou dans un terrier de taupe ou de campagnol, creuse occasionnellement son propre terrier. Pas de fluctuations cycliques des populations, mais densités plus fortes les années de glandée atteignant 100/ha en Europe orientale, la reproduction pouvant alors être stoppée. Vocalisations constituées de petits cris aigus, voire d'ultrasons, lors d'agressions. Omnivore, se nourrit surtout de graines, bourgeons et fruits, avec une composante animale (larves d'Insectes, parfois œufs et jeunes vertébrés) autour du 10 % du régime. Cache de la nourriture (glands, faines) pour l'hiver.

Mulot alpestre – *Apodemus alpicola*

TC : 78-114 mm, Q : 100-134 mm, Pp : 22-26 mm, Or : 15-22 mm,
Cbl : 22,4-27,3 mm, P : 28-43 g. ♂♂ plus grands que ♀♀.

Description. Très semblable à *A. flavicollis* en taille (légèremen plus petit) et couleur du pelage, originellement considéré comm la forme de haute montagne. Queue longue (110-140 % TC). Pied postérieur également assez grand. Pelage ventral blan grisâtre, comme chez *A. sylvaticus*. Collier pectoral semblabl à celui d'*A. flavicollis* dans certaines populations, estompé e moins vivement coloré dans d'autres. Région faciale du crân allongée. Fonctions discriminantes sur plusieurs mesures crâniennes utiles pour l'identification. • **Habitat.** Adapté aux forêt ouvertes de montagne (aulnes, épicéas et mélèzes plus particu lièrement) au sous-bois riche en Poacées et autres herbacées o sur substrat rocheux. Assez commun dans les vallées aux pente couvertes d'une végétation dense, dans les prairies de fauche e dans les framboisiers. Pénètre facilement dans les habitations en automne et en hiver. Trouvé entre 550 et 2 450 m, mais habit peu l'étage alpin. • **Biologie.** Peu documentée. Régime omni vore, comme *A. flavicollis*.

Mulot d'Azerbaïdjan – *Apodemus hyrcanicus*

TC : 95-107 mm, Q : 94-107 mm, Pp : 22,5-24 mm,
Or : 15-19 mm, Cbl : 24,6-26,5 mm, P : 22-35 g.

Description. Grand mulot au pelage brun marron sombre sur l dos, blanc pur sur le ventre. De taille comparable à celle d'*A. flavicollis*, qui se distingue par un pelage dorsal à dominante gris dans le Caucase. Plus grand qu'*A. witherbyi*, parapatrique, a pelage plus vif. Tache pectorale brun jaunâtre de forme ovale au contours estompés, jamais de collier complet. Queue bicolor (≈ TC). • **Habitat.** Forêts décidues humides de plaine (chênes hêtres et charmes) et de moyenne montagne (dénommées forêt décidues hercyniennes). Du niveau de la mer jusqu'à 1 830 m • **Biologie.** Supposée comme les autres *Apodemus* de grand taille.

Mulot pontique – *Apodemus ponticus*

TC : 83-103 mm, Q : 97-104 mm, Pp : 21-24 mm,
Or : 14-21 mm, Cbl : 24-25 mm, P : 24-40 g.

Description. Semblable aux *A. flavicollis* du Caucase, parapatrique, différencié surtout par la génétique (chromosomes e allozymes). • **Habitat.** Forêts mixtes, steppes, champs et formations buissonnantes. • **Biologie.** Nocturne. Creuse des terrier ou utilise des cavités dans le sol. Se nourrit de graines, noix e Insectes, stocke des réserves.

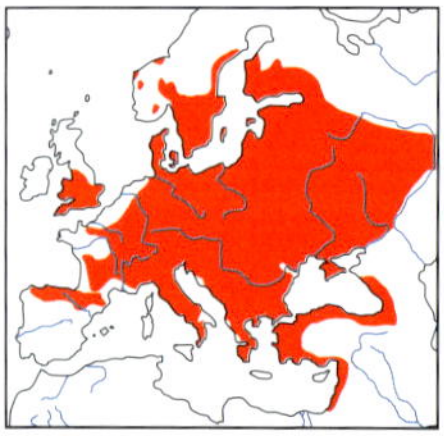
Apodemus flavicollis

Apodemus alpicola

Apodemus hyrcanicus

Apodemus ponticus

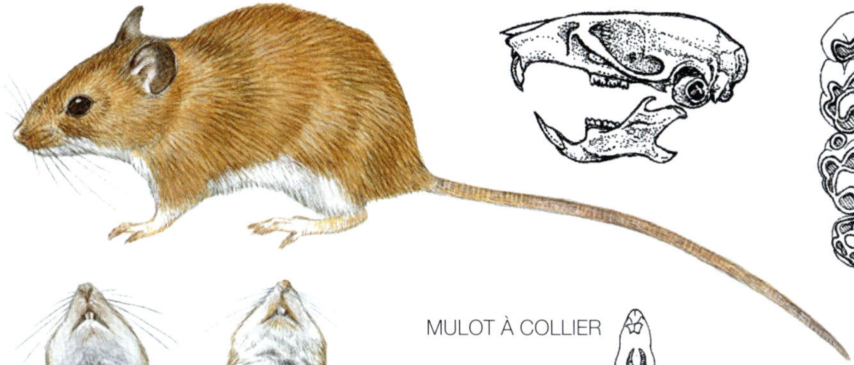

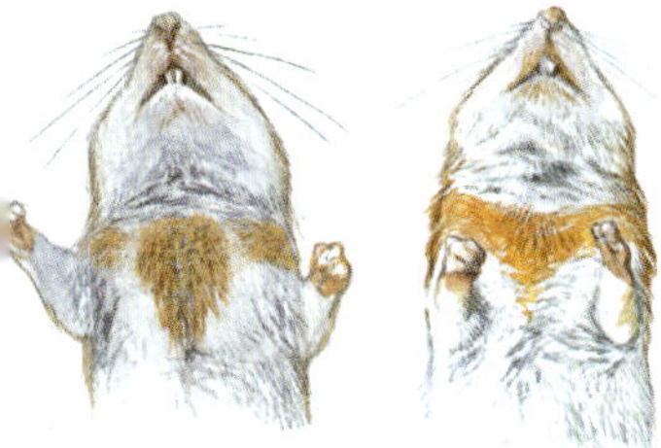

MULOT À COLLIER

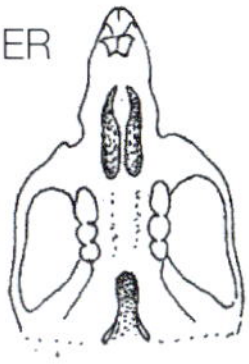

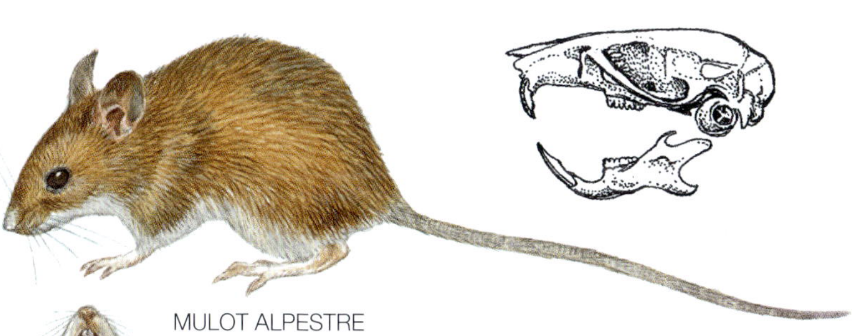

MULOT ALPESTRE

MULOT D'AZERBAÏDJAN

MULOT PONTIQUE

Mulot sylvestre – *Apodemus sylvaticus*

TC : 80-110 mm, Q : 70-115 mm, Pp : 20-23 mm,
Or : 15-18 mm, Cbl : 21,4-25,1 mm, P : 14-30 g.

Description. Semblable à *A. flavicollis* mais plus petit, de coloration légèrement différente, avec une tache pectorale de taille et de forme variables. Pelage brun mêlé de gris sur le dos, gris pâle sur le ventre, sans démarcation nette sur les flancs, de coloration brun-jaune. Jamais de collier complet, mais souvent une petite tache brun jaunâtre sur la gorge. Queue longue (≈ TC), annelée (130-170 anneaux), bicolore, brune dessus, blanche dessous. Rms : 3,5-4,5 mm. • **Habitat.** Tous types de forêts et de milieux buissonnants. Peut vivre dans des boisements avec une très faible végétation au sol, mais aussi dans les haies, les landes, les dunes sableuses proches de la mer, les forêts de cèdres des hautes montagnes du Maghreb, les vergers, les jardins et les parcs. Pénètre souvent dans les bâtiments. Généralement contraint en altitude par la limite des arbres à environ 2 000 m (atteint 3 200 m dans le Haut Atlas). • **Biologie.** Surtout nocturne. Moins attaché à cheminer dans la végétation dense que les campagnols, traverse facilement des espaces découverts. Les deux sexes peuvent parcourir de grandes distances. Creuse ses propres terriers avec des chambres pour le nid constitué de feuilles, de mousse et d'herbes sèches et pour des réserves. Nids collectifs fréquents en hiver, probablement occupés par des animaux des deux sexes. Reproduction du printemps à l'automne dans le nord de l'aire de répartition, en hiver si la glandée est abondante, de l'automne au printemps en région méditerranéenne. Pas de fluctuations cycliques des populations. Plutôt opportuniste, se nourrit de graines, souvent stockées dans le terrier, glands, faines et noisettes dans les forêts, de bourgeons et de fruits, voire de céréales. Consomme aussi de petits animaux : escargots, vers de terre et Insectes.

Mulot pygmée – *Apodemus uralensis*

TC : 70-107 mm, Q : 65-111 mm, Pp : 17-24 mm,
Or : 12-16 mm, Cbl : 19,4-24,2 mm, P : 13-31 g.

Description. Plus petit mulot de la région, aux yeux et oreilles relativement petits et au pelage dorsal grisâtre. Populations d'Europe centrale, souvent dénommées *A. microps*, de très petite taille, avec Pp < 20 mm et Or < 15 mm. Populations d'Europe orientale et d'Asie, plus grandes, confondues avec *A. sylvaticus* par le passé. Pelage dorsal brun grisâtre généralement plus sombre que celui d'*A. witherbyi*. Pelage ventral blanc grisâtre, plus finement démarqué sur les flancs que chez *A. sylvaticus*. Tache pectorale jaunâtre petite ou absente. Peut être confondu avec la Souris grise, mais pied postérieur plus grand et incisives supérieures sans encoche. Rms : 3,1-3,7 mm. • **Habitat.** Champs cultivés, prairies et forêts riveraines humides dans les plaines d'Europe centrale, voire jusqu'à 1 550 m dans des milieux ouverts. Boisements de feuillus et de résineux le long des cours d'eau avec un fort recouvrement de buissons en Asie Mineure et dans le Caucase, jusqu'à 2 800 m. Limite orientale de répartition non définie. • **Biologie.** Nocturne et crépusculaire en été, plus diurne en fin d'automne et hiver. Peu agressif, moins agile que les autres mulots, ne grimpe et ne saute généralement pas. Terrier assez simple à 3-4 entrées avec des chambres pour le nid et les réserves. Pas de fluctuations cycliques des populations. Se nourrit au sol de graines d'herbacées, de fruits, glands et noix en forêt, mais aussi de petites proies (59 espèces végétales et 29 espèces animales identifiées dans le régime en Europe centrale).

Mulot des steppes – *Apodemus witherbyi*

TC : 77-110 mm, Q : 75-118 mm, Pp : 19-25 mm, Or : 13-18 mm, Cbl : 21,9-25,3 mm, P : 16-37 g. Variations géographiques, les populations du sud de l'Ukraine sont les plus petites.

Description. Légèrement plus grand qu'*A. uralensis* mais généralement plus svelte. Identifiable par la coloration plus vive du pelage dorsal et la forme de la tache pectorale. Pelage brun jaunâtre teinté de roussâtre sur le dos, blanc pur sur le ventre (gris en Anatolie nord-est), les deux colorations étant nettement démarquées. Tache pectorale généralement présente et développée chez certains animaux en une bande étroite qui, allongée, ressemble à une cravate. Nomenclature confuse avec un nombre élevé de formes décrites : *falzfeini*, *fulvipectus*, *hermonensis*, *chorassanicus*, *iconicus*. • **Habitat.** Milieux ouverts de plaine, steppes sur les plateaux et en montagne, forêts alluviales. Aussi en bordure de forêts décidues et de formations buissonnantes, dans les zones rocheuses avec buissons et couvert herbacé, dans les terrains cultivés et les zones suburbaines. Présent surtout en montagne, jusqu'à 2 800 m, dans le sud de l'aire de répartition. • **Biologie.** Nocturne. Vit dans des terriers simples qu'il creuse lui-même ou utilise les terriers d'autres Rongeurs (spalax et campagnols). Se nourrit d'herbacées et céréales, de feuilles et de rameaux de divers arbrisseaux de montagne, de fruits, noix, glands, faines et cônes de cèdre.

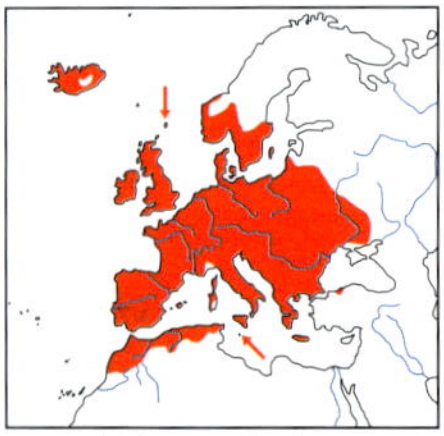

Apodemus sylvaticus

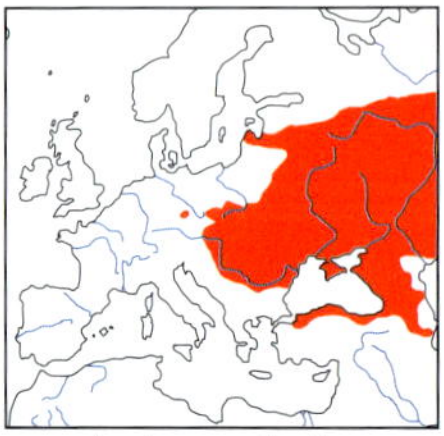

Apodemus uralensis

Apodemus witherbyi

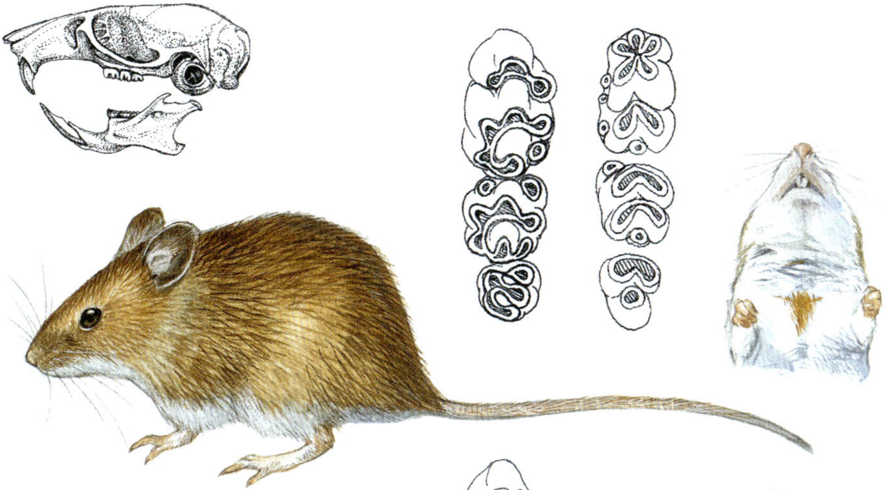

MULOT SYLVESTRE

MULOT PYGMÉE

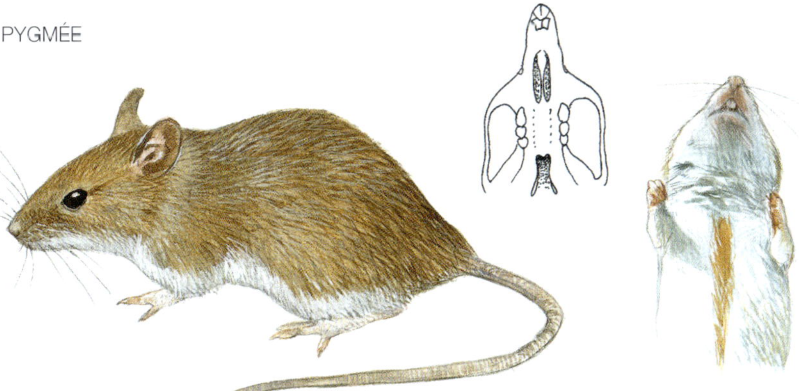

MULOT DES STEPPES

Rat rayé – *Lemniscomys barbarus*

TC : 90-120 mm, Q : 110-148 mm, Pp : 24-30 mm,
Or : 13-16 mm, Cbl : 25,0-29,5 mm, P : 28-69 g.

Description. Taille moyenne, pelage fin et peu dense caractérisé par une alternance de bandes longitudinales claires et sombres sur le dos, les bandes claires étant plus fines que les bandes sombres. Bande médiane d'apparence noire, contrairement aux bandes latérales gris sombre ou brunes, s'étend du milieu de la tête à la base de la queue longue (115 % TC), bicolore. Pelage ventral uniforme, blanc mat à brillant. Lobes des oreilles couverts de poils denses fauves à rougeâtres. 5 doigts à la main, dont les 3 médians sont bien développés. 4 paires de mamelles. Crâne allongé. 16 dents (1/1, 0/0, 0/0, 3/3), molaires à couronne basse et racines. • **Habitat.** Végétation herbacée dense et buissonneuse des zones côtières et plaines atlantiques du Maghreb jusqu'à 1 150 m. Dunes côtières végétalisées, sur substrat rocheux et sableux, maquis de genévriers. Présent aussi dans les forêts claires, les vergers et en bordure de champs cultivés. • **Biologie.** Deux phases d'activité (matin et fin d'après-midi), plus diurne en hiver. Terrier simple à complexe comprenant une chambre de réserves. Nid d'herbes sèches parfois au sol. Se nourrit surtout de tiges de Poacées, de feuilles et de graines.

Rat à mamelles multiples – *Mastomys erythroleucus*

TC : 90-170 mm, Q : 80-150 mm, Pp : 20-27 mm,
Or : 15-23 mm, Cbl : ≈ 30,5 mm, P : ≈ 80 g.

Description. Taille moyenne, aspect semblable à un rat avec une longue queue (Q > TC), finement écailleuse, presque dépourvue de poils, grandes oreilles. Pelage doux, de couleur fauve sur le dos, blanc grisâtre sur le ventre, nettement démarqué sur les flancs. 10 paires de mamelles. 16 dents (1/1, 0/0, 0/0, 3/3), molaires à couronne basse et racines. 2n = 38 (le nombre de chromosomes est important pour différencier les espèces de *Mastomys*). • **Habitat.** Savanes, forêts et champs d'Afrique subsaharienne. Population isolée au Maroc sur la côte atlantique et dans la plaine du Souss. Vit surtout dans les terrains cultivés, préférant les sites humides au sol argileux à proximité des oueds. • **Biologie.** Nocturne. Capable de grimper avec agilité, creuse plutôt des terriers simples généralement peu profonds. Potentiel reproducteur exceptionnellement élevé. Peut devenir abondant en Afrique subsaharienne, assez rare au Maroc. Opportuniste, se nourrit de fruits, graines et invertébrés.

Genre *Nesokia*. Ce sont des Muridés lourds assez semblables aux rats, avec une tête puissante. Le museau est court, les narines saillantes, la boîte crânienne large. Les vibrisses sont plus courtes que chez les *Rattus* et les oreilles, faiblement velues, sont plus petites. Le pelage est assez court et dense. 16 dents (1/1, 0/0, 0/0, 3/3), incisives protodontes, molaires à couronne haute, surface d'usure à lamelles transversales. Rongeurs fouisseurs, les *Nesokia* creusent, sur de larges surfaces, des terriers complexes constitués d'un réseau de galeries qui mènent à la chambre du nid d'herbes sèches d'environ 30 cm de diamètre et aux réserves. Trous et terrassements sont des indices particulièrement visibles le long des berges des canaux d'irrigation.

Rat-bandicoot d'Égypte – *Nesokia indica*

TC : 165-216 mm, Q : 110-134 mm, Pp : 33-42 mm,
Or : 18-21 mm, Cbl : 36,0-50,2 mm, P : 205-350 g.

Description. Queue très nettement plus courte que TC (55-60 %). Pelage rêche, semé de poils longs et raides, brun pâle à brun roussâtre sur le dos, dessus de la tête et joues au-dessous des yeux brun sombre. Pelage ventral gris pâle, à peine plus clair que le pelage dorsal et peu visiblement démarqué le long des joues et des flancs. Tache blanchâtre peu distincte à la base postérieure des oreilles. Plage blanche sur la gorge de certains animaux. Rms : 7,5-10,1 mm. • **Habitat.** Abondant dans les milieux humides, marais, bordures de salines, berges d'oueds, canaux d'irrigation, boisements humides, voire oasis. • **Biologie.** Nocturne. Assez agressif, sédentaire, fouisseur, ne s'éloigne guère des entrées de son terrier. Herbivore, se nourrit également de racines, rhizomes de roseaux notamment, du cœur des palmiers-dattiers et des jeunes pousses. Occasionne des dommages aux cultures.

Rat-bandicoot de Mésopotamie – *Nesokia bunnii*

TC : 230-260 mm, Q : 250-270 mm, Pp : 49-58 mm,
Or : 18-21 mm, Cbl : 52,1-56,6 mm, P : ≈ 520 g.

Description. Plus grand que *N. indica*, queue plus longue (82-104 % TC), parsemée de poils blanchâtres et un pied postérieur plus grand. Pelage doux et laineux, fauve à ocre rouge sur le dos. Pelage ventral blanchâtre. Rms : 10,3 mm. • **Habitat.** Espèce rare des marais de la confluence du Tigre et de l'Euphrate (Irak). Semi-aquatique, vit au profond des marais et ne gagne les bordures que lors des inondations. • **Biologie.** Peu documentée. Bon nageur, a été observé grimpant sur des palmiers-dattiers pour se nourrir des parties tendres.

Lemniscomys barbarus

Mastomys erythroleucus

Nesokia indica

Nesokia bunnii

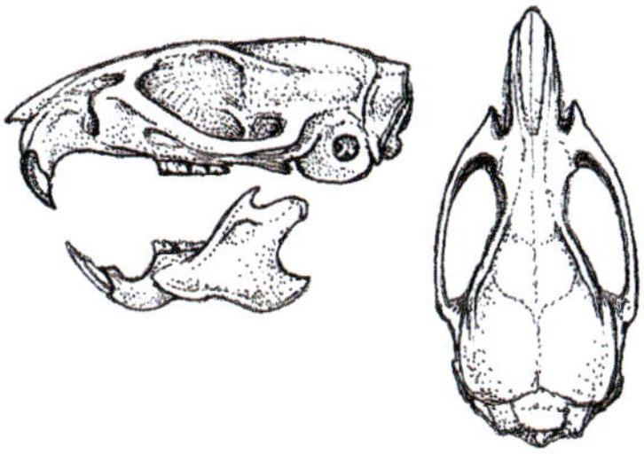

RAT RAYÉ

RAT À MAMELLES MULTIPLES

RAT-BANDICOOT D'ÉGYPTE

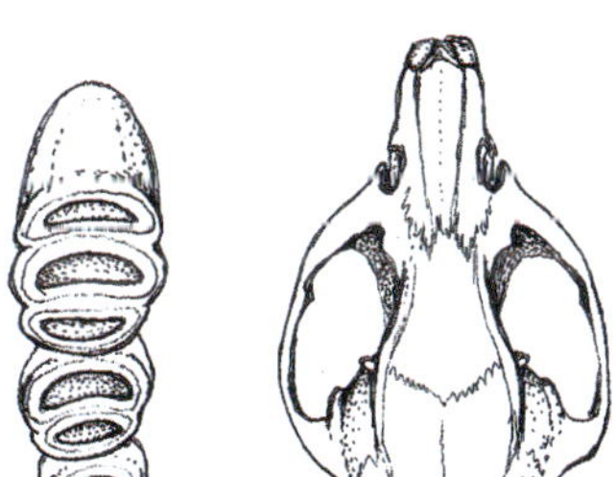

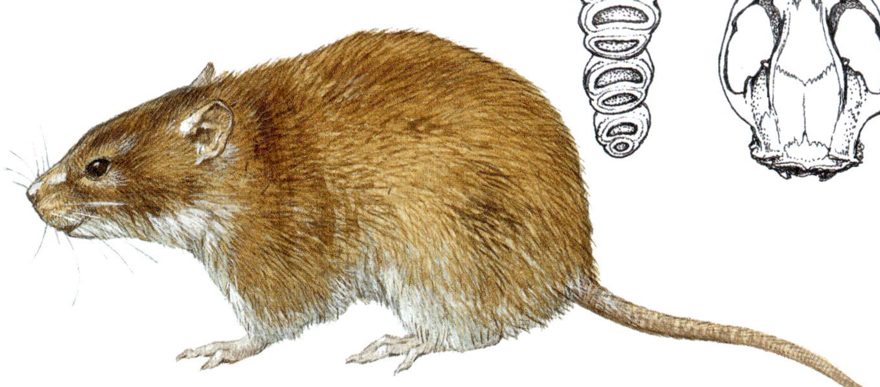

Genre ***Rattus***. Ce sont de grands Muridés au pelage grossier, généralement brunâtre sur le dos, beaucoup plus clair sur le ventre, à la queue nue couverte d'écailles. Les femelles possèdent 5-6 paires de mamelles. Le crâne est assez étroit, avec des arcades zygomatiques fines. 16 dents (1/1, 0/0, 0/0, 3/3), incisives supérieures opisthodontes, sans sillon, molaires à couronne basse et racines. Ces espèces ont été introduites depuis l'Asie. Synanthropiques, elles causent de sévères dommages aux nourritures stockées, voire aux cultures, et sont aussi vectrices de maladies humaines.

Rat surmulot – *Rattus norvegicus*

TC : 180-290 mm, Q : 170-230 mm, Pp : 38-45 mm,
Or : 19-22 mm, Cbl : 37-55 mm, P : 250-520 g.

Description. Rat au corps trapu, museau obtus et queue bicolore, épaisse, relativement longue (80-100 % TC). Oreilles plus courtes et plus velues que celles de *R. rattus*. Pelage de couleur gris-brun sale à brun sombre sur le dos, gris plus pâle sur le ventre (certains animaux sont noirs). Crâne anguleux avec des crêtes parallèles sur le haut de la boîte crânienne. • **Habitat.** Commensal de l'homme, peut être trouvé dans tous les biotopes créés par ce dernier, égouts, dépotoirs, caves, entrepôts, bâtiments de ferme, etc., souvent près de l'eau. Présent aussi sur les côtes, principalement près des estuaires, plus rare dans les milieux non perturbés à l'intérieur des terres. 2n = 42, NF = 62-64. • **Biologie.** Habituellement nocturne, peut être actif le jour. Très agressif et grégaire, forme des groupes territoriaux (clans) aux relations réglées par hiérarchie à partir de la descendance d'un couple ou d'une seule femelle gestante. Pousse un cri d'alarme perçant. Pénètre facilement dans l'eau. Creuse un grand terrier ramifié où est construit le nid ; entrées du terrier toujours ouvertes. Omnivore, se nourrit surtout de graines d'herbacées sauvages et de céréales lorsqu'elles sont disponibles, capable d'exploiter toutes les sources alimentaires, végétales et animales. À l'origine des rats albinos et autres variantes utilisés en laboratoire.

Rat noir – *Rattus rattus*

TC : 120-240 mm, Q : 130-260 mm, Pp : 29-44 mm,
Or : 21-27 mm, Cbl : 30-48 mm, P : 120-280 g.

Description. Rat plus petit et plus élancé que *R. norvegicus*, au museau pointu et aux yeux gros et saillants. Queue unicolore, longue (100-130 % TC). Oreilles grandes et arrondies, presque nues. Pelage de couleur très variable, avec une dominante noir uniforme dans les populations urbaines, un contraste entre le dos brun grisâtre et le ventre plus clair, avec ou sans démarcation nette sur les flancs, dans les populations rurales. Pelage dorsal parfois roussâtre vif. Tous ces variants sont géographiquement mélangés et se croisent sans difficulté. Crâne moins anguleux que chez *R. norvegicus*, crêtes de la boîte crânienne incurvées. 2n = 38, NF = 58. • **Habitat.** Commensal de l'homme moins associé aux ambiances aquatiques que *R. norvegicus*, surtout confiné aux milieux perturbés, dont il est évincé par le Rat surmulot, plus agressif, en Europe tempérée. Largement répandu dans les terrains cultivés, le maquis et les pinèdes dans la région méditerranéenne. • **Biologie.** Nocturne. Très sociable, vit en groupes territoriaux comptant un ♂ dominant, quelques ♂♂ subordonnés et plusieurs ♀♀. Vocalisations multiples incluant divers cris aigus et perçants. Grimpeur agile, bon nageur, peut mener une vie semi-arboricole et occuper la niche des écureuils dans les zones boisées. Construit un nid dans un arbre, la partie haute d'un bâtiment et/ou entretient un terrier complexe. Potentiel reproducteur élevé. Se nourrit de denrées alimentaires humaines, cultures, fruits, Insectes, Mollusques, crabes et petits vertébrés. Vecteur de la peste au cours des siècles passés.

Rat roussard du Nil – *Arvicanthis niloticus*

TC : 140-200 mm, Q : 130-170 mm, Pp : 25-38 mm,
Or : 14-23 mm, Cbl : 27,8-35,4 mm, P : 100-250 g.

Description. Grand Muridé au pelage grossier et au museau modérément pointu, porteur de quelques courtes vibrisses. Pelage de coloration générale fauve, grivelé de noir et de jaune sur le dos (poils tricolores, base et pointe noires encadrant une large bande jaune), avec parfois une bande médiane sombre. Flancs un peu plus pâles, ventre blanc grisâtre. Queue fine, courte (85 % TC), bicolore, sombre dessus, blanchâtre dessous. Crâne peu anguleux, crêtes de la boîte crânienne incurvées. 16 dents (1/1, 0/0, 0/0, 3/3), incisives supérieures sans sillon, molaires à couronne basse et racines. • **Habitat.** Bordures d'herbe haute des canaux, jardins, champs, vergers, bords de voies ferrées et toutes zones humides couvertes de végétation. Vit près des habitations humaines, mais pénètre rarement à l'intérieur. • **Biologie.** Nocturne et diurne, peut être vu et capturé aux plus chaudes heures de la journée. Grégaire en hiver, vit plutôt en couple l'été. Terrier peu profond, sinueux, creusé à la base d'un arbre ou dans une berge de canal, ou tout terrain cultivé non inondé par l'irrigation. Se nourrit de graines et de fruits, grignote la base des cannes à sucre et ronge l'écorce des arbres.

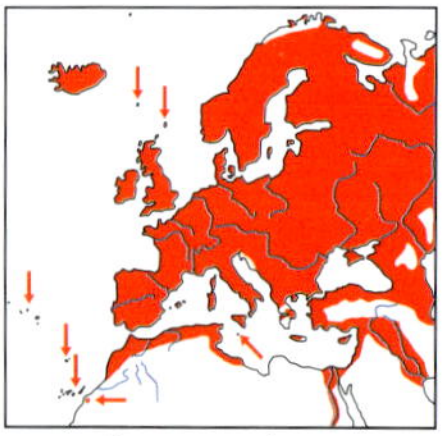
Rattus norvegicus

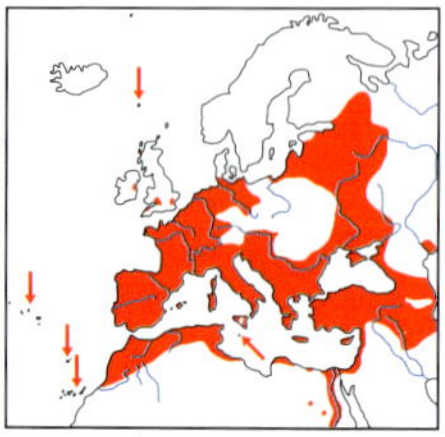
Rattus rattus

Arvicanthis niloticus

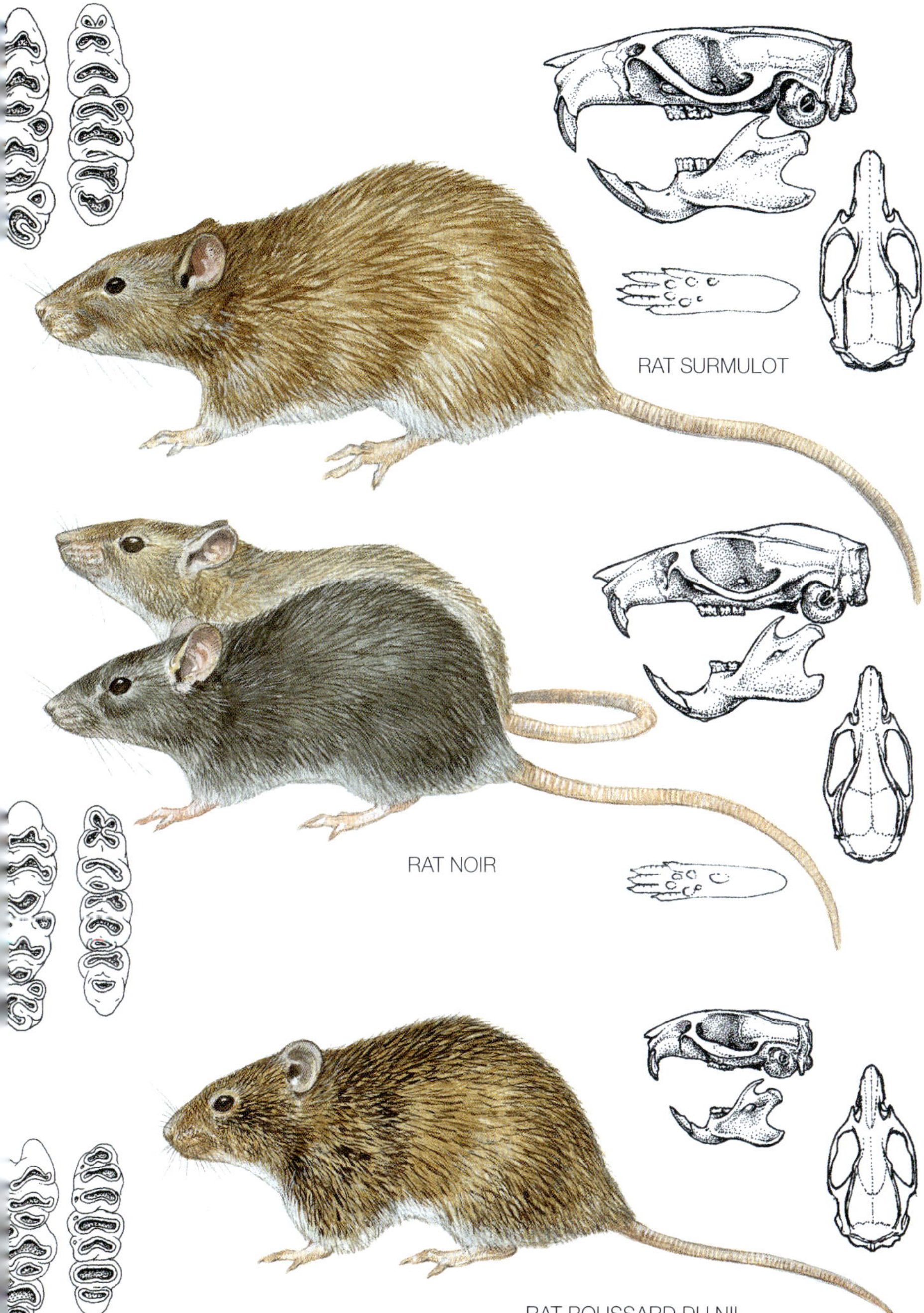
RAT SURMULOT
RAT NOIR
RAT ROUSSARD DU NIL

Genre ***Mus***. Ce sont de petits Muridés aux yeux, oreilles et pieds postérieurs plus petits que chez les mulots. Le pelage ne présente jamais de tache pectorale. La queue est presque nue couverte d'écailles. Les femelles possèdent 5 paires de mamelles. Le caryotype est 2n = 40. 16 dents (1/1, 0/0, 0/0, 3/3), incisives supérieures opisthodontes ou légèrement protodontes, molaires à couronne basse et racines (généralement 3 pour la M^1), les troisièmes molaires sont généralement de très petite taille. Ces espèces sont plus ou moins associées aux activités humaines.

Souris d'Afrique du Nord – *Mus spretus*

TC : 70-89 mm, Q : 50-72 mm, Pp : 15-19 mm, Or : 11-15 mm, Cbl : 18-22 mm, P : 11-18 g.

Description. Souris d'extérieur à queue courte (< TC) et fine à la base. Pelage brun grisâtre à fauve sur le dos, blanc ou gris pâle sur le ventre, nettement démarqué sur les flancs. Incisives supérieures sans encoche. 4 plis palatins entre les molaires (5 plis chez les autres souris). Ramus dorsal de l'arcade zygomatique large. Partie antérieure de la M_1 à quatre lobes égaux. • **Habitat.** Végétation buissonnante et herbacée des terrains cultivés, jardins, vergers, maquis, matorrals, sansouires et forêts claires du biome méditerranéen, à la recherche des habitats les plus humides dans le sud de son aire de répartition où elle n'est présente que dans les zones cultivées des oasis. Jusqu'à 1 800 m dans l'Atlas. Évite les constructions humaines. En expansion à la faveur du réchauffement climatique. • **Biologie.** Surtout nocturne. Creuse des tunnels interconnectés sous la végétation ou juste sous la surface du sol. Moins coloniale que *M. spicilegus*, ne construit pas de monticules de réserves. Densités de population entre 3 et 12/ha. Se nourrit de graines, fruits, parties végétales vertes et quelques Insectes.

Souris des steppes – *Mus spicilegus*

TC : 55-93 mm, Q : 50-75 mm, Pp : 14-17,5 mm, Or : 9-14 mm, Cbl : 18-22 mm, P : 9-20 g.

Description. Souris d'extérieur au pelage caractérisé par une démarcation nette entre le dos et le ventre. Pelage dorsal brun grisâtre pâle, plus sombre au milieu du dos que sur les flancs. Pelage ventral grisâtre sans teinte jaunâtre. Queue assez longue (≈ TC). Incisives supérieures à encoche. Bordure linguale de M^2 concave. Incl. *hortulanus*. • **Habitat.** Milieux ouverts : steppes, terrains cultivés produisant des plantes annuelles, prairies artificielles et champs de céréales à basse altitude (généralement < 200 m). Présente dans d'autres milieux ouverts, vergers, lisières de forêts, steppes sableuses, etc. Évite les constructions humaines. Exigences très spécifiques en automne lors de la constitution des réserves. • **Biologie.** Monogame pendant la période de reproduction, constitue avant l'hiver des réserves de nourriture dans des monticules de terre de 40 à 80 cm (1-20/ha), véritables greniers collectifs pour 5-6 animaux, qui contiennent jusqu'à 10 kg de graines. Ces constructions, réalisées par une dizaine de ♂♂ et juvéniles, sont abandonnées au printemps.

Souris de Macédoine – *Mus macedonicus*

TC : 65-100 mm, Q : 53-82 mm, Pp : 12-18 mm, Or : 9-16 mm, Cbl : 18-23 mm, P : 11-32 g. ♀♀ plus lourdes que ♂♂.

Description. Souris d'extérieur à queue assez courte (67-100 % TC), indistinctement bicolore, grisâtre ou chamois gris dessus, gris pâle dessous. Pelage dorsal brun grisâtre pâle à sombre, flancs plus clairs. Pelage ventral blanc grisâtre, crème ou blanchâtre. Ramus dorsal de l'arcade zygomatique large. Incisives supérieures avec encoche peu marquée. Bordure linguale de M^2 convexe. 3 racines pour la M^1 de type *musculus*. Incl. *abotti, camini, spretoides*. • **Habitat.** Milieux ouverts à végétation haute et dense : terrains cultivés, maquis, dunes côtières, vergers, oliveraies, bords de route, roselières, bordures de lacs, rivières ou canaux d'irrigation. Évite les forêts et les habitations. Surtout à faible altitude, atteint 1 600 m dans les monts Taurus. • **Biologie.** Nocturne. Reproduction saisonnière avec un pic printemps-été. Se nourrit de graines et parties vertes des plantes.

Souris de Chypre – *Mus cypriacus*

TC : 70-95 mm, Q : 63-92 mm, Pp : 15-19 mm, Or : 14-17 mm, Cbl : 21-23 mm, P : 12-24 g.

Description. Souris d'extérieur à queue relativement longue (85-117 % TC), indistinctement bicolore, brun-gris dessus, grisâtre dessous. Pelage brun sur le dos, plus sombre le long de l'épine dorsale chez certains individus. Pelage ventral beige grisâtre, flancs chamois plus nettement démarqués que chez les autres *Mus*. Crâne plus grands mais semblable à celui de *M. macedonicus*. Ramus dorsal de l'arcade zygomatique large. Incisives supérieures avec encoche peu marquée. 4 racines pour la M^1 de type *musculus*. • **Habitat.** Végétation méditerranéenne, terrasses abandonnées à végétation dense et haute ; ne pénètre pas dans le maquis et évite les zones occupées par *Acomys nesiotes*. Jusqu'à 1 600 m au mont Troodos. • **Biologie.** Capturée de nuit.

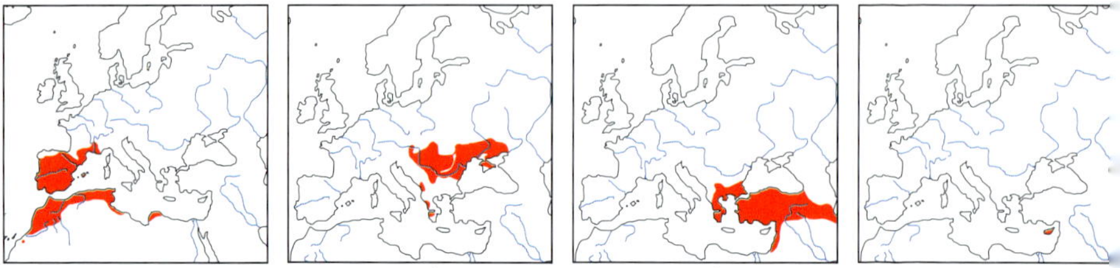

Mus spretus *Mus spicilegus* *Mus macedonicus* *Mus cypriacus*

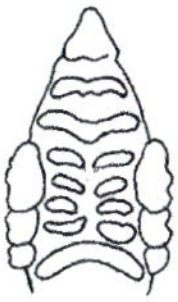

plis palatins

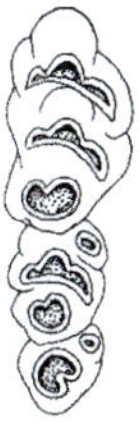

SOURIS D'AFRIQUE DU NORD

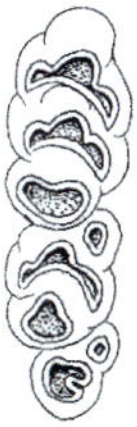

SOURIS DES STEPPES

SOURIS DE MACÉDOINE

SOURIS DE CHYPRE

Souris grise – *Mus musculus*

TC : 70-103 mm, Q : 70-104 mm, Pp : 15-19 mm,
Or : 12-15 mm, Cbl : 17-22 mm, P : 12-32 g.

Description. Caractérisée par une odeur musquée typique et par une queue relativement plus épaisse et plus longue que chez les autres *Mus*. Pelage dorsal généralement brun grisâtre, avec des variations individuelles, depuis des animaux presque noirs à des animaux brun clair. Deux formes se partagent l'Europe de part et d'autre d'une étroite zone hybride. À l'ouest et dans la région méditerranéenne, *M. m. domesticus*, pelage gris brunâtre sur le dos, légèrement plus pâle sur le ventre, sans démarcation nette ; au Proche-Orient et en Afrique du Nord, animaux plus petits et plus clairs sur le dos, ventre presque blanc, queue de longueur sensiblement égale à TC. À l'est et au nord, *M. m. musculus*, pelage plus gris sur le dos, plus pâle sur le ventre, queue légèrement plus courte que TC. Ramus dorsal de l'arcade zygomatique étroit. Incisives supérieures à encoche. Partie antérieure de la M_1 à trois lobes principaux. • **Habitat.** Commensale, mais peut aussi vivre en milieu naturel dans le sud et l'est de l'aire de répartition, maquis et terrains cultivés notamment, mais aussi oasis à l'extrême sud. *M. m. domesticus*, plus commensale, a colonisé tous les continents. • **Biologie.** Surtout crépusculaire et nocturne. Émet des cris aigus audibles. Très prolifique, peut se reproduire toute l'année si la nourriture est abondante. Omnivore, consomme principalement graines et grains, parties végétatives des plantes et Insectes. Peut causer des dommages aux entrepôts, greniers à céréales et habitations. Espèce domestiquée.

Genre ***Acomys***. Ce sont des Muridés de taille moyenne au museau pointu, aux gros yeux et aux grandes oreilles, à queue écailleuse aussi longue que le corps et au pelage dorsal constitué de soies raides, épineuses (caractère non visible à distance). Les pieds postérieurs sont larges et assez courts. Les femelles possèdent 3 paires de mamelles (4 chez *A. chudeaui*). Le crâne est assez large, le palais s'étend bien au-delà des dents. La mandibule présente des processus coronoïde et alvéolaire réduits. 16 dents (1/1, 0/0, 0/0, 3/3), incisives supérieures opisthodontes, lisses, molaires à couronne basse et racines, M^1 à trois racines. Les besoins en eau sont généralement couverts par la nourriture. La systématique des *Acomys* n'est pas stabilisée ; la colonisation des îles méditerranéennes et de l'Anatolie a une origine anthropique.

Rat épineux du Caire – *Acomys cahirinus*

TC : 93-138 mm, Q : 85-138 mm, Pp : 18-23 mm,
Or : 18-24 mm, Cbl : 28,0-29,2 mm, P : 21-64 g.

Description. Taille assez grande pour un *Acomys*. Queue presque aussi longue que TC, bicolore, brunâtre dessus, blanchâtre dessous. Pelage brun cannelle sur le dos, blanc à grisâtre sur le ventre et les pieds, mais aussi à la base des oreilles et au-dessous de l'œil. Soies épineuses des épaules à la croupe, pas sur les flancs. Soles plantaires et coussinets pâles. Plages blanches au-dessus de l'œil et derrière l'oreille. 2n = 36, NF = 68. • **Habitat.** Zones rocheuses et steppes arides, lits d'oueds, palmeraies, versants de collines et falaises dans le désert, jusqu'à 1 800 m ; occupe les campements, voire les zones urbaines devenant commensal dans les habitations en terre. • **Biologie.** Diurne, actif surtout le matin et le soir. Très agile, s'abrite dans des fentes de rochers ou creuse un terrier simple dans les sols meubles. Hérisse ses épines lorsqu'il est dérangé. Se nourrit de feuilles, graines, fruits, escargots, Insectes et scorpions.

Rat épineux occidental – *Acomys chudeaui*

TC : 90-120 mm, Q : 90-120 mm, Pp : 18-21 mm,
Or : 15-20 mm, Cbl : 25,0-27,0 mm, P : 21-64 g.

Description. Pelage gris cendré avec un reflet orangé sur le dos, blanc sur le ventre, avec démarcation nette sur les flancs. Soies épineuses depuis la nuque jusqu'à la croupe. Queue de même longueur que TC. Mandibule large et épaisse. 2n = 40, NF = 70. • **Habitat.** Zones rocheuses des régions prédésertiques. • **Biologie.** Surtout diurne, évite les fortes températures estivales. Gîte dans des anfractuosités. Se nourrit de végétation fraîche et sèche, de graines et petits invertébrés.

Rat épineux du Sahara – *Acomys seurati*

TC : 87-101 mm, Q : 104-125 mm, Pp : 17-20 mm,
Or : 18-22 mm, Cbl : 24,3-28,5 mm.

Description. Assez grand *Acomys* à queue longue. Pelage gris sur le dos, blanc sur le ventre. Piquants longs (jusqu'à 14 mm dans la région lombaire). Face plantaire ornée de tubercules principaux peu développés entourés de tubercules accessoires et granulations (au contraire d'*A. chudeaui*). Bulles tympaniques plus grosses que chez les autres *Acomys*. 2n = 38, NF = 68. • **Habitat.** Zones rocheuses du Hoggar et du Tassili n'Ajjer. • **Biologie.** Nocturne. Gîte dans des fissures entre les rochers.

Mus musculus domesticus (rouge)

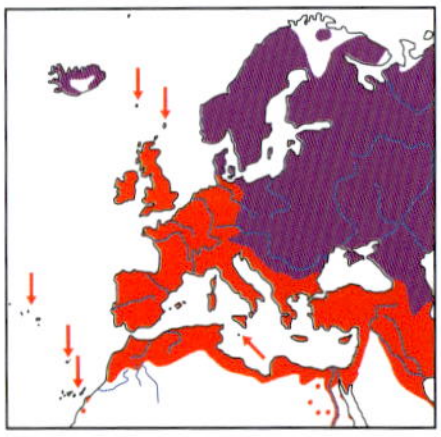

Mus musculus musculus (violet)

Acomys cahirinus

Acomys chudeaui

Acomys seurati

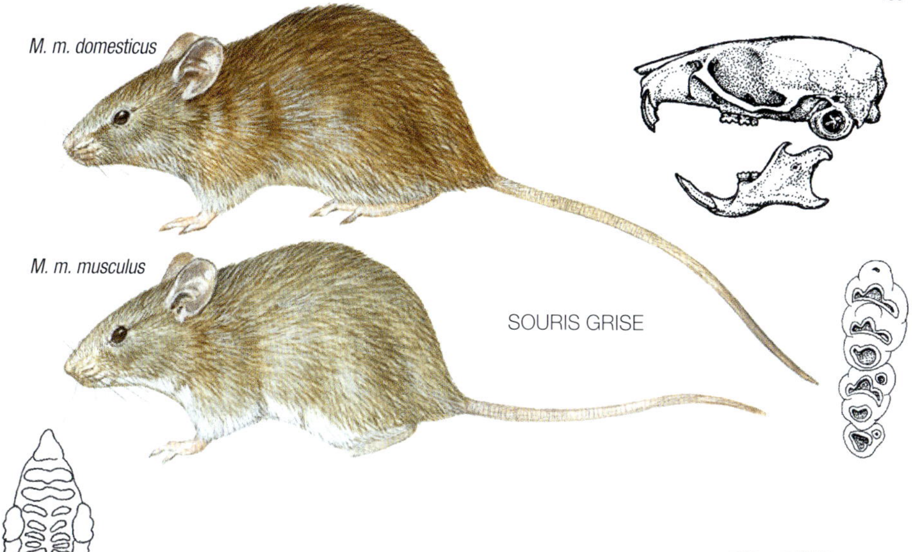

M. m. domesticus

M. m. musculus

SOURIS GRISE

plis palatins

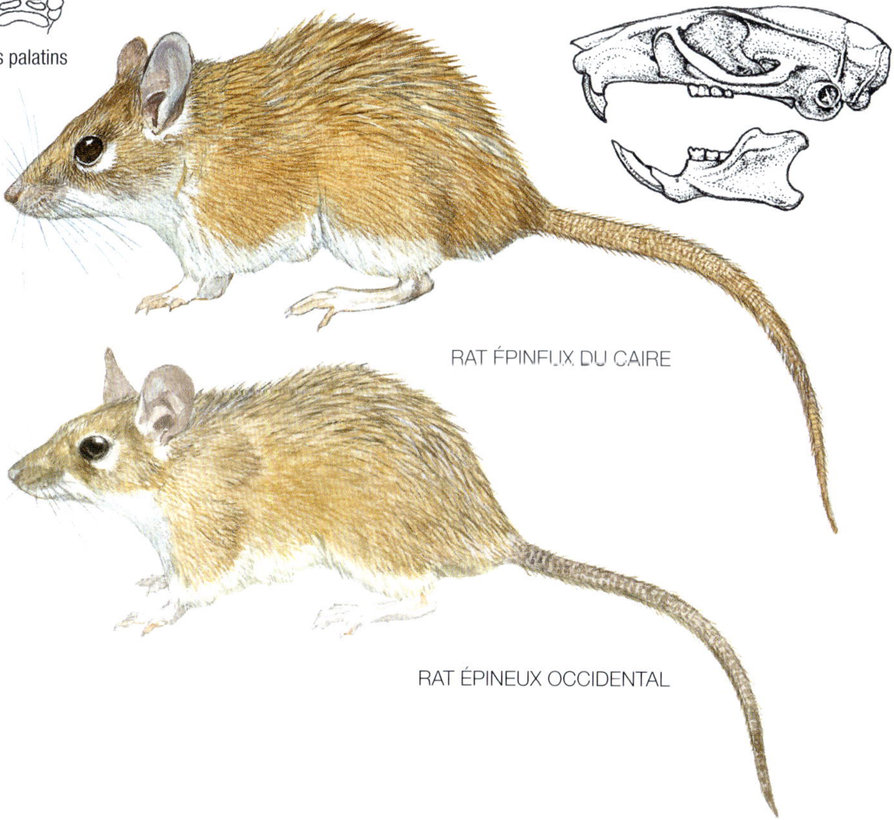

RAT ÉPINEUX DU CAIRE

RAT ÉPINEUX OCCIDENTAL

Rat épineux oriental – *Acomys dimidiatus*

TC : 85-125 mm, Q : 88-122 mm, Pp : 17-23 mm,
Or : 15-26 mm, Cbl : 23,6-30,7 mm, P : 30-45 g.

Description. Pelage dorsal fauve, plus ou moins sombre selon les populations, soies épineuses gris-brun sur le dos des épaules à la croupe et les flancs. Pelage ventral blanc pur, nettement démarqué des flancs de même coloration que le dos. Plages blanches au-dessous de l'œil et derrière l'oreille. Soles plantaires claires. Queue presque aussi longue que TC. 2n = 38 (36 dans le Sinaï), NFa = 70. • **Habitat.** Toutes zones rocheuses, steppes très arides et déserts, régions à végétation abondante, jusqu'à 1 900 m. • **Biologie.** Principalement nocturne et crépusculaire. Trouve refuge dans une crevasse entre les blocs, parfois dans un terrier creusé par un autre Rongeur. Se nourrit de graines de Poacées et autres herbacées, mais aussi d'escargots dans le désert.

Rat épineux de Cilicie – *Acomys cilicicus*

TC : 91-121 mm, Q : 91-117 mm, Pp : 16-20 mm,
Or : 16-20 mm, Cbl : 25,8-29,5 mm, P : 29-63 g.

Description. Légèrement plus petit que les rats épineux de Crète et de Chypre, dents plutôt frêles. Queue longue (81-111 % TC), bicolore, gris-brun dessus, crème dessous. Pelage brun-gris, plus sombre au milieu du dos, brun pâle sur les flancs, blanc jaunâtre sur le ventre non nettement démarqué. Incisives supérieures plus larges que chez *A. cahirinus*, recouvertes d'émail jaune. 2n = 36, NF = 68. • **Habitat.** Rochers calcaires littoraux, végétation méditerranéenne broussailleuse, ruines des cimetières byzantins au couvert végétal clairsemé, proche du niveau de la mer. • **Biologie.** Semblable aux autres rats épineux.

Rat épineux de Crète – *Acomys minous*

TC : 90-128 mm, Q : 89-120 mm, Pp : 18-20 mm,
Or : 16-20 mm, Cbl : 27,7-31,4 mm, P : 30-86 g.

Description. Pelage assez gris sur le dos, grisâtre ou brun roussâtre sur les flancs, nettement démarqué du blanc sale du ventre. Queue presque aussi longue que TC. Trois lignées génétiques distinctes pour la seule Crète : 2n = 38, 40, 42, NF = 66-68. • **Habitat.** Maquis et steppe aride méditerranéenne, massifs rocheux avec crevasses au-dessous de 600 m. Vergers et à proximité des habitations. • **Biologie.** Crépusculaire et nocturne. Grimpe avec agilité et court souvent avec la queue relevée sur le dos. Petites communautés isolées où règne une structure hiérarchique dominée par une ♀. Se nourrit surtout de graines, consomme d'autres parties végétales et petits arthropodes (Isopodes, Diplopodes, Coléoptères, Orthoptères).

Rat épineux de Chypre – *Acomys nesiotes*

TC : 97-135 mm, Q : 91-118 mm, Pp : 18-22 mm,
Or : 17-22 mm, Cbl : 25,6-31,5 mm, P : 31-70 g.

Description. Légèrement plus grand qu'*A. cilicicus* et *A. minous*, queue plus courte (72-94 % TC) et épaisse. Pelage brun-gris terne plus ou moins sombre sur le dos, ombré de cannelle brunâtre sur les flancs, blanc très nettement démarqué sur le ventre. Soies épineuses gris pâle avec des pointes sombres. Queue bicolore, gris souris dessus, pâle dessous. Incisives supérieures recouvertes d'émail jaune. 2n = 38, NF = 68. • **Habitat.** Zones rocheuses sur substrat calcaire, maquis méditerranéen de chênes verts et boisements clairs sur rochers, du niveau de la mer jusqu'à 1 220 m. Non commensal, mais parfois proche des villages dans les secteurs rocheux faiblement végétalisés. • **Biologie.** Excellent grimpeur, abri dans de profondes fentes de rochers et abris pour le bétail dans les collines. Densités faibles, < 1/ha au printemps jusqu'à 3/ha à l'automne. Consomme l'écorce et les feuilles de caroubier et beaucoup d'escargots.

Rat épineux doré – *Acomys russatus*

TC : 90-122 mm, Q : 56-81 mm, Pp : 18-22 mm, Or : 16-22 mm,
Cbl : 22,2-29,3 mm, P : 26-77 g.

Description. Robuste rat épineux, nettement plus lourd que les autres espèces sympatriques. Queue toujours plus courte que TC, unicolore. Pelage épineux de l'arrière de la tête à la croupe. Pelage dorsal assez uniforme, brun doré pâle à roussâtre. Pelage ventral blanchâtre, sans démarcation nette sur les flancs mais transition nette sur les joues et la gorge. Oreilles, queue, soles plantaires et coussinets noirs. Plages blanches au-dessus de l'œil et derrière l'oreille. Bulles tympaniques plus développées que chez les autres *Acomys*. 2n = 66, NF = 76. • **Habitat.** Toutes zones rocheuses comme *A. cahirinus*, plus confiné aux régions arides et plus résistant à la température et à la sécheresse, mais plus sensible au froid. Jusqu'à 2 290 m dans le Sinaï. • **Biologie.** Diurne avec deux pics d'activité, le matin et en fin d'après-midi, peut être nocturne où la compétition avec *A. cahirinus* est faible. Densités de 15-46/ha. Se nourrit de graines, de parties végétales vertes (Chénopodiacées), d'Insectes, d'Isopodes et d'escargots.

Acomys dimidiatus

Acomys cilicicus

Acomys minous

Acomys nesiotes (rouge)

Acomys russatus (violet)

RAT ÉPINEUX ORIENTAL

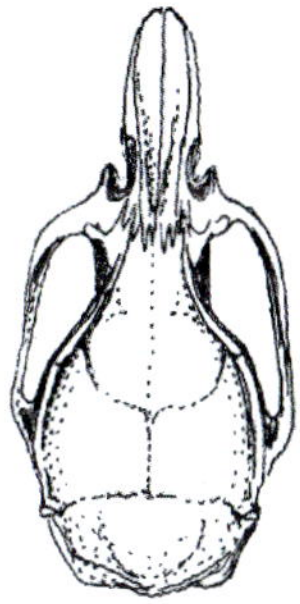

RAT ÉPINEUX DE CRÈTE

RAT ÉPINEUX DE CILICIE

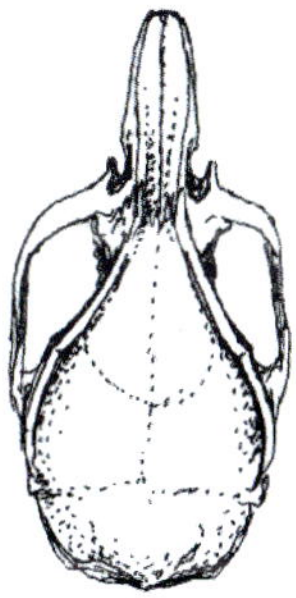

RAT ÉPINEUX DE CHYPRE

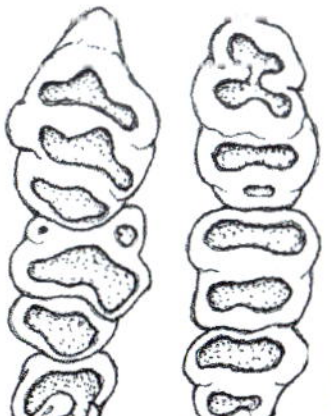

RAT ÉPINEUX DORÉ

Genres ***Nannospalax*** et ***Spalax***. Ce sont des Rongeurs fouisseurs et aveugles, qui présentent de profondes adaptations morphologiques, physiologiques et comportementales à la vie souterraine. La tête est cunéiforme, le museau est court, les yeux sont rudimentaires et cachés sous la peau. Les oreilles externes sont peu développées et la queue est vestigiale. Le corps est cylindrique, les pattes sont courtes, les pieds sont normaux (contrairement aux taupes). Chaque demi-mâchoire compte une seule incisive saillante, qui sert à ameublir le sol ; 16 dents (1/1, 0/0, 0/0, 3/3). Les mâles sont légèrement plus grands que les femelles. Leurs vocalisations sont de discrets couinements, à l'exception d'un cri explosif lié à une excitation. Les animaux communiquent également en tambourinant avec la tête dans les galeries. Ils n'hibernent pas. Selon les auteurs, le nombre d'espèces varie de 3 à 15, voire plus, en raison de l'isolement de nombreuses populations, pour des différences morphologiques ténues, surtout crâniennes. Les *Nannospalax* présentent une forte variabilité de formule chromosomique.

Spalax d'Ehrenberg – *Nannospalax ehrenbergi*

TC : 130-230 mm, Pp : 19-27 mm, Cbl : 31,8-47,8 mm, Rms : 6,2-8,3 mm, P : 80-250 g.

Description. Spécimens d'Égypte et de Libye plus petits que ceux du nord de l'aire. Le plus petit spalax. Poils courts et souples facilitant les déplacements en avant et en arrière dans les galeries. Pelage brun-gris sur tout le corps à l'exception d'une tache blanche sur la tête et l'abdomen chez certains animaux. Incisives supérieures avec sillon. 2n = 52 à 2n = 60 (NF = 66-90). Super-espèce comptant quatre espèces décrites d'Israël : *N. carmeli* (2n = 58), *N. galili* (2n = 52), *N. golani* (2n = 54), *N. judaei* (2n = 60). Incl. *aegyptiacus*. • **Habitat.** Sols sableux et argileux, souvent à proximité des terrains cultivés, à toutes les altitudes jusqu'à 2 600 m. • **Biologie.** Activité essentiellement souterraine, sort parfois la nuit. Solitaire, territorial et agressif. ♀♀ plus nombreuses que ♂♂. Terrier de profondeur variable avec le type de sol, l'humidité et le climat, jusqu'à 1,5 m de profondeur en été, surmonté d'un tumulus d'environ 40 cm. Nid de mise bas sphérique, garni d'herbes sèches. Rebouche ses galeries très rapidement lorsqu'elles sont ouvertes. Adapté à supporter les teneurs élevées en CO_2 et faibles en O_2 de ses galeries. Se nourrit en hiver des parties souterraines des plantes, comme les bulbes, tubercules et racines grasses. Consomme en été les parties vertes des végétaux et des grains, orge et blé notamment. Boire ne lui est pas nécessaire.

Spalax occidental – *Nannospalax leucodon*

TC : 150-240 mm, Pp : 18-30 mm, Cbl : 39,9-53,2 mm, Rms : 6,5-8,9 mm, P : 160-365 g.

Description. Légèrement plus grand que *N. ehrenbergi*, au crâne reconnaissable à la présence de deux petites perforations de chaque côté de l'ouverture postérieure. Pelage doux et velouté, gris fumée sur le ventre, sans ombres brunes. Incisives supérieures sans sillon. M^1 à 3-4 racines. Les variations de taille, de couleur, du squelette et des dents, et surtout de formule chromosomique, 2n = 36-62, NF = 74-98, amènent à considérer une super-espèce. Incl. *hercegovinensis*, *hungaricus*, *macedonicus*, *montanosyrmiensis*, *serbicus*, *syrmiensis*, *transsylvanicus*. • **Habitat.** Prairies et terrains cultivés sur sol sec du niveau de la mer jusqu'à 2 400 m. Affectionne les mosaïques de pâturages et de champs sur les versants des montagnes, ainsi que les vergers et les vignes abandonnées. Préfère les sols profonds, friables et bien drainés, évite les sols labourés et les grandes cultures. En régression induite par les activités humaines. • **Biologie.** Nocturne, sort rarement de ses galeries souterraines. Solitaire. Densité de population entre 1 et 13/ha. Remblais semblables à de grosses taupinières caractéristiques. Se nourrit des parties souterraines des plantes, parfois cultivées (pommes de terre, betteraves sucrières, carottes et oignons), stocke jusqu'à plusieurs kilos de nourriture.

Spalax d'Anatolie – *Nannospalax xanthodon*

TC : 143-255 mm, Pp : 20-30 mm, Cbl : 34,1-55,6 mm, Rms : 3,2-9,0 mm, P : 130-520 g.

Description. Plus grand que *N. ehrenbergi* mais de morphologie très semblable à *N. leucodon*. M^1 à 1-2 racines (3 chez *tuncelicus*). 2n = 36-62, NF = 68-84. Super-espèce composée d'espèces allopatriques de morphologie identique, dont *N. labaumei* (2n = 56, 60, Anatolie centre), *N. nehringi* (2n = 50, 54, Anatolie est et centre). Incl. *anatolicus*, *armeniacus*, *cilicicus*, *munzuri*, *tuncelicus*, *turcicus*. • **Habitat.** Steppes avec une couverture de stipes, dans les vallées et versants de montagnes humides, généralement entre 900 et 1 600 m. Présent aussi dans les champs et les jardins. Évite les forêts, terrains rocheux et marécageux. • **Biologie.** Comme chez *N. leucodon* le terrier comporte chambre avec nid, latrines, galeries de nourrissage et de stockage. Densité de population autour de 8-9/ha. Se nourrit préférentiellement de bulbes, de racines et de tubercules, consomme aussi du trèfle. Stocke des réserves : pommes de terre, betteraves, carottes…

Nannospalax ehrenbergi

Nannospalax leucodon

Nannospalax xanthodon

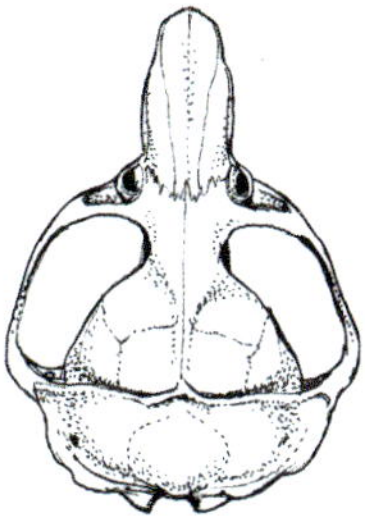

SPALAX D'EHRENBERG

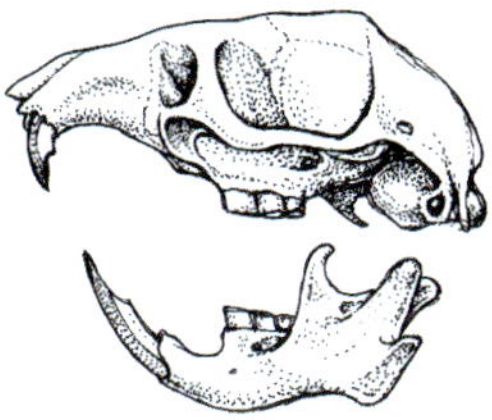

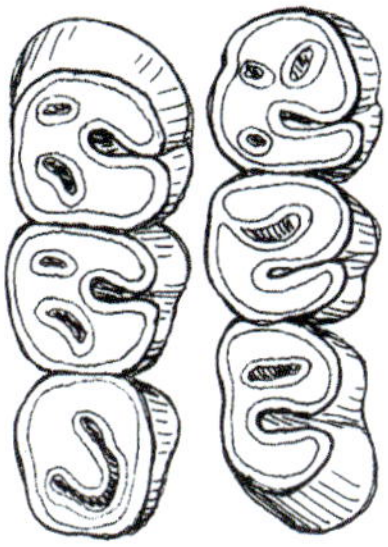

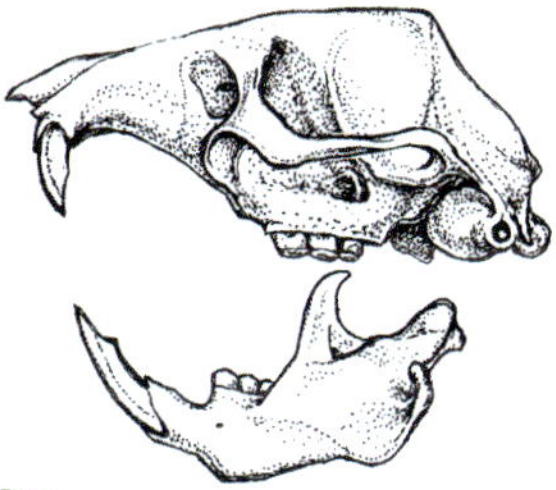

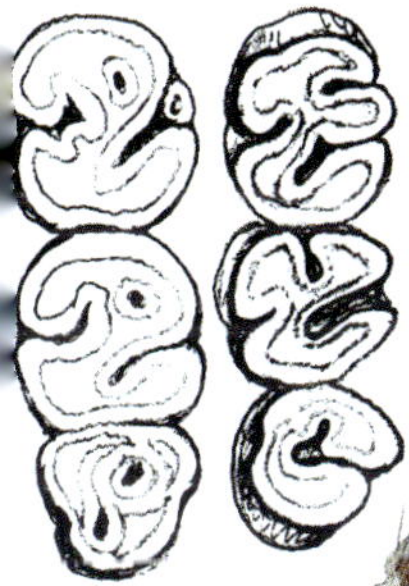

SPALAX OCCIDENTAL

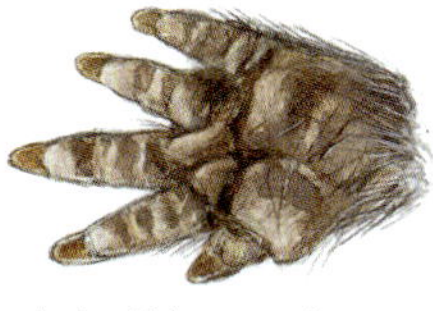

pied antérieur gauche

pied postérieur gauche

Spalax de Bukovine – *Spalax graecus*

TC : 190-280 mm, Pp : 23-30 mm, Cbl : 49,9-55,1 mm, Rms : 7,7-9,0 mm, P : 300-700 g.

Description. Grande taille. Pelage de différentes nuances de gris. Partie postérieure de la tête blanche. Rangées de soies hérissées sur la tête, de couleur blanc pur. Absence de vibrisses. Crâne semblable à celui de *N. leucodon*, avec un rostre plus large et sans perforation de chaque côté de l'ouverture postérieure. 2n = 62, NF = 124. Populations isolées par les Carpates identifiées comme *S. antiquus* (S Roumanie, incl. *mezogiensis*) et *S. istricus* (centre Roumanie) avec des os nasaux plus courts que le prémaxillaire. • **Habitat.** Prairies, steppes et terrains cultivés, petits champs de pommes de terre, de betteraves, ou bords de route, vergers. Changements saisonniers d'habitat induits par les labours. • **Biologie.** Crépusculaire et nocturne, quitte rarement ses galeries souterraines. Chaque animal creuse un terrier complexe avec des galeries de 8-10 cm de diamètre, une chambre avec le nid et des chambres de stockage de réserves. Densité de population généralement faible, en moyenne 1-3/ha, jusqu'à 23/ha. Rassemblements observés en hiver et au début du printemps. Se nourrit des parties souterraines des plantes, tubercules et rhizomes.

Spalax zemni – *Spalax zemni*

TC : 200-290 mm, Pp : 25-30 mm, Cbl : 39,3-49,2 mm, Rms : 7,2-8,0 mm, P : 370-570 g.

Description. Pelage dorsal gris sombre, sans nuance brun jaunâtre et sans démarcation visible entre le dos et le ventre. Très semblable à *S. graecus*, distribution parapatrique. 2n = 62, NF = 124. Incl. *polonicus*, *podolicus*. • **Habitat.** Steppes naturelles, remblais de routes et de voies ferrées, pentes couvertes d'arbustes, haies brise-vent, champs d'alpha, de trèfle, de luzerne ou de coton. Sols profonds, friables et bien drainés, évite forêts, marais, marécages et champs labourés profondément. • **Biologie.** Nocturne, actif toute l'année. Solitaire. Creuse avec ses dents (ou sa tête dans les sols meubles), pousse les déblais en arrière avec ses pattes et ses pieds. Terrier superficiel ou profond (jusqu'à 2 m), avec plusieurs chambres de stockage de réserves. Se nourrit de racines de plantes cultivées et d'arbres.

Spalax microphtalme – *Spalax microphthalmus*

TC : 200-315 mm, Pp : 23-30 mm, Rms : 7,3-9,0 mm, P : 350-810 g.

Description. Semblable aux autres spalax de grande taille mais parapatrique. Pelage dorsal gris sombre, teinté de brun et de rouge jaunâtre. Pelage ventral plus clair, gris lavé de roux. Crâne sans perforation de chaque côté de l'ouverture postérieure. Cbl et largeur maximale du crâne < 58 mm. 2n = 60, NF = 120. • **Habitat.** Steppes de plaine et forêts-steppes sur sols fertiles couverts d'une végétation herbacée dense, en lisière de forêts, voire à l'intérieur. Rarement sur sols sableux et cultivés. • **Biologie.** Terrier complexe, avec une longueur de galeries occupées par un seul animal jusqu'à 250 m. Densité de population entre 2 et 10/ha. Se nourrit de racines et de tubercules dont pommes de terre, carottes et betteraves sucrières ; consomme parfois des tiges et des feuilles, ou des glands.

Spalax d'Ukraine – *Spalax arenarius*

TC : 190-275 mm, Pp : 22-30 mm, Rms : 8,3-9,9 mm, P : 380-660 g. ♂♂ plus grands que ♀♀.

Description. Semblable aux autres spalax de grande taille mais parapatrique. Pelage dorsal à dominante brun grisâtre sombre, devant de la tête et pelage ventral plus clairs. • **Habitat.** Biotopes sableux et secs dans les plaines alluviales, steppes à armoises ou euphorbes, forêts de bouleaux dans sa petite aire relictuelle. Menacé par les plantations de pins. 2n = 62, NF = 124. • **Biologie.** Solitaire et agressif envers les congénères. ♀♀ occupent des plus petits terriers à la mise bas. Densité de population de 7-10/ha. Se nourrit des parties souterraines des plantes. Stocke de grandes quantités de nourriture dans des chambres souterraines (jusqu'à 10-15 kg), avec un seul aliment par chambre.

Spalax géant – *Spalax giganteus*

TC : 230-350 mm, Pp : 30-35 mm, Rms : 9,1-11,7 mm, P : 390-1 000 g.

Description. Le plus grand des spalax (Pp > 30 mm). Pelage des adultes et des juvéniles assez clair, grisâtre pâle plus ou moins ocré sur le dos, plus nettement grisâtre sur le ventre. Sommet de la tête presque blanc chez les vieux animaux. Crâne au rostre large, sans perforation de chaque côté de l'ouverture postérieure. Cbl et largeur maximale du crâne > 58 mm. 2n = 62, NF = 124. • **Habitat.** Sites humides des déserts et semi-déserts sur sols sableux ou terreux, vallées alluviales et estuaires, bassins lacustres. Broussailles ou en lisière de forêt. • **Biologie.** Solitaire. Galeries de nourrissage superficielles, terrier profond (jusqu'à 3 m). Se nourrit de racines et de tubercules.

Spalax graecus

Spalax zemni

Spalax microphtalmus

Spalax arenarius (rouge)

Spalax giganteus (violet)

SPALAX DE BUKOVINE

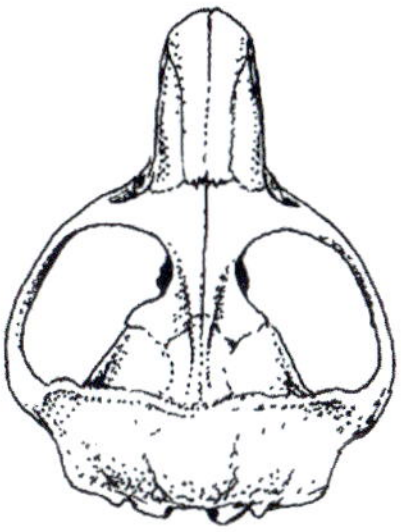

SPALAX ZEMNI

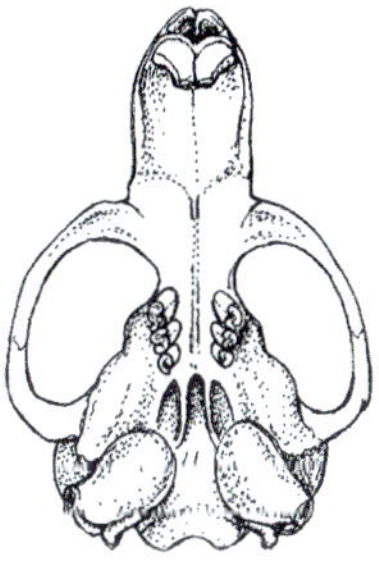

SPALAX GÉANT

SPALAX MICROPHTALME

Famille des Ctenodactylidae. Les goundis sont des Rongeurs de taille moyenne au corps compact, porté par des pattes courtes à 4 doigts. Les doigts, avec coussinets, sont terminés par des griffes acérées qui leur servent à agripper les rochers ; des rangées de poils raides utilisées comme peigne garnissent les 2 doigts internes des pattes postérieures. La queue est courte et touffue, peu visible car dépassant peu de la fourrure. La tête, au museau arrondi, porte de gros yeux, des oreilles courtes, des vibrisses très longues. Le crâne est aplati, large dans sa partie postérieure, les arcades zygomatiques sont robustes. Les bulles tympaniques sont plus ou moins développées. 16-20 dents (1/1, 0/0, 0-1/0-1, 3/3), des P4 sont observées chez les *Ctenodactylus gundi* et *Massoutiera mzabi* adultes. Sur le terrain, les espèces peuvent être différenciées d'après la longueur de la queue, de la forme et de la taille de leurs crottes déposées à l'entrée des abris et des vocalisations émises par les animaux en alerte. Diurnes, ils passent environ 50 % de leur période d'activité hors de leurs abris, passant des heures au soleil sur des rochers. Ils se nourrissent à proximité des abris de feuilles, tiges et fleurs, sélectionnant environ 30 % des espèces végétales présentes. Ils ne boivent pas, obtenant l'eau des plantes qu'ils consomment, et ne stockent pas de réserves. Le développement d'une vie sociale est accompagné de modes de communication variés : marquage olfactif, vocalisations, frappements de pied et mouvements de queue.
Les *Ctenodactylus* sont caractérisés par une queue très courte (< 20 % TC), des yeux ovales, des oreilles également ovales, bordées de poils blancs, plaquées contre la tête et immobiles. 2n = 40, NF = 80. Ils sortent peu en hiver, sauf pour s'exposer longuement au soleil.

Goundi de l'Atlas – *Ctenodactylus gundi*

TC : 150-228 mm, Q : 20-45 mm, Pp : 33-44 mm,
Or : 14-22 mm, Cbl : 43-54 mm, P : 185-396 g.

Description. Grand goundi aux bulles tympaniques peu développées. Pelage dense et long (17 mm en moyenne) de coloration fauve. Museau large (largeur des os nasaux : 7,9 ± 0,1 mm) et chanfrein plat. M^3 en forme de L. Les vocalisations principales sont des gazouillis. Longueur des crottes : 9,8-11,9 mm. • **Habitat.** Éboulis comportant des blocs rocheux de bonne taille (> 2 m³) dans l'étage bioclimatique aride (150-300 mm de pluie par an). Jusqu'à 1 780 m dans les Aurès (avec enneigement hivernal). • **Biologie.** Sédentaire et territorial avec un ♂ reproducteur, des ♀♀ adultes et les jeunes de leurs deux portées annuelles (jusqu'à 11 adultes sur un site). Abris dans des cavités sous les blocs rocheux (pas de terrier), en sommet ou versant ; 3 à 62 abris par site occupé par un groupe de 5-6 individus. Onze émissions vocales identifiées.

Goundi du Sahara – *Ctenodactylus vali*

TC : 124-185 mm, Q : 27-43 mm, Pp : 30-39 mm,
Or : 15-20 mm, Cbl : 28-34 mm, P : 87-180 g.

Description. Petit goundi aux bulles tympaniques hypertrophiées. Pelage plus fourni, plus court (14 mm en moyenne), de coloration fauve brillant. Museau étroit (largeur des os nasaux : 5,6 ± 0,2 mm) et chanfrein brusqué. M^3 en forme de rein. Les vocalisations principales sont des sifflements complexes avec des syllabes répétées quatre fois. Longueur des crottes : 7,3-8,2 mm. • **Habitat.** Éboulis grossiers exposés au soleil des montagnes et hamadas, surtout dans les pentes bordant les oueds, dans l'étage bioclimatique saharien (100-150 mm de pluie par an). • **Biologie.** Plutôt solitaire hors période de reproduction et assez erratique. Abris dans des cavités sous les blocs rocheux (pas de terrier), en sommet ou versant. Utilise les mains pour se nourrir, à la différence du Goundi de l'Atlas. Huit émissions vocales identifiées.

Goundi du Mzab – *Massoutiera mzabi*

TC : 125-210 mm, Q : 33-85 mm, Pp : 33-36 mm,
Or : 15-17 mm, Cbl : 40-49 mm, P : 132-234 g.

Description. Goundi de taille moyenne à queue courte (Q > 25 % TC) qu'il remue très visiblement. Pelage dorsal dense et long, fauve clair. Pelage ventral à peine plus clair. Les oreilles, rondes, sont plaquées contre la tête et immobiles ; pavillon auriculaire frangé de poils qui protègent le conduit lors des vents de sable. Les yeux sont également plus ronds que chez les *Ctenodactylus*. Bulles tympaniques hypertrophiées. M^3 en forme de rein. 2n = 36, NF = 72. Moins volubile que les *Ctenodactylus*, émet de rares gazouillements. • **Habitat.** Zones rocheuses désertiques du Sahara central et septentrional (Tassili n'Ajjer, Hoggar et autres massifs) où une végétation relativement riche se développe et où l'eau de pluie, rare, s'accumule. De 500 m dans le Mzab à 2 300 m dans le Hoggar. • **Biologie.** Partiellement nocturne en saison chaude. Vit en couple pendant la seule période de reproduction dans des abris naturels dans les fissures, éboulis sur les pentes de montagnes et bordures d'oueds ; ♀♀ sédentaires. Se nourrit de plantes contenant 50 % d'eau, surtout le matin, avec une préférence pour les Brassicacées et les Astéracées.

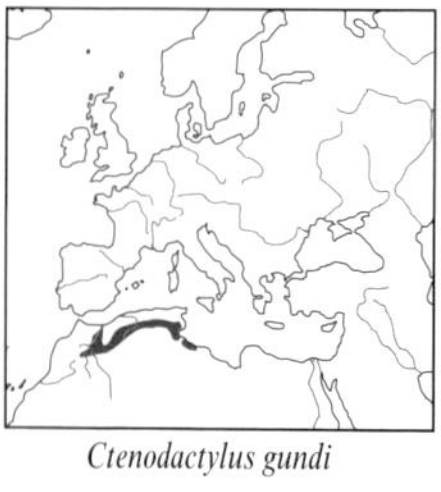
Ctenodactylus gundi

Ctenodactylus vali

Massoutiera mzabi

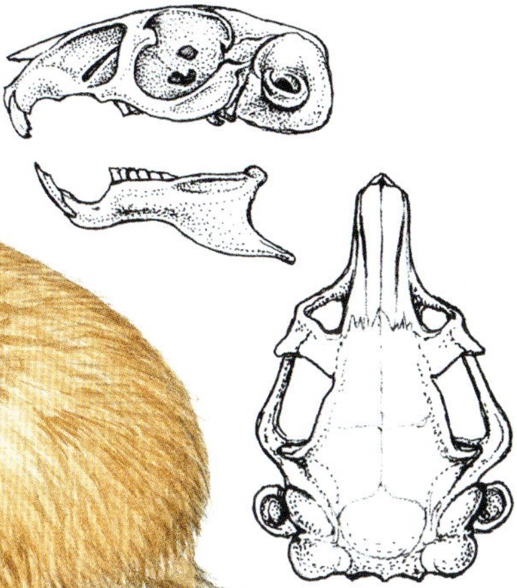

GOUNDI DE L'ATLAS

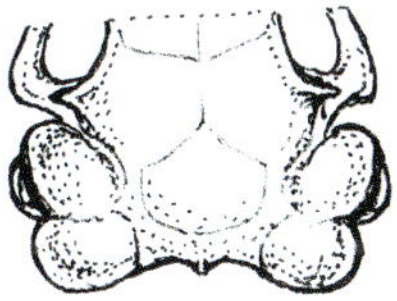

GOUNDI DU SAHARA

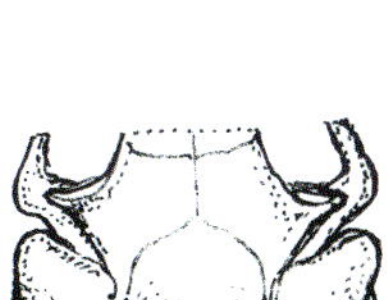

GOUNDI DU MZAB

Genre ***Hystrix***. Ce sont de gros Rongeurs au corps massif dont le dos est recouvert de longues épines (jusqu'à 30-40 cm) rayées de noir et de blanc, parmi d'autres plus courtes, qui se détachent facilement au contact, mais qui ne sont pas projetées. La tête, allongée, au museau arrondi, est surmontée d'une crête de soies très longues, qui descend jusqu'aux épaules. Les yeux sont petits, les oreilles, arrondies, dépassent peu la fourrure. Les vibrisses sont très longues. La queue est réduite, elle porte des épines qui produisent un bruit de crécelle lorsque la queue est agitée. Les pattes sont courtes, les antérieures portent des griffes puissantes, adaptées au creusement. Le pelage, semé de courtes épines à l'exception du museau, de la gorge et de l'extrémité des pattes, est brun sombre à noirâtre. Le crâne est très particulier, le gonflement des régions frontale et nasale lui confère un profil arrondi. L'émail des incisives supérieures est jaune. La couronne des dents jugales, fortement hypsodontes, est plate, l'émail formant des replis complexes. 20 dents (1/1, 0/0, 1/1, 3/3). Dérangés, ils émettent des grognements, hérissant leurs épines. Attaqués, ils reculent sur leur assaillant, lui infligeant de sévères blessures avec les épines rigides du bas du dos.

Porc-épic à crête – *Hystrix cristata*

TC : 500-850 mm, Q : 50-150 mm, Pp : 75-95 mm,
Or : 38-43 mm, Cbl : 108-152 mm, P : 10-27 kg.

Description. Crête à dominante blanche. Épines courtes sur la croupe, sombres. Os nasaux longs (58-68 % de la longueur occipitonasale). Prémaxillaire étroit (ratio largeur prémaxillaire/largeur des nasaux < 36 %). • **Habitat.** Forêts claires et sèches, maquis, garrigues, steppes, souvent près des champs. En régression dans les zones de culture en Afrique du Nord, en expansion vers le nord de l'Italie. Jusqu'à 2 500 m dans l'Atlas. • **Biologie.** Nocturne, passe la journée dans un long terrier ou une petite grotte où il vit solitaire ou en petit groupe familial. Peu actif si le temps est froid et humide. Se nourrit de plantes (racines, bulbes, tiges, fruits) et d'animaux, notamment de charognes.

Porc-épic d'Inde – *Hystrix indica*

TC : 440-850 mm, Q : 105-195 mm, Pp : 80-105 mm,
Or : 30-46 mm, Cbl : 122-146 mm, P : 7-20 kg.

Description. Crête à prédominante brune. Épines courtes sur la croupe formant une plage blanche lorsqu'elles sont dressées. Os nasaux courts (45-50 % de la longueur occipitonasale). Prémaxillaire large (ratio largeur prémaxillaire/largeur des nasaux > 44 %). • **Habitat.** Commun dans les zones rocheuses, les gorges proches des plaines cultivées, présent aussi dans des secteurs où la végétation est peu développée avec une pluviométrie annuelle réduite (100-200 mm). • **Biologie.** Nocturne plus actif en été qu'en hiver. Abri diurne dans de petites grottes parmi les blocs de rochers ou dans des terriers creusés dans les flancs de collines ou de ravins. Vit en colonies qui peuvent couvrir 50 m², chaque individu restant isolé dans un trou qui peut communiquer par une galerie souterraine avec un trou voisin Se nourrit de racines, bulbes, écorces et autres parties végétales.

Ragondin – *Myocastor coypus*

TC : 370-650 mm, Q : 230-450 mm, Pp : 120-140 mm,
Or : 24-35 mm, Cbl : 95-115 mm, P : 4-10 kg.

Description. Gros Rongeur semi-aquatique, lourd, à la queue longue, cylindrique, écailleuse, légèrement velue (grands poils raides). Pelage dorsal luisant, épais et imperméable, brun clair à brun roussâtre, voire brun foncé. Pelage ventral plus clair, extrémité du museau blanche. Tête portée par un cou court, plutôt arrondie, avec un museau court et large aux longues vibrisses blanches. Yeux petits, situés haut sur la tête, oreilles dépassant peu la fourrure. Pieds postérieurs grands, avec 4 doigts sur les 5 connectés par une membrane. Crâne robuste, assez aplati ; dents jugales hypsodontes, de taille croissante d'avant en arrière ; émail des incisives orange. 20 dents (1/1, 0/0, 1/1, 3/3). • **Habitat.** Fleuves, rivières, fossés de drainage, lacs, étangs et autres étendues d'eau (parfois saumâtres). Répandu en Amérique du Sud, du sud de la Bolivie et du Brésil au sud du Chili, il a été largement introduit dans les années 1920 en Europe pour la production de fourrure. Des animaux échappés ou libérés ont fait souche dans de nombreux pays d'Europe continentale, où une expansion considérable a été observée ces dernières décennies, mais aussi dans le Caucase et en Israël. • **Biologie.** Surtout crépusculaire, parfois nocturne, souvent diurne. Préfère les berges pentues pour creuser des terriers complexes dont l'entrée est au-dessus de l'eau ou en partie immergée. Avec de fortes densités, cette activité de fouissement provoque des effondrements. Nids parfois en surface, dans la végétation dense. Excellent nageur et plongeur, se déplace lentement sur la terre ferme, utilisant régulièrement les mêmes passages ou coulées. Consomme la végétation aquatique et les plantes des berges, notamment les rhizomes en hiver, mais aussi les cultures proches des cours d'eau.

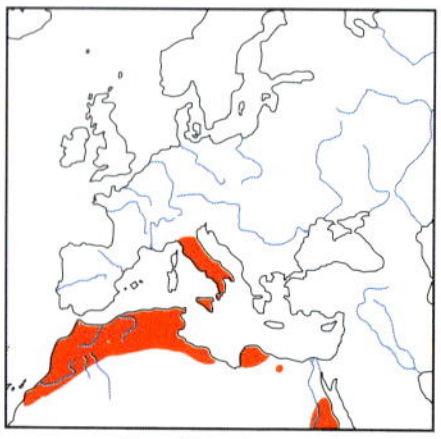
Hystrix cristata

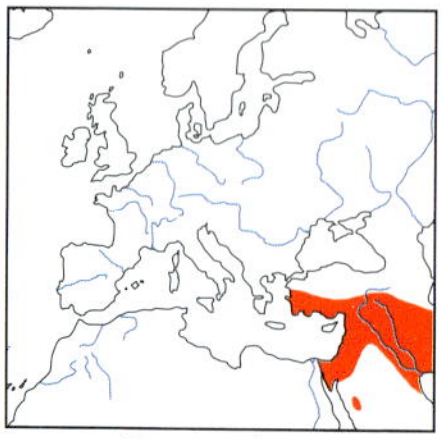
Hystrix indica

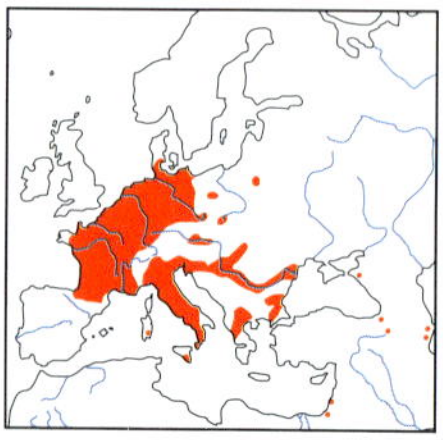
Myocastor coypus

PORC-ÉPIC
À CRÊTE

PORC-ÉPIC
D'INDE

RAGONDIN

Genre ***Erinaceus***. Comme tous les Érinacéidés, ces hérissons ont le dessus de la tête, le dos et les flancs couverts de piquants érectiles. La raie médiane sans piquant sur la tête est peu marquée. Le pelage est raide. Ils ont une forme massive avec un cou peu marqué, des petites oreilles ne dépassant pas les piquants, des pattes courtes et une queue courte non visible. Le museau est pointu, terminé en groin. 36 dents (3/2, 1/1, 3/2, 3/3). Les espèces sont assez semblables, mais leurs aires de répartition se chevauchent très peu.

Hérisson d'Europe – *Erinaceus europaeus*

TC : 187-310 mm, Q : 18-44 mm, Pp : 36-53 mm, Or : 24-32 mm, Cbl : 49-63 mm, P : 260-1 375 g.

Description. Piquants brun-noir avec la base et la pointe blanchâtres. Pelage brun foncé avec zones brun-jaune plus ou moins étendues sur la tête et le ventre. Centre de la poitrine toujours brun foncé, ce qui le distingue d'*E. roumanicus* avec lequel il est sympatrique dans le centre et l'est de l'Europe. Sur le littoral méditerranéen d'Espagne, certains individus clairs peuvent prêter à confusion avec *Atelerix algirus*. En diffère par une taille plus importante, des oreilles ne dépassant pas les piquants, une raie médiane peu visible, le gros orteil du pied postérieur assez long dont la griffe atteint la base du deuxième orteil, les lames osseuses prolongeant les os palatins étroites ou absentes, I^3 avec une seule racine et les deux pointes de la P_4 s'écartant. • **Habitat.** Bocages, prairies, dunes végétalisées, zones agricoles, parcs et jardins, parfois en ville, forêts et marais en été. Évite les zones sans végétation et dépourvues d'abri. Abondant localement de 0 à 1 200 m, jusqu'à 2 010 m à proximité des lieux habités en été dans les Alpes. Introduit aux Açores. Présence en Irlande et sur les petites îles résultant probablement d'introductions. • **Biologie.** Surtout nocturne et crépusculaire, parfois diurne. Solitaire. S'arrête et se met en boule, piquants redressés, quand il se sent menacé. Construit des nids d'herbes sèches et de feuilles sous des abris pour l'élevage des jeunes et pour hiberner. Recherche sa nourriture à la surface ou en fouillant sous la litière à l'aide de son museau. Consomme des invertébrés (vers de terre, Mollusques, araignées, Insectes et leurs larves), des petits vertébrés (Amphibiens, Squamates, oisillons, petits Rongeurs), des œufs, des charognes, des graines ou des fruits. Hiberne plus ou moins longuement suivant la latitude ou la rigueur de l'hiver. Entre en léthargie les étés très chauds.

Hérisson oriental – *Erinaceus concolor*

TC : 197-297 mm, Q : 20-39 mm, Pp : 37-57 mm, Or : 20-35 mm, Cbl : 51-64 mm, P : 550-1 500 g.

Description. Piquants normalement jaunâtres avec une bande sombre à la base et à l'extrémité et une ou deux bandes sombres entre les deux, sujets toutefois à de nombreuses variations. Masque sombre sur la tête. Front plus clair que le museau. Pelage ventral brun avec une tache blanche plus ou moins étendue mais couvrant toujours au moins la poitrine et la gorge. Pattes foncées. Individus pâles dans les zones arides. Très semblable à *E. roumanicus* avec lequel il est parapatrique. En diffère génétiquement et par ses os maxillaires peu ou pas en contact avec les os nasaux. • **Habitat.** Forêts de feuillus et mixtes, steppes, zones semi-arides, zones cultivées avec haies, oliveraies, vergers, vignes, abords des villages, parcs et jardins des zones urbanisées. Gagne les cultures irriguées en période de sécheresse. Présent de 0 à 1 400 m au moins dans les monts Taurus (Turquie). Habite Chios, Samos et Rhodes. • **Biologie.** Nocturne et crépusculaire. Solitaire. Se roule en boule quand il se sent menacé. Aménage des nids de feuilles et d'herbes en surface mais également dans des terriers inoccupés ou qu'il creuse lui-même. Omnivore (végétaux, Mollusques, Insectes, Amphibiens, Squamates, oisillons, petits Rongeurs). N'hiberne pas dans certaines régions.

Hérisson des Balkans – *Erinaceus roumanicus*

TC : 171-280 mm, Q : 29 mm, Pp : 38-43 mm, Or : 28-34 mm, Cbl : 50-64 mm, P : 240-1 232 g. Populations du nord de l'Europe plus petites que celles du Sud.

Description. Très semblable à *E. concolor* avec lequel il est parapatrique. En diffère génétiquement et par ses os maxillaires largement en contact avec les os nasaux. Zones claires du dessous pratiquement blanches. Centre de la poitrine toujours blanc, ce qui le distingue d'*E. europaeus* avec lequel il est sympatrique dans le centre et l'est Europe. • **Habitat.** Broussailles en lisière de forêt, landes, friches arbustives, haies en zones cultivées, parcs et jardins des zones urbanisées. Présent du littoral à 1 500 m en Albanie. En Europe centrale, dans sa zone de sympatrie avec *E. europaeus*, *E. roumanicus* est rare au-dessus de 300 m. Habite certaines îles de la mer Égée à l'exception des plus proches des côtes de l'Anatolie qui sont occupées par *E. concolor*. • **Biologie.** Peu d'information mais probablement semblable à celle d'*E. europaeus*.

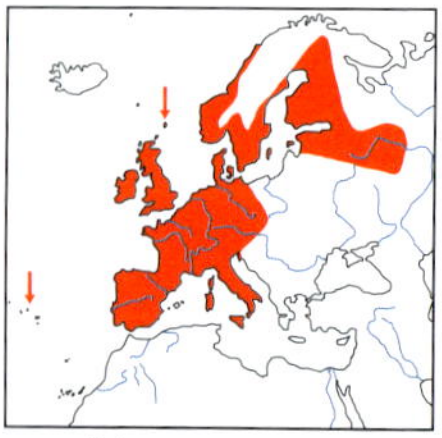
Erinaceus europaeus

Erinaceus concolor

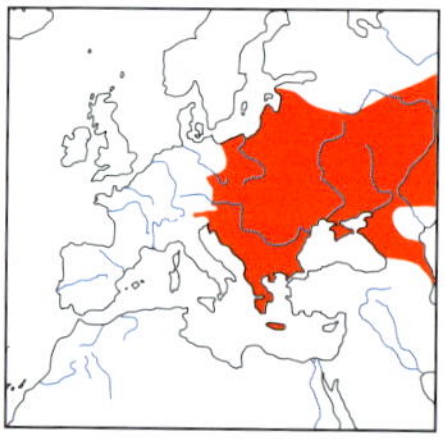
Erinaceus roumanicus

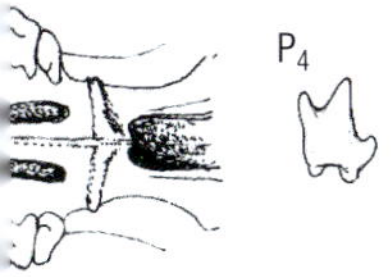

plancher du crâne

HÉRISSON D'EUROPE

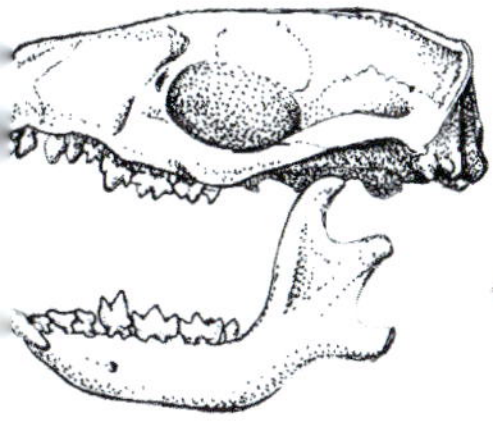

Variation possible de pelage pour les 3 *Erinaceus*

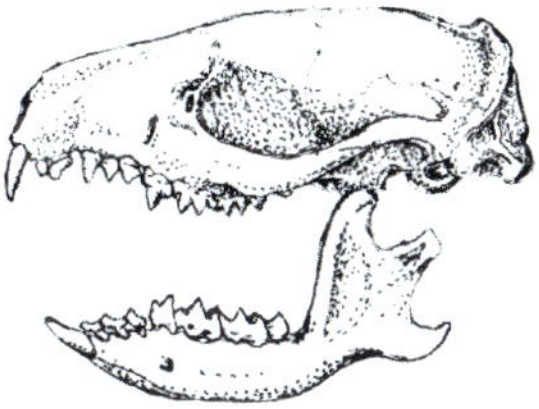

HÉRISSON ORIENTAL

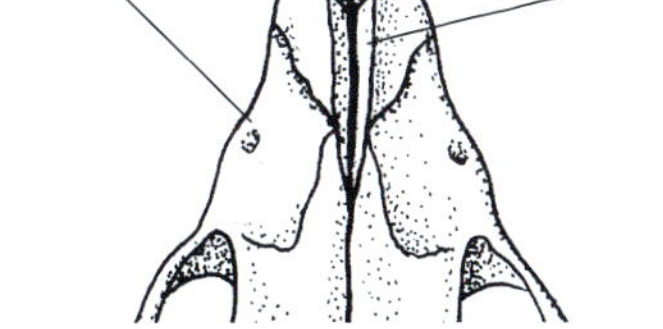

Partie antérieure du crâne du Hérisson oriental vu de dessus

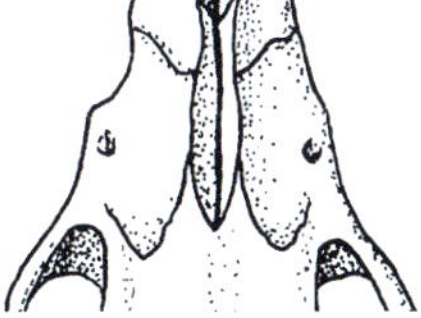

Partie antérieure du crâne du Hérisson des Balkans vu de dessus

Hérisson d'Algérie – *Atelerix algirus*

TC : 170-270 mm, Q : 11-40 mm, Pp : 29-42 mm, Or : 25-38 mm, Cbl : 47-61 mm, P : 280-660 g. Individus des Baléares plus petits que ceux d'Afrique du Nord ou des Canaries.

Description. Ressemble aux *Erinaceus* mais plus petit et plus pâle, plus haut sur pattes. Oreilles proportionnellement plus grandes, nettement visibles. Raie médiane sans piquants sur la tête bien visible (largeur d'un crayon). Piquants striés longitudinalement, non rugueux, barrés de noir et de blanc, donnant à l'animal une coloration générale poivre et sel. Pelage peu épais, brun clair, presque blanc sous le ventre et sur les membres. Bulles tympaniques petites. 36 dents (3/2, 1/1, 3/2, 3/3). Confusion possible avec des *E. europaeus* clairs sur le littoral méditerranéen espagnol (voir description de cette espèce). • **Habitat.** Maquis, prairies sèches, savanes, zones cultivées (champs, palmeraies). Évite les déserts et les forêts denses. De 0 à 2 650 m dans le Haut Atlas (Maroc). Introduit à Malte, aux Baléares, sur la côte méditerranéenne de la péninsule Ibérique et aux Canaries. Introduit aussi en France, mais maintenant éteint. • **Biologie.** Actif surtout au crépuscule et à l'aube. Solitaire. Se roule en boule en cas de danger. Construit parfois son nid dans un terrier. Se nourrit de fruits, de vers de terre, de Mollusques, d'Insectes, de petits vertébrés (Amphibiens, Squamates, oisillons) et d'œufs. Charognard à l'occasion. Entre en léthargie lors des fortes chaleurs. Hiberne parfois en Europe.

Hérisson à grandes oreilles – *Hemiechinus auritus*

TC : 140-270 mm, Q : 11-50 mm, Pp : 28-39 mm, Or : 29-45 mm, Cbl : 38-51 mm, P : 110-500 g.

Description. Plus petit et plus clair que les *Erinaceus*. Grandes oreilles dépassant largement les piquants. Pas de raie médiane sans piquants sur la tête. Poils souples. Piquants assez courts, blanchâtres à l'extrémité. Face blanchâtre, avec parfois un masque brun. Oreilles sombres, plus pâles aux extrémités. Ventre généralement blanc uniforme, parfois brun clair ou grisâtre. Pattes blanchâtres. Queue foncée. Museau foncé chez les juvéniles. 36 dents (3/2, 1/1, 3/2, 3/3). Des anomalies dentaires à Chypre. P^2 bicuspide (tricuspide chez *Erinaceus*). • **Habitat.** Zones semi-arides, sableuses avec végétation, marais salants, steppes, maquis, zones cultivées (vignes, plantations d'agrumes et de caroubes, jardins maraîchers), zones habitées. Évite les déserts aux climats extrêmes. Vit généralement à proximité de l'eau (ruisseau, mare, citerne), de 0 à 900 m dans notre zone Introduit à Chypre. • **Biologie.** Crépusculaire et nocturne, s tient caché sous des pierres, des morceaux de bois ou des buisson pendant la journée. Peut creuser des terriers simples à la bas des rochers ou des buissons. Ne se roule pas en boule en cas d danger. Omnivore (fruits, Gastéropodes, Myriapodes, Insectes Amphibiens, serpents). Activité réduite pendant l'hiver, ave courtes périodes de léthargie.

Hérisson du désert – *Paraechinus aethiopicus*

TC : 140-258 mm, Q : 10-40 mm, Pp : 26-38 mm, Or : 32-48 mm, Cbl : 44-52 mm, P : 250-600 g.

Description. Très grandes oreilles mais dépassant moins le piquants adjacents que chez *Hemiechinus*. Large raie média sans piquants sur la tête. Piquants cannelés et rugueux (strié longitudinalement et transversalement), brun foncé à la base e au centre, blancs ou brun pâle à l'extrémité sauf sur une band médiodorsale chez certains individus. Ventre blanc avec tache brunes. Masque facial gris et noir plus ou moins étendu, musea et gorge brun-noir, pattes brun-noir. Queue courte. Bulle tympaniques hypertrophiées. 36 dents (3/2, 1/1, 3/2, 3/3), P réduite ou absente. P_2 bicuspide ou très légèrement tricuspide En Jordanie, certains individus n'ont que deux prémolaires supé rieures sur chaque demi-mâchoire (34 dents). • **Habitat.** Milieu désertiques (hamadas, oueds), plus rarement jardins et oasis, d 0 à 1 230 m (Maroc). • **Biologie.** Nocturne. Passe la journé dans un terrier qu'il creuse. Se nourrit de scorpions, de galéodes d'Insectes et d'Amphibiens. Hiberne sur de courtes périodes e hiver, mais entre aussi en léthargie pendant les périodes les plu chaudes.

Hérisson de Brandt – *Paraechinus hypomelas*

TC : 200-272 mm, Q : 17-43 mm, Pp : 30-40 mm, Or : 21-57 mm, Cbl : 47-60 mm.

Description. Semblable à *P. aethiopicus* mais plus grand et ave l'extrémité des piquants foncée, donnant à l'animal une colo ration générale noirâtre. Pelage entièrement brun-noir ave quelques poils blanchâtres sur le front, les oreilles et la gorge Certains individus sont totalement blancs (piquants et pelage) sauf le front qui est grisâtre. P^2 non réduite. • **Habitat.** Steppe arides, déserts. • **Biologie.** Proche de celle de *P. aethiopicus*.

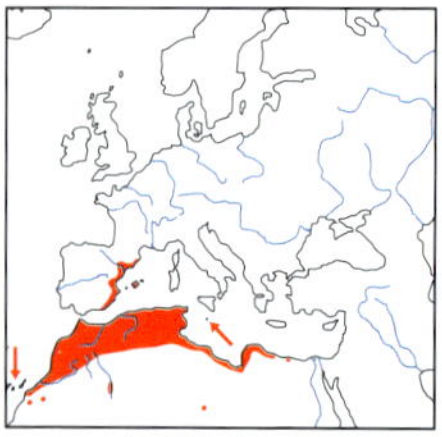

Atelerix algirus

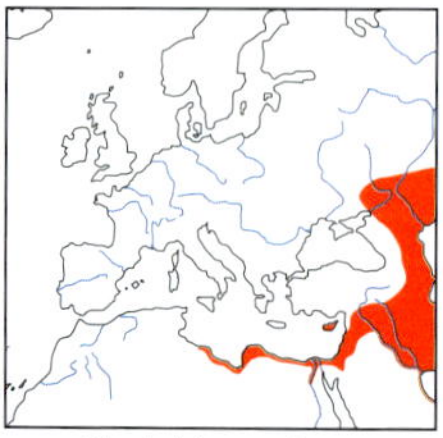

Hemiechinus auritus

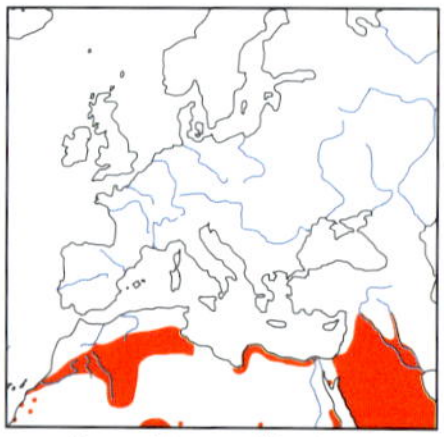

Paraechinus aethiopicus

Paraechinus hypomelas

P4
individu sombre
HÉRISSON D'ALGÉRIE
HÉRISSON À GRANDES OREILLES
HÉRISSON DU DÉSERT
HÉRISSON DE BRANDT

Genre ***Sorex***. Comme toutes les musaraignes, les *Sorex* ont une allure de souris, mais avec de tout petits yeux et un museau plus pointu et mobile. Les oreilles, peu distinctes, sont cachées dans le pelage. La queue, sans longs poils isolés, n'est pas frangée de poils raides. Le plancher buccal, en arrière du palais, ne présente pas de foramen. Chaque demi-mâchoire compte généralement 5 unicuspides supérieures, mais des cas de réduction dentaire sont connus. Les premières incisives inférieures sont crénelées sur le dessus. Les pointes des dents sont rouges (attention aux dents usées des vieux individus). 32 dents (3/2, 1/0, 3/1, 3/3). De taille moyenne à petite, les *Sorex* fréquentent des milieux plus humides et plus frais que les *Crocidura*. Leur métabolisme est élevé. Actives surtout au crépuscule, en milieu de nuit et le matin, elles sortent aussi de jour et n'entrent pas en torpeur. Agressives et peu sociables, elles ne partagent pas leur nid et ne forment pas de caravanes (*cf.* crocidures). Le nombre de jeunes par portée est élevé (jusqu'à 10 chez certaines espèces). Elles utilisent l'écholocation pour circuler dans l'obscurité. Elles peuvent creuser des galeries dans les sols mous mais utilisent généralement celles des petits Rongeurs. La systématique du genre *Sorex* est encore confuse compte tenu du polymorphisme chromosomique de certains taxons. La détermination spécifique est extrêmement délicate, voire impossible, sur le terrain. La répartition géographique permet parfois de lever le doute.

Musaraigne carrelet – *Sorex araneus*

TC : 59-88 mm, Q : 30-57 mm, Pp : 12-14 mm, Cbl : 17-20 mm, P : 6-15 g.

Description. Pelage généralement tricolore chez l'adulte, brun à brun-noir sur le dos, gris-blanc sur le ventre, avec une bande de transition brun clair sur les flancs (parfois des individus bicolores ou unicolores). Pieds bruns. Queue légèrement bicolore (plus claire dessous) ou uniformément brune, parfois terminée par un pinceau de poils blancs. Oreilles portant parfois des touffes de poils blancs. U^1 et U^2 sensiblement de la même taille, U^3 très légèrement plus petite. De profil, encoche de l'incisive supérieure en V (et non arrondie). Ne peut être distinguée avec certitude des cinq espèces suivantes (groupe *araneus* et groupe frère *samniticus*) que par les chromosomes et des mesures crâniennes et mandibulaires. 2n = 20-33. • **Habitat.** Prairies, landes, tourbières, haies, ripisylves, forêts, dunes, parcs, jardins. Préfère les endroits frais et humides, avec couvert végétal important. Entre dans les bâtiments en hiver. Uniquement montagnarde à l'ouest et au sud de son aire de répartition (jusqu'à 2 850 m dans les Alpes françaises). • **Biologie.** Construit des nids globuleux composé de mousses, d'herbes et de feuillages dans des cavités du sol, sou une souche, une racine, une pierre. Opportuniste dans sa quêt de nourriture : Insectes, Myriapodes, cloportes, araignées, escar gots, limaces ou vers de terre. Consomme parfois aussi des petit vertébrés, des parties de plantes, des graines ou des fruits, voir des charognes à l'occasion.

Musaraigne du Valais – *Sorex antinorii*

TC : 54-82 mm, Q : 40-60 mm, Pp : 11-15 mm, Cbl : 19-20 mm, P : 6-15 g.

Description. Très semblable à *S. araneus*, mais les aires d répartition des deux espèces ne se chevauchent pratiquement pas Également très semblable à *S. samniticus*, qu'elle remplace au dessus de 1 200 m. S'en distingue par un pelage tricolore, un queue proportionnellement plus longue, une encoche des inci sives supérieures en V de profil et les trois premières unicuspide de même taille. Les populations de la plaine du Pô ont été u temps rattachées à *S. arunchi*. Des études génétiques ont montr que ce taxon était conspécifique avec *S. antinorii*. 2n = 24/25 NF = 40. • **Habitat.** Forêts mixtes de conifères et de feuillu en montagne. Forêts de feuillus sombres et humides à bass altitude. De 0 à 2 250 m en Suisse. • **Biologie.** Proche de cell de *S. araneus*. Consomme des vers de terre, des mollusques, de araignées et des Insectes.

Musaraigne couronnée – *Sorex coronatus*

TC : 62-80 mm, Q : 38-57 mm, Pp : 12-14 mm, Cbl : 18-20 mm, P : 7-12 g. Plus grandes à l'est qu'à l'ouest.

Description. Très semblable à *S. araneus*, bien que plus petit que celle-ci en zone de sympatrie. En général, pelage tricolore parfois bicolore, plus contrasté que celui de *S. araneus*, ave souvent une bande sombre sur le dos, mais la coloration n'es pas un critère fiable dans les zones où les deux espèces coha bitent. Individus uniformément sombres dans le sud-ouest de l France (morphotype *santonus*). 2n = 22/23, NF = 44. • **Habitat.** Comme *S. araneus*, mais préfère des milieux un peu moin humides et frais, du niveau de la mer à 2 200 m (Espagne). Pré sente à Jersey. • **Biologie.** Proche de celle de *S. araneus*. Sembl plus sociable que cette dernière. Consomme de grandes quantité de Gastéropodes ainsi que des araignées et des Insectes (puce rons, larves et adultes de Coléoptères).

Sorex araneus

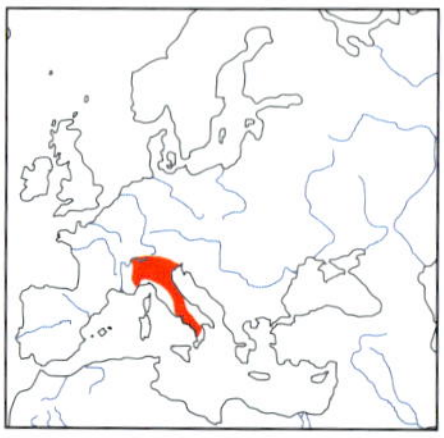
Sorex antinorii

Sorex coronatus

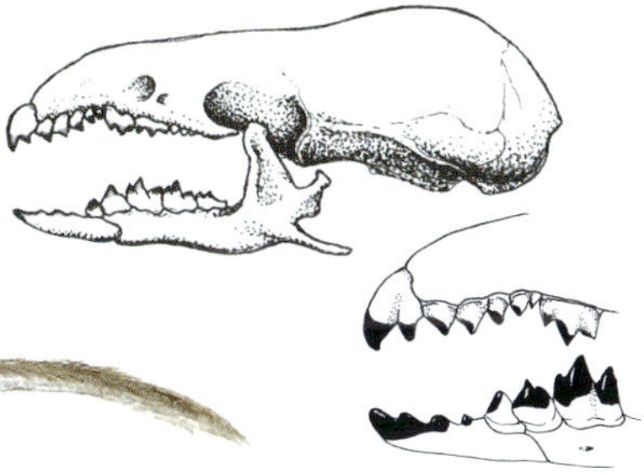

MUSARAIGNE CARRELET

USARAIGNE DU VALAIS

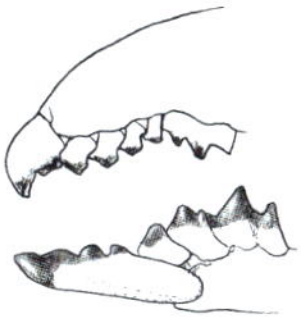

MUSARAIGNE COURONNÉE

forme *santonus*

Musaraigne de Satunin – *Sorex satunini*

TC : 60-80 mm, Q : 36-47 mm, Pp : 11-13 mm, Cbl : 17-19 mm, P : 4-11 g.

Description. Morphologiquement très semblable à *S. araneus*, mais avec un pelage bicolore ou tricolore en général plus clair (les aires de répartition sont disjointes). Ventre grisâtre nettement plus clair que le dos. Pieds brun pâle. Queue nettement bicolore, brun foncé dessus, gris argenté dessous, sombre à son extrémité, proportionnellement plus courte que celle de *S. raddei* (de 53 à 70 % TC). Hypocône de M^1 pigmenté. U^5 généralement nettement plus petite que U^4. En vue frontale, les pointes des I^1 ne divergent pas. Hc : 4,2-4,9 mm. 2n = 24-25, NF = 46. • **Habitat.** Pelouses alpines avec rochers, herbes denses et buissons (genévriers), souvent au bord des cours d'eau, forêts humides en absence de *S. raddei*. De la côte à 2 600 m (à partir de 1 000 m en Turquie). • **Biologie.** Proche de celle de *S. araneus*.

Musaraigne ibérique – *Sorex granarius*

TC : 50-72 mm, Q : 36-46 mm, Pp : 11-13 mm, Or : 5-8 mm, Cbl : 17-18 mm, P : 4-8 g.

Description. Très semblable à *S. coronatus* avec laquelle elle est en contact au nord-ouest de l'Espagne, mais légèrement plus petite, avec un museau plus court et plus large. Pelage tricolore, sépia à brun sur le dos, plus clair sur les flancs, gris jaunâtre sur le ventre. Queue bicolore. Crâne court et large. Différenciée avec certitude de *S. coronatus* seulement par une analyse génétique ou biométrique. 2n = 36/37, NF = 38-40. • **Habitat.** Milieux exposés à des hivers froids et à de fortes précipitations. Forêts de montagne, rochers à proximité de prairies d'altitude, châtaigneraies, potagers. Bords de ruisseaux et zones humides avec végétation dense. De 0 à 2 000 m (au-dessus de 500 m au centre de l'Espagne). • **Biologie.** Proche de celle de *S. araneus*.

Musaraigne des Apennins – *Sorex samniticus*

TC : 69-78 mm, Q : 33-45 mm, Pp : 11-13 mm, Or : 6-7 mm, Cbl : 18-19 mm, P : 6-10 g.

Description. Proche de *S. antinorii*, qui la remplace au-dessus de 1 200 m. S'en distingue par un pelage plus uni, une queue proportionnellement plus courte, un crâne plus aplati, une encoche de l'incisive supérieure arrondie de profil, U^2 légèrement plus grande que U^1 et U^3. 2n = 52, NF = 52. • **Habitat.** Surtout en bordure de rivières et dans les tourbières. Recherche un peu moins l'humidité et la fraîcheur que *S. antinorii* mais évite les endroits trop secs (souvent absente de la côte tyrrhénienne). De 0 à 1160 m, généralement au-dessus de 300 m. Évite les milieux arides. • **Biologie.** Proche de celle de *S. araneus*.

Musaraigne alpine – *Sorex alpinus*

TC : 57-87 mm, Q : 55-78 mm, Pp : 12-17 mm, Or : 5-9 mm, Cbl : 18-21 mm, P : 5-12 g.

Description. Musaraigne au pelage noir ou gris anthracite sur le dos et les flancs, à peine plus clair sur le ventre. Pieds roses couverts de poils blancs qui disparaissent chez l'adulte. Queue presque aussi longue que le corps, nettement bicolore, gris ardoisé dessus, blanche dessous et parfois à l'extrémité. Pourtour de l'œil nu chez l'adulte le rendant bien visible malgré sa très petite taille. U_1 avec 2 pointes au lieu de 1 chez les autres *Sorex*. U^5 aussi grande que U^4. 2n = 56, NF = 68. • **Habitat.** Forêts froides et humides de montagne, éboulis rocheux, pierriers, souvent près des ruisseaux ou des cascades. En altitude, fréquente aussi les pelouses humides. Entre parfois dans les bâtiments. De 180 à 2 560 m, localement jusqu'à 3 335 m. • **Biologie.** Active de jour comme de nuit. Peu vive comparée aux autres espèces de *Sorex*. Creuse mal, mais circule dans les fissures du sol. Grimpe bien, sa queue pouvant servir de balancier. Consomme surtout des vers de terre mais aussi larves d'Insectes et Mollusques, charognes à l'occasion.

Musaraigne de Radde – *Sorex raddei*

TC : 66-84 mm, Q : 45-63 mm, Pp : 12-15 mm, Cbl : 19-20 mm, P : 6-14 g. La taille décroît avec l'altitude.

Description. Musaraigne de grande taille. Pelage dorsal et flancs brun foncé à noirâtre ; ventre brun-noir à noirâtre ne contrastant pas beaucoup avec le dos. Pieds brun foncé. Queue proportionnellement plus longue que celle de *S. satunini* (de 6[illegible] à 85 % TC), uniformément brun foncé à noire, rarement légèrement bicolore. Hypocône de M^1 pigmenté. U^5 de taille sensiblement égale à U^4. En vue frontale, les pointes des premières incisives supérieures divergent légèrement. 2n = 36, NF = 68. • **Habitat.** Secteurs humides des forêts de hêtres et de sapins avec rochers, landes d'altitude. Souvent près des cours d'eau. Évite les piémonts et plaines arides et les forêts de chênes xériques. À partir de 450 m en Turquie jusqu'à 2 400 m dans le Caucase. • **Biologie.** Proche de celle de *S. araneus*. Consomme surtout des Coléoptères mais aussi des vers de terre ou des graines.

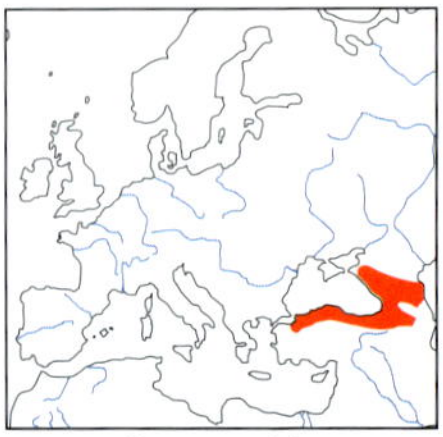

Sorex satunini

Sorex granarius (rouge)

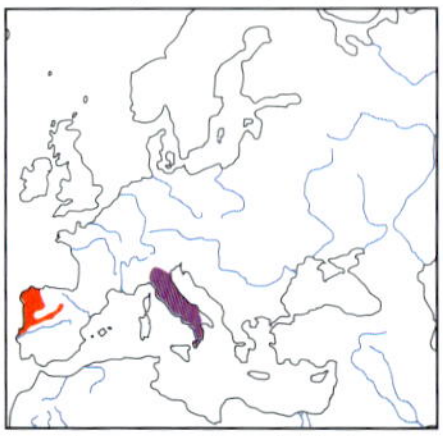

Sorex samniticus (violet)

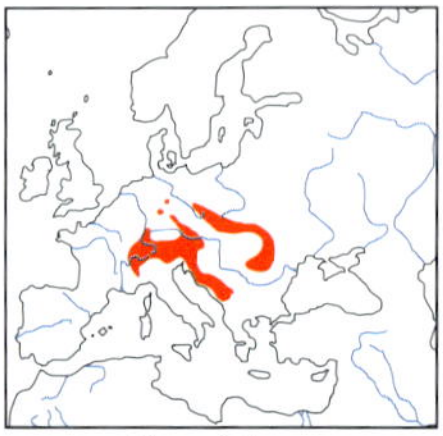

Sorex alpinus

Sorex raddei

MUSARAIGNE DE SATUNIN

MUSARAIGNE IBÉRIQUE

MUSARAIGNE DES APENNINS

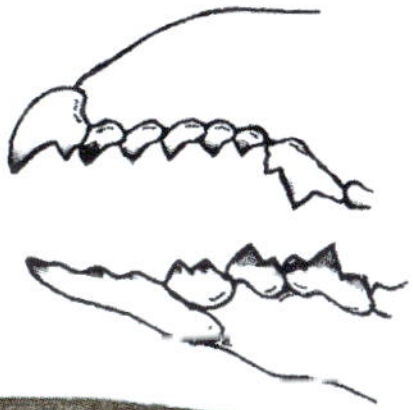

MUSARAIGNE ALPINE

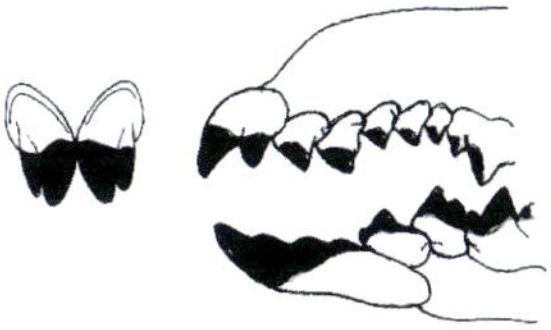

MUSARAIGNE DE RADDE

Musaraigne pygmée – *Sorex minutus*

TC : 42-72 mm, Q : 32-48 mm, Pp : 9-12 mm, Or : 3-7 mm, Cbl : 14-17 mm, P : 2-7 g.

Description. Petite musaraigne à la silhouette un peu plus ramassée et au museau plus conique que ceux des *Sorex* du groupe *araneus*. Pelage bicolore, brun sur le dos, plus clair sur les flancs, gris-blanc sur le ventre. Démarcation, visible mais floue, moins marquée en été qu'en hiver (contraste dorso-ventral moins marqué chez les juvéniles). Pieds gris clair ou jaunâtres. Queue assez longue (70 à 82 % TC) et épaisse, terminée par un pinceau de poils, légèrement bicolore. Longs orteils. Crâne assez aplati. U^3 plus grande que U^2. 2n = 42, NF = 56. • **Habitat.** Terrains humides, marécages, landes, prairies grasses d'altitude, ripisylves, forêts, souvent près de cours d'eau. Également dunes herbeuses ou plages dans le nord de son aire de répartition. Évite les forêts de résineux au sol moussu et les grandes cultures. De la plaine jusqu'à la limite des forêts (2 300 m dans les Alpes françaises). Plutôt montagnarde au sud de son aire de répartition. • **Biologie.** Active de jour comme de nuit. Peu sociable mais peu agressive. Construit des nids composés de débris végétaux sous des souches. Grimpe bien dans la végétation (jusqu'à 3 m au moins). Se nourrit de petits invertébrés, plus rarement de jeunes campagnols capturés dans les nids. Pénètre parfois dans les ruchers et commet des dégâts importants.

Musaraigne pygmée du Caucase – *Sorex volnuchini*

TC : 50-74 mm, Q : 38-50 mm, Pp : 10-13 mm, Cbl : 15-17 mm, P : 2-9 g. La taille augmente du nord vers le sud.

Description. Petite musaraigne non différenciable morphologiquement de *S. minutus* mais aires de répartition ne se recouvrant pas. Pelage dorsal brun à brun-noir. Pelage ventral très variable, grisâtre ou brunâtre plus ou moins foncé. Longue queue (63 à 88 % TC), légèrement bicolore ou uniformément sombre. Pieds brun pâle. Hypocône de M^1 non pigmenté. Hc : 3,2-3,7 mm. 2n = 40, NF = 60. • **Habitat.** Sous-bois des forêts humides (hêtres, sapins, épicéas) avec buissons de rhododendrons et rochers, clairières avec buissons, lisières avec hautes herbes. Suit aussi les cours d'eau jusque dans les prairies d'altitude où elle occupe les zones rocheuses. Présente de 200 à 3 200 m dans le Caucase. • **Biologie.** Proche de *S. minutus*.

Musaraigne masquée – *Sorex caecutiens*

TC : 52-69 mm, Q : 33-42 mm, Pp : 10-12 mm, Cbl : 16-18 mm, P : 3-8 g.

Description. Musaraigne plutôt bicolore. Pelage dorsal bru foncé. Flancs brun roux. Pelage ventral gris jaunâtre. Délimitation nette entre le ventre et les flancs. Pieds blanchâtre ou jaunâtres. Longue queue épaisse et bicolore, dessus brun dessous gris jaunâtre. Unicuspides petites et espacées. 2n = 42 NF = 66-72. • **Habitat.** Forêts de conifères avec épaisse litière forêts mixtes humides, taïga, toundra, rives des lacs et marais Entre dans les bâtiments en hiver. • **Biologie.** Activité polyphasique, plus nocturne en été. Consomme des petits invertébrés, de graines de Mélèze ou des charognes.

Musaraigne sombre – *Sorex isodon*

TC : 59-83 mm, Q : 43-52 mm, Pp : 13-15 mm, Cbl : 19-21 mm, P : 7-15 g.

Description. Musaraigne assez grande. Pelage dorsal brun fonc en été à brun-noir en hiver. Pelage ventral gris-brun contrastan peu avec celui du dos. Pieds brun foncé. Queue généralemen > 50 % TC, peu nettement bicolore. Unicuspides décroissan régulièrement en taille d'avant en arrière. 2n = 42, NF = 70 • **Habitat.** Forêts de conifères humides (épicéas et sapins) forêts mixtes avec une litière épaisse. • **Biologie.** Activité polyphasique. Forme des petites populations éloignées les unes de autres. Consomme divers petits invertébrés (vers de terre, larve de Diptères, etc.) vivants ou morts.

Musaraigne naine – *Sorex minutissimus*

TC : 33-53 mm, Q : 23-31 mm, Pp : 7-9 mm, Cbl : 13-14 mm, P : 2-4 g.

Description. Très petite musaraigne. Pelage dorsal brun à gris brun foncé, plus clair sur les flancs. Ventre brun clair à gris clair Pieds gris clair. Queue généralement < 50 % TC, nettemen bicolore, terminée par un pinceau de longs poils bruns. 2n = 3 NF = 74 (Finlande). • **Habitat.** Forêts humides de conifères taïga, localement toundra ou landes sèches arborées sur substra sablonneux, dépressions marécageuses, bords de tourbières. Apprécie aussi la présence d'un épais tapis de mousses ou de myrtilles Entre parfois dans les habitations en hiver. • **Biologie.** Périodes d'activité plus fréquentes que chez les autres *Sorex*. Grimpe et nage bien. Se nourrit de petits invertébrés et de charognes.

Sorex minutus (rouge)

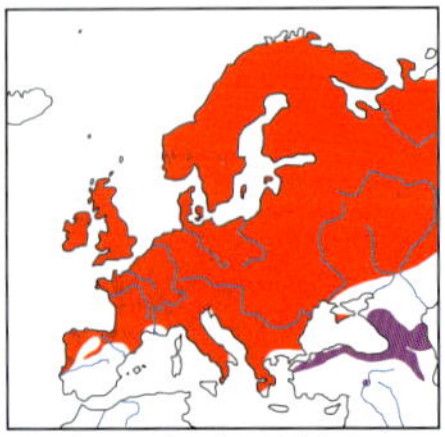

Sorex volnuchini (violet)

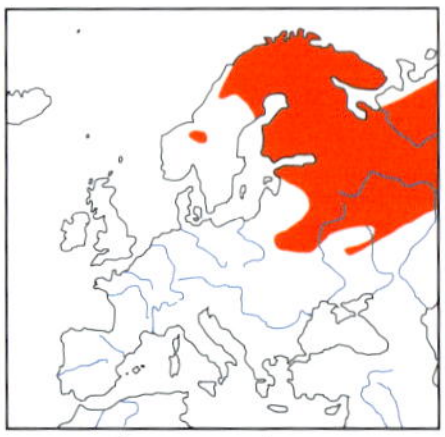

Sorex caecutiens

Sorex isodon

Sorex minutissimus

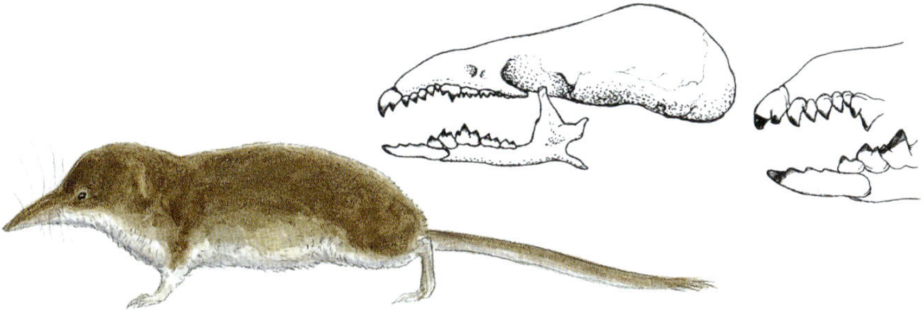

MUSARAIGNE PYGMÉE

MUSARAIGNE PYGMÉE
DU CAUCASE

MUSARAIGNE MASQUÉE

MUSARAIGNE SOMBRE

MUSARAIGNE NAINE

Genre ***Neomys***. Les crossopes sont des musaraignes de taille moyenne, bicolores, queue comprise : le dos est gris ardoise, le ventre et la gorge sont blancs, crème ou gris clair, avec parfois des taches ou des lignes médianes (certains individus sont totalement sombres). La démarcation entre les couleurs dorsale et ventrale est nette. Les oreilles, petites, sont cachées dans le pelage. Le plancher buccal, en arrière du palais, présente un foramen. Chaque demi-mâchoire supérieure porte 4 unicuspides ; les premières incisives inférieures sont lisses. Toutes les dents ont des pointes rouges. 30 dents (3/1, 1/1, 2/1, 3/3). Les *Neomys* sont semi-aquatiques, passant une plus ou moins grande partie de leur période d'activité dans l'eau suivant les espèces. Les pieds postérieurs sont grands et frangés de poils raides jusque sur les doigts, ce qui facilite la nage. La queue, plus ou moins frangée de poils raides sur sa face ventrale, sert de gouvernail. Les *Neomys* paralysent les proies mordues par le venin, sécrété par des glandes salivaires.

Crossope aquatique – *Neomys fodiens*

TC : 62-103 mm, Q : 45-77 mm, Pp : 16-21 mm, Cbl : 18-23 mm, P : 7-25 g.

Description. Pelage généralement bicolore, mais des individus peuvent avoir le ventre foncé. Parfois une tache blanche derrière l'œil. Franges de poils raides sur les pieds et la queue bien développées. Foramen lacrymal situé au-dessus de la partie postérieure de M^1. Hc : 4,4-6,1 mm. La discrimination de *N. fodiens* et *N. milleri* est délicate dans les zones de sympatrie compte tenu des variations morphologiques rencontrées entre populations d'une région à l'autre. Il est par exemple possible de distinguer ces deux espèces à l'aide de mesures linéaires mandibulaires simples en Allemagne mais pas dans les Balkans. • **Habitat.** Rives des cours d'eau, des fossés, des étangs, des mares et des marais, plages de galets. Évite les forêts de conifères dont le sol recouvert de mousses. Du niveau de la mer à 2 500 m dans les Alpes suisses. • **Biologie.** Active de jour et de nuit, avec pic crépusculaire. S'éloigne rarement de l'eau. Creuse des terriers dans les berges. Recherche sa nourriture aussi bien sous l'eau que sur la rive. Consomme des invertébrés essentiellement aquatiques (Isopodes, larves de Trichoptères et de Diptères) mais aussi terrestres (vers de terre, Mollusques, Coléoptères) et des vertébrés de petite taille.

Crossope de Miller – *Neomys milleri*

TC : 68-90 mm, Q : 40-59 mm, Pp : 13-17 mm, Cbl : 18-21 mm, P : 9-15 g.

Description. Crossope presque toujours bicolore (ventre très rarement sombre). Queue proportionnellement plus courte que chez les autres espèces (53-77 % TC). Franges de poils raides sur les pieds peu développées et absentes sur la queue ou seulement sur le dernier tiers. Foramen lacrymal situé à l'aplomb de la limite entre M^1 et M^2. Hc : 3,8-4,9 mm. • **Habitat.** Plus terrestre que *N. fodiens*, peut même s'aventurer loin des rivières. Liée toutefois aux milieux humides : marais, tourbières, prairies humides, jardins irrigués. Contrairement à cette dernière, ses mœurs plus terrestres lui permettent de survivre dans des régions où les plans d'eau et les ruisseaux sont secs une partie de l'année. De 0 à 2 100 m en Anatolie. • **Biologie.** Active de jour et surtout de nuit. Régime alimentaire plus généraliste que *N. fodiens*. Consomme plus de proies terrestres (vers de terre, Mollusques, Diptères, Coléoptères), surtout lorsqu'elle vit en sympatrie avec celle-ci. Elle ne plonge alors pas pour chasser ses proies. Les Mollusques, les Isopodes et les larves de Trichoptères et de Diptères sont les proies aquatiques les plus consommées.

Crossope ibérique – *Neomys anomalus*

TC : 72-100 mm, Q : 52-72 mm, Pp : 15-18 mm, Cbl : 19-22 mm, P : 9-16 g.

Description. Semblable à *N. milleri* mais légèrement plus grande, queue plus longue (> 55 mm) et pieds plus grands. Reste néanmoins plus petite que *N. fodiens*, Hc < 4,8 mm. • **Habitat.** Proche de *N. milleri*. De 0 à 1 600 m (Sierra de Gredos, Espagne). • **Biologie.** Proche de *N. milleri*.

Crossope transcaucasienne – *Neomys teres*

TC : 85-101 mm, Q : 53-73 mm, Pp : 18-22 mm, Cbl : 22-23 mm, P : 11-28 g.

Description. Crossope de grande taille. Queue proportionnellement plus longue que chez *N. milleri* (64-85 % TC). Franges de poils raides présentes sur les pieds et sur la moitié distale de la queue. Hc : 4,7-5,1 mm. • **Habitat.** Ruisseaux et petites rivières de forêts de conifères ou mixtes, ou de prairies alpines ; également canaux et fossés d'irrigation dans les champs et les vergers. Jusqu'à 2 500 m. • **Biologie.** Proche de *N. fodiens* bien que chassant un peu plus hors de l'eau. À terre, consomme des vers de terre, des opilions, des araignées, des chenilles, des Coléoptères et des Diptères. Isopodes, crevettes d'eau douce et larves de Trichoptères constituent l'essentiel de ses proies aquatiques.

Neomys fodiens

Neomys milleri

Neomys anomalus

Neomys teres

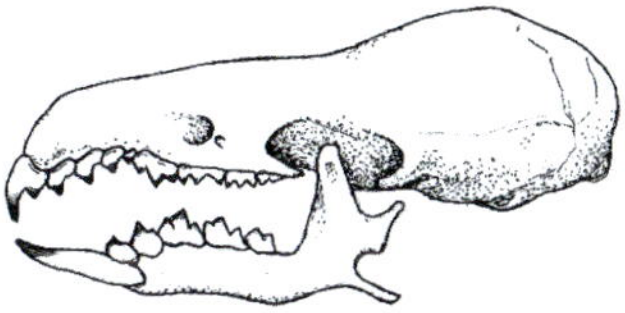

formes sombre et intermédiaire

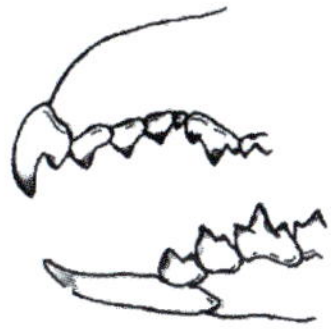

CROSSOPE AQUATIQUE

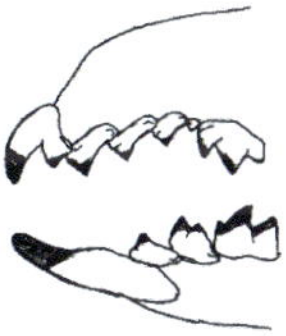

CROSSOPE DE MILLER

CROSSOPE TRANSCAUCASIENNE

Genre *Crocidura*. Les crocidures sont des musaraignes de taille moyenne à grande. Elles ont des oreilles et des yeux plus grands que chez les deux genres précédents. Elles possèdent de longs poils tactiles raides qui se dressent sur le corps et la queue. Chaque demi-mâchoire supérieure porte 3 unicuspides. Les pointes des dents sont blanches. 28 dents (3/2, 1/0, 1/1, 3/3). Les *Crocidura* fréquentent des milieux plus secs et plus chauds que les *Sorex*. Leur métabolisme est plus modéré et elles peuvent entrer en torpeur. Plus sociables (elles partagent leur nid), elles forment parfois des caravanes (les jeunes suivent leur mère en gardant le contact avec l'individu qui précède). Le nombre de jeunes par portée est faible (rarement plus de 5).

Crocidure leucode – *Crocidura leucodon*

TC : 50-90 mm, Q : 27-46 mm, Pp : 11-15 mm, Or : 4-12 mm, Cil : 17-24 mm, P : 7-20 g. Taille très variable d'une population à l'autre.

Description. Crocidure bicolore. Pelage dorsal brun olive à gris souris. Pelage ventral blanc ou gris clair. Démarcation nette entre les deux colorations. Pieds blanchâtres. Queue bicolore, foncée dessus, pâle dessous. Forme sombre dans le nord-est de la Turquie. Baguette en X du plancher du crâne aux bras postérieurs plus longs que les antérieurs. U^3 plus petite que le parastyle de P^4, émoussé quand il est présent. Hc : 4,2-5,9 mm. • **Habitat.** Milieux ouverts : steppes, clairières forestières, haies en bordure de champs, prairies avec hautes herbes, meules de foin, murs de pierre, zones rocheuses. Absente des zones humides et des sous-bois forestiers hormis les forêts de feuillus sèches de Turquie et d'Iran. Présente de 0 à 2 150 m en Iran. Absente des îles méditerranéennes sauf Lesbos (Grèce) et Cres (Croatie). En régression dans l'ouest de sa répartition. • **Biologie.** Activité polyphasique, maximum crépusculaire. Se nourrit surtout d'invertébrés (Mollusques, Myriapodes, opilions, Coléoptères).

Crocidure de Crimée – *Crocidura suaveolens*

TC : 47-80 mm, Q : 25-40 mm, P : 6-10 g.

Description. Crocidure du groupe *suaveolens*, qui comprend également dans notre zone *C. caspica*, *C. gueldenstaedtii* et *C. aleksandrisi*. Pelage bicolore (unicolore chez *C. caspica*). Pelage dorsal et flancs gris-brun à gris clair. Pelage ventral gris clair à blanc. Démarcation floue entre les deux colorations. Queue généralement bicolore (unicolore chez *C. gueldenstaedtii*), d'une longueur < 50 % TC (> 60 % chez *C. caspica* et *C. gueldenstaedtii*). • **Habitat.** Zones désertiques, steppiques ou arborées avec buissons et hautes herbes, friches d'origine anthropique. Pénètre dans les maisons à partir de l'automne, voire dans les appartements d'immeubles. • **Biologie.** Active surtout de nuit. Consomme essentiellement des Insectes (chenilles, blattes, jeunes punaises, sauterelles, petits Coléoptères).

Crocidure de la Caspienne – *Crocidura caspica*

TC : 67-83 mm, Q : 40-51 mm, Pp : 12-14 mm, P : 10-14 g.

Description. Crocidure unicolore (pelage bicolore chez *C. suaveolens* et *C. gueldenstaedtii*). Pelage brun à brun sombre, parfois un peu plus clair sur le ventre. Queue unicolore, d'une longueur > 60 % TC (< 50 % chez *C. suaveolens*). • **Habitat.** Forêts humides de montagne, buissons et haies dans les vallées cultivées. • **Biologie.** Non documentée. Probablement proche des autres crocidures du groupe *suaveolens*.

Crocidure des jardins – *Crocidura gueldenstaedtii*

TC : 77-86 mm, Q : 41-56 mm, Pp : 10-13 mm, Or : 6-9 mm, Cil : 17-19 mm, P : 9-14 g.

Description. Crocidure généralement plus petite que *C. leucodon* ou *C. russula* en sympatrie, de taille équivalente en situation d'allopatrie (cas de certaines îles). Pelage bicolore (unicolore chez *C. caspica*), brun à brun sombre sur le dos et les flancs, gris à blanchâtre sur le ventre, sans démarcation nette entre les deux colorations. Pieds sombres. Queue généralement unicolore (bicolore chez *C. suaveolens*), proportionnellement plus longue que chez *C. suaveolens*, *C. leucodon* ou *C. russula* (65-90 % TC) avec longs poils tactiles sur toute la longueur. Fenêtres basisphénoïdiennes petites. Baguette en X aux bras postérieurs plus longs que les antérieurs. U^3 de même hauteur que le parastyle de P^4. Ce dernier est généralement coalescent et large. Hc : 3,9-5,0 mm. Incl. deux lignées génétiques occidentales : *mimula* (Suisse), *iculisma* (France). • **Habitat.** Forêts, haies, vergers, buissons denses, phragmitaies, herbes hautes, murs de pierre, zones rocheuses, dunes végétalisées. Dans les régions arides, recherche les secteurs les plus humides (bords de pièces d'eau, cultures irriguées). Pénètre parfois dans les habitations. Présente dans de nombreuses îles méditerranéennes et atlantiques. Jusqu'à 2 500 m dans le Caucase. • **Biologie.** Plusieurs phases d'activité dans la journée avec un maximum au crépuscule et la nuit. Se nourrit surtout d'invertébrés (Gastéropodes, Myriapodes, cloportes, Insectes). Dans les habitations, consomme la nourriture stockée, y compris les fruits.

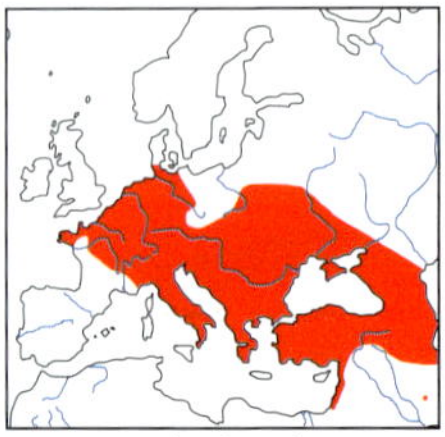

Crocidura leucodon

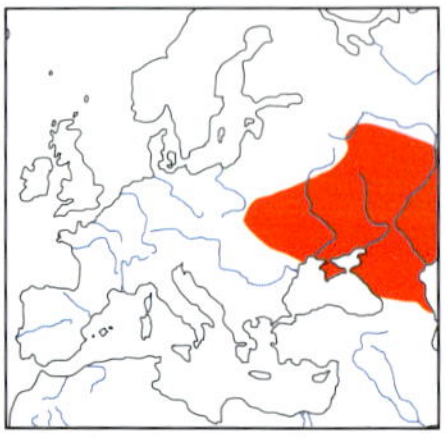

Crocidura suaveolens

Crocidura caspica

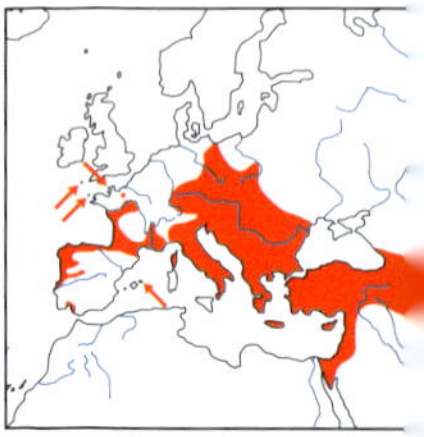

Crocidura gueldenstaedtii

caravane de crocidures, mère et jeunes

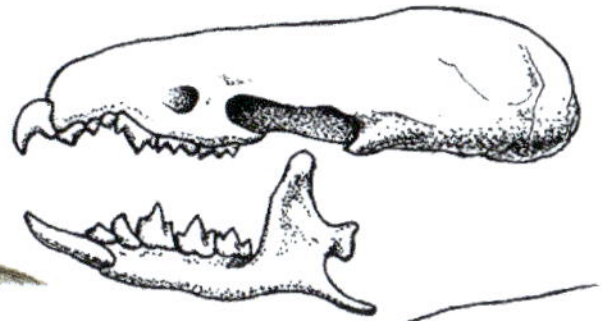

CROCIDURE
LEUCODE

rme sombre (NE Turquie)

CROCIDURE DE CRIMÉE

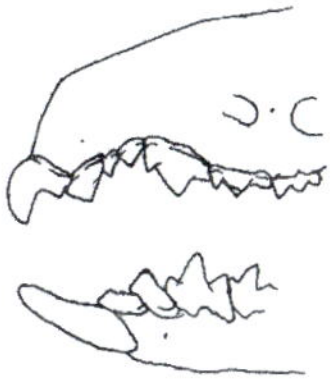

CROCIDURE DE LA CASPIENNE

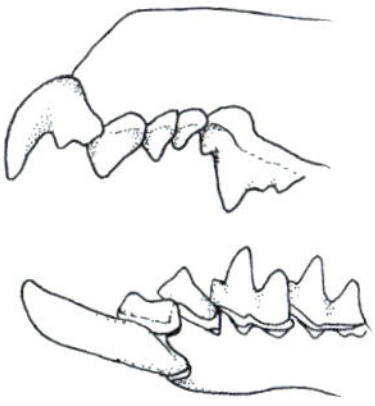

CROCIDURE DES JARDINS

Crocidure de Libye – *Crocidura aleksandrisi*

TC : 56-65 mm, Q : 35-46 mm, Pp : 11-14 mm, Or : 7-8 mm, Cil : 17-18 mm, P : 4-7 g.

Description. La plus petite des crocidures du groupe *suaveolens*. Pelage court (2 mm), brun-rouge sur le dos, plus clair (grisâtre ou brunâtre) sur le ventre, sans démarcation nette. Pieds blanchâtres teintés de brun. Queue assez longue (70 % TC) brune dessus, brun clair dessous, avec longs poils tactiles sur 90 % de la longueur. • **Habitat.** Végétation méditerranéenne, broussailles, oueds, affleurements rocheux. • **Biologie.** Probablement nocturne. Régime alimentaire non documenté mais consomme certainement des invertébrés.

Crocidure de Whitaker – *Crocidura whitakeri*

TC : 53-64 mm, Q : 27-39 mm, Pp : 10-13 mm, Or : 7-11 mm, Cil : 17-19 mm, P : 5-7 g.

Description. Crocidure pâle assez semblable à *C. suaveolens* et *C. tarfayaensis*, plus petite que *C. russula*, avec une tête et des oreilles proportionnellement plus grandes. Pelage court (3-4 mm) et soyeux, brun à gris sur le dos, blanchâtre sur le ventre. Queue moyennement longue (50 % TC), bicolore (mêmes colorations que le dos et le ventre), avec longs poils tactiles sur la totalité de la longueur. Pieds postérieurs blancs. Crâne relativement plat, avec un rostre court. U^3 plus petite que U^2 et de taille subégale au parastyle de P^4, qui est volumineux et coalescent. Hc : 4,0-4,5 mm. • **Habitat.** Steppes ou semi-déserts caillouteux, dunes sableuses côtières. Jusqu'à 1 800 m dans le Moyen-Atlas (Maroc). Pourrait être présente sur toute la côte d'Afrique du Nord entre la Tunisie et l'Égypte. • **Biologie.** Peu connue (surtout identifiée dans les pelotes de réjection de rapaces). Plutôt active la nuit. Gîte sous les pierres ou dans des terriers. Régime alimentaire non documenté.

Crocidure de Tarfaya – *Crocidura tarfayaensis*

TC : 56-68 mm, Q : 33-42 mm, Pp : 11-18 mm, Or : 8-12 mm, Cil : 18-19 mm, P : 6-7 g.

Description. Crocidure plus petite que *C. whitakeri*, sensiblement de même taille que *C. russula* mais queue fine, très poilue, proportionnellement plus longue (2/3 TC) et pieds arrière plus grands. Pelage long (4-6 mm) et doux, gris mêlé de brun et de blanc sur le dos, blanchâtre sur le ventre. Pieds pâles. Queue modérément longue (60 à 65 % TC en moyenne), très poilue, bicolore. U^3 plus petite que U^2 et de même taille que le parastyle de P^4. Hc : 4,3-4,7 mm. • **Habitat.** Milieux semi-arides à arides sableux ou caillouteux, avec végétation éparse. Steppes buissonnantes, éboulis en pied de falaises. Également dunes sableuses en bord d'oueds avec tamaris, hautes herbes et buissons bas. Évite les zones anthropisées. • **Biologie.** Peu connue. Gîte dans des terriers de Rongeur. Régime alimentaire non documenté.

Crocidure de Sicile – *Crocidura sicula*

TC : 50-79 mm, Q : 28-45 mm, Pp : 11-14 mm, Or : 6-11 mm, Cil : 18-21 mm, P : 4-11 g.

Description. Ressemble à *C. leucodon*. Pelage bicolore, gris-brun sur le dos, blanc sur le ventre, avec une démarcation nette. Pieds blanchâtres, blancs sur l'île de Gozo. Queue nettement bicolore, avec souvent une tache blanche à son extrémité. Population mélanique sur l'île volcanique Ustica (nord de la Sicile). U^2 et U^3 de la même taille que le parastyle de P^4. • **Habitat.** Végétation épaisse herbacée et arbustive, forêts claires, zones agricoles ou urbanisées. Recherche des habitats humides en été. Jusqu'à 1 600 m (Sicile), abondante entre 1 000 et 1 400 m. Présente également sur certaines îles autour de la Sicile (Ustica, îles Égades) ainsi que sur celles de Gozo et de Comino (ouest de Malte). Probablement éteinte à Malte où des restes subfossiles ont été retrouvés. • **Biologie.** Plusieurs phases d'activités de jour comme de nuit. Consomme des invertébrés (vers de terre, escargots, Myriapodes, chenilles, Coléoptères).

Crocidure des Canaries – *Crocidura canariensis*

TC : 54-74 mm, Q : 31-48 mm, Or : 8-10 mm, Pp : 12-14 mm, Cil : 19-20 mm, P : 4-12 g.

Description. Ressemble à *C. russula* mais plus petite et oreilles proportionnellement plus grandes. Pelage dorsal brun grisâtre sombre à brun chocolat. Ventre sombre, contrastant généralement peu avec le dos. Plus ou moins foncée d'une population à l'autre. Oreilles et pieds plus clairs que le pelage dorsal. Queue assez longue, légèrement bicolore. Parastyle de P^4 petit et coalescent. • **Habitat.** Champs de lave avec végétation éparse, éboulis, plaines côtières sableuses ou rocheuses, terres cultivées, jardins. Présente à Lanzarote et Fuerteventura. • **Biologie.** La seule crocidure connue pour être venimeuse, à l'instar des *Neomys*. Consomme des escargots et des Insectes ainsi que des lézards de l'Atlantique *(Gallotia atlantica)*.

Crocidura aleksandrisi (rouge)

Crocidura whitakeri (violet)

Crocidura tarfayaensis

Crocidura sicula

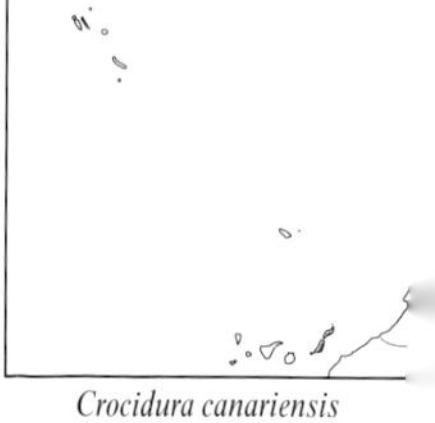

Crocidura canariensis

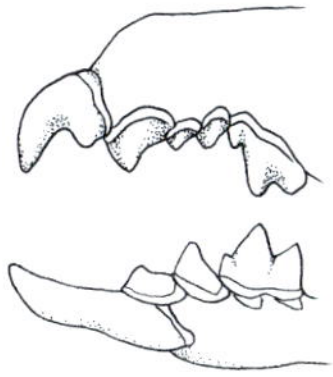

CROCIDURE DE LIBYE

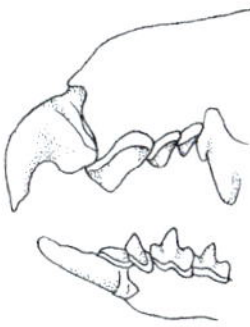

CROCIDURE DE WHITAKER

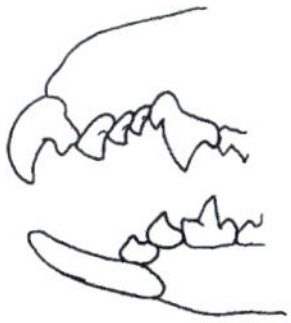

CROCIDURE DE TARFAYA

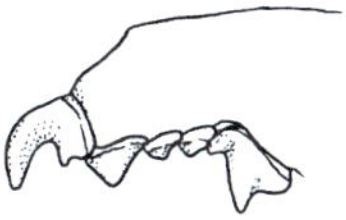

CROCIDURE DE SICILE

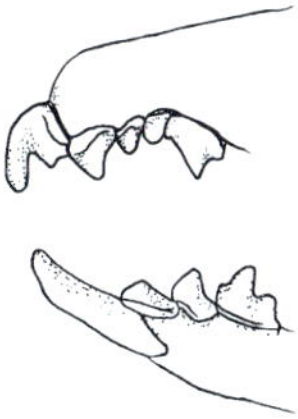

CROCIDURE DES CANARIES

Crocidure arispa – *Crocidura arispa*

TC : 55-75 mm, Q : 43-54 mm, Pp : 11-13 mm, Or : 9-10 mm, Cil : 17-19 mm, P : 9 g.

Description. Crocidure de taille moyenne du groupe *pergrisea*. Pelage dorsal gris nuancé de brun, légèrement fumé chez l'adulte. Ventre et flancs gris pâle, teintés de jaune chez l'adulte. Démarcation peu marquée entre les deux colorations. Queue pâle, unicolore, terminée par un pinceau de poils blancs. Oreilles et pieds pâles. Queue proportionnellement assez longue (entre 64 et 69 % TC). Crâne plus aplati que chez *C. leucodon* et *C. gueldenstaedtii* (hauteur de la boîte crânienne < 23 % Cbl). U^1 de même longueur que la somme $U^2 + U^3$ (plus courte chez *C. leucodon* et *C. gueldenstaedtii*). Parastyle de P^4 pointu (émoussé chez *C. leucodon*). Processus coronoïde proportionnellement plus court que chez *C. leucodon* et *C. gueldenstaedtii*. Hc : 4,1 mm. Incl. *armenica* (Garni, Arménie – espèce décrite d'un spécimen à denture anormale) et *serezkyensis* (population de Nakhitchevan, Azerbaïdjan). • **Habitat.** Montagnes. Milieux rocheux arides, éboulis, au-dessus de la limite des arbres. Capturée à 1 750 m et 2 000 m. • **Biologie.** Non documentée.

Crocidure du Néguev – *Crocidura ramona*

TC : 58-63 mm, Q : 42-43 mm, Pp : 10-11 mm, Or : 7-8 mm, Cil : 18 mm, P : 4-5 g.

Description. Crocidure de taille moyenne. Pelage dorsal gris argenté clair. Pelage ventral blanchâtre. Démarcation marquée entre les deux colorations sans être très nette. Queue légèrement bicolore avec le dessus plus clair que le dessous. Crâne aplati. I^1 puissante. U^1 plus grande que U^2 et U^3. Couronne de U^2 plus petite que celle de U^3. • **Habitat.** Déserts rocheux, lits d'oueds avec *Retama* et *Tamarix* ou densément couverts d'*Atriplex*, plaines de gravier avec affleurements rocheux, collines rocheuses couvertes en partie de lœss. Capturée entre 200 et 950 m. • **Biologie.** Non documentée.

Crocidure de Zimmermann – *Crocidura zimmermanni*

TC : 65-78 mm, Q : 35-42 mm, Pp : 12-14 mm, Or : 7-13 mm, Cil : 19-21 mm, P : 7-8 g. ♂♂ légèrement plus grands que ♀♀.

Description. Crocidure de taille moyenne. Pelage dorsal gris-brun. Pelage ventral de même couleur mais plus clair. Démarcation floue entre les deux colorations. Pieds pâles. Sympatrique avec *C. gueldenstaedtii*, dont elle se distingue par les caractères suivants : taille légèrement plus grande, coloration plus grise et plus claire, rostre > 2,9 mm (< 2,9 mm pour *C. gueldenstaedtii* en Crète), mandibule plus longue et plus mince, foramen mentonnier sous la partie arrière de P^4 (sous la première molaire inférieure chez *C. gueldenstaedtii*), U^1 et U^2 plus grandes, U^3 plus grande que le parastyle de P^4. • **Habitat.** Montagnes avec buissons où alternent hivers neigeux et étés arides. Recherche alors les endroits humides (tapis de mousses couverts d'Épine-vinette de Crète *Berberis cretica)*. Habitats utilisés à basse altitude sont inconnus. De 140 à 1 400 m. Endémique de Crète. • **Biologie.** Peu documentée. Active au moins au crépuscule et la nuit.

Crocidure katinka – *Crocidura katinka*

Description. Jamais observée vivante. Décrite en 1937 à partir de fragments de fossiles de crâne et de mandibule récoltés en Israël, soupçonnée présente à l'état fossile au Liban en 1961, puis enfin identifiée en 2002 à partir de restes osseux contenus dans des pelotes fraîches d'Effraie des clochers *(Tyto alba)* et de Chevêche d'Athéna *(Athene noctua)* collectées en Syrie. Petite taille d'après les restes osseux. Crâne aplati, interorbital large, palais étroit, rostre court. I^1 peu développée, unicuspides petites. Rangée dentaire supérieure : 7,0-7,3 mm. • **Habitat.** Pelotes récoltées dans des milieux arides. Probablement disparue d'Israël et du Liban. Pourrait être présente dans le sud-ouest de l'Iran (restes osseux). • **Biologie.** Non documentée.

Crocidure de Flower – *Crocidura floweri*

TC : 57-71 mm, Q : 55-58 mm, Pp : 12-14 mm, Or : 8 mm, Cil : 17-19 mm.

Description. Petite crocidure. Pelage dorsal brun cannelle pâle. Pelage ventral et flancs blanchâtres. Pieds grisâtres pâles. Longue queue (> 75 % TC) bicolore, brun-roux dessus, blanchâtre dessous, avec longs poils tactiles gris-blanc peu nombreux uniquement sur la moitié proximale. Crâne plus convexe que *C. religiosa*. U^2 sensiblement de même taille que U^3 qui est chevauchante. • **Habitat.** Champs cultivés, jardins du delta du Nil, du Fayoum et de Wadi el Natrun. Endémique d'Égypte (nord de la vallée du Nil et oasis proches). Très rare, peut-être éteinte, les dernières données (ossements dans des pelotes) datant des années quatre-vingts. Spécimens momifiés de Thèbes rapportés à cette espèce. • **Biologie.** Non documentée.

Crocidura arispa

Crocidura ramona

Crocidura zimmermanni (rouge)

Crocidura katinka (violet)

Crocidura floweri

CROCIDURE ARISPA

CROCIDURE DU NEGUEV

CROCIDURE DE ZIMMERMANN

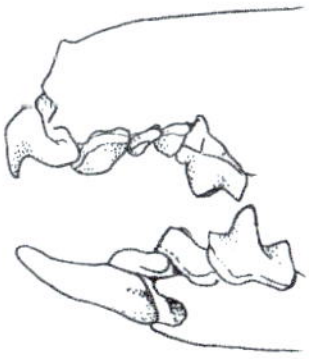

CROCIDURE KATINKA

CROCIDURE DE FLOWER

Crocidure naine d'Égypte – *Crocidura religiosa*

TC : 48-62 mm, Q : 28-40 mm, Pp : 8-10 mm, Or : 5-9 mm, Cil : 14-16 mm.

Description. Crocidure de très petite taille. Pelage dorsal gris teinté de brun. Flancs plus pâles. Ventre gris pâle. Menton et gorge blanchâtres. Pieds blanchâtres, presque dépourvus de poils. Longue queue (65 % TC) bicolore, grise dessus, blanchâtre dessous, avec nombreux longs poils tactiles blanchâtres sur toute la longueur. Crâne aplati. Décrite de spécimens momifiés des tombes de Thèbes. • **Habitat.** Champs cultivés humides, bords de canaux d'irrigation, puits asséchés. Endémique d'Égypte. • **Biologie.** S'abrite sous des mottes de terre, des pierres, des tas d'herbes, de coton ou de tiges de maïs.

Crocidure de Perse – *Crocidura susiana*

TC : 78-85 mm, Q : 56-63 mm, Pp : 15-17 mm, Or : 8-9 mm, Cil : 20-21 mm.

Description. Assez grande crocidure (la plus grande d'Iran). Pelage dorsal sépia chaud (poils de 5-6 mm). Pelage ventral gris clair lavé de brunâtre dans la région pectorale (poils de 4-5 mm), sans démarcation franche avec le dos. Longue queue (> 70 % TC) unicolore. Parastyle de P^4 égal ou plus grand que U^3. • **Habitat.** Steppes semi-arides, rives de cours d'eau pérennes ou presque avec herbes denses et quelques arbustes. Capturée de 100 à 300 m. Peut-être endémique d'Iran. Connue uniquement de la région de Dezfoul. • **Biologie.** Non documentée.

Crocidure musette – *Crocidura russula*

TC : 44-86 mm, Q : 24-47 mm, Pp : 10-14 mm, Or : 5-11 mm, Cil : 18-20 mm, P : 5-16 g.

Description. Crocidure de taille moyenne. Pelage dorsal brun-gris à brun-roux. Pelage ventral gris à gris-blanc. Flancs de même couleur ou plus clairs que le dos, sans démarcation nette. Pieds foncés. Queue relativement courte (50 % TC en moyenne), brun sombre, avec longs poils tactiles sur 60 % de la longueur (partie proximale). Fenestrations basisphénoïdiennes grandes. Apex antérodorsal du rostre peu marqué. Baguette en X du plancher du crâne aux bras antérieurs et postérieurs sensiblement de même taille. U^3 de même taille que U^2 et plus grande que le parastyle de P^4, qui est court et détaché. 2n = 42, NF = 60. • **Habitat.** Milieux semi-ouverts, couverts de végétation et légèrement humides, zones rocheuses, prairies avec buissons, végétation halophyte, matorrals, cultures, jardins et autres lieux urbanisés. De 0 à 2 800 m dans le Haut Atlas (Maroc). Introduite sur quelques îles côtières de l'Atlantique et de la Manche, sur les îles Scilly (mer Celtique), en Irlande ainsi que sur l'île de Grande Canarie (où elle a été décrite comme *C. osorio*). • **Biologie.** Active nuit et jour, principalement au crépuscule et à l'aube. Consomme des vers de terre, des Mollusques, des Insectes, occasionnellement des lézards ou des jeunes Rongeurs.

Crocidure méditerranéenne – *Crocidura pachyura*

TC : 62-78 mm, Q : 30-40 mm, Pp : 11-13 mm, Or : 9 mm, Cil : 18-22 mm, P : 8-11 g.

Description. Crocidure assez semblable à une *C. russula* de grande taille. Diffère surtout par des critères génétiques ou biochimiques dans la zone de sympatrie (centre-nord de l'Algérie). Profil dorsal du crâne plus droit. Apex antérodorsal du rostre très marqué. Baguette en X du plancher du crâne aux bras postérieurs plus longs que les antérieurs. 2n = 42, NF = 66-70. Pelage marron sombre sans différence marquée entre le dos et le ventre à Pantelleria. • **Habitat.** Zones buissonneuses, prairies, terres cultivées, terrasses avec murets de pierres sèches, jardins. Du niveau de la mer à 1 400 m (Algérie). Originaire du Maghreb oriental, introduite plus ou moins anciennement à Pantelleria, Ibiza et en Sardaigne. • **Biologie.** Proche de celle de *C. russula*. En Algérie, consomme essentiellement des Insectes (surtout des Hyménoptères et des Coléoptères) et, en moindre quantité, d'autres invertébrés et des lézards. Consomme également des végétaux, dont des graines, en quantité non négligeable.

Crocidure de Dollman – *Crocidura lusitania*

TC : 45-53 mm, Q : 42-43 mm, Pp : 9-11 mm, Or : 7-8 mm, Cil : 16-17 mm, P : 3-4 g.

Description. Petite crocidure à queue proportionnellement longue (65 % TC). Pelage court (2 mm), brun grisâtre sur le dos, blanc grisâtre sur le ventre. Queue bicolore, avec longs poils tactiles sur toute la longueur. Pieds blanchâtres, courts. Crâne aplati. Rostre court et large. U^3 plus large que U^2 (*vs* de même largeur chez les autres crocidures sympatriques). M^3 très petite. • **Habitat.** Milieux arides et désertiques, dunes côtières, steppes, zones de cultures traditionnelles. Fréquente éboulis et galeries de Rongeurs. Répandue surtout en Afrique sahélienne. • **Biologie.** Non documentée.

Crocidura religiosa (rouge)

Crocidura susiana (violet)

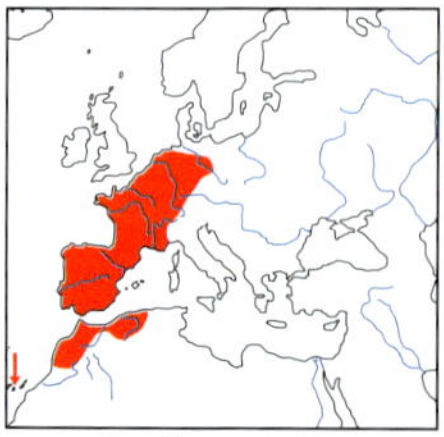

Crocidura russula

Crocidura pachyura

Crocidura lusitania

CROCIDURE NAINE D'ÉGYPTE

CROCIDURE DE PERSE

CROCIDURE MUSETTE

CROCIDURE MÉDITERRANÉENNE

CROCIDURE DE DOLLMAN

Crocidure de savane – *Crocidura viaria*

TC : 78-100 mm, Q : 52-66 mm, Pp : 14-17 mm, Or : 11-14 mm, Cil : 22-26 mm, P : 16-22 g.

Description. Grande crocidure à tête assez trapue. Pelage long (5 mm sur le dos) et doux, brun rougeâtre sur le dos, crème sur le ventre. Queue longue (70 % TC) et épaisse, avec longs poils tactiles sur 75-90 % de la longueur. Crâne aplati au profil rectiligne. U^2 et U^3 subégales et dans l'alignement du parastyle de P^4. I^1 longue et crochue. • **Habitat.** Milieux anthropisés (cultures, vergers, jardins), ou peu travaillés, avec végétation dense. Également bordures d'oueds avec broussailles, dunes partiellement boisées, sols rocheux avec euphorbes. Répandue surtout en Afrique subsaharienne. • **Biologie.** Peu documentée. Strictement nocturne. Gîte dans des terriers abandonnés de Rongeurs.

Grande crocidure africaine – *Crocidura olivieri*

TC : 106-140 mm, Q : 57-100 mm, Pp : 18-23 mm, Or : 9-14 mm, Cil : 26-30 mm, P : 33-65 g.

Description. Très grande crocidure. Pelage dorsal brun plus ou moins sombre avec des reflets argentés. Ventre gris foncé contrastant peu avec le dessus. Parfois une tache brunâtre sur la gorge. Oreilles dépassant peu du pelage dense. Pieds grisâtres à bruns. Queue longue (70-80 % TC) et épaisse, unicolore, brun sombre, avec longs poils tactiles sur l'ensemble de la longueur. Crâne aplati. Rostre long et petite boîte crânienne. U^3 plus grande que U^2. Glandes situées latéralement sur les flancs bien développées et exhalant une odeur suave et musquée. Anciennement incluse dans *C. flavescens*. • **Habitat.** Rives des canaux d'irrigation, puits secs en été. Aussi zones cultivées et jardins, autour des campements. Répandue surtout au sud du Sahara. • **Biologie.** Active de jour comme de nuit. Solitaire et territoriale. Consomme surtout des Insectes, mais aussi des escargots et de petits vertébrés, dont des Amphibiens.

> Genre ***Suncus***. Les pachyures se distinguent surtout des *Crocidura* par leur denture. Chaque demi-mâchoire supérieure porte 4 unicuspides mais la quatrième (U^4) est petite, parfois absente, et légèrement cachée par la troisième en vue latérale. Ils possèdent des oreilles bien visibles. La queue est parsemée sur toute sa longueur de longs poils tactiles raides. 30 dents (3/2, 1/0, 2/1, 3/3).

Pachyure étrusque – *Suncus etruscus*

TC : 35-54 mm, Q : 21-32 mm, Pp : 5-8 mm, Or : 3-6 mm, Cbl : 12-13 mm, P : 1-3 g.

Description. Très petit pachyure (plus petit Mammifère terrestre du monde). Pelage dorsal gris-brun foncé, peu démarqué du gris pâle ou blanc mat du ventre. Pieds blanchâtres, courts. Queue assez longue (60 % TC), légèrement bicolore. Crâne très aplati, mandibule gracile. • **Habitat.** Garrigues ou prairies avec pierres, maquis, lisières de pinèdes ou de haies, lits d'oueds. Aussi dans les habitats anthropisés (jardins, champs avec murets, prés, plantations d'oliviers), où il semble plus abondant. Parfois dans les maisons. Évite les dunes, les forêts denses et les cultures intensives. Jusqu'à 1 300 m dans l'est de l'Anatolie. • **Biologie.** Plus actif la nuit que le jour, avec un pic au crépuscule. Se déplace rarement à découvert. Solitaire et agressif sauf en période de reproduction. ♀♀ et jeunes forment parfois des caravanes. Consomme toute sorte d'invertébrés et de petits vertébrés. Peut capturer des proies aussi grosses que lui : criquets, sauterelles, Coléoptères, évite certains arthropodes toxiques ou dont l'exosquelette chitineux est trop épais.

Pachyure musqué – *Suncus murinus*

TC : 90-160 mm, Q : 45-110 mm, Pp : 16-26 mm, Or : 9-15 mm, Cbl : 29-35 mm, P : 30-147 g. ♂♂ plus grands que ♀♀.

Description. Très grand pachyure. Yeux très petits. Pelage dorsal gris-brun. Pelage ventral grisâtre clair. Pas de démarcation nette sur les flancs entre les colorations dorsale et ventrale. Oreilles courtes et rondes. Queue relativement courte (environ 50 % TC), épaisse à la base, brun-gris. Paires de glandes cutanées odorantes situées derrière les épaules chez les deux sexes mais plus développées chez les ♂♂. I^1 robuste. U^2 parfois absente. • **Habitat.** Souvent dans les habitations ou à proximité. Originaire d'Asie du Sud-Est. Introduit dans l'extrême sud de l'Irak (vallée du Chatt-el-Arab). En Égypte, une observation ancienne à Suez et une plus récente dans le delta du Nil à Mutubas, sans preuve de populations viables. • **Biologie.** Actif surtout de nuit. Produit souvent des cris aigus audibles. Très anthropophile. Grimpe bien. Émet une forte odeur de musc durant la saison de reproduction. Omnivore. Se nourrit en particulier d'Insectes commensaux de l'homme (blattes), d'intervétrés, de petits vertébrés (grenouilles, petits serpents), des fruits et autres végétaux, voire d'aliments stockés dans les habitations.

Crocidura viaria

Crocidura olivieri

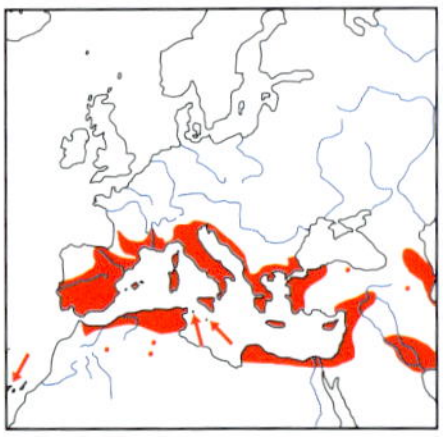
Suncus etruscus

Suncus murinus

CROCIDURE DE SAVANE

Variante
de couleurs

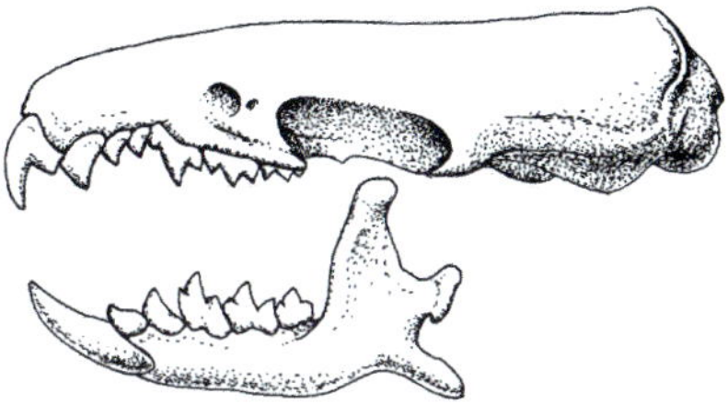

GRANDE CROCIDURE AFRICAINE

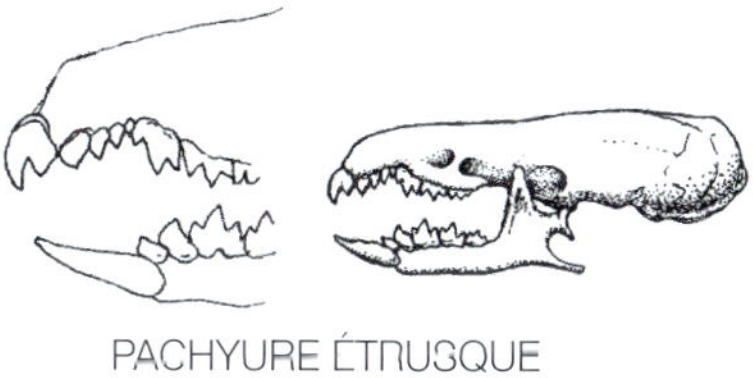

PACHYURE ÉTRUSQUE

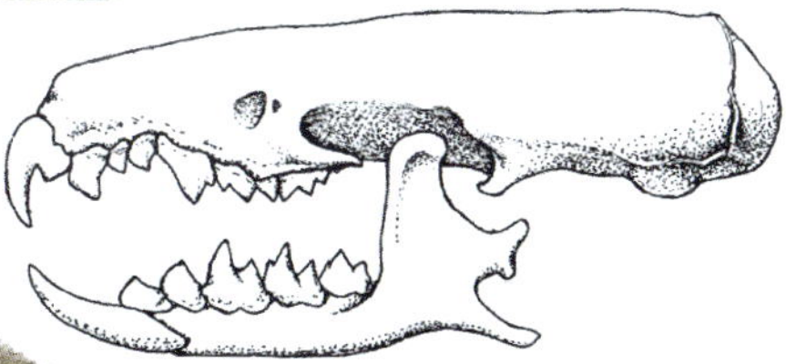

PACHYURE MUSQUÉ

Musaraigne pie – *Diplomesodon pulchellus*

TC : 51-74 mm, Q : 25-33 mm, Pp : 12 mm, Or : 8 mm, Cbl : 19 mm, P : 6-12 g.

Description. Placée dans le genre *Crocidura* par certains auteurs, mais seulement 2 unicuspides supérieures. Musaraigne de taille moyenne, trapue, aux oreilles relativement grandes et à queue courte (< 50 % TC). Pelage dense et soyeux. Bicolore. Pelage dorsal et flancs gris foncé à brun cannelle, tache ovale blanche au milieu du dos. Pelage ventral blanc, remontant au niveau du cou jusqu'aux oreilles, nettement démarqué sur les flancs. Pieds blancs frangés de poils raides. Queue blanche. Vibrisses blanches denses et longues. 26 dents (3/2, 0/0, 1/1, 3/3). • **Habitat.** Milieux subdésertiques, steppes sèches, collines couvertes d'arbustes, parfois dans les zones anthropisées. Recherche plutôt le sable humide et évite les zones instables (dunes mouvantes). • **Biologie.** Surtout nocturne et crépusculaire. Même active, ne sort pratiquement jamais à découvert durant la journée. Solitaire. Moins vive que les autres musaraignes. S'abrite ou chasse dans des cavités souterraines mais aussi dans les zones habitées, dans les meules de foin ou les bâtiments. ♀♀ et jeunes forment parfois des caravanes. Se nourrit surtout d'Insectes (Coléoptères, fourmis, sauterelles, Diptères…) ainsi que d'Isopodes, de scorpions, d'araignées, charognes à l'occasion. Peut entrer en léthargie.

Desman des Pyrénées – *Galemys pyrenaicus*

TC : 97-145 mm, Q : 118-160 mm, Pp : 27-38 mm, Or : 0 mm, Cbl : 31-36 mm, P : 35-80 g.

Description. Ressemble plus à une grosse musaraigne qu'à une taupe. Pelage épais, avec longs poils de jarre raides et poils de bourre souples 50 % plus courts, bruns sur le dos, plus clairs sur les flancs, blanc argenté sur le ventre. Museau prolongé par une trompe brun sombre longue et très mobile, aplatie à son extrémité, pourvue de longues vibrisses. Yeux très petits mais non recouverts par une peau. Pas de pavillons auriculaires. Cou peu marqué. Pieds pourvus de grandes griffes courbes et acérées, les antérieurs petits et légèrement palmés, les postérieurs grands et plus largement palmés. Frange de poils raides sur le bord externe des pieds. Longue queue (> TC), cylindrique sauf l'extrémité qui est comprimée latéralement, recouverte de poils courts sur toute sa longueur et pourvue d'une rangée de poils raides sur sa face inférieure. Très grandes incisives supérieures. 44 dents (3/3, 1/1, 4/4, 3/3). • **Habitat.** Torrents et rivières aux eaux froides et bien oxygénées, avec lits caillouteux et rives rocailleuses offrant de nombreux abris. Lacs de montagne, plus rarement canaux. Principalement de 400 à 2 700 m dans les Pyrénées ariégeoises, mais peut descendre presque jusqu'au niveau de la mer. • **Biologie.** Actif surtout la nuit. Solitaire. Très aquatique. Nage uniquement avec ses pattes arrière, ses pattes antérieures étant projetées vers l'avant, sa queue servant de gouvernail. Au repos, gîte dans des crevasses ou sous de grosses pierres, entrée du gîte souvent immergée. Recherche sa nourriture principalement dans l'eau, plus rarement à terre. Consomme de nombreux invertébrés aquatiques (larves d'Ephéméroptères, de Trichoptères ou de Plécoptères, gammares, etc.) qu'il débusque à l'aide de sa trompe, souvent en remontant le courant dans les torrents à fort débit. Mange les plus grosses proies hors de l'eau, les manipulant avec ses mains et sa trompe préhensile.

Desman musqué – *Desmana moschata*

TC : 180-215 mm, Q : 170-205 mm, Pp : 48-51 mm, Or : 0 mm, Cbl : 51-56 mm, P : 350-485 g.

Description. Ressemble à *Galemys pyrenaicus* mais beaucoup plus gros et avec une trompe proportionnellement un peu moins longue. Pelage dorsal brun-roux. Pelage ventral gris cendre. Pieds avant et arrière frangés de poils raides sur les bords externes et palmés, facilitant la nage. Pattes postérieures beaucoup plus grandes que les antérieures. Longue queue, à peine plus courte (90-95 %) que TC, au relief en forme d'écailles, épaisse à la base, aplatie latéralement sur toute sa longueur et pourvue d'une rainure sur sa face inférieure. Glandes odorantes à la base de la queue. 44 dents (3/3, 1/1, 4/4, 3/3). I^1 très grande, en forme de poignard, et séparée de I^2 par un diastème. • **Habitat.** Rivières à cours lent, lacs, étangs, canaux. Nombreuses populations introduites en marge de l'aire naturelle (Russie d'Europe, Biélorussie, Ukraine). • **Biologie.** Surtout nocturne mais parfois actif le jour. Semble plus grégaire que *G. pyrenaicus*. Passe une grande partie de sa période d'activité dans l'eau. Lorsqu'il nage, tient souvent l'extrémité de sa trompe juste au-dessus de la surface de l'eau pour pouvoir respirer. Creuse dans les berges des terriers constitués d'un simple tunnel terminé par une chambre unique, entrée immergée. Recherche sa nourriture essentiellement dans l'eau : Mollusques, Crustacés, Insectes, poissons ou Amphibiens. Consomme aussi des végétaux aquatiques au printemps et en automne.

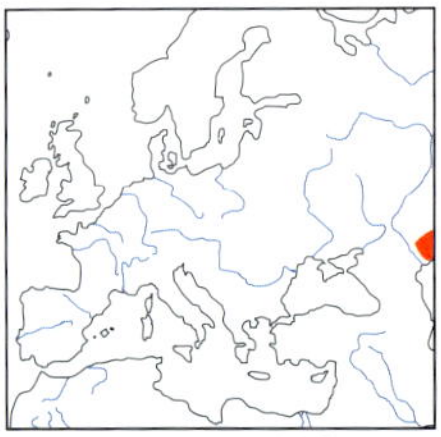

Diplomesodon pulchellus

Galemys pyrenaicus

Desmana moschata

MUSARAIGNE PIE

DESMAN DES PYRÉNÉES

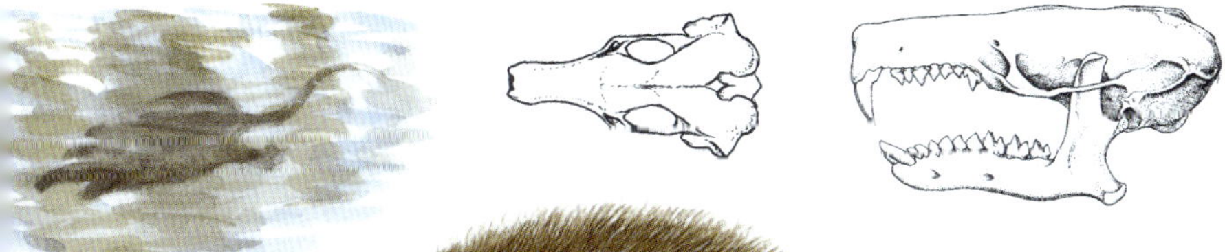

DESMAN MUSQUÉ

Genre ***Talpa***. Les taupes sont particulièrement adaptées au fouissage et à un mode de vie hypogé. Le corps est allongé, compact et cylindrique. Le cou est réduit. La tête est dans l'alignement du corps. Le museau est terminé par un groin. Les yeux sont minuscules et souvent cachés par une membrane, les oreilles ne possèdent pas de pavillon. La queue est courte, tenue dressée. Les pattes postérieures sont courtes et les antérieures sont placées latéralement. Les mains sont grandes, puissantes, aplaties comme une pelle et portent de longues griffes. Le pelage est dense mais court. Les ♂♂ sont plus grands que les ♀♀. 44 dents (3/3, 1/1, 4/4, 3/3). Toutes les espèces de ce genre, caractéristique, se ressemblent. Elles ont la même forme, y compris la queue, le bout du museau, les pieds roses et la même coloration : pelage gris-noir ou noir, soyeux avec parfois des taches blanches plus ou moins étendues. L'identification spécifique repose surtout sur des analyses ostéologiques, biométriques ou génétiques, mais les aires de répartition sont peu recouvrantes. La présence des taupes se détecte facilement par les monticules de terre (taupinières) qu'elles produisent lorsqu'elles creusent leurs galeries. Ces monticules peuvent être confondus avec ceux des *Arvicola* fouisseurs (*A. monticola* et *A. amphibius* écotype fouisseur), mais le trou de sortie, quand il existe, est situé au sommet (à la base chez les *Arvicola*) et la section des tunnels est ovale, plus large que haute (ronde chez les *Arvicola*).

Taupe du Caucase – *Talpa caucasica*

TC : 99-142 mm, Q : 22-42 mm, Pp : 16-21 mm, Or : 0 mm, Cbl : 31-36 mm, P : 38-102 g.

Description. Taupe de grande taille. Plus grande que *T. levantis* avec laquelle elle est sympatrique. Yeux recouverts par une membrane. I^1 au moins une fois et demie plus grande que I^3, I^2 plus grande que I^3. Mésostyle de M^1, M^2 et M^3 nettement bicuspide. • **Habitat.** Forêts décidues (chênes, hêtres), prairies, jardins, jardins maraîchers, recherchant des sols humides. Forêts de conifères et pelouses alpines en altitude, jusqu'à 2 800 m (Géorgie). • **Biologie.** Activité polyphasique. Consomme surtout des vers de terre ainsi que divers Arthropodes.

Taupe d'Ognev – *Talpa ognevi*

TC : 134-142 mm, Q : 20-26 mm, Pp : 17-23 mm, Or : 0 mm, Cbl : 34-35 mm, P : 62-91 g.

Description. Sensiblement de même taille que *T. caucasica*. Plus grande que *T. levantis* avec laquelle elle est sympatrique. • **Habitat.** Forêts, cultures ou jardins aux sols humides. Occupe les plaines côtières et les fonds de vallées fluviales, est remplacée en montagne par *T. levantis*. • **Biologie.** Non documentée mais probablement comme *T. caucasica*.

Taupe d'Europe – *Talpa europaea*

TC : 100-165 mm, Q : 20-51 mm, Pp : 16-25 mm, Or : 0 mm, Cbl : 30-38 mm, P : 36-130 g.

Description. Taupe de grande taille. Yeux non couverts par une membrane. I^1 à peine plus grande que I^3. Mésostyle de M^1 unicuspide, mésostyles de M^2 et M^3 bicuspides (cuspides de taille subégale et dans un même plan). • **Habitat.** Forêts de feuillus, plus rarement de conifères, prairies, landes, champs, jardins. De 0 à 2 700 m en Bulgarie. • **Biologie.** Active de jour comme de nuit toute l'année. Quitte très rarement ses galeries. Évite les sols trop acides, trop meubles, trop humides ou trop pierreux. Creuse des galeries superficielles pour chasser, parfois sous la neige, et des galeries profondes (≤ 1 m) comme gîte. Se nourrit surtout de vers de terre qu'elle stocke et de divers invertébrés (limaces, Myriapodes, larves d'Insectes).

Taupe d'Aquitaine – *Talpa aquitania*

TC : 116-203 mm, Q : 19-38 mm, Pp : 21-28 mm, Or : 0 mm, Cbl : 32-37 mm, P : 45-120 g.

Description. Un peu plus grande que *T. europaea* et *T. occidentalis*. Yeux couverts par une membrane. Mésostyle de M^1 unicuspide. Mésostyle de M^2 parfois unicuspide, parfois bicuspide, mais cette deuxième cuspide est petite et en retrait (pas dans un plan parallèle au plan parastyle-métastyle). Mésostyle de M^3 bicuspide, la cuspide postérieure étant plus petite et parfois à peine visible. • **Habitat.** Comme *T. europaea* mais évite les forêts de conifères. De 0 à 2 000 m dans les Pyrénées. • **Biologie.** Comme *T. europaea*.

Taupe romaine – *Talpa romana*

TC : 111-165 mm, Q : 20-41 mm, Pp : 15-20 mm, Or : 0 mm, Cbl : 32-38 mm, P : 62-97 g.

Description. De même taille que *T. europaea*. Yeux couverts par une membrane. Mésostyle de M^1, M^2 et M^3 nettement bicuspide. • **Habitat.** Forêts, sols sableux, pâturages, champs. Parapatrique avec *T. europaea* (une seule zone de sympatrie connue). De 0 à 2 000 m (Abruzzes, Italie). • **Biologie.** Comme *T. europaea* mais plus adaptée à un climat sec. Sans préférence alimentaire, se nourrit des macro-invertébrés les plus abondants dans le sol.

Talpa caucasica

Talpa ognevi

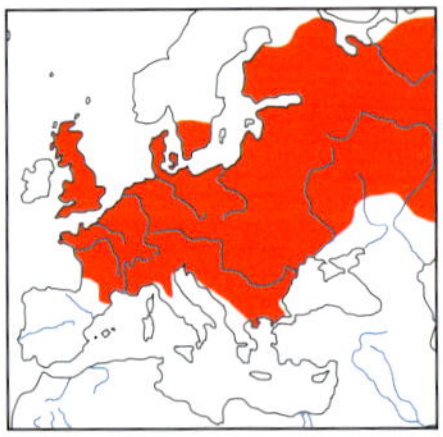
Talpa europaea

Talpa aquitania (rouge)

Talpa romana (violet)

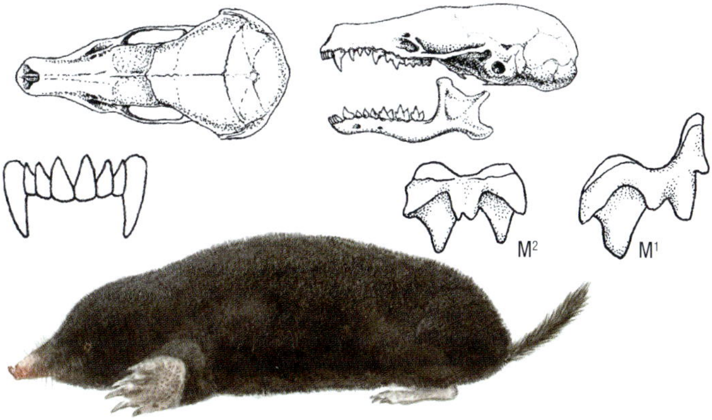

TAUPE D'EUROPE

Taupinières

incisives

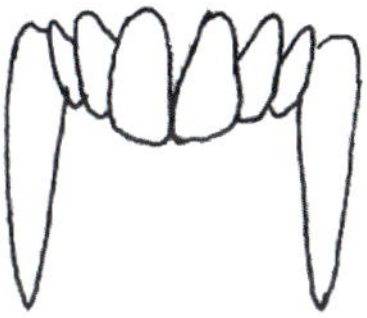

TAUPE DU CAUCASE

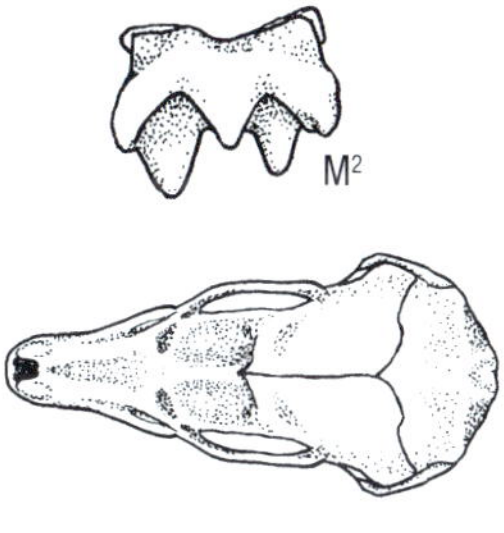

TAUPE D'AQUITAINE

TAUPE ROMAINE

Taupe ibérique – *Talpa occidentalis*

TC : 90-135 mm, Q : 16-35 mm, Pp : 14-18 mm, Or : 0 mm, Cbl : 28-32 mm, P : 30-70 g.

Description. Plus petite que *T. europaea*. Rostre plus long et plus étroit. Plus de poils blancs sur le museau et les mains. Yeux couverts par une membrane. I^1 au moins deux fois plus large que I^2 et I^3. Mésostyle de M^1, M^2 et M^3 bicuspide (cuspides de taille subégale et dans un même plan). • **Habitat.** Prairies, pâturages, champs. De la côte à 2 300 m dans la Sierra Nevada (plus montagnarde au sud de son aire de répartition). • **Biologie.** Comme *T. europaea*.

Taupe des Balkans – *Talpa stankovici*

TC : 115-143 mm, Q : 25-42 mm, Pp : 16-28 mm, Or : 0 mm, Cbl : 28-35 mm, P : 48-96 g.

Description. Yeux couverts par une membrane. Rostre plus large que *T. caeca* (RoM généralement ≥ 30 % Cbl). Bord postérieur du foramen infraorbitaire habituellement au-dessus de M^2. Métaconide de P^4 souvent absent. • **Habitat.** Plages sableuses, pâturages, champs. De 0 à 2 300 m en Grèce. Présente sur les îles de Corfou et de Céphalonie. • **Biologie.** Comme *T. europaea*.

Taupe aveugle – *Talpa caeca*

TC : 95-140 mm, Q : 20-43 mm, Pp : 15-18 mm, Or : 0 mm, Cbl : 26-33 mm, P : 29-120 g.

Description. Plus petite que *T. europaea*, *T. romana* et *T. stankovici* avec lesquelles elle est partiellement sympatrique. Yeux couverts par une membrane. Rostre plus long et étroit que chez les autres *Talpa* sympatriques (RoM < 30 % Cbl chez *T. caeca*). Diffère également de *T. stankovici* par le bord postérieur du foramen infraorbitaire qui est au-dessus du contact entre M^2 et M^3 ou sous M^3, et par P^4 qui est habituellement pourvue d'un métaconide. Diffère également de *T. europaea* par I^1 au moins deux fois plus grande que I^3, et le mésostyle de M^1, M^2 et M^3 qui est nettement bicuspide. • **Habitat.** Prairies au sol superficiel aux forêts mésiques aux sols profonds ou légers, de 400 à 2 500 m. • **Biologie.** Comme *T. europaea*.

Taupe du Levant – *Talpa levantis*
Taupe de Transcaucasie – *Talpa transcaucasica*

TC : 82-134 mm, Q : 17-39 mm, Pp : 12-20 mm, Or : 0 mm, Cbl : 29-33 mm, P : 21-67 g.

Description. Espèces semblables. Yeux couverts par une membrane. *T. transcaucasica* sympatrique avec *T. caucasica* et *T. davidiana* (Tatvan, Turquie) mais plus petite. Rostre beaucoup plus étroit (RoM < 27 % Cbl) que chez *T. davidiana* et queue proportionnellement plus longue. I^1 moins d'une fois et demie plus grande que I^3. I^2 et I^3 subégales ($I^1 > I^2 > I^3$ chez *T. caucasica*). Mésostyle de M^1, M^2 et M^3 moins nettement bicuspide que chez *T. caucasica*. Les populations du Caucase et du nord-est de la Turquie pourraient constituer une nouvelle espèce : *T. transcaucasica*. • **Habitat.** Forêts, prairies, steppes. Recherchent des secteurs humides proches de l'eau (bords de rivières ou de lacs). De 0 à 2 400 m (Caucase). • **Biologie.** Comme *T. europaea*.

Taupe des Talych – *Talpa talyschensis*

TC : 104-114 mm, Q : 20-25 mm, Pp : 15-16 mm, Or : 0 mm, P : 31-49 g.

Description. Ressemble à *T. levantis*. Diffère par mésostyle de M^1 nettement bicuspide. • **Habitat.** Forêts subtropicales humides, fourrés de buis. Également plantations de thé et rizières asséchées. De 0 à au moins 300 m. • **Biologie.** Non documentée mais probablement semblable à *T. europaea*.

Taupe de Thrace – *Talpa martinorum*

TC : 124-135 mm, Q : 24-33 mm, Pp : 15-18 mm, Or : 0 mm, Cbl : 30-33 mm, P : 52-66 g.

Description. Légèrement plus petite que *T. europaea*. En diffère aussi par des yeux couverts d'une membrane, parastyle de M^1 absent et mésostyle de M^1 très légèrement bicuspide. • **Habitat.** Forêts de feuillus, vergers, prairies, bords de champs et champs non cultivés, sur sol profond et bien drainé. De 0 à 445 m (massif de Strandja). • **Biologie.** Comme *T. europaea*.

Taupe de Perse – *Talpa davidiana*

TC : 120-134 mm, Q : 18-30 mm, Pp : 18-21 mm, Or : 0 mm, Cbl : 28-34 mm, P : 61-80 g.

Description. Légèrement plus grande que *T. levantis*. Yeux couverts par une membrane. Queue proportionnellement plus courte que les autres *Talpa*. Rostre beaucoup plus large que celui de *T. levantis* (RoM > 28,6 % Cbl). I_3, P_2, P_3, P^2 ou P^3 parfois absentes. • **Habitat.** Prairies et pâturages d'altitude, jardins, de 430 à 2 400 m (surtout entre 1 000 et 2 200 m). Allopatrique avec les autres espèces du genre, sauf *T. levantis* (région de Tatvan, Turquie). • **Biologie.** Comme *T. europaea*.

Talpa occidentalis (rouge)

Talpa stankovici (violet)

Talpa caeca (rouge)

Talpa levantis (violet)

Talpa transcaucasica (rouge)

Talpa talyschensis (violet)

Talpa martinorum (rouge)

Talpa davidiana (violet)

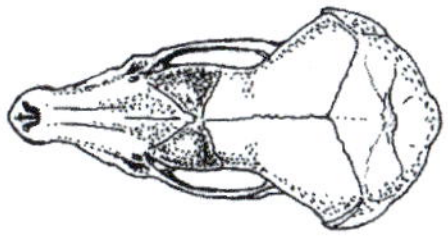

TAUPE IBÉRIQUE

TAUPE DES BALKANS

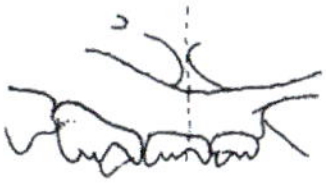

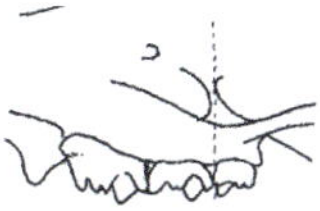

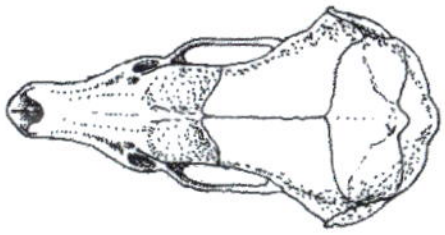

TAUPE AVEUGLE

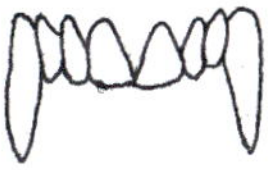

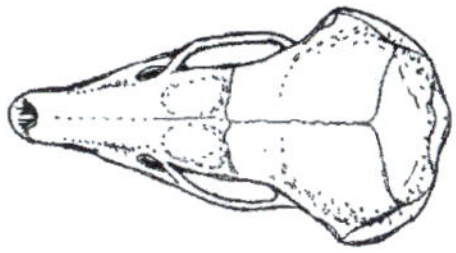

TAUPE DU LEVANT / DE TRANSCAUCASIE

TAUPE DE THRACE

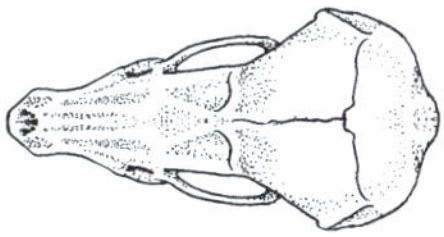

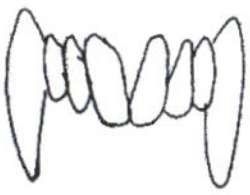

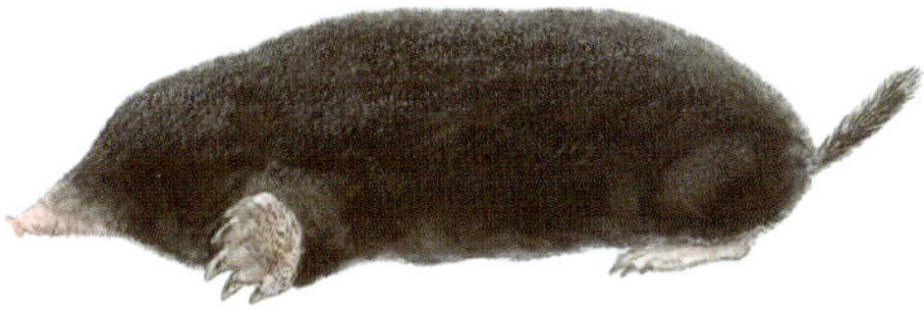

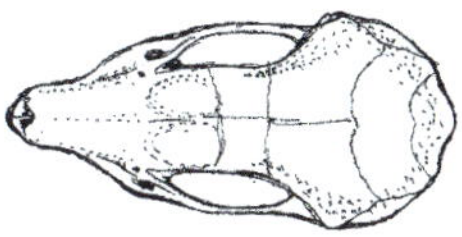

AUPE DE PERSE

Magot – *Macaca sylvanus*

TC : 65-75 cm (♂), 55-65 cm (♀), Hg : 45-50 cm, Pp : 14-17 cm, Cbl : 13,5 cm, P : 10-18 kg (♂), 8-12 kg (♀).

Description. Silhouette arrondie et massive, queue vestigiale. Tête ronde, museau court et large, yeux dirigés vers l'avant, oreilles courtes, face foncée. Pieds et mains préhensiles, bras légèrement plus longs que les jambes. Se déplace à quatre pattes. Soles plantaires et paumes nues. Pelage dorsal brun-roux (du jaune au gris), plus clair et clairsemé sur le ventre, dense en hiver dans les montagnes. Variations de morphologie et de pelage selon l'âge et le sexe. 32 dents (2/2, 1/1, 2/2, 3/3). Seul Primate non humain dans la zone considérée et seul macaque non asiatique. • **Habitat.** Forêts claires de cèdres de l'Atlas, de chênes verts, de sapins pinsapos, de chênes zéens, du Rif, du Moyen Atlas et du Haut Atlas occidental au Maroc, et en Algérie centrale jusqu'en Kabylie. Environ 700 km entre les populations marocaines et algériennes. Observé depuis 170 m jusqu'à 2 600 m dans les étages bioclimatiques humides à semi-arides supérieurs au Maroc. Également formations buissonnantes thermophiles, pelouses d'altitude et escarpements rocheux. Le refuge des forêts de cèdres est particulièrement important l'hiver. Quelques animaux à Gibraltar, d'introduction ancienne de souches marocaine et algérienne. Présent en Europe avant la dernière glaciation. • **Biologie.** Diurne, dort perché dans des arbres ou sur des falaises. Vie sociale complexe, comme chez tous les Primates. Groupes de 12 à 60 individus, multimâles, multifemelles. Un jeune unique après 165 ± 4 jours de gestation. Les jeunes jouent un rôle apaisant entre les ♂♂ adultes. Domaines vitaux annuels de 2 800 à 9 000 ha, plus petits dans le Moyen Atlas, intermédiaires en Kabylie (Algérie) et plus grands dans le Rif (Maroc), les domaines de groupes voisins tendent à se recouvrir. Se déplace de quelques centaines de mètres à quelques kilomètres par jour selon les milieux et les saisons. Densités de 6,7 individus/km^2 en sapinière, 12,2-28,2 individus/km^2 en cédraie. Habile dans les arbres mais se nourrit souvent au sol de fruits, graines, racines, champignons, lichens, mousses, petites proies animales, mais surtout plantes herbacées. Plus d'une centaine d'espèces végétales consommées. Moins frugivore que les macaques asiatiques. Avec le recul des milieux naturels, peut visiter les cultures et les vergers. Également accusé d'écorcer les cèdres. En régression. Menacé par la fragmentation de son aire de répartition qui isole de petites populations (200 à 2 500 individus), les pressions humaines, la déforestation, la capture illégale des jeunes et les chiens. Inversement certaines populations familières et parfois nourries en partie par les humains. Quelques réintroductions depuis des parcs animaliers européens vers le Maroc dans les années 1980.

Ordre des Chiroptera. Les Chiroptères sont les seuls Mammifères capables de vol actif grâce à des membranes tendues entre les doigts hypertrophiés des membres antérieurs. Essentiellement nocturnes, pour se déplacer et se nourrir dans l'obscurité toutes les espèces de la région émettent des signaux sonores dont elles analysent les échos (écholocation). Ces vocalisations sont spécifiques et permettent une identification à condition de disposer d'un détecteur d'ultrasons, les fréquences d'émission variant entre 7 et 137 kHz en fréquence constante ou modulée dont il est possible d'identifier la fréquence du maximum d'énergie (FME). Les analyses génétiques subdivisent les Chiroptères en deux clades (ou sous-ordres). Dans le Paléarctique occidental, les Yinpterochiroptera (ou Ptéropodiformes) regroupent Pteropodidae, Rhinopomatidae, Hipposideridae et Rhinolophidae, les Yangochiroptera (ou Vespertilioniformes) associent Nycteridae, Emballonuridae, Molossidae, Miniopteridae et Vespertilionidae.

Roussette d'Égypte – *Rousettus aegyptiacus*

AB : 84-99 mm, TC : 118-168 mm, Q : 8-19 mm, Or : 18-25 mm, En : 485-645 mm, LC : 39,4-45,1 mm, P : 90-170 g, ♂♂ plus grands que ♀♀.

Description. Plus grande chauve-souris du Paléarctique occidental à tête de « renard » avec de grands yeux et des oreilles sans tragus. Queue très courte et uropatagium réduit. Deuxième doigt pourvu d'une griffe. Pelage grisâtre à brun sur le dos, plus pâle sur le ventre. Glandes odoriférantes sur la gorge des ♂♂. 34 dents (1/1, 1/1, 2/3, 3/3). • **Habitat.** Cavernicole strict, grottes naturelles humides, tunnels d'irrigation, ruines, puits. Jusqu'à 1 200 m en Arabie Saoudite. Facilement élevée en captivité d'où elle s'échappe parfois, comme à Tenerife (Canaries) où elle semble avoir disparu. • **Biologie.** Nocturne, mais très active au crépuscule et à l'aube. Troglophile en hiver, dans les bâtiments ou les arbres en été. Colonies de 50-500 individus (3 000 au maximum). Utilise l'écholocation en émettant des claquements métalliques audibles avec la langue. N'hiberne pas mais réduit son activité en hiver. Se nourrit dans les vergers de fruits mous (dattes, caroubes, mûres, figues, abricots, pêches et pommes) et parfois de feuilles. Menacée à Chypre, parfois mal tolérée en zone d'arboriculture.

Macaca sylvanus

Rousettus aegyptiacus

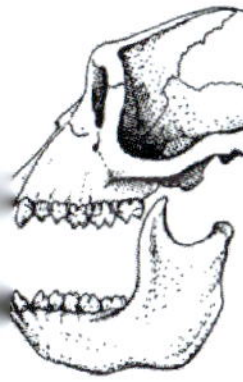

MAGOT

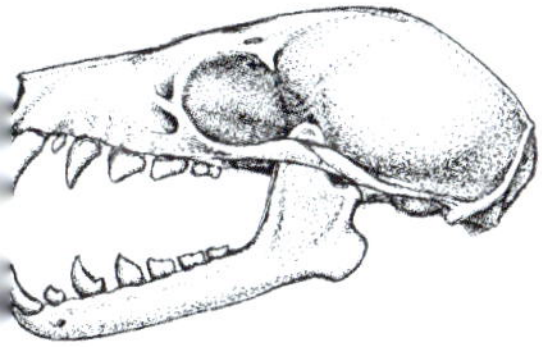

ROUSSETTE D'ÉGYPTE

Genre ***Rhinopoma***. Les rhinopomes sont des chauves-souris primitives caractérisées par une queue dont plus de la moitié dépasse l'uropatagium étroit, des narines fendues obturables, une petite feuille nasale triangulaire surmontant un museau en forme de groin, et des deuxième et troisième doigts de la main avec deux phalanges osseuses. Le pelage, généralement gris sépia, plus clair sur le ventre, ne recouvre pas la face, la base du dos et du ventre et les membranes alaires. Les oreilles, presque triangulaires, sont reliées sur le front, le tragus est droit et long. Les yeux sont relativement grands. Les membres sont grêles. 28 dents (1/2, 1/1, 1/2, 3/3), l'incisive supérieure est très petite. Les ailes sont adaptées au vol rapide en milieu ouvert, avec alternance de vol plané et de battements rapides. Les ultrasons sont émis par la bouche, à fréquence constante en déplacement, en fréquence plus modulée à l'approche d'une proie ou lors d'émergence du gîte en groupe. Les *Rhinopoma* n'hibernent pas mais peuvent entrer en torpeur pour plusieurs jours et accumuler des réserves de graisse dans l'abdomen pour les périodes de disette, notamment pour l'hiver.

Petit rhinopome – *Rhinopoma cystops*

AB : 50-62 mm, TC : 53-64,5 mm, Q : 53,5-78 mm, Or : 16-19,5 mm, En : 300-340 mm, LC : 15,4-18,0 mm, P : 6,5-12 g.

Description. Espèce d'Afrique du Nord et du Proche-Orient précédemment incluse dans *R. hardwickii*. Queue presque toujours plus longue que l'avant-bras. Feuille nasale développée, sillon marqué sur le museau. Pieds petits (Pp : 10,5-13,5 mm). Crâne avec renflements nasaux modérés, forme du rostre triangulaire en vue dorsale, crête sagittale peu apparente. • **Habitat.** Déserts et semi-déserts, voire steppes boisées dans certaines zones. Gîtes diurnes dans des grottes chaudes, mines, éboulis, fissures, vieux bâtiments, pyramides, mosquées. Jusqu'à environ 1 500 m. • **Biologie.** Nocturne mais tolère la lumière, dans les fissures exposées au soleil par exemple, et une faible hygrométrie (jusqu'à seulement 20-25 %). Émerge tôt après le coucher du soleil du gîte où il se repose souvent accroché par les quatre membres aux parois, la queue raide comme un aiguillon. Colonies lâches (pas de contact entre individus) de quelques individus à plusieurs centaines, souvent associées à d'autres espèces. Cris de chasse en fréquence constante : 30-34 kHz (Maroc), 36-40 kHz (Égypte). Attiré par les plans d'eau, semble plus abondant à proximité des oasis. Se nourrit de Lépidoptères, Névroptères, Coléoptères, Hyménoptères, etc.

Rhinopome d'Hardwicke – *Rhinopoma hardwickii*

AB : 53-62 mm, TC : 56-69 mm, Q : 67-75 mm, Or : 21-22,5 mm LC : 16,8-18,0 mm.

Description. Espèce du Moyen-Orient et d'Asie centrale morphologiquement semblable à *R. cystops*, différenciée par des critères génétiques. • **Habitat.** Déserts et semi-déserts. • **Biologie.** Comme *R. cystops*. Cris de chasse en fréquence constante : 34-36 kHz. Se nourrit de Coléoptères, Diptères, etc.

Grand rhinopome – *Rhinopoma microphyllum*

AB : 62-74 mm, TC : 71-85 mm, Q : 50-69 mm, Or : 19-24 mm, En : 330-380 mm, LC : 18,7-21,5 mm, P : 14-37 g. ♂♂ plus grands que ♀♀.

Description. Plus grand des rhinopomes, à queue généralement plus courte que l'avant-bras. Feuille nasale proportionnellement peu développée, sillon peu marqué sur le museau. Pieds grands (Pp : 13-17 mm). Crâne robuste avec faibles renflements nasaux, forme du rostre pentagonal en vue dorsale, crête sagittale proéminente. • **Habitat.** Biomes arides (précipitations < 300 mm), avec végétation très clairsemée et biomes semi-arides (400-500 mm). Gîtes dans des fissures plus ou moins sombres, petites grottes, mines, tunnels, vieux bâtiments, s'accommodant d'une faible hygrométrie. Jusqu'à 1 300 m en Arabie Saoudite. • **Biologie.** Nocturne, très tolérant à la lumière. Forme parfois de grandes colonies lâches (plusieurs milliers en Égypte et Israël). Cris de chasse en fréquence constante : 27-31 kHz. Se nourrit de Coléoptères, Lépidoptères, Hyménoptères, Orthoptères, etc.

Rhinopome de Muscat – *Rhinopoma muscatellum*

AB : 45-57 mm, TC : 49-75 mm, Q : 46-71 mm, Or : 15-22 mm, En : 240-280 mm, LC : 14,9-17,5 mm, P : 7,5-15 g.

Description. Plus petit des rhinopomes, à queue généralement plus longue que l'avant-bras. Feuille nasale petite, sillon peu marqué sur le museau. Pieds petits (Pp : 9-12 mm). Crâne avec renflements nasaux bien visibles, crête sagittale peu apparente, bulles tympaniques plus développées que chez les autres *Rhinopoma*. • **Habitat.** Steppes et semi-déserts. Gîtes dans des grottes et cavités artificielles, et dans les bâtiments abandonnés, parfois associé à d'autres rhinopomes. Jusqu'à 1 000 m. • **Biologie.** Peu documentée. Trouvé en petites colonies lâches jusqu'à 30 individus. Cris de chasse en fréquence constante : 30-37 kHz. Se nourrit d'Hyménoptères, Coléoptères, etc.

Rhinopoma cystops

Rhinopoma hardwickii

Rhinopoma microphyllum

Rhinopoma muscatellum

PETIT RHINOPOME

GRAND RHINOPOME

RHINOPOME DE MUSCAT

Nyctère de la Thébaïde – *Nycteris thebaica*

AB : 42-47 mm, TC : 41-52 mm, Q : 48-57 mm, Or : 26-29 mm, En : 270-302 mm, LC : 17-20 mm, P : 9-11 g.

Description. Chauve-souris de taille moyenne aux très longues oreilles (> 50 % TC), ovales, réunies à la base par une fine membrane, et au tragus court et droit. Petite feuille nasale surmontée d'un profond sillon vertical qui descend du front. Queue longue totalement incluse dans l'uropatagium, terminée par une vertèbre en T qui soutient la bordure de la membrane. Pelage long et soyeux, gris à brun-roux clair sur le dos, gris pâle à blanc sur le ventre. Crâne fortement concave dans la région interorbitaire, crête sagittale basse. 32 dents (2/3, 1/1, 1/2, 3/3), deuxième prémolaire supérieure cachée entre la première prémolaire et la première molaire. Dentition de lait parfois tardive. • **Habitat.** Milieux variés avec une préférence pour les biotopes semi-arides, comme les savanes boisées ouvertes. Cavernicole. Gîtes dans des grottes, fissures, tunnels d'irrigation et autres souterrains, parfois dans des trous d'arbres. Se suspend généralement au plafond des cavités. • **Biologie.** Vit en colonie jusqu'à quelques centaines d'individus, mais plus souvent de quelques dizaines, partageant son gîte avec d'autres espèces des genres *Rhinopoma*, *Rhinolophus*, *Hipposideros*, *Asellia* et *Taphozous*. Espèce principalement glaneuse au vol lent et très agile. Émet des ultrasons de faible intensité en fréquence modulée glissant de 90 à 65 kHz. Capture sur le sol, en vol rasant ou depuis un reposoir, des proies détectées par leurs émissions sonores plus que par écholocation. Les scorpions sont des proies importantes avec les Orthoptères et les Coléoptères.

Trident du désert – *Asellia tridens*

AB : 44-55 mm, TC : 42-57 mm, Q : 16-28 mm, Or : 14-22 mm, LC : 17,7-20,4 mm, P : 6-13 g.

Description. Chauve-souris de taille moyenne à feuille nasale portant trois extensions dans sa partie supérieure, l'extension centrale est pointue, les deux extensions latérales sont plus émoussées. Queue dépassant de 3-5 mm de l'uropatagium, court et carré. Oreilles grandes, à bordure externe très convexe, sans tragus. Pelage doux, dense et duveteux, gris brunâtre pâle chez de nombreux animaux, rougeâtre à orange vif chez d'autres, les deux pelages et leurs intermédiaires pouvant être observés dans la même colonie. Crâne avec une forte crête sagittale. 28 dents (1/2, 1/1, 1/2, 3/3), les canines supérieures sont puissantes et aiguisées avec une cuspide secondaire, M^3 réduite. • **Habitat.** Occupe tous les milieux désertiques et semi-désertiques qui offrent gîte et nourriture, surtout à proximité des oasis, jusqu'à 2 000 m. Gîtes dans des grottes, mines, puits, tunnels d'irrigation (khettaras foggaras) et bâtiments abandonnés. Peut migrer sur de courtes distances pour des changements saisonniers de gîte. • **Biologie.** Actif toute l'année et assez tolérant à la lumière et à une faible hygrométrie. Espèce commune, forme des colonies de quelques dizaines à plusieurs centaines d'individus, exceptionnellement plusieurs milliers. ♂♂ et ♀♀ vivent séparément pendant l'été. Se repose généralement sur les parois, accroché par les pieds et les pouces plutôt que suspendu. Vol lent et agile. Émissions ultrasonores en fréquence constante entre 108 et 124 kHz selon les individus. Capture en vol et sans doute au sol de gros Insectes, Coléoptères, Hyménoptères et Lépidoptères.

Phyllorhine cendrée – *Hipposideros tephrus*

AB : 43-46 mm, TC : 44-55 mm, Q : 22-28 mm, Or : 13-14 mm, En : 270-293 mm, LC : 16,3-17,2 mm, P : 7-10 g.

Description. Espèce précédemment incluse dans *H. caffer*. Chauve-souris de taille moyenne gracile avec une large feuille nasale couvrant le museau, simplement arrondie dans sa partie supérieure, sans projections verticales. Au-dessus de la feuille, une fente marque l'ouverture de la glande frontale, surtout développée chez les ♂♂. Oreilles plus larges que longues, dirigées vers l'avant, terminées en pointe, avec un antitragus très développé, mais sans tragus. Queue ne dépassant pas de l'uropatagium. Pelage long, dense et doux de deux colorations possibles au sein d'une même colonie, avec des individus brun grisâtre sur le dos, plus clairs sur le ventre, et des individus orange vif sur le dos, au ventre plus terne. Membranes de couleur sépia très sombre, plus claire près du corps. Crâne frêle et délicat, au rostre étroit. 28 dents (1/2, 1/1, 1/2, 3/3). • **Habitat.** Milieux boisés plus ou moins clairsemés, steppes, dans les zones arides et semi-désertiques. Gîtes dans des grottes et autres souterrains, arbres creux, bâtiments. Observé exceptionnellement à 2 500 m (Haut Atlas, Maroc). • **Biologie.** Se regroupe en colonies d'une dizaine à plusieurs centaines d'individus, partageant leur gîte avec d'autres espèces des genres *Nycteris* ou *Rhinolophus*. Au repos, se suspend par les pieds, sans contact avec les congénères. Émissions ultrasonores en fréquence constante entre 133 et 137 kHz. Se nourrit en vol dans la végétation de Lépidoptères, mais aussi de Coléoptères et de Névroptères.

Nycteris thebaica

Asellia tridens

Hipposideros tephrus

pelage roux
TRIDENT DU DÉSERT
pelage gris-brun
NYCTÈRE DE LA THÉBAÏDE
pelage gris-brun
pelage roux
PHYLLORHINE CENDRÉE

Genre ***Rhinolophus***. Les rhinolophes possèdent une feuille nasale complexe, des membres longs et une courte queue. La feuille nasale est composée d'un fer à cheval, d'une « selle » à deux appendices au-dessus des narines et d'une lancette terminée en pointe au sommet. Les oreilles sont larges à la base, pointues à l'extrémité, sans tragus. Les ailes sont relativement larges et enveloppent le corps au repos. 32 dents (1/2, 1/1, 2/3, 3/3). Les *Rhinolophus* sont originellement cavernicoles, mais certaines espèces utilisent les bâtiments, surtout en période de mise bas. Au repos, ils pendent accrochés par les pieds. Leur vol est lent et très agile. Ils émettent par le nez des ultrasons, principalement à fréquence constante. Ils hibernent de fin octobre à mars en moyenne, à l'exception des populations les plus méridionales.

Rhinolophe de Blasius – *Rhinolophus blasii*

AB : 45-48 mm, TC : 46,5-54 mm, Q : 25-30 mm, Or : 17-20 mm, En : 270-310 mm, LC : 18,9-19,4 mm, P : 12-15 g.

Description. Rhinolophe de taille moyenne. Appendice supérieur de la selle pointu, rectiligne, non incliné vers le bas ; appendice inférieur plus court, étroit et arrondi. Lancette régulièrement rétrécie vers le haut. Pelage dorsal gris-brun, parfois très clair ; ventre blanchâtre à jaunâtre. Oreilles et membranes gris clair. Deuxième phalange du quatrième doigt au maximum deux fois plus longue que la première. • **Habitat.** Associé aux paysages karstiques, chasse dans des milieux chauds et secs parsemés d'arbres et de buissons. Gîtes estivaux et hivernaux dans des grottes et autres sites souterrains, très rarement dans les bâtiments. • **Biologie.** Colonies de mise bas de 50 à 300 individus avec ségrégation des sexes, parfois associés à d'autres *Rhinolophus* et à *Miniopterus schreibersii*. Écholocation : 93-98 kHz. Se nourrit exclusivement de Lépidoptères.

Rhinolophe euryale – *Rhinolophus euryale*

AB : 43-51 mm, TC : 43-58 mm, Q : 22-30 mm, Or : 17-27 mm, En : 300-320 mm, LC : 17,8-18,9 mm, P : 8-17,5 g.

Description. Rhinolophe de taille moyenne. Appendice supérieur de la selle pointu, légèrement incliné vers le bas ; appendice inférieur plus court. Lancette régulièrement rétrécie vers le haut. Pelage dorsal gris-brun, teinté de roussâtre ou de lilas ; ventre blanc grisâtre. Oreilles et membranes gris clair. Deuxième phalange du quatrième doigt plus de deux fois plus longue que la première. Ne s'enveloppe pas complètement dans ses ailes au repos et peut hiberner les ailes ouvertes. • **Habitat.** Associé aux paysages karstiques avec des grottes et de l'eau. Chasse principalement en lisière de forêts décidues et dans les milieux buissonnants. Gîte dans des grottes, des mines, parfois sous les toits de bâtiments en été dans le nord de l'aire de répartition. • **Biologie.** Colonies de mise bas de 50 à 400 individus (♀♀ avec des ♂♂), souvent associées aux autres espèces cavernicoles, dont les autres *Rhinolophus*. Hiberne suspendu, souvent en contact avec des congénères. Fréquence d'écholocation : 101-108 kHz. Émerge du gîte tard pour se nourrir de Lépidoptères, Diptères, Névroptères et autres Insectes.

Rhinolophe de Méhely – *Rhinolophus mehelyi*

AB : 48-56 mm, TC : 42-64 mm, Q : 21-37 mm, Or : 18-22 mm, En : 320-340 mm, LC : 19,2-19,8 mm, P : 10-23 g.

Description. Rhinolophe de taille moyenne. Appendice supérieur de la selle plutôt émoussé, à peine plus long que l'appendice inférieur, qui est large et arrondi vu de face. Lancette brusquement rétrécie en pointe au sommet. Pelage dorsal gris-brun ; ventre presque blanc. Plages sombres autour des yeux. Oreilles et membranes gris clair. Deuxième phalange du quatrième doigt plus de deux fois plus longue que la première. • **Habitat.** Associé aux paysages karstiques. Chasse principalement dans les zones boisées. Gîtes estivaux et hivernaux dans des grottes et autres sites souterrains, à proximité de l'eau, parfois dans des bâtiments en été. • **Biologie.** Colonies de mise bas jusqu'à 500 ♀♀, souvent associées aux autres espèces cavernicoles. Écholocation : 105-112 kHz. Capture des Lépidoptères et autres Insectes près du sol.

Petit rhinolophe – *Rhinolophus hipposideros*

AB : 37-42,5 mm, TC : 37-45 mm, Q : 23-33 mm, Or : 12-18 mm, En : 190-254 mm, LC : 14,7-15,8 mm, P : 5-9 g.

Description. Nettement plus petit que les précédents. Appendice supérieur de la selle arrondi ; appendice inférieur plus long et pointu de profil. Pelage dorsal gris-brun sans teinte roussâtre ; ventre gris à gris-blanc. Oreilles et membranes gris-brun clair. S'enveloppe complètement dans ses ailes au repos. • **Habitat.** Forêts ouvertes, parcs, vergers, bocage, prairies, jusqu'à 2 000 m dans les Alpes. Gîtes de mise bas sous les toits de bâtiments au nord de son aire, dans les grottes au sud. Hiberne dans des grottes, caves et autres sites souterrains, voire des ruines. Rhinolophe le plus septentrional (jusqu'à 52° N). • **Biologie.** Colonies de mise bas de 10 à 500 ♀♀. Hiberne isolé, souvent près du sol ; parfois jusqu'à 500 individus dans un site. Écholocation : 105-111 kHz. Capture des Lépidoptères, Diptères et Coléoptères.

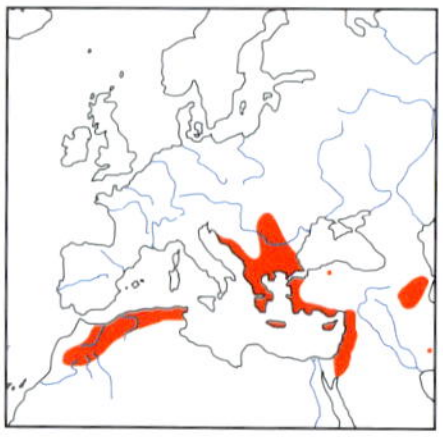

Rhinolophus blasii

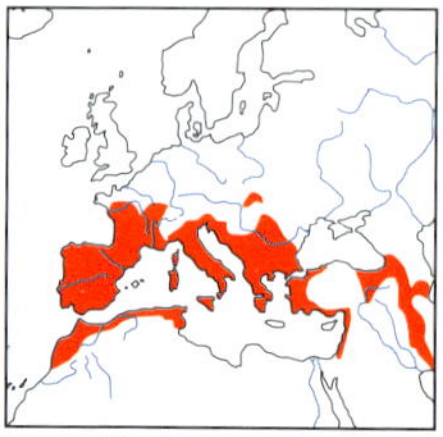

Rhinolophus euryale

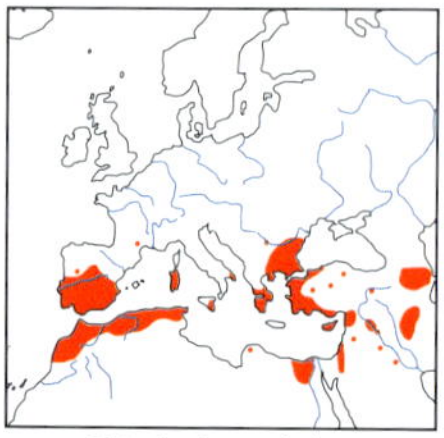

Rhinolophus mehelyi

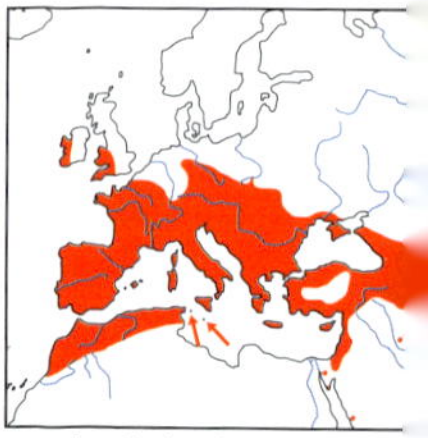

Rhinolophus hipposideros

RHINOLOPHE DE BLASIUS

RHINOLOPHE DE MÉHELY

RHINOLOPHE EURYALE

PETIT RHINOLOPHE

Grand rhinolophe – *Rhinolophus ferrumequinum*

AB : 51-61 mm, TC : 54-71 mm, Q : 31-44 mm, Or : 19-27 mm, En : 330-400 mm, LC : 23,1-24,6 mm, P : 13-34 g.

Description. Plus grand des rhinolophes. Appendice supérieur de la selle court et arrondi ; appendice inférieur pointu de profil. Pelage dorsal gris-brun ou gris fumée ; ventre gris-blanc. Oreilles et membranes gris-brun clair, jeunes plus gris. S'enveloppe complètement dans ses ailes au repos. Crâne avec forte crête sagittale. • **Habitat.** Associé aux paysages bocagers et aux forêts décidues en Europe, présent jusque dans les régions prédésertiques au Maghreb, jusqu'à 2 200 m dans le Haut Atlas (Maroc). Chasse au-dessus des prairies pâturées, le long des lisières et des haies. Gîtes de mise bas sous les toits de grands bâtiments au nord de son aire, dans des sites souterrains au sud. Gîtes hivernaux dans des grottes et autres sites souterrains frais comme mines, caves et tunnels. Incl. *horaceki*. • **Biologie.** Colonies de mise bas de 100-300 (jusqu'à 1 000) individus, incluant des ♂♂ immatures. ♂♂ adultes alors isolés dans les sites d'accouplement automnaux. Hiberne parfois en essaim comptant jusqu'à une centaine d'animaux. Sédentaire, moins de 20-30 km séparent gîtes estivaux et hivernaux. Écholocation : 77-83 kHz. Capture en vol ou au sol depuis un reposoir, de gros Lépidoptères et Coléoptères (géotrupes, hannetons).

Rhinolophe de Cretzschmar – *Rhinolophus clivosus*

AB : 45-53 mm, TC : 46-50 mm, Q : 26-33 mm, Or : 18-21 mm, En : 270-310 mm, LC : 19,3-21,3 mm, P : 16-20 g.

Description. Rhinolophe de taille moyenne. Appendice supérieur de la selle émoussé ; appendice inférieur pointu de profil. Pelage dorsal doux et dense, gris-brun clair ; ventre gris clair. Oreilles et membranes gris clair. Deuxième phalange du quatrième doigt moins de deux fois plus longue que la première. Première prémolaire supérieure et deuxième prémolaire inférieure parfois absentes. • **Habitat.** Milieux ouverts, steppes, savanes et semi-déserts. Gîtes dans des grottes et autres sites souterrains, sous les toits et les étages supérieurs des bâtiments. • **Biologie.** Colonies de mise bas jusqu'à 200 individus. Écholocation : 84-86 kHz. Se nourrit d'une variété d'Insectes incluant Coléoptères et Hyménoptères.

Genre ***Taphozous***. Les taphiens sont d'assez grandes chauves-souris au museau simple, assez plat, aux oreilles petites et étroites pourvues d'un tragus en massue. La queue émerge du milieu de la surface dorsale de l'uropatagium. Les ailes sont longues et étroites, le deuxième doigt ne compte pas de phalange. Les deu espèces possèdent une poche de peau entre la base du cinquièm doigt et l'avant-bras (poche radio-métacarpienne). 30 dents (1/2 1/1, 2/2, 3/3). Au repos, les *Taphozous* se tiennent sur les paroi verticales et troncs d'arbres tête en bas, se déplaçant latéralemer lorsqu'ils sont dérangés, dans une attitude caractéristique.

Taphien à ventre nu – *Taphozous nudiventris*

AB : 64-83 mm, TC : 85-90 mm, Q : 27-36 mm, Or : 20-23 mm, LC : 28,0-31,8 mm, P : 40 g.

Description. Grande chauve-souris au museau nu, brun sombre à la croupe et à la partie inférieure du ventre glabres, qui port un sac gulaire sur la gorge. Lorsque présent, pelage court et fir gris cendré à sépia sur le dos, plus clair sur le ventre. Oreilles e membranes alaires brunes, ces dernières garnies d'une rangée d poils parallèles à l'avant-bras. Incisive supérieure très petite, pre mière prémolaire beaucoup plus petite que la seconde, qui n'es qu'à trois quarts de la hauteur de la canine. • **Habitat.** Associé au zones arides. Gîtes dans des fentes naturelles ou de bâtiments. Peu aussi hiverner sous les toits en bois. • **Biologie.** Colonies, ≈ 10-5 individus des deux sexes, parfois associées à d'autres espèces comm les *Rhinopoma*, repérables par une odeur désagréable, des cri métalliques et des mouvements précipités. Certaines populatior migrent en hiver, d'autres hibernent de novembre à mars. S déplace sur de grandes distances en vol rapide et haut pour chas ser Lépidoptères et autres Insectes. Peut accumuler des réserves d graisse dans l'abdomen.

Taphien perforé – *Taphozous perforatus*

AB : 58-66 mm, TC : 56-73 mm, Q : 14-28 mm, Or : 13-23 mm, En : 400-428 mm, LC : 19,7-21,6 mm, P : 20-25 g.

Description. Très semblable mais plus petit que *T. nudiventris* Corps entièrement recouvert par un pelage doux et soyeux, qu s'étend sur la partie proximale de l'uropatagium. Pas de sa gulaire. Pelage dorsal brun sépia dont les poils sont blancs à leu base ; ventre entièrement gris à gris-brun. Denture semblable celle de *T. nudiventris*, mais la deuxième prémolaire atteint hauteur de la canine. • **Habitat.** Régions arides et semi-aride Gîtes dans les fissures des falaises, des grottes et des vieux bât ments, dont les temples égyptiens. • **Biologie.** Colonies e moyenne d'une dizaine d'individus, jusqu'à 200. Capture en v toutes sortes d'Insectes, plus particulièrement des Lépidoptère mais aussi des Isoptères, Coléoptères et Orthoptères.

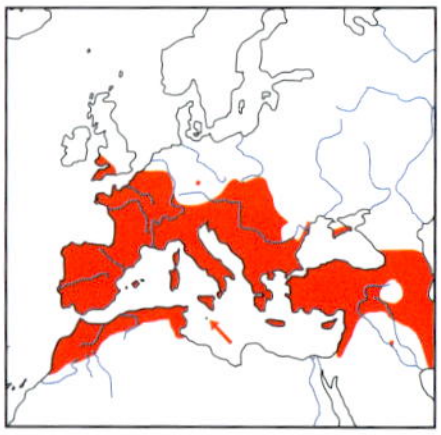

Rhinolophus ferrumequinum

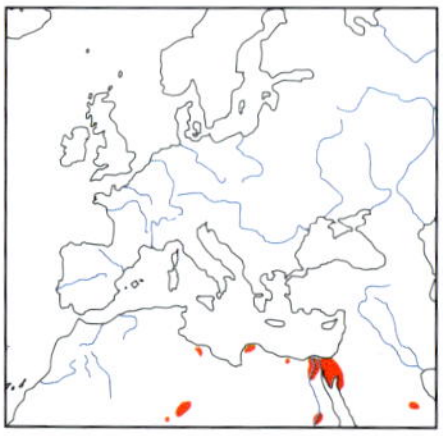

Rhinolophus clivosus

Taphozous nudiventris

Taphozous perforatus

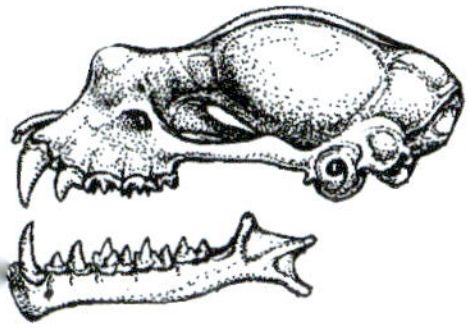

GRAND RHINOLOPHE

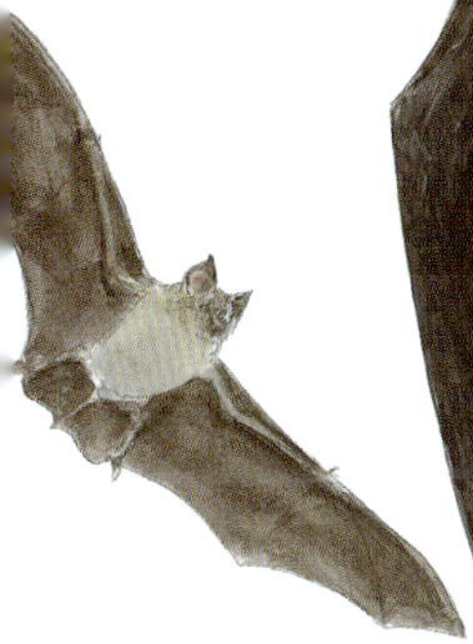

RHINOLOPHE DE CRETZSCHMAR

HIEN À VENTRE NU

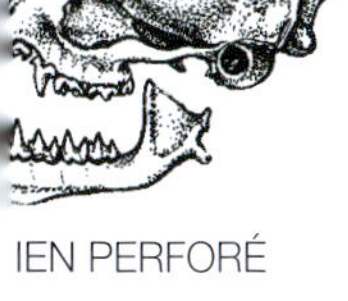

IEN PERFORÉ

Molosse de Cestoni – *Tadarida teniotis*

AB : 57-64 mm, TC : 81-92 mm, Q : 37-57 mm, Or : 25-32 mm, En : 400-450 mm, LC : 23,2-24,9 mm, P : 22-54 g.

Description. Grande chauve-souris à queue épaisse largement développée au-delà de l'uropatagium court, avec un éperon sans épiblème. Tête massive, yeux relativement gros, oreilles larges, repliées vers l'avant, plus longues que le museau, contiguës mais non soudées à la base. Antitragus grand et rectangulaire ; tragus petit et arrondi. Museau allongé, lèvre supérieure à 5 plis de chaque côté. Narines ouvertes ventro-latéralement sur un bourrelet plat sombre. Pelage dorsal gris à brun-fauve, ventre plus clair. Ailes longues et étroites, avec un cinquième doigt de même longueur que l'avant-bras. 32 dents (1/3, 1/1, 2/2, 3/3) ; la présence d'une troisième incisive inférieure le distingue de *Nyctinomus aegyptiacus*. • **Habitat.** Fréquente les rochers en montagne et les villes. Gîtes dans les crevasses des falaises, les grottes, les fissures et joints de dilatation des bâtiments, ponts et autres constructions. Choisit des sites chauds (versants sud), contacté jusqu'à 3 740 m dans le Haut Atlas (Maroc). • **Biologie.** Colonies d'une dizaine à quelques centaines d'individus, qui dégagent une odeur musquée caractéristique. Hibernation de courte durée, voire facultative. Signaux d'écholocation en fréquence assez constante avec FME à 10-12 kHz, facilement audibles. Vol haut et rapide au-dessus d'habitats variés, chasse de gros Lépidoptères, aussi des Coléoptères et des Névroptères.

Molosse d'Égypte – *Nyctinomus aegyptiacus*

AB : 48-55 mm, TC : 65-70 mm, Q : 34-55 mm, Or : 18-23 mm, En : 350 mm, LC : 19,4-20,9 mm, P : 11-20,5 g.

Description. Assez semblable à *T. teniotis*, mais plus petit, museau avec 3 plis de chaque côté de la lèvre supérieure. Oreilles assez rondes, nettement séparées sur le dessus de la tête. Tragus petit et plutôt carré avec une excroissance sur le bord postérieur. Pelage dense, brun clair à sépia sur le dos, plus pâle sur le ventre. 30 dents (1/2, 1/1, 2/2, 3/3). • **Habitat.** Régions arides et semi-arides, steppes et savanes, depuis la côte jusqu'à 2 000 m. Gîtes dans des crevasses en falaises, des fissures dans les bâtiments (ruines de temples et tombes) et autres constructions, voire sous les toits. • **Biologie.** Colonies d'une dizaine d'individus. Écholocation avec FME à 18 kHz. Vol haut et rapide au-dessus d'habitats variés, pour capturer Lépidoptères et Névroptères.

Minioptère de Schreibers – *Miniopterus schreibers*

AB : 45-48 mm, TC : 50-62 mm, Q : 56-64 mm, Or : 10-13 mm, En : 305-342 mm, LC : 14,8-15,5 mm, P : 10-14 g.

Description. Chauve-souris de taille moyenne au museau cour et au front bombé. Oreilles très courtes et bien séparées, ne dépas sant pas le haut de la tête ; tragus court et incurvé, arrondi à so extrémité. Queue et pieds assez grands. Pelage dorsal long, cour et dense sur la tête, généralement gris-brun ; ventre gris plu clair. Ailes longues et étroites ; deuxième phalange du troisièm doigt environ trois fois plus longue que la première. Au repos les troisième et quatrième doigts sont repliés vers l'intérieur entr les première et deuxième phalanges. Longueur de l'éperon infé rieur à la moitié de l'uropatagium, pas d'épiblème. 38 dents (2/3 1/1, 3/3, 3/3), prémolaire antérieure vestigiale caractéristiqu des *Miniopteridae*. • **Habitat.** Associé aux régions karstiques surtout abondant en région méditerranéenne. Cavernicole tout l'année, utilise un réseau de grandes cavités, grottes et carrière souterraines, au cours de ses déplacements saisonniers (gîte estivaux, hivernaux, de transit), exceptionnellement dans de bâtiments. • **Biologie.** Colonies de mise bas jusqu'à plusieur milliers d'individus (40 000 en Bulgarie) regroupés en essair serré, incluant quelques ♂♂. Encore plus grégaire en hiver maximum de 120 000 individus dans une grotte de Bulgarie. Par tage les gîtes de mise bas avec *Rhinolophus euryale*, *R. mehely*, *Myotis capaccinii*, *M. myotis*, *M. blythii*, les gîtes d'hibernatio avec *R. ferrumequinum*. Accouplements à l'automne suivis d'un implantation différée, contrairement aux autres chauves-souris d la région qui stockent le sperme pour une fécondation différée Mouvements saisonniers d'une centaine de kilomètres, jusqu' 833 km en Espagne. Écholocation en fréquence modulée, FME 49-58 kHz. Vol rapide au-dessus d'espaces dégagés, chasse parfo loin du gîte (5-20 km) des petits Lépidoptères.

Minioptère pâle – *Miniopterus pallidus*

AB : 43-49 mm, TC : 56-65 mm, Q : 58-66 mm, Or : 12-15 mm, LC : 14,9-15,8 mm, P : 13-16 g.

Description. Élevé au rang d'espèce sur des critères génétiques Très semblable à *M. schreibersii*, légèrement plus grand, sans dis tinction en morphologie externe (couleur du pelage identique) • **Habitat.** Cavernicole toute l'année, utilise différentes cavité comme gîtes estivaux et hivernaux, exceptionnellement dans de bâtiments. • **Biologie.** Semblable à celle de *M. schreibersii*.

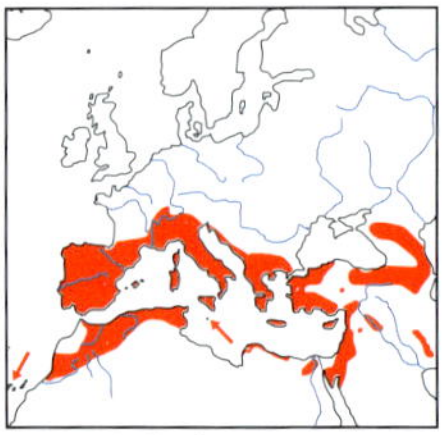

Tadarida teniotis

Nyctinomus aegyptiacus

Miniopterus schreibersii

Miniopterus pallidus

MOLOSSE DE CESTONI

MOLOSSE D'ÉGYPTE

MINIOPTÈRE DE SCHREIBERS

Genre ***Eptesicus***. Les sérotines sont des chauves-souris de taille moyenne. Les oreilles sont triangulaires, le tragus est court et arrondi. Les ailes sont larges. L'éperon est bien développé avec un épiblème. Une ou deux vertèbres dépassent de l'uropatagium. Le museau, les oreilles et les membranes alaires sont sombres. Le crâne présente un profil assez aplati avec une boîte crânienne à peine plus haute que le rostre. 32 dents (2/3, 1/1, 1/2, 3/3).

Sérotine commune – *Eptesicus serotinus*

AB : 47-58 mm, TC : 64-82 mm, Q : 46-66 mm, Or : 14-22 mm, En : 315-380 mm, LC : 19,9-22,5 mm, P : 16-35 g.

Description. Robuste chauve-souris au museau noir. Oreilles assez grandes, noires, avec 5 plis sur le bord postérieur ; tragus large atteignant environ le tiers de l'oreille. Pelage dorsal long (11 mm) et soyeux, poils brun sombre à la base, souvent plus clairs à leur extrémité, brun doré dans certaines populations. Pelage ventral plus clair, brun-jaune ou gris-brun, sans démarcation nette le long du cou. Queue dépassant l'uropatagium de 5-6 mm. Éperon presque égal à la moitié de la largeur de la membrane, épiblème étroit. Pieds robustes, de longueur égale à la moitié de celle du tibia. Dents puissantes, surtout les canines supérieures, en proportion de la taille du crâne ; prémolaire supérieure à trois quarts de la hauteur de la canine. Première incisive supérieure grande et bicuspide, deuxième très petite. $CM^3 > 7{,}2$ mm. • **Habitat.** Anthropophile, affectionne les paysages de plaine avec cultures, bois, prairies de fauche, parcs et jardins. Utilise les bâtiments comme gîtes estivaux et hivernaux dans les villes et villages au nord de son aire ; recherche les fissures sous les toits et dans les murs, mais occupe aussi les combles. Gîtes dans des rochers, fentes dans les ponts et autres constructions dans le sud. • **Biologie.** Crépusculaire et nocturne. Colonies de mise bas de 10-50 ♀♀, exceptionnellement plus de 100. ♂♂ solitaires toute l'année. Sédentaire et fidèle à ses gîtes. Hibernation d'octobre à fin mars, beaucoup plus brève dans le sud de l'aire de répartition. Écholocation en fréquence modulée, FME : 23-27 kHz. Chasse en vol lent à 6-10 m de haut, ou au sol, des Coléoptères et d'autres Insectes comme les Lépidoptères selon les sites et les saisons.

Sérotine isabelle – *Eptesicus isabellinus*

AB : 44-53 mm, TC : 62-77 mm, Q : 41-58 mm, Or : 12-18 mm, LC : 17,9-20,5 mm, P : 15-27 g.

Description. Précédemment sous-espèce d'*E. serotinus* au pelage dorsal plus clair (isabelle) et pelage ventral très pâle. Pointe du museau et lèvres noires, membranes brun sombre. CM^3 : 6,4-7,4 mm. • **Habitat.** Forêts et formations buissonnantes proches de l'eau (péninsule Ibérique), steppes et autres milieux ouverts jusque dans les oasis (Maghreb). Atteint 3 550 m dans le Haut Atlas (Maroc). Gîtes dans des bâtiments, ponts et cavités naturelles. • **Biologie.** Crépusculaire et nocturne. Active en hiver par temps chaud. FME : 25-28 kHz. Attiré par les plans d'eau, se nourrit de Coléoptères et autres Insectes.

Sérotine de Botta – *Eptesicus bottae*

AB : 38-52 mm. TC : 56-67 mm, Q : 40-54 mm, Or : 14-18 mm, En : 267-295 mm, LC : 15,3-18,5 mm, P : 8-14 g.

Description. Assez semblables mais plus petite qu'*E. serotinus*, pelage dorsal plus court (8,5 mm), plus clair, poils gris ardoise à leur base. Pelage ventral blanc ou gris pâle. Museau noir plus court, yeux proportionnellement plus gros. Oreilles noires. Queue dépassant l'uropatagium de 3,5 mm. Pieds de longueur inférieure à la moitié de celle du tibia. Deuxième incisive supérieure petite à peine plus haute que le cingulum de la première incisive. CM < 7,0 mm. • **Habitat.** Régions semi-arides et à végétation méditerranéenne, depuis les plaines cultivées, les jardins et les palmeraies jusqu'aux pentes rocheuses des montagnes jusqu'à 2 100 m. Gîtes dans les fentes des bâtiments, des ruines et fissures naturelles des rochers. • **Biologie.** Crépusculaire et nocturne. Vol puissant et haut. FME : 29-39 kHz. Chasse au-dessus des espaces ouverts, dans les palmeraies et autour des lampes qui concentrent les Insectes.

Sérotine d'Ognev – *Eptesicus ognevi*

AB : 41-46 mm, TC : 55-66 mm, Q : 35-52 mm, Or : 16-20 mm, LC : 15,0-16,7 mm

Description. Précédemment sous-espèce d'*E. bottae*, de morphologie très semblable, légèrement plus petite au pelage plus clair. • **Habitat.** Régions arides, semi-arides et steppes en plaine. Gîtes surtout dans les fissures naturelles des rochers. • **Biologie.** Peu documentée.

Sérotine d'Anatolie – *Eptesicus anatolicus*

AB : 43-52 mm. TC : 55-77 mm, Q : 36-59 mm, Or : 18-21 mm, En : 310-360 mm, LC : 17,2-19,6 mm, P : 14-21 g.

Description. Précédemment sous-espèce d'*E. bottae*, plus grande qu'*E. ognevi*, boîte crânienne plus massive. Pelage dorsal brun roux. Pelage ventral beige blanchâtre. Museau, oreilles et membranes brun sombre à brun noirâtre. • **Habitat.** Plus associée aux boisements méditerranéens qu'*E. ognevi*, jusqu'à 1 850 m. Gîtes dans des fentes de murs. • **Biologie.** Petites colonies (15-20 individus). FME : 27-30 kHz.

Eptesicus serotinus

Eptesicus isabellinus

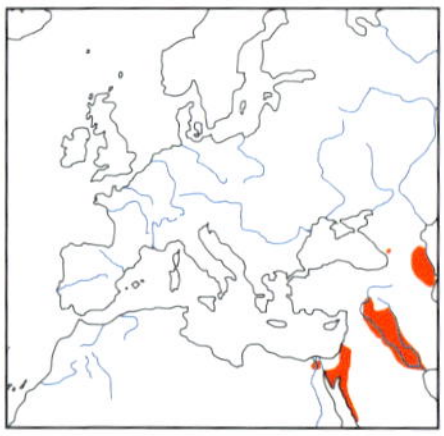

Eptesicus bottae

Eptesicus ognevi (rouge)

Eptesicus anatolicus (violet)

SÉROTINE COMMUNE

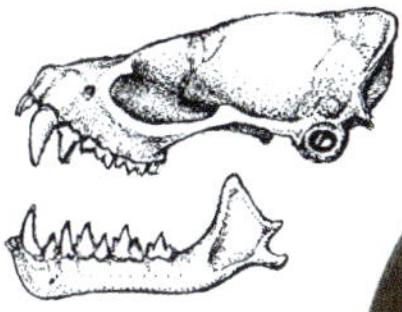

incisives supérieures

SÉROTINE ISABELLE

SÉROTINE DE BOTTA

SÉROTINE D’ANATOLIE

Sérotine de Nilsson – *Eptesicus nilssonii*

AB : 37-44 mm, TC : 54-68 mm, Q : 35-50 mm, Or : 13-17 mm, En : 240-280 mm, LC : 14,7-16,0 mm, P : 8-13 g.

Description. Petite sérotine aux oreilles courtes, aux extrémités arrondies, avec 5 plis sur le bord postérieur ; tragus court, rétréci vers l'extrémité arrondie. Pelage dorsal long et ébouriffé, brun sombre avec des reflets dorés sur la tête et le haut du dos, qui s'étend jusqu'au centre de l'uropatagium. Pelage ventral brun-jaune, nettement démarqué le long du cou. Nez, oreilles et patagium brun sombre à noir. Extrémité de la queue dépassant l'uropatagium de 3-4 mm. Éperon plus court que le tibia, épiblème étroit. Première incisive supérieure bicuspide, deuxième incisive grande (plus de la moitié de la hauteur de la première). • **Habitat.** *E. nilssonii* est la plus septentrionale des chauves-souris, dépassant le cercle arctique jusqu'à 69° N en Scandinavie. Associée au sud aux massifs montagneux, notamment les Alpes (jusqu'à 2 290 m), absente de la plupart des plaines d'Europe occidentale. Populations denses dans les zones cultivées avec des boisements décidus et près des lacs, mais présente aussi dans les forêts de conifères. Gîtes estivaux généralement dans diverses fissures offertes par les constructions. Gîtes hivernaux dans des sites frais (0-2 °C, parfois jusqu'à – 5 °C) : bâtiments et caves, parfois dans les grottes et les mines. • **Biologie.** Colonies de mise bas de 10 à 80 ♀♀, qui peuvent utiliser plusieurs gîtes ; ♂♂ généralement solitaires. Écholocation en fréquence modulée aplanie, FME : 26-29 kHz. Vol rapide, avec capture de proies aérienne en espace ouvert, parfois autour des lampadaires. Chasse de petits Diptères, mais aussi de Lépidoptères, petits Coléoptères et autres Insectes volant au-dessus de l'eau.

Sérotine de Gobi – *Eptesicus gobiensis*

AB : 32-37 mm, TC : 46-61 mm, Q : 34-43 mm, Or : 10-14 mm, En : 220-240 mm, LC : 11,5-14,6 mm, P : 5-10 g.

Description. Représentée en Iran par la sous-espèce *bobrinskoi*, précédemment considérée comme une espèce. Pelage dorsal long et soyeux, composé de poils brun sombre à leur base, jaune olive à la pointe. Pelage ventral blanc. Oreilles et museau noirs. Tragus court, incliné vers l'avant. Queue dépassant de 5-6 mm de l'uropatagium. • **Habitat.** Paysages arides des steppes aux déserts. Gîtes dans des crevasses de falaises et des ruines, souvent près d'un point d'eau. Colonies de mise bas parfois dans des bâtiments. Connue d'Iran de grottes proches d'une station thermale dans un secteur de pelouse alpine à 2 500 m. • **Biologie.** Peu documentée.

Sérotine de Perse – *Rhyneptesicus nasutus*

AB : 32-41 mm, TC : 47-70 mm, Q : 31-49 mm, Or : 10-14 mm, En : 220-250 mm, LC : 11,5-14,6 mm. P : 6-14 g.

Description. Plus petite sérotine de la zone considérée, génétiquement distincte des *Eptesicus*, mais morphologiquement semblable, quoique légèrement plus petite. Oreilles plus étroites et pointues, arrondies à leur extrémité ; tragus atteignant la moitié du pavillon. Pelage dorsal court (5 mm) et dense, uniformément chamois pâle, base des poils incluse. Pelage ventral plus pâle sans démarcation nette. Museau, oreilles et membranes alaires claires à sombres. Éperon fragile et assez court, épiblème petit. Pieds petits, de longueur inférieure à la moitié de celle du tibia. Première incisive supérieure unicuspide, deuxième incisive supérieure plus grande que chez les *Eptesicus*, dépassant nettement le cingulum de la première incisive. $CM^3 < 5,5$ mm. 32 dents (2/3, 1/1, 1/2, 3/3). • **Habitat.** Régions semi-arides et arides, milieux ouverts incluant les terrains cultivés. Gîtes dans les fissures naturelles des rochers, des fentes dans les bâtiments et autres constructions. • **Biologie.** Écholocation en fréquence modulée aplanie, FME 37-40 kHz. Chasse des Coléoptères et autres Insectes.

Nycticeinope de Schlieffen – *Nycticeinops schlieffeni*

AB : 29-34 mm, TC : 40-56 mm, Q : 26-37 mm, Or : 8-13 mm, En : 180-220 mm, LC : 12,1-13,0 mm, P : 5-9 g.

Description. Très petite chauve-souris, assez semblable à *Rhyneptesicus nasutus*, mais avec une seule paire d'incisives supérieures, grandes et unicuspides. 30 dents (1/3, 1/1, 1/2, 3/3). Pelage dorsal fin aux poils unicolores brun-roux à brun grisâtre. Pelage ventral plus clair, jaunâtre à blanc. Oreilles courtes et larges ; tragus arqué de la moitié de la hauteur du pavillon, caractérisé par la présence de deux petits lobes sur sa bordure externe. Queue courte, dépassant peu de l'uropatagium. Éperon de la moitié de la longueur de l'uropatagium, épiblème distinct. Membranes brun sombre. • **Habitat.** Savanes boisées sèches, steppes. Gîtes dans des arbres creux toute l'année mais aussi dans des fissures de bâtiments. Très répandu au sud du Sahara. • **Biologie.** Actif dès le crépuscule. Vol bas le long des lisières boisées et dans la canopée. FME : 41 kHz. Chasse de petits Coléoptères, Lépidoptères et Diptères. Prospecte aussi autour des lampadaires. Entre dans une certaine torpeur durant quelques jours lors de périodes froides.

Eptesicus nilssonii

Eptesicus gobiensis

Rhyneptesicus nasutus

Nycticeinops schlieffeni

SÉROTINE DE NILSSON

SÉROTINE DE GOBI

SÉROTINE DE PERSE

NYCTICEINOPE DE SCHLIEFFEN

Oreillard d'Hemprich – *Otonycteris hemprichii*

AB : 50-70 mm, TC : 67-86 mm, Q : 45-68 mm, Or : 30-46 mm, En : 420 mm, LC : 21,9-26,9 mm, P : 20 g.

Description. Chauve-souris de taille moyenne aux très longues oreilles, non soudées sur le front, et à la coloration claire. Tragus lancéolé et long, environ la moitié de la hauteur du pavillon. Museau, oreilles et membranes brun jaunâtre pâle, patagium épais et coriace, glabre. Pelage dense, doux et long (11 mm au milieu du dos), gris-blanc à chamois clair sur le dos, blanc sur le ventre. Queue courte, seule la dernière vertèbre dépasse de l'uropatagium. 2 paires de mamelles. Crâne robuste avec de grandes bulles tympaniques. 30 dents (1/3, 1/1, 1/2, 3/3), canines puissantes, face vestibulaire de la M^3 très réduite. • **Habitat.** Déserts et paysages arides, rocheux, à végétation clairsemée. Gîtes dans des fentes de rochers, parfois dans des fissures de bâtiments. • **Biologie.** Actif tôt en soirée. Principalement solitaire, mais petites colonies jusqu'à 18 ♀♀. Écholocation en fréquence modulée, FME variable selon les régions : 20-34 kHz (première harmonique), semble aussi écouter les sons émis par ses proies. Capture sur les sols caillouteux des Ténébrionidés, Blattoidea et Orthoptères, mais aussi scorpions, solifuges et araignées. Peut aussi chasser les Insectes en vol.

Genre ***Barbastella***. Les barbastelles sont de petites chauves-souris identifiables à leurs oreilles courtes et larges dirigées vers l'avant, reliées sur le front ; la bordure externe porte 5-6 plis. Le tragus est triangulaire, arrondi à son extrémité. Le museau est épaté, entouré d'une masse glandulaire, les narines ouvertes vers le haut, les yeux sont petits. L'uropatagium est large, l'éperon atteignant la moitié de sa longueur. 34 dents (2/3, 1/1, 2/2, 3/3).

Barbastelle d'Europe – *Barbastella barbastellus*

AB : 31-43 mm, TC : 45-60 mm, Q : 36-52 mm, Or : 12-18 mm, En : 245-280 mm, LC : 12,0-14,7 mm, P : 6-13,5 g.

Description. Museau et oreilles noirs, membranes alaires sombres. Pelage dorsal noirâtre à pointes blanches, donnant un aspect givré. Pelage ventral gris sombre. Petit lobe souvent présent à mi-hauteur du bord extérieur de l'oreille (variable selon les populations). • **Habitat.** Bois et forêts de plaine en Europe du Nord, massifs forestiers de montagne en Europe centrale et en région méditerranéenne, préférant les secteurs peu exploités. Jusqu'à 2 440 m dans le Haut Atlas (Maroc) où elle fréquente des zones rocheuses avec quelques arbres épars. Gîtes de mise bas sous les écorces décollées de grands arbres, chênes et hêtres, mais aussi dans des interstices de bâtiments, derrière les volets, voire dans des éboulis ou des grottes dans le sud de son aire. Gîtes d'hibernation dans des grottes, mines, fortifications et autres souterrains lorsque la température descend nettement en dessous de 0 °C. Très tolérante au froid, utilise des cavités froides (2-5 °C). • **Biologie.** Émerge du gîte avant le coucher du soleil. Colonies de mise bas de 10-50 ♀♀ (exceptionnellement jusqu'à 100 dans un bâtiment), qui changent souvent de gîte et peuvent se scinder dans plusieurs gîtes d'une même zone boisée. Peut hiberner isolée ou en gros essaims de plusieurs centaines d'individus par site (au maximum 7 000) lors de périodes de grand froid. Écholocation caractéristique avec alternance de deux types d'émission en fréquence constante et modulée (FME : 30-37 kHz ou 30-43 kHz). Régime alimentaire très spécialisé avec plus de 90 % de microlépidoptères, capturés en vol le long de haies et lisières ou au-dessus de zones humides.

Barbastelle orientale – *Barbastella leucomelas*

AB : 37-40 mm, TC : 48-60 mm, Q : 33-51 mm, Or : 18 mm, En : 250-280 mm, LC : 13,9-14,9 mm, P : 6-13 g.

Description. Morphologie très semblable à celle de *B. barbastellus*, mais légèrement plus grande, oreilles plus hautes et étroites, sans lobe sur la bordure externe. Pelage et membranes plus clairs, bruns plutôt que noirs, poils dorsaux avec tiers distal clair donnant un aspect givré, poils ventraux avec tiers distal très pâle. • **Habitat.** Collines et montagnes désertiques. Gîtes dans des grottes, mines et fentes de rochers toute l'année. • **Biologie.** Colonies de mise bas de quelques ♀♀. Deux types d'émissions ultrasonores (FME : 32-37 ou 38-45 kHz). Chasse, notamment dans les ripisylves, des microlépidoptères et des Hyménoptères.

Barbastelle de la Caspienne – *Barbastella caspica*

AB : 40-53 mm, TC : 45-63 mm, Q : 40-55 mm, Or : 15-18 mm, LC : 13,6-15,4 mm, P : 8-18 g.

Description. Précédemment incluse dans *B. darjelingensis*, mais plus proche génétiquement de *B. leucomelas* et de morphologie assez semblable, quoique légèrement plus grande. Pelage clair, long (10-13 mm sur le dos, 9-10 mm sur le ventre), poils brun sombre ou noirâtres à la base, blanchâtres ou brun clair sur la moitié distale sur le dos, blancs sur le ventre. Oreilles sans lobe sur la bordure externe. • **Habitat.** Collines et montagnes jusqu'à 1 200 m où elle fréquente les steppes et autres milieux plus arides que *B. barbastellus*. Gîtes dans des grottes et mines. • **Biologie.** Peu documentée. Chasse des microlépidoptères.

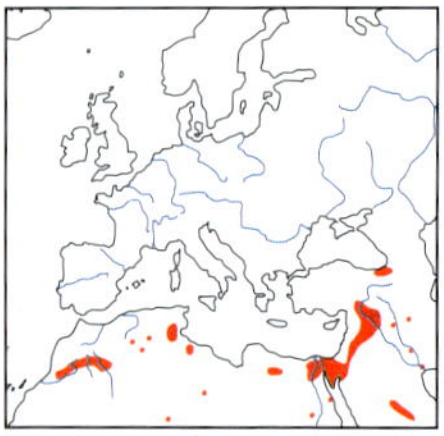
Otonycteris hemprichii

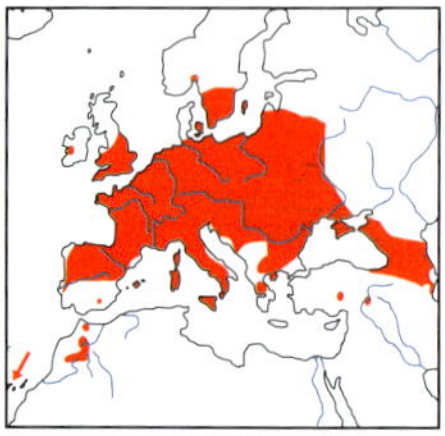
Barbastella barbastellus

Barbastella leucomelas

Barbastella caspica

OREILLARD D'HEMPRICH

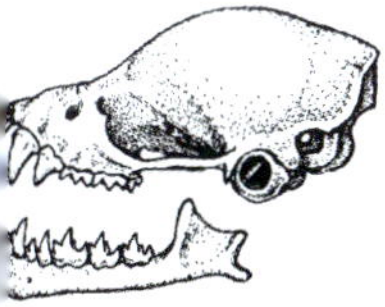

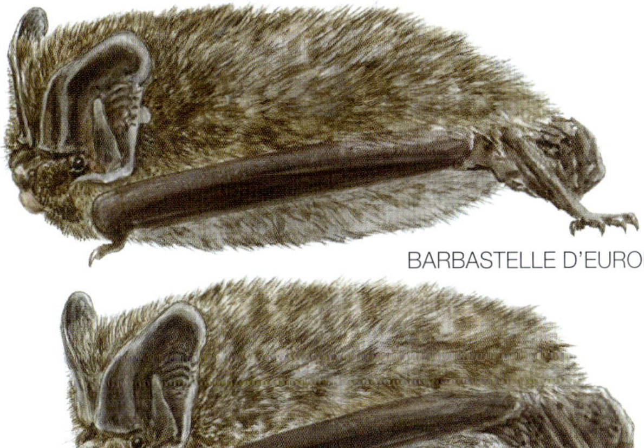

BARBASTELLE D'EUROPE

BARBASTELLE ORIENTALE

BARBASTELLE DE LA CASPIENNE

Genre ***Plecotus***. Les oreillards sont de petites chauves-souris aux oreilles exceptionnellement longues (> 30 mm), reliées à la base par un repli de peau. Parcourus par 22-24 plis horizontaux, les pavillons peuvent être repliés vers l'arrière au repos, seul le tragus, long et lancéolé (il atteint la moitié du pavillon), demeure érigé. La queue est longue et dépasse largement de l'uropatagium. Durant l'hibernation, ils sont souvent recouverts par les ailes, courtes et larges. Les narines s'ouvrent sur le dessus du museau, les yeux sont assez grands. 36 dents (2/3, 1/1, 2/3, 3/3). Évoluant en vol lent, souple et agile, voire sur place, dans des espaces encombrés, les *Plecotus* émettent des ultrasons en fréquence modulée abrupte de faible portée dont la fréquence de maximum d'énergie (deux harmoniques) varie avec la durée du signal. Ils utilisent aussi les sons émis par leurs proies pour orienter leurs captures. La diversité de ce genre a augmenté récemment avec la découverte d'espèces cryptiques difficiles à identifier.

Oreillard roux – *Plecotus auritus*

AB : 34-43 mm, TC : 42-53 mm, Q : 37-55 mm, Or : 31-41 mm, En : 240-285 mm, LC : 15,7-17,2 mm, P : 5-12 g.

Description. Taille moyenne avec pouce long (généralement > 6,5 mm) et griffes longues (2,5-3 mm). Museau brun, avec un masque sombre des yeux à la bouche. Pelage dorsal brun à brun-gris, pelage ventral plus clair. Orteils bruns, couverts de poils bruns, griffes brunes. Pénis étroit, rétréci à l'extrémité. • **Habitat.** Forêts claires de feuillus et conifères en plaine et en moyenne montagne, parcs et jardins. Gîtes principalement dans les trous d'arbres, mais aussi dans les greniers pour les colonies de mise bas (jusqu'à 1 660 m en Suisse). Hiberne souvent dans les souterrains, en petit nombre ou isolé dans une fissure ; occupe aussi les parties froides de bâtiments ou des trous d'arbres lorsque la température est clémente. • **Biologie.** Actif tard dans la soirée. Colonies de mise bas de 10-50 individus, rarement jusqu'à 100, avec quelques ♂♂ ; nombreux individus solitaires. Capture sur le feuillage et les branches, voire sur le sol, des Lépidoptères (adultes et chenilles), des araignées, etc.

Oreillard montagnard – *Plecotus macrobullaris*

AB : 37-46 mm, TC : 46-55 mm, Q : 41-53 mm, Or : 33-38 mm, LC : 16,3-18,3 mm, P : 5-12 g.

Description. Légèrement plus grand que *P. auritus*, identifiable uniquement par la présence d'un bourrelet triangulaire dur sur la lèvre inférieure. Pelage dorsal gris à gris-brun. Pelage ventral blanc, particulièrement sur la gorge. Membranes brun clair. Incl. *alpinus*. • **Habitat.** Associé aux régions karstiques et aux piémonts des montagnes, des forêts décidues et de pins aux prairies et pelouses alpines, observé jusqu'à 2 800 m dans les Pyrénées. Gîtes de mise bas connus dans des églises et autres bâtiments, autres gîtes dans des fentes de blocs rocheux. • **Biologie.** Colonies de quelques dizaines de ♀♀ (jusqu'à 50). Capture au vol surtout des Lépidoptères (Noctuidés).

Oreillard gris – *Plecotus austriacus*

AB : 35-43 mm, TC : 41-58 mm, Q : 37-55 mm, Or : 31-41 mm, En : 255-300 mm, LC : 16,7-18,6 mm, P : 7-14 g.

Description. Taille moyenne avec pouce plus court (< 6,5 mm) et griffe plus courte (< 2,4 mm) que chez *P. auritus*. Museau entièrement velu et sombre, plus long et plus pointu. Pelage dorsal gris ardoisé en Europe centrale, plus sombre en Europe orientale. Pelage ventral gris clair teinté de jaunâtre. Oreilles et membranes noirâtres. Tragus long et large (> 5,5 mm *vs* 4,5-5,2 mm chez *P. auritus*). Orteils brun sombre, couverts de poils sombres, griffes grises. Pénis en forme de massue. • **Habitat.** Régions cultivées en plaine, vallées chaudes en montagne, généralement au-dessous de 400 m, mais peut atteindre 1 380 m en été (Suisse). Gîtes de mise bas dans les bâtiments au nord de l'aire, dans des fentes de rochers au sud. Hiberne dans des fissures de bâtiments et des sites souterrains, grottes et mines, où il se suspend fréquemment aux parois. • **Biologie.** Sédentaire. Colonies de mise bas de 10-30 ♀♀ accrochées isolément ou en petits groupes. Hibernation de septembre-octobre à mars-avril. Chasse en vol des Lépidoptères et autres petits Insectes. Peut aussi capturer des proies plus grosses depuis un reposoir ou chasser sur la végétation.

Oreillard sarde – *Plecotus sardus*

AB : 40-43 mm, TC : 45 mm, Q : 51 mm, Or : 37-40 mm, LC : 17,1 mm, P : 7-8 g.

Description. Semblable à *P. macrobullaris*, mais avec un pelage dorsal plus brun, un pelage ventral blanchâtre à brun clair et un pouce plus court (6-6,4 mm). Tragus (18-19,8 mm) plus long que chez *P. auritus* (< 15,5 mm) et *P. austriacus* (< 16,1 mm), sympatriques. Pénis presque cylindrique, effilé seulement à l'extrémité. • **Habitat.** Endémique de Sardaigne (13 localisations connues), où il vit dans la partie centrale la plus boisée de chênes verts et chênes-lièges, surtout entre 50 et 250 m. Gîtes dans des grottes calcaires, tunnels, ponts et dans les bâtiments. • **Biologie.** Colonies de mise bas d'une douzaine de ♀♀ (une colonie de 200).

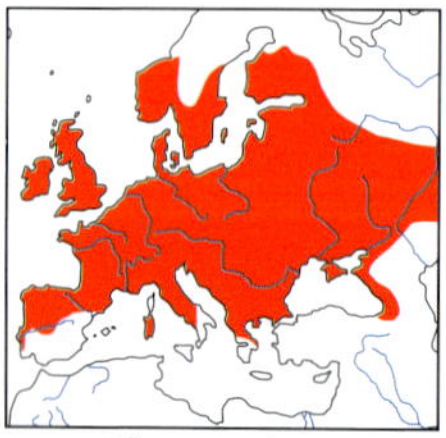
Plecotus auritus

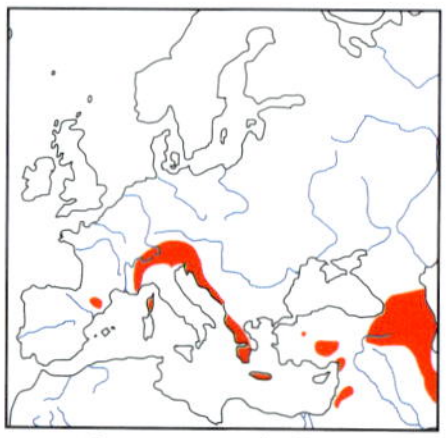
Plecotus macrobullaris

Plecotus austriacus

Plecotus sardus

OREILLARD
ROUX

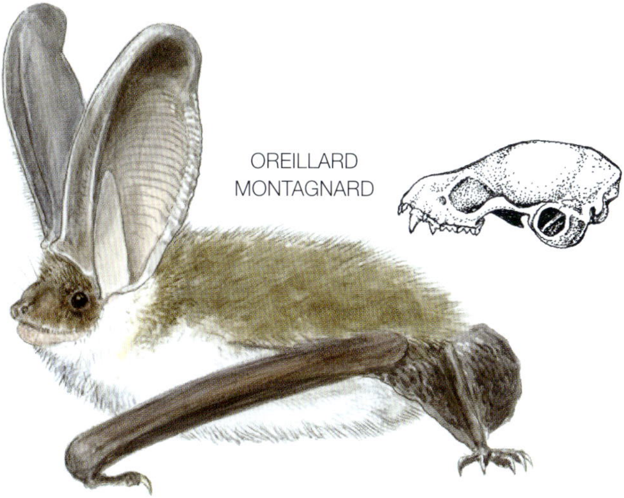

OREILLARD
MONTAGNARD

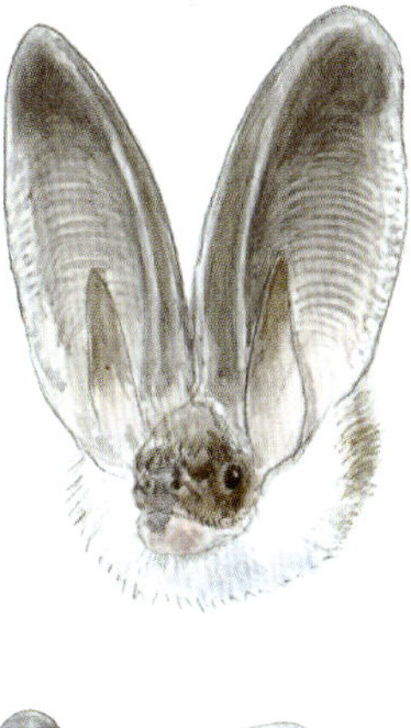

OREILLARD GRIS

OREILLARD SARDE

Oreillard des Balkans – *Plecotus kolombatovici*

AB : 36-39 mm, TC : 42-54 mm, Q : 42-48 mm, Or : 29-35 mm, En : 250-290 mm, LC : 15,9-17,2 mm, P : 6-8 g.

Description. Précédemment sous-espèce de *P. austriacus*. Museau et poitrine entièrement velus (caractère diagnostique). Pelage dorsal très dense brun à gris brunâtre. Pelage ventral gris clair à blanchâtre. Pouce et griffe courts (< 6,1 mm et < 2,5 mm respectivement). Membranes alaires faiblement pigmentées. Orteils bruns couverts de courts poils clairs, griffes courtes et pâles. Pénis en forme de massue. • **Habitat.** Formations méditerranéennes, forêts claires de chênes verts parsemées de rochers, garrigues, maquis, oliveraies, surtout dans les massifs karstiques à faible altitude, jusqu'à 1 300 m pour un site de regroupement automnal. Présent dans les îles près de la côte adriatique et autres îles du sud de la Méditerranée, notamment Pantelleria et Crète. Gîtes souvent dans des bâtiments (dont bunkers en Albanie), individus isolés dans des fissures de murs, ponts, tunnels et grottes. • **Biologie.** Colonies de mise bas de 15-20 ♀♀, jusqu'à 90. Chasse en vol le long des arbres, ou au-dessus de la végétation dense ou de plans d'eau, surtout des Lépidoptères.

Oreillard d'Égypte – *Plecotus christii*

AB : 36-42 mm, TC : 42-55 mm, Q : 42-57 mm, Or : 32-42 mm, LC : 15,9-17,7 mm, P : 6-8 g.

Description. Précédemment sous-espèce de *P. austriacus*. Pelage dorsal brun très pâle ou brun grisâtre. Pelage ventral blanchâtre. Museau presque glabre, grisâtre, oreilles pâles et translucides à l'exception des pointes, brunes. Membranes fines, non pigmentées. Pouce relativement court (5,5 mm). Pieds petits, griffes blanchâtres. Tragus partiellement translucide, long (17-19 mm), à pointe arrondie. Crâne au rostre relativement court et étroit (CC = 62-65 % CM^3). Dentition plus gracile que chez *P. gaisleri*. • **Habitat.** Milieux ouverts des oasis des déserts de Nubie et de Libye, habitats arides du lit majeur du Nil. Gîtes dans des fentes de rochers, dans les bâtiments, temples et pyramides, dans des grottes et des mines abandonnées. • **Biologie.** Colonies de mise bas jusqu'à 40 ♀♀. Chasse en vol et sur la végétation des Lépidoptères, Coléoptères, Diptères, Trichoptères, etc.

Oreillard du Maghreb – *Plecotus gaisleri*

AB : 37-42 mm, TC : 43-55 mm, Q : 40-51 mm, Or : 33-40 mm, LC : 16,2-17,6 mm, P : 5-8 g.

Description. Précédemment sous-espèce de *P. teneriffae*. Museau, oreilles et membranes brun grisâtre, brun à brun-gris sombre. Pelage dorsal sombre, plus clair dans les zones arides. Pelage ventral brun jaunâtre ou brun grisâtre. Pouce plus long que chez *P. christii* (5,2-6,8 mm). Tragus opaque, assez long (15-18,5 mm), à pointe arrondie. Pénis large et arrondi. Glandes supraorbitales plus grandes que chez *P. christii* (1,2 mm *vs* 0,9 mm). Crâne au rostre relativement long et large (CC = 68-71 % CM^3). • **Habitat.** Formations méditerranéennes, steppes et autres milieux semi-arides du Maghreb, jusqu'au versant méridional désertique de l'Atlas saharien à la faveur des oasis. Bien représenté dans les massifs montagneux, jusqu'à 3 740 m dans le Haut Atlas (Maroc). Gîtes dans des fissures ou voûtes d'un abri souterrain : grotte, tunnel d'irrigation (rhettara, foggara), ruines, minarets et autres bâtiments. • **Biologie.** Colonies d'une douzaine d'individus qui changent de gîte à l'arrivée de l'hiver pour hiberner de décembre à mars. Peut rester actif toute l'année avec des périodes de torpeur, notamment en été. Chasse d'un vol lent en milieu ouvert (steppes, zones cultivées, plans d'eau) des Lépidoptères (Noctuidés), moins souvent des Coléoptères et Diptères.

Oreillard de Tenerife – *Plecotus teneriffae*

AB : 37-46 mm, TC : 45-55 mm, Q : 44-52 mm, Or : 33-40 mm, En : 250-290 mm, LC : 16,2-18,4 mm, P : 7-10 g. ♀♀ plus grandes que ♂♂.

Description. Un des plus grands oreillards, précédemment sous-espèce de *P. austriacus*, mais avec un pouce et une griffe relativement courts (< 6,1 mm et < 2 mm respectivement). Pelage dorsal, oreilles et membranes brun-gris foncé. Pelage ventral gris blanchâtre. Tragus court (< 14 mm), uniformément coloré. • **Habitat.** Endémique de trois îles de l'archipel des Canaries : Tenerife, La Palma et El Hierro. Associé aux forêts de pins et de lauriers, mais aussi à l'étage aride des montagnes jusqu'à 2 300 m, présent également dans les zones cultivées. Gîtes dans des fentes de rochers, conduites d'eau, bâtiments, grottes creusées dans la lave et galeries artificielles. • **Biologie.** Sédentaire. Observé généralement isolé ou en petits groupes. Colonies de mise bas de faible effectif, jusqu'à 61 individus dans une grotte. Actif toute l'année. Chasse en vol ou sur la végétation, voire au-dessus de la canopée et de cours d'eau, des Lépidoptères (Noctuidés, Lymantridés et Géométridés), Coléoptères.

Plecotus kolombatovici

Plecotus christii

Plecotus gaisleri

Plecotus teneriffae

OREILLARD DES BALKANS

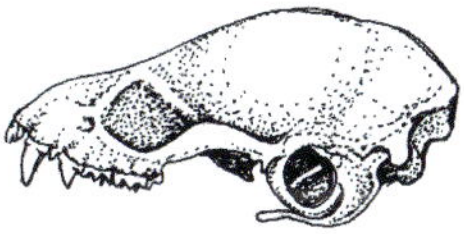

OREILLARD D'ÉGYPTE

OREILLARD DU MAGHREB

OREILLARD DE TENERIFE

Genre ***Nyctalus***. Les noctules sont des chauves-souris de taille moyenne à grande aux longues ailes étroites ; le cinquième doigt est à peine plus long que le troisième ou le quatrième métacarpe. Le museau est court et sombre, des bourrelets glandulaires garnissent les côtés de la bouche. Les oreilles sont courtes et triangulaires, avec 4-5 plis sur leur bord externe ; le tragus est court et large, en forme de champignon. L'éperon, développé, possède un épiblème divisé par une entretoise. 34 dents (2/3, 1/1, 2/2, 3/3). La taille est le principal critère d'identification avec les signaux d'écholocation en fréquence quasi constante (QFC) et fréquence modulée aplanie (FMa).

Noctule commune – *Nyctalus noctula*

AB : 47-58 mm, TC : 60-89 mm, Q : 40-66 mm, Or : 16-21 mm, En : 320-450 mm, LC : 18,2-20,0 mm, P : 17-44 g.

Description. Grande chauve-souris au pelage dorsal brun roussâtre luisant (poils unicolores), plus terne après la mue et chez les jeunes. Pelage ventral brun clair. Oreilles, museau et membranes brun sombre. Odeur musquée très caractéristique. • **Habitat.** Forêts et parcs en plaine ou en montagne (jusqu'à 1 900 m dans les Alpes suisses). Gîtes estivaux généralement à plus de 3 m du sol dans des trous d'arbres, souvent creusés par des pics, mais aussi dans des fentes dans les bâtiments (seuls des ♂♂ sont observés en été dans le centre-ouest de l'Europe : Autriche, Suisse, sud de l'Allemagne). Hiberne dans des arbres creux, fissures de rochers et fentes, joints et conduits d'aération des grands bâtiments, surtout en Europe centrale et orientale, plus de 1 000 individus dans un site allemand. • **Biologie.** Active tôt dans la soirée. FME : 20,0 ± 1,4 kHz (QFC), 24,6 ± 2,0 kHz (FMa) ; cris sociaux forts et audibles (colonies très bruyantes). Vol rapide avec des piqués, au-dessus de la canopée et des espaces ouverts. Espèce migratrice, surtout dans le nord-est de l'Europe, se dirigeant vers le sud ou le sud-ouest. Distance maximale parcourue : 1 546 km, mais la plupart des déplacements < 1 000 km. Sédentaire ou partiellement migratrice en Europe occidentale. Hiberne d'octobre à mars-avril. Chasse de gros Insectes (Lépidoptères, Coléoptères, Orthoptères) et de plus petits Insectes en essaim comme les Chironomidés.

Grande noctule – *Nyctalus lasiopterus*

AB : 61-70 mm, TC : 84-104 mm, Q : 52-74 mm, Or : 18-26 mm, En : 410-460 mm, LC : 22,0-23,7 mm, P : 33-74 g.

Description. La plus grande des noctules, semblable à *N. noctula*, avec des oreilles relativement plus courtes et plus larges. Pelage dorsal brun roussâtre (poils unicolores), plus clair sur le ventre ; longs poils sur le cou des ♂♂. • **Habitat.** Arboricole, associée aux forêts décidues matures, mais présente aussi dans les autres types de forêts et les parcs. Gîtes dans les arbres creux, trous de pics notamment, toute l'année, exceptionnellement observée dans les bâtiments. • **Biologie.** Colonies de mise bas jusqu'à 80 individus. FME : 15,2 ± 1,5 kHz (QFC), 18,0 ± 1,8 kHz (FMa). Vol rapide. Migratrice au moins dans le nord-est de son aire de répartition. Chasse divers Insectes au-dessus des espaces ouverts. Partiellement carnivore, des restes de passereaux (plumes et os) sont trouvés dans le guano durant la période de leur migration.

Noctule de Leisler – *Nyctalus leisleri*

AB : 38-47 mm, TC : 48-72 mm, Q : 35-48, Or : 11-16 mm, En : 260-340 mm, LC : 15,4-16,8 mm, P : 8-20 g.

Description. Taille moyenne, semblable à *N. noctula*, mais plus petite et plus sombre, avec un museau plus pointu. Pelage dorsal bicolore, avec des poils brun-noir à la base, brun roussâtre à l'extrémité, ventre jaunâtre. Oreilles, museau et membranes brun sombre à noirs. • **Habitat.** Arboricole, fréquente divers types de forêts, feuillus et conifères, en plaine et en montagne jusqu'à 2 200 m. Gîtes dans des arbres creux, mais aussi dans les bâtiments. • **Biologie.** Colonies de mise bas jusqu'à 50 individus (100 en Irlande). FME : 24,7 ± 1,6 kHz (QFC), 26,9 ± 1,8 kHz (FMa). Migratrice en Europe orientale et centrale, avec des déplacements automnaux vers le sud-ouest (distance maximale : 1 567 km), sédentaire en Europe occidentale. Chasse en vol rapide au-dessus d'espaces ouverts divers Insectes dont des Lépidoptères, Trichoptères, Éphéméroptères, etc.

Noctule des Açores – *Nyctalus azoreum*

AB : 36-41 mm, TC : 51-57 mm, Q : 42-43 mm, Or : 12 mm, LC : 13,0-14,2 mm, P : 6-15 g.

Description. Très semblable à *N. leisleri*, mais sensiblement plus petite et plus sombre. • **Habitat.** Forêts, landes, terres cultivées et villages. Gîtes dans des bâtiments abandonnés, crevasses de falaises côtières et trous d'arbres. Présente sur toutes les îles à l'exception probable de Corvo et Flores. • **Biologie.** Beaucoup plus diurne que les autres chauves-souris. Colonies de mise bas de 20-50 individus dans les arbres, jusqu'à 684 dans un bâtiment. Ségrégation sexuelle d'avril à septembre, ♂♂ alors solitaires ou en petits groupes. FME : 32 kHz. Chasse de jour au-dessus de la canopée et de la végétation, parfois dans les villages de nuit autour des lampadaires.

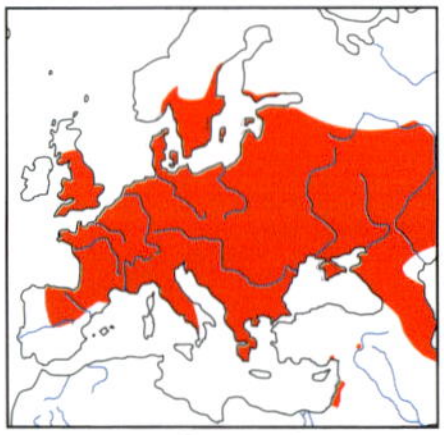

Nyctalus noctula

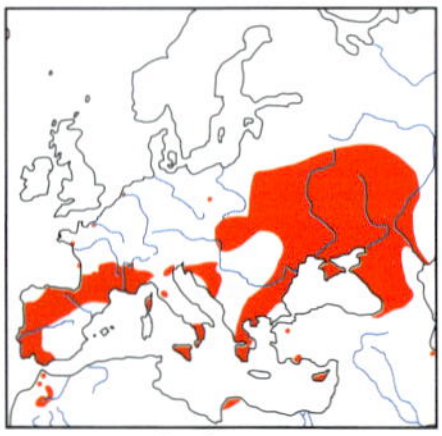

Nyctalus lasiopterus

Nyctalus leisleri

Nyctalus azoreum

NOCTULE COMMUNE
GRANDE NOCTULE
OCTULE DE LEISLER
OCTULE DES AÇORES

Pipistrelle de Rüppell – *Vansonia rueppellii*

AB : 28-35 mm, TC : 43-56 mm, Q : 32-39 mm, Or : 9-12 mm, LC : 12,3-14,3 mm, P : 5-7 g.

Description. Précédemment incluse dans le genre *Pipistrellus*. Pipistrelle de taille moyenne. Pelage dorsal brun sombre ou sépia, long sur la tête. Pelage ventral blanc pur, avec une démarcation nette le long du cou. Membranes brun pâle. Museau, oreilles, queue et jambes sombres. Éperon de la moitié de l'uropatagium, épiblème absent. I^1 bicuspide et grande, avec une cuspide secondaire aux trois quarts de la hauteur de la cuspide principale ; I^2 très petite. P^3 bien visible entre la canine et la P^4 (grande). • **Habitat.** Semi-déserts et déserts, notamment à proximité et dans les oasis. Gîtes sous les rochers et dans les bâtiments. • **Biologie.** Capture des Lépidoptères, Trichoptères, Coléoptères et Diptères, souvent au-dessus de plans d'eau.

Genre ***Pipistrellus***. Les pipistrelles sont de petites chauves-souris, au museau simple, aux oreilles petites, nettement séparées, arrondies, pourvues d'un tragus court et émoussé, non élargi à la pointe, et aux ailes relativement étroites. L'éperon est développé avec un épiblème généralement présent. 32-34 dents (2/3, 1/1, 1-2/2, 3/3) ; la petite prémolaire (P^3) est souvent absente. Les pipistrelles émettent des signaux en quasi-fréquence constante et fréquence modulée aplanie. La détermination spécifique est délicate, l'analyse des ultrasons ou la génétique suppléant la morphologie pour des espèces cryptiques récemment reconnues comme *P. pygmaeus* et *P. hanaki*.

Pipistrelle commune – *Pipistrellus pipistrellus*

AB : 28-34 mm, TC : 36-51 mm, Q : 23-36 mm, Or : 9-13 mm, En : 180-240 mm, LC : 11,6-12,5 mm, P : 4-8 g.

Description. Pipistrelle au museau et oreilles brun sombre à noirs contrastant avec le pelage dorsal, brun roussâtre à châtain, et le pelage ventral, brun-gris. Museau sans sillon internarines. Tragus de la moitié de la hauteur du pavillon, régulièrement incurvé, à pointe émoussée. Cinquième doigt < 42 mm. Éperon d'un tiers de la longueur de l'uropatagium, glabre ; épiblème présent. Pénis gris, gland avec une bande médiane pâle. I^1 bicuspide, I^2 sensiblement de même hauteur que la cuspide secondaire de I^1. P^3 petite et partiellement masquée par la canine en vue de profil. Généralement pas d'espace entre I_2 et I_3. • **Habitat.** Terrains de chasse comprenant jardins, parcs, bords de cours d'eau, zones humides, haies et lisières de forêts. Gîtes de mise bas fréquents dans les fentes de bâtiments, souvent dans les villes et villages, et dans les cavités d'arbres. Hibernation dans les bâtiments et les arbres, occupe des sites souterrains dans les régions aux hivers rudes, avec de forts effectifs localement (jusqu'à 100 000 individus dans une grotte de Roumanie). • **Biologie.** Généralement sédentaire. Colonies de mise bas jusqu'à 200-300 individus (♀♀ et quelques ♂♂ subadultes) de mai à août, avec parfois des changements de gîtes au cours de la période. ♂♂ adultes territoriaux pendant le rut, cris d'appel au cours de vols de cour pour constituer un petit harem. FME : 42-50 kHz. Capture en vol de petits Insectes : Diptères, Lépidoptères, Hémiptères, etc.

Pipistrelle pygmée – *Pipistrellus pygmaeus*

AB : 28-33 mm, TC : 36-51 mm, Q : 23-36 mm, Or : 9-13 mm, En : 190-230 mm, LC : 11,3-12,5 mm, P : 4-8 g.

Description. Très semblable à *P. pipistrellus*, mais plus petite. Museau et oreilles pas plus sombres que le pelage dorsal, de couleur brun roussâtre ; pelage ventral gris-jaune. Museau avec sillon internarines marqué. Pénis jaune orange, gland sans bande médiane. I_2 et I_3 généralement séparées par un espace. • **Habitat.** Particulièrement associée aux zones humides, mais fréquente d'autres biotopes comme les forêts décidues de plaine. Gîtes de mise bas et d'hibernation dans les fentes de bâtiments, souvent dans les villes et villages, mais aussi dans les arbres creux. • **Biologie.** Colonies de mise bas plus grandes que celles de *P. pipistrellus*, avec parfois plus de 1 000 individus, relativement stables pendant toute la période, dégageant une odeur caractéristique. FME : 51-58 kHz. Chasse surtout des petits Diptères aux larves aquatiques (Chironomidés et Cératopogonidés).

Pipistrelle de Libye – *Pipistrellus hanaki*

AB : 31-33 mm, TC : 41-49 mm, Q : 32-39 mm, Or : 10-13 mm, LC : 11,7-12,7 mm, P : 5-7 g.

Description. Pipistrelle robuste avec un crâne et des dents plus grands que chez *P. pipistrellus* et *P. pygmaeus*. Pelage généralement brun pâle à brun roussâtre, légèrement plus clair et plus roux que celui des autres pipistrelles. Mandibule plus longue (> 5,47 mm) que chez les autres espèces (< 5,44 mm). Canines supérieures relativement grandes, masquant la P^3 en vue de profil. Incl. *creticus*, plus petite. • **Habitat.** Formations méditerranéennes, forêts de cyprès et de genévriers, champs et pâturages, à proximité de zones rocheuses percées de petites cavités, jusqu'à 1 025 m en Crète. Pas d'information sur les gîtes. • **Biologie.** Peu documentée. FME : ≈ 55 kHz. Se nourrit surtout de Lépidoptères et Coléoptères.

Vansonia rueppelli

Pipistrellus pipistrellus

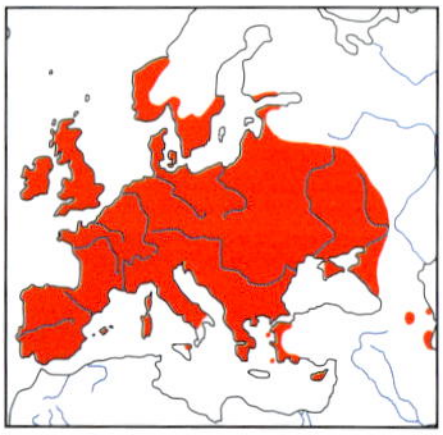

Pipistrellus pygmaeus

Pipistrellus hanaki

PIPISTRELLE
DE RÜPPELL

PIPISTRELLE COMMUNE

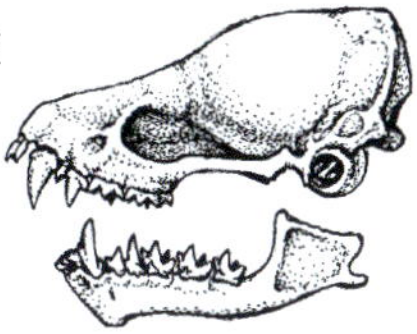

PIPISTRELLE
PYGMÉE

PIPISTRELLE
DE LIBYE

Pipistrelle de Kuhl – *Pipistrellus kuhlii*

AB : 30-36 mm, TC : 39-55 mm, Q : 30-45 mm, Or : 12-13 mm, En : 210-260 mm, LC : 11,5-13,9 mm, P : 5-10 g.

Description. Plus grande que *P. pipistrellus*. Pelage dorsal brun parfois plus clair, composé de poils sombres à la base, brun jaunâtre à la pointe, certains individus sont plus sombres. Pelage ventral gris clair à gris-blanc. Museau, oreilles et membranes brun foncé. Petites oreilles avec 5 plis sur le bord externe, tragus émoussé. Bordure blanche de largeur variable (1-2 mm) sur le plagiopatagium et l'uropatagium, surtout entre le cinquième doigt et le pied (absente chez certains individus sombres). I^1 unicuspide, I^2 très petite. P^3 très petite et décalée à l'intérieur de la rangée dentaire, invisible de l'extérieur. Incl. *deserti* selon une étude génétique, sous-espèce plus petite ($CM^3 \leq 4{,}5$ mm), pelage dorsal clair, museau, oreilles et membranes brun clair, bordure alaire blanche de plus de 5 mm, qui peut s'étendre le long des doigts (nord Sahara). Incl. *lepidus*, sous-espèce plus grande (AB : 32-38 mm), pelage dorsal clair, large bordure alaire pâle (Europe orientale, Moyen-Orient). • **Habitat.** Plaines relativement chaudes et zones karstiques, vallées et piémonts jusqu'à 1 450 m en Espagne, zones urbaines et terrains cultivés. Très anthropophile, gîtes dans les fissures des bâtiments (caves en hibernation), mais aussi dans les fentes de rochers et d'arbres. Utilise facilement les gîtes artificiels. En expansion en Europe centrale et occidentale. Déserts et semi-déserts, surtout dans les oasis, pour *deserti* qui gîte dans les palmiers, mais aussi dans les bâtiments. • **Biologie.** Émerge tôt après le coucher du soleil. Hibernation interrompue par des périodes d'activité en région méditerranéenne. Sédentaire. Colonies de mise bas jusqu'à 100 ♀♀, parfois plus. FME : 33-41 kHz (44-47 kHz pour *deserti*). Chasse d'un vol assez lent et agile le long de structures linéaires ou autour des lampadaires des petits Diptères, Lépidoptères, Trichoptères et Hémiptères.

Pipistrelle de Madère – *Pipistrellus maderensis*

AB : 30-35 mm, TC : 35-47 mm, Q : 30-36 mm, Or : 12-13 mm, P : 5-8 g.

Description. Très semblable à *P. kuhlii*, mais P^3 toujours visible de l'extérieur. Pelage uniformément brun chocolat à brun orangé. Museau, oreilles et membranes noirs. Bordure blanche absente dans certaines populations. Des études génétiques ont confirmé la sympatrie avec *P. kuhlii* à Tenerife. • **Habitat.** Zones urbaines, mais aussi boisements, de pins surtout, et autres biotopes naturels, plantations d'eucalyptus et terrains cultivés. En plaine à Madère, jusqu'à 2 150 m aux Canaries (présente à La Palma, La Gomera, El Hierro et Tenerife). Gîtes de mise bas dans les fissures de bâtiments, derrière les revêtements muraux, les couvertures de toit. Individus isolés dans des fissures de rochers, d'arbres ou de constructions. Hiverne dans des fentes de rochers, de ponts et dans des ruines et palmiers. • **Biologie.** Émerge tôt au coucher du soleil. Sédentaire. Active tous les mois de l'année à basse altitude. Colonies de mise bas jusqu'à 30 individus aux Canaries, 100 à Madère. FME : 45-47 kHz. Chasse souvent autour des lampadaires ou au-dessus de l'eau des Diptères, Lépidoptères, Trichoptères et Hémiptères.

Pipistrelle de Nathusius – *Pipistrellus nathusii*

AB : 32-37 mm, TC : 39-58 mm, Q : 30-48 mm, Or : 10-14 mm, En : 220-250 mm, LC : 13,1-14,0 mm, P : 6-15 g.

Description. Légèrement plus grande que *P. pipistrellus*, pelage plus long et touffu qui s'étend sur l'uropatagium. Pelage dorsal brun-roux, plus sombre après la mue ; pelage ventral brun jaunâtre. Museau, oreilles et membranes brun sombre. Aile assez large, avec un cinquième doigt long (> 42 mm chez les ♂♂, > 43 mm chez les ♀♀). Oreilles courtes, triangulaires, avec 4-5 plis sur le bord externe. I^1 bicuspide, I^2 plus haute que la cuspide secondaire de la I^1. P^3 bien développée, visible de l'extérieur. • **Habitat.** Forêts de feuillus et de conifères, ripisylves, parcs, surtout en plaine, mais rapportée jusqu'à 2 200 m en migration dans les Alpes. Gîtes estivaux dans des arbres creux, occasionnellement dans les bâtiments ; utilise souvent les gîtes artificiels. Hiberne dans des fissures de rochers, de bâtiments, des arbres creux et tas de bois, parfois dans des sites souterrains. En migration, affectionne la proximité de zones humides et plans d'eau, franchit les montagnes ou suit le trait de côte. • **Biologie.** Migratrice. Les populations du nord-est de l'Europe hibernent en Europe occidentale (plus long déplacement connu : 2 224 km). Certaines populations méridionales pourraient être sédentaires. Colonies de mise bas de 50 à 200 ♀♀ qui peuvent changer de gîte au cours de l'été. ♂♂ solitaires, appelant les ♀♀ dans des gîtes d'accouplement à l'automne. FME : 39-45 kHz. Hiberne de décembre à mars. Chasse en vol rapide et rectiligne le long des lisières, des haies et au-dessus des cours d'eau des Insectes de taille petite à moyenne, Diptères, Lépidoptères, Trichoptères, etc.

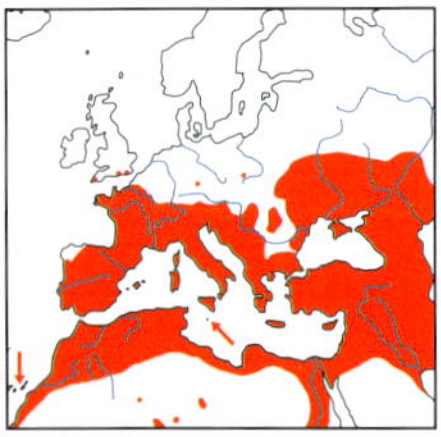
Pipistrellus kuhlii

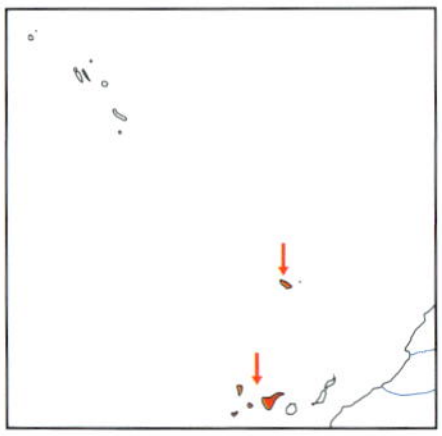
Pipistrellus maderensis

Pipistrellus nathusii

PIPISTRELLE DE KUHL

Morphotype du désert

PIPISTRELLE DE MADÈRE

PIPISTRELLE DE NATHUSIUS

Vespertilion bicolore – *Vespertilio murinus*

AB : 41-50 mm, TC : 54-66 mm, Q : 37-46 mm, Or : 12-16 mm, En : 270-310 mm, LC : 15,0-16,3 mm, P : 12-20 g.

Description. Taille moyenne. Oreilles larges et courtes avec un bord postérieur qui s'étend jusque sous la bouche. Tragus court et arrondi, élargi au deuxième tiers de sa hauteur. Pelage dorsal long et dense ; poils bicolores, brun sombre à la base, blanc argenté à la pointe, donnant une apparence givrée. Pelage ventral gris-blanc, nettement démarqué, gorge blanche. Museau, oreilles et membranes brun-noir. Queue dépassant légèrement (3-5 mm) de l'uropatagium. Ailes étroites ; membranes alaires insérées à la base des doigts. Éperon plus long que la moitié de l'uropatagium, épiblème présent. Seule chauve-souris européenne avec 2 paires de mamelles, distantes de 4-5 mm. 32 dents (2/3, 1/1, 1/2, 3/3). • **Habitat.** Zones urbaines, terrains cultivés, steppes et forêts, souvent proches de l'eau ou d'une zone humide. Plutôt en montagne dans le sud de son aire. Gîtes estivaux dans des fentes de bâtiments (fissures des murs, charpentes, volets) et de rochers, des arbres creux et des gîtes artificiels. Gîtes hivernaux dans des bâtiments, des rochers, rarement dans des sites souterrains. • **Biologie.** Migratrice, au moins pour les populations septentrionales ; déplacements généralement du nord-est vers le sud-ouest (maximum connu : 1 780 km). Colonies de mise bas de 10 à 100 individus. ♂♂ solitaires ou en colonies jusqu'à 200 individus. Signaux d'écholocation en quasi-fréquence constante et fréquence modulée aplanie, FME : 22-26 kHz. Vol rapide, rectiligne, élevé (10-40 m). Capture en vol, souvent au-dessus de plans d'eau et parfois autour de lampadaires, des Diptères en essaim et autres petits Insectes, mais aussi des Coléoptères et Lépidoptères.

Genre ***Hypsugo***. Les vespères étaient jusqu'à récemment inclus dans le genre *Pipistrellus*. Leur statut générique, proposé sur des critères morphologiques (exemple : cuspides des molaires), a été confirmé par les analyses chromosomiques et moléculaires. L'autre différence majeure est la forme de l'os pénien, élargi vers son extrémité (fourchu chez *Pipistrellus*) et en gouttière (section circulaire chez *Pipistrellus*). Les oreilles sont plus larges et plus arrondies, le tragus est court, incurvé vers l'intérieur. Le patagium ne présente pas de bordure blanche. (32-) 34 dents (2/3, 1/1, 1-2/2, 3/3), I^2 atteint la moitié de la cuspide secondaire de I^1. Ils émettent des signaux d'écholocation en quasi-fréquence constante et fréquence modulée aplanie.

Vespère de Savi – *Hypsugo savii*

AB : 32-38 mm, TC : 40-54 mm, Q : 31-44 mm, Or : 12-16 mm, En : 220-250 mm, LC : 12,9-14,4 mm, P : 4,5-10 g.

Description. Petite taille. Pelage dorsal long et soyeux, poils bicolores avec des racines sombres et des pointes brun doré à brun foncé, ce qui lui confère un aspect givré. Pelage ventral plus clair. Museau, oreilles et membranes très sombres. Bordure externe de l'oreille avec 4 plis, tragus élargi vers son extrémité. Queue dépassant de 3 mm l'uropatagium. Éperon peu développé, épiblème étroit. Pénis cassé à angle droit à mi-longueur, dirigé vers la queue. I^1 bicuspide ; cuspide secondaire aux trois quarts de la principale. P^3 petite (absente chez 10 à 40 % des animaux), décalée vers l'intérieur, masquée par la canine et la P^4. • **Habitat.** Rupestre, plateaux et montagnes rocheuses (jusqu'à 3 740 m dans le Haut Atlas, Maroc), vallées, paysages karstiques, côtes et agglomérations de la région méditerranéenne, biotopes semi-désertiques. Gîtes estivaux dans des fissures de falaises, des fentes de bâtiments ou d'arbres. Hiberne dans des fissures, parfois dans des sites souterrains. • **Biologie.** Émerge tôt après le coucher du soleil. Probablement sédentaire (déplacement maximal : 250 km). Colonies de mise bas de 20 à 70 individus. FME : 30-35 kHz. Vol rectiligne, haut, rapide. Capture en vol de petits Insectes, Lépidoptères, Diptères et Hyménoptères.

Vespère ariel – *Hypsugo ariel*

AB : 28-33 mm, TC : 28-41 mm, Q : 26-37 mm, Or : 8-12 mm, LC : 10,5-12,3 mm, P : 3-6 g.

Description. Petite taille. Pelage long et dense aux poils bicolores, gris ardoise à la base, très clairs à la pointe, conférant à l'animal une coloration très pâle. Pelage ventral gris à blanchâtre. Oreilles et uropatagium pâles, contrastant avec les membranes alaires plus sombres. Éperon peu développé, épiblème petit, la queue dépasse de l'uropatagium. I^1 généralement bicuspide (unicuspide chez les individus précédemment identifiés *ariel*). P^3 réduite et déportée de la rangée dentaire, masquée par la canine et la P^4. Incl. *bodenheimeri*. • **Habitat.** Déserts et semi-déserts, notamment active autour des arbres et des points d'eau dans les oasis. Gîtes dans des fentes et fissures de rochers. Espèce rare, connue par un très petit nombre d'individus. • **Biologie.** Active tous les mois de l'année, mais moins observée en hiver. FME : 43-49 kHz. Chasse en vol agile à faible hauteur des Lépidoptères, Diptères et Coléoptères.

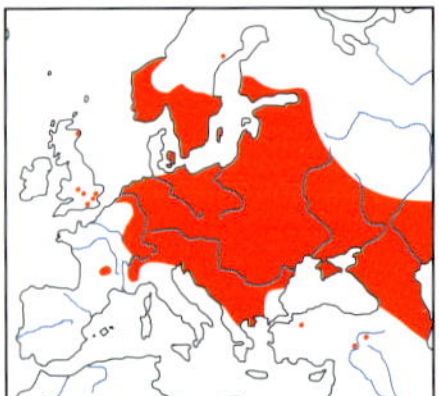
Vespertilio murinus

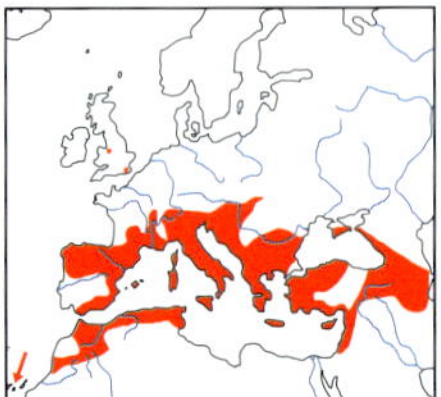
Hypsugo savii

Hypsugo ariel

VESPERTILION BICOLORE
VESPÈRE DE SAVI
ESPÈRE ARIEL
individu
sombre
variante
des incisives

Genre ***Myotis***. Il regroupe de nombreuses espèces de chauves-souris de taille petite à moyenne, au museau simple et allongé, aux oreilles de longueur variable, élancées, nettement séparées, pourvues d'un tragus lancéolé, sans épiblème. 38 dents (2/3, 1/1, 3/3, 3/3). Ils émettent des signaux d'écholocation en fréquence modulée aplanie. De récentes études morphométriques et génétiques ont confirmé l'existence d'espèces cryptiques dont l'identification par la morphologie et les signaux ultrasonores reste délicate. La taxonomie du genre n'est pas encore stabilisée.

Grand murin – *Myotis myotis*

AB : 55-67 mm, TC : 67-84 mm, Q : 45-60 mm, Or : 24-28 mm, En : 350-430 mm, LC : 23,6-25,1 mm, P : 28-40 g.

Description. Le plus grand des *Myotis*, d'identification délicate avec les seuls *M. blythii* et *M. punicus*. Pelage court et dense, gris-brun sur le dos (poils brun sombre à la base), gris plus clair sur le ventre. Museau, oreilles et membranes alaires gris-brun sombre. Museau court et relativement large. Oreilles longues et larges (> 16 mm), au bord antérieur incurvé vers l'arrière, au bord externe marqué par 7-8 plis transversaux. Tragus large à la base, atteignant la moitié du pavillon, souvent avec un point noir à l'extrémité. • **Habitat.** Forêts claires, parcs, prairies et terrains cultivés en plaine et moyenne montagne (jusqu'à 1 700 m). Originellement cavernicole. Gîtes de mise bas toujours dans les bâtiments dans le nord de l'aire de répartition, où les essaims recherchent les combles des vieux édifices, notamment des églises. Hiberne dans divers types de sites souterrains, accroché au plafond ou enfoncé dans une fissure. • **Biologie.** Relativement sédentaire ; déplacements entre gîtes d'été et d'hiver en moyenne de 50 km (maximum : 436 km). Colonies de mise bas jusqu'à 2 000 ♀♀, parfois mixtes avec *M. blythii*, aussi associées avec *M. capaccinii* et *Miniopterus schreibersii*. Essaims d'hibernation d'une dizaine à quelques centaines d'individus. FME : 28-36 kHz. Capture dans les forêts claires et au-dessus de la végétation rase des champs et prairies, au sol ou moins souvent en vol, de gros Coléoptères, aussi des chenilles de Lépidoptères, des araignées et des Orthoptères.

Murin du Maghreb – *Myotis punicus*

AB : 53-65 mm, TC : 59-78 mm, Q : 47-62 mm, Or : 21-29 mm, LC : 20,0-23,3 mm, P : 18-33 g.

Description. Grand *Myotis*, de morphologie similaire à *M. myotis* et *M. blythii*, caractérisé par des oreilles longues et larges (14,7-17,9 mm), avec 7-10 plis transversaux sur le bord externe et une absence de plage blanche sur le pelage entre les oreilles. Décrit comme une sous-espèce de *M. blythii*, son statut spécifique est attesté par les études génétiques. • **Habitat.** Paysages ouverts à végétation rase ou clairsemée, lisières de forêts et boisements sans sous-bois, semi-déserts. Plutôt à basse altitude mais jusqu'à 2 440 m au Maroc. Gîtes principalement dans des grottes et mines, aussi dans des ponts (fentes) et des bâtiments. Présent au Maghreb, en Corse, Sardaigne, Malte et Gozo. • **Biologie.** Colonies de mise bas jusqu'à 500 individus, souvent associées à *Rhinolophus euryale*, *R. mehelyi*, *M. capaccinii* et *Miniopterus schreibersii*. Hiberne souvent en petits groupes, avec cependant une colonie de 2 000 individus en Sardaigne. FME : 31-36 kHz. Opportuniste, capture au sol des Orthoptères et Coléoptères, mais aussi des chenilles de Lépidoptères, des Homoptères et même des scorpions.

Petit murin – *Myotis blythii*

AB : 51-62 mm, TC : 62-71 mm, Q : 43-59 mm, Or : 19-24 mm, En : 350-400 mm, LC : 20,4-22,7 mm, P : 15-30 g.

Description. Légèrement plus petit et moins robuste que *M. myotis*, caractérisé par des oreilles plus courtes et plus étroites, avec 5-6 plis transversaux sur le bord externe. Pelage court, gris brunâtre sur le dos (base des poils grise), plus clair sur le ventre. Présence d'une plage blanche entre les oreilles chez certains individus. Museau plus étroit et plus pointu. Deux sous-espèces : *M. b. oxygnathus* (Europe continentale et Sicile), *M. b. omari* (Proche-Orient, Turquie et Crète). *M. b. omari* est légèrement plus grand, les deux sous-espèces sont difficiles à identifier. • **Habitat.** Paysages légèrement boisés ou karstiques, parcs et zones urbaines, dans des régions plus chaudes que *M. myotis*. Gîtes de mise bas dans des grottes au sud de l'aire, surtout dans les combles de grands bâtiments au nord. Hibernation dans des sites souterrains, le plus souvent en essaim. • **Biologie.** Sédentaire, avec de courts déplacements entre gîtes d'été et d'hiver (15 km environ). Colonies de mise bas jusqu'à 5 000 individus (♀♀ et quelques ♂♂ subadultes) de mai à septembre, parfois mixtes avec *M. myotis*, et/ou associées à des *Rhinolophus* et *Miniopterus schreibersii*. ♂♂ solitaires et territoriaux de juillet à octobre dans des sites d'accouplement. FME : 26-34 kHz. Chasse en milieu ouvert au-dessus des steppes, prairies ou le long de lisières boisées. Capture sur la végétation haute des Orthoptères, chenilles de Lépidoptères, Coléoptères, etc.

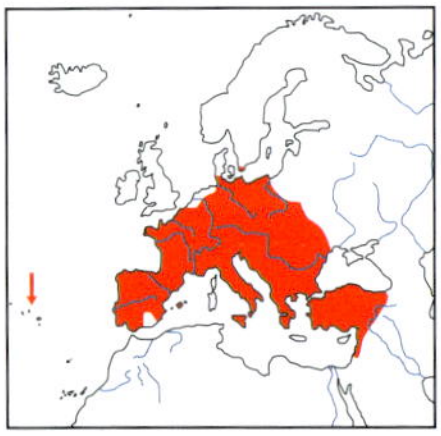

Myotis myotis

Myotis punicus

Myotis blythii

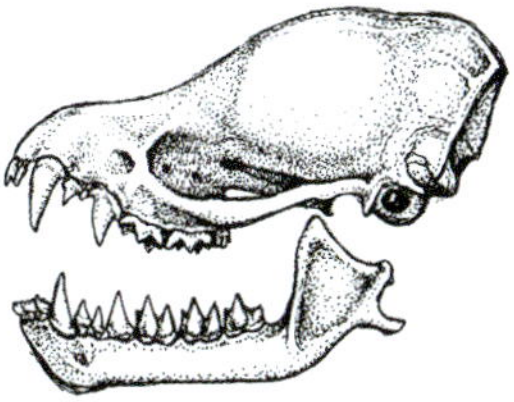

GRAND MURIN

MURIN DU MAGHREB

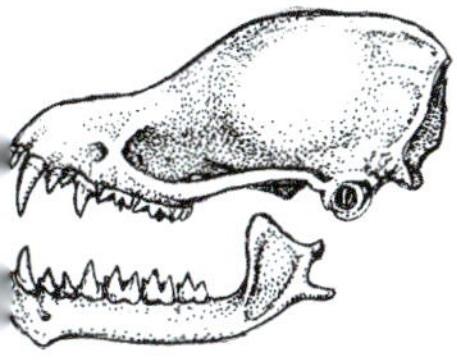

PETIT MURIN

Note : La taxonomie des *Myotis* du groupe *mystacinus* a connu des révisions récentes, sans doute pas définitives. Après le statut spécifique reconnu à *M. brandtii* dans les années 1970, des analyses morphologiques et génétiques ont amené à reconnaître quatre nouvelles espèces, même si certaines ne peuvent encore être identifiées en main. Leur distribution et leur écologie sont documentées sous l'ancienne appellation *M. mystacinus*, aussi devraient-elles encore être précisées.

Murin à moustaches – *Myotis mystacinus*

AB : 32-37 mm, TC : 35-48 mm, Q : 30-43 mm, Or : 12-17 mm, En : 190-225 mm, LC : 12,7-14,1 mm, P : 4-8 g.

Description. Petite taille. Museau, oreilles et membranes sombres, presque noirs. Pelage dorsal généralement brun sombre sans pointes dorées, plus clair dans certaines populations. Pelage ventral gris pâle. Tragus étroit et pointu, dépassant l'échancrure de la bordure externe de l'oreille. Plagiopatagium fixé à la base des doigts. Éperon plus court que la moitié de l'uropatagium. Pieds petits (généralement < 6,8 mm). Pénis fin, non renflé à l'extrémité. P^3 plus petite que P^2 ; cuspide de P^4, si présente, plus courte que P^3. • **Habitat.** Des villes et villages, parcs et jardins, aux massifs forestiers, à travers les espaces cultivés, en plaine et moyenne montagne, du niveau de la mer à 1 800 m en hiver dans les Tatras, jusque dans une palmeraie du Sud marocain. Gîtes estivaux surtout dans les bâtiments, sous les tuiles ou dans des fentes accessibles de l'extérieur, parfois dans les fissures des rochers et des arbres. Hiberne dans des grottes, mines, caves, suspendu aux parois ou enfoncé dans une fissure. • **Biologie.** Colonies de mise bas de 20-70 ♀♀, les ♂♂ sont alors solitaires. Rarement plus de 100 individus dans un gîte d'hibernation. Vol rapide et sinueux, à faible hauteur, le long de lisières forestières et de la végétation dense de parcs et haies, selon un itinéraire régulier. FME : 51-72 kHz. Capture au vol ou sur la végétation des Diptères, aussi des Arachnides et Lépidoptères.

Murin des steppes – *Myotis davidii*

AB : 32-38 mm, TC : 41-52 mm, Q : 34-46 mm, Or : 12-16 mm, LC : 12,7-14,9 mm, P : 4,5-9 g.

Description. Précédemment identifié *M. aurascens*, désormais synonyme. Très semblable à *M. mystacinus*, museau plus étroit, oreilles plus longues. Pelage dorsal brun sombre, poils avec des pointes claires. Pelage ventral plus clair et plus gris. Tragus étroit atteignant la moitié de l'oreille. P^3 très petite, cuspide de P^4 courte. Incl. *hajastanicus*, *nipalensis*. • **Habitat.** Steppes, prairies et montagnes, jusqu'à 2 300 m. Gîtes dans des sites souterrains et fissures de rochers et ponts. • **Biologie.** Semblable à *M. mystacinus* avec lequel il forme des colonies mixtes. FME : 42-55 kHz. Les Diptères sont les proies principales.

Murin d'Alcathoe – *Myotis alcathoe*

AB : 30-35 mm, TC : 39-44 mm, Q : 36-37 mm, Or : 13-14 mm, LC : 12,6-13,3 mm, P : 4-7 g.

Description. Plus petit que *M. mystacinus*, pouces proportionnellement plus courts (généralement < 5,0 mm), pieds plus grands (> 5,6 mm). Pelage dorsal brun roussâtre ; pelage ventral brun. Oreilles courtes, tragus atteignant difficilement l'échancrure du pavillon. Museau velu brun à rosâtre, plage glabre autour des yeux. Oreilles brunes, plus claires à la base de l'intérieur du pavillon, tragus atteignant tout juste l'échancrure. Pénis étroit, non renflé à l'extrémité. • **Habitat.** Forêts denses et humides avec notamment des chênes, souvent près de l'eau ou dans de petits ravins. Gîtes surtout dans les arbres en été, dans les divers souterrains et aussi arbres en hiver. • **Biologie.** Colonies de mise bas < 80 ♀♀, ♂♂ alors solitaires. FME : 53-69 kHz. Chasse comme *M. mystacinus*.

Murin de Brandt – *Myotis brandtii*

AB : 33-38 mm, TC : 39-51 mm, Q : 32-44 mm, Or : 13-15 mm, En : 190-240 mm, LC : 13,0-14,5 mm, P : 4-9 g.

Description. Légèrement plus grand que *M. mystacinus*. Pelage dorsal assez long, brun clair à reflets dorés ; pelage ventral gris clair. Museau, oreilles et membranes bruns à brun clair, base de l'oreille plus claire. Oreilles relativement longues avec un long tragus dépassant l'échancrure du pavillon. Plagiopatagium inséré à la base du pouce, pieds petits. Éperon plus court que la moitié de l'uropatagium. Pénis nettement renflé à l'extrémité. P^3 pas nettement plus petite que P^2 ; cuspide de P^4 au moins aussi haute que P^3. • **Habitat.** Forêts décidues et mixtes, parfois résineuses, souvent près de l'eau, jusqu'à 1 700 m. Moins anthropophile que *M. mystacinus*. Gîtes estivaux dans des fentes de bâtiments, arbres et gîtes artificiels. Hiberne dans des sites souterrains. • **Biologie.** Actif toute la nuit. Colonies de mise bas de 20-60 ♀♀ (jusqu'à 200). Migrant occasionnel (maximum 618 km). FME : 49-57 kHz. Chasse en forêt ou le long des lisières et des haies. Capture ses proies sur la végétation (araignées, Diptères diurnes) ou en vol (Lépidoptères et Anisopodidés).

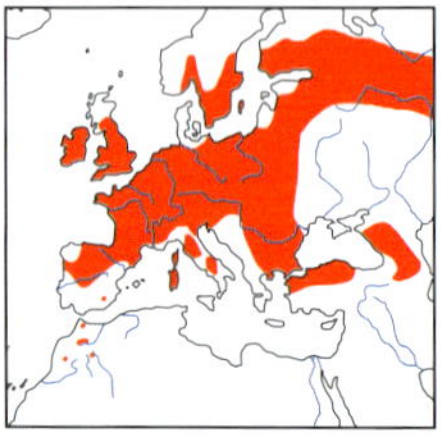
Myotis mystacinus

Myotis davidii

Myotis alcathoe

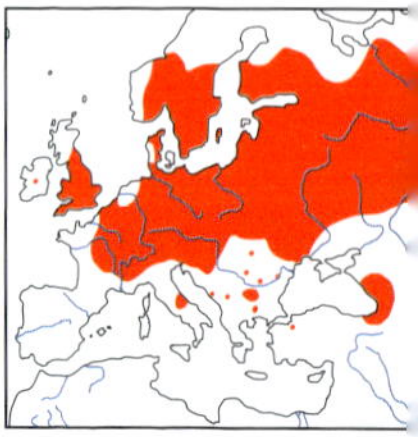
Myotis brandtii

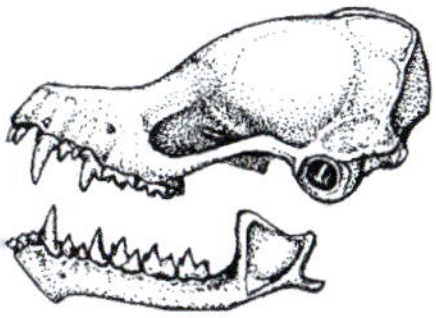

MURIN À MOUSTACHES

MURIN DES STEPPES

MURIN D'ALCATHOE

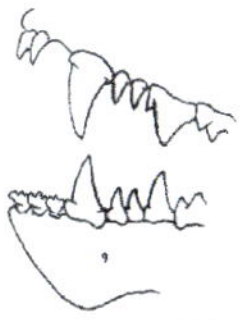

MURIN DE BRANDT

Note : Les récentes analyses morphométriques et génétiques ont révélé la présence d'espèces cryptiques parmi les *Myotis* du groupe *nattereri*, la taxonomie du groupe n'est pas encore stabilisée. Les 4 espèces présentées sur cette page peuvent être regroupées par paires (*nattereri* et *crypticus*, *escalerae* et *zenatius*) selon leurs profils biométriques (analyses multivariées) et des marqueurs moléculaires. Les informations sur l'habitat et la biologie sont à trier dans les descriptions établies pour des populations parapatriques.

Murin de Natterer – *Myotis nattereri*

AB : 37-43 mm, TC : 41-50 mm, Q : 32-36 mm, Or : 14-18 mm, En : 245-300 mm, LC : 14,0-16,0 mm, P : 5-12 g.

Description. Taille moyenne. Oreilles assez longues, dépassant de peu le museau lorsque repliées vers l'avant, sans échancrure sur la bordure externe, tragus lancéolé et droit qui dépasse la moitié de la hauteur du pavillon. Pelage long et ébouriffé, brun-gris sur le dos, blanc-gris sur le ventre, nettement démarqué le long du cou. Museau, oreilles et membranes brun rosâtre. Membranes alaires insérées à la base des doigts. Éperon en forme de S de la moitié de la longueur de l'uropatagium. Bord libre de l'uropatagium garni d'une rangée de soies courtes et raides. P^3 plus de la moitié de P^2 et alignée dans la rangée dentaire. • **Habitat.** Forestier, occupe surtout les paysages de plaine avec des boisements décidus et de l'eau, parfois dans les forêts de conifères et les formations buissonneuses. Gîtes de mise bas dans des fentes de bâtiments (particulièrement dans des interstices des charpentes), des greniers, des arbres creux et des gîtes artificiels. Hiberne dans des sites souterrains, enfoncé dans une fissure, parfois suspendu à la paroi. • **Biologie.** Colonies de mise bas de 10-100 ♀♀ qui changent souvent de gîte au cours de l'été. En automne, visite en grand nombre des sites souterrains au terme de déplacements atteignant parfois 100 km. Regroupements automnaux d'août à fin octobre. Chasse dans des milieux fermés, utilisant des cris d'écholocation de faible intensité (FME : 52-55 kHz). Capture sur la végétation des Diptères, Arachnides et Lépidoptères.

Murin cryptique – *Myotis crypticus*

AB : 36-42 mm, TC : 40-50 mm, Q : 32-46 mm, Or : 14-17 mm, LC : 15,0-16,4 mm, P : 5-10 g.

Description. Légèrement plus petit que *M. nattereri*, oreilles plus longues, crâne plus étroit. Pas de critère distinctif en main. Seule une analyse multivariée de mensurations crâniennes permet de séparer les deux espèces. • **Habitat.** Forêts denses de chênes et de hêtres, forêts éclaircies par le pâturage avec quelques vieux arbres, prairies subalpines jusqu'à 2 270 m. Gîtes de mise bas dans des trous d'arbre et dans des bâtiments, des ponts et tunnels. Hiberne dans des sites souterrains. • **Biologie.** Colonies de mise bas de 12-46 individus. Regroupements automnaux sur des sites entre 200 et 1 500 m avec d'autres espèces de *Myotis*. Hiberne isolé ou en petits groupes (< 57 individus). Capture sur la végétation diverses espèces d'Insectes (dont des chenilles), aussi des araignées.

Murin d'Escalera – *Myotis escalerai*

AB : 37-42 mm, TC : 41-50 mm, Q : 42-50 mm, Or : 15-18 mm, LC : 15,2-16,0 mm, P : 4,5-12 g.

Description. Assez semblable à *M. nattereri*. Pelage dorsal brun sombre nettement démarqué sur les flancs du pelage ventral plus clair. Poils bicolores, sombres à la base, à pointes gris-brun sur le dos, à pointes blanchâtres sur le ventre. Membranes alaires insérées au milieu du métatarse. Éperon en forme de S de plus la moitié de la longueur de l'uropatagium. Bord libre de l'uropatagium garni de deux rangées de soies courtes et raides, paraît donc plus épais que chez *M. nattereri*. • **Habitat.** Nombreux milieux naturels, des zones arides avec peu de végétation à des forêts de hêtres, chênes et pins, aussi des vergers (oliviers et amandiers), jusqu'à 1 400 m. Gîtes toute l'année, mise bas incluse, dans des grottes et autres cavités souterraines, surtout dans des fissures en hiver. • **Biologie.** Colonies de mise bas de plusieurs centaines de ♀♀ (maximum 800).

Murin zenati – *Myotis zenatius*

AB : 37-42 mm, TC : 40-48 mm, Q : 37-48 mm, Or : 15-18 mm, En : ≈ 260 mm, LC : 14,9-16,0 mm, P : 5-12 g.

Description. Très semblable à *M. escalerai* avec aussi des membranes alaires insérées au milieu du tarse et le bord libre de l'uropatagium garni de deux rangées de soies courtes et raides. Pelage dorsal des adultes distinctement plus sombre et plus grisâtre (semblable à celui des jeunes des autres espèces). Poils tricolores, sombres à la base, brun au milieu et plus clair à la pointe. Crâne légèrement plus petit avec une boîte crânienne plus large. • **Habitat.** Formations méditerranéennes (matorrals), forêts claires, zones arides avec peu de végétation, surtout en zones montagneuses, depuis la côte jusqu'à 2 440 m dans le Haut Atlas (Maroc). Gîtes toute l'année, mise bas incluse, dans des grottes et autres cavités souterraines (une colonie dans une cave) • **Biologie.** Colonies de mise bas jusqu'à 300 ♀♀.

Myotis nattereri

Myotis crypticus

Myotis escalerai

Myotis zenatius

MURIN DE NATTERER

MURIN D'ESCALERA

MURIN ZENATI

Murin du Caucase – *Myotis tschuliensis*

AB : 37-43 mm, TC : 43-48 mm, Q : 34-45 mm, Or : 15-19 mm, LC : 15,1-16,6 mm.

Description. Très semblable à *M. nattereri*, mais génétiquement plus proche de *M. schaubi*. De taille intermédiaire entre ces deux espèces. • **Habitat.** Zones montagneuses arides et semi-arides. Gîtes dans des cavités souterraines. • **Biologie.** Non documentée.

Murin de Schaub – *Myotis schaubi*

AB : 41-44 mm, TC : 45-53 mm, Q : 45-49 mm, Or : 18-22 mm, En : 300-350 mm, LC : 16,8-17,5, P : 7-9 g.

Description. Très semblable à *M. nattereri*, légèrement plus grand. Oreilles modérément longues, tragus lancéolé un peu plus long que la moitié du pavillon. Pelage long et épais, gris clair à brun roussâtre sur le dos, blanc jaunâtre sur le ventre. Museau, oreilles et membranes brun sombre. Espèce décrite du Pléistocène, représentée actuellement par la sous-espèce *araxenus* • **Habitat.** Régions montagneuses arides, jusqu'à 2 590 m. Gîtes estivaux dans des fentes de bâtiments et des falaises rocheuses, animaux isolés dans des tunnels d'irrigation, des ruines. Hiberne dans des sites souterrains. • **Biologie.** Peu documentée.

Murin du Levant – *Myotis hoveli*

AB : 38-43 mm, TC : 42-50 mm, Q : 37-44 mm, Or : 14-19 mm, En : 280 mm, LC : 15,3-16,6 mm, P : 6-9 g.

Description. Très semblable à *M. schaubi*, mais plus petit. Pelage brun clair (Israël) à brun (Liban). Tragus long (ca ¾ de longueur de l'oreille). Front plus bombé. • **Habitat.** Grottes et ruines de plaines côtières, collines. • **Biologie**. Peu documentée.

Murin à oreilles échancrées – *Myotis emarginatus*

AB : 36-45 mm, TC : 41-55 mm, Q : 38-47 mm, Or : 14-17 mm, En : 220-250 mm, LC : 14,3-15,2 mm, P : 7-15 g.

Description. Taille moyenne. Échancrure très nette aux deux tiers de la bordure externe de l'oreille, longue. Tragus lancéolé dépassant nettement la moitié du pavillon. Pelage dense et laineux, brun grisâtre à brun rougeâtre sur le dos (jeunes plus sombres et plus gris). Poils dorsaux tricolores, gris à la base, chamois au milieu, brun orangé à la pointe. Pelage ventral gris jaunâtre à roux clair, poils bicolores. Museau, oreilles et membranes brun roussâtre. Membranes alaires insérées à la base du pouce, pieds petits. Éperon droit et court, environ la moitié de l'uropatagium, dont le bord libre est semé de poils courts et souples. P^3 petite, légèrement plus haute que le cingulum de P^2, alignée dans la rangée dentaire. • **Habitat.** Paysages boisés, forêts riveraines, de plaine et piémont jusqu'à 1 800 m, dont les zones karstiques, parcs et jardins. Cavernicole toute l'année dans le sud de l'aire, les colonies de mise bas en essaims compacts occupent les combles de bâtiments, plus chauds, dans le nord. Hibernation en cavités souterraines, température entre 6 et 12 °C. • **Biologie.** Sédentaire, déplacements entre gîtes d'été et d'hiver de moins de 40 km. Colonies de mise bas de 10-200 (jusqu'à 2 000) ♀♀ suspendues en essaims au plafond du gîte de mai à septembre, souvent associées à des rhinolophes. ♂♂ solitaires, sauf en période de regroupement automnal dans des grottes et mines. Hiberne même en région méditerranéenne. Vol agile, parfois sur place devant le feuillage. FME : 55-68 kHz. Prélève sur la végétation des proies variées, surtout des Arachnides et des Diptères diurnes.

Murin de Bechstein – *Myotis bechsteinii*

AB : 39-47 mm, TC : 45-56 mm, Q : 34-45 mm, Or : 20-28 mm, En : 250-300 mm, LC : 15,8-16,8 mm, P : 6-13 g.

Description. Taille moyenne. Très grandes oreilles qui, repliées vers l'avant, dépassent le museau de 8-10 mm, non reliées à la base et non repliées durant l'hibernation. Tragus lancéolé, atteignant la moitié du pavillon. Pelage assez long et ébouriffé, brun pâle à roussâtre sur le dos (grisâtre chez les jeunes), nettement démarqué du gris clair, presque blanc, du ventre. Museau allongé, brun rosâtre, plus fin que chez les autres *Myotis*. Oreilles et membranes brun clair. Ailes larges et courtes, membranes alaires insérées à la base des orteils. Éperon droit d'un tiers de l'uropatagium • **Habitat.** Forêts décidues matures de chênes et de hêtres avec sous-bois développé, plus rarement forêts mixtes ou de conifères. Jusqu'à 1 800 m dans le sud. Gîtes de mise bas dans des cavités d'arbres, notamment creusées par des pics (utilise les gîtes artificiels), plus rarement dans les bâtiments. Hiberne dans des arbres creux et des sites souterrains. • **Biologie.** Émerge tôt après le coucher du soleil. Sédentaire. Colonies de mise bas de 10-50 ♀♀ qui changent fréquemment de gîte, occupant un domaine vital de 250 ha (700 ha dans les forêts de résineux). ♂♂ solitaires, au domaine réduit (10-20 ha). Vol papillonnant, très agile, chasse à faible hauteur dans des milieux fermés, émettant des cris d'écholocation très discrets (FME : 42-62 kHz). Prélève sur le feuillage ou au sol des Lépidoptères, Diptères (Tipulidés) et Coléoptères.

Myotis tschuliensis

Myotis schaubi (rouge)

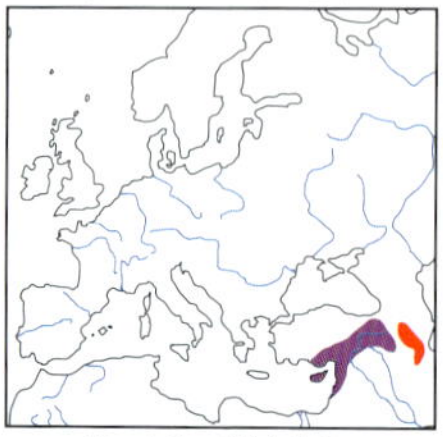

Myotis hoveli (violet)

Myotis emarginatus

Myotis bechsteinii

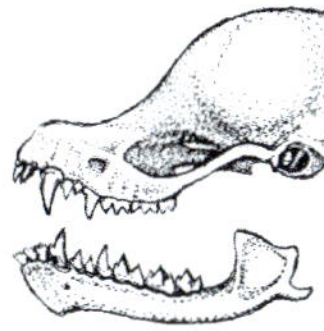

MURIN DE SCHAUB

jeune au repos

MURIN À OREILLES ÉCHANCRÉES

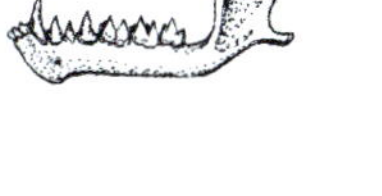

MURIN DE BECHSTEIN

Murin de Capaccini – *Myotis capaccinii*

AB : 38-44 mm, TC : 42-58 mm, Q : 35-45 mm, Or : 14-17 mm, En : 230-260 mm, LC : 15,1-16,3 mm, P : 7-12 g.

Description. Taille moyenne. Grands pieds couverts de longs poils. Pelage dorsal doux et soyeux, gris fumée, poils bicolores, brun sombre à la base, gris brunâtre clair à la pointe. Pelage ventral gris clair à blanc (jeunes uniformément gris). Museau brun-roux, oreilles et membranes grises. Narines saillantes. Oreilles de taille moyenne, tragus lancéolé, légèrement incurvé en S, atteignant moins de la moitié du pavillon. Membranes alaires insérées sur le tibia au-dessus du talon, laissant le pied libre. Faces dorsale et ventrale de l'uropatagium couvertes de poils duveteux des tibias jusqu'au centre. Éperon droit, d'un tiers de la longueur de l'uropatagium. $P^3 \approx 1/2$ hauteur de petite P^2, dans la rangée dentaire. • **Habitat.** Biotopes méditerranéens sur reliefs calcaires avec des cours d'eau permanents, des bassins et des lacs, jusqu'à 1 200 m. Cavernicole strict toute l'année : grottes, mines, etc. Individus isolés dans d'autres gîtes, ponts, bâtiments, fentes de rochers. • **Biologie.** Déplacements locaux, 40-50 km (maximum 140 km) entre les gîtes saisonniers. Colonies de mise bas d'une dizaine à 10 000 individus, souvent mixtes avec d'autres espèces cavernicoles. En hibernation, isolé ou en petits groupes en Europe occidentale, en grands rassemblements en Europe orientale (50 000 dans une grotte bulgare). FME : 38-62 kHz. Zones de chasse fréquentées par plusieurs individus parfois éloignées de 30 km du gîte. Vol à 10-25 cm au-dessus de l'eau en larges cercles. Pêche à la surface ou capture en vol des Trichoptères et Diptères (Chironomidés, Culicidés), localement des poissons.

Murin des marais – *Myotis dasycneme*

AB : 43-49 mm, TC : 57-68 mm, Q : 43-53 mm, Or : 16-19 mm, En : 200-300 mm, LC : 16,9-18,1 mm, P : 14-25 g.

Description. Le plus grand des *Myotis* à grands pieds. Pelage dense, brun à brun-gris sur le dos, gris clair à blanc jaunâtre sur le ventre. Museau marron, oreilles et membranes gris-brun. Oreilles assez courtes sans échancrure nette sur la bordure externe. Tragus assez large, plus court que la moitié du pavillon, arrondi à son extrémité. Membranes alaires insérées à la cheville. Pieds couverts de longues soies. Face ventrale de l'uropatagium recouverte de poils fins le long des tibias. Éperon droit, d'un tiers de la longueur de l'uropatagium. $P^3 < 1/2$ hauteur de P^2, à l'intérieur. • **Habitat.** Marais et zones humides, mais aussi zones riches en canaux et fossés, rivières larges à faible courant en plaine (jusqu'à 1 000 m). Gîtes de mise bas généralement dan les combles de grands bâtiments (églises, etc.). Hiberne dan des sites souterrains (grottes, mines, fortifications), sans for mer de grands rassemblements. • **Biologie.** Migrant facultatif déplacements de 10 à 300 km entre gîtes saisonniers. Colonie de mise bas de 40-400 ♀♀. ♂♂ isolés ou en petits groupe (< 40 individus), fréquentent à partir de mi-août des grottes d regroupement. FME : 29-43 kHz. Vol plus haut et plus rapid que *M. capaccinii* et *M. daubentonii*, capture par chalutage, au dessus ou à la surface de l'eau calme, des Diptères (Chironomi dés) et Trichoptères. Chasse également au-dessus de roselières e prairies en lisière forestière.

Murin de Daubenton – *Myotis daubentonii*

AB : 33-42 mm, TC : 43-55 mm, Q : 31-44 mm, Or : 10-14 mm, En : 240-275 mm, LC : 14,3-15,2 mm, P : 5-15 g.

Description. Petit *Myotis* à grands pieds. Oreilles relativemen courtes et arrondies, tragus arrondi à son extrémité, atteignan environ la moitié du pavillon. Pelage court et dense, brun-rou geâtre sur le dos, gris argenté sur le ventre avec une démarcatior nette sous le cou. Museau brun-rose (plus sombre avec une tach sombre sur la lèvre inférieure chez les jeunes), plage nue autou des yeux. Oreilles et membranes gris-brun. Membranes alaire insérées à la base des doigts. Pieds couverts de longues soies Éperon droit d'un tiers de l'uropatagium. $P^3 < 1/2$ hauteur d P^2, dans la rangée dentaire. • **Habitat.** Boisements près de cour d'eau et lacs, mais aussi forêts décidues et mixtes jusqu'à 750 m e été (1 400 m en hiver), parcs et vergers. Gîtes de mise bas dans de arbres (fissures, cavités de pourriture, trous de pics), ponts, fente de rochers et constructions, plus rarement dans des sites souter rains. ♂♂ dans des interstices de ponts, aqueducs et bâtiment proches de l'eau. Hiberne dans des sites souterrains, généralemen dans des fissures mais aussi sur les parois ou dans des éboulis jusqu'à 20 000 individus dans d'anciens bunkers en Pologne • **Biologie.** Plutôt sédentaire, déplacements entre gîtes saison niers de moins de 100 km. Colonies de mise bas de 20-50 ♀♀ jusqu'à 600 dans un bâtiment. ♂♂ en colonies de 20 à 200 indi vidus. Abondant dans les sites de regroupement automnal. Vo rapide, agile, au-dessus de l'eau. FME : 46-52 kHz. Capture pa chalutage des Chironomidés et autres Insectes aux larves aqua tiques ; chasse aussi dans les boisements et en lisière.

Myotis capaccinii

Myotis dasycneme

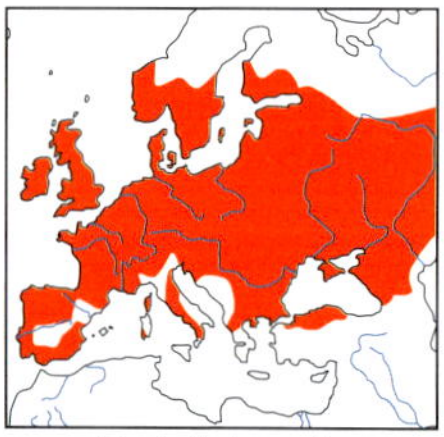

Myotis daubentonii

MURIN DE CAPACCINI

MURIN DES MARAIS

MURIN DE DAUBENTON

Genre ***Canis***. Ces Carnivores de taille moyenne à grande sont naturellement présents sur tous les continents, de l'Arctique à l'Équateur, sauf en Amérique du Sud et en Australie. La silhouette est fine et puissante, le museau allongé et le pelage le plus souvent brun. L'odorat est très développé. Ils possèdent 4 doigts aux 4 pattes. 42 dents (3/3, 1/1, 4/4, 2/3). Les carnassières (P^4/M_1) sont très développées. Le genre *Canis* regroupe les loups, le Coyote (Amérique du Nord) et au moins deux chacals. Le Chien domestique descend du Loup et peut se croiser avec toutes ces espèces, ce qui pose des problèmes de conservation. Ils sont carnivores, le plus souvent d'actifs chasseurs à courre, opportunistes, parfois charognards. Ces prédateurs sont importants dans leurs écosystèmes. La structure sociale repose sur un couple reproducteur. La meute peut être élargie, en particulier chez le Loup.

Loup gris – *Canis lupus*

TC : 90-150 cm, Q : 30-50 cm, Hg : 65-80 cm, Pp : 20-26,5 cm, Or : 8-12 cm, Cbl : 20-25 cm, P : 20-80 kg (♂), 18-50 kg (♀).

Description. Ressemble à un grand chien puissant, assez haut sur pattes, oreilles droites, queue tombante. Nombreuses variations dans la zone considérée. Plus petit au sud, plus grand au nord. Pelage de couleur variable, le plus souvent gris mais pouvant aller du presque noir au presque blanc, très dense en hiver et au nord. Devant des pattes parfois foncé (populations italiennes et alpines par exemple). Confusion possible avec des chiens libres ou errants et des chacals. • **Habitat.** De la toundra au désert, le plus souvent forestier. Initialement répandu dans toute la zone holarctique, sauf en Islande. Régression importante ces derniers siècles du fait de l'homme. En Europe occidentale, a survécu en Espagne, au Portugal et en Italie. Revient spontanément dans les Alpes d'Italie et en Allemagne depuis la Pologne, régresse ailleurs (sud-est de la zone considérée). Individus erratiques loin des zones de reproduction. • **Biologie.** Nocturne par nécessité. Meute composée d'un couple reproducteur unique et de ses descendants. Effectif variable selon la disponibilité en proies. Domaine vital de 100 à 1 000 km^2, dont une partie est défendue (territoire). Marquage olfactif et auditif (hurlements, cris les plus connus). Reproduction dans une tanière. Chasseur d'ongulés, éclectique : rennes au nord, chevreuils en zone tempérée, gazelles au sud, chamois et mouflons en montagne, et parfois bétail en zone d'élevage transhumant. Consomme aussi des Rongeurs, lièvres, criquets, baies, charognes, déchets. Par sa présence, favorise les plus petits Carnivores et les charognard qui bénéficient de ses restes.

Chacal doré – *Canis aureus*

TC : 60-100 cm, Q : 20-30 cm, Hg : 38-50 cm, Pp : 15-16,5 cm, Or : 7-9 cm, Cbl : 15-16 cm, P : 7-12 kg. ♂♂ plus lourds que ♀♀.

Description. Ressemble à un petit Loup, plus svelte, oreille moyennement longues. Pelage brun-jaune parfois mêlé de gri sur le dos, un peu plus clair sur le ventre, tête et cou tirant su le roux. Queue touffue à pointe noire. • **Habitat.** Steppes, semi déserts, forêts méditerranéennes, marais et roselières, parfoi espaces périurbains. Semble s'adapter aux paysages d'Europ tempérée. Gîte dans un terrier caché par la végétation. Stricte ment eurasiatique, en extension en Europe à partir des Balkans Signalé dans les pays baltes, à l'extrême nord-est de l'Italie, e Suisse et récemment en France. • **Biologie.** Discret, nocturn pour échapper aux activités humaines. Domaine vital de 0,5 2,5 km^2. Couples territoriaux. Plusieurs cris dont jappements aboiements et hurlements. Carnivore généraliste, consomm aussi des Insectes, des baies ; surtout détritivore et charognard.

Chacal du Sénégal – *Canis anthus*

TC : 80-127 cm, Q : 20-35 cm, Hg : 50 cm, Pp : 19-21 cm, Or : 10-12 cm, Cbl : 15-17 cm, P : 10-15 kg.

Description. Ressemble au Chacal doré dont il a été distingu par des analyses génétiques, en plus grand, plus robuste, avec u museau plus épais. Plus petit que le Loup gris, plus fin, plus hau sur pattes, aux oreilles plus longues et à queue touffue à point noire. Pelage de teinte variable selon la région d'origine. Cer tains animaux décrits sous le nom de *C. lupaster* sont plus grands plus robustes, en particulier au niveau des épaules, museau plu long et queue plus courte. • **Habitat.** Présent dans toute la moi tié nord du continent africain, des forêts aux steppes, du bor de la mer jusqu'à 3 100 m au Maroc. Plus rare dans les région désertiques et les zones périurbaines et urbaines. • **Biologie** Nocturne dans les milieux anthropisés, trahit sa présence pa des cris, plus fréquents en forte densité. Carnivore généraliste détritivore et charognard, suit régulièrement les grands préda teurs là où ils existent encore, parfois les troupeaux domestiques Surtout considéré ennemi des éleveurs, a subi des campagne d'empoisonnement à grande échelle. Consomme aussi des fruits

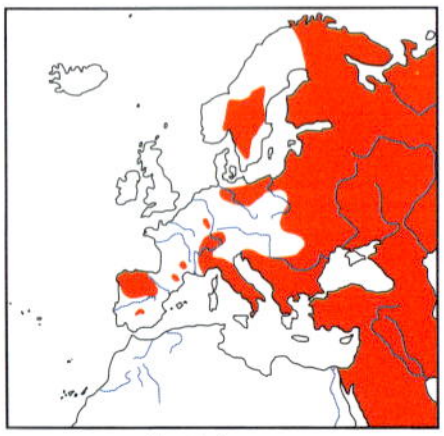
Canis lupus

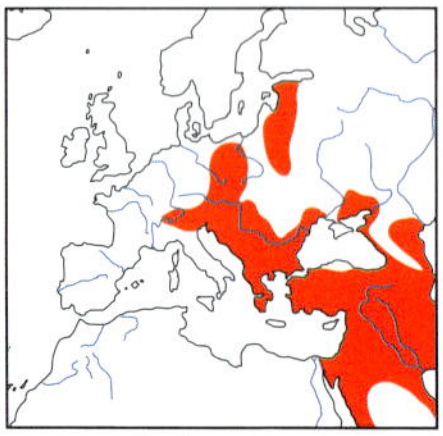
Canis aureus

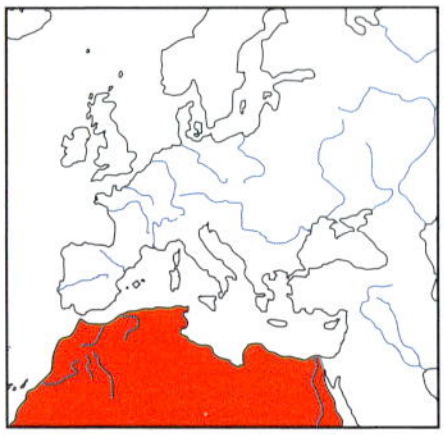
Canis anthus

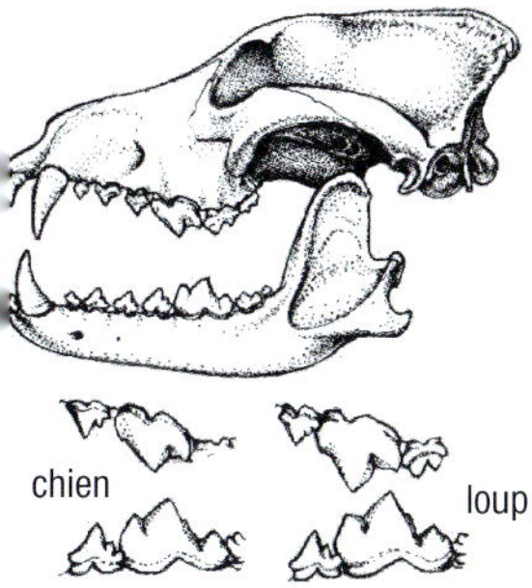

LOUP GRIS

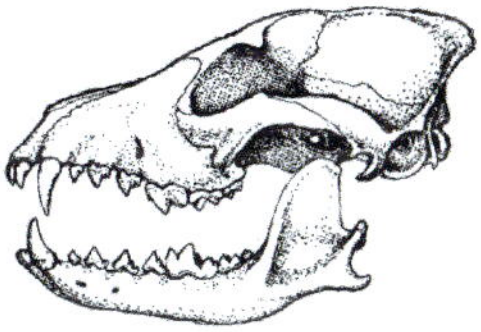

CHACAL DORÉ

CHACAL DU SÉNÉGAL

Chien viverrin – *Nyctereutes procyonoides*

TC : 50-70 cm, Q : 13-25 cm, Hg : 20-25 cm, Pp : 9-12 cm, Or : 4-6 cm, Cbl : 11 cm, P : 4-10 kg. Poids passe de 4-6 kg l'été à 6-10 kg avant l'hiver.

Description. Petit Canidé assez bas sur pattes, au pelage gris à brun-gris, plus dense en hiver qu'en été. Favoris autour de la tête, masque noir discontinu autour des yeux. Museau pointu et oreilles arrondies. Poils autour des épaules à pointe noire. Queue courte. 42 dents (3/3, 1/1, 4/4, 2/3). Ressemble au Raton laveur, aussi introduit dans la zone considérée. • **Habitat.** Forêts de feuillus et zones humides, bords des rivières. Introduit depuis l'Extrême-Orient dans la partie européenne de l'ex-URSS à partir de 1928, il a étendu sa distribution de la Finlande à la mer Noire et jusqu'au sud de l'Allemagne, avec quelques localisations en France et en Suisse. • **Biologie.** Nocturne. Domaine vital de 50 à 2 000 ha selon les milieux. Crottes déposées dans des latrines communes. S'abrite dans des terriers souvent creusés par d'autres. Léthargie par grands froids mais pas de vraie hibernation. Opportuniste et omnivore, consomme de petits animaux (Amphibiens, Insectes), déchets, fruits. Parfois élevé pour la fourrure. Devenu réservoir de la rage en Europe orientale et dans les pays baltes.

Genre ***Vulpes***. Il rassemble une dizaine de petits Canidés naturellement présents en Eurasie, en Afrique et en Amérique du Nord. La silhouette est fine, parfois féline, les pattes sont assez courtes, les oreilles et la queue bien développées. Le pelage peut être coloré. Ils possèdent 4 doigts aux 4 pattes. Les sens sont aiguisés. Le crâne est fin, allongé. 42 dents (3/3,1/1, 4/4, 2/3). Les mâles sont un peu plus grands que les femelles. Les habitats sont généralement ouverts mais parfois forestiers. Plusieurs espèces peuvent cohabiter. Les structures sociales sont très variées, y compris au sein d'une espèce, et vont des animaux solitaires à des groupes sociaux. Le groupe familial correspond souvent à un couple stable. Le Renard pâle *(Vulpes pallida)* est présent au sud du Sahara.

Renard polaire – *Vulpes lagopus*

TC : 50-85 cm, Q : 28-55 cm, Hg : 30 cm, Pp : 11,5-12,5 cm, Or : 5,5-7 cm, Cbl : 11-14 cm, P : 3-8 kg.

Description. Petit renard à oreilles et pattes courtes, élancé en pelage sombre l'été, très rond en pelage blanc l'hiver. Pelage d'été plutôt bicolore, gris sur le dos, clair sur le ventre et sur les côtés. Animaux de couleur dite bleue, déterminée génétiquement et présente toute l'année, plutôt brun chocolat l'été brun à reflets bleus l'hiver. Cette forme est plus fréquente dan les populations côtières et concerne moins de 1 % des individu continentaux. Queue longue et épaisse. • **Habitat.** Toundra e pelouses alpines scandinaves, et autres zones arctiques. Des côte et îles arctiques russes à la chaîne centrale scandinave, au-del des arbres. Chassé peu à peu par le Renard roux qui remont vers le nord et occupe ses terriers. • **Biologie.** Principalemen nocturne. Actif toute l'année. Solitaire ou en couple. Certain terriers sont occupés depuis des siècles. Prédateur opportunist et charognard. Se reproduit surtout les années d'abondance de lemmings, qui sont essentiels dans son régime alimentaire. Le années sans, il se rabat sur les campagnols boréaux ou sur le colonies de bernaches (*Branta* spp.) et autres Oiseaux nicheur de la toundra. Élevé pour sa fourrure dans divers pays (Canada Scandinavie, Russie). Peut être familier.

Renard de Blanford – *Vulpes cana*

TC : 40-50 cm, Q : 30-40 cm, Hg : 25-30 cm, Pp : 7-10 cm, Or : 7-9 cm, Cbl : 8-10 cm, P : 0,7-1,5 kg.

Description. Taille intermédiaire entre le Fennec et le Renar famélique, mais plus léger. Fourrure fine. Queue particuliè rement développée et touffue, généralement à pointe noire (e proportion, c'est le renard avec la plus longue queue). Pelag dorsal gris et blanc, teinté de roux, avec des marques sombres ligne dorsale, dos et bout de la queue, larmier de chaque côt du museau, parfois pattes. Pelage d'hiver doux et laineux, ave des poils de bourre noirs. Pelage ventral entre blanc à blanc roux. Museau fin et pointu. Molaires très pointues. Coussinet plantaires nus, adaptés aux rochers, griffes recourbées, semi rétractiles. Dans son allure, le plus félin des renards. • **Habita** Steppes et déserts montagneux en dessous de 2 000 m, talu rocheux. Très à l'aise dans les pierriers et les éboulis. Non limit par l'absence d'eau libre. Certaines populations du Proche- et d Moyen-Orient découvertes récemment. • **Biologie.** Nocturne très discret ou très rare. Vit en couple sur des domaines vitau qui semblent exclusifs et couvrent de 1 à 2 km^2 ; les animau peuvent se déplacer de plus de 10 km en une nuit. Ne creuse pa de terrier, utilise des abris rocheux. Très bon sauteur, grimp plus que ne court pour s'échapper dans son habitat rocheux. Sur tout insectivore (Coléoptères, Orthoptères et Hyménoptères) e frugivore, capture également de petits vertébrés.

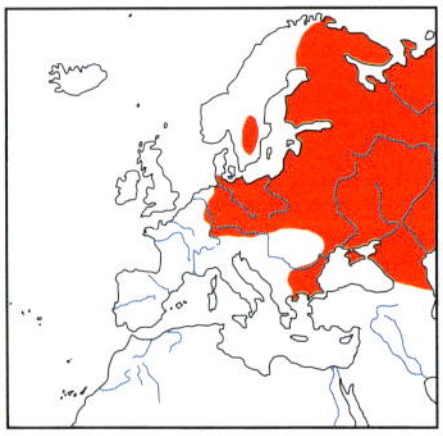

Nyctereutes procyonoides

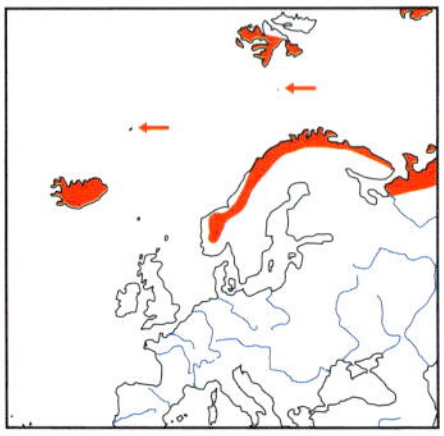

Vulpes lagopus

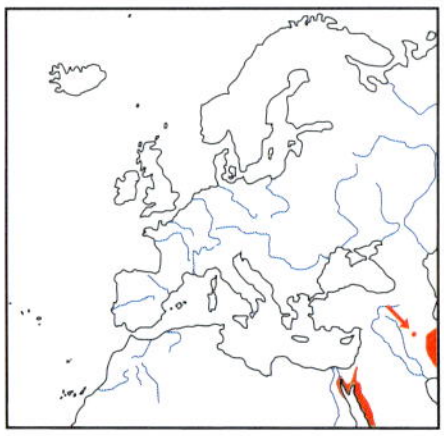

Vulpes cana

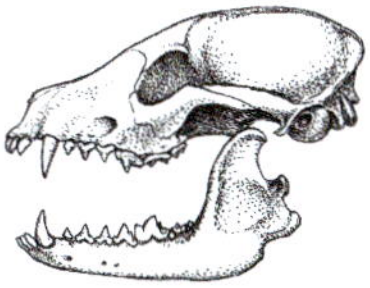

CHIEN VIVERRIN

forme bleue

été

RENARD
POLAIRE

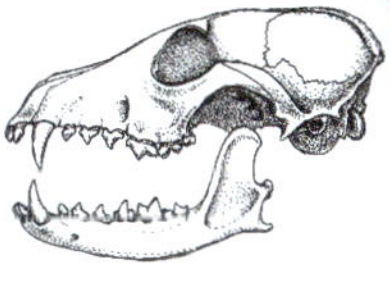

hiver

RENARD DE BLANFORD

Renard corsac – *Vulpes corsac*

TC : 50-60 cm, Q : 25-35 cm, Hg : 30-35 cm, Or : 6-7 cm, Cbl : 10-12 cm, P : 2-4 kg.

Description. Ressemble au Renard roux, mais proportions différentes. Plus haut sur pattes, pelage plus clair, plus uniforme. Oreilles très larges à la base, museau plus court. Queue relativement courte, touffue, à pointe sombre. Dos des oreilles ocre gris ou brun roussâtre. • **Habitat.** Steppes et paysages ouverts prédésertiques, évite les montagnes. • **Biologie.** Actif en début et fin de journée. Vit peut-être en groupes familiaux. Semble assez nomade. Habite des terriers de marmottes ou de blaireaux, creuse peu lui-même. Se nourrit de petits vertébrés, Rongeurs (sousliks), pikas, lézards, et d'Insectes.

Renard famélique – *Vulpes rueppellii*

TC : 40-48 cm, Q : 26-38 cm, Hg : ≈ 30 cm, Pp : 10-12 cm, Or : 8-12 cm, Cbl : 9,5-10,5 cm, P : 2-4,5 kg.

Description. Ressemble au Fennec en un peu plus grand et un peu plus fin. Élancé, oreilles longues et larges, face interne blanche, face externe de la couleur du dos. Pelage dorsal plus fin que celui du Renard roux, couleur sable, légèrement teinté de roux, plus clair sur les flancs. Pelage ventral blanchâtre. Queue très touffue à pointe blanche. Coussinets plantaires poilus. Larmiers noirs bien marqués, plus nets que chez les autres renards. • **Habitat.** Véritable renard des déserts de sable (petites dunes mais peu dans les ergs) ou de cailloux (regs, hamadas), mais aussi près des oasis. Absent où le Renard roux est présent (zones cultivées). Affectionne une végétation clairsemée composée de petits buissons dans les lits d'oueds. • **Biologie.** Surtout nocturne. Vit en couple, parfois des regroupements d'individus. Gîte dans un terrier. Peut expulser le contenu de ses glandes anales vers un prédateur. Se nourrit d'invertébrés (surtout Coléoptères et Orthoptères), de petits vertébrés, parfois de fruits (dattes), prédation occasionnelle de petit bétail et volaille. Peut survivre sans eau libre.

Renard roux – *Vulpes vulpes*

TC : 58-90 cm, Q : 32-49 cm, Hg : 35-40 cm, Pp : 12,5-18 cm, Or : 8-14 cm, Cbl : 13-16 cm, P : 3-11 kg.

Description. La plus grande espèce du genre. Ressemble à un petit chien, allongé, aux grandes oreilles et à longue queue touffue. Pelage dorsal, roux, est bien fourni en hiver (paraît alors bas sur pattes), plus léger l'été, il semble rêche comparé à celui des espèces déserticoles. Gorge et ventre blancs. Dos des oreilles et ba des pattes souvent noirs. Extrémité de la queue habituellemen blanche. Les renards roux prédésertiques sont plus petits et plu fins que les animaux boréaux, ont des oreilles plus grandes et u pelage plus clair et moins dense, surtout l'été. • **Habitat.** Occup tous les milieux, de la toundra au désert (à la faveur des oasis) Populations urbaines dans de nombreuses villes européennes Densités les plus élevées en zones agricoles riches et variées, d type bocage, avec lisières entre milieux différents. Suit volontier les installations humaines. Introduit sur les grandes îles méditerranéennes. • **Biologie.** Rencontré fréquemment de jour, surtou au printemps dans les prairies de fauche, où il chasse les campagnols avec un comportement très particulier : il « mulote ». Trè adaptable, de solitaire à groupe familial, selon le milieu et l disponibilité alimentaire. Groupes importants en zones urbaine riches en poubelles. Domaine vital de 0,5 à 10 km^2 selon l'accè aux ressources. Marquage par fèces dont l'aspect dépend d régime. Glapissements liés à la reproduction au tout début d l'année. Silencieux sinon. Carnivore opportuniste, consomm lapins, campagnols, Oiseaux nichant à terre, vers de terre, fruits déchets, placentas et cadavres en zone d'élevage, parfois Oiseau d'élevage. Cache les surplus avec une bonne mémoire pour le retrouver. A beaucoup souffert de la rage à la fin du XXe siècle e Europe, aujourd'hui maîtrisée grâce à la distribution de vacci consommables. La gale sarcoptique est un facteur de régulatio démographique dans certaines régions.

Fennec – *Vulpes zerda*

TC : 35-41 cm, Q : 18-30 cm, Hg : 19-21 cm, Pp : 10-11 cm, Or : 10-15 cm, Cbl : 8-9 cm, P : 1-1,5 kg.

Description. Le plus petit des renards, avec proportionnellemen les plus grandes oreilles. Museau très pointu, larmiers sombres Pelage dorsal épais très clair, fauve avec des nuances isabell ou grisâtre. Pelage ventral presque blanc. Queue très touffue pointe noire, tache noire dorsale à sa base. Coussinets plantaire poilus. • **Habitat.** Déserts de sable, ergs, petites dunes, plaquage sableux. Évite les grandes dunes proches du littoral. • **Biologie** Nocturne en été. Social, terrier assez profond creusé dans le sable vaste et complexe dans les sols compacts, simple dans le sable mou Prédateur opportuniste, se nourrit de petits animaux (scorpion Insectes, lézards, Oiseaux, Rongeurs) et de fruits et de racine Gratte pour déterrer proies ou racines. Peut vivre sans eau libre.

Vulpes corsac

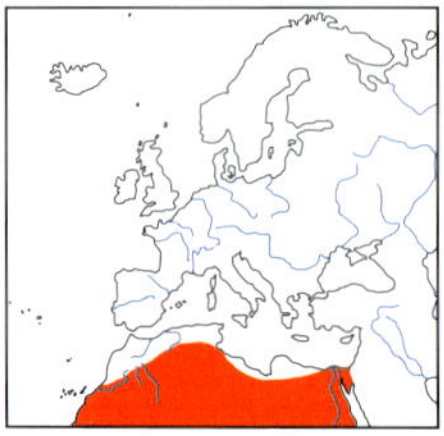

Vulpes rueppellii

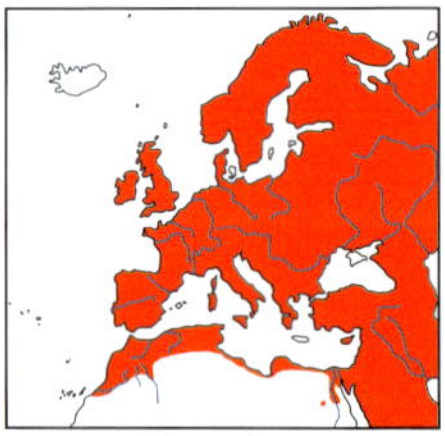

Vulpes vulpes

Vulpes zerda

RENARD CORSAC
RENARD FAMÉLIQUE
RENARD ROUX
forme désertique
forme « argentée »
d'élevage
FENNEC

Raton laveur – *Procyon lotor*

TC : 45-70 cm, Q : 20-26 cm, Hg : 30-35 cm, Pp : 10-12 cm, Or : 4,5-6 cm, Cbl : 9-12,5 cm, P : 8-10 kg.

Description. Silhouette assez ronde, arrière-train légèrement surélevé. Museau pointu, masque noir presque continu sur les yeux. Pelage gris-brun, queue touffue et annelée (4-6 anneaux noirs). 5 doigts, longs et libres, aux 4 pattes. 40 dents (3/3, 1/1, 4/4, 2/2). • **Habitat.** Zones boisées, près de l'eau (rivières, marais). Introduit d'Amérique du Nord pour la fourrure et comme mascotte ; arrivée accidentelle par conteneur également possible. Populations discontinues en Europe. • **Biologie.** Crépusculaire. Comportement social mais peu étudié en Europe. Gîte dans un terrier, un arbre creux. Volontiers arboricole, grimpe et nage. Peut rester plusieurs jours, voire plusieurs semaines en inactivité par grand froid. Éclectique, se nourrit de petites proies (Amphibiens, écrevisses), céréales, fruits, contenu des poubelles. Manipule ses aliments, très habile de ses mains.

Genre *Ursus*. Il regroupe certains des plus grands Carnivores actuels dont le régime alimentaire est parfois majoritairement végétarien. Animaux puissants, facilement identifiables, plantigrades, 5 doigts à longues griffes aux 4 pattes, queue très courte. Normalement 42 dents (3/3, 1/1, 4/4, 2/3). Les ♂♂ sont plus grands que les ♀♀. Les jeunes naissent à l'abri d'une tanière en hiver dans un état de développement très peu avancé (500-600 g) après une gestation de 200-260 jours. Portées de 1 à 3 oursons tous les 2-3 ans. En régression presque partout du fait de l'homme.

Ours brun – *Ursus arctos*

TC : 170-280 cm, Q : 6-21 cm, Hg : 90-110 cm, Pp : 13-30 cm, Or : 10-14 cm, Cbl : 29-34 cm, P : 100-300 kg (♂), 60-200 kg (♀).

Description. Silhouette massive caractéristique mais démarche légère. Oreilles rondes bien visibles, queue inapparente. Bosse au garrot. Pelage brun, aux nuances variables, parfois un collier clair chez les juvéniles. Griffes brun sombre à jaune ou blanc de 3 à 6 cm, plus longues aux pattes antérieures. • **Habitat.** Forêts de feuillus, mixtes, taïga et zones limitrophes, jusqu'à la toundra au nord et aux alpages en montagne. Occupait pratiquement toute la zone considérée aux temps historiques. Disparition ancienne d'Afrique du Nord. En régression presque partout, certaines populations au bord de l'extinction. Zones refuges en forêts de montagne à l'ouest (Cantabriques, Pyrénées, Alpes) et au sud (Abruzzes, Balkans, Turquie, Proche-Orient), dans la taïga à l'est. Renforcement de populations dans les Pyrénées (France, Espagne) et dans les Alpes occidentales (Italie) et centrales (Autriche). Recolonisation naturelle possible quand l'espèce est protégée et les habitats préservés. Observation d'une ♀ suitée fin 2016 au Liban. • **Biologie.** Nocturne du fait des activités humaines. Peut être très discret. Relativement solitaire et très grand domaine vital, 50 à 4 000 km^2. Assez peu d'agressivité entre animaux voisins. Inactif tout l'hiver (de novembre à mars, variable selon la latitude, l'altitude et les années) dans une tanière, mais « faux » hibernant. Se nourrit essentiellement de végétaux, racines, fruits, miel, champignons, mais aussi d'Insectes (il retourne les pierres ou creuse avec ses pattes), Rongeurs, cadavres d'ongulés, peut chasser. Hyperphagie avant l'hiver. Quelques dégâts en zone d'élevage extensif.

Ours polaire – *Ursus maritimus*

TC : 190-280 cm (♂), 170-250 cm (♀), Q : 8-10 cm, Hg : 120-140 cm, Pp : 30-37 cm, Or : 9-15 cm, Cbl : 33-40 cm, P : 300-800 kg (♂), 150-500 kg (♀).

Description. Allure ursine typique mais plus allongé que l'Ours brun, cou bien marqué, sans bosse sur le garrot. Oreilles relativement petites. Grosses pattes, griffes plus courtes et sombres. Pelage blanc à jaune sale, épais l'hiver. 38 à 42 dents selon le nombre de prémolaires. Hybridations naturelles possibles avec l'Ours brun. • **Habitat.** Rivages arctiques et banquise. Peut se rencontrer loin de toute côte : traces trouvées près du pôle sur la calotte glacière. Certains suivent les mouvements de la banquise ou dérivent sur des blocs de glace. Accidentel en Islande ou au nord de la Norvège. Le Spitzberg est le seul endroit de la zone considérée où il se reproduit régulièrement. • **Biologie.** Solitaire mais des rassemblements sont observés, autour d'une baleine échouée par exemple. Actif l'hiver sauf pendant des épisodes de très mauvais temps, seule la femelle s'abrite pour mettre bas dans un terrier recouvert de neige. Bon nageur. Le plus carnivore des ours. Chasse les phoques annelés et un peu les phoques du Groenland et les phoques barbus sur la banquise, en hiver et au printemps. Profite également des cadavres sur les plages en été, des baies en automne. L'été est plutôt une saison de jeûne quand les phoques sont en mer, hors de portée. Le réchauffement climatique est une réelle menace pour cette espèce en réduisant sa période d'alimentation.

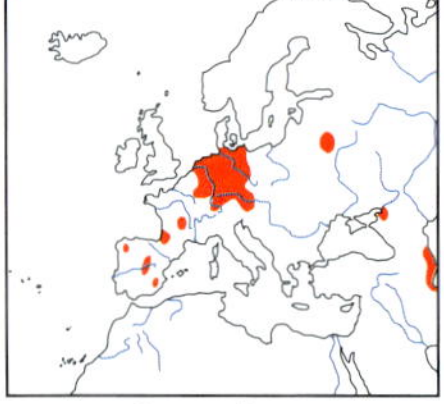

Procyon lotor

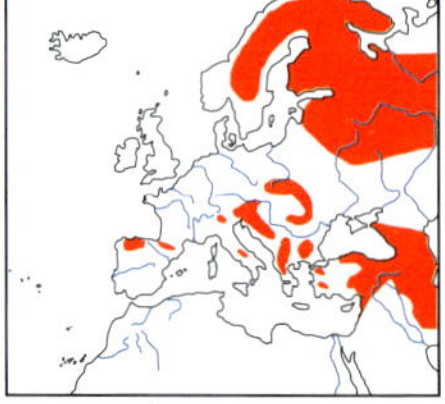

Ursus arctos

Ursus maritimus

RATON LAVEUR

OURS BRUN

OURS POLAIRE

Genre ***Mustela***. Ce sont de petits Carnivores, parmi les prédateurs les plus stricts, spécialisés dans la capture de Rongeurs pour quelques-uns. La silhouette typique est un corps souple et longiligne, des pattes courtes, une queue généralement développée. La fourrure, soyeuse et fournie, est souvent prisée. Ils possèdent 5 doigts aux 4 pattes et le plus souvent 34 dents (3/3, 1/1, 3/3, 1/2). Quatre sous-genres sont actuellement distingués dans la zone considérée : *Mustela* pour la Belette et l'Hermine, *Lutreola* pour le Vison d'Europe, *Kolonokus* pour le Putois de Sibérie et *Putorius* pour le Putois d'Europe (dont le Furet) et le Putois des steppes. Le Vison d'Amérique, introduit, est classé tantôt dans le sous-genre *Vison*, tantôt dans le genre *Neovison*.

Hermine – *Mustela erminea*

TC : 27-40 cm (♂), 19-25 cm (♀), Q : 17-20 cm, Pp : 3,5-5 cm, Or : 1,5-2,2 cm, Cbl : 3,5-5 cm, P : 100-450 g (♂), 50-280 g (♀). Dimorphisme sexuel net.

Description. Corps cylindrique, pattes courtes, queue proportionnellement assez longue avec pinceau terminal toujours noir. Pelage brun-roux sur le dos, blanc sur le ventre, avec une démarcation nette et rectiligne sur les flancs. Pelage entièrement blanc l'hiver dans les zones enneigées. Deux mues annuelles. • **Habitat.** Éclectique à partir du moment où elle peut chasser et s'abriter, toundra, prairies alpines, marais, forêts, cultures et haies, jusqu'à 3 000 m. Absente des habitats méditerranéens. • **Biologie.** Active toute l'année jour et nuit, alternant repos et phases actives. Gîtes sous des rochers, des racines d'arbres ou des terriers de Rongeurs. Grimpe assez bien. Territoriale. Carnivore strict, capture des Rongeurs, lapins, Oiseaux en proportions variables selon les régions. Les ♀♀ chassent des proies plus petites que les ♂♂ et peuvent plus facilement les poursuivre dans leurs terriers.

Belette d'Europe – *Mustela nivalis*

TC : 17-30 cm (♂), 14-25 cm (♀), Q : 3-13 cm, Pp : 3-3,5 cm (♂), 2,5-3 cm (♀), Or : 1-1,5 cm, Cbl : 3,5-4,5 cm, P : 54-200 g (♂), 35-130 g (♀). Cline de taille selon la latitude, les plus grandes étant les plus méridionales (nord de l'Afrique).

Description. Le plus petit carnivore, corps cylindrique, bas sur pattes. Grande variabilité des mensurations. Pelage dorsal brun-roux, ventre blanc ; démarcation rectiligne dans les populations scandinaves et méditerranéennes, irrégulière ailleurs en Europe. Tache brune sous l'angle de la commissure des lèvres. Doigts parfois blancs. Pelage entièrement blanc en hiver dans le nord de l'Europe. Queue assez courte, proportionnellement plus longue chez les populations méditerranéennes. Belettes du nord de l'Afrique plus lourdes (♂♂ jusqu'à 425 g), assez sombres, queue plutôt longue (¼ TC) avec souvent des poils brun sombre à l'extrémité. Plusieurs sous-espèces géographiques dont *M. n. nivalis*, la plus petite, nord de la Scandinavie et Russie, *M. n. vulgaris*, de taille intermédiaire, reste de l'Europe, *M. n. boccamela* en zone méditerranéenne et *M. n. numidica* au Maghreb. Populations égyptiennes (delta du Nil, Fayoum) considérées un temps comme une autre espèce (*Mustela subpalmata*), non confirmée par la génétique. • **Habitat.** Besoin de proies et d'abris. Utilise ceux de ses proies : terriers, nids, pierriers. Particulièrement abondante en milieu bocager, jusqu'à 3 000 m en montagne et dans des zones semi-désertiques vers l'Asie centrale. Statut à préciser au Proche-Orient : une donnée récente d'Israël (mont Tabor) et du Liban. Îles méditerranéennes (sauf Chypre, subfossile) et Açores. • **Biologie.** Active toute la journée et toute l'année, rythme lié à celui des campagnols. Territoriale. Carnivore strict, spécialisé dans la capture de campagnols, mais peut consommer d'autres petits vertébrés, des Insectes, des restes de cuisine (anthropophile en Égypte). Cycles de populations synchrones avec au moins deux portées les années riches en proies. Peut ne pas se reproduire les années pauvres en campagnols.

Putois de Sibérie – *Mustela sibirica*

TC : 27-40 cm (♂), 19-30 cm (♀), Q : 12-25 cm (♂), 7-13 cm (♀), Pp : 3,5-5 cm, Or : 2-3 cm, P : 400-1 200 g (♂), 145-550 g (♀). Dimorphisme sexuel.

Description. Ressemble un peu au Vison d'Europe, mais plus clair. Pelage dorsal brun-jaune, plus sombre en été qu'en hiver, pourtour du museau blanc, masque noir ou sombre autour des yeux, gorge claire et ventre plus pâle que le dos. Queue touffue surtout l'hiver, avec parfois une pointe sombre. Pelage d'été plus sombre et moins dense que celui d'hiver. • **Habitat.** Vallées et prairies humides, volontiers forestier, taïga. Parfois près des villages. Espèce de Sibérie et d'Asie en limite de répartition dans la zone considérée. • **Biologie.** Surtout nocturne et crépusculaire. Occupe d'anciens terriers de Rongeurs, des arbres creux ou des abris sous roches. Grimpe et nage. Territorial, mais pratiquerait des déplacements en cas de pénurie alimentaire. Régime carnivore : Rongeurs, pikas, Oiseaux, Amphibiens, poissons.

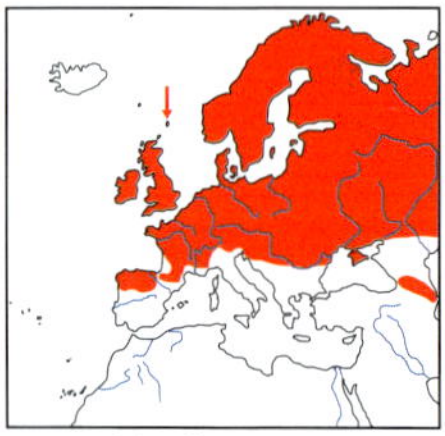

Mustela erminea

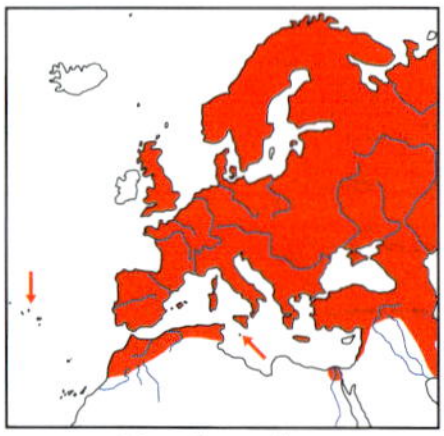

Mustela nivalis

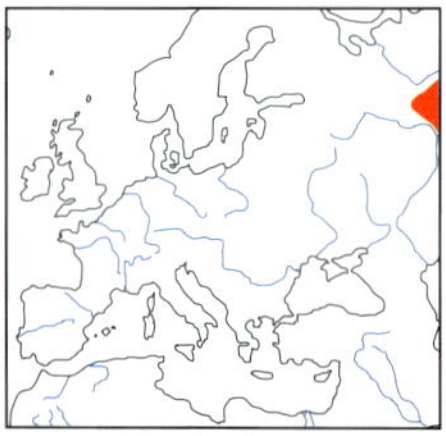

Mustela sibirica

mâle
femelle
HERMINE
pelage d'hiver
ELETTE D'EUROPE
sous-espèce *nivalis* été/hiver
PUTOIS DE SIBÉRIE

Putois des steppes – *Mustela eversmannii*

TC : 37-56 cm (♂), 29-52 cm (♀), Q : 10-18 cm, Pp : 4,5-6,5 cm, Or : 1,9-3,2 cm, Cbl : 5,5-7 cm, P : jusqu'à 2 050 g (♂), 1 350 g (♀).

Description. Allure générale du Putois d'Europe mais plus clair, avec un masque sombre sur le museau, reste de la tête pâle. Pelage jaune ou brun-jaune, variable, plus sombre sur le dos que sur le ventre. Poitrine, pattes, extrémité de la queue sombres. Flancs clairs. 28 à 38 dents (3/3, 1/1, 2-4/2-4, 1/1-2). • **Habitat.** Steppes, semi-déserts, prairies et espaces cultivés car lié aux Rongeurs des milieux ouverts. • **Biologie.** Nocturne. Solitaire. Pendant les phases d'activité, patrouille nerveusement son domaine vital, explorant pistes et terriers. S'installe dans un terrier de souslik, réaménagé. Peut se déplacer si les proies manquent ou deviennent inaccessibles (trop de neige). Chasseur actif de Rongeurs (marmottes, sousliks, hamsters, campagnols) et de pikas, Oiseaux, lézards et Insectes.

Putois d'Europe – *Mustela putorius*

TC : 30-46 cm (♂), 20-38 cm (♀), Q : 7-15 cm, Pp : 4,5-6,5 cm, Cbl : 6-7 cm, P : 500-1 500 g (♂), 400-800 g (♀).

Description. Pelage brun foncé, longs poils noirs, avec un masque facial, des taches blanches ou blanchâtres à la pointe des oreilles, sur le tour de la tête et autour de la truffe. Poils de bourre jaunâtres visibles sur les flancs. Queue entièrement noire. Oreilles dépassant le pelage. Risque de confusion avec les deux visons, notamment par l'existence d'individus mélaniques. Le Furet *(M. furo)* est la forme domestique du Putois. • **Habitat.** Zones boisées de plaine, prairies, friches et champs, souvent près de l'eau (bord de rivières et marais), parfois près des fermes, évite les zones urbaines. Le Putois cité du Maroc et d'Algérie est probablement le Furet (statut à préciser). Introduit sur quelques îles méditerranéennes en tant que Furet. En régression. • **Biologie.** Crépusculaire et nocturne. Solitaire. Marque son territoire avec la sécrétion de ses glandes anales. Domaine vital de 50 à 400 ha, plus grand chez les ♂♂ que chez les ♀♀. Prédateur actif de lapins de garenne, Rongeurs terrestres et amphibies, Oiseaux, grenouilles, crapauds (dont il retire la peau, toxique), invertébrés.

Vison d'Europe – *Mustela lutreola*

TC : 28-42 cm (♂), 31-40 cm (♀), Q : 9-20 cm, Pp : 5-6 cm, Cbl : 5,5-6,5 cm, P : 700-1 200 g (♂), 400-800 g (♀).

Description. Pelage dense brun foncé uniforme, à reflets roussâtres. Lèvres supérieure et inférieure d'un blanc pur ; le blanc, symétrique de chaque côté, ne dépasse pas la truffe. Poils de bourre brun-gris. Petites oreilles rondes qui dépassent à peine de la fourrure. Extrémité des pattes et de la queue presque noire. Semi-palmure aux pattes postérieures. • **Habitat.** Zones humides, landes inondables, marais, rives des étangs et des lacs, bords des rivières, en plaine. En forte régression, carte en partie historique. Au XIXe siècle, occupait la moitié ouest de la France, l'Europe centrale et orientale jusqu'en Russie. Aujourd'hui, quelques noyaux de populations isolées. Semble en expansion en Espagne où il serait arrivé vers 1950. • **Biologie.** Crépusculaire et nocturne. Solitaire. Bien qu'inféodé aux zones humides, le Vison d'Europe a peu d'adaptations particulières au milieu aquatique. Gîte dans la végétation ou dans un terrier près de l'eau. Grand domaine vital (5 à 15 km de rivière). Prédateur opportuniste, chasse des Amphibiens, Oiseaux d'eau, petits Mammifères, poissons et écrevisses selon leur disponibilité et les saisons. Concurrencé par le Vison d'Amérique, mais son déclin reste largement inexpliqué. Facteurs de mortalité identifiés : prédation, destructions accidentelles, collisions routières, empoisonnements secondaires, pathogènes.

Vison d'Amérique – *Mustela vison*

TC : 32-47 cm (♂), 32-37 cm (♀), Q : 13-23 cm, Pp : 5,4-6,8 cm, Or : 1,9-2,9 cm, Cbl : 6-7 cm, P : 800-1 800 g (♂), 450 -1 000 g (♀).

Description. Plus grand et plus lourd que le Vison d'Europe. Pelage presque noir, lustré, très fourni. Plage blanche le plus souvent limitée au menton, non symétrique quand, rare, elle est présente sur la lèvre supérieure. Truffe souvent rose. Semi-palmure aux pattes postérieures. • **Habitat.** Zones humides, marais, bord des cours d'eau, des étangs, des lacs, côtes marines. Parfois à plusieurs kilomètres de l'eau. Originaire d'Amérique du Nord, échappé de captivité (fermes d'élevage pour la fourrure) dans de nombreuses régions d'Europe (carte indicative). Semble régresser en Islande. • **Biologie.** Crépusculaire et nocturne. Solitaire et territorial. Domaine vital linéaire le long d'un cours d'eau, de 1 à 6 km, ou surface d'environ 10 ha pour un marais. Nage et plonge bien. Carnivore, chasse des proies trouvées au bord de l'eau : Rongeurs, Oiseaux, Amphibiens, écrevisses. Prédateur du Rat musqué en Amérique du Nord.

Mustela eversmannii

Mustela putorius

Mustela lutreola

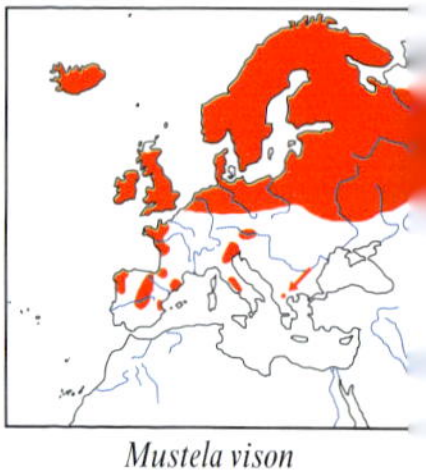

Mustela vison

PUTOIS DES STEPPES
PUTOIS D'EUROPE
mâle hiver
femelle été
VISON D'EUROPE
VISON D'AMÉRIQUE

Zorille – *Poecilictis libyca*

TC : 22-30 cm, Q : 10-19 cm, Hg : 6-9 cm, Pp : 3,9-4 cm, Or : 1,7-2 cm, Cbl : 4,6-5 cm, P : 250-750 g.

Description. Petit Carnivore noir et blanc, avec de courts poils de bourre noirs et de longs poils de jarre blancs érectiles et 4 à 5 fines rayures noires sur le dos. Masque noir sur les yeux et les joues, menton blanc, bande frontale, ventre et pattes noirs. Chaque individu est reconnaissable à son patron de coloration. Queue relativement touffue, blanche avec l'extrémité noire ou blanche selon les populations. Dessous des pattes poilu. Crâne aux bulles tympaniques développées. 34 dents (3/3, 1/1, 3/3, 1/2). • **Habitat.** Montagnes, éboulis rocheux, steppes prédésertiques avec du sable et un peu de végétation, aussi dans le désert, les zones cultivées et les dunes côtières des marges du Sahara. • **Biologie.** Nocturne et crépusculaire. Solitaire, contact entre sexes pour l'accouplement. Se déplace en sautillant, le dos voûté, la queue verticale, peut grimper aux arbres. Plutôt lent, a peu tendance à fuir. Menacé, il grogne, se retourne, agite la queue et peut envoyer le contenu de ses glandes anales, liquide d'une odeur insupportable. Gîte dans un terrier qu'il creuse ou sous des blocs rocheux, occupe parfois le terrier d'une autre espèce. Se nourrit surtout de Rongeurs (gerbilles, gerboises, etc.), mais aussi d'Insectes, en particulier les larves de Coléoptères, de lézards, serpents, œufs d'Oiseaux, autres invertébrés. Ne semble pas consommer d'éléments végétaux.

Putois marbré – *Vormela peregusna*

TC : 29-38 cm, Q : 15-22 cm, Hg : 5-7 cm, Pp : 3-4,5 cm, Or : 1,7-2,7 cm, Cbl : 4,5-5,5 cm, P : 400-700 g.

Description. Ressemble au Putois d'Europe mais un peu plus petit, griffes plus longues et coloration bigarrée sur le dessus. Fond du pelage brun-rouge tacheté de blanc ou de jaune, queue couverte de poils noirs et blancs, très touffue, noire à la pointe. Ventre et masque facial brun foncé, menton et pointe du museau blancs. Oreilles larges. 32-34 dents (3/2-3, 1/1, 3/3, 1/2). • **Habitat.** Steppes et autres milieux ouverts et secs, aussi dans les zones rocheuses et forêts sèches, voire dans les déserts et à proximité des installations humaines. • **Biologie.** Le plus souvent nocturne et crépusculaire. Solitaire. Domaine vital d'environ 0,5 km². Peut se déplacer de 1 km par nuit. Bon fouisseur, change souvent d'abri au sein de son domaine, occupant aussi le terrier de Rongeurs, sousliks et Gerbillinés. Terrestre mais peut grimper. Peut se tenir debout sur ses pattes postérieures. Face à un danger, il jette la tête en arrière, montre les dents, hérisse ses poils et rabat sa queue sur son dos ; il peut ensuite projeter le contenu de ses glandes anales. Réputé tenir tête à une hyène et la faire reculer. Carnivore, chasse des Rongeurs (gerbilles, sousliks, spalax, hamsters, mériones) et d'autres petites proies comme des lézards et invertébrés (Insectes, escargots). Consomme également des fruits et autres éléments végétaux.

Glouton – *Gulo gulo*

TC : 65-100 cm, Q : 17-26 cm, Hg : 40-45 cm, Pp : 14-18 cm, Or : 4,5-5,5 cm, Cbl : 13-14 cm, P : 7-25 kg. Les ♀♀ mesurent en moyenne 10 % de moins que les ♂♂ et pèsent 30 % de moins.

Description. Le plus grand des Mustélidés du Paléarctique occidental. Silhouette assez caractéristique, trapue, puissante, avec une queue assez longue. Évoque un petit ours mais avec une queue ou une très grosse martre sans tache claire sur la gorge. Pelage brun foncé, long et dense, réputé bien résister au froid, avec une ligne plus claire le long des flancs jusqu'à la base de la queue et sur la tête entre les yeux et les oreilles. Petites oreilles arrondies. Comme chez les espèces du genre *Martes*, une glande abdominale, plus bas que l'ombilic, sur l'axe ventral médian chez les deux sexes. Plantigrade, 5 doigts à chaque patte, dessous des pieds couverts de poils en hiver ; longues griffes. Crâne très robuste avec forte crête sagittale. 38 dents (3/3, 1/1, 4/4, 1/2). Dents puissantes, carnassières très grandes. • **Habitat.** Forêts boréales (taïga et forêts de montagne) en hiver, toundra en été dans des régions peu anthropisées. Rare, cette espèce bénéficie d'un plan de conservation en Scandinavie. • **Biologie.** Actif jour et nuit, en particulier pendant l'été boréal. Très faible densité liée à des domaines vitaux de très grande surface, de 100 à 2 000 km². Solitaire. Gîtes dans une cavité, le terrier d'une autre espèce, sous des rochers ou un arbre couché. Mise bas au fond d'une tanière à la fin de l'hiver. Grimpe et nage bien. Carnivore, chasse des proies grandes et petites mais consomme aussi des ongulés, principalement l'hiver. Le Renne, domestique ou sauvage, est sa principale nourriture en hiver, ce qui explique une partie de sa mauvaise réputation. Il s'enfonce moins dans la neige poudreuse que les rennes et peut alors les capturer. En été, ajoute des fruits à son alimentation carnée. Cache une partie de sa nourriture.

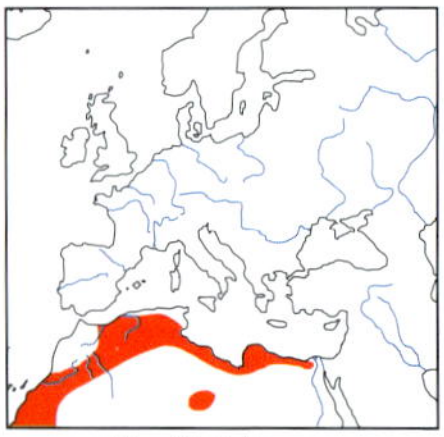

Poecilictis libyca

Vormela peregusna

Gulo gulo

ZORILLE

PUTOIS MARBRÉ

GLOUTON

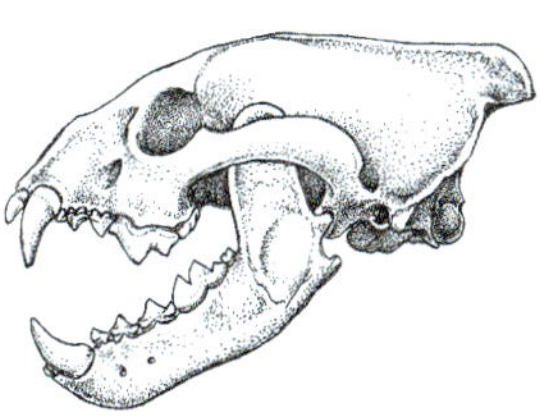

Genre *Martes*. Il regroupe une demi-douzaine d'espèces de Mustélidés volontiers arboricoles et dotées d'une belle fourrure. Presque toutes ont une tache claire ou colorée sous le menton et sur la gorge, 5 doigts aux 4 pattes et griffes non rétractiles. En plus des glandes anales, elles possèdent une glande abdominale sur l'axe ventral médian, plus bas que l'ombilic, visible chez les deux sexes. 38 dents (3/3, 1/1, 4/4, 1/2). Les *Martes* habitent l'hémisphère Nord, des forêts boréales aux forêts tropicales. La reproduction est à implantation différée, avec des accouplements en juillet-août, pour des naissances en mars-avril ; la gestation « vraie » dure environ 2 mois. Une portée par an de 3 jeunes en moyenne.

Fouine – *Martes foina*

TC : 40-54 cm, Q : 20-30 cm, Hg : 12 cm, Pp : 8-9 cm, Or : 3-4,7 cm, Cbl : 7-8,5 cm, P : 1 100-2 300 g.

Description. Carnivore de taille moyenne, plus bas sur pattes que la Martre. Pelage brun-gris (poils de bourre plus clairs que les poils de jarre), moyennement dense. Oreilles assez courtes, tête plutôt large et arrondie, truffe gris rosé. Tache blanche sur la gorge se séparant en deux vers le haut des pattes antérieures (bavette jaune non divisée chez *M. martes*), dessin de la tache variable, propre à chaque individu, sans réduction notable en Crète. Queue touffue. Pattes et queue plus foncées que le corps. Callosités plantaires nues. Bord externe de P^3 convexe. Protocône de P^4 réduit. Chez le ♂, le baculum dépasse 60 mm. Risque de confusion avec la Martre. • **Habitat.** Paysages relativement ouverts, rocheux, montagnes, aussi zones boisées (chênaies), régions agricoles. Devenue périurbaine en Europe, présente dans les villes et villages. Jusqu'à 2 400 m dans les Alpes et 4 000 m en Asie Mineure. Présente à Corfou, en Crète, à Rhodes et diverses petites îles grecques. Anciennement à Ibiza (Baléares). • **Biologie.** Nocturne et crépusculaire. Plus terrestre que la Martre. Gîtes sous les rochers, des éboulis, des trous d'arbres, des terriers abandonnés ou dans les bâtiments. Peut poser quelques soucis de cohabitation en ville. Domaine vital de 12 à 210 ha. Très opportuniste, se nourrit de petites proies (Rongeurs, musaraignes, Oiseaux), d'œufs, de fruits en été et en automne et de restes d'alimentation humaine. Utilise des crottoirs.

Martre des pins – *Martes martes*

TC : 48-56 cm (♂), 36-45 cm (♀), Q : 17-28 cm, Hg : 15 cm, Pp : 8,5-9,5 cm, Or : 5 cm, Cbl : 7,5-9 cm, P : 600-2 200 g (♂), 500-1 200 g (♀).

Description. Carnivore de taille moyenne, plus haut sur pattes que la Fouine. Pelage brun, assez dense, oreilles relativement grandes, souvent avec une bordure claire. Tête un peu allongée, truffe noire. Tache jaune arrondie sur la gorge (bavette blanche bifide chez *M. foina*). Queue touffue. Callosités plantaires dissimulées sous les poils interdigitaux. Bord externe de P^3 concave. Protocône de P^4 développé. Chez le ♂, le baculum ne dépasse pas 46 mm. • **Habitat.** Typiquement forêts de résineux, de feuillus ou mixtes. Jusqu'à la limite des arbres en montagne. Présente aux Baléares (Majorque et Minorque), en Sicile et Sardaigne, mais pas en Corse. • **Biologie.** Nocturne et crépusculaire, discrète. Gîte volontiers dans les arbres (arbre creux, nid d'Oiseau ou d'écureuil). Le plus souvent à l'écart des constructions. Domaine vital jusqu'à 80 km². Très à l'aise dans les arbres mais chasse aussi à terre. Opportuniste, se nourrit de petits Rongeurs, musaraignes, Oiseaux, Amphibiens, Insectes, fruits, cadavres.

Ratel – *Mellivora capensis*

TC : 50-77 cm, Q : 15-30 cm, Hg : 23-28 cm, Pp : 7,8-10,8 cm, Or : 2,7-3,5 cm, Cbl : 11,5-12,5 cm, P : 7-16 kg. ♂♂ 1/3 plus lourds que ♀♀.

Description. Allure lourde et massive de blaireau bicolore, le plus souvent blanc grisâtre dessus, du front jusqu'à la base de la queue, brun très sombre ou noir sur les flancs et le ventre au nord du Sahara et au Proche-Orient. Pelage rêche, peau épaisse et lâche. Queue courte, souvent dressée. Grosse tête, large museau. Petites oreilles pratiquement sans pavillon. Membres courts, 5 doigts aux 4 pattes, fortes griffes aux antérieures (3-4 cm). Crâne robuste sans crête sagittale. 32 dents (3/3, 1/1, 3/3, 1/1). Glandes anales produisant une sécrétion nauséabonde. • **Habitat.** Du désert aux boisements clairs, de la côte aux versants des montagnes jusqu'à 3 000 m. En Afrique du Nord, plutôt dans les milieux ouverts (regs, hamadas). Au Proche et Moyen-Orient, occupe même des terrains très arides. • **Biologie.** Surtout crépusculaire et nocturne. Système social mal connu, observé souvent solitaire ou en couple. S'abrite dans un terrier qu'il creuse jusqu'à 1 m de profondeur. Peut parcourir plus de 30 km en une nuit. Grimpe bien aux arbres. Opportuniste, se nourrit de petits Mammifères, Oiseaux, serpents, lézards, poissons, Arthropodes (larves de Coléoptères, etc.), racines et fruits. Particulièrement habile à ouvrir les ruches, le miel et les larves constituant des aliments appréciés.

Martes foina

Martes martes

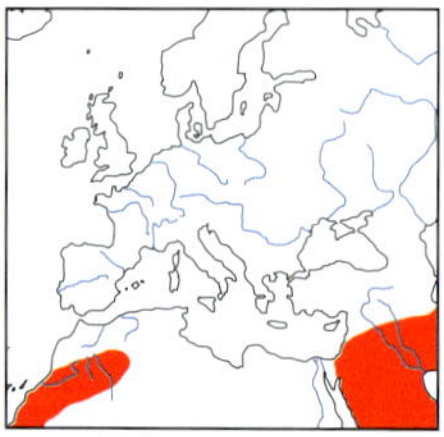
Mellivora capensis

FOUINE

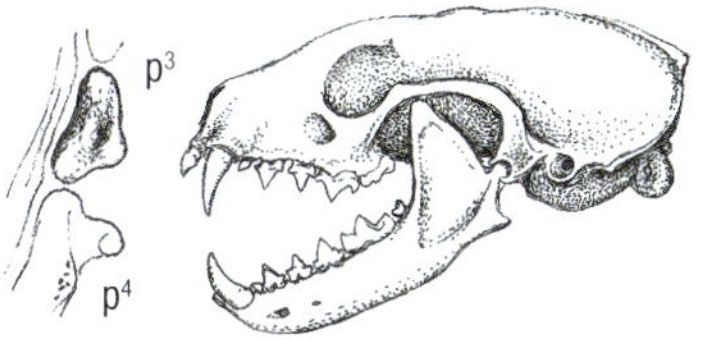

MARTRE DES PINS

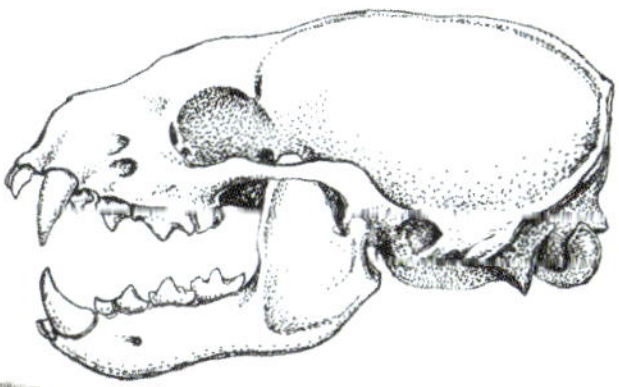

RATEL

Blaireau européen – *Meles meles*

TC : 56-89 cm, Q : 11-20 cm, Hg : 30 cm, Pp : 9-11 cm, Or : 3-5,5 cm, Cbl : 11-13 cm, P : 8-20 kg. ♂♂ en moyenne plus grands et lourds que ♀♀. Variations pondérales saisonnières, minimum printanier et maximum automnal.

Description. Allure massive de petit ours bas sur pattes, à dos arrondi, tête allongée, queue courte, touffue, blanche au bout. Marques noires symétriques le long de la tête, du museau aux oreilles, passant sur les yeux. Bord des oreilles et reste de la tête blanc. Pelage gris sur le dos, noir sur la gorge, le ventre et les pattes. 5 doigts aux 4 pattes, fortes griffes aux antérieures. Crâne avec crête sagittale se développant avec l'âge. Mandibule solidaire du crâne au niveau de la gouttière articulaire. 34-38 dents (3/3, 1/1, 3-4/3-4, 1/2), P1 absente ou vestigiale, molaires plates. Au Proche-Orient, l'espèce serait *M. canescens*. • **Habitat.** Forêts de feuillus, mixtes et boréales, en montagne sous la limite des arbres. Également biotopes méditerranéens, steppes, zones agricoles. Abondant dans les paysages en mosaïque avec bois et prairies. Présent en Crète, à Rhodes et dans quelques îles égéennes. • **Biologie.** Crépusculaire et nocturne. Vit en clans familiaux autour de grands terriers sans cesse aménagés. Également chaos rocheux. Solitaire en cas de ressources limitées. Indices de présence proches du terrier et sur le territoire (griffades, pots, pistes). Baisse d'activité hivernale selon la température mais pas d'hibernation. Omnivore, consomme vers de terre, Amphibiens et Rongeurs, Insectes et végétaux (céréales, fruits) selon les régions.

Blaireau asiatique – *Meles leucurus*

TC : 50-70 cm, Q : 13-20 cm, P : 3,5-9 kg.

Description. Plus petit que le Blaireau européen. Marques noires sur la tête plus fines, plus courtes. 34 dents (3/3, 1/1, 3/3, 1/2). • **Habitat.** Remplace le précédent à l'est de la Volga, depuis le nord de la mer Caspienne (Russie, Kazakhstan). • **Biologie.** Mal connue, peu étudiée.

Genres ***Lutra*** et ***Lutrogale***. Les loutres sont des Mustélidés d'assez grande taille, adaptés à la vie amphibie. Leur silhouette allongée est puissante, en particulier au niveau de la base de la queue. Leur pelage est dense, leurs pattes parfois palmées (5 doigts aux 4 pattes). 36 dents (3/3, 1/1, 4/3, 1/2) avec des variations possibles au niveau des premières prémolaires.

Loutre d'Europe – *Lutra lutra*

TC : 60-90 cm (♂), 59-70 cm (♀), Q : 36-47 cm (♂), 35-42 cm (♀), Hg : 30 cm, Pp : 11-13,5 cm, Or : 2-3 cm, Cbl : 10,5-12,5 cm, P : 6-17 kg (♂), 5-12 kg (♀).

Description. Silhouette hydrodynamique, pattes courtes, queue longue et puissante, épaisse à la base. Narines, yeux et petites oreilles alignés sur le dessus de la tête. Museau large avec longues vibrisses. Front terminé par un léger angle au niveau du rhinarium. Pelage brun foncé uniforme, dense, soyeux, un peu plus clair sur le ventre ; parfois petites taches blanches sur le menton et le cou. Les pattes palmées laissent des empreintes caractéristiques. • **Habitat.** Rivières, estuaires, marais, lacs, étangs, bord de mer, cours d'eau temporaires dans les zones semi-désertiques. Présente sur de nombreuses îles atlantiques. En Méditerranée, Corfou, Eubée et Chios (Grèce). Occupait naturellement presque toute la zone considérée, à l'exception des déserts. Forte régression mais quelques reconquêtes locales. • **Biologie.** Crépusculaire et nocturne, très discrète. Nage sans bruit et sans effort apparent. Journée dans une catiche (abri spécifique de la Loutre). Territoriale et solitaire. Domaine vital linéaire le long des cours d'eau ou en bord de mer, polygonal autour des étangs. Principalement ichtyophage, capture également Rongeurs, Oiseaux d'eau, Amphibiens et écrevisses. Dans certaines régions, les écrevisses américaines importées sont la base de son alimentation.

Loutre indienne – *Lutrogale perspicillata*

TC : 62-79 cm, Q : 37-50 cm, Pp : 11-15 cm, Or : 2,3-2,6 cm, Cbl : 10,7-12,8 cm, P : 7-11,5 kg.

Description. Ressemble à la Loutre d'Europe. Museau plus court, rectiligne de profil au niveau du rhinarium. Pelage brun foncé à brun clair, court, très doux, la population irakienne est très sombre (localement appelée « loutre noire ») avec la gorge gris métallique. Queue presque triangulaire de section avec carènes latérales en partie postérieure. Dernière phalange des doigts libre de la palmure. Griffes courtes. Dents plus grandes et plus aplaties que celles de *L. lutra*. • **Habitat.** Fleuves de plaine, estuaires, marais, roselières, mangroves, bords de mer. La population dans les marais du sud de l'Irak est isolée. • **Biologie**. Pas de travaux en nature sur cette population découverte au milieu du XXe siècle, les données proviennent des populations orientales. Groupes familiaux. Semble capable de creuser sa propre catiche. Se nourrit de poissons, Amphibiens et invertébrés (crabes, écrevisses, Annélides) ; ne semble pas rechercher les Mammifères, ni les Oiseaux.

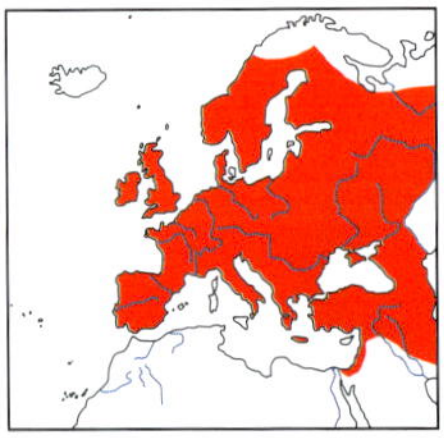

Meles meles

Meles leucurus

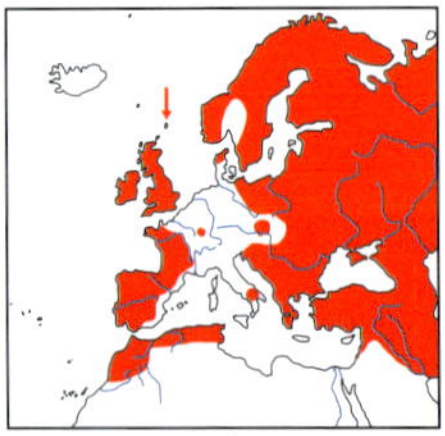

Lutra lutra

Lutra perspicillata

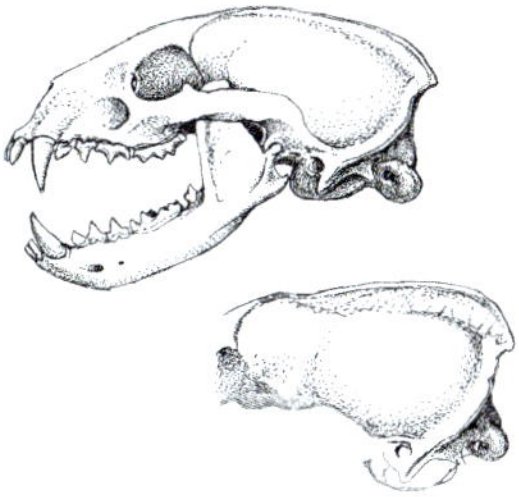

mâle

BLAIREAU EUROPÉEN

BLAIREAU ASIATIQUE

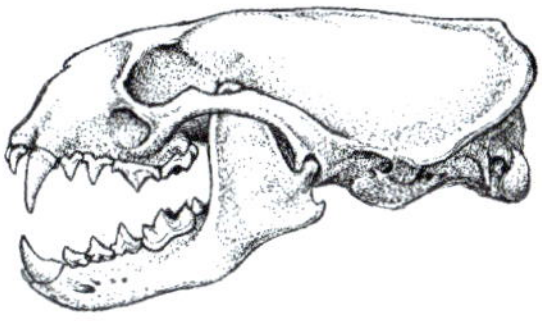

LOUTRE D’EUROPE

LOUTRE INDIENNE

Morse – *Odobenus rosmarus*

TC : 280-360 cm (♂), 230-310 cm (♀), Hg : ≈ 100 cm, Cbl : 26-31 cm, P : 800-2 000 kg (♂), 700-1 000 kg (♀).

Description. Silhouette caractéristique et adaptée à la vie aquatique. Ni pavillon auriculaire ni queue visibles. Gros animal à la peau plissée, souvent avec cicatrices et nodules chez le ♂. Presque blanc après une plongée en eau froide (vasoconstriction périphérique), brun rosé exposé au soleil. Peu de poils chez les ♂♂, pelage brun cannelle chez les ♀♀. Pelage brun-gris, parfois sombre chez le jeune. Petite tête avec museau plat devant et moustachu. Peut se tenir debout sur ses pattes antérieures repliées et marcher comme les otaries. 18 dents (1/0, 1/1, 3/3, 0/0). Les adultes portent de longues défenses (canines supérieures). • **Habitat.** Glaces flottantes et rivages de l'océan Glacial arctique. Au bord de la banquise en hiver, estive sur certaines plages recherchées. Présent depuis la terre de François-Joseph, le Spitzberg, la mer de Barents, jusqu'entre le Groenland et l'Islande. Quelques observations accidentelles dans le golfe de Gascogne (France, Espagne). • **Biologie.** Plutôt diurne, mais actif durant la nuit polaire. Grégaire et migrateur, suit le mouvement des glaces. Les défenses servent aux combats intraspécifiques et à s'accrocher à la glace. Statut social établi au sein des groupes. Plonge par 10 à 50 m de profondeur pendant 10 minutes en moyenne pour chercher Mollusques, Crustacés, Échinodermes sur le fond. Repère sa nourriture grâce à ses moustaches (vibrisses) puis l'aspire. Certains individus consomment de jeunes phoques.

Phoque barbu – *Erignathus barbatus*

TC : 220-250 cm, Cbl : 20-24 cm, P : 200-360 kg. ♀♀ légèrement plus grandes que ♂♂.

Description. Gros phoque de l'Arctique à grandes moustaches blanches à la lèvre supérieure, qui frisent en séchant. La tête paraît petite par rapport au corps. Pelage gris légèrement tacheté de noir, un peu plus clair dessous. La couleur apparente du pelage change si l'animal est sec ou mouillé, comme pour tous les phoques. Autour de la Norvège et du Spitzberg, tête et nageoires antérieures souvent colorées de rouille par des oxydes de fer, sans doute liés aux monosulfites de fer présents dans les sédiments où il cherche sa nourriture. Pattes antérieures assez courtes et carrées avec les 5 doigts de la même taille. Griffes moyennement développées mais robustes. Seul phoque nord-atlantique dont la ♀ possède 4 mamelles (2 chez les autres phoques). Nouveau-né gris bleuté (lanugo blanc perdu avant la naissance), marques claires sur les joues et autour des yeux, ligne sombre du front au nez. 26-38 dents (2-3/1-2, 1/1, 4/4, 0-2/0-2), réduites et espacées en arrière de la canine, souvent absente chez les vieux individus. • **Habitat.** Eaux peu profondes, glaces flottantes, bord de la banquise, rarement à terre. Circumpolaire, au sud de 80° N : Spitzberg, nord de la Norvège, nord de l'Islande. Quelques erratiques plus au sud (péninsule Ibérique, France, Écosse). • **Biologie.** Peu grégaire, sauf pendant la mue au printemps ou en été. Non migrateur. Plonge entre 50 et 80 m pendant 10 à 20 minutes en moyenne pour collecter Mollusques bivalves benthiques, Crustacés, oursins et poissons. Entretient 2 ou 3 trous dans la glace avec ses griffes en hiver.

Phoque gris – *Halichoerus grypus*

TC : 210-330 cm (♂), 200-250 cm (♀), Cbl : 24-27 cm, P : 170-315 kg (♂), 105-186 kg (♀). Plus grand dimorphisme sexuel des phoques nord-atlantiques.

Description. Phoque de grande taille. Profil de la tête droit, du front au museau. Pelage gris, plus foncé chez les ♂♂, avec des taches claires sur fond foncé (taches foncées sur fond clair pour les ♀♀). Tête, nez et encolure plus massifs chez les ♂♂. Narines écartées, verticales et parallèles. Le nouveau-né est couvert d'un lanugo blanc à la naissance ; mue vers 3 semaines, au moment du sevrage. 34-36 dents (3/2, 1/1, 6-5/5). • **Habitat.** Côtier, rivages rocheux, mais aussi estuaires, plages de sable. Petites colonies reproductrices jusqu'en Bretagne (France), individus erratiques jusqu'au Portugal. • **Biologie.** Actif nuit et jour sur les sites de reproduction. Repos diurne à marée basse. Grégaire et colonial. Harem à l'époque de la reproduction, les ♂♂ se battent pour défendre un morceau de rivage. Mise bas en automne et en hiver au-dessus du niveau des marées hautes, parfois sur la glace. Saison propre à chaque colonie. Les accouplements suivent de peu les naissances. Plonge entre 20 et 30 m pendant 2 à 3 minutes en moyenne et pêche des poissons et Céphalopodes à marée haute près des côtes ; les jeunes capturent crabes et crevettes. Contrôle de la population au nord de l'Écosse lié à la consommation de Saumon atlantique *(Salmo salar)*, à la concurrence supposée avec les pêcheries et au rôle de réservoir d'un ver nématode *(Terranova decipiens)*, parasite de la Morue *(Gadus morhua)*.

Odobenus rosmarus

Erignathus barbatus

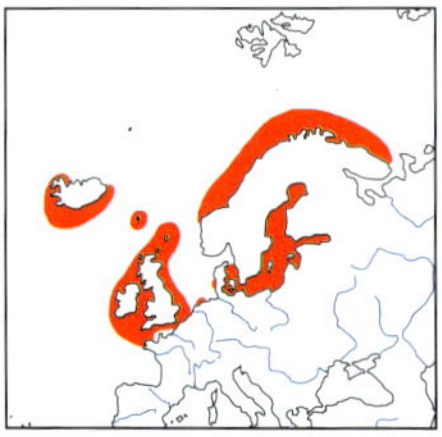

Halichoerus grypus

MORSE
PHOQUE BARBU
immature
immature
PHOQUE GRIS
femelle
mâle

Phoque veau marin – *Phoca vitulina*

TC : 130-190 cm (♂), 120-160 cm (♀), Cbl : 19-25 cm, P : 80-120 kg (♂), 45-80 kg (♀).

Description. Phoque de taille moyenne, de forme arrondie, au pelage gris, parfois argenté, semé de taches noires ou gris-brun avec des marques claires. Narines rapprochées à la base, en forme de V. Petite queue aplatie en spatule. Adopte souvent une forme arquée « en banane » au repos. Nouveau-né gris (lanugo blanc perdu avant la naissance). 34 dents (3/2, 1/1, 5/5), dents jugales, plus longues que larges (sauf la première), à 3 pointes. • **Habitat.** Côtier, plages de sable, estuaires, vasières, îles basses, bancs découvrant à marée basse, parfois côtes rocheuses ou sur la glace. Parfois en eau douce. À marée haute fréquente surtout des eaux peu profondes. Circumboréal, petites populations reproductrices jusque sur les côtes sud de la Manche (France). Animaux erratiques le long des côtes de la péninsule Ibérique. • **Biologie.** Grégaire à terre, parfois avec des phoques gris, en troupeaux comptant jusqu'à 1 000 sujets, sans relations sociales. Se repose mais reste très vigilant à marée basse, pêche à marée haute. Né à marée basse, le jeune (8-12 kg) doit nager dès la marée montante, il est alors très sensible au dérangement. Accouplements quelques semaines après les naissances, les ♂♂ « marsouinent » devant les ♀♀. Le moins bruyant des phoques, émet de brefs aboiements. En moyenne, plonge entre 20 et 90 m durant 3 à 7 minutes, capture poissons, Céphalopodes et Crustacés. Vient parfois à la surface consommer un poisson après l'y avoir secoué pour le vider. Les jeunes capturent des crevettes. En 1988 et en 2002, une épizootie virale *(Morbillivirus)* a éliminé près des deux tiers des phoques veaux marins des eaux européennes. Les populations ont rapidement récupéré leurs effectifs.

Phoque du Groenland – *Pagophilus groenlandicus*

TC : 160-170 cm, Cbl : 19-23 cm, P : 100-150 kg. ♂♂ un peu plus gros que ♀♀.

Description. Phoque de taille moyenne, noir et blanc en pelage adulte. Marque noire en forme de selle ou de U sur le dos. Tête relativement petite, noire chez les adultes. Reste du pelage blanc avec de petites taches sombres. Queue courte et aplatie dorso-ventralement. Nouveau-né blanc, appelé blanchon. Juvénile gris argenté clair tacheté de noir après la première mue vers 1 mois. Le pelage adulte arrive peu à peu au-delà de 4 ans, après chaque mue, plus vite chez les ♂♂. Griffes bien développées aux pattes antérieures. 26-32 dents (2-3/1-2, 1/1, 4/4, 0-2/0-2). • **Habitat.** Dans l'eau la plupart du temps. Banquise du nord de l'océan Atlantique et de l'océan Glacial arctique pour la reproduction et la mue. Dans la zone considérée, deux zones de reproduction : mer Blanche (Russie) et îles Jan Mayen, au nord de l'Islande. Erratiques jusqu'en péninsule Ibérique. Observations inhabituelles jusque dans la Manche en 1987 avant la première épizootie chez les phoques veaux marins. • **Biologie.** Lié au mouvement de la banquise. Grégaire lors de la reproduction, regroupements de plusieurs milliers, sans relations sociales hors lien mère-jeune. Accouplements peu après les naissances en février-mars, dans l'eau. Mange très peu ou jeûne pendant les semaines de mue qui intervient au printemps. Très mobile et migrateur, peut se déplacer sur 8 000 km au cours de l'année. Se nourrit de Morue *(Gadus morhua)*, Capelan *(Mallotus villosus)*, Hareng *(Clupea harengus)*, krill, en suivant le bord de la banquise. Les adultes plongent à plus de 100 m, les jeunes pêchent près de la surface. Entretient des trous de respiration dans la glace.

Phoque annelé – *Pusa hispida*

TC : 110-150 cm, Cbl : 16-18 cm, P : 50-70 kg, rarement 110 kg. ♂♂ un peu plus grands que ♀♀.

Description. Le plus petit phoque de la zone considérée. Pelage gris-brun marqué d'anneaux clairs. Ventre plus clair, souvent argenté, sans marque. Silhouette replète, en hiver la circonférence du corps peut atteindre 80 % de sa longueur. Museau court, tête féline. Fortes griffes aux pattes antérieures. 26-38 dents (2-3/1-2, 1/1, 4/4, 0-2/0-2). • **Habitat.** Banquise circumpolaire, toujours sur la glace hors de l'eau. 3 populations reproductrices isolées dans la zone considérée : nord de la mer Baltique, lac Ladoga (Russie) et lac Saimaa (Finlande) reliés au golfe de Finlande. Population de mer Baltique en régression partiellement à cause de la pollution. • **Biologie.** Diurne, mais actif pendant les nuits arctiques. Sédentaire, déplacements locaux nord-sud. Naissances au printemps dans un abri de glace et de neige creusé par la ♀. Jeûne et perd beaucoup de poids pendant la mue au début de l'été, un peu plus tôt chez les immatures. Se nourrit de proies variées, capturées de la surface au fond : poissons et Crustacés (Isopodes et Amphipodes). Peut entretenir un trou de respiration dans 2 m de glace grâce à ses griffes. Proie essentielle de l'Ours polaire et des Inuits. Les jeunes peuvent aussi être capturés par le Renard polaire dans les terriers de neige.

Rouge : reproduction ; rose : occurrence

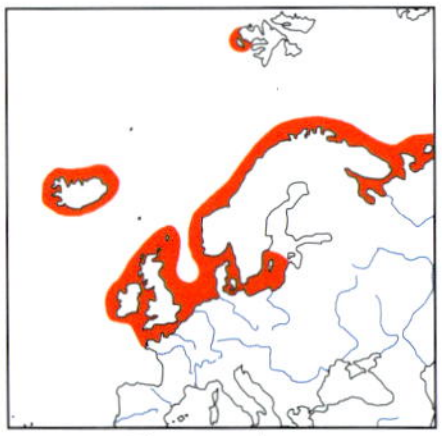

Phoca vitulina

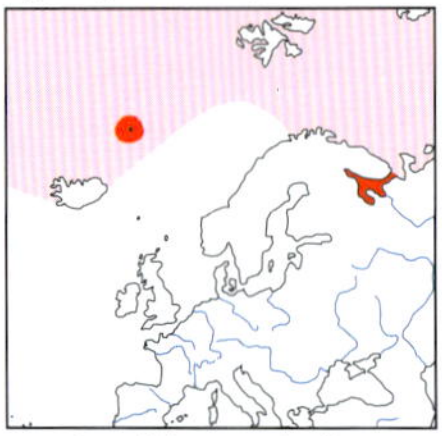

Pagophilus groenlandicus

Pusa hispida

PHOQUE VEAU MARIN

femelle, pelage mouillé

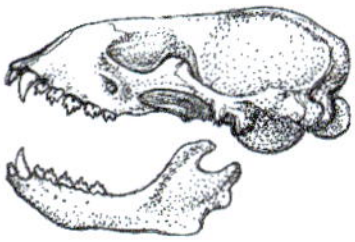

mâle, pelage sec et en mue

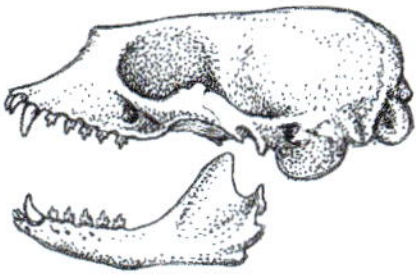

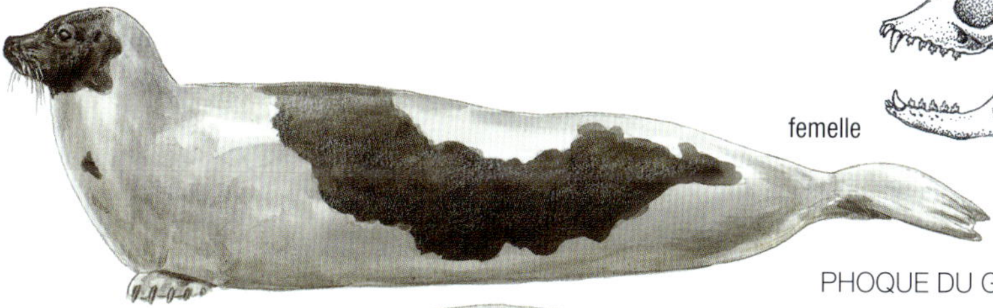

femelle

PHOQUE DU GROENLAND

immature

mâle

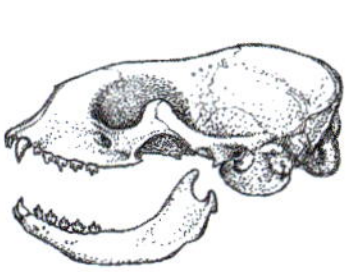

PHOQUE ANNELÉ

Phoque de la Caspienne – *Pusa caspica*

TC : 140-150 cm, Cbl : 17,5 cm, P : 86 kg. ♂♂ un peu plus grands que ♀♀.

Description. Ressemble au Phoque annelé dont il est phylogénétiquement proche. Pelage jaune-gris foncé sur le dos, gris clair sur le ventre. Taches sur le dos, également sur les flancs et le ventre des ♂♂. Nouveau-né blanc. Griffes de taille moyenne. 34 dents (3/2, 1/1, 5/5). • **Habitat.** Eaux peu profondes et banquise en hiver et au printemps. Eaux plus profondes et fraîches l'été. Uniquement présent dans la mer Caspienne, en fait un lac faiblement salé. • **Biologie.** Se rassemblent au nord-est de la mer à l'automne, là où l'eau gèle l'hiver, ou sur des îlots. Mise-bas sur la glace, sans abri. Reproduction puis mue des adultes au printemps, ♀♀ puis ♂♂. Dispersion ensuite et migration vers le sud mais mouvements mal connus. Consomme diverses espèces de poissons d'eau douce et des Crustacés localement. Le Loup est un prédateur important des jeunes au printemps, voire des ♂♂. Plusieurs épizooties liées à des agents infectieux, dont le virus de la maladie de Carré du Chien, ont affecté cette espèce à la fin des années 1990 dans une mer relativement polluée.

Phoque à capuchon – *Cystophora cristata*

TC : 260-350 cm (♂), 200-300 cm (♀), Cbl : 20-26 cm, P : 192-400 kg (♂), 145-300 kg (♀).

Description. Grand phoque au pelage argenté, tacheté de brun foncé. ♂ plus sombre et plus tacheté que la ♀. Premier pelage du nouveau-né gris-bleu dessus, crème sur le ventre (lanugo perdu avant la naissance). Le ♂ adulte possède une poche nasale qui ressemble à une petite trompe, peu développée chez la ♀. Cette poche foncée peut être gonflée et ressemble alors à un ballon ovale bilobé. Le ♂ peut aussi évaginer et gonfler sa cloison nasale par une narine. Allure d'une poche rouge de la taille de la tête. Griffes bien développées. 30 dents (2/1, 1/1, 5/5). • **Habitat.** Glaces dérivantes de l'Arctique et pélagique dans l'Atlantique Nord et autour du Groenland. Dans la zone considérée, surtout autour des îles Jan Mayen (au nord de l'Islande), au moins pour les mises bas. Migrations mal connues. Quelques erratiques jusque le long de la péninsule Ibérique. • **Biologie.** Solitaire en dehors de la reproduction et de la mue. Croissance du jeune rapide : passe de 20 à 30 kg à la naissance à 50 kg au sevrage, à moins d'une semaine (4 jours en moyenne), durée la plus courte connue de tous les Mammifères. Zone de mue unique à l'est du Groenland en juin-juillet. Consomme des Céphalopodes et poissons, pêchés jusqu'à 600 m de profondeur lors de plongées d'environ 15 minutes.

Phoque moine – *Monachus monachus*

TC : 230-280 cm, Cbl : 26-30 cm, P : 250-300 kg. ♂♂ légèrement plus grands que ♀♀.

Description. Gros phoque sombre, de coloration diverse. Tache claire très variable sur le ventre, plus marquée chez les jeunes. Quelques autres petites taches sur le corps permettent une reconnaissance individuelle. Tête arrondie mais relativement petite. Dessus du museau aplati. 4 mamelles chez la ♀ (généralement 2 chez les phoques). Jeune brun foncé à la naissance (15-26 kg) avec souvent une tache blanche ventrale. Première mue des jeunes entre 4 et 6 semaines. Gris cendré dessus, crème dessous. Mue des adultes avec perte des poils et de l'épiderme par plaques, comme chez les éléphants de mer (*Mirounga* spp.). 32 dents (2/2, 1/1, 5/5). • **Habitat.** Côtier, plages de sable, grottes marines de la région méditerranéenne et de l'Atlantique subtropical. Usage de grottes sous-marines probablement lié aussi aux activités humaines. Les meilleurs sites de repos ont été transformés sous les contraintes du développement économique (tourisme, ports), ce qui menace la survie de l'espèce. Historiquement de l'océan Atlantique au sud du détroit de Gibraltar jusqu'au Sénégal à la Méditerranée et à la mer Noire. Aujourd'hui subsistent une colonie à Madère (et îles Desertas), une sur la côte du Sahara et des populations éparpillées en mer Égée. Probablement éteint ou très rare ailleurs. Quelques observations persistantes d'individus erratiques dans l'ancienne aire de répartition mal expliquées : juvéniles en phase exploratoire ou derniers survivants. Espèce menacée d'extinction. • **Biologie.** Diurne mais aussi nocturne par suite des dérangements. Vit en petits groupes. S'éloigne rarement à plus de 5 ou 6 km d'un rivage mais déplacements sur de plus longues distances à travers des bras de mer. Naissances étalées sur plusieurs mois, de mai à décembre, avec un pic en octobre-novembre. Se nourrit de poissons et de Céphalopodes capturés lors de plongées d'environ 70 m de profondeur et de 10 minutes en moyenne. Accusé de concurrence par les pêcheurs locaux après des siècles de cohabitation et alors que la surpêche industrielle se généralise en Méditerranée et ailleurs. Une épizootie, *Morbillivirus* et/ou phycotoxine (toxine marine), a éliminé près des deux tiers de l'effectif estimé de la colonie du Cap Blanc (Sahara) en 1997.

Pusa caspica

Cystophora cristata

Monachus monachus

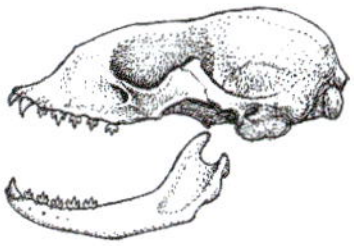

PHOQUE DE LA CASPIENNE

en parade, sac gonflé

mâle

immature

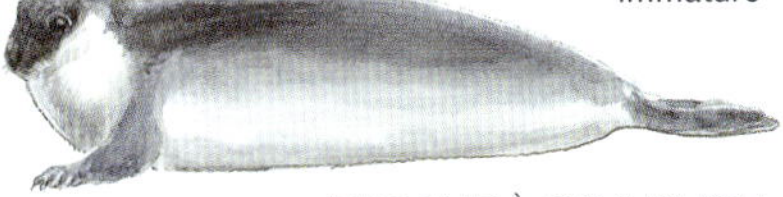

PHOQUE À CAPUCHON

femelle

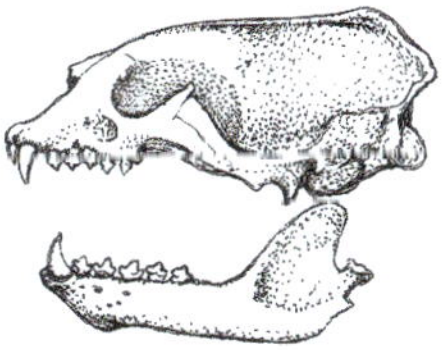

mâle

PHOQUE MOINE

femelle

Genette commune – *Genetta genetta*

TC : 41-60 cm, Q : 35-52 cm, Hg : 18-20 cm, Pp : 7,5-8,5 cm, Or : 3,7-4,6 cm, Cbl : 9 cm, P : 1-2,4 kg. ♂♂ un peu plus grands que ♀♀.

Description. Élégante, assez basse sur pattes, queue longue et cylindrique. Pelage gris-jaune, tacheté de noir. Taches sur le dos et les flancs alignées longitudinalement, dessin assez variable. Longs poils noirs sur l'échine, ventre gris ou chamois. Queue gris-jaune avec 8-10 anneaux noirs, extrémité généralement blanche. Oreilles développées, mobiles. Marques faciales noires sur le museau, blanches devant et au-dessus des yeux. Pouce réduit aux 4 pattes. Griffes partiellement rétractiles. Soles plantaires velues. Glandes anales et périnéales. 40 dents (3/3, 1/1, 4/4, 2/2). • **Habitat.** Forêts, bocage, éboulis, maquis, taillis ; milieux ouverts, pentes rocheuses et peuplements d'acacias en zones arides. Introduite dans la péninsule Ibérique, elle a colonisé jusqu'à la moitié sud-ouest de la France. Observations régulières jusqu'en Belgique et en Allemagne. Présente sur certaines îles Baléares (Majorque, Ibiza, Cabrera). • **Biologie.** Discrète, crépusculaire ou nocturne. Solitaire mais crottiers communs. Domaine vital de 2 à 8 km² en Europe. Abri dans un arbre creux, dans un pierrier, sous une souche. Très habile dans les arbres, chasse aussi à terre. Régime carnivore composé de Rongeurs, Oiseaux, lézards et invertébrés, champignons, fruits. Anciennement domestiquée.

Genres ***Urva*** et ***Herpestes***. Récemment identifiés ces deux genres de mangoustes comptent des espèces à répartition surtout tropicale. Toutes sont de taille moyenne, au corps élancé, à queue longue, semi-plantigrades, avec 5 doigts aux 4 pattes et des griffes non rétractiles, aiguisées et recourbées aux pattes antérieures. Des glandes proches de l'anus produisent des sécrétions odorantes. 32-40 dents (3/3, 1/1, 3-4/3-4, 1-2/1-2). Carnivores terrestres, chasseurs de petits vertébrés mais aussi d'invertébrés, les mangoustes savent capturer les serpents, y compris des espèces venimeuses.

Mangouste d'Edwards – *Urva edwardsii*

TC : 38-45 cm, Q : 30-45 cm, Pp : 7-8 cm, Or : 1,2-2,6 cm, Cbl : 7,3-8,2 cm, P : 1,4-2 kg. ♂♂ plus grands que ♀♀.

Description. Ressemble aux deux autres mangoustes, plus grande que *U. auropunctata*, plus petite que *H. ichneumon*. Pelage brun-gris, marques brun-roux sur la tête. Queue aussi longue que le corps, pinceau terminal clair. • **Habitat.** Maquis, broussailles, éboulis dans les collines italiennes ; préfère les palmeraies et les jardins au Moyen-Orient. En limite d'aire naturelle sur le littoral du golfe Persique. Introduite dans le parc national du Monte Circeo (Italie) vers 1950, probablement éteinte à la fin des années 1980. • **Biologie.** Diurne. Assez familière, fréquente les villes où elle consomme les ordures. Carnivore à tendance omnivore, généraliste, se nourrit d'invertébrés (Arachnides), de petits Rongeurs, Oiseaux, charognes et d'éléments végétaux.

Petite mangouste indienne – *Urva auropunctata*

TC : 22-46 cm (♂), 21-38 cm (♀), Q : 22-29 cm, Pp : 4,4-5,2 cm, Or : 2-2,5 cm, Cbl : 5,4-6 cm, P : 0,3-1 kg.

Description. Petite mangouste au pelage assez court, gris olive uniforme sur le dos et les flancs, brun crème sur le ventre. Tête avec une tache rouille autour des yeux, petites oreilles. • **Habitat.** Maquis méditerranéen à hiver doux en Europe, terrains cultivés des vallées du Tigre et de l'Euphrate (Irak). Introduite en 1910 sur l'île dalmate de Mljet (Croatie) pour lutter contre la Vipère ammodyte. Présente sur quatre îles proches et relâchée ultérieurement sur la côte près de Mostar. • **Biologie.** Allure et attitudes de Belette, très vive, inquisitrice, se dresse parfois. Creuserait ses propres abris, souvent commensale, utilise les fondations de bâtiments et canalisations. Carnivore, chasse rats, souris, serpents, Insectes, scorpions, consomme aussi des fruits.

Mangouste ichneumon – *Herpestes ichneumon*

TC : 45-60 cm, Q : 33-48 cm, Hg : 19-21 cm, Pp : 8,5-9,5 cm, Or : 2,2-2,5 cm, Cbl : 10 cm, P : 2-4 kg. ♂♂ plus grands que ♀♀.

Description. La plus grande des trois mangoustes de la zone considérée. Silhouette allongée, avec un pelage un peu hirsute, brun-gris, poivre et sel sur le dos, plus clair sur le ventre. Pattes sombres. Queue épaisse et densément poilue à la base, effilée à l'extrémité noire. Museau pointu. Petites oreilles. Pupilles horizontales. • **Habitat.** Matorrals, maquis, steppes, forêts méditerranéennes, oliveraies, zones d'agriculture traditionnelle, jusqu'à 1 950 m, limitée au sud de l'aire par la disponibilité en eau libre. Présence ancienne dans le sud de la péninsule Ibérique. • **Biologie.** Diurne, crépusculaire dans les zones anthropisées. Territoriale, solitaire ou groupes familiaux. Allure nonchalante. Carnivore, se nourrit de Rongeurs, jeunes lapins, Oiseaux, serpents, lézards, Amphibiens, poissons, Arthropodes, charognes.

Genetta genetta

Urva edwardsii

Urva auropunctata

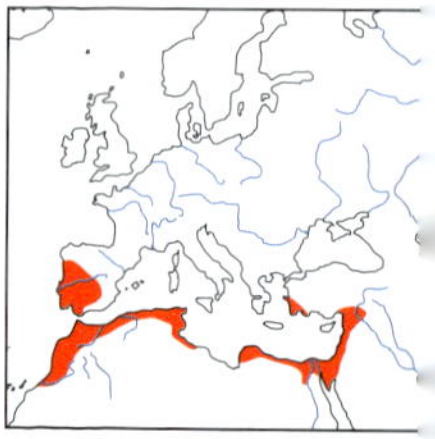
Herpestes ichneumon

GENETTE COMMUNE

MANGOUSTE D'EDWARDS

PETITE MANGOUSTE INDIENNE

MANGOUSTE ICHNEUMON

Hyène rayée – *Hyaena hyaena*

TC : 85-130 cm, Q : 25-47 cm, Hg : 65-80 cm, Pp : 22 cm, Or : 15 cm, Cbl : 20,5-22,6 cm, P : 20-55 kg. Pas de dimorphisme sexuel.

Description. Carnivore de grande taille. Allure de grand chien poilu, avec une tête massive et un avant-train puissant. L'arrière-train, plus bas, plus fin, confère à l'animal un dos incliné et une démarche particulière. Pelage assez long, surtout sur le dos, chamois à gris marqué de rayures noires, avec rangée de poils érectiles de la nuque à la croupe. Presque glabre en été dans les zones les plus chaudes (Sahara). Grandes oreilles droites pointues. Museau et gorge noirâtres. Queue touffue de couleur uniforme ou rayée. Poche anale recouvrant les glandes anales. Mâchoires puissantes. 4 doigts aux 4 pattes. 34 dents (3/3, 1/1, 4/3, 1/1), M^1 très grande. • **Habitat.** Originellement paysages plutôt ouverts. Forêts méditerranéennes de pins et de chênes verts, steppes, matorrals, zones rocheuses et désertiques, mais a besoin d'eau. Fréquente les espaces cultivés, parfois près des campements, voire des villes. De la côte à plus de 2 700 m dans le Haut Atlas (Maroc). En régression dans toute son aire de répartition (carte en partie historique) à la suite de campagnes d'empoisonnement. • **Biologie.** Nocturne, discrète. Solitaire ou petits clans familiaux, mais groupes plus importants observés lorsque la ressource alimentaire est abondante. Tanière creusée dans un talus, ou dans un chaos rocheux ou une grotte, recherchant un secteur peu anthropisé. Opportuniste, consomme des déchets de toutes sortes, charognes de vertébrés, sauvages et domestiques dont elle broie les os. Chasse aussi de petits vertébrés, des Arthropodes et du petit bétail. Mange des plantes et fruits.

Panthère – *Panthera pardus*

TC : 90-130 cm, Q : 58-110 cm, Hg : 45-78 cm, Pp : 27 cm, Or : 8,5 cm, Cbl : 15-19 cm, P : 30-60 kg. ♂♂ plus grands que ♀♀.

Description. Grand félin à la silhouette assez massive, longue queue fine. Pelage dense et court, plus épais en zone froide et en hiver, gris, sable ou fauve clair sur le dos et les flancs, marqué de noir en rosettes sur le corps, en taches aux extrémités. Pelage ventral blanc ou crème, Tête ronde avec de petites taches sombres. Oreilles arrondies et courtes, au dos noir et blanc. Pattes puissantes avec 5 doigts aux antérieures, 4 aux postérieures. Griffes rétractiles. Queue longue et tachetée, 30 dents (3/3, 1/1, 3/2, 1/1). • **Habitat.** Très variable, des déserts de rochers aux grandes forêts, maquis méditerranéen, oasis, ravins. En forte régression. Survie à confirmer dans le Moyen Atlas (Maroc) et dans le Sinaï (Égypte). Encore présente au Proche et au Moyen-Orient, en Transcaucasie et en Iran. Dernière donnée validée de Turquie en 1974. • **Biologie.** Nocturne, extrêmement discrète. Solitaire et territoriale, marquage par frottement des joues, aspersion d'urine, dépôt de fèces et grattages. Grand domaine vital. Grimpe (arbre, rocher) mais chasse au sol. Revient se nourrir sur la même proie plusieurs jours. Carnivore, chasse à l'affût ongulés sauvages, damans, lièvres, magots, Rongeurs, Oiseaux, mais aussi chiens domestiques et bétail en cas de pénurie de proies sauvages. Survie des petites populations isolées improbable sur le long et même le moyen terme.

Guépard – *Acinonyx jubatus*

TC : 110-150 cm, Q : 55-80 cm, Hg : 74-90 cm, Pp : 28 cm, Or : 7,5 cm, Cbl : 13,5-15,6 cm, P : 35-60 kg. ♂♂ un peu plus grands et lourds que ♀♀.

Description. Grand félin haut sur pattes, à tête relativement petite et très longue queue, annelée à l'extrémité. Pelage gris-jaune sur le dos et les flancs, fond très variable, tacheté de points noirs ; clair sur le ventre. Deux larmiers noirs encadrent le museau. Pelage dorsal des jeunes assez long, blanc sale, ventre noir. Le pelage adulte commence à apparaître vers 2 mois. Animaux du Sahara plus petits (sans doute pas plus de 45 kg), avec de grandes oreilles en proportion, un pelage pâle et des taches brunes peu visibles. Griffes mobiles mais restent apparentes ; celle du pouce antérieur, très développée, ne touche pas le sol. 30 dents (3/3, 1/1, 3/2, 1/1). • **Habitat.** Paysages ouverts, steppes et déserts. Initialement de l'Atlantique à l'Inde à travers l'Afrique et les déserts chauds de l'Ancien Monde. Disparu au nord du Sahara, sauf peut-être en Égypte. Quelques dizaines de survivants au centre de l'Iran, les moins étudiés et les moins connus des guépards. Au bord de l'extinction dans la zone considérée. • **Biologie.** Diurne. Solitaire mais pas vraiment territorial. Les ♂♂ d'une même portée peuvent rester ensemble toute leur vie mais les ♀♀ toujours seules. Chasse pour chaque repas, à courre de petits ongulés, surtout des gazelles dorcas en Afrique du Nord, gazelles goitreuses en Iran, aussi des lièvres, chacals, hérissons, Oiseaux terrestres. Fait tomber la proie poursuivie d'un coup de patte antérieure, avec la griffe du pouce. Prélève le petit bétail quand les proies sauvages sont rares.

Hyaena hyaena

Panthera pardus

Acinonyx jubatus

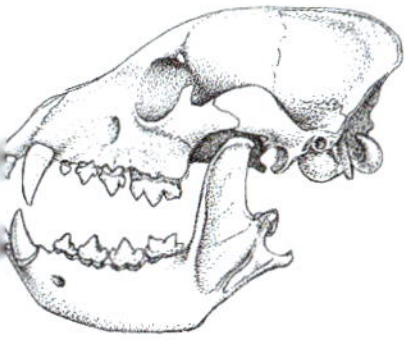

HYÈNE RAYÉE

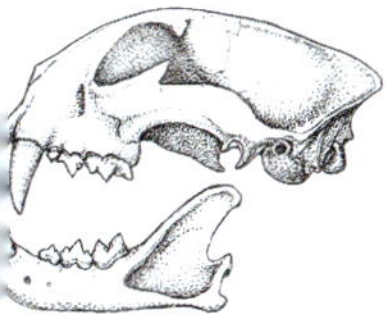

PANTHÈRE

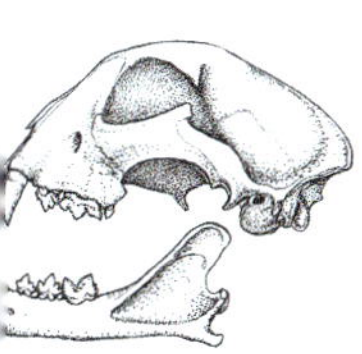

GUÉPARD

Caracal – *Caracal caracal*

TC : 60-91 cm, Q : 20-30 cm, Hg : 40-50 cm, Pp : 15,6-20 cm, Or : 7-7,6 cm, Cbl : 10-12 cm, P : 6-18 kg. ♂♂ plus grands que ♀♀.

Description. Félidé de taille moyenne, haut sur pattes, au pelage court, clair et uni, brun orange sur le dos, plus clair et légèrement tacheté sur le ventre. Queue relativement courte (≈ 1/3 TC). Tête courte, avec des marques noires et blanches sur le museau et autour des yeux. Oreilles courtes, dos noir, avec un long pinceau de poils noirs à l'extrémité. Pattes allongées, postérieures puissantes avec 4 doigts plus longues que les antérieures. Soles plantaires velues. 28-30 dents (3/3, 1/1 2-3/2, 1/1), P^2 rarement présente. • **Habitat.** Paysages ouverts, secs, forêts d'épineux, savanes, steppes, matorrals, marges du désert, surtout dans les collines et montagnes, jusqu'à 2 260 m, voire plus, dans le Haut Atlas (Maroc). En régression dans toute son aire de répartition. • **Biologie.** Plutôt nocturne. Solitaire et territorial, marquage par l'urine et des griffures sur le bois. Essentiellement terrestre, mais bon grimpeur. Abris dans un éboulis rocheux, fourré ou terrier. Domaine vital de plus de 200 km^2 dans les zones désertiques. Carnivore, capture par bond des Mammifères de petite taille (Rongeurs, lièvres, damans, jeunes gazelles et autres ongulés) et des Oiseaux, notamment des perdrix (*Alectoris* spp.), des lézards et serpents, et consomme parfois des charognes.

Serval – *Leptailurus serval*

TC : 67-100 cm, Q : 24-45 cm, Hg : 40-65 cm, Or : 8-10 cm, Cbl : 105 cm, P : 8-18 kg. ♂♂ plus grands que ♀♀.

Description. Félidé de taille moyenne, haut sur pattes, aux grandes oreilles arrondies, mobiles. Plus haut et plus fin que le Caracal. Sa haute taille est liée à l'allongement de ses pieds plus que de ses pattes. Pelage dorsal fauve marqué de taches noires irrégulières, plus ou moins alignées d'avant en arrière. Pelage ventral à dominante blanche. Queue courte, annelée, noire à l'extrémité. Long cou, tête petite avec une tache noire autour du nez. Doigts longs et mobiles. 30 dents (3/3, 1/1, 3/2, 1/1). • **Habitat.** Steppes relativement denses, végétation des bords de rivières, forêts méditerranéennes, jusqu'à 1 500 m. Probablement disparu d'Algérie malgré des mentions récentes (dernière donnée certaine à El Kala, dans le nord-est, en 1880). Présence confirmée au Maroc dans le sud-ouest de l'Anti-Atlas et la basse vallée du Drâa ainsi que le Moyen Atlas. • **Biologie.** Crépusculaire et nocturne. Solitaire et très discret. Comportement de chasse caractéristique, tête et oreilles orientées vers l'avant. Lorsque la proie est repérée, il saute et retombe dessus des 4 pattes ou seulement des antérieures selon la taille. Chasseur spécialisé de Rongeurs dans les hautes herbes, repérés à l'ouïe. Capture par bond aussi d'autres petits vertébrés (Oiseaux, jeunes ongulés), parfois des insectes (Criquets).

> Genre ***Felis***. Ce sont de petits Félidés à la silhouette arrondie proche de celle du Chat domestique. Ils possèdent généralement un pelage gris-brun rayé de noir, 5 doigts aux pattes antérieures, 4 aux postérieures, pourvus de griffes rétractiles. 30 dents (3/3, 1/1, 3/2, 1/1) signant un régime exclusivement carnivore (petits Mammifères, Oiseaux, lézards, Insectes). Le ronronnement des jeunes et de leur mère est bien connu.

Chat des sables – *Felis margarita*

TC : 45-57 cm, Q : 23-35 cm, Hg : 24-30 cm, Pp : 11 cm, Or : 5,7-6,8 cm, Cbl : 8,0-8,5 cm, P : 2-3 kg.

Description. Petit chat, trapu, bas sur pattes, à longue queue et à tête d'apparence élargie par suite de l'hypertrophie des bulles tympaniques, de ses grandes oreilles écartées et de favoris développés. Pelage jaune-gris clair, avec de fines rayures brun-roux, plus marquées sur les pattes antérieures et la queue, noire à l'extrémité. Poil épais dans les régions où les hivers sont froids. Une marque rougeâtre traverse la face en partant du coin de l'œil. Soles plantaires velues. Griffes des pattes postérieures peu rétractiles qui laissent parfois des traces ressemblant à celles du Fennec. • **Habitat.** Déserts de sable (dunes et plaquages superficiels) et milieux à végétation clairsemée, vallées d'oueds. • **Biologie.** Nocturne, surtout en été, et crépusculaire. Gîte dans un terrier, emprunté à un renard, élargi d'une mérione ou creusé dans un sol ferme entre les dunes ou à l'abri d'un buisson. Occupe aussi des nids de Corbeau brun *(Corvus ruficollis)* sur des acacias. Un des rares Félidés capable de creuser son propre terrier. Adapté au désert de sable, ses soles plantaires velues facilitent sa marche sur le sable fin, sans se brûler l'été. Chasse à la maraude, parcourant plusieurs kilomètres par nuit. Régime éclectique, selon les régions et les saisons, consomme gerboises, gerbilles, hamsters, lièvres, Oiseaux, lézards, scinques, Arthropodes. Recouvre de sable les proies trop grosses pour être consommées en une fois. Assez confiant, habitant des régions avec peu de grands prédateurs. A souffert du commerce des marchands d'animaux.

Caracal caracal

Leptailurus serval

Felis margarita

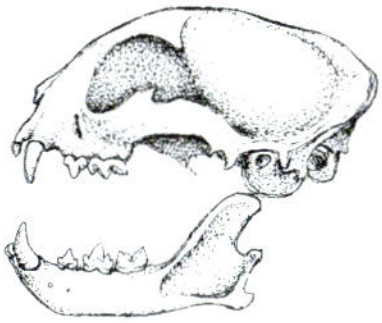

CARACAL

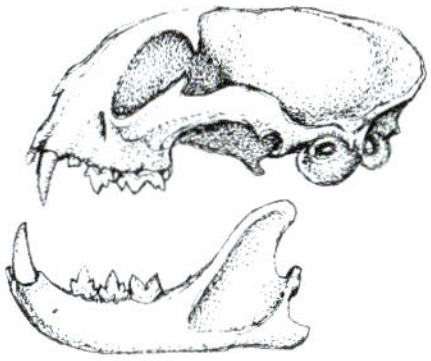

SERVAL

CHAT DES SABLES

Chat des marais – *Felis chaus*

TC : 60-104 cm, Q : 21-28 cm, Hg : 35-38 cm, Pp : 14,5-17,8 cm, Or : 6,3-7,8 cm, Cbl : 10,2-12,6 cm, P : 7-11 kg. ♂♂ plus grands que ♀♀.

Description. Comme un grand Chat domestique, puissant, au pelage dorsal brun jaune grisé et à queue courte à extrémité noire. Pelage ventral plus clair. Marques assez peu nettes, taches sur le corps, rayures sur les pattes. Le plus souvent, pelage uni d'aspect piqueté. Les chatons sont tachetés et rayés. Court pinceau de poils noirs à la pointe des oreilles. Museau clair. Lignes claires autour des yeux. Certains individus sont mélaniques. Crâne plus allongé que celui des autres *Felis*. • **Habitat.** Marais, roselières, forêts-galeries le long des cours d'eau. Habituellement zones à couverture végétale dense mais aussi steppes, zones agricoles, champs de canne à sucre ou de céréales, en dessous de 1 000 m. Très adaptable, comparé par certains au Chacal doré. • **Biologie.** Crépusculaire et nocturne. Solitaire et territorial. Nage facilement dans son habitat souvent aquatique, bon grimpeur. Gîte dans le terrier creusé par une autre espèce, sous un buisson ou une souche. Généraliste, chasse des Rongeurs (campagnols, gerbilles, gerboises, sousliks), lièvres et Oiseaux (dont les volailles), aussi des Squamates, grenouilles (le plus souvent proies de moins de 1 kg), des poissons, des Insectes et consomme des fruits. Particulièrement peu craintif.

Chat ganté – *Felis lybica*

TC : 37-65 cm, Q : 24-35 cm, Hg : 25-35 cm, Pp : 11-13,6 cm, Or : 5,6-7,0 cm, Cbl : 7,1-9,1 cm, P : 3-6 kg. ♂♂ plus lourds que ♀♀.

Description. Ressemble à un Chat domestique mais s'en distingue par le dos des oreilles toujours brun-rouge et de longues pattes. Marche plus comme un Guépard que comme un Chat domestique. Assis sur son arrière-train, le Chat ganté a le dos presque vertical, ce qui n'est pas le cas du Chat domestique, ni des hybrides. Pelage court, variant de grisâtre à rougeâtre, tacheté, rayé ou non, souvent plus clair en zone sèche, plus sombre en zone humide. Extrémité de la queue et pattes sombres, d'où son nom commun. En comparaison, plus léger et plus fin que *F. silvestris* mais non sympatrique, quoique proche entre Caucase et Transcaucasie. La systématique des chats sauvages africains, européens et asiatiques est discutée. Parfois appelé *F. ornata* en Asie. Probablement à l'origine du Chat domestique. • **Habitat.** Très varié, n'évitant que les milieux les plus arides et les hautes altitudes (< 2 600 m dans le Haut Atlas, Maroc). Surtout présent dans les milieux ouverts offrant des abris végétaux ou rocheux steppes surtout, aussi matorrals et forêts. Introduit sur certaines îles méditerranéennes (Crète, Sardaigne, Corse), mais identité réelle et statut de ces populations insulaires discutés (*F. lybica F. silvestris*, *F. catus* ou hybrides). • **Biologie.** Crépusculaire et nocturne, mais adaptable (plus diurne en région aride). Solitaire et territorial, les couples se limitant à la période d'œstrus. Gîtes dans le terrier creusé par une autre espèce, dans un arbre, sous un buisson. Domaine vital de l'ordre de quelques km². Ronronne Essentiellement chasseur de petits Rongeurs (dont une majorité de Gerbillinés), mais aussi de lièvres, Oiseaux, lézards, Insectes, consomme des œufs et quelques fruits. La présence d'eau libre ne lui est pas indispensable.

Chat forestier – *Felis silvestris*

TC : 45-75 cm, Q : 21-38 cm, Hg : 35-40 cm, Pp : 12-14,5 cm, Or : 4,7-6,7 cm, Cbl : 8,2-9,3 cm, P : 3-6 kg. ♂♂ plus grands que ♀♀.

Description. Gros chat gris à brun jaunâtre finement rayé mais pas tacheté, à queue plutôt longue et cylindrique avec 4 ou 5 anneaux sombres, noire à l'extrémité. Silhouette assez massive, pattes relativement longues. Pelage dense et long l'hiver, plus court l'été. Quatre fines raies longitudinales sur le dessus de la tête, non reliées aux marques dorsales. Truffe rose. Pas de pinceau à la pointe des oreilles. Pas toujours facile à distinguer de certains chats domestiques, d'autant que des hybridations sont documentées. Volume crânien plus grand que celui du Chat domestique. N'est pas à l'origine du Chat domestique. • **Habitat.** Forêts de feuillus (avec une préférence pour les chênes, puis les hêtres), mixtes de montagne, méditerranéennes, landes, marais, en bordure de zones agricoles. • **Biologie.** Crépusculaire et nocturne. En hiver, peut se chauffer au soleil sur une branche ou à terre près de son abri : trou d'arbre, cavité sous des rochers, terrier creusé par une autre espèce. Discret, territorial. Domaine vital de 2 à 9 km² selon la disponibilité en proies. Le domaine vital d'un ♂ peut recouvrir celui de plusieurs ♀♀. Abri en forêt mais chasse souvent dans les prairies et landes périphériques des Rongeurs (mulots, campagnols), mais aussi des lapins de garenne, Oiseaux, Squamates, grenouilles. Sensible aux virus (*Lentivirus*) du Chat domestique.

Felis chaus

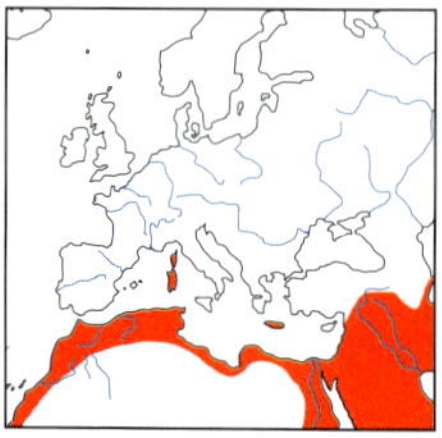

Felis lybica

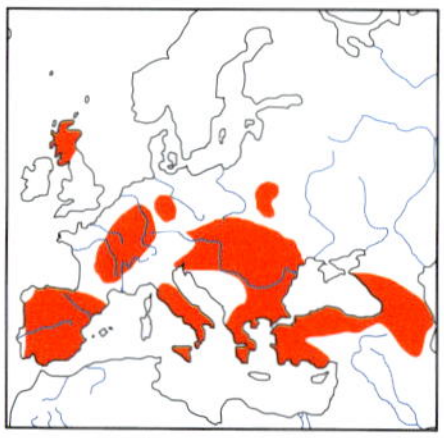

Felis silvestris

CHAT DES MARAIS

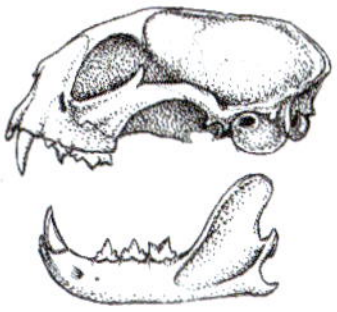

CHAT GANTÉ

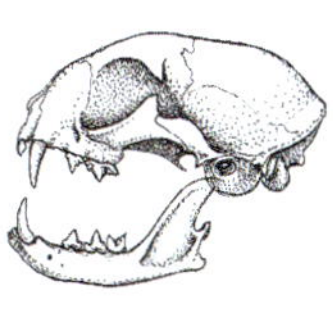

CHAT FORESTIER

Manul – *Otocolobus manul*

TC : 50-62 cm, Q : 23-31 cm, Hg : 25-28 cm, Pp : 10-12 cm, Or : 3,5-5 cm, Cbl : 7,2-8,7 cm, P : 2-4,5 kg. ♂♂ un peu plus grands que ♀♀.

Description. Allure originale, taille d'un Chat domestique mais pattes très courtes, face plate et longs poils. Présente des ressemblances anatomiques avec le Chat des sables. Pelage long et dense (jusqu'à 9 000 poils au cm^2 sur le dos, beaucoup moins sur le ventre), gris avec des nuances rousses et brunes, généralement uni sauf à la base du dos et en haut des pattes. Deux bandes noires parallèles sur les joues. Taches noires sur le front et le dessus de la tête. Gorge claire. Queue touffue, annelée, à l'extrémité noire. Oreilles courtes et arrondies, très latérales. Base du pavillon au niveau du coin externe de l'œil. Griffes très courtes. 28 dents (3/3, 1/1, 2/2, 1/1). • **Habitat.** Paysages ouverts, steppes, semi-déserts, éboulis, pierriers, en montagne jusqu'à près de 4 000 m. Climat avec extrêmes saisonniers et quotidiens marqués mais sec. Mal à l'aise dans la neige un peu profonde. • **Biologie.** Surtout crépusculaire. Solitaire mais organisation sociale mal connue. Très habile pour se cacher dans un paysage semblant nu. Gîtes sous des blocs rocheux, dans des terriers de marmottes. Chasse à l'affût des Rongeurs (campagnols, gerbilles), pikas (*Ochotona rufescens* dans la zone considérée), Perdrix choukar *(Alectoris chukar)*.

Genre ***Lynx***. Ces deux espèces de Félidés de taille moyenne, hauts sur pattes aux griffes rétractiles, possèdent une queue courte, noire à son extrémité. Ils portent des favoris et un pinceau de poils noir à la pointe des oreilles. Leur pelage est de couleur variable, sable à roux, brun à gris, souvent tacheté. 28 dents (3/3, 1/1, 2/2, 1/1). Ce sont des chasseurs spécialisés, crépusculaires, solitaires et territoriaux. Les seules exceptions sont les couples au moment du rut et les femelles élevant leur portée.

Lynx boréal – *Lynx lynx*

TC : 80-130 cm, Q : 11-25 cm, Hg : 60-75 cm, Pp : 19-22,5 cm, Or : 8-9 cm, Cbl : 12-15 cm, P : 18-25 kg. Peu de dimorphisme sexuel, mais ♂♂ plus lourds que ♀♀.

Description. Le plus grand des lynx. Pelage variable, de brun-gris à roux, plus ou moins foncé, avec des taches souvent plus nettes sur les pattes ou le ventre que sur le dos (les animaux sans marque sont rares). Grandes oreilles, avec pinceaux noirs, face postérieure noire et blanche. Pattes postérieures plus longues et puissantes que les antérieures, pieds larges. • **Habitat.** Forêts décidues mixtes et de conifères de plaine et de montagne, jusqu'à près de 3 000 m en Europe. Initialement présent dans une grande partie de la zone considérée. Éliminé d'Europe occidentale aux temps historiques. Réintroduit depuis la seconde moitié du XXe siècle en Suisse, France, Allemagne, Autriche, Slovénie, à partir d'animaux des Carpates. • **Biologie.** Le plus souvent crépusculaire. Solitaire. Domaine vital de 40 à 2 000 km^2 selon le sexe et les régions (plus grands pour les ♂♂ et en Scandinavie). Chasse à l'affût, essentiellement des petits ongulés, chevreuils en plaine, chamois en montagne, mais aussi des lièvres et Rongeurs, quelques Oiseaux et parfois des moutons. Revient plusieurs jours sur une grosse proie, partiellement recouverte de feuilles et de branches entre les repas. Quelques observations de cadavres de Chevreuil hissés dans un arbre. Tue les autres Carnivores rencontrés (Renard roux, Chat forestier), mais ne les consomme pas toujours.

Lynx pardelle – *Lynx pardinus*

TC : 80-98 cm, Q : 13-14 cm, Hg : 42-47 cm, Pp : 17-19,5 cm, Or : 7-8 cm, Cbl : 12 cm, P : 8-15 kg. Dimorphisme sexuel plus marqué que chez le Lynx boréal.

Description. Petit lynx, environ de moitié moins lourd que le Lynx boréal, à pelage court et peu dense, brun-roux, plus coloré, nettement tacheté. Favoris proportionnellement plus développés. Triangle supérieur du dos des oreilles noir. Queue très nettement tachetée. • **Habitat.** Maquis et autres formations végétales peu denses en plaine, forêts de pins dans les massifs montagneux du sud de la péninsule Ibérique jusqu'à 1 300 m. Évite les plantations forestières. Limité au sud de son aire historique de répartition, au bord de l'extinction. Probablement le Félidé le plus rare à l'échelle mondiale. • **Biologie.** Crépusculaire et territorial, marquage par les fèces et l'urine. Le domaine vital d'un ♂ (≈ 10,3 km^2 à Doñana) englobe celui de plusieurs ♀♀ (≈ 8,7 km^2) mais recouvre peu celui des autres ♂♂ périphériques. Gîtes dans des cavités et arbres creux. Chasseur de lapins de garenne dont les effectifs se sont effondrés sous l'effet de la myxomatose et de la calicivirose du lapin. Consomme également des Rongeurs et des Oiseaux mais aussi les cadavres de Cervidés, ce qui l'expose à la tuberculose bovine. Souffre d'une pénurie alimentaire qui expliquerait une partie de sa récente régression, mais la diminution du lapin a aussi entraîné une fermeture des paysages défavorable pour le lynx. Un programme associant renforcement des populations de lapins et élevage d'animaux captifs est en cours dans le sud de l'Espagne.

Otocolobus manul

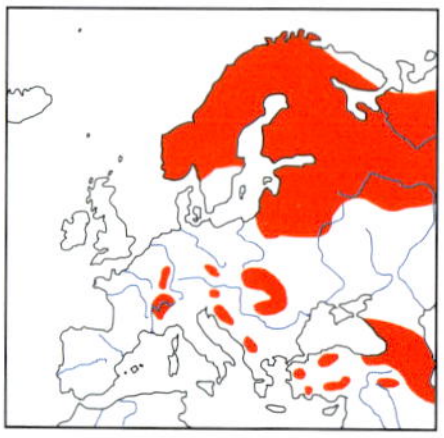

Lynx lynx

Lynx pardinus

MANUL

LYNX BORÉAL

pelage peu tacheté

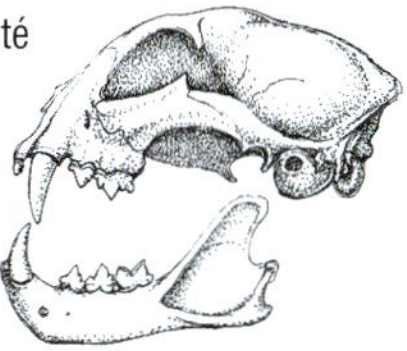

pelage tacheté,
grand jeune

LYNX PARDELLE

Baleine des Basques – *Eubalaena glacialis*

LT : 15-16,5 m, P : 30-70 t. ♀♀ plus grandes que ♂♂.

Description. Couleur sombre, parfois tache ventrale claire. Silhouette massive, très grosse tête, un quart de la longueur totale, mandibules arquées, fanons très longs. Évent double, souffle bifide en V. Pas de nageoire dorsale, pectorales assez carrées. Crustacés parasites incrustés dans des excroissances (bonnets) sur la tête, au-dessus de l'œil, le menton et la mandibule, formant des marques individuelles. Lève souvent la nageoire caudale (6-7,5 m d'envergure) en sondant. • **Habitat.** Migratrice, se déplace le long de la côte, souvent en eau peu profonde, dans l'Atlantique Nord, du Sahara atlantique et des Açores jusqu'au Cap Nord (Norvège) et en Islande. Venait mettre bas dans le golfe de Gascogne et encore plus au sud jusqu'au début des temps historiques. Une des premières grandes espèces chassées par les humains, maintenant menacée par les collisions avec les cargos. Très rare dans la zone considérée, quelques observations récentes (Bretagne en 2019). • **Biologie.** Se déplace seule, en paire ou par petits groupes (4-5 individus), Nage lente, flotte morte. Capable de plonger à 180 m et rester en apnée pendant 20 minutes. Filtreur de Copépodes et autres organismes zooplanctoniques, devait suivre les zones les plus riches au fil des saisons.

Baleine du Groenland – *Balaena mysticetus*

LT : 14-20 m, P : 60-100 t. ♀♀ plus grandes que ♂♂.

Description. Grosse baleine, noire avec le menton blanc, massive, la tête mesure près du tiers de la longueur du corps. Évent double. Mandibules arquées, très longs fanons. Absence de nageoire dorsale mais profil du dos avec deux bosses. Lève souvent la nageoire caudale en sondant. • **Habitat.** Eaux polaires froides, au contact de la banquise, circumarctique. Très rare en Europe, entre le Groenland, le Svalbard et le nord de la Russie. Quelques observations récentes au large de la Cornouaille britannique et de la Bretagne. • **Biologie.** Nage lente. Pourrait vivre deux cents ans. Filtreur de Crustacés planctoniques (krill et Copépodes).

Genre ***Balaenoptera***. Les balénoptères ou rorquals sont des Cétacés à fanons (Mysticètes) présents dans pratiquement tous les océans. Très profilés, élancés, ils sont capables de nage rapide. L'évent est double, la nageoire dorsale falciforme et postérieure. La gorge et la partie antérieure du ventre, marquées de sillons, s'élargissent énormément lorsqu'ils se nourrissent en engouffrant de grands volumes d'eau et de proies, Crustacés planctoniques et petits poissons essentiellement. La langue sert alors de piston pour chasser l'eau. Les proies sont retenues par les fanons, nettement plus courts que chez les Balaenidae. La systématique est encore mal comprise et le nombre d'espèces discuté. Des hybridations sont possibles.

Petit rorqual – *Balaenoptera acutorostrata*

LT : 6,5-9 m, P : 5-9 t. ♀♀ plus grandes que ♂♂.

Description. Le plus petit des rorquals, silhouette allongée avec le museau pointu. Coloration assez sombre, plus claire sur la face ventrale, souvent une tache blanche bien visible sur chaque nageoire pectorale. Crête longitudinale sur la tête, de l'extrémité du rostre à l'évent. Souffle vertical, mais faible, assez difficile à observer. Le dos s'arque et la queue n'émerge pas lors d'une plongée. • **Habitat.** Assez cosmopolite, des tropiques à la banquise mais très rare en Méditerranée, présent sur le plateau continental. Migration vers les eaux froides l'été, les eaux chaudes l'hiver. Le Petit rorqual antarctique *(B. bonaerensis)* a déjà été observé dans l'Atlantique Nord. Les deux espèces peuvent s'hybrider. • **Biologie.** Généralement solitaire, mais parfois en petit groupe (< 15 individus), avec des rassemblements dans des zones riches en nourriture. Peut sauter mais souvent discret en surface, s'approche parfois des navires d'observation là où il n'est pas inquiété. Se nourrit de krill, de Copépodes et de petits poissons. Encore officiellement chassé par l'Islande et la Norvège.

Rorqual de Rudolphi – *Balaenoptera borealis*

LT : 17-21 m, P : 15-45 t. ♀♀ plus grandes que ♂♂.

Description. Troisième plus grande espèce de rorqual, silhouette élancée. Gris sombre, marques irrégulières blanchâtres sur le ventre. Crête longitudinale sur la tête de l'extrémité du rostre à l'évent. Ressemble au Rorqual de Bryde qui a 3 crêtes sur la tête. La queue n'émerge pas lors d'une plongée. • **Habitat.** Cosmopolite mais répartition mal connue. Semble erratique ou imprévisible, pélagique, discret, loin des côtes le plus souvent. Se rapproche probablement des eaux polaires en été et des eaux plus chaudes en hiver. • **Biologie.** Solitaire ou en très petit groupe (2-5 individus). Saute rarement hors de l'eau. Plonge à 50 m en moyenne pendant 20 minutes. Se nourrit surtout de Crustacés planctoniques, aussi de petits poissons et calmars.

Répartition historique

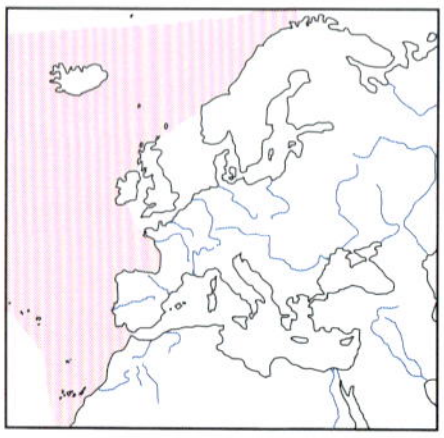

Eubalaena glacialis

Balaena mysticetus

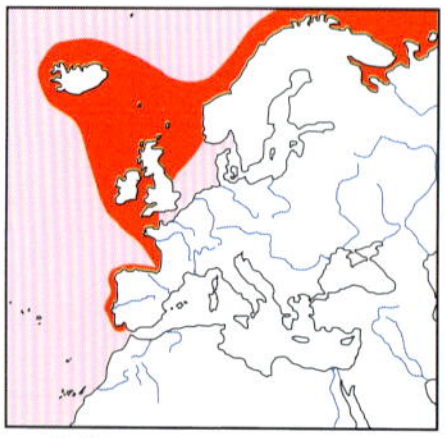

Balaenoptera acutorostrata

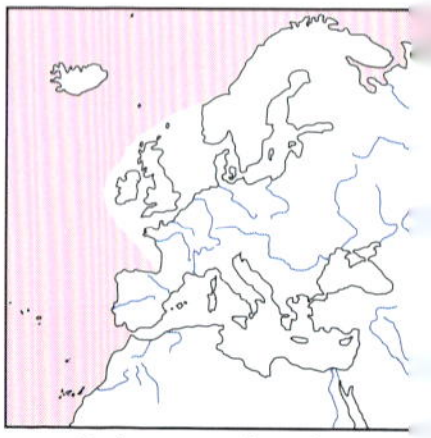

Balaenoptera borealis

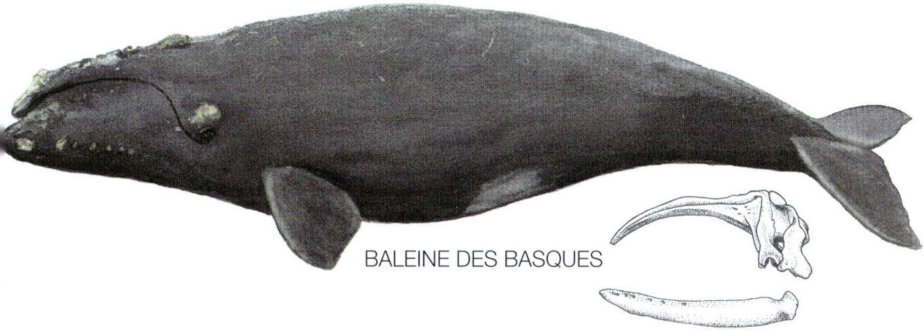

BALEINE DES BASQUES

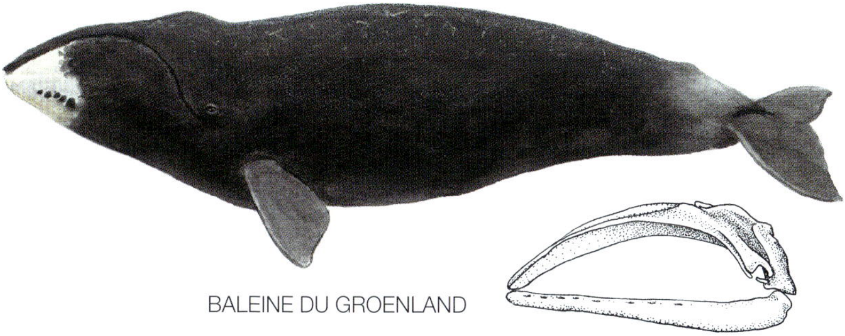

BALEINE DU GROENLAND

PETIT RORQUAL

RORQUAL DE RUDOLPHI

Rorqual de Bryde – *Balaenoptera edeni*

LT : 10-15,5 m, P : 12-40 t. ♀♀ plus grandes que ♂♂.

Description. Rorqual de grande taille, silhouette élancée. Coloration gris sombre, plus claire sur le ventre avec généralement de petites zones rosâtres. Trois crêtes longitudinales parallèles sur le dessus de la tête, entre l'extrémité du rostre et l'évent (peu marquées chez certains individus). Sinon ressemble au Rorqual boréal mais un peu plus petit. La queue n'émerge pas lors d'une plongée. • **Habitat.** Limité aux eaux tempérées et tropicales. Rarement dans des eaux de moins de +20 °C ou au-delà de 40° de latitude dans l'hémisphère Nord. Espèce assez sédentaire, sans vraies migrations. En Europe, autour des Canaries et de Madère. Un échouage sur les côtes égyptiennes de Méditerranée en 2018. • **Biologie.** Le plus souvent solitaire ou en paire. Saute rarement en sortant de l'eau verticalement. Parfois familier vis-à-vis des bateaux d'observation. Plonge à moins de 300 m pour se nourrir de petits poissons pélagiques et de Céphalopodes.

Grand rorqual – *Balaenoptera musculus*

LT : 21-29 m, P : 80-150 t. ♀♀ plus grandes que ♂♂.

Description. Le plus grand de tous les rorquals. Certains individus ont dépassé 30 m et approché 200 t. La grande taille se remarque même de loin quand le dos émerge sur une mer calme. Coloration différente de celle des autres rorquals, gris-bleu (d'où son autre nom de Rorqual bleu), uniforme sur tout le corps, avec des marbrures qui permettent d'identifier les individus vus de profil. Crête longitudinale sur la tête de l'extrémité du rostre à l'évent. Pédoncule caudal très épais. La queue sort en général de l'eau lors d'une plongée. Il reste ensuite une tache circulaire et d'apparence huileuse en surface. Nageoire dorsale minuscule et très postérieure. Nageoires pectorales coniques et assez courtes. Souffle très haut. Il existe des hybrides avec le Rorqual commun. • **Habitat.** Cosmopolite mais aujourd'hui populations isolées et effectifs très réduits. La plupart migrent entre les eaux polaires l'été où ils se nourrissent et les eaux tropicales ou tempérées l'hiver pour la reproduction. • **Biologie.** Voix très puissante, le son circule sur des centaines de km. Comme d'autres rorquals, peut passer en surface sur le flanc pour s'alimenter en exposant une nageoire pectorale, parfois blanche dessous. Peut plonger jusqu'à 300 m pour se nourrir essentiellement de krill et de galathées (Crustacés pélagiques), de Copépodes, plus rarement de calmars.

Rorqual commun – *Balaenoptera physalus*

LT : 18-27 m, P : 30-90 t. ♀♀ plus grandes que ♂♂.

Description. Deuxième plus grande espèce de rorqual. Coloration gris foncé à brun sur le dos, blanche sur le ventre et les faces intérieures des nageoires pectorales et caudale. Seul rorqual de la zone considérée avec le côté droit de la bouche blanc crème et le côté gauche gris sombre. Les fanons dans la bouche peuvent présenter les mêmes teintes asymétriques, claire à droite, sombre à gauche. Pigmentation en arrière de la tête permet la photo-identification individuelle. Nageoire dorsale bien visible aux deux tiers de la longueur. Il existe des hybrides avec le Grand rorqual. • **Habitat.** Eaux profondes, au-delà du talus continental. Populations migratrices entre les eaux fraîches nordiques l'été et les eaux plus chaudes l'hiver mais d'autres populations sédentaires. Seul rorqual bien représenté en Méditerranée. • **Biologie.** Le plus rapide des rorquals. Volontiers en petits groupes. Plonge jusqu'à 500 m pour se nourrir de Crustacés planctoniques (krill, Amphipodes, Copépodes), aussi de petits poissons et plus rarement de petits calmars. Se retourne régulièrement sur le flanc droit pour se nourrir. Cela expliquerait la couleur asymétrique de sa mandibule.

Mégaptère – *Megaptera novaeangliae*

LT : 14-18 m, P : 25-40 t. ♀♀ plus grandes que ♂♂.

Description. Silhouette plus massive que celle des rorquals. Souvent de couleur gris foncé avec des taches blanches sur la face ventrale. Protubérances sur l'extrémité de la tête et sur les nageoires pectorales. Petite nageoire dorsale portée sur une bosse, longues nageoires pectorales (tiers de la longueur du corps) et large caudale au bord de fuite crénelé, sortie verticalement lors des plongées. Marques du dessous de la queue propres à chaque individu. • **Habitat.** Zones d'alimentation souvent côtières. Cosmopolite mais populations géographiquement et génétiquement identifiées. Migrations entre les eaux polaires l'été et tropicales l'hiver selon des voies régulières. Tourisme d'observation bien organisé dans diverses régions. • **Biologie.** Chants des mâles élaborés. Individus seuls ou par petits groupes. Espèce volontiers exubérante avec des sauts spectaculaires. Plonge rarement à plus de 200 m pour se nourrir surtout de petits poissons (harengs, capelans, éperlans) et de krill. Pêche parfois coordonnée entre plusieurs individus.

Balaenoptera edeni

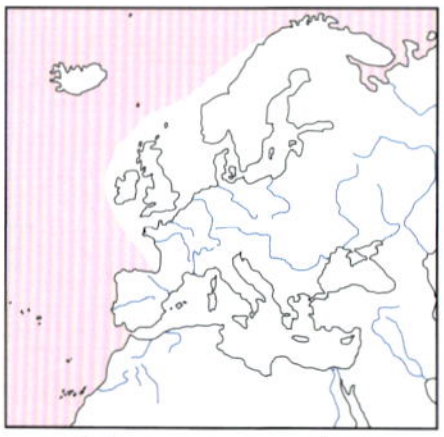

Balaenoptera musculus

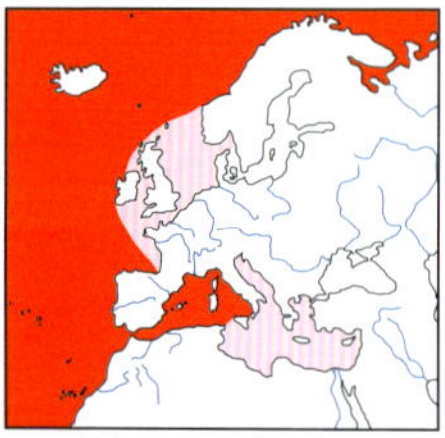

Balaenoptera physalus

Megaptera novaeangliae

RORQUAL DE BRYDE

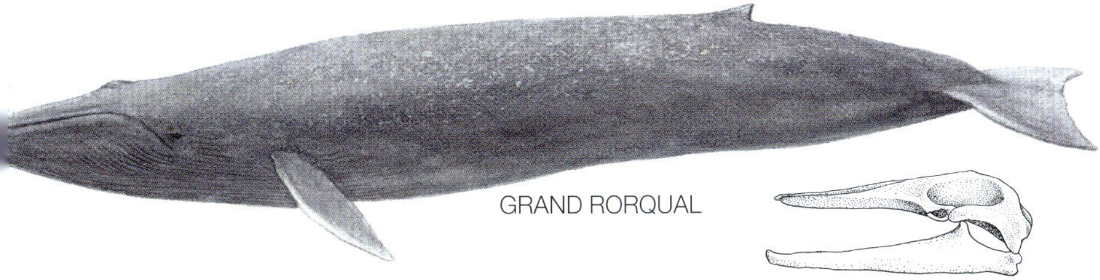

GRAND RORQUAL

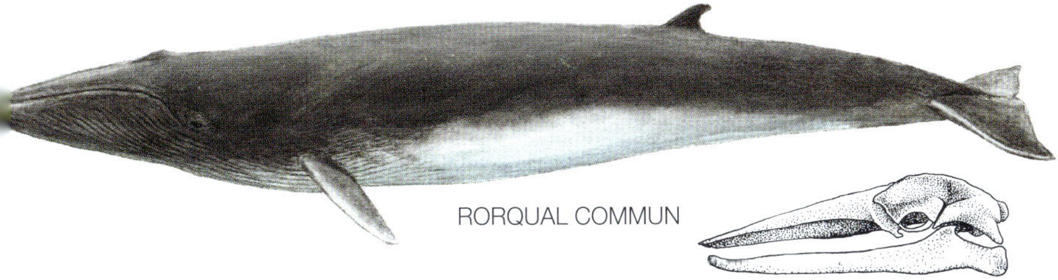

RORQUAL COMMUN

MÉGAPTÈRE

Cachalot – *Physeter macrocephalus*

LT : 11-16 m, P : 13-45 t. ♂♂ jusqu'à deux fois plus grands que ♀♀.

Description. Le plus grand Odontocète (Cétacé à dents). Grosse tête carrée, évent unique, situé à l'extrémité gauche de la tête, souffle orienté vers l'avant et à gauche. Mandibule étroite sous la tête et en retrait par rapport à l'extrémité du rostre, pourvue en moyenne de 20 à 25 dents coniques par demi-mâchoire. Mâchoire supérieure avec des alvéoles pour accueillir les dents de la mandibule. Coloration brun-gris uniforme. Peau plissée, épaisse bosse sur l'arrière du dos, souvent suivie de bosses de taille décroissante, nageoires pectorales arrondies et peu développées, large queue triangulaire bien exposée lorsqu'il sonde. • **Habitat.** Cosmopolite, seuls les grands ♂♂ dans les eaux polaires, ♀♀ et jeunes dans les eaux chaudes et tempérées des deux hémisphères. Bien présent en Méditerranée. Toujours au-dessus d'eaux profondes (500 à 2 000 m), de canyons sous-marins, pente externe du plateau continental. • **Biologie.** Espèce sociale, groupes de ♀♀ et de jeunes, groupes de jeunes ♂♂ célibataires et grands ♂♂ solitaires. Peut plonger à plus de 2 000 m et rester en apnée plus de 1 heure, peut-être deux. Plongées habituelles d'un peu moins de 1 heure et émerge souvent très près du point de départ. Flotte parfois immobile en surface. Se nourrit surtout de calmars, parfois de poissons.

Genre ***Kogia***. Ce sont deux petites espèces de cachalots, très discrètes, difficiles à observer et très mal connues, confondues jusqu'en 1966, peut-être moins rares qu'il n'y paraît. Ils présentent un curieux dessin en forme d'ouïe sur le côté de la tête, possèdent un évent unique. Le crâne est asymétrique, la mandibule étroite avec les dents, en retrait de l'extrémité du rostre. Parfois confondus avec des requins. Faible différence morphologique entre les sexes. Probablement cosmopolites, sauf dans les eaux polaires, le Cachalot pygmée vit plus au nord que le Cachalot nain. Ils consomment des calmars et des poissons qu'ils vont chercher profondément et près du fond. Comme le Cachalot, ils flottent parfois immobiles en surface. Surpris, effrayés, ils fuient en libérant une matière fécale brun rougeâtre d'une façon qui ressemble au jet d'encre des Céphalopodes.

Cachalot pygmée – *Kogia breviceps*

LT : 2,7-3,8 m, P : 315-450 kg.

Description. Ressemble à un petit Cachalot avec une tête carrée mais mieux proportionnée. Coloration gris foncé sur le dos, blanchâtre sur le ventre. Petite nageoire dorsale falciforme. Évent centré au sommet de la tête. 10 à 16 dents par demi-mâchoire. • **Habitat.** Eaux tropicales et tempérées des océans. Répartition en partie connue par les échouages. Semble assez rare. • **Biologie.** Petits groupes. Pélagique, au-dessus d'eaux profondes où il plonge à la recherche de calmars, consomme aussi des poissons et des Crustacés.

Cachalot nain – *Kogia sima*

LT : 2,1-2,7 m, P : 135-275 kg.

Description. Un peu plus petit que le Cachalot pygmée auquel il ressemble. Coloration gris-brun à gris bleuté sur le dos, blanchâtre ou rosée sur le ventre. Nageoire dorsale plus développée et plus antérieure que chez le Cachalot pygmée. Évent légèrement déporté à gauche. 7 à 12 dents par demi-mâchoire sur la mandibule, parfois 1 à 3 dents vestigiales par demi-mâchoire supérieure. • **Habitat.** Pélagique, eaux profondes, plus méridional que le Cachalot pygmée, en Atlantique ne semble dépasser qu'exceptionnellement la Macaronésie vers le nord. Très rare en Méditerranée et mer Rouge. • **Biologie.** Petits groupes. Se nourrit de diverses espèces de Céphalopodes et de poissons, capturés parfois moins profondément que le Cachalot pygmée.

Ziphius – *Ziphius cavirostris*

LT : 5,5-7 m, P : 2-5 t.

Description. Silhouette massive, coloration gris clair variable selon les zones et l'âge des individus, corps rayé de cicatrices blanches résultant de morsures sociales (♂♂) ou du Squalelet *(Isistius brasiliensis)*. Tête parfois encore plus claire que le corps. Jeune foncé, s'éclaircit en grandissant. Bec assez court. Le profil de la tête ferait penser à une tête d'oie. Évent unique. Petite nageoire dorsale faiblement falciforme aux deux tiers du dos. Petite dépression sur chaque flanc où se logent les nageoires pectorales, peu développées, pendant la nage. Large caudale triangulaire. Peu de différences entre les sexes. Deux dents seulement chez le ♂ à l'extrémité de la mandibule. • **Habitat.** Cosmopolite, hauturier, rarement près de la côte, eaux fraîches et tropicales, présent en Méditerranée. Une des baleines à bec (Ziphiidae) les plus répandues et les plus communes. • **Biologie.** Petits groupes (2-8 individus), parfois ♂♂ solitaires. Plongées longues et profondes. Se nourrit à environ 1 000 m de calmars capturés près du fond, aussi de poissons et Crustacés. Aspire ses proies.

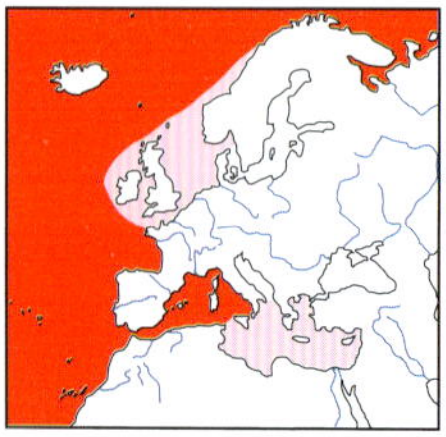

Physeter macrocephalus

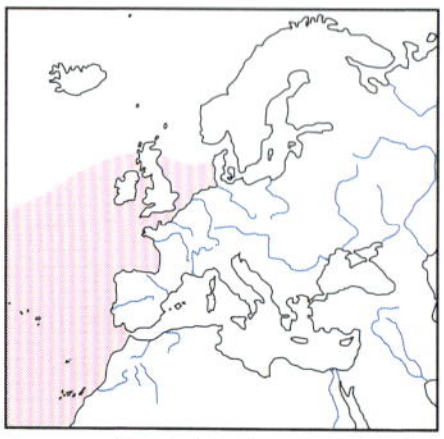

Kogia breviceps

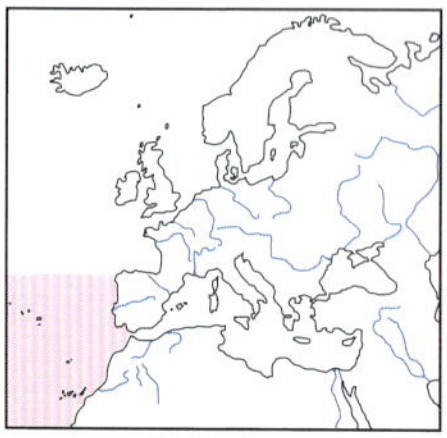

Kogia sima

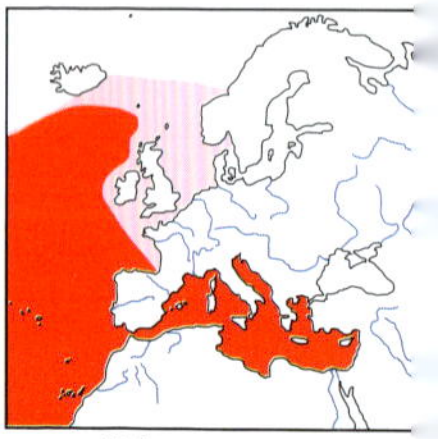

Ziphius cavirostris

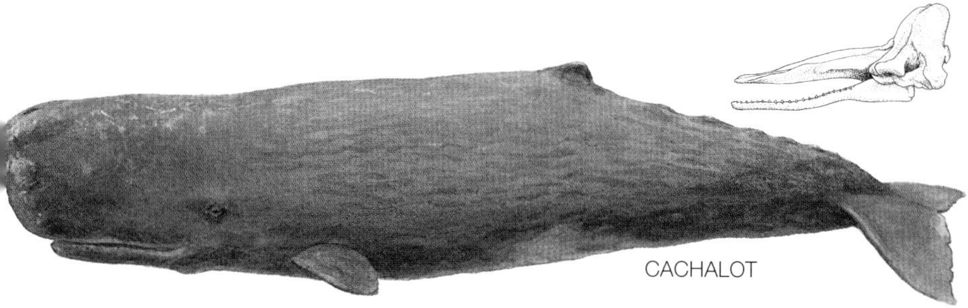

CACHALOT

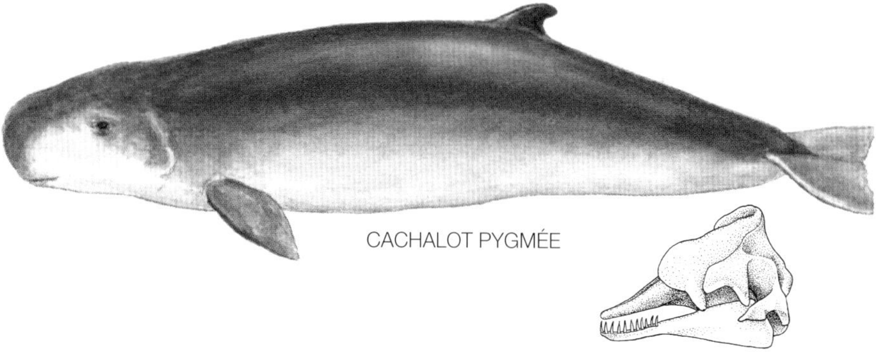

CACHALOT PYGMÉE

CACHALOT NAIN

ZIPHIUS

Hyperoodon boréal – *Hyperoodon ampullatus*

LT : 5,8-9,8 m, P : 5,8-7,5 t. ♂♂ plus grands que ♀♀.

Description. Le plus grand des Ziphiidae dans la zone considérée. Silhouette cylindrique, tête massive avec rostre étroit, melon proéminent et très marqué chez les ♂♂ adultes, plus discret chez les ♀♀. Nageoire dorsale falciforme relativement haute (> 30 cm). Coloration gris foncé à marron clair sur le dos, crème sur le ventre. Une paire de dents à l'extrémité de la mandibule chez les ♂♂. • **Habitat.** Eaux tempérées et fraîches de l'Atlantique Nord, des Açores à la banquise, pélagique, au-dessus de fonds de plus de 500 m. Populations sédentaires au niveau du talus continental et de certains canyons sous-marins, probablement isolées génétiquement. Migrations supposées. Quelques dizaines de milliers dans la zone considérée. • **Biologie.** Petits groupes de quelques individus à une vingtaine fonctionnent selon le modèle fission-fusion. Plonge profondément, jusqu'à 1 500 m, possiblement plus de 1 heure, plus souvent 10 minutes. Se nourrit surtout des calmars.

Genre ***Mesoplodon***. Ce sont peut-être 14 espèces dont certaines sont très mal connues, rarement vues en mer, car hauturières, très discrètes, parfois seulement observées lors d'échouages. Toutes ont une silhouette allongée, un évent unique, souvent une tache sombre autour de chaque œil, plus ou moins visible et deux sillons sur la gorge. Leur queue est large et triangulaire, sans encoche centrale au niveau du bord de fuite postérieur. Les ♂♂ sont équipés d'une paire de dents, parfois étonnantes, souvent assez postérieures sur la mandibule, pouvant presque empêcher l'ouverture de la bouche. Ils doivent donc se nourrir en aspirant leurs proies. Ces dents permettent d'identifier les espèces quand des ♂♂ sont observés, mais pas quand il s'agit de ♀♀. Les ♂♂ ont le corps rayé de cicatrices, probablement liées à des affrontements intraspécifiques. Une légère dépression sur les flancs où se logent les nageoires pectorales pendant la nage. Ces Cétacés plongent profondément, sans doute au-delà de 1 500 m, parfois plus de 1 heure.

Mésoplodon de True – *Mesoplodon mirus*

LT : 4,9-5,4 m, P : 1-1,4 t. ♀♀ légèrement plus grandes que ♂♂.

Description. Gris bleuté, plus clair dessous, petite nageoire dorsale postérieure. Melon arrondi relativement proéminent. Paire de dents des ♂♂ à l'extrémité antérieure de la mandibule. • **Habitat.** Eaux tempérées de l'Atlantique Nord dans la zone considérée. Présent dans le golfe de Gascogne. • **Biologie.** Très mal connu, très peu observé. Étudié essentiellement par des individus échoués. Se nourrit probablement de calmars à de grandes profondeurs ainsi que de poissons.

Mésoplodon de Sowerby – *Mesoplodon bidens*

LT : 4-5,5 m, P : 1-1,3 t. ♂♂ légèrement plus grands que ♀♀.

Description. Gris bleuté, plus clair dessous, tête fine et bec allongé. Melon convexe et peu saillant. Paire de dents des ♂♂ située au milieu de la mandibule, reste visible quand la bouche est fermée. • **Habitat.** Atlantique Nord. Plus septentrional que les autres mésoplodons. Dans la zone considérée, observé surtout autour des Açores, de Madère et des Canaries, plus rarement dans le golfe de Gascogne. Occasionnel en Méditerranée occidentale. • **Biologie.** Discret et mal connu. Se nourrit de poissons benthiques.

Mésoplodon de Blainville – *Mesoplodon densirostris*

LT : 4,2-4,7 m, P : 0,7-1 t.

Description. Silhouette plutôt robuste. Brun ou gris dessus, plus clair dessous. Melon peu marqué. Peu de différence de taille entre les sexes mais les ♂♂ ont de nombreuses cicatrices sur le corps ainsi que des traces de morsures de Squalelet *(Isistius brasiliensis)*, petit requin des eaux tropicales. Dents des ♂♂ très particulières : la mandibule est arquée vers le haut sur sa partie postérieure et les deux dents pointent comme des cornes. Caractéristique de l'espèce lorsque visible. • **Habitat.** Espèce hauturière des eaux tropicales à tempérées (10-32 °C), cosmopolite • **Biologie.** Groupes de 2-12 individus. Se nourrit de calmars des eaux profondes, aussi de poissons. Aspire ses proies.

Mésoplodon de Gervais – *Mesoplodon europaeus*

LT : 4-5,2 m, P : 1-1,2 t. ♀♀ légèrement plus grandes que ♂♂.

Description. Silhouette allongée. Gris-bleu foncé, plus clair dessous, nageoire dorsale triangulaire, aux deux tiers du dos. Les deux dents des ♂♂, triangulaires, sont situées 10 cm en arrière de l'extrémité antérieure de la mandibule. • **Habitat.** Eaux profondes de l'Atlantique tropical et tempéré, semble plus commun vers les Caraïbes que dans la zone considérée. Probablement résident autour des Canaries. Décrit au XIXe siècle à partir d'un individu trouvé dans la Manche, où sa présence est exceptionnelle. • **Biologie.** Grégaire, en petits groupes de 4-6 individus. Se nourrit de calmars et poissons des profondeurs, plongeant jusqu'à 1 500 m.

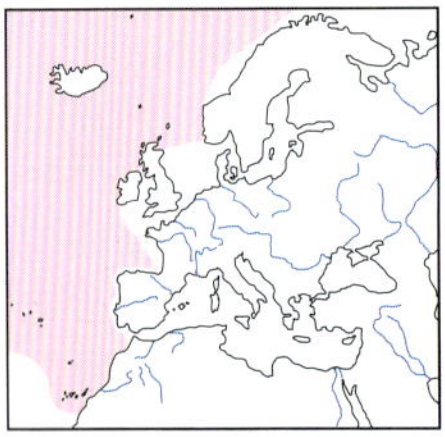
Hyperoodon ampullatus

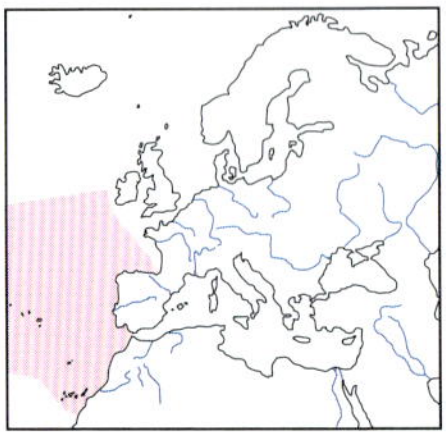
Mesoplodon mirus

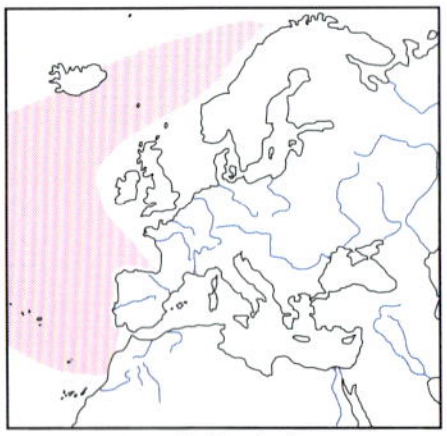
Mesoplodon bidens

Mesoplodon densirostris/europaeus

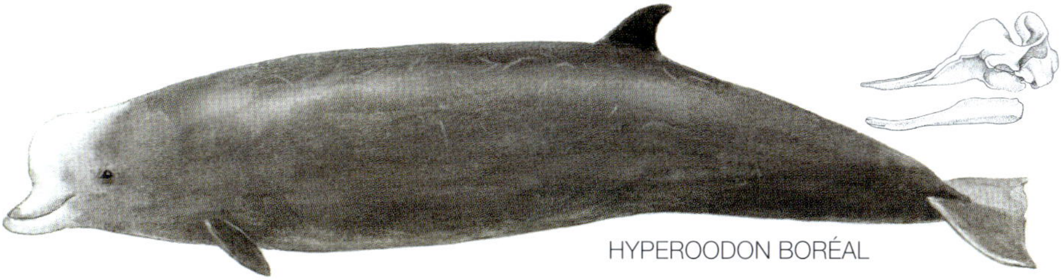
HYPEROODON BORÉAL

MÉSOPLODON DE TRUE

MÉSOPLODON DE SOWERBY

MÉSOPLODON DE BLAINVILLE

MÉSOPLODON DE GERVAIS

Narval – *Monodon monoceros*

LT : 3,7-5 m, P : 700-1 800 kg. ♂♂ plus grands que ♀♀.

Description. Défense du ♂ caractéristique, jusqu'à 3 m de long, parfois une deuxième plus courte, présence rare chez la ♀. Pas d'autre dent chez les adultes. ♀ moins facile à identifier. Tête globuleuse, sans bec. Pas de nageoire dorsale, change de couleur avec l'âge, jeune brun, puis gris sombre puis s'éclaircit. Livrée souvent marbrée ou mouchetée. Petites nageoires pectorales lancéolées. • **Habitat.** Haut arctique, est du Groenland et archipels du Svalbard et François-Joseph dans la zone, globalement entre 70-80° N. Cétacé le plus nordique. Eaux profondes sous la banquise en hiver, respire dans les polynies. Plus proche des côtes en été. Capture non expliquée d'un mâle en juillet 1986 en Égypte. • **Biologie.** Discret, plus facile à observer de la côte ou de la banquise qu'en mer. Petits groupes mixtes. La défense sert lors d'affrontements entre ♂♂. Se nourrit de poissons, calmars et Crustacés. Peut être la proie des orques en eaux libres l'été et de l'Ours polaire depuis la banquise en hiver.

Bélouga – *Delphinapterus leucas*

LT : 3-5,5 m, P : 500-1 600 kg. ♂♂ plus grands que ♀♀.

Description. Adulte blanc pur, jeune sombre, commence par foncer puis s'éclaircit. Pas de nageoire dorsale. Vertèbres cervicales non soudées, tête et cou assez mobiles. Tête expressive, melon proéminent. Jusqu'à 40 dents homodontes. Adapté aux eaux froides, petites nageoires, pannicule adipeux jusqu'à 15 cm d'épaisseur. • **Habitat.** Circumarctique, jusqu'à 80° N, fortement associé à la glace de mer. Fréquente des eaux côtières peu profondes en été. Vit à la lisière de la banquise en hiver, parfois en eaux profondes. Autour du Svalbard et nord de la Russie dans la zone considérée. Probablement populations génétiquement distinctes sur l'ensemble de l'aire. • **Biologie.** Vit en petits groupes, 2-10 ou 6-20 individus. Espèce assez volubile. Peut manœuvrer dans très peu d'eau, pour chasser une proie ou fuir un prédateur. Maturité sexuelle vers 9-12 ans pour les ♀♀, plus tard pour les ♂♂, pourrait vivre 80 ans. Se nourrit de divers poissons et invertébrés, parfois près des côtes, parfois plus au large.

Genres ***Lagenorhynchus*** et ***Leucoplerus***. Ce sont de petits dauphins, d'aspect robuste, au bec court bien délimité du melon, à nageoire dorsale haute et falciforme située à la moitié de la longueur du corps. Le pédoncule caudal est épais, ses bords dorsal et ventral ne convergeant qu'à la base de la nageoire. Les ♂♂ sont légèrement plus grands que les ♀♀.

Lagénorhynque à rostre blanc – *Lagenorhynchus albirostris*

LT : 2,3-3,1 m, P : 180-350 kg.

Description. Bec généralement blanc (extrémité toujours blanche). Dos sombre à l'avant de la nageoire dorsale et blanc à gris pâle à l'arrière (selle). Flancs sombres avec une bande blanche à gris pâle partant de la partie antérieure du dos vers la base de la queue, et une zone gris clair en arrière de la tête, rejoignant plus ou moins la bande latérale. Délimitation floue entre les zones sombres et plus claires du dos et des flancs. Coloration ventrale blanche du bec à l'anus, remontant peu sur les flancs, le gris étant en contact avec les nageoires pectorales. Nageoires noires. 22-28 dents par demi-mâchoire. • **Habitat.** Eaux tempérées froides et subpolaires au niveau du plateau continental. Occasionnel en mer Baltique et dans le golfe de Gascogne. • **Biologie.** Groupes habituellement de 5 à 50 individus, exceptionnellement plus de 1 000. Nage rapide. Vient souvent à l'étrave des bateaux. Saute fréquemment hors de l'eau. Chasse, parfois en compagnie d'autres Cétacés, des poissons, plus rarement des Céphalopodes et des Crustacés.

Lagénorhynque à flancs blancs – *Leucopleurus acutus*

LT : 2-2,8 m, P : 100-250 kg.

Description. Bec noir dessus, blanc dessous. Face dorsale gris-noir à noire. Flancs gris. Large plage claire s'étendant sur la moitié postérieure des flancs, blanche quand elle recouvre la bande latérale grise, ocre quand elle recouvre la face dorsale noire. Coloration ventrale blanche du menton à l'anus, remontant largement sur la partie antérieure de chaque flanc, la bande latérale grise n'étant pas en contact avec la nageoire pectorale. Démarcations nettes entre les zones noires, grises, ocre et blanches de la face dorsale, des flancs et de la face ventrale. Nageoires noires. 30-40 dents par demi-mâchoire. • **Habitat.** Eaux tempérées et subpolaires, souvent à proximité du talus continental. Occasionnel en mer Baltique, au sud du golfe de Gascogne jusqu'au détroit de Gibraltar et aux Açores. • **Biologie.** Groupe habituellement de 2 à 10 individus mais parfois jusqu'à 500. Nage rapide. Vient souvent à l'étrave des bateaux. Parfois exubérant et acrobatique. Chasse, parfois avec d'autres Cétacés, des poissons ainsi que des calmars.

Monodon monoceros

Delphinapterus leucas

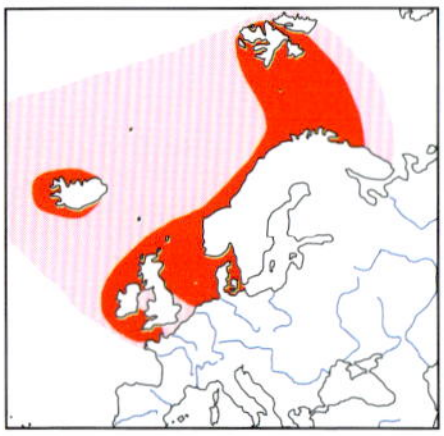

Lagenorhynchus albirostris

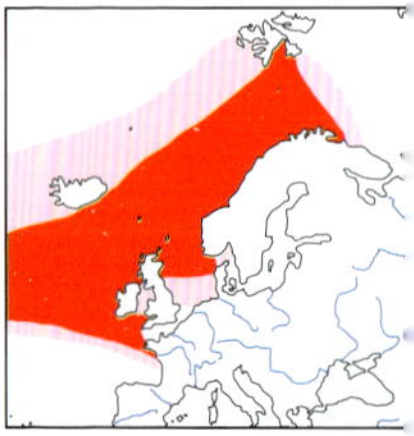

Leucopleurus acutus

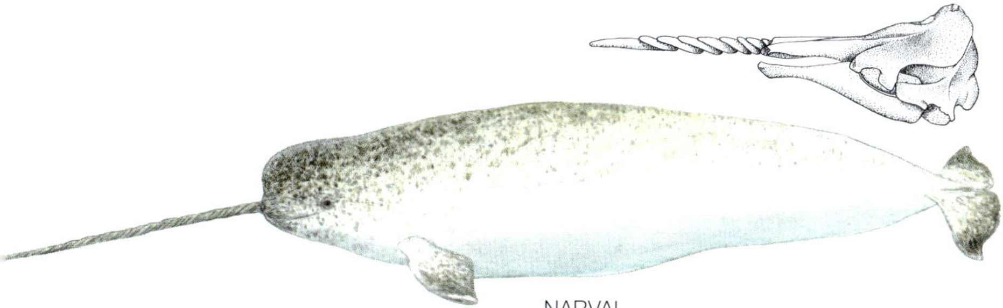

NARVAL

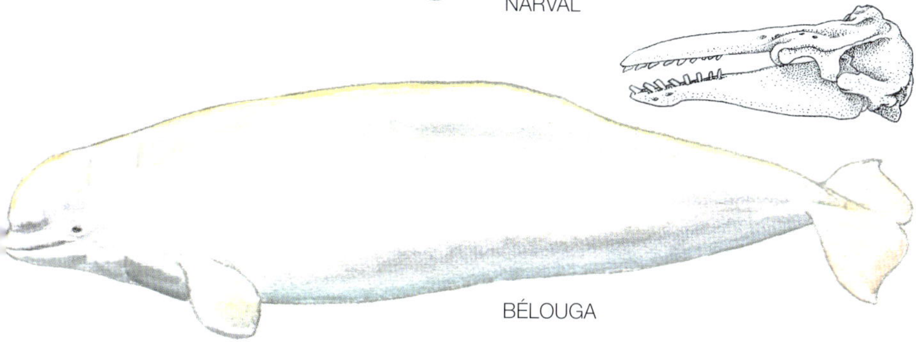

BÉLOUGA

LAGÉNORHYNQUE À ROSTRE BLANC

LAGÉNORHYNQUE À FLANCS BLANCS

Orque – *Orcinus orca*

LT : 6,0-9,5 m (♂), 5,0-8,5 m (♀), P : 6-10 t (♂), 3-7,5 t (♀). ♂♂ nettement plus grands que ♀♀.

Description. Delphinidé de grande taille. Corps massif. Petite tête. Bec à peine ébauché. Nageoire dorsale très haute, en particulier chez le ♂, non (♂) ou légèrement (♀) recourbée vers l'arrière. Grandes nageoires pectorales en forme de battoirs. Dos et flancs noirs avec une tache grise derrière la nageoire dorsale (selle) et une tache blanche derrière chaque œil. Coloration ventrale blanche du menton à l'anus, remontant jusqu'à la bouche et aux yeux mais ne dépassant pas les nageoires pectorales. Au milieu du corps, un diverticule blanc remonte chaque flanc puis s'infléchit vers l'arrière. Nageoires dorsale et pectorales noires. Nageoire caudale noire dessus, blanche dessous. 10 à 14 dents par demi-mâchoire. • **Habitat.** Cosmopolite mais préfère les eaux fraîches et côtières. • **Biologie.** Très sociable. Groupes matriarcaux de 5 à 40 individus. Comportements de chasse élaborés, nécessitant souvent la collaboration de plusieurs individus. Nage rapide. Régime alimentaire varié selon les régions et les groupes. En Atlantique Nord-Est, se nourrit surtout de harengs et de maquereaux, plus rarement de phoques. Consomme des thons rouges en Méditerranée occidentale.

Dauphin commun – *Delphinus delphis*

LT : 1,7-2,6 m, P : 80-120 kg. ♂♂ légèrement plus grands que ♀♀.

Description. Petit dauphin. Corps élancé. Bec plutôt long, nettement distinct du melon. Nageoire dorsale assez grande, falciforme. Cape dorsale sombre s'étendant en V ouvert sur les flancs sous la nageoire dorsale. Sur chaque flanc, 2 taches claires fusiformes, l'antérieure beige, la postérieure gris plus ou moins foncé, se rejoignant sous la pointe du V, dessinent un sablier couché. Face ventrale blanche. Bande sombre allant de la base du bec à la nageoire pectorale. Nageoires sombres, une zone claire ornant souvent le centre de la dorsale. 41 à 67 dents par demi-mâchoire. • **Habitat.** Préfère les eaux fraîches et profondes (> 200 m) mais se rapproche souvent des côtes. • **Biologie.** Groupes de 6 à 30 individus en moyenne, exceptionnellement plus de 1 000. Parfois groupes mixtes avec le Grand dauphin et surtout le Dauphin bleu et blanc. Nage rapide. Vient souvent à l'étrave des bateaux. Exubérant et acrobatique, capable d'effectuer des sauts périlleux. Chasse de jour comme de nuit. Se nourrit de poissons, de Céphalopodes et de Crustacés.

Dauphin de Fraser – *Lagenodelphis hosei*

LT : 2,1-2,7 m, P : 130-210 kg. Pas de dimorphisme sexuel mais variation géographique.

Description. Petit dauphin, d'aspect robuste. Petit bec néanmoins bien distinct du melon. Petite nageoire dorsale triangulaire, légèrement falciforme chez la ♀. Petites nageoires pectorales. Cape dorsale gris-bleu sombre. Flancs gris plus clair. Pas de limite nette entre la coloration de dos et celle des flancs. Chez le ♂ adulte, masque facial noir prolongé sur le bas de chaque flanc par une bande étroite noire jusqu'à l'anus et une autre plus fine rejoignant la nageoire pectorale. Ces marques sont moins visibles chez la ♀ adulte et absentes chez le jeune. Coloration ventrale blanc rosâtre du bec à l'anus, bien délimitée de celle des flancs. Nageoires sombres. • **Habitat.** Eaux tropicales et subtropicales profondes. Rare jusqu'à 30° N. Occasionnel jusqu'en Écosse. • **Biologie.** Groupes de 100 individus et plus. Fuient les bateaux. Se nourrit de poissons, de calmars et de crevettes.

Genre *Sousa*. Les dauphins à bosse sont de petits dauphins, à l'aspect robuste, au long bec bien distinct du melon. Les 2 espèces de la zone considérée présentent une bosse à la base de la nageoire dorsale, petite et falciforme. Les nageoires pectorales sont larges, le pédoncule de la nageoire caudale est caréné et épais.

Dauphin à bosse de l'Atlantique – *Sousa teuszii*

LT : 2,0-2,6 m, P : 100-150 kg. ♂♂ légèrement plus grands que ♀♀.

Description. Gris uniforme plus clair sur les flancs et surtout le ventre. Parfois moucheté sur le dos et les flancs. 26 à 32 dents par demi-mâchoire. • **Habitat.** Eaux tropicales côtières peu profondes (< 25 m), estuaires, mangroves. • **Biologie.** Groupes < 10 individus, parfois jusqu'à 40 individus. Nage lente. Difficile à approcher. Se nourrit de poissons côtiers.

Dauphin à bosse de l'océan Indien – *Sousa plumbea*

LT : 2,2-2,8 m, P : 250-280 kg. ♂♂ légèrement plus grands que ♀♀.

Description. Coloration comme *S. teuszii*. 29 à 39 dents par demi-mâchoire. • **Habitat.** Comme *S. teuszii*. Occasionnel en Méditerranée orientale (*via* le canal de Suez). • **Biologie.** Groupes < 10 individus mais exceptionnellement jusqu'à 100 individus. S'associe souvent à d'autres Delphinidés (Grand dauphin de l'Indo-Pacifique, Dauphin à long bec), voire au Dugong. Nage lente. Difficile à approcher. Se nourrit de poissons côtiers.

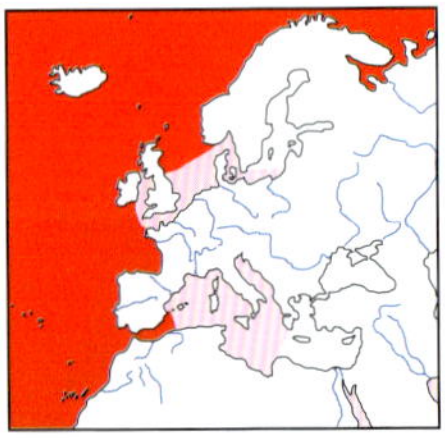
Orcinus orca

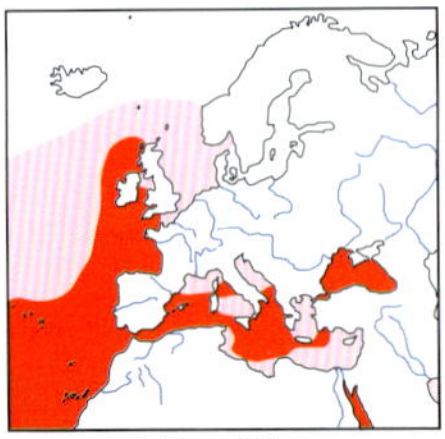
Delphinus delphis

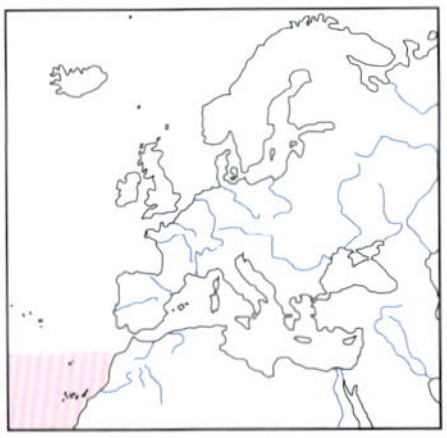
Lagenodelphis hosei

Sousa teuszii (rouge)

Sousa plumbea (violet)

ORQUE

DAUPHIN COMMUN

DAUPHIN DE FRASER ♀

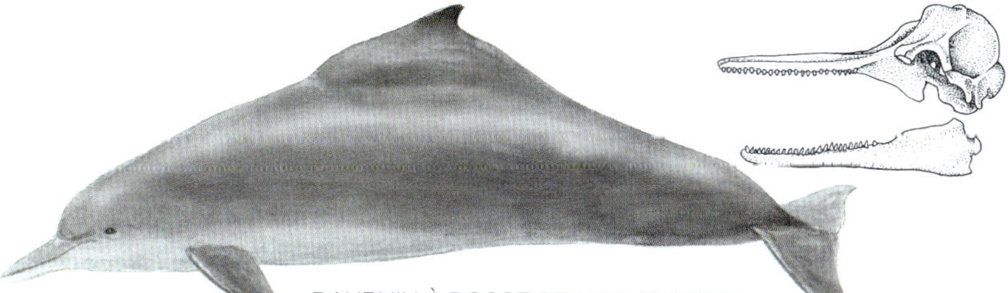

DAUPHIN À BOSSE DE L'ATLANTIQUE

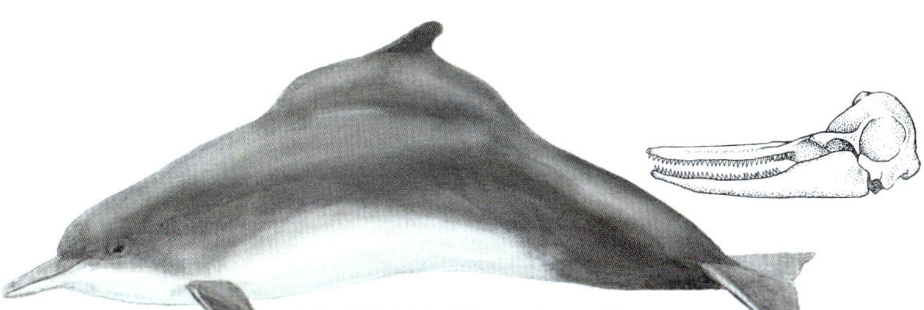

DAUPHIN À BOSSE DE L'OCÉAN INDIEN

Genre ***Stenella***. Ces petits dauphins présentent un corps élancé, un long à très long bec, bien distinct du melon dont il est séparé par un sillon. La nageoire dorsale est haute et falciforme, placée au milieu du dos. Les ♂♂ sont légèrement plus grands que les ♀♀. Les *Stenella* sont très grégaires. Ils forment des groupes de taille variable, de quelques individus à plusieurs milliers, généralement quelques dizaines. Ces dauphins nagent rapidement, effectuent des sauts spectaculaires et viennent parfois à l'étrave des bateaux mais peuvent aussi rester à distance. Ils s'associent temporairement à d'autres Cétacés (dauphins et baleines).

Dauphin tacheté pantropical – *Stenella attenuata*

LT : 1,7-2,1 m, P : 60-120 kg.

Description. Nageoire dorsale fine. Gris-bleu avec une cape sombre du dessus de la tête à l'arrière de la nageoire dorsale, s'élargissant sur les flancs. Bande sombre du bec à l'œil. Des taches apparaissent avec l'âge, d'abord sur le ventre puis s'étendent à l'ensemble du corps chez l'adulte. Bec sombre sauf l'extrémité généralement blanche. 34 à 48 dents par demi-mâchoire. • **Habitat.** Eaux chaudes tropicales et subtropicales profondes mais parfois près des côtes. Accidentel dans le golfe de Gascogne. • **Biologie.** Consomme des poissons, des calmars et des Crustacés.

Dauphin bleu et blanc – *Stenella coeruleoalba*

LT : 1,8-2,7 m, P : 80-160 kg. Individus de Méditerranée plus petits que ceux de l'Atlantique.

Description. Dessus gris-bleu sombre. Latéralement, une tache gris-bleu claire en forme de flamme part du bec, passe au-dessus de l'œil puis se divise en deux mèches, l'une remontant vers la nageoire dorsale et l'autre se prolongeant plus ou moins sur le flanc. Coloration ventrale blanc rosé s'étendant du menton à l'anus et remontant sur les flancs au-dessus des nageoires pectorales sombres. Une fine ligne sombre s'étirant de l'œil à l'anus sépare la zone grise des flancs de la zone ventrale blanche. Trait sombre se détachant de cette ligne en arrière de l'œil. Trait plus épais de l'œil à la nageoire pectorale. Bec sombre dessus et dans sa partie antérieure dessous. 39 à 55 dents par demi-mâchoire. • **Habitat.** Eaux tropicales et tempérées chaudes profondes. • **Biologie.** Peut effectuer des sauts périlleux avant ou arrière. Se nourrit de poissons et de Céphalopodes.

Dauphin tacheté de l'Atlantique – *Stenella frontalis*

LT : 1,6-2,3 m, P : 100-145 kg.

Description. Ressemble au Dauphin tacheté pantropical. Plus robuste. Nageoire dorsale plus longue, moins falciforme, à pointe plus arrondie. Face ventrale plus blanche (apparaît tricolore, et non bicolore). Cape noire moins étendue, parfois traversée par une flamme gris clair partant des flancs et remontant vers la nageoire dorsale. Trait sombre peu marqué de l'œil à la nageoire pectorale. Les subadultes non tachetés peuvent être confondus avec le Grand dauphin qui est plus grand et moins contrasté. 30 à 42 dents par demi-mâchoire. • **Habitat.** Eaux tropicales et tempérées chaudes habituellement peu profondes, plus rarement profondes. Occasionnel dans le golfe de Gascogne. • **Biologie.** Saute très haut. Consomme des poissons, des Céphalopodes et des Crustacés.

Dauphin à long bec – *Stenella longirostris*

LT : 1,6-2,4 m, P : 55-80 kg.

Description. Très long bec. Nageoire dorsale peu falciforme. Livrée tricolore. Cape gris foncé de la tête au milieu du dos descendant peu sur les flancs. Flancs gris clair. Coloration ventrale blanc rosé remontant sur les flancs au-dessus des nageoires pectorales sombres et atteignant l'œil. Trait sombre de l'œil à la nageoire pectorale. Bec sombre dessus, clair dessous, à pointe noire. 40 à 60 dents par demi-mâchoire. • **Habitat.** Eaux tropicales et tempérées chaudes profondes, parfois peu profondes dans la journée (baies, lagons). • **Biologie.** Le seul à effectuer des sauts vrillés complets (jusqu'à 7 rotations). Chasse la nuit des poissons, des calmars et des Crustacés.

Sténo à rostre étroit – *Steno bredanensis*

LT : 2,1-2,6 m (♂), P : 90-160 kg. ♂♂ légèrement plus grands que ♀♀.

Description. Petit dauphin. Bec mince dans le prolongement du melon (pas de sillon les séparant). Nageoire dorsale plus longue à sa base que haute, légèrement falciforme. Dessus et flancs gris sombre. Cape noire plus ou moins distincte. Face ventrale et lèvre supérieure blanches ou rosâtres. Limite floue entre la coloration ventrale et celle des flancs. 18 à 28 dents par demi-mâchoire. • **Habitat.** Eaux tropicales et tempérées chaudes profondes. Occasionnel dans le golfe de Gascogne et en Méditerranée occidentale. • **Biologie.** Groupes compacts de 5 à 20 individus, parfois plusieurs centaines. S'associe à d'autres dauphins. Nage lentement, sans bond. Saute à faible hauteur. Vient parfois à l'étrave des bateaux. Se nourrit de poissons et de calmars.

Stenella attenuata

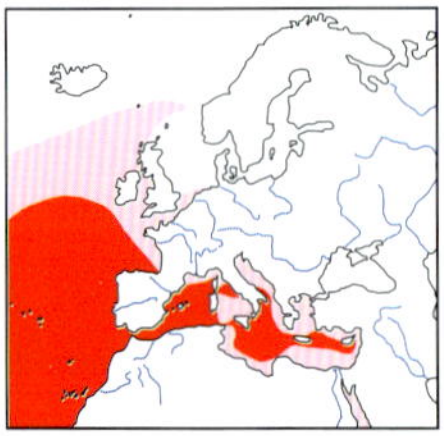

Stenella coeruleoalba

Stenella frontalis (rouge)

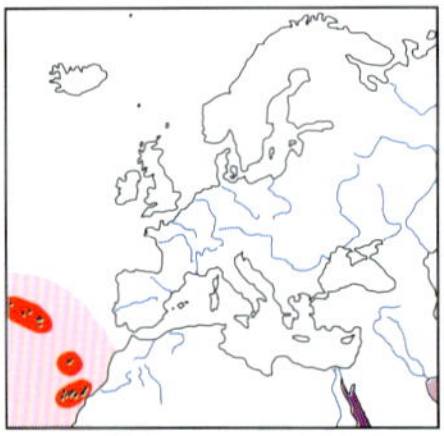

Stenella longirostris (violet)

Steno bredanensis

DAUPHIN TACHETÉ PANTROPICAL

DAUPHIN BLEU ET BLANC

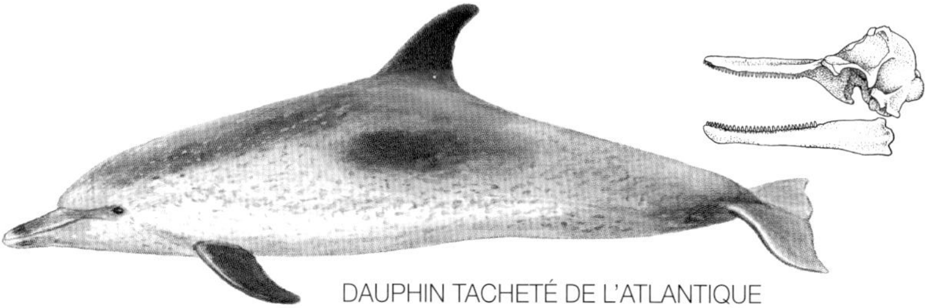

DAUPHIN TACHETÉ DE L'ATLANTIQUE

DAUPHIN À LONG BEC

STÉNO À ROSTRE ÉTROIT

Genre ***Tursiops***. Ces petits dauphins sont robustes, leur bec moyennement long et large est bien distinct du melon dont il est séparé par un sillon. La nageoire dorsale est longue à la base, haute, falciforme, située au milieu du dos. Ils présentent une pigmentation grise ou marron plutôt unie (motifs généralement peu contrastés). Moins grégaires que la plupart des Delphinidés, ils forment des groupes de 1à 15 individus mais exceptionnellement jusqu'à 1 000. Ils s'associent fréquemment à d'autres Cétacés (surtout des dauphins).

Grand dauphin – *Tursiops truncatus*

LT : 1,9-4,1 m, P : 150-650 kg. ♂♂ légèrement plus grands que ♀♀. Morphotype côtier plus petit que le morphotype hauturier. Individus de la mer Noire *(T. t. ponticus)* plus petits (LT < 3,1 m).

Description. *Morphotype côtier.* Pigmentation grise ou marron, foncée sur le dos, s'éclaircissant progressivement sur les flancs. Cape sombre du front à l'arrière de la nageoire dorsale plus ou moins marquée. Face ventrale blanchâtre du menton à l'anus. La coloration ventrale remonte peu sur les flancs, ne dépassant pas les nageoires pectorales et n'atteignant pas l'œil. Limite floue entre la coloration des flancs et de la face ventrale. *Morphotype hauturier.* Bec plus gros. Pigmentation plus sombre et unie. 18 à 28 dents par demi-mâchoire pour les deux morphotypes. • **Habitat.** Affectionne tant les eaux froides que chaudes, à faible ou moyenne profondeur (de la côte au talus continental). • **Biologie.** Faiblement grégaire, groupes de 2 à 15 individus en moyenne, mais s'associe temporairement à d'autres groupes de la même espèce ou d'autres espèces, dont le Mégaptère. Populations côtières sédentaires ou hauturières migratrices. Comportements sociaux élaborés. Actif et joueur. Effectue des sauts spectaculaires et vient à l'étrave des bateaux, voire des gros Cétacés. Très opportuniste, il utilise seul ou collectivement une grande variété de techniques de chasse en fonction des proies disponibles, de la topographie du lieu ou de la taille du groupe. Se nourrit de poissons, de Céphalopodes et de krill.

Grand dauphin de l'Indo-Pacifique – *Tursiops aduncus*

LT : jusqu'à 2,7 m (♂), P : jusqu'à 230 kg (♂). ♂♂ à peine plus grands que ♀♀.

Description. Très proche du morphotype côtier du Grand dauphin. Plus petit à l'âge adulte. Silhouette plus fine, bec plus long, melon plus fuyant et nageoire dorsale proportionnellement plus haute mais critères difficiles à apprécier sur le terrain. Contrairement au Grand dauphin, quelques individus ont le ventre tacheté. La présence de tels individus dans un groupe est diagnostique mais les 2 espèces forment parfois des groupes mixtes. 19 à 27 dents par demi-mâchoire. • **Habitat.** Eaux côtières tropicales et subtropicales chaudes. • **Biologie.** Moins joueur, plus farouche que le Grand dauphin et vient moins à l'étrave des bateaux. Se nourrit de poissons et de Céphalopodes.

Genre ***Globicephala***. Les globicéphales sont des dauphins de taille moyenne, d'aspect trapu, au bec très court et melon très prononcé. La nageoire dorsale est très longue à la base, basse, falciforme, située au tiers antérieur du dos. Les nageoires pectorales sont longues. L'ensemble du corps présente une pigmentation brun sombre ou noire à l'exception de marques blanches ou gris pâle plus ou moins visibles selon les individus : une selle en arrière de la nageoire dorsale, un trait diagonal en arrière de l'œil, une tache gulaire en forme d'ancre et une tache urogénitale généralement reliée à la tache gulaire par une ligne.

Globicéphale noir – *Globicephala melas*

LT : 4,0-7,6 m (♂), 3,8-5,7 m (♀), P : 2,3-3,0 t (♂), 1,3-2,5 t (♀). ♂♂ adultes nettement plus grands que ♀♀.

Description. Très longues nageoires pectorales (18 à 20 % de LT). Pédoncule caudal haut et comprimé, se rétrécissant brusquement à la base de la nageoire caudale. 9 à 12 dents par demi-mâchoire. • **Habitat.** Eaux subpolaires et tempérées, froides et généralement profondes (talus continental et au-delà). Fréquente plus rarement et localement le plateau continental. • **Biologie.** Groupes de 5 à 250 individus, parfois associés à d'autres espèces de dauphins. Nage lente. Peu démonstratif (saute rarement), voire indolent en surface, stationnant longuement. Vient rarement à l'étrave des bateaux. Se nourrit surtout de Céphalopodes ainsi que de poissons et de Crustacés.

Globicéphale tropical – *Globicephala macrorhynchus*

LT : 4,5-7,2 m (♂), 3,5-5,5 m (♀), P : 1,3-3,5 t (♂), 0,7-1,5 t (♀). ♂♂ adultes nettement plus grands que ♀♀.

Description. Nageoires pectorales plus courtes que chez le Globicéphale noir (14-19 % LT). Pédoncule caudal moins haut et plus court. Pigmentation parfois brun foncé plutôt que noire. 7 à 9 dents par demi-mâchoire. • **Habitat.** Eaux tempérées et tropicales chaudes et profondes entre 100 m et 2 000 m. Occasionnel en Méditerranée. • **Biologie.** Proche de celle du Globicéphale noir. Se nourrit surtout de Céphalopodes.

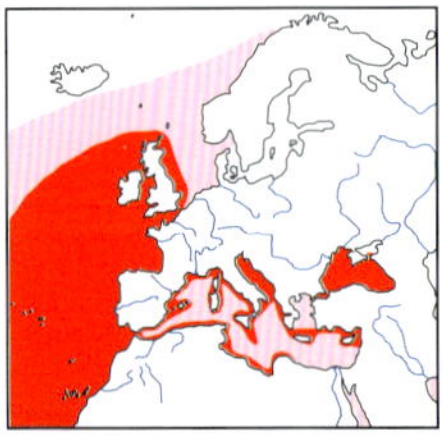

Tursiops truncatus

Tursiops aduncus

Globicephala melas

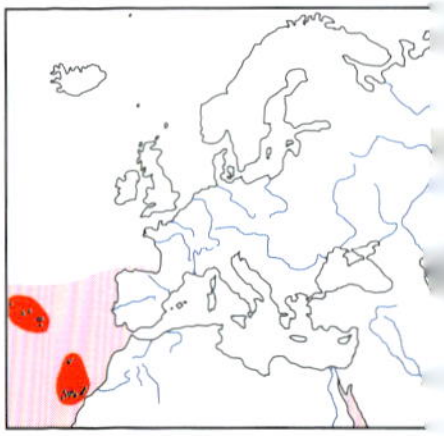

Globicephala macrorhynchus

GRAND DAUPHIN

GRAND DAUPHIN DE L'INDO-PACIFIQUE

GLOBICÉPHALE NOIR

GLOBICÉPHALE TROPICAL

Orque pygmée – *Feresa attenuata*

LT : 2,1-2,6 m, P : 75-170 kg. ♂♂ légèrement plus grands que ♀♀.

Description. Petit dauphin robuste, sans bec. Tête arrondie. Haute nageoire dorsale, falciforme, pointue à son extrémité, placée au milieu du dos. Gris foncé avec une cape noire peu étendue sur les flancs. Lèvres et menton blancs. Parfois ventre pâle ou blanc. 8 à 11 dents par demi-mâchoire. • **Habitat.** • Eaux tropicales et subtropicales profondes (200 à 2 000 m). Occasionnel dans le golfe de Gascogne. • **Biologie.** Groupes de 10 à 50 individus, parfois plusieurs centaines. Ne s'associe pas aux autres dauphins. Nage lentement et saute peu. Vient rarement à l'étrave des bateaux. Se nourrit, en surface et en profondeur, surtout de Céphalopodes, plus rarement de poissons. S'attaque parfois à d'autres dauphins.

Dauphin de Risso – *Grampus griseus*

LT : 3,8-4,1 m, P : 400-500 kg.

Description. Dauphin de taille moyenne, robuste dans sa partie antérieure, plus élancé dans sa partie postérieure. Bec à peine visible. Melon très prononcé, déprimé verticalement chez les individus âgés. Nageoire dorsale haute, légèrement falciforme, placée au milieu du dos. Très longues nageoires pectorales en forme de faux. Face dorsale et flancs gris foncé chez les jeunes. Avec l'âge, les individus s'éclaircissent, surtout au niveau du melon, et se couvrent de sillons et de taches rondes ou ovales blanchâtres sur le dos et les flancs. Face ventrale blanche aux contours nets dans sa partie antérieure et blanchâtre aux contours flous au niveau de l'abdomen. Une bande gris clair relie ces deux zones. 3 à 7 dents par demi-mâchoire inférieure, aucune sur la mâchoire supérieure. • **Habitat.** Eaux tropicales et tempérées profondes (200 à 2 500 m), mais régulier dans les eaux du plateau continental. Occasionnel en mer Noire. • **Biologie.** Groupes de quelques dizaines d'individus, parfois plusieurs milliers. S'associe temporairement à d'autres Cétacés, dont des Mysticètes. Nage lentement. Vient rarement à l'étrave des bateaux et y reste peu de temps. Se positionne parfois verticalement, la tête en bas et la queue dépassant de l'eau (position du poirier). Se nourrit quasi exclusivement de Céphalopodes.

Fausse Orque – *Pseudorca crassidens*

LT : 3,7-6,1 m (♂), 3,5-5,1 m (♀), P : 0,9-2,2 t. ♂♂ nettement plus grands que ♀♀.

Description. Dauphin de taille moyenne, plutôt élancé. Pas de bec. Melon faiblement bombé et s'étendant en avant de la bouche. Nageoire dorsale basse, longue à la base, falciforme, à pointe arrondie, placée au milieu du dos. Nageoires pectorales longues et coudées. Uniformément noir ou gris ardoise sauf sur la face ventrale qui présente une tache pectorale gris clair prolongée par une bande abdominale étroite. 7 à 12 dents par demi-mâchoire. • **Habitat.** Eaux tropicales et tempérées chaudes profondes (200 à 2 000 m). Occasionnel en mer du Nord et en Méditerranée orientale (*via* le canal de Suez ?). • **Biologie.** Groupes de 10 à 20 individus, parfois plusieurs milliers. S'associe souvent à d'autres dauphins. Très rapide. Sauts fréquents. Vient à l'étrave des bateaux. Se nourrit de gros poissons et de Céphalopodes. Attaque parfois d'autres Cétacés.

Marsouin commun – *Phocoena phocoena*

LT : 1,2-1,9 m, P : 40-70 kg. ♂♂ légèrement plus petits que ♀♀.

Description. Petit Cétacé, trapu. Pas de bec. Melon peu prononcé. Nageoire dorsale basse, triangulaire, située au milieu du dos. Nageoires pectorales arrondies à leur extrémité. Coloration dorsale gris foncé ou noire s'étendant sur les flancs. Coloration ventrale blanc pur du menton à la nageoire caudale, montant au-dessus des nageoires pectorales. Zone de transition gris clair entre les deux colorations. Trait sombre de la commissure des lèvres à la nageoire pectorale. 20 à 29 dents par demi-mâchoire. • **Habitat.** Eaux froides à tempérées peu profondes (< 100 m). Côtes, estuaires, fjords, rarement fleuves. Occasionnel en Méditerranée sauf en mer Égée. • **Biologie.** Généralement seul ou par paire (groupes de plus de 10 individus exceptionnels). Discret (saute rarement). Fuit les bateaux. Se nourrit de poissons et de Céphalopodes.

Marsouin aptère – *Neophocaena phocaenoides*

LT : 1,3-1,7 m, P : 30-55 kg.

Description. Petit Cétacé, élancé, sans bec ni nageoire dorsale. Melon prononcé. Crête dorsale aplatie et couverte de verrues de l'aplomb des pectorales au pédoncule caudal. Nageoires pectorales larges. Coloration gris-rouille sombre. Zone plus pâle sur la face ventrale, mal délimitée de la partie sombre. 15 à 22 dents par demi-mâchoire. • **Habitat.** Eaux tropicales et subtropicales peu profondes. Côtes, estuaires, mangroves. • **Biologie.** Groupes jusqu'à 50 individus. Saute rarement. Fuit les bateaux. Se nourrit de poissons, de Céphalopodes et de petits Crustacés.

Feresa attenuata

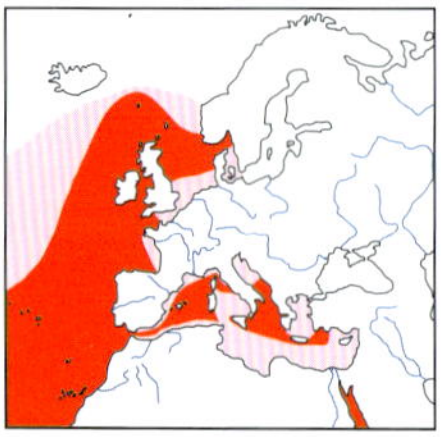

Grampus griseus

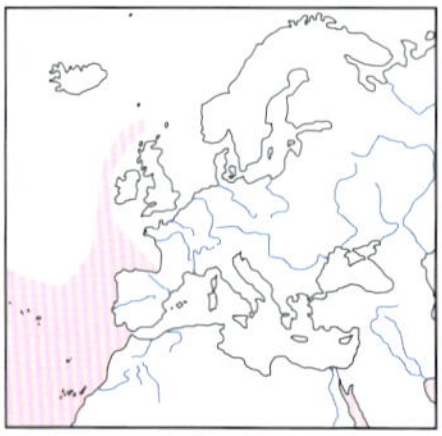

Pseudorca crassidens

Phocoena phocoena (rouge)

Neophocaena phocaenoides (violet)

ORQUE PYGMÉE

DAUPHIN DE RISSO

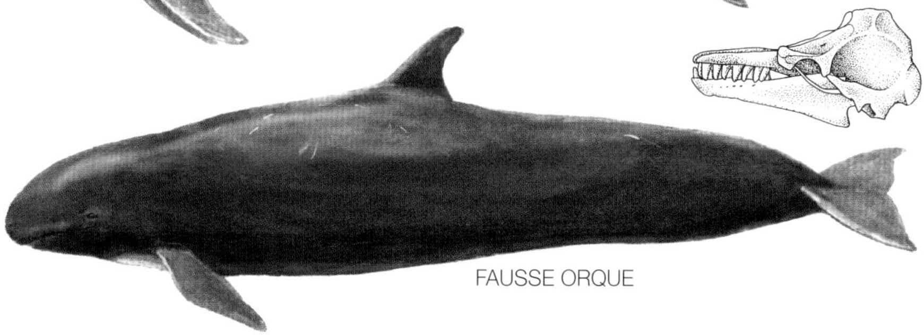

FAUSSE ORQUE

MARSOUIN COMMUN

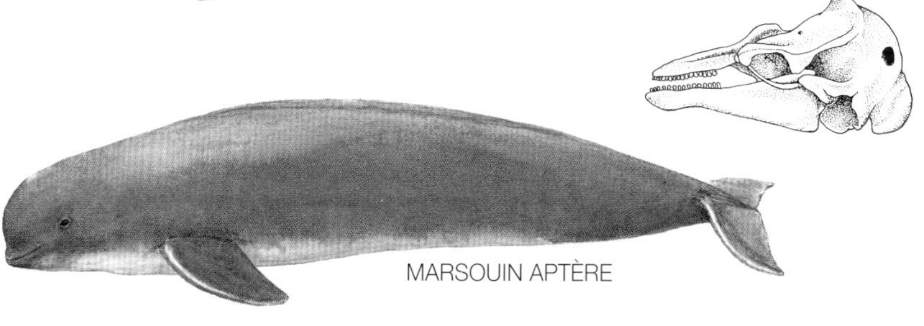

MARSOUIN APTÈRE

Cerf axis – *Axis axis*

TC : 110-140 cm, Q : 20-30 cm, Hg : 90 cm, P : 75-100 kg.

Description. Élégant cerf tacheté sur le dos et les flancs, en toute saison et à tout âge. Pelage fauve brillant, taches blanches, presque alignées sur le flanc. Ligne dorsale sombre. Pas de noir à l'arrière ni sur la queue. Gorge et devant du cou blancs. Mufle sombre. ♂ adulte un peu plus foncé. Bois (65-75 cm en moyenne) avec 3 andouillers. Long espace entre le premier, pointé vers l'avant, et les deux autres, pointés vers le haut. Le plus externe qui prolonge l'axe principal est le plus long. Faon tacheté. 32 ou 34 dents, si canines supérieures (0/3, 0-1/1, 3/3, 3/3). Pas d'incisives supérieures. Ressemble aux autres Cervidés mais le seul tacheté et sans miroir. • **Habitat.** Forêts claires, prairies de la péninsule indienne et du Sri Lanka. Plusieurs tentatives d'introduction dans la zone considérée : vers 1890, en France. Au XXe siècle en Azerbaïdjan, Arménie, Ukraine, Lituanie, Moldavie, Slovénie. Une population introduite (enclos de chasse) en Croatie sur les îles de Brijuni (Brionski Otaki) et la péninsule d'Istrie. • **Biologie.** Crépusculaire, parfois diurne. Petits groupes multimâles de 5-10 animaux. 1 à 2 faons. ♂ émet des mugissements rauques en période de rut. Se nourrit de Poacées, plantes herbacées, feuillage, fruits. A besoin d'eau.

Genre *Dama*. Il a longtemps été discuté. Pourtant, des études génétiques récentes individualisent le genre *Dama* du genre *Cervus* et les deux espèces de daims. Un peu moins hauts et moins fins de silhouette que les autres Cervidés, les daims sont tachetés à l'âge adulte et portent des bois souvent palmés. 32 dents (0/3, 0/1, 3/3, 3/3). Originaires du Proche-Orient, les populations autochtones sont devenues rarissimes, alors que le Daim européen est maintenant cosmopolite, élevé dans de nombreux parcs et enclos de chasse, source de relâchés plus ou moins volontaires.

Daim européen – *Dama dama*

TC : 130-170 cm, Q : 16-19 cm, Hg : 85-110 cm, Or : 12-18 cm, Cbl : 24-28 cm, P : 46-80 kg (♂), 25-52 kg (♀).

Description. Pelage dorsal de sable clair à presque noir, le plus souvent fauve tacheté en été, gris-brun presque sans tache en hiver. Taches blanches, parfois discrètes, sur la robe adulte, fusionnent en une ligne blanche sur le bas du flanc. Ligne dorsale sombre. Pelage ventral et sur les pattes plus clair. Queue assez longue, noire dessus, blanche dessous ; fesses blanches bordées d'un trait noir. Trois pelages différents du pelage sauvage : noir, blanc et ménil (entre blanc et fauve). Chez le ♂ toute l'année, pomme d'Adam bien visible et étui pénien terminé par un pinceau de poils. Bois palmés chez le ♂ adulte (50-65 cm en moyenne), typiques ; deux andouillers libres avant la palmure. • **Habitat.** Parcs le plus souvent, forêts claires, prairies, marais. Répartition historique méditerranéenne, mal connue. Disparu d'Europe durant la dernière glaciation. Zones refuges : Turquie, peut-être Macédoine, Proche-Orient. Déplacements humains dès l'Antiquité (Phéniciens puis Romains). Extinctions et réintroductions successives probables en de nombreux endroits. Peu de populations libres. Effectif important au Coto Doñana (Espagne). Population de l'île de Rhodes (Grèce) sans doute ancienne mais introduite. Dernières populations autochtones dans l'Ouest anatolien (Turquie). Carte indicative, espèce très souvent déplacée. • **Biologie.** Actif en début et fin de journée, parfois crépusculaire. Grégaire, hardes de ♀♀ et de jeunes, ♂♂ le plus souvent solitaires. Rut automnal (octobre-novembre), forme alors parfois des leks. ♂ émet des raires, vocalisations à structure pulsée et fréquence fondamentale basse (30 Hz). Chute des bois, avril-mai. 1 faon. Pelage du jeune ressemble à celui de l'adulte. Herbivore brouteur (Poacées) et cueilleur (nombreux buissons, rameaux, bourgeons). Se nourrit aussi de faines, glands.

Daim de Mésopotamie – *Dama mesopotamica*

TC : 180-190 cm (♂), 160-170 cm (♀), Q : 20-30 cm, Hg : 90-110 cm, Cbl : 28,7-30,8 cm, P : 120-140 kg (♂), 70-80 kg (♀).

Description. Même silhouette que le Daim européen, un peu plus grand. Pelage brun tacheté de blanc. Ligne dorsale sombre encadrée de deux lignes claires. Marque sombre sur le mufle. Miroir moins contrasté, sans les lignes noires, queue plus courte. Bois moins palmés, plus massifs, semblent hérissés. Les deux daims ont été croisés en parcs zoologiques, y compris en Iran. • **Habitat.** Forêts claires de peupliers, saules et tamaris, avec sous-bois dense du bord des cours d'eau, buissons de saules. Historiquement en Iran, Irak, peut-être Proche-Orient. Aujourd'hui uniquement en Iran. Dernières populations naturelles dans les réserves de Dez et Karkheh, province de Khuzestan. Réintroduit dans la réserve de Dasht-e-Nas, province de Mazandaran, et sur l'île de Ashk sur le lac Ourmia, province d'Azerbaïdjan occidental. • **Biologie.** Devenu nocturne, rut en août. Se nourrit de plantes herbacées, feuilles, bourgeons et rameaux ligneux.

Axis axis

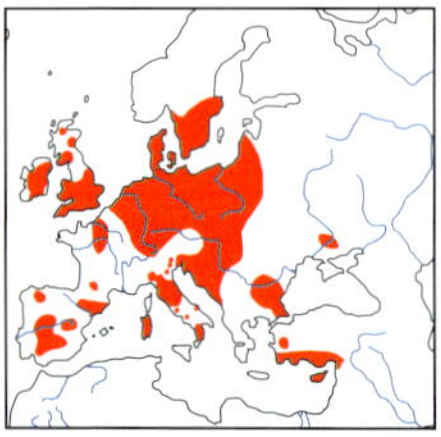

Dama dama

Dama mesopotamica

CERF AXIS
femelle
mâle
crâne du daim européen
femelle
mâle
DAIM EUROPÉEN
DAIM DE MÉSOPOTAMIE
femelle
mâle

Genre *Cervus*. Comme tous les Cervidés, les *Cervus* sont des ruminants biongulés, les doigts 3 et 4 portent l'animal, les doigts 2 et 5 sont peu développés. Leur pelage est rêche, ils possèdent des larmiers caractéristiques. Seul le mâle porte des bois, caduques, très développés chez les adultes, couverts de velours lors de la repousse. 32 ou 34 dents (0/3, 0-1/1, 3/3, 3/3) ; la canine inférieure ressemble à une incisive. Forestiers et plutôt grégaires (♀♀ et jeunes), les *Cervus* présentent un rut automnal spectaculaire. 1 faon. Naturellement représentés par le Cerf élaphe *(C. elaphus)* dans la zone considérée, ils ont fait l'objet de nombreux déplacements, souvent consécutifs à des extinctions locales, pour des raisons cynégétiques. Plusieurs espèces sont élevées dans divers pays.

Cerf élaphe – *Cervus elaphus*

TC : 160-260 cm (♂), 170-210 cm (♀), Q : 12-15 cm, Hg : 120-150 cm, Or : 22-26 cm, Cbl : 28-40 cm, P : 130-300 kg (♂), 80-150 kg (♀). Variations géographiques avec des formes insulaires plus petites.

Description. Grand cerf au pelage uni, brun-roux en été, brun-gris plus épais en hiver. Faon tacheté. Tête allongée, oreilles longues et mobiles. Pattes longues et déliées. Petite queue jaune, miroir jaune sans marque. Net dimorphisme sexuel. Encolure du ♂ massive, couverte de longs poils en automne et en hiver. Cou de la ♀ long et fin. Bois du ♂ (90-105 cm) pouvant compter plus d'une douzaine de pointes au total, avec deux andouillers à la base chez les adultes. Adulte, le Cerf de Berbérie *(C. e. barbarus)* garde la trace de petites taches blanches. • **Habitat.** Lié aux grands massifs forestiers de feuillus, forêts mixtes et de montagne jusqu'à de 2 800 m, au-dessus des arbres en été. Fréquente aussi prairies, landes, forêts méditerranéennes. Initialement dans toute la zone considérée (carte en partie historique – Russie). Nombreuses extinctions locales et repeuplements. Dernière population africaine à la frontière algéro-tunisienne (réintroductions en Algérie et au Maroc). *C. e. corsicanus* en Sardaigne (introduction ancienne) et en Corse (réintroduit). *C. e. hippelaphus* en Europe orientale. *C. e. maral* en Anatolie et dans le Caucase. • **Biologie.** Actif surtout en début et fin de journée. ♀♀ et jeunes grégaires, ♂♂ souvent solitaires, parfois en petite harde. Rut en septembre-octobre. ♂ émet alors des brames, vocalisations à structure pulsée et fréquence fondamentale basse (110 Hz). Les bois tombent entre février et mai. Se nourrit principalement d'herbacées. La qualité du régime explique en partie les variations de taille des animaux et des bois des ♂♂.

Cerf sika – *Cervus nippon*

TC : 105-160 cm, Q : 10-15 cm, Hg : 80-85 cm, Or : 16-20 cm, Cbl : 20-26 cm, P : 40-160 kg. Variations liées aux origines géographiques des animaux introduits.

Description. Ressemble au Cerf élaphe en plus petit, plus léger de forme et plus sombre. Pelage brun-roux tacheté de blanc en été, brun foncé presque noir (♂) en hiver, taches peu visibles. ♂ plus foncé et plus grand que ♀ et pelage plus dense sur le cou en automne et en hiver. Miroir blanc bordé de noir, dessus de la queue noir. Glande métatarsienne visible (tache blanche). Bois des ♂♂ adultes (30-75 cm) avec 4 pointes, un seul andouiller à la base. • **Habitat.** Forêts de feuillus et mixtes à sous-bois dense, mais aussi plantations de résineux et milieux ouverts proches. Introduit en Europe à la fin du XIXe siècle : Irlande, Grande-Bretagne, Tchéquie, France, Danemark, Pologne, Autriche, Allemagne, Russie (depuis le Japon sur le continent, d'origines variées dans les îles britanniques, d'Oussouri [Sibérie] en Russie). Hybridation ancienne avec le Cerf élaphe en Irlande et Grande-Bretagne. • **Biologie.** Comme le Cerf élaphe, pic d'activité matin et soir. Rut à l'automne. ♂ émet des vocalisations aiguës, sifflements et hurlements (fréquence fondamentale 560-2 040 Hz). Bois tombent en avril. Se nourrit d'herbacées, mais aussi de glands, fruits et bourgeons.

Muntjac de Chine – *Muntiacus reevesi*

TC : 90-100 cm, Q : 15 cm, Hg : 48-52 cm, Or : 7-8,6 cm, Cbl : 14-16 cm, P : 12-15 kg. ♂♂ plus grands que ♀♀.

Description. Petit cerf, tête souvent portée basse et dos arrondi, trapu. Pelage uni, roussâtre sur le dos et les flancs, plus gris en hiver, clair sur le ventre. Bois simples (1 pointe ou 2), montés sur un long pivot. Marques faciales sombres, larmiers très marqués. Queue touffue, rousse dessus, blanche dessous. Miroir visible lorsque la queue est relevée. 34 dents (0/3, 1/1, 3/3, 3/3) ; pointes des canines supérieures apparentes. • **Habitat.** Forêts de feuillus avec fourrés et sous-bois dense en Europe. Originaire du sud de la Chine, introduit au début du XXe siècle en Grande-Bretagne : Angleterre, pays de Galles, et du XXIe siècle en France. • **Biologie.** Crépusculaire, discret, solitaire. Aboiements surtout pendant le rut. Domaine vital d'environ 15 ha, celui du ♂ plus grand que celui de la ♀. Les bois tombent entre mai et juillet. Court la queue dressée. Se nourrit d'herbacées, rameaux, feuilles, bourgeons, fruits.

Cervus elaphus

Cervus nippon

Muntiacus reevesi

mâle, automne
femelle, hiver
ERF ÉLAPHE
faon
mâle, été
mâle, hiver
CERF SIKA
femelle, hiver
mâle
femelle
MUNTJAC DE CHINE

Hydropote chinois – *Hydropotes inermis*

TC : 100 cm, Q : 6-7 cm, Hg : 60 cm, Or : 9-12 cm, Cbl : 16 cm, P : 11-20 kg (♂), 9-12 kg (♀).

Description. Petit cerf sans bois, mais le ♂ a des canines proéminentes. Ligne du dos horizontale (souvent arquée chez le Muntjac de Chine). Pelage dorsal uni, roussâtre l'été, plus gris et plus épais l'hiver, pelage ventral blanc. Queue courte. Grandes oreilles, bout du museau noir. Miroir peu visible. 34 dents (0/3, 1/1, 3/3, 3/3). • **Habitat.** Zones humides, marais, roselières, prairies, fourrés. Originaire de Chine et Corée, introduit en Grande-Bretagne et en France. Population britannique limitée à quelques comtés du sud de l'Angleterre, population française apparemment éteinte. • **Biologie.** Surtout nocturne, solitaire, territorial, parfois en couple jusqu'à l'époque des mises bas. Le ♂ peut mordre avec ses canines. Aboiements quand il est inquiété, sifflements pendant le rut en décembre. Le ♂ défend alors un territoire de 4 ha. Se nourrit de Poacées, carex, joncs, mais aussi rameaux et tubercules.

Genre ***Capreolus***. Ce sont de petits à moyens Cervidés, aux bois courts, rugueux portant jusqu'à 3 pointes qui tombent à l'automne. Pratiquement sans queue, leur miroir blanc est plus apparent en hiver qu'en été, en forme de cœur chez la ♀, de rein chez le ♂. Leur odorat est développé, ils possèdent de nombreuses glandes dont une métatarsienne, la plus visible, sur l'extérieur des pattes postérieures, sous le talon. 32 dents (0/3, 0/1, 3/3, 3/3). Ce genre, propre aux zones tempérées de l'Eurasie, regroupe des animaux plutôt solitaires et territoriaux, au moins une partie de l'année. Ce sont les seuls Cétartiodactyles qui présentent une implantation différée, de 4-5 mois. Le rut intervient en fin d'été, la mise bas d'1 à 3 faons en mai ou juin. Ils restent tapis au sol les premiers jours, la ♀ vient les allaiter 5 à 9 fois par jour le premier mois, ils suivent la ♀ vers l'âge de 6-8 semaines.

Chevreuil européen – *Capreolus capreolus*

TC : 95-135 cm, Q : 2-3 cm, Hg : 65-75 cm, Or : 12-13 cm, Cbl : 18-20 cm, P : 16-32 kg. ♂♂ plus lourds que ♀♀. Peu de variations pondérales saisonnières.

Description. Petit Cervidé élégant. Pelage roux l'été, brun-gris et plus épais l'hiver. Dessus de la tête gris même en été. Tache claire sur le devant du cou, pas toujours visible. Grandes oreilles légèrement bordées de noir. Museau cerclé de noir, lèvres et menton blancs. Peau de la tête et du cou du ♂ épaissit au moment du rut. Touffe de poils blancs qui simule une queue en hiver (♀). Bois droits et parallèles, axe perlé, jusqu'à 26 cm. Écartement entre les bois jusqu'à 14 cm. Glande métatarsienne brune ou gris-brun. Faon tacheté. • **Habitat.** Forêts tempérées, apprécie les zones de régénération, bordure de steppe, bosquets en zone agricole, prairies hautes un peu boisées, grandes cultures avec un écotype forestier et un écotype de milieux ouverts. Espèce essentiellement européenne, répartition restaurée depuis les années 1960 qui s'étend progressivement en montagne et dans la région méditerranéenne à la suite de nombreux lâchers cynégétiques et de plans de chasse. En augmentation démographique en Europe de l'Ouest. Absent de la plupart des îles. • **Biologie.** Crépusculaire, mais assez facile à observer de jour. Sédentaire, territorial et solitaire au printemps et en été, ♂ agressif. Plus grégaire l'hiver, surtout dans les milieux ouverts (jusqu'à une centaine d'animaux). Groupes familiaux de composition fluctuante. ♂ et ♀ aboient, surtout lorsqu'ils sont dérangés. Herbivore sélectif, se nourrit de bourgeons, fruits, feuilles, graines selon la saison et le milieu.

Chevreuil de Sibérie – *Capreolus pygargus*

TC : 126-144 cm, Q : 2-3 cm, Hg : 81-94 cm, Or : 16-18 cm, Cbl : 20-23 cm, P : 32-48 kg. ♂♂ plus lourds que ♀♀.

Description. Plus grand que le Chevreuil européen. Pelage roux l'été y compris sur le dessus de la tête, gris clair au nord et brun ocre au sud l'hiver. Ventre crème. Bois du ♂ écartés à la base et divergents, nettement plus grands que ceux du Chevreuil européen, jusqu'à 33 cm. Écartement entre les bois jusqu'à 25 cm. Glande métatarsienne rougeâtre. • **Habitat.** Forêts avec une préférence pour les chablis et clairières, steppes. Plus fortes densités dans les prairies d'herbes hautes et plaines d'inondation. Certaines populations asiatiques vivent à découvert dans la steppe, à proximité de collines ou ravins, et si l'herbe est assez haute. Au contact de *C. capreolus* entre les fleuves Don, Khoper et Volga. Une population isolée au nord du Caucase. • **Biologie.** Variable selon la saison et les régions. Surtout crépusculaire, alternant périodes d'alimentation et de repos jour et nuit. Territorial au printemps et en été. Un ♂ défend 10 à 170 ha. Grégaire l'hiver. Domaines vitaux parfois différents entre les saisons mais identiques d'une année sur l'autre. Se nourrit de très nombreuses plantes herbacées et ligneuses, en hiver consomme des herbes sèches, mousses et lichens.

Hydropotes inermis

Capreolus capreolus

Capreolus pygargus

HYDROPOTE
femelle, hiver
mâle, été
femelle, hiver
mâle,
hiver
CHEVREUIL EUROPÉEN
mâlo, ótó
CHEVREUIL
DE SIBÉRIE
mâle, été

Élan – *Alces alces*

TC : 200-290 cm, Q : 7-10 cm, Hg : 180-210 cm (♂), 150-170 cm (♀), Or : 25-27 cm, Cbl : 51-56 cm, P : 320-800 kg (♂), 275-375 kg (♀).

Description. Le plus grand et le plus massif des Cervidés, d'allure caractéristique, aux pattes très longues et à grosse tête. Pelage brun sombre, bas des pattes plus clair, grisâtre. Le gris des pattes postérieures remonte en une fine bande jusque sous la queue, petite chez la ♀. Museau busqué, dessus des narines velu, fanon de peau et de poils sous la gorge (♂). Bois du ♂ très variables de forme, souvent palmés, larges, parfois avec juste des pointes comme ceux des autres Cervidés. Faon brun-roux, plus clair que les adultes, non tacheté. 32-34 dents (0/3, 0-1/1, 3/3, 3/3). • **Habitat.** Taïga, forêts mixtes, alpages, parfois en zone agricole avec une préférence pour les zones intégrant des milieux humides, étangs. Relativement adaptable. Répandu de la toundra au nord jusqu'à la limite steppe-forêt au sud. Individus erratiques au nord de la Roumanie et sud de l'Ukraine. Arrive en Allemagne par le nord-est (Pologne) et la Bavière (Tchéquie). Aux temps historiques, jusque dans le Caucase et les rivages de la mer Noire. Populations en expansion en Scandinavie à la suite des coupes forestières. • **Biologie.** Solitaire, parfois sédentaire, parfois se déplace jusqu'à 100 km entre zones d'été en altitude et zones d'hiver forestières et plus basses où les animaux se concentrent. Petits groupes familiaux en hiver. Domaine vital jusqu'à 20 km^2. Trotte vite et nage bien. Perd le velours en août-septembre, peu avant le rut, en septembre-octobre, grognements sourds des 2 sexes. Les bois tombent en hiver. 1 à 3 jeunes qui suivent la mère à 2-3 jours. Herbivores, se nourrit volontiers de plantes aquatiques. Cueille et broute des herbacées, des lichens, des rameaux et écorces, de conifères, saules, bouleaux, trembles, sorbiers. Consomme aussi des céréales (avoine).

Chevreuil de Virginie – *Odocoileus virginianus*

TC : 115-170 cm, Q : 15-28 cm, Hg : 90-105 cm, Or : 14-24 cm, Cbl : 24-35 cm, P : 50-135 kg. ♂♂ plus grands que ♀♀.

Description. Plus grand que le Chevreuil européen, ♂ avec bois recourbés vers l'avant, à 4-5 pointes. Pelage sur le dos, les flancs et la queue brun-roux en été, brun-gris en hiver. Pelage de la gorge et du ventre blanc. Tête assez allongée avec des marques claires sur la face et un museau sombre. Croupe et dessous de la queue blancs. Court la queue longue, relevée et ébouriffée. 32-34 dents (0/3, 0-1/1, 3/3, 3/3). • **Habitat.** Régions boisées et buissonnantes relativement peu enneigées. Originaire d'Amérique du Nord et centrale, introduit en Europe : Finlande (1935), Tchéquie, Serbie, Croatie, Bulgarie (éteint). Parfois en enclos. • **Biologie.** Surtout crépusculaire. Solitaire ou groupe familial en été, petits groupes (jusqu'à 25 animaux) en hiver. ♂ émet des grognements pendant le rut, perd ses bois après le rut en décembre-janvier. Cueilleur sélectif dans le choix des plantes et des parties des plantes consommées.

Renne – *Rangifer tarandus*

TC : 185-220 cm, Q : 10-15 cm, Hg : 105-120 cm, Or : 11-15 cm, Cbl : 24-36 cm, P : 70-150 kg (♂), 40-100 kg (♀).

Description. Seul Cervidé chez lequel les 2 sexes portent des bois, plus grands chez le ♂, jusqu'à 120 cm de long, seulement 50 cm chez la ♀. Bois en deux bouquets, l'un antérieur et vers l'avant, l'autre postérieur et vers le haut. Pelage brun foncé l'été, souvent l'encolure plus claire avec une rangée de longs poils sous le cou ; pelage plus clair en hiver. Faon brun non tacheté. Extrémité du museau poilue sur les narines. Sabots en croissant. 32-34 dents (0/3, 0-1/1, 3/3, 3/3). Formes domestiques et sauvages pas toujours faciles à distinguer. • **Habitat.** Taïga et toundra, également fourrés d'altitude. Écotypes forestier (Carélie, Russie) et montagnard (Scandinavie). Introduit en Islande au XVIIIe siècle (depuis la Norvège) et en Écosse plus récemment (forme domestique). En Europe, les populations sauvages ont régressé face aux troupeaux domestiques. • **Biologie.** Diurne, très grégaire, social. Émet des grognements de contact dans le troupeau. Claquements bien audibles lors de la marche dus à un tendon frottant contre une protubérance osseuse du pied. Migration (jusqu'à 1 000 km) de la toundra à la taïga et des alpages aux forêts à l'automne, avec retour au printemps. Un des rares Mammifères terrestres réellement migrateur. Grandes troupes lors des déplacements printaniers. ♂ perd le velours en septembre. Rut en septembre-octobre. Le ♂ perd ses bois après le rut en décembre-janvier, la ♀ en mai. ♀ dominante avec ses bois pour l'accès à la nourriture pendant une partie de la gestation. Régime alimentaire assez pauvre, à base de lichens. Consomme également diverses plantes en été et champignons en automne. Creuse la neige pour se nourrir ou cueille des lichens épiphytes. En hiver, le Lichen des rennes *(Cladonia rangiferina)* est un aliment important.

Alces alces

Odocoileus virginianus

Rangifer tarandus

ÉLAN
mâle
femelle
jeune
femelle, été
mâle,
hiver
CHEVREUIL DE VIRGINIE
RENNE
hiver
en mue, été

Genres *Gazella* et *Nanger*. Ils regroupent une dizaine d'espèces de petits Bovidés des régions désertiques ou semi-désertiques de l'Ancien Monde. Élégantes de silhouette, les gazelles possèdent de fines cornes annelées, plus grandes et plus massives chez le ♂, et des glandes faciales (larmiers) plus ou moins développées. 32 dents (0/3, 0/1, 3/3, 3/3), la canine inférieure ressemble parfois à une incisive. L'identification spécifique combine les données morphologiques, le lieu et le milieu d'observation. Comme des hybridations sont possibles en captivité et que des introductions d'espèces allochtones ont eu lieu, leur reconnaissance n'est pas toujours aisée, ni sur le terrain, ni en captivité. L'énigmatique Gazelle rousse *(Eudorcas rufina)* éteinte au début du XXe siècle n'est connue que par trois peaux achetées en Algérie. Toutes les espèces sont adaptées aux milieux extrêmes et peuvent se passer longtemps d'eau libre. Elles ont beaucoup souffert de la chasse et de la concurrence des troupeaux domestiques. Les dernières populations ne survivent que dans des zones protégées ou très isolées. Certaines ont pratiquement disparu en nature. Une récente révision a identifié plusieurs espèces, parfois très localisées, qui sont mentionnées comme sous-espèces.

Gazelle de Cuvier – *Gazella cuvieri*

TC : 95-105 cm, Q : 15-20 cm, Hg : 60-70 cm, Or : 17 cm, P : 20-35 kg (♂), 15-20 kg (♀).

Description. Gazelle de taille moyenne, au pelage assez long et dense, fauve grisâtre sur le dos, devient clair sur le ventre et la face interne des membres, avec démarcation soulignée sur le flanc. Cornes peu divergentes, annelées (12-17 anneaux), de 25-37 cm chez le ♂, 25-30 cm chez la ♀. Larmiers bien marqués, tache noire sur le chanfrein caractéristique. Fesses blanches bordées d'une ligne foncée, queue noire. • **Habitat.** Hauts plateaux, éboulis, steppes boisées, forêts claires de pins d'Alep et de chênes verts, vallées sèches avec joncs et stipes (alfa). Jusqu'à 3 100 m en été dans le Haut Atlas (Maroc). Endémique du Maghreb (non confirmée en Libye). En forte régression durant le XXe siècle. • **Biologie.** Active surtout en début et fin de journée. Souvent solitaire ou en petits groupes territoriaux (3-5 animaux avec 1 seul ♂). Rut en novembre, mise bas en avril-mai. Broute surtout des Poacées.

Gazelle de montagne – *Gazella gazella*

TC : 110-125 cm, Q : 15-20 cm, Hg : 52-61 cm, Or : 10-14 cm, Cbl : 15-19 cm, P : 15-35 kg.

Description. Grande gazelle, ressemble à la Gazelle de Cuvier (allopatrique, parfois considérée conspécifique). Pelage brun-roux sur le dos et jusque sur les pattes, ligne sombre sur le flanc. Ventre et intérieur des pattes blancs. Fesses blanches bordées de noir. Queue noire. Marques faciales proches de celles de la Gazelle dorcas et tache sombre sur le chanfrein. Oreilles moyennes. Cornes légèrement divergentes, annelées (10-18 anneaux), relativement courtes, 13-27 cm chez le ♂, 8-15 cm chez la ♀ (fortes variations géographiques). Incl. *acaciae, cora*. • **Habitat.** Désert côtier, plateaux, collines parfois pentues mais pas rocheuses, vallées sèches, paysages d'acacias. Évite la forêt et le maquis (chaparral). Pas dans le Sinaï. Trouvée en 2009 à Hatay, Turquie. Introduite en mer Rouge (îles Farasan, Arabie) et dans le golfe Persique (îles Farur, Iran). • **Biologie.** Diurne. Solitaire ou en petites hardes, autrefois rassemblements de plus de 50. Déplacements erratiques en fonction des pluies et des saisons. Naissances tout au long de l'année avec un pic principal au printemps, un pic secondaire en automne. Broute des Poacées en hiver, des feuilles et gousses d'acacia et différentes autres espèces végétales du désert, jujubier notamment, en été. Peut se passer d'eau libre.

Gazelle leptocère – *Gazella leptoceros*

TC : 101-116 cm, Q : 12-17 cm, Hg : 65-72 cm, P : 15 à 30 kg. ♂♂ plus grands et plus lourds que ♀♀.

Description. Gazelle de taille moyenne au pelage dorsal blond, marqué de lignes longitudinales claires et sombres sur les flancs, peu contrastés. Pelage ventral blanc. Pattes bicolores, blanches en face interne. Marques faciales proches de celles de la Gazelle dorcas. Oreilles assez longues et étroites. Cornes longues et fines, annelées (20-25 anneaux), divergeant à l'extrémité mais pas en lyre, atteignant 30-41 cm chez le ♂, 20-38 cm chez la ♀. Queue brun foncé, très visible. • **Habitat.** Déserts de sable, dunes (ergs). Parfois déserts de cailloux (regs). Autrefois largement présente en Afrique du Nord au sud des chaînes atlasiques, en forte régression, éteinte dans une grande partie de l'aire cartographiée (habitat potentiel). • **Biologie.** Active aux heures fraîches de la journée, s'abrite sous les acacias aux heures chaudes pour ruminer. Petites hardes, 1 ♂ avec quelques ♀♀. Sans doute nomade à la recherche des pluies et des pâturages. Consomme essentiellement la Poacée localement appelée sbot ou drinn *(Aristida pungens)* qui pousse en touffe dans les creux dunaires, mais aussi des feuilles d'acacia. Peut se passer d'eau libre.

Gazella cuvieri

Gazella gazella

Gazella leptoceros

GAZELLE DE CUVIER
femelle
mâle
femelle
mâle
ZELLE DE MONTAGNE
femelle
mâle
GAZELLE LEPTOCÈRE

Gazelle dama – *Nanger dama*

TC : 140-165 cm, Q : 25-35 cm, Hg : 90-120 cm, P : 40-75 kg.

Description. La plus grande gazelle, silhouette unique avec des pattes longues, une grande tête portée par un long cou, des cornes relativement petites (20-43 cm, plus courtes chez la ♀), annelées (20 à 30 anneaux), orientées vers l'arrière, doublement recourbées. Pelage dorsal brun-roux assez vif. Couleur d'étendue variable, couvrant tout le dos et le haut des flancs (populations septentrionales), limitée au cou et aux épaules (populations méridionales). Ventre, dessus de la tête, flancs, croupe et pattes blanc pur. Tache colorée le long de la cuisse. Croissant blanc sur la gorge. Queue courte, blanche à pointe brune. • **Habitat.** Déserts, semi-déserts, savanes claires à acacias, regs et hamadas, certaines zones sableuses. Initialement de la Mauritanie à l'Égypte et du sud de l'Anti-Atlas (Maroc) jusqu'au Sahel. Éteinte de la zone considérée. Quelques populations en enclos, essais de réintroduction. • **Biologie.** Active surtout à l'aube et au crépuscule. Autrefois grandes migrations en fonction des saisons et des pluies, rassemblements de plusieurs centaines d'animaux. Se nourrit de Poacées, divers buissons, plantes succulentes et acacias (peut se dresser sur ses postérieurs pour brouter les feuilles).

Gazelle dorcas – *Gazella dorcas*

TC : 90-117 cm, Q : 10-18 cm, Hg : 55-65 cm, Or : 13 cm, Cbl : 15-17 cm, P : 14-20 kg. Léger dimorphisme sexuel.

Description. La plus petite gazelle, longues pattes en proportion. Pelage ras et lisse, fauve sur le dos, le haut des flancs et les pattes, blanc sur le ventre et la face interne des membres ; bande latérale plus foncée sur les flancs. Pelage plus gris en hiver. Grandes oreilles, chanfrein sombre, ligne blanche au-dessus de l'œil, trait noir au coin antérieur de l'œil descendant vers le museau. Cornes annelées (18-28 anneaux) chez les 2 sexes, jusqu'à 38 cm de long, en forme de lyre chez le ♂, plus droites et plus fines chez la ♀. Queue avec une longue touffe apicale noire. • **Habitat.** Déserts, marges prédésertiques et steppes, lits d'oueds et zones peu escarpées. Évite les grandes étendues de sable et la montagne. Originellement présente dans toute l'Afrique du Nord et une grande partie du Proche-Orient. En régression. • **Biologie.** Active surtout en début et fin de journée. Sédentaire et petites hardes ou migratrice en plus grands groupes. Court la queue dressée. ♂ territorial lors du rut, variable selon les ressources alimentaires. Consomme des Poacées, plantes succulentes, buissons et arbustes. Peut se passer d'eau libre.

Gazelle goitreuse – *Gazella subgutturosa*

TC : 95-125 cm, Q : 13-20 cm, Hg : 60-75 cm, Or : 10-13 cm, Cbl : 15-19 cm, P : 15-35 kg (animaux plus grands en Iraq-Iran qu'en Jordanie-Arabie).

Description. Gazelle plutôt massive, de couleur sable sur le dos et les flancs, une partie de la tête, la gorge, blanche sur le ventre et la face intérieure des membres. Pattes antérieures blanches, postérieures un peu colorées. Marque brune sous l'œil. Queue relativement longue, noire au bout. Dimorphisme sexuel marqué. Glandes faciales développées chez le ♂. Cornes massives, annelées, proches à la base, divergentes, avec un crochet à leur extrémité, longues chez le ♂ (20-40 cm), plus courtes (jusqu'à 22 cm) et fines, ou absentes chez la ♀. Cou épais, renflement sur la gorge lié au larynx qui lui vaut son nom, présent chez les 2 sexes, mais plus proéminent chez le ♂. Incl. *marica*. • **Habitat.** Désert vrai mais aussi steppe en plaine (sable et cailloux) et sur les plateaux calcaires. Originellement largement répandue en Arabie et au Proche-Orient, en régression, éteinte dans les régions fortement anthropisées. • **Biologie.** Surtout crépusculaire. ♂ territorial pendant le rut, grands rassemblements (50-100 animaux) en dehors de cette période. Court vite mais ne bondit pas comme les autres gazelles. Consomme diverses plantes dont des euphorbes délaissées par les autres espèces. Trouve l'eau dans son alimentation.

Saïga – *Saiga tatarica*

TC : 100-145 cm, Q : 6-12 cm, Hg : 75-80 cm, Or : 7-12 cm, Cbl : 20-25 cm, P : 26-69 kg.

Description. Bovidé de petite taille aux narines élargies formant une petite trompe mobile devant la bouche. Pelage dorsal roux et ras en été, plus épais et blanchâtre en hiver (semble laineux), pelage ventral et sur les fesses blanc. Frange de poils sous le cou. Seul le ♂ possède des cornes annelées (12 à 20 anneaux, 20-30 cm). 30 dents (0/3, 0/1, 3/2, 3/3). • **Habitat.** Steppes, dépressions salées, collines sablonneuses. Évite les terrains accidentés. Éteint en Pologne, Moldavie, Ukraine. A récupéré des massacres du XIXe siècle. Destructions massives depuis la fin du XXe siècle, épizootie de pasteurellose au Kazakhstan dans les années 2010. • **Biologie.** Grégaire, nomade. Mouvements saisonniers entre zones d'hivernage et d'estive. Trotte rapidement, la tête basse. Nage à l'occasion. Rut en décembre auquel peu de ♂♂ survivent. Consomme surtout des Poacées et autres plantes herbacées.

Rose : aire historique ; flèches : centres de reproduction

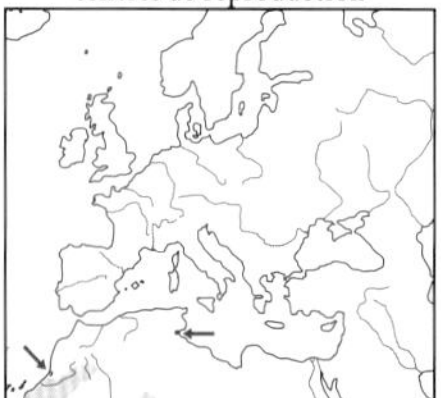

Nanger dama

Gazella dorcas

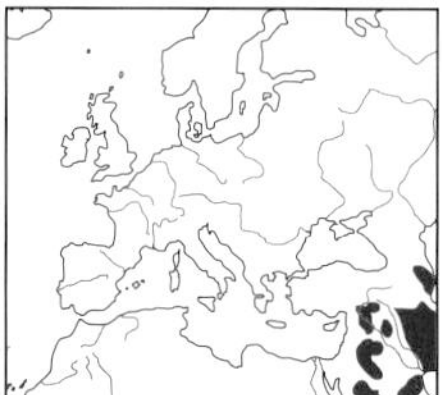

Gazella subgutturosa

Saiga tatarica

GAZELLE DAMA
femelle
mâle
mâle
elle
AZELLE
ORCAS
femelle
ans corne,
lage d'hiver
mâle, été
femelle
avec cornes
GAZELLE
GOÎTREUSE
melle, hiver
mâle, été
SAÏGA

Aoudad – *Ammotragus lervia*

TC : 130-165 cm, Q : 15-25 cm, Hg : 75-112 cm, P : 100-140 kg (♂), 40-55 kg (♀).

Description. Silhouette puissante, caractérisée par la longue frange de poils courant de la gorge jusqu'aux pattes antérieures, surtout développée chez le ♂. Pelage fauve clair, blond, parfois roux, uni. Cornes chez les 2 sexes, recourbées en arrière, carénées et finement annelées, jusqu'à 88 cm chez le ♂, rarement plus de 40 cm chez la ♀. Tête de forme allongée, petites oreilles, museau clair autour des narines. Queue de couleur claire, assez longue. 32 dents (0/3, 0/1, 3/3, 3/3). • **Habitat.** Montagnes, escarpements, plateaux et massifs rocheux du nord de l'Afrique. Hamadas, pentes des vallées d'oueds, avec abris ombragés. Peut s'alimenter à quelque distance de toute montagne. Régresse, sans doute éteint en Libye et en Égypte. Populations isolées par les déserts de sable. Présent dans des enclos de chasse et d'élevage. Introduit en Espagne (dont Canaries), Croatie, France et Italie. Échappés de zoo en Tchéquie. • **Biologie.** Actif surtout le matin et le soir. Passe la journée à l'ombre, dans des abris entre les rochers. Remarquable grimpeur, se réfugie au besoin dans des parois abruptes. Relativement nomade, descend dans les vallées à la nuit tombante dans les zones anthropisées. Petits groupes de ♀♀ avec jeunes ou de ♂♂ hors période de rut (septembre à novembre), occasion de combats spectaculaires entre ♂♂. Broute et cueille de nombreux végétaux, se dresse sur ses postérieurs pour atteindre des rameaux.

Mouflon – *Ovis gmelinii*

TC : 110-130 cm, Q : 6-10 cm, Hg : 65-75 cm, Cbl : 22 cm, P : 35-55 kg (♂), 30-40 kg (♀) îles méditerranéennes.
TC : 140-150 cm (♂), 120-130 cm (♀), Q : 11 cm, Hg : 75-82 cm (♂), 67-75 cm (♀), Cbl : 23 cm, P : 60-70 kg (♂), 40-50 kg (♀) Moyen-Orient.

Description. Allure de grand mouton, cornes bien développées chez le ♂. Pelage variable selon population, sexe et saison, brun-roux à blond, uniforme (sud-ouest de l'Iran), assez foncé avec selle blanche sur le dos chez le ♂, surtout marquée l'hiver (Turquie, nord-ouest de l'Iran, îles méditerranéennes). Queue sombre, fesses blanches. Bas des pattes clair. Oreilles courtes. Cornes épaisses et spiralées chez le ♂, jusqu'à 90 cm dans le nord-ouest de l'Iran, 10-20 cm chez la ♀, (♀♀ insulaires souvent sans corne). 32 dents (0/3, 0/1, 3/3, 3/3). Également dénommé *O. orientalis*. • **Habitat.** Collines sèches et semi-déserts du Moyen-Orient. Maquis et forêts claires des massifs montagneux dans les îles méditerranéennes. Des collines sèches méditerranéennes aux forêts mixtes d'Europe centrale sur le continent. Limité par l'enneigement. En régression dans son aire naturelle : Iran *(O. g. isphahanica, O. g. laristanica)*, Turquie, Transcaucasie. Introductions anciennes : Chypre *(O. g. ophion)*, Sardaigne et Corse *(O. g. musimon)*. Animaux introduits dans de nombreux pays européens d'origine souvent inconnue, souvent hybridés avec d'autres *Ovis* (dont Mouton). Introduction récente sur l'île de Zembra (Tunisie). Carte indicative hors de la zone naturelle. • **Biologie.** Surtout actif en début et fin de journée. Grégaire, ♀♀ et jeunes d'un côté, ♂♂ de l'autre sauf lors du rut en octobre-novembre. Les ♂♂ s'affrontent en chargeant, tête contre tête. Reproduction peut être affectée par la brucellose transmise par les moutons. Herbivore, consomme de nombreuses espèces végétales.

Bœuf musqué – *Ovibos moschatus*

TC : 200-250 cm (♂), 190 cm (♀), Q : 6-17 cm, Hg : 120-150 cm, Or : 15-16 cm, Cbl : 39-50 cm, P : 225-400 kg. ♂♂ plus lourds et plus grands que ♀♀.

Description. Grand Bovidé massif, solide, couvert de très longs poils (70 cm) descendant presque jusqu'à terre. Bas sur pattes, bosse dorsale. Tête velue, museau blanc, petites oreilles peu visibles, cornes terminées en crochet, en casque à la base. Bas des pattes blanc. Queue cachée sous le pelage. 30-32 dents (0/3, 0/1, 3/2-3, 3/3). • **Habitat.** Toundra. Un des Mammifères terrestres les plus nordiques, inféodé au désert arctique. En Scandinavie, évite les endroits les plus enneigés en montant un peu en altitude l'hiver, redescend en forêt (bouleaux, conifères) l'été. Initialement circumarctique, au-delà de la limite des arbres. Limité vers le sud par l'isotherme + 10 °C en juillet. Disparu d'Europe il y a 3 000 à 4 000 ans, il n'a survécu aux temps historiques qu'au Groenland et au Canada. Réintroduit au Spitzberg (échec), en Scandinavie (Dovrefjäll, Norvège entre 1947 et 1953) et en Russie (Sibérie). • **Biologie.** Diurne. Social et grégaire. Groupes plus grands en hiver qu'en été. Rut en juillet et août. Combats entre ♂♂, front contre front, spectaculaires. Formation de défense contre le Loup, principal prédateur naturel, caractéristique : troupeau en masse compacte, les veaux au milieu ou derrière, les cornes des adultes vers l'extérieur. Consomme des lichens, bouleaux et saules nains, rameaux de myrtilles, Poacées et autres herbacées.

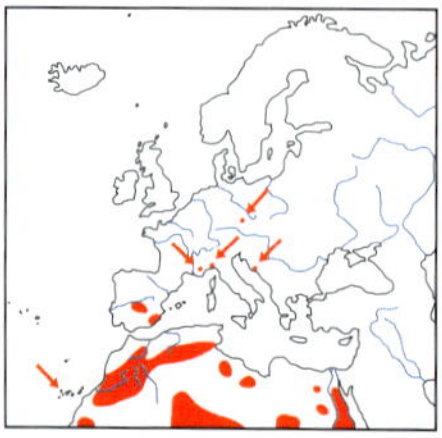
Ammotragus lervia

Ovis gmelinii

Ovibos moschatus

AOUDAD
femelle
mâle

MOUFLON
mâle, hiver
femelle, été

femelle
mâle
BŒUF MUSQUÉ

Genre ***Rupicapra***. Ongulés de petite taille et de faible dimorphisme sexuel, allure générale de chèvre, plus fine que celle des bouquetins. La tête est bicolore, le pelage d'été brun-roux, le pelage d'hiver sombre avec une écharpe bicolore sur le cou pour les trois isards. Les cornes sont petites, verticales puis recourbées en crochet vers l'arrière, présentes chez les deux sexes. 32 dents (0/3, 0/1, 3/3, 3/3). Les 6 *Rupicapra* sont des espèces montagnardes volontiers forestières à répartition discontinue. Capables de bonds spectaculaires, ils sont très à l'aise sur la neige, moins sur les rochers. Diurnes, ils sont surtout actifs en début et fin de journée. Les ♀♀ avec leurs jeunes sont grégaires mais forment des groupes lâches, les ♂♂ sont isolés ou en groupes hors période de rut, les deux sexes occupant des espaces distincts. Les ♂♂ se poursuivent sur les pentes lors du rut à la fin de l'automne. Les ♀♀ mettent bas au printemps après 170 jours de gestation. Ils consomment de nombreuses plantes herbacées l'été, arbrisseaux, rameaux, aiguilles de conifères, écorces, lichens en hiver. En compétition avec les ruminants domestiques, ils sont sensibles aux maladies apportées par les troupeaux transhumants.

Chamois des Alpes – *Rupicapra rupicapra*

TC : 120-130 cm, Q : 7-8 cm, Hg : 76-81 cm, Or : 12 cm, Cbl : 18-20 cm, P : 35-50 kg (♂), 25-38 kg (♀).

Description. Pelage d'hiver dense avec crinière dorsale (♂), plus ras avec bande dorsale sombre l'été. Tête blanche avec barre noire partant de la base des cornes vers le museau englobant l'œil. Cornes 17-28 cm. 4 sous-espèces reconnues. • **Habitat.** Pelouses en été, forêts et couloirs d'avalanche déneigés l'hiver. Monte jusqu'à 3 000 m, descend jusqu'au niveau des oliviers au sud des Alpes et dans la péninsule balkanique, exploitant alors préférentiellement les versants nord. Populations localement en expansion, renforcées par des introductions hors de sa zone de présence historique. Certaines populations isolées, mal protégées, trop chassées. Introductions cynégétiques (Tchéquie, Slovaquie) proches de la population des Tatras. • **Biologie.** Rythme d'activité, comportement et régime alimentaire des *Rupicapra*.

Chamois des Carpates – *Rupicapra carpatica*

TC : 115-125 cm, Q : 3-4 cm, Hg : 75-90 cm, P : 50-60 kg.

Description. Le plus grand des *Rupicapra*. Cornes 23-30 cm. Pelage d'hiver presque noir. • **Habitat.** Pelouses et forêts des Carpates roumaines. Les grands trophées de l'espèce représentent une pression supplémentaire. • **Biologie.** Rythme d'activité, comportement et régime alimentaire des *Rupicapra*.

Chamois d'Asie Mineure – *Rupicapra asiatica*

TC : 125-135 cm (♂), 96 cm (♀), Q : 8-10 cm, P : 30-50 kg (♂), 25-42 kg (♀).

Description. Proche du Chamois des Alpes, plutôt plus petit. Cornes 14-25 cm. Deux sous-espèces reconnues, *asiatica* (Turquie), *caucasica* (Caucase). • **Habitat.** Zones montagneuses entre 200 et 2 850 m. Menacé car trop chassé. • **Biologie.** Rythme d'activité, comportement et régime alimentaire des *Rupicapra*.

Isard des Pyrénées – *Rupicapra pyrenaica*

TC : 105-120 cm, Q : 3-4 cm, Hg : 70-80 cm, Cbl : 17-19 cm, P : 23-40 kg (♂), 20-32 kg (♀).

Description. Plus léger et plus fin que le Chamois des Alpes. Cornes 17-28 cm. Pelage d'hiver moins contrasté que celui de l'Isard des Abruzzes. En été, pelage court, presque roux. • **Habitat.** Pelouses d'altitude et forêts pyrénéennes, entre 600 et 2 800 m. Population de plusieurs dizaines de milliers d'individus affectée par un pestivirus lié aux ruminants domestiques. • **Biologie.** Rythme d'activité, comportement social et spatial des autres *Rupicapra*. Régime alimentaire des *Rupicapra*.

Isard des Abruzzes – *Rupicapra ornata*

TC : 105-120 cm, Q : 3-4 cm, Hg : 76-80 cm, P : 23-35 kg (♂), 20-32 kg (♀).

Description. En pelage d'hiver, la tache blanche de la joue se prolonge sur l'encolure jusqu'à l'épaule, avec une écharpe sombre au milieu, descendant de l'oreille vers l'encolure. Large tache claire sur la croupe et l'arrière du dos. • **Habitat.** Pelouses alpines et forêts des Apennins, entre 400 et 2 800 m. Réintroductions dans le massif à partir de la dernière population existante à la fin du XXe siècle. Trois populations aujourd'hui. Un peu plus d'un millier d'individus. • **Biologie.** Rythme d'activité et alimentation des *Rupicapra*. Lors du rut, les ♂♂ ont des attitudes différentes de celles du Chamois des Alpes, exposant les taches claires du pelage.

Isard des Cantabriques – *Rupicapra parva*

TC : 90-110 cm, Q : 3-4 cm, Hg : 76-80 cm, P : 20-35 kg.

Description. Le plus petit des *Rupicapra*. Pelage d'hiver moins contrasté que chez celui des Abruzzes. Cornes 15-20 cm. • **Habitat.** Pelouses alpines et forêts des montagnes Cantabriques, entre 400 et 2 400 m. Environ 15 000 individus. Population affectée par la gale sarcoptique. • **Biologie.** Rythme d'activité, comportement, alimentation des isards.

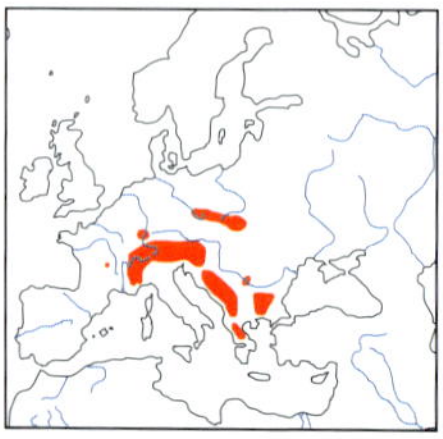

Rupicapra rupicapra

Rupicapra carpatica (rouge)

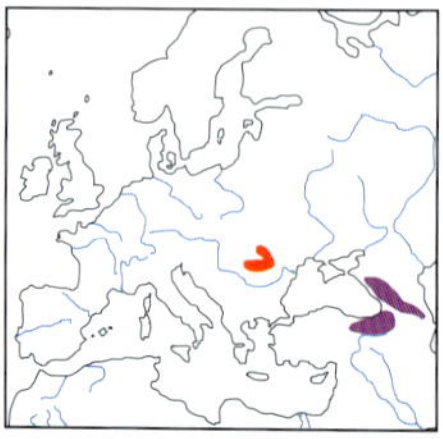

Rupicapra asiatica (violet)

Rupicapra pyrenaica

Rupicapra ornata (rouge)

Rupicapra parva (violet)

CHAMOIS DES ALPES
mâle, hiver
femelle, été
CHAMOIS DES CARPATES
été
hiver
ISARD DES PYRÉNÉES
Abruzzes
ISARD DES ABRUZZES
ISARD DES CANTABRIQUES

Genre *Capra*. Il rassemble chèvres et bouquetins, Bovidés de taille moyenne ou petite qui portent des cornes de longueur variable, recourbées et légèrement enroulées. La queue est courte, normalement tombante. Les ♂♂ portent une barbe sous le menton. 30-32 dents (0/3, 0/1, 3/2-3, 3/3). Bouquetins et chèvres sont très à l'aise sur les rochers, ils dépendent moins de l'altitude que de la présence de falaises et d'escarpements où ils s'abritent du soleil en été, des accumulations de neige en hiver et des prédateurs toute l'année. Ils sont exposés aux maladies des chèvres et des moutons domestiques transhumants. Toutes ces espèces peuvent se croiser en captivité, parfois en nature. Presque toutes sont en régression et nécessitent des programmes de conservation.

Chèvre égagre – *Capra aegagrus*

TC : 100-160 cm, Q : 11-16 cm, Hg : 58-90 cm, Cbl : 20-24 cm, P : 15-40 kg (Crète), 45-95 kg (Iran). ♂♂ plus grands que ♀♀, au Proche-Orient plus que sur les îles méditerranéennes.

Description. Ancêtre probable de la Chèvre domestique. Pelage dorsal brun-roux en été, plus sombre sur les pattes, brun-gris en hiver. Ligne noire sur le dos, autour du garrot et au bas des flancs. Devant des pattes noir. Barbe noire développée chez le ♂. Pelage ventral blanc ou brun clair. Cornes de section anguleuse, incurvées vers l'arrière en une seule courbure, légèrement divergentes, aux bourrelets peu marqués et très espacés : 35-60 cm (jusqu'à 151 cm) chez le ♂, 10-20 cm chez la ♀. • **Habitat.** Pentes rocheuses, escarpements, gorges, collines boisées, bois de conifères, maquis. Moyenne montagne, généralement entre 1 200 et 2 200 m, dans le Caucase. Encore répandue d'Anatolie à l'Iran mais en régression. Introductions anciennes sur des îles méditerranéennes (Crète, mer Égée, Baléares). Croisements avec des chèvres domestiques dont des populations férales vivent dans les îles Britanniques et autres pays d'Europe. • **Biologie.** Diurne l'hiver, pratiquement nocturne l'été pendant les grandes chaleurs. Vit en troupeaux lâches, ♂♂ à l'écart sauf pour le rut, en automne. Mise bas en avril-mai. Broute et cueille des herbacées, buissons (lentisques, genévriers) et arbustes (se dresse sur ses pattes postérieures pour atteindre les branches). Apprécie les salines et a besoin d'eau libre.

Bouquetin des Alpes – *Capra ibex*

TC : 130-150 cm (♂), 105-125 cm (♀), Q : 12-15 cm, Hg : 65-90 cm, Cbl : 22-26 cm, P : 65-125 kg (♂), 40-70 kg (♀).

Description. Allure générale de chèvre mais beaucoup plus massif. Pelage brun à gris-brun, grisâtre et plus épais en hiver. Pelage ventral des ♂♂ âgés sombre. Face de couleur uniforme, oreilles assez courtes. Cornes avec une seule courbure, annelées avec des bourrelets bien marqués, grandes chez le ♂ (≤100 cm), courtes chez la ♀ (rarement > 20 cm). • **Habitat.** Falaises, pentes rocheuses, éboulis, alpages, à des altitudes variables (de 500 à 3 000 m). Recherche les sites faiblement enneigés en hiver. Pratiquement disparu au début du XXe siècle. Animaux actuels descendants de quelques individus conservés dans les Alpes italiennes (Gran Paradiso). Nombreuses réintroductions, populations en expansion. • **Biologie.** Diurne, social et grégaire. Groupes de ♀♀ et de jeunes. ♂♂ souvent plus haut en altitude, ne les rejoignent que lors du rut en décembre-janvier. Affrontements entre ♂♂ spectaculaires, les animaux se dressent sur leurs postérieurs et cognent leurs cornes en retombant. Mise bas en mai-juin. Très agile, se déplace avec aisance sur les parois abruptes. Plus résistant à la kérato-conjonctivite que le Chamois mais sensible à certaines maladies des troupeaux domestiques côtoyés sur les alpages en été. Consomme des Poacées et autres herbacées l'été, des plantes rupicoles et lichens l'hiver (il vit alors en partie sur ses réserves).

Bouquetin de Nubie – *Capra nubiana*

TC : 102-142 cm, Q : 6-10 cm, Hg : 75-97 cm (♂), 65-80 cm (♀), Or : 10,7-11,2 cm, Cbl : 20,5 cm, P : 60-80 kg (♂), 50-70 kg (♀).

Description. Ressemble au Bouquetin des Alpes, mais plus léger. Coloration plus chaude et marques plus contrastées. Pelage dorsal brun clair, grisé, descendant sur l'extérieur des pattes. Pelage ventral et intérieur des pattes plus clair. Ligne dorsale noire avec de longs poils chez le ♂. Taches noires sur le devant des pattes. Barbe noire chez le ♂ et les ♀♀ âgées. Cornes annelées avec des bourrelets bien marqués, longues chez le ♂ (38-63 cm, record de 138 cm), plus fines et courtes chez la ♀ (16-22 cm). • **Habitat.** Massifs rocheux, falaises, escarpements, gorges, talus des oueds. En régression dans toute son aire. Populations isolées de l'est de l'Égypte à la péninsule arabique. Éteint au nord de son aire originelle (Syrie, Liban). • **Biologie.** Diurne, plutôt actif en début et fin de journée par temps chaud. Petits groupes de ♀♀ et de jeunes, ♂♂ isolés une partie de l'année. Rut en octobre-novembre, mise bas en mars-avril. Consomme des herbacées, buissons et feuilles d'acacia. A besoin d'eau libre.

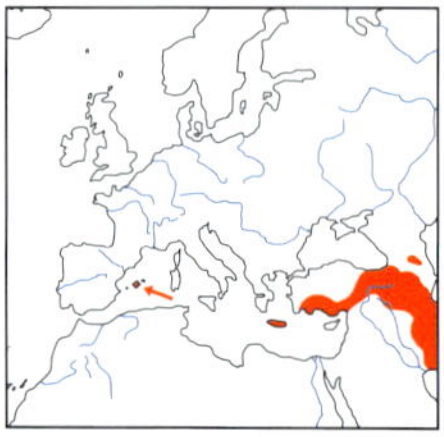

Capra aegagrus

Capra ibex

Capra nubiana

mâles
CHÈVRE ÉGAGRE
femelle
femelle
mâle
BOUQUETIN DES ALPES
BOUQUETIN DE NUBIE
mâle
femelle

Bouquetin des Pyrénées – *Capra pyrenaica*

TC : 100-155 cm (♂), 97-120 cm (♀), Q : 12-13 cm, Hg : 70-85 cm, Cbl : 22-25 cm, P : 50-90 kg (♂), 30-45 kg (♀). Bouquetins ibériques plus petits que ne l'étaient ceux des Pyrénées.

Description. Bouquetin aux cornes finement annelées, aux bourrelets peu marqués, dirigées vers le haut et l'extérieur, incurvées vers l'arrière, divergentes à leur extrémité, 45-100 cm chez le ♂, 15-25 cm chez la ♀. Pelage dorsal gris-brun pâle à grisâtre, ligne dorsale sombre. Flancs et front brun foncé à noir chez les ♂♂ âgés. Pelage ventral blanc. Face antérieure des membres sombres. Petite barbe chez le ♂. Deux sous-espèces discutées : *C. p. victoriae* et *C. p. hispanica*. • **Habitat.** Zones escarpées, falaises et autres milieux rocheux, pelouses alpines, pentes boisées, forêts claires de chênes et de pins. Évolue principalement entre 400 et 2 500 m (descend jusqu'au niveau de la mer, monte jusqu'à 3 400 m). Répartition discontinue dans les massifs montagneux d'Espagne. Éteint au Portugal *(C. p. lusitanica)* au XIXe siècle et dans les Pyrénées *(C. p. pyrenaica)* en 2000. Une population, stable (Sierra de Gredos) et quelques réintroductions ponctuelles pour *C. p. victoriae*, de petites à grandes populations pour *C. p. hispanica* des Puertos de Tortosa-Beceite à la Sierra Morena et à la Sierra Nevada. Réintroduit au Portugal en 1998, en France en 2014. • **Biologie.** Actif en début et fin de journée. Grégaire avec petits groupes de ♀♀ et jeunes le plus souvent. Groupes de ♂♂ au printemps et en été. Déplacements saisonniers altitudinaux, recherche des sites peu enneigés l'hiver, s'abrite de la chaleur en été. Rut en novembre-décembre. Mise bas d'avril à juin. Plusieurs populations menacées par des épizooties sévères de gale sarcoptique. Se nourrit de diverses plantes herbacées et de rameaux cueillis sur des plantes ligneuses, aussi de lichens en hiver.

Bouquetin du Caucase – *Capra caucasica*

TC : 150-160 cm (♂), 120-140 cm (♀), Q : 10-20 cm, Hg : 95-110 cm (♂), 78-90 cm (♀), Or : 11-14 cm, P : 65-100 kg (♂), 50-60 kg (♀).

Description. Ressemble au Bouquetin des Alpes mais plus massif, plus court sur pattes. Pelage dorsal d'une riche teinte gris noisette, plus clair sur les flancs et plus gris en hiver. Pelage ventral gris clair. Tête plus sombre que le corps, barbe généralement bien développée. Cornes massives, en sabre, une seule courbure, annelées, aux bourrelets peu marqués, 65-105 cm chez le ♂, plus fines et plus courtes (< 30 cm) chez la ♀. Hybridations avec le Bouquetin oriental en sympatrie (cornes des hybrides de forme intermédiaire). • **Habitat.** Falaises, pentes rocheuses, escarpements, pelouses alpines, descend parfois en forêt, entre 1 000 et 3 000 m. Occupe seulement 4 500 km^2 dans le Caucase, depuis le mont Chugush à l'ouest, jusqu'à la rivière Baksan à l'est. • **Biologie.** Actif dans la journée en hiver, le matin et le soir en été, nocturne lorsque chassé ou en présence de troupeaux domestiques. Déplacements quotidiens de 15 à 20 km possibles. Groupes familiaux de ♀♀ et de jeunes, ♂♂ à part sauf lors du rut en hiver. Mise bas en mai-juin. Consomme plutôt des plantes herbacées l'été, des rameaux, branches et feuilles d'arbre l'hiver.

Bouquetin oriental – *Capra cylindricornis*

TC : 150-170 cm (♂), 130-140 cm (♀), Q : 11-15 cm, Hg : 79-98 cm (♂), 65-70 cm (♀), Cbl : 25-30 cm, P : 70-130 kg (♂), 45-55 kg (♀). Dimorphisme sexuel plus marqué que chez *C. caucasica*.

Description. Pelage dorsal brun noisette en été, plus sombre que celui de *C. caucasica*, brun cannelle foncé en hiver, uniforme, plus dense et plus long ; discrète ligne dorsale. Pelage ventral plus clair, surtout net en été. Barbe du ♂ plus courte que chez *C. caucasica*. Cornes des ♂♂ adultes finement annelées, aux bourrelets peu marqués, d'abord dirigées vers le haut et l'extérieur, puis recourbées en arrière vers le bas et enfin vers le haut et l'intérieur à leur extrémité, 70-90 cm de long chez le ♂, seulement < 25 cm chez la ♀. Queue très courte. Hybridations avec le Bouquetin du Caucase en sympatrie (≈ 10 % de l'aire). Pas d'hybridation connue avec la Chèvre égagre, plus largement sympatrique. • **Habitat.** Falaises, pelouses alpines, jusqu'à la forêt, pour des raisons de tranquillité et de moindre enneigement. Comme tous les bouquetins, très à l'aise sur le rocher, moins sur la neige. Rencontré de 800 m au minimum en hiver à plus de 4 000 m en été dans le Caucase central, 3 300 m dans le Caucase occidental, plus enneigé. Aire totale occupée d'environ 13 500 km^2 à l'est de la rivière Baksan jusqu'au mont Badadagh (510 km). • **Biologie.** Diurne, social et grégaire. Groupes de ♀♀ avec jeunes, ♂♂ souvent plus haut en altitude, hors période de rut. Migrations saisonnières verticales. Rut de fin novembre à début janvier. Mise bas de mi-mai à mi-juin. Consomme des plantes herbacées en été, des végétaux ligneux en hiver, mais aussi des végétaux secs, aiguilles de pin et lichens. En hiver, peut gratter la neige avec ses pattes.

Capra pyrenaica

Capra caucasica

Capra cylindricornis

femelle

mâles

OUQUETIN
ES PYRÉNÉES

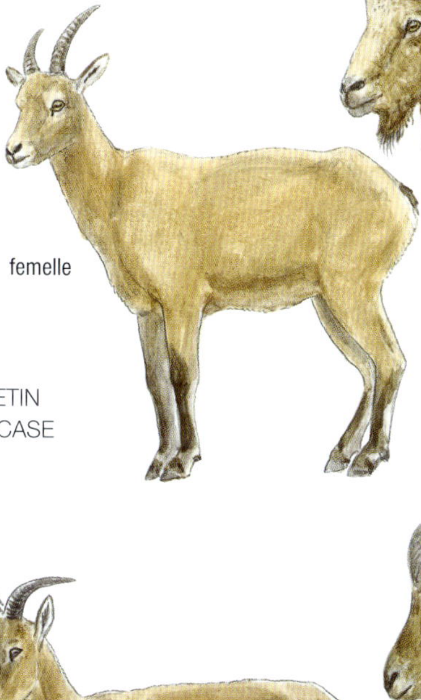

femelle

mâle

OUQUETIN
J CAUCASE

femelle

mâle

OUQUETIN
RIENTAL

Addax – *Addax nasomaculatus*

TC : 125-175 cm, Q : 27-35 cm, Hg : 95-115 cm, P : 100-135 kg (♂), 60-90 kg (♀).

Description. Grande antilope aux formes assez lourdes, aux cornes spiralées et annelées dans leur partie basale (20-35 anneaux), légèrement divergentes, jusqu'à 1 m de long chez le ♂, 80 cm chez la ♀. Pelage dorsal gris-jaune en été, brun-gris en hiver, parfois blanc, sur le cou et le dos, blanc sur la croupe, l'arrière des flancs et les pattes. Pelage ventral blanc. Tête brun clair, chevron blanc sur les joues remontant au-dessus de l'œil, plage brun-roux foncé sur le front, lèvres blanches. Frange de poils sous l'encolure dont la peau atteint 1 cm d'épaisseur. Queue fine, jusqu'aux jarrets avec touffe de poils noirs à l'extrémité. Larges sabots arrondis (adaptation à la marche sur sol meuble). Jeune entièrement roux à la naissance. 32 dents (0/3, 0/1, 3/3, 3/3). • **Habitat.** Zones désertiques sableuses et pierreuses (ergs, regs et hamadas). Évite les massifs montagneux. Initialement tout le Sahara. Régions devenues difficiles d'accès. Probablement éteint de la zone considérée en raison d'une chasse intensive, survie possible mais précaire plus au sud. Élevage dans de vastes enclos naturels en Tunisie, au Maroc. • **Biologie.** Nocturne, s'abrite à l'ombre d'un buisson le jour. Nomade et grégaire. Migrations nord-sud à la recherche de pâturages, le plus souvent en petits groupes d'une dizaine d'animaux (atteignaient plusieurs centaines sur des pâturages exceptionnels). Mise bas en mai-juin. Consomme différentes espèces végétales du désert, herbacées, buissons et arbustes. Grande antilope la plus adaptée aux zones désertiques, peut se passer d'eau libre plusieurs mois.

Genre ***Oryx***. Les oryx sont de grandes antilopes aux formes plus rondes que l'Addax et aux cornes peu divergentes, annelées et longues chez les deux sexes. Le pelage dorsal est beige clair à blanc, avec des marques sombres caractéristiques. La queue, longue, est terminée par un pinceau de poils noirs. Les sabots sont plus étroits que ceux de l'Addax. 32 dents (0/3, 0/1, 3/3, 3/3). Grégaires et nomades, adaptés aux steppes et aux zones désertiques, les oryx recherchent des pâturages temporaires en suivant les pluies. Durant les heures chaudes ils recherchent l'ombre sous les arbres ou dans les dunes, creusant au pied des touffes de Poacées. Ils peuvent se passer d'eau libre pendant plusieurs semaines, voire mois. En régression, ils font l'objet de programmes de reproduction en captivité et de réintroduction en nature. Souvent en concurrence spatiale et alimentaire avec les troupeaux domestiques, ils sont exposés à leurs agents pathogènes.

Oryx algazelle – *Oryx dammah*

TC : 190-235 cm, Q : 45-70 cm, Hg : 110-125 cm, P : 135-180 kg. ♂♂ un peu plus massifs que ♀♀.

Description. Antilope aux longues cornes fines (80-150 cm), recourbées vers l'arrière, plus longues et fines chez la ♀, plus annelées chez le ♂ (35-40 anneaux sur le tiers inférieur). Encolure, fine ligne latérale et parfois haut des pattes brun-roux. Tête blanche avec des taches brun clair sur le chanfrein, le front et près de l'œil. Jeune au pelage beige uni. • **Habitat.** Steppes et plaines herbeuses en bordure du désert. Éteint en nature sur la bordure nord en raison d'une chasse intensive depuis l'Antiquité, probablement également vers le sud. Élevage dans diverses régions du monde dont en Tunisie et au Maroc en vastes enclos dans des milieux proches des habitats naturels d'origine. • **Biologie.** Actif en début et fin de journée, voire la nuit, lorsque la rosée se condense sur les feuilles. Nomade et grégaire. Migrations est-ouest à la recherche de pâturages liés aux pluies. Troupeaux mixtes (< 30 individus) et ♂♂ solitaires, autrefois rassemblements de plusieurs centaines d'individus. Rut en août, plus tôt quand le pâturage est abondant. Mise bas en avril-mai. Se nourrit d'herbacées, buissons, gousses d'acacia, fruits (coloquintes).

Oryx d'Arabie – *Oryx leucoryx*

TC : 140-180 cm, Q : 19-25 cm, Hg : 70-100 cm, Or : 12 cm, Cbl : 23-30 cm, P : 120-130 kg.

Description. Cornes droites, inclinées vers l'arrière (60-150 cm), annelées (27-34 anneaux), plus longues et plus fines chez la ♀. Pelage blanc ou crème à l'exception de marques faciales, d'une bande sous l'encolure, d'une fine ligne latérale et des pattes qui sont brun foncé ou noires. • **Habitat.** Déserts de sable, oueds, plateaux caillouteux. Originellement présent dans toute la péninsule Arabique. Éteint en nature dans les années 1960-1970, sauvé par l'élevage en captivité. Réintroduit à partir de 1984. • **Biologie.** Actif aux heures fraîches, la nuit et le matin. Aujourd'hui, hardes d'une dizaine d'animaux, conduites par une femelle. S'expose parfois sur une dune, sur une bosse de terrain, la couleur blanche serait un signal de contact visuel. Reproduction non saisonnière. Broute et cueille des plantes succulentes, pousses de tamaris, bulbes et fruits (coloquintes).

Rose : aire historique ; flèches : centres de reproduction

Addax nasomaculatus

Rose : aire historique ; flèches : centres de reproduction

Oryx dammah

Rose : aire historique ; rouge : zones de réintroduction

Oryx leucoryx

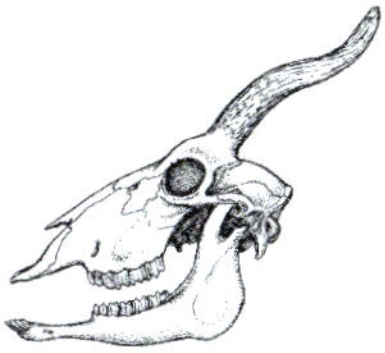

ADDAX

été

hiver

ORYX ALGAZELLE

ORYX
D'ARABIE

jeune

Bison d'Europe – *Bos bonasus*

TC : 250-350 cm, Q : 50-80 cm, Hg : 150 à 200 cm,
Cbl : 48-53 cm, P : 800-900 kg (♂), 500-600 kg (♀).

Description. Le plus gros Mammifère terrestre du Paléarctique occidental. Silhouette massive, avant-train très développé, garrot bien marqué, grosse tête, portée par un cou court et large. Pelage brun foncé, plus ou moins long, développé sur la tête, l'encolure et les épaules. Barbe sous le menton. Petites cornes épaisses chez les 2 sexes. Chignon frisé entre les cornes. Queue longue, descendant jusqu'aux jarrets. Veau au pelage plus clair que les adultes. Arrière-train et port de tête plus hauts que chez le Bison américain *(B. bison)*. 30-32 dents (0/3, 0/1, 3/2-3, 3/3), canine inférieure souvent assimilée à une incisive. • **Habitat.** Forêts de feuillus ou mixtes, inondables, clairières, en plaine mais aussi dans les collines. Peut aussi occuper des espaces ouverts, voire cultivés. Initialement dans toutes les forêts tempérées d'Europe et les contreforts du Caucase. Régression avec la déforestation depuis le début du Moyen Âge. A failli disparaître au début du XXe siècle. Réintroduit dans plusieurs pays d'Europe centrale et orientale. Forme de « montagne » du Caucase éteinte. Nombreux troupeaux captifs non indiqués sur la carte. Croisements avec le Bison américain dans certains troupeaux. • **Biologie.** Actif en début et fin de journée. Grégaire, social. Domaine vital d'une harde jusqu'à 100 km^2. Rut en août-septembre. Mise bas en début d'été. Broute et cueille les feuilles, tiges, rameaux, fruits de nombreuses espèces végétales.

Sanglier – *Sus scrofa*

TC : 105-170 cm (♂), 100-146 cm (♀), Q : 17-30 cm (♂),
16-28 cm (♀), Hg : 90 cm, Or : 12-17 cm, Cbl : 30-34 cm,
P extrêmes : 30-320 kg moyens : 100-130 kg (♂), 30-80 kg (♀).

Description. Silhouette massive, échine haute, arrière-train plus fin que l'avant. Grandes variations de taille d'est (les plus grands) en ouest, de poids selon les saisons. Net dimorphisme sexuel. Pelage sombre, noir et épais l'hiver, un peu hirsute. Jeunes au pelage rayé le premier mois (marcassins), puis roussâtre la première année. Grosse tête, museau allongé, groin, défenses apparentes (canines inférieures) surtout chez le ♂ âgé. Oreilles bien marquées, velues. 4 doigts aux 4 pattes, seuls les onglons 3 et 4 touchent le sol. Onglons 2 et 5, plus petits mais développés, marquent dans la boue ou dans la neige. 44 dents (3/3, 1/1, 4/4, 3/3). Se croise avec le Porc domestique dont il est l'ancêtre. Populations modifiées par les pratiques cynégétiques (élevages et relâchés, nourrissage). • **Habitat.** De la forêt mixte boréale aux régions prédésertiques à la faveur des lits d'oueds et oasis, marais, roselières, landes, steppes, forêts de montagne, zones agricoles où il peut causer d'importants dégâts. En extension à l'est après une forte régression au début du XXe siècle. Disparu des îles Britanniques vers le XVIIe siècle (réintroduction en cours), de Cyrénaïque et de la basse vallée du Nil au début du XXe siècle. Introduit au sud de la Scandinavie. Introduction ancienne en Corse et Sardaigne, plus récente en Sicile (XVIIIe puis XXe siècles), absent des autres îles. • **Biologie.** Crépusculaire et discret, devient nocturne lorsque chassé. Vit en hardes de ♀♀ et de jeunes. ♂♂ souvent solitaires. Relativement sédentaire. Domaine vital jusqu'à 5 000 ha, plus petit chez les ♀♀, selon ressources et tranquillité. Déplacements de 10 à 15 km possibles mais pas de migration. Apprécie les bains de boue. Jeunes mis au monde dans un nid construit par la ♀. Omnivore, selon la région et la saison : bulbes, racines, tubercules, graines, fruits (glands, faines), baies, herbacées, aussi Arthropodes, escargots, œufs, charognes, parfois de petits Mammifères et Squamates. Laboure le sol avec son groin pour chercher sa nourriture.

Onagre – *Equus hemionus*

TC : 200-250 cm, Q : 30-55 cm, Hg : 110-140 cm, Or : 17-20 cm,
Cbl : 47-51 cm, P : 220-290 kg. ♂♂ plus grands que ♀♀.

Description. Allure fine d'âne, oreilles plus courtes. Pelage dorsal brun-rouge en été, plus fourni, brun clair à grisâtre en hiver, ligne dorsale noire. Pelage ventral et flancs blancs. Crinière de poils raides noire. Châtaigne à l'intérieur des pattes. Queue courte avec un pinceau de longs poils. 40-42 dents (3/3, 1/1, 3-4/3, 3/3), dents jugales lophodontes. • **Habitat.** Steppes, semi-déserts et déserts plats. L'Hémippe de Syrie *(E. h. hemippus)* a disparu au début du XXe siècle. Plusieurs introductions de l'Onagre de Perse *(E. h. onager)* en Israël (Néguev), Jordanie (Shaumari) et Arabie Saoudite (Taïf). Réintroduction au sud de l'Ukraine de l'Onagre du Turkménistan *(E. h. kulan)* présent au début des temps historiques. • **Biologie.** Actif aux heures fraîches. Grégaire, petits groupes (10-20 animaux), ♂♂ territoriaux avec harems et groupes de ♂♂ célibataires. Mise bas d'avril à juin. Broute la végétation steppique herbacée et ligneuse. Recherche l'eau libre, surtout les ♀♀ allaitantes.

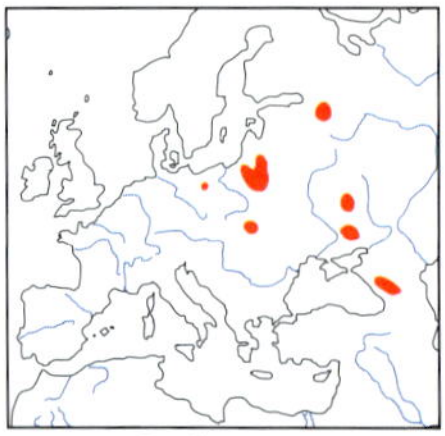

Bos bonasus

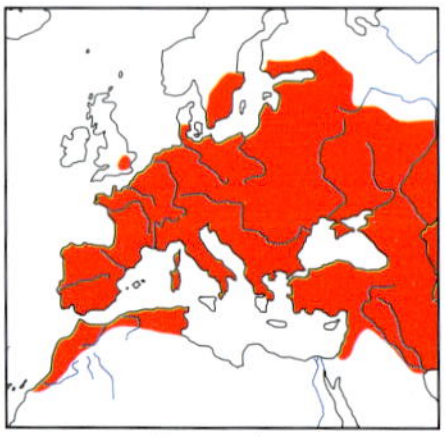

Sus scrofa

Equus hemionus

femelle ou vache

mâle ou taureau

BISON D'EUROPE

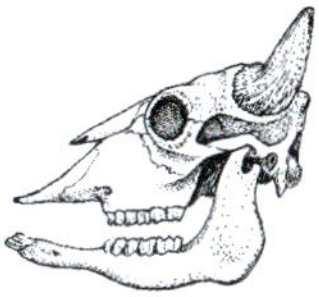

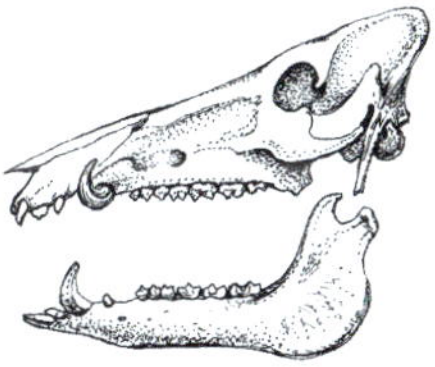

SANGLIER

marcassin

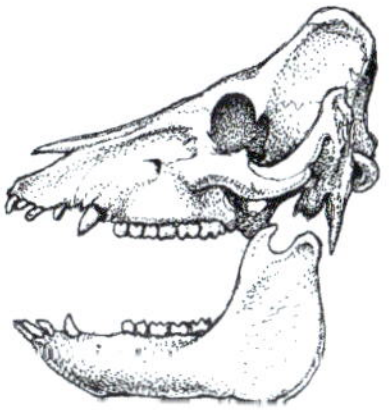

crâne de porc pour comparaison

immature

ONAGRE

GLOSSAIRE

Arcade zygomatique : formation osseuse issue de la jonction de l'os jugal antérieur et d'une apophyse de l'os temporal en limite de la fosse temporale.

Allopatrique : qualifie la distribution d'une espèce (ou population) qui occupe une aire géographique différente de celle d'une autre espèce (ou population).

Antitragus : repli de peau à la base de l'oreille.

Autotomie : mutilation réflexe d'une partie du corps (permet d'échapper à un prédateur).

Baculum : os pénien présent chez certains Mammifères mâles (Chiroptères, Carnivores).

Bicuspide : à deux pointes.

Brachyodonte : à couronne basse et racines individualisées (dent à croissance limitée).

Bulle tympanique : paroi osseuse globulaire qui abrite les oreilles moyenne et interne à l'arrière de la boîte crânienne.

Carnassières : les plus grosses dents jugales des Carnivores : quatrième prémolaire supérieure (P^4) et première molaire inférieure (M_1).

Chaparral : type de végétation méditerranéenne.

Charognard : régime alimentaire à base des restes des repas des Carnivores prédateurs ou de tout cadavre trouvé.

Châtaigne : zone de peau cornée située à l'intérieur des quatre pattes des Équidés.

Circumboréal : distribué autour du pôle Nord.

Condyle occipital : articulation située à la base du crâne, en contact avec la première vertèbre.

Dent jugale : prémolaires et molaires (il n'y a pas de molaires de lait).

Dentition : le plus souvent, les Mammifères ont deux dentitions successives, la dentition lactéale (ou de lait) et la dentition définitive.

Denture : ensemble des dents, différenciées chez les Mammifères en incisives, canine et dents jugales (prémolaires et molaires) ; la distribution des dents est résumée dans la formule dentaire. La numérotation des dents est la suivante : I1, I2, I3, C, P1, P2, P3, P4, M1, M2, M3. Les dents de la rangée supérieure sont numérotées par un exposant, les dents de la rangée inférieure par un indice.

Détritivore : régime alimentaire à base de restes, y compris de déchets d'origine humaine (poubelles, décharges, refus).

Diastème : espace dépourvu de dents entre les incisives (ou éventuellement la canine) et les dents jugales (prémolaires et molaires).

Domaine vital : espace nécessaire à un individu pour satisfaire l'ensemble de ses besoins (alimentation, reproduction, etc.).

Écosystème : ensemble des êtres vivants d'un milieu donné, des relations qu'ils entretiennent entre eux et avec leur habitat.

Éperon : élément osseux articulé avec la patte qui renforce le bord de l'uropatagium chez les Chiroptères.

Épiblème : appendice cutané à l'extérieur de l'éperon qui peut être soutenu en son milieu par une entretoise cartilagineuse issue de l'éperon.

Erg : ensemble de dunes dans un désert de sable.

Fréquence du maximum d'énergie (FME) : fréquence d'intensité maximale (en décibels) d'un signal ultrasonore identifiée par densité spectrale (représentée par un graphe avec les fréquences en abscisses, l'intensité en ordonnées), en fréquence constante (forme de pic) ou modulée (forme de dôme).

Formule dentaire : chez les Mammifères Euthériens la formule dentaire originelle est : I 3/3, C 1/1, P 4/4, M 3/3, soit 44 dents pour la dentition définitive, dI 3/3, dC 1/1, D 4/4, soit 32 dents pour la dentition de lait.

Gale sarcoptique : maladie parasitaire cutanée liée à diverses formes d'un acarien appelé sarcopte.

Gestation différée (implantation différée) : se dit quand, après la fécondation, l'œuf reste un certain temps libre dans l'utérus avant de se fixer sur la paroi et de commencer son développement embryonnaire.

Glande anale : glande paire utilisée dans la communication olfactive, située de part et d'autre de l'anus.

Glande périnéale : glande paire utilisée dans la communication olfactive et située le long du périnée.

Hamada : plateau désertique où affleure le socle rocheux.

Holarctique : ensemble des terres de l'hémisphère Nord, eurasiennes et américaines, soumises aux effets des glaciations quaternaires.

Hyperphagie : augmentation de l'appétit et de la consommation d'aliments.

Hypsodonte : à couronne haute et sans racine individualisée (dent à croissance continue).

Ichtyophage : régime alimentaire à base de poissons.

Insectivore : régime alimentaire à base d'invertébrés.

Lanugo : premier pelage des phoques nouveau-nés, parfois perdu avant la naissance. Le lanugo, quand il existe à la naissance, ne permet pas aux jeunes phoques de nager car il est mal adapté à l'eau.

Larmier : à la fois marque colorée qui descend le long de l'œil vers le nez de certaines espèces (Guépard) et glande paire utilisée dans la communication olfactive et située sous l'œil d'autres espèces (Cervidés).

Lek : système de reproduction dans lequel les mâles d'un secteur se rassemblent pour leur parade nuptiale en un lieu donné appelé arène.

Lobe méatal : repli cartilagineux à l'entrée du conduit auditif.

Lophodonte : dents à tubercules fusionnés en crêtes transversales (Équidés).

Matorral : type de végétation méditerranéenne.

Melon : volume arrondi sur le devant et le dessus de la tête des Odontocètes contenant le spermacéti et utilisé dans l'écholocation (sonar).

Mésostyle : pointe (cuspide) médiane des M^1, M^2 et M^3 chez les Talpidés.

Métastyle : pointe (cuspide) postérieure des M^1, M^2 et M^3 chez les Talpidés.

Nombre fondamental (NF) : nombre total de bras chromosomiques (chromosome acrocentrique : 1 bras, chromosome métacentrique : 2 bras).

Opisthodonte : qualifie une incisive supérieure inclinée vers l'arrière.

Orthodonte : qualifie une incisive supérieure perpendiculaire à la mâchoire.

Parapatrique : qualifie des espèces (ou populations) dont les distributions géographiques sont contiguës mais non chevauchantes.

Parastyle : pointe (cuspide) antérieure de la P^4 chez les Soricidés et des M^1, M^2 et M^3 chez les Talpidés.

Patagium : ensemble des membranes qui relient les doigts, les pattes postérieures et la queue des Mammifères volants.

Plagiopatagium : membrane alaire.

Phylogénétique : qui a trait à l'histoire évolutive d'un taxon (espèce, genre, famille, ordre, etc.).

Poche anale : replis de peau entourant l'anus et les glandes anales.

Polynie : espace qui reste en eau libre dans la banquise (glace de mer).

Processus coronoïde : point d'attache du muscle temporal sur la mandibule.

Protocône : une des zones en relief à l'avant de la surface dentaire des Mammifères.

Protodonte : qualifie une incisive supérieure inclinée vers l'avant.

Ramus mandibulaire : partie postérieure élargie de la mandibule.

Reg : désert de cailloux.

Rhinarium : région de la truffe, du bout du nez, de certains Mammifères.

Sympatrique : qualifie deux espèces dont les distributions géographiques se recouvrent au moins en partie.

Syntopique : qualifie deux ou plusieurs espèces qui partagent le même biotope.

Taïga : forêt boréale dominée par les conifères.

Territoire : partie du domaine vital qui est défendue par un animal.

Toundra : paysage boréal ouvert, au-delà des arbres, avant le désert arctique.

Tragus : appendice cartilagineux à l'intérieur du pavillon auditif.

Unicuspide : à une pointe (dent indifférenciée située en arrière de la première incisive chez les Soricidés).

Uropatagium : membrane tendue entre les pattes postérieures et la queue des Mammifères volants.

BIBLIOGRAPHIE

Abelentsev V.I., Pidoplichko I.G. & Popov B.M. 1956. *Fauna Ukraïni. Tom 1. Ssavtsi*. Izdatel'stvo Akademi Nauk Ukraïnskoï RSR, Kiev, 448 p.

Allen G.M. 1939. A checklist of African Mammals. *Bulletin of the Museum of Comparative Zoology. S Harvard*, 83 : 1-763.

Amori G., Contoli L. & Nappi A. 2009. *Fauna d'Italia. Mammalia II. Erinaceomorpha, Soricomorpha, Lagomorpha, Rodentia*. Calderini, Bologna, 736 p.

Amr Z.S. 2000. *Mammals of Jordan*. United Nations Environment Program, Amman, 100 p.

Anděra M. & Horáček I. 2005. *Poznáváme naše savce*, Sobotáles, Praha, 327 p.

Aristov A.A. & Baryshnikov G.F. 2001. *The Mammals of Russia and Adjacent Territories. Carnivores and Pinnipeds*. Russian Academy of Sciences, Zoological Institute, St. Petersburg, 560 p.

Arnold H.R. 1993. Atlas of Mammals in Britain. *Institute of Terrestrial Ecology Research Publication*, 6 : 1-144.

Aulagnier S. & Thévenot M. 1986. Catalogue des Mammifères sauvages du Maroc. *Travaux de l'Institut scientifique, série Zoologie*, 41 : 1-164.

Aulagnier S., Cuzin F. & Thévenot M. (éd.). 2017. *Mammifères sauvages du Maroc. Peuplement, répartition, écologie*. Société Française pour l'Étude et la Protection des Mammifères, Toulouse, 340 p.

Bang P. & Dahlström P. 2005. *Dyrespor. 5. Udgave*, Gyldendal, Kobenhavn, 264 p.

Barataud M. 2012. *Écologie acoustique des Chiroptères d'Europe. Identification des espèces, étude de leurs habitats et comportements de chasse*. Biotope – MNHN, Mèze – Paris, 344 p.

Beaubrun P.C. (dir.). 1995. *Atlas préliminaire de distribution des Cétacés de Méditerranée*. Musée océanographique, Monaco, 87 p.

Benzal J. & Paz. O de (éd.). 1991. *Los Murcielagos de España y Portugal*. ICONA, Madrid, 330 p.

Bjärvall A. & Ullström S. 1986. *The Mammals of Britain and Europe*. Croom Helm, London, 240 p.

Blanco J.C. 1998. *Mamíferos de España. I. Insectívoros, Quirópteros, Primates y Carnívoros de la península Ibérica, Baleares y Canarias*. Planeta, Barcelona, 457 p.

Blanco J.C. 1998. *Mamíferos de España. II. Cetáceos, Artodáactilos, Roedores y Lagomorfos de la península Ibérica, Baleares y Canarias*. Planeta, Barcelona, 383 p.

Bobrinskii N.A., Kuznetsov B.A. & Kuzyakin A.P. 1965. *Opredelitl' mlekopitayushchikh SSSR*. Prosveshchenie, Moskva, 382 p.

Boitani L., Lovari S. & Vigna Taglianti A. 2003. *Fauna d'Italia. Mammalia III. Carnivora – Artiodactyla*. Calderini, Bologna, 434 p.

Bouchardy C. & Moutou F. 1989. *Observer les Mammifères sauvages*. Bordas, Paris, 239 p.

Bouchner M. 1990. *Stopy zveri. Vreckový sprievodca*. Cesty, Bratislava, 263 p.

Bourlière F. 1955. *The Natural History of Mammals*. George G. Harrap & Co., London, xxi + 363 + xi p.

Broekhuizen S., Hoekstra B., Laar V. van, Smeenk C. & Thissen J.B.M. 1992. *Atlas van de Nederlandse zoogdieren*. Stichting Uitgeverij Koninklijke Nederlandse Natuurhistorische Vereninging, Utrecht, 336 p.

Bukhnikashvili A. 2004. *On Cadastre of Small Mammals (Insectivora, Chiroptera, Lagomorpha, Rodentia) of Georgia*. Tbilisi State University, Tbilisi, 132 p.

Butynski T.M., Kingdon J. & Kalina J. (éd.). 2013. *Mammals of Africa. Volume II. Primates*. Bloomsbury Publ., London, 556 p.

Cabrera A. 1932. Los Mamíferos de Marruecos. *Trabajos del Museo nacional de Ciencias naturales, Serie Zoologica*, 57 : 1-363.

Cagnolaro L., Cozzi B., Notabartolo di Sciara G. & Podesta M. 2015. *Fauna d'Italia. Mammalia IV. Cetacea*. Calderini, Bologna, 392 p.

Cawardine M. 2017. *Observer les baleines et autres Cétacés en France et en Europe*. Delachaux et Niestlé, Paris, 272 p.

Corbet G.B. 1978. *Mammals of the Palaearctic Region. A taxonomic Review*. British Museum (Natural History), London, 314 p.

Corbet G.B. & Hill J.E. 1991. *A World List of Mammalian Species. Third edition*. British Museum (Natural History), London, 226 p.

Corbet G. & Harris S. 1991. *The Handbook of British Mammals. 3rd edition*. Blackwell, Oxford, 602 p.

Corbet G. & Ovenden D. 1980. *The Mammals of Britain and Europe*. Collins, London, 253 p.

Cresswell G. & Walker D. 2001. *Whales & Dolphins of the European Atlantic. The Bay of Biscay and the English Channel*. Wild Guides, Old Basing, 56 p.

Curry-Lindahl K. 1975. *Däggdjur i färg*. Almqvist & Wiksell Förlag, Stockholm, 312 p.

DeBlase A.F. 1980. The Bats of Iran : Systematics, Distribution, Ecology. *Fieldiana Zoology*, NS 4, 1-424.

Decu V., Murariu D. & Gheorghiu V. 2003. *Chiroptere din România*. Institutul de Speologie « Emil Racoviţa », Bucureşti, 521 p.

Demirsoy A. 1996. *Memeliler*. Meteksan AS, Ankara, 292 p.

Denzau G. & Denzau H. 1999. *Wildesel*. Jan Thorbecke Verlag, Stuttgart, 221 p.

Dietz C. & Kiefer A. 2015. *Die Fledermäuse Europas. Kennen, Bestimmen, Schützen*. Kosmos, Stuttgart, 394 p.

Dietz C., Helversen O. von & Nill D. 2007. *Handbuch der Fledermäuse Europas und Nordwestafrikas. Biologie, Kennzeichen, Gefährdung*. Franckh-Kosmos, Stuttgart, 399 p.

Dragesco-Joffé A. 1993. *La Vie sauvage au Sahara*. Delachaux et Niestlé, Paris, 240 p.

Duguy R. & Robineau D. 1992. *Handbuch der Säugetiere Europas. Band 6 : Meeressäuger. Teil II : Robben – Pinnipedia*. AULA-Verlag, Wiesbaden, 309 p.

Duff A. & Lawson A. 2004. *Mammals of the World. A Checklist*. A & C Black, London, 312 p.

Dungel J. & Gaisler J. 2002. *Atlas savců České a Slovenské republiky*. Academia, Praha, 150 p.

Ellerman J.R. & Morrison-Scott T.C.S. 1951. *Checklist of Palaearctic and Indian Mammals 1756 to 1946*. British Museum (Natural History), London, 810 p.

Ewer R.F. 1973. *The Carnivores*. Weidenfeld & Nicolson, London, 494 p.

Ferguson W.W. 2005. *The Mammals of Israel*. Gefen Publishing House, Jerusalem, 160 p.

Firouz E. 2005. *The Complete Fauna of Iran*. I.B. Tauris, London, 322 p.

Gaffrey G. 1961. *Merkmale der wildlebenden Säugetiere Mitteleuropas*. Akademische Verlagsgesellschaft, Leipzig, 284 p.

Gavier-Widen D., Duff J.P. & Mederith A. 2012. *Infectious Diseases of Wild Mammals and Birds in Europe*. Wiley-Blackwell, Chichester, West Sussex, 554 p.

Görner M. & Hackethal H. 1987. *Säugetiere Europas. Beobachten und bestimmen*. Neumann Verlag, Leipzig – Radebeul, 371 p.

Grimmberger E. & Rudloff K. 2009. *Atlas der Säugetiere Europas, Nordafrikas und Vordrasiens*. Natur und Tier, Münster, 495 p.

Gromov I.M. & Erbajeva M.A., 1995. *Mammal Fauna of Russia and Adjacent Territories. Lagomorphs and Rodents*. Russian Academy of Sciences, Zoological Institute, St. Petersburg, 520 p. [en russe]

Gromov I.M., Gureev A.A., Novikov G.A., Sokolov I.I., Strelkov P.P. & Chapskii K.K. 1963. *Mlekopitayushchie fauny SSSR. Chast' 1*. Izdatel'stvo Akademii Nauk SSSR, Moskva, 640 p.

Gromov I.M & Polyakov I.Ya. 1977. Fauna SSSR. *Mlekopitayushchie III.8. Polevki (Microtinae)*. Nauka, Leningrad, 504 p.

Gromov I.M & Polyakov I.Ya. 1992. *Fauna of the USSR. Mammals. Volume III. Number 8. Voles (Microtinae)*. Brill, Leiden, 725 p.

Groves C.P. & Grubb P. 2011. *Ungulate Taxonomy*. The Johns Hopkins University Press, Baltimore, 317 p.

Grzimek B. (éd.). 1990. *Grzimek's encyclopedia of Mammals. Vol. 4*. MacGraw Hill, New York, 648 p.

Grzimek B. (éd.). 1990. *Grzimek's encyclopedia of Mammals. Vol. 5*. MacGraw Hill, New York, 648 p.

Gunther P. 2003. *Mammifères du Monde. Inventaire des noms scientifiques, français et anglais*. Cade, Paris, 378 p.

Haffner P. & Savouré-Soubelet A. 2015. Sur la piste des Mammifères sauvages. Dunod, Paris, 208 p.

Hainard R. 1987. *Mammifères sauvages d'Europe. Insectivores, Chiroptères, Carnivores. 4e édition*. Delachaux et Niestlé, Neuchâtel, 332 p.

Hainard R. 1988. *Mammifères sauvages d'Europe. Pinnipèdes, Ongulés, Rongeurs, Cétacés. 4e édition*. Delachaux et Niestlé, Neuchâtel, 347 p.

Haltenorth T. & Diller H. 1977. *Säugetiere Afrikas und Madagaskars*. BLV Verlagsgesellschaft, München, 403 p.

Happold D.C.D. (éd.). 2013. *Mammals of Africa. Volume III. Rodents, Hares and Rabbits*. Bloomsbury Publishing, London, 784 p.

Happold M. & Happold D.C.D. (éd.). 2013. *Mammals of Africa. Volume IV. Hedgehogs, Shrews and Bats*. Bloomsbury Publishing, London, 800 p.

Harrison D.L. & Bates P.J.J. 1991. *The Mammals of Arabia*. Harrison Zoological Museum, Sevenoaks, 354 p.

Harrison D.L. 1981. *Mammals of the Arabian Gulf*. George Allen & Unwin, London, 92 p.

Hartenberger J.L. 2001. *Une brève histoire des Mammifères*. Belin, Paris, 288 p.

Hausser J. (dir). 1995. *Säugetiere der Schweiz : Verbreitung, Biologie, Ökologie*. Birkhauser, Basel, 501 p.

Hayden T. & Harrington R. 2000. *Exploring Irish Mammals*. Town House, Dublin, 381 p.

Heptner V.G., Chapskii K.K., Arsen'ev V.A. & Sokolov V.E. 1996. *Mammals of the Soviet Union. Volume II. Part III. Pinnipeds and Toothed Whales*. Science Publication, Lebanon, 995 p.

Heptner V.G., Nasimovich A.A. & Bannikov A.G. 1989. *Mammals of the Soviet Union. Volume I. Ungulates*. Brill, Leiden, 1147 p.

Heptner V.G., Naumov N.P., Yurgenson P.B., Sludskii A.A., Chirkova A.F. & Bannikov A.*G. 1998. Mammals of the Soviet Union. Volume II. Part Ia. Sirenia and Carnivora (Sea Cowe, Wolves and Bears)*. Science Publication, Enfield, 733 p.

Heptner V.G., Naumov N.P., Yurgenson P.B., Sludskii A.A., Chirkova A.F. & Bannikov A.G. 2001. *Mammals of the Soviet Union. Volume II. Part Ib. Carnivora (Weasels, Additional Species)*. Smithsonian Institution Library – National Science Foundation, Washington, 1552 p.

Heptner V.G. & Sludskii A.A. 1992. *Mammals of the Soviet Union. Volume II. Part II. Carnivora (Hyenas and Cats)*. Brill, Leiden, 784 p.

Hoath R. 2003. *A Field Guide to the Mammals of Egypt*. The American University in Cairo Press, Cairo, 236 p.

Honacki J.H., Kinman K.E. & Koeppl J.W. (éd.). 1982. *Mammal Species of the World*. Allen Press, Lawrence, 694 p.

Hufnagl E. 1972. *Libyan Mammals*. The Oleander Press, Cambridge, 85 p.

Humphreys P.N. & Kahrom E. 1995. *The Lion and the Gazelle. The Mammals and Birds of Iran*. Comma International Biological Systems, Gwent, 224 p.

Hutson A.M., Mickleburgh S.P. & Racey P.A. 2001. *Microchiropteran Bats. Global Status and Conservation Action Plan*. IUCN, Gland, X+256 p.

Jongbloed M., Llewellyn-Smith R. & Sawaf M. 2001. *A Field Guide to the Terrestrial Mammals of the UAE*. Arabian Leopard Trust, Dubai, 70 p.

King J.E. 1983. *Seals of the World. 2nd edition*. British Museum (Natural History) – Oxford University Press, Oxford, 240 p.

Kingdon J. 1997. *The Kingdon Field Guide of African Mammals*. Academic Press, London, 465 p.

Kingdon J. & Hoffmann M. (éd.). 2013. *Mammals of Africa. Volume V. Carnivores, Pangolins, Equids and Rhinoceroses*. Bloomsbury Publ., London, 560 p.

Kingdon J. & Hoffmann M. (éd.). 2013. *Mammals of Africa. Volume VI. Pigs, Hippopotamuses, Chevrotain, Giraffes, Deer and Bovids*. Bloomsbury Publ., London, 704 p.

Kingdon J., Happold D.C.D., Hoffmann M., Butynski T.M., Happold M. & Kalina J. (éd.). 2013. *Mammals of Africa. Volume I. Introductory Chapters and Afrotheria*. Bloomsbury Publ., London, 351 p.

Kowalski K. (dir.). 1964. *Klucze do oznaczania kręgowców Polski. Część V : Ssaki – Mammalia*. Państwowe Wydawnictwo Naukowe, Warzawa, 280 p.

Kowalski K. & Rzebik-Kowalska B. 1991. *Mammals of Algeria*. Ossolineum, Wroclaw, 370 p.

Krapp F. (éd.). 2001. *Handbuch der Säugetiere Europas. Band 4 : Fledertiere. Teil I : Chiroptera 1. Rhinolophidae, Vespertilionidae 1*. AULA-Verlag, Wiebelsheim, 602 p.

Krapp F. (éd.). 2003. *Handbuch der Säugetiere Europas. Band 3/II : Hasentiere – Lagomorpha*. AULA-Verlag, Wiebelsheim, 302 p.

Krapp F. (éd.). 2004. *Handbuch der Säugetiere Europas. Band 4 : Fledertiere. Teil II : Chiroptera 2. Vespertilionidae 2, Molossidae, Nycteridae*. AULA-Verlag, Wiebelsheim, 606-1186.

Kryštufek B. 1991. *Sesalci Slovenije*. Prirodoslovni muzej Slovenije, Ljubljana, 294 p.

Kryštufek B. & Vohralík V. 2001. *Mammals of Turkey and Cyprus. Introduction, Checklist, Insectivora*. Knjižnica Annales Majora, Koper, 140 p.

Kryštufek B. & Vohralík V. 2005. *Mammals of Turkey and Cyprus. Rodentia I : Sciuridae, Dipodidae, Gliridae, Arvicolinae*. Založba Annales, Koper, 292 p.

Kryštufek B. & Vohralík V. 2009. *Mammals of Turkey and Cyprus. Rodentia II : Cricetinae, Muridae, Spalacidae, Calomyscidae, Capromyidae, Hystricidae, Castoridae*. Založba Annales, Koper, 372 p.

Kumerloeve H. 1975. Die Säugetiere (Mammalien) Syriens und des Lebanon. *Veröff. zool. Staatssamml. München,* 18 : 159-225.

Lanza B. 2012. *Fauna d'Italia. Mammalia V. Chiroptera*. Calderini, Bologna, 786 p.

Lay D.M. 1967. A Study of the Mammals of Iran Resulting from the Street Expedition of 1962-1963. *Fieldiana Zoology*, 54 : 1-282.

Le Berre M. 1990. *Faune du Sahara. 2. Mammifères.* Lechevalier – Chabaud, Paris, 360 p.

Le Louarn H. & Quéré J.P. 2003. *Les Rongeurs de France. Faunistique et biologie.* INRA, Paris, 256 p.

Libois R. 1983. *Animaux menacés en Wallonie. Protégeons nos Mammifères.* Duculot – Région Wallone, Gembloux, 176 p.

Lugon-Moulin N. 2003. *Les musaraignes. Biologie, écologie, répartition en Suisse*. Porte-plumes, Ayer, 280 p.

Macdonald D. & Barrett P. 1993. *Mammals of Britain and Europe*. HarperCollins, London, 312 p.

Marin M. Ya. 1968. *Opredělitel' gryzunov Urala*. Sverdlovs, 89 p.

Masing M., 1999. *Taxonomy and Status of Wild Mammals in Estonia 1945-1994*. Sicista, Tartu, 120 p.

Meester J. & Setzer H.W. 1977. *The Mammals of Africa : an Identification Manual.* Smithsonian Institution Press, Washington.

Mendelssohn H. & Yom-Tov Y. 2000. *Mammals of Israel*. The Israel Academy of Science Humanities, Jerusalem, 439 p.

Mejer M.N., Golenishchev F.N., Radzhabli S.I. & Sablina O.V. 1996. *Seryje polevki (podrod* Microtus*) fauny Rossii i sopredel'nych territorij*. Trudy Zoologicheskogo Instituta 232, Rossijskaya Akademija Nauk, St. Petersburg, 320 p.

Miller G.S. 1912. *Catalogue of the Mammals of Western Europe (Europe exclusive of Russia)*. British Museum (Natural History), London, 1019 p.

Mitchell-Jones A.J., Amori G., Bogdanowicz W., Kryštufek B., Reijnders P.J.H., Spitzenberger F., Stubbe M., Thisssen J.B.M., Vohralík V. & Zima J. 1999. *The Atlas of European Mammals.* Poyser Natural History, London, 484 p.

Mittermeier R.A., Rylands A.B. & Wilson D.E. (éd.). 2013. *Handbook of the Mammals of the World. 3. Primates.* Lynx, Barcelona, 951 p.

Moutou F. & Bouchardy C. 1992. *Les Mammifères dans leur milieu*. Bordas, Paris, 255 p.

Murariu D. 2000. *Fauna României. XVI – 1. Mammalia. Insectivora*. Editura Academiei Române, Bucuresti, 142 p.

Murariu D. 2001. *Fauna României. XVI – 2. Mammalia. Rodentia*. Editura Academiei Române, Bucuresti, 214 p.

Niethammer J. & Krapp F. (éd.). 1978. *Handbuch der Säugetiere Europas. Band 1 Rodentia I (Sciuridae, Castoridae, Gliridae, Muridae)*. Akademisches Verlagsgesellschaft, Wiesbaden, 476 p.

Niethammer J. & Krapp F. (éd.). 1982. *Handbuch der Säugetiere Europas. Band 2/I Rodentia II (Cricetidae, Arvicolidae, Zapodidae, Spalacidae, Hystricidae, Capromyidae)*. Akademisches Verlagsgesellschaft, Wiesbaden, 649 p.

Niethammer J. & Krapp F. (éd.). 1986. *Handbuch der Säugetiere Europas. Band 2/II Paarhufer – Artiodactyla (Suidae, Cervidae, Bovidae)*. AULA-Verlag, Wiesbaden, 462 p.

Niethammer J. & Krapp F. (éd.). 1990. *Handbuch der Säugetiere Europas. Band 3/1 Insektenfresser – Insectivora, Herrentiere – Primates.* AULA-Verlag, Wiesbaden, 523 p.

Nowak R.M. 1991. *Walker's Mammals of the World. Fifth edition.* The Johns Hopkins University Press, Baltimore, volume I, xiii + 642 p. + volume II, 1629 p.

Ognev S.I. 1947. *Zveri SSSR i prilezhayushchich stran. V.* Izdatel'stvo Akademii nauk SSSR, Leningrad, 809 p.

Ognev S.I. 1948. *Zveri SSSR i prilezhayushchich stran. VI.* Izdatel'stvo Akademii nauk SSSR, Leningrad, 559 p.

Ognev S.I. 1950. *Zveri SSSR i prilezhayushchich stran. VII.* Izdatel'stvo Akademii nauk SSSR, Leningrad, 706 p.

Ognev S.I. 1962. *Mammals of Eastern Europe and northern Asia. Insectivora and Chiroptera.* Israel Program for Scientific Translations, Jerusalem, 487 p.

Ognev S.I. 1962. *Mammals of the USSR and Adjacent Countries. Vol. II. Carnivora (Fissipedia)*. Israel Program for Scientific Translations, Jerusalem, 662 p.

Ognev S.I. 1962. *Mammals of the USSR and Adjacent Countries. Vol. III. Carnivora (Fissipedia and Pinnipedia)*. Israel Program for Scientific Translations, Jerusalem, 641 p.

Ognev S.I. 1963. *Mammals of the USSR and Adjacent Countries. Vol. IV. Rodents.* Israel Program for Scientific Translations, Jerusalem, 515 p.

Ognev S.I. 1963. *Mammals of the USSR and Adjacent Countries. Vol. V. Rodents.* Israel Program for Scientific Translations, Jerusalem, 662 p.

Ognev S.I. 1963. *Mammals of the USSR and Adjacent Countries. Vol. VI. Rodents.* Israel Program for Scientific Translations, Jerusalem, 508 p.

Ognev S.I. 1963. *Mammals of the USSR and Adjacent Countries. Vol. VII. Rodents.* Israel Program for Scientific Translations, Jerusalem, 626 p.

Olsen L.H. 2013. *Guide Delachaux des traces d'animaux.* Delachaux et Niestlé, Paris, 276 p.

Osborn D.J. & Helmy I. 1980. The Comteporary Land Mammals of Egypt (including Sinai). *Fieldiana Zoology*, NS 5 : xix + 579 p.

Osborn D.J. & Osbornova J. 1998. *The Mammals of Ancient Egypt.* Aris & Phillips, Warminster, 213 p.

Palomo L.J. & Gisbert J. (éd.). 2002. *Atlas de los Mamíferos terrestres de España.* Dirección General de Conservación de la Naturaleza – SECEM – SECEMU, Madrid, 564 p.

Panouse J.B. 1951. Les chauves-souris du Maroc. *Travaux de l'Institut scientifique chérifien, série Zoologie,* 1 : 1-120.

Panouse J.B. 1957. Les Mammifères du Maroc. *Travaux de l'Institut scientifique chérifien, série Zoologie,* 5 : 1-206.

Panteleyev P.A. 1998. *The Rodents of the Palaearctic : Composition and Areas.* Russian Academy of Sciences, Zoological Institute, Moscow, 116 p.

Panteleyev P.A., Terekhina A.N. & Varshavsky A.A. 1990. *Ecogeographic Variation in Rodents.* Nauka, Moscow, 371 p. [en russe]

Pascal M., Lorvelec O. & Vigne J.D., 2006. *Invasions biologiques et extinctions. 11 000 ans d'histoire des vertébrés en France.* Belin – Quae, Paris, 350 p.

Pavlinov I. Ja. & Rossolimo O.L. 1987. *Systematics of the Mammals of the USSR*. Izd. Moscow Univ., Moscow, 284 p. [en russe]

Pavlinov I. Ja., Dubrovsky Yu.A., Rossolimo O.L. & Potapova E.G. 1990. *Gerbils of the World.* Nauka, Moscow, 368 p. [en russe]

Pavlinov I. Ja., Yakhontov E.L. & Agadzhanyan A.K. 1995. *Mammals of Eurasia. I. Rodentia Taxonomic and Geographic Guide.* Archives of the Zoological Museum, Moscow State University, 32 : 289 p. [en russe]

Perrin W.F., Würsig B. & Thewissen J.G.M. (éd.). 2009. *Encyclopedia of marine Mammals. 2nd edition.* Academic Press, New York, 1316 p.

Petter F. 1961. Répartition géographique et écologique des Rongeurs désertiques (du Sahara occidental à l'Iran oriental). *Mammalia,* 25 : 1-222.

Petter F. & Saint Girons M.C. 1965. Les Rongeurs du Maroc. *Travaux de l'Institut scientifique, série Zoologie,* 31 : 1-61.

Petrov B. 1992 *Mammals of Yugoslavia : Insectivores and Rodents.* Natural History Museum, Beograd, Suppl. 37 : 186 p.

Pitra C., Fickel J., Meijaard E. & Groves P.C., 2004. Evolution and Phylogeny of Old World Deer. *Molecular Phylogenetics and Evolution*, 33 : 803-895.

Popov V.B. & Sedefchev A. 2003. *Bozaïnitsite v Bulgaria. Opredelitel.* Biblioteka Vitocha, Sofia, 291 p.

Pucek Z. (éd.). 1984. *Klucz do oznaczania ssaków Polski. 2nd edition.* PWN, Warszawa, 384 p.

Pucek Z. & Raczynski J. 1983. Atlas rozmieszczenia ssaków w Polsce. Panstwowe Wydawnictwo Naukowe, Warszawa, 188 + 183 p.

Purroy F.J. & Varela J.M. 2016. *Guía de los Mamíferos de España. 3ra Edición.* Lynx Edicions, Bellaterra, 165 p.

Qumsiyeh M.B. 1996. *Mammals of the Holy Land.* Texas Tech University Press, Lubbock, 389 p.

Qumsiyeh M.B. 1985. The Bats of Egypt. Special *Publications The Museum Texas Tech University,* 23 : 1-102.

Ranck G.L. 1968. *The Rodents of Libya : Taxonomy, Ecology and Zoogeographical Relationships. U.S. National Museum Bulletin*, 275 p.

Reeves R.R., Stewart B.S., Clapham P.J. & Powell J.A. 2002. *Sea Mammals of the World.* A & C Black, London, 527 p.

Robineau D., 2005. *Faune de France 89. Cétacés de France.* Fédération Française des Sociétés de Sciences Naturelles – Muséum National d'Histoire Naturelle, Paris, 646 p.

Robineau D., Duguy R. & Klima M. 1994. *Handbuch der Säugetiere Europas. Band 6 : Meeressaüger. Teil I : Wale und Delphine – Cetacea. Teil IA : Einführung, Monodontidae, Phocoenidae, Delphinidae.* AULA-Verlag, Wiesbaden, 503 p.

Robineau D., Duguy R. & Klima M. 1994. *Handbuch der Säugetiere Europas. Band 6 : Meeressaüger. Teil I : Wale und Delphine, Cetacea. Teil IB : Ziphiidae, Kogiidae, Physeteridae, Balaenidae, Balaenopteridae.* AULA-Verlag, Wiesbaden, 809 p.

Saint Girons M.C. 1973. *Les Mammifères de France et du Benelux (faune marine exceptée)*. Doin, Paris, 481 p.

Saint Girons M.C., 1989. *Les Mammifères en France*. Sang de la Terre – La Manufacture, Paris, 248 p.

Savouré-Soubelet A., Aulagnier S., Haffner P., Moutou F., Van Canneyt O., Charassin J.B. & Ridoux V. (coord.), 2016. *Atlas des Mammifères sauvages de France. Volume 1. Mammifères marins.*

Publications scientifiques du Muséum National d'Histoire Naturelle – Institut de Recherche pour le Développement, Paris – Marseille, 480 p.

Schidlovskiy M.V. 1976. *Opredělitel' gryzunov Zakavkaziya*. Mecniereva, Tbilisi, 255 p.

Schilling D., Singer D. & Diller H. 1983. *Säugetiere*. BLV Verlagsgesellschaft, München, 286 p.

Schober W. & Grimmberger E. 1987. *Die Fledermäuse Europas*. Kosmos, Stuttgart, 222 p.

Shrenbrot G.J. & Krasnov B.R. 2005. *An Atlas of Geographic Distribution of the Arvicoline Rodents of the World (Rodentia, Muridae : Arvicolinae)*. Pensoft, Sofia – Moscow, 336 p.

Shenbrot G.I., Sokolov V.E., Heptner V.G. & Kowal'skaya Y.M. 1995. *Mammals of Russia and Adjacent Regions. Jerboas*. Science Publishers, Enfield, 768 p.

Shirihai H. & Jarrett B. 2006. *Guide des Mammifères marins du monde*. Delachaux et Niestlé, Paris, 384 p.

Sokolov V.E. & Tembotov A.K. 1989. *Vertebrates of the Caucasus. Mammals – Insectivores*. Nauka, Moskva, 548 p. [en russe]

Sokolov V.E. & Tembotov A.K. 1993. *Vertebrates of the Caucasus. Mammals – Ungulates*. Nauka, Moskva, 528 p. [en russe]

Spagnesi M. & De Marinis A.M. (dir.). 2002. Mammiferi d'Italia. *Quaderni di Conservazione della Natura*, 14 : 1-309.

Spizenberger F. 2001. *Die Säugetierfana Österreichs*. Bundesministerium für Land-und Forstwirtschaft Umwelt und Wasserwirtschaft, Graz, 895 p.

Still R., Harrop H., Stenton T. & Dias L. 2019. *Europe's Sea Mammals. Including the Azores, Madeira, the Canary Island and Cap Verde. A Field Guide to the Whales, Dolphins, Porpoises and Seals*. Princeton University Press, Princeton, 208 p.

Stuart C. & Stuart T. 2008. *A Photographic Guide to Mammals of North Africa and the Middle East*. New Holland, London, 128 p.

Stubbe M. & Krapp F. 1993. *Handbuch der Säugetiere Europas. Band 5 : Raubsäuger – Carnivora (Fissipedia). Teil I : Canidae, Ursidae, Procyonidae, Mustelidae 1*. AULA-Verlag, Wiesbaden, 526 p.

Stubbe M. & Krapp F. 1993. *Handbuch der Säugetiere Europas. Band 5 : Raubsäuger – Carnivora (Fissipedia). Teil II : Mustelidae 2, Viverridae, Herpestidae, Felidae*. AULA-Verlag, Wiesbaden, 530-1213.

Tohmé G. & Tohmé H. 1985. Les Mammifères sauvages du Liban. *Publications de l'Université libanaise, Section des sciences naturelles*, 16 : 1-189.

Topachevskiy V.A. 1969. *Fauna SSSR III.3. Slepyshovye (Spalacidae)*. Nauka, Leningrad, 247 p.

Unesco, 2003. *Réserves de biosphère. Des lieux privilégiés pour l'homme et la nature*. Unesco, Paris, 208 p.

Van Cakenberghe V. & Seamark E.C.J. (éd.). 2017. *African Chiroptera Report 2017*. AfricanBats, Pretoria, xxi + 7635 p.

Van den Brink F.H. 1978. *Zoogdierengids*. Elsevier, Amsterdam, 274 p.

Vereshchagin N.K. 1959. *Mammals of the Caucasus*. Izd. AN SSSR, Leningrad, 703 p.

Vorobeev G.G. & van der Ven J. 2003. *Looking at Mammals in Kyrgyzia, Central Asia*. Daru, Bishkek, 246 p.

Wilson D.E. & Cole F.R. 2000. *Common Names of Mammals of the World*. Smithsonian Institution Press, Washington, 204 p.

Wilson D.E. & Mittermeier R.A. (éd.). 2009. *Handbook of the Mammals of the World. 1. Carnivores.* Lynx, Barcelona, 727 p.

Wilson D.E. & Mittermeier R.A. (éd.). 2011. *Handbook of the Mammals of the World. 2. Hoofed Mammals.* Lynx, Barcelona, 885 p.

Wilson D.E. & Mittermeier R.A. (éd.). 2014. *Handbook of the Mammals of the World. 4. Sea Mammals.* Lynx, Barcelona, 614 p.

Wilson D.E. & Mittermeier R.A. (éd.). 2015. *Handbook of the Mammals of the World. 5. Monotremes and Marsupials.* Lynx, Barcelona, 799 p.

Wilson D.E. & Mittermeier R.A. (éd.). 2018. *Handbook of the Mammals of the World. 8. Insectivores, Sloths and Colugos.* Lynx, Barcelona, 709 p.

Wilson D.E. & Mittermeier R.A. (éd.). 2019. *Handbook of the Mammals of the World. 9. Bats.* Lynx, Barcelona, 1008 p.

Wilson D.E. & Reeder D.M. 2005. *Mammal Species of the World. A Taxonomic and Geographic Reference. Third edition. 2 Volumes.* The Johns Hopkins University Press, Baltimore, xxxv + 2142 p.

Wilson D.E., Lacher T.E.Jr & Mittermeier R.A. (éd.). 2016. *Handbook of the Mammals of the World. 6. Lagomorphs and Rodents I.* Lynx, Barcelona, 987 p.

Wilson D.E., Lacher T.E.Jr & Mittermeier R.A. (éd.). 2017. *Handbook of the Mammals of the World. 7. Rodents II.* Lynx, Barcelona, 987 p.

Yiğit N., Çolak E., Sözen M. & Karataş A. 2006. *Rodents of Türkiye.* Meteksan Company, Ankara, 154 p.

Zagorodniuk I.V. 2002. *Poliovy vyznachnyk dribnykh ssavtsiv Ukrainy.* Kyiv, 60 p.

REVUES SPÉCIALISÉES

- ***Acta Chiropterologica***

c/o Museum and Institute of Zoology PAS, Wilcza 64, 00-679 Warszawa, Pologne. https://miiz.waw.pl

- ***Arvicola & Mammifères sauvages***

Société Française pour l'Étude et la Protection des Mammifères – 19 allée René-Ménard, 18000 Bourges, France. www.sfepm.org

- ***Folia Theriologica Estonica***

Estonian Naturalists' Society – Struve 2, Tartu 51003, Estonie. www.elus.ee

- ***Galemys – Spanish Journal of Mammalogy***

Sociedad Española para la Conservación y Estudio de los Mamíferos (S.E.C.E.M.) – Departamento de Biología Animal, Universidad de Málaga, 29071 Málaga, Espagne. www.secem.es

- ***Hypsugo – Journal of bat research in the Balkans***

Centre for Karst and Speleology, Bosnia and Herzegovina – Wildlife Conservation Society Mustela, Serbia – Montenegrin Ecologists Society, Montenegro – Branilaca Sarajeva 30, 71 000 Sarajevo, Bosnie-Herzégovine. http://centarzakrs.ba

- ***Hystrix – Italian Journal of Mammalogy***

Associazione Teriologica Italiana – Dipartimento di Biologia e Biotecnologie « Charles Darwin », Università di Roma « La Sapienza », Viale dell'Università, 32, 00185 Roma, Italie. www.italian-journal-of-Mammalogy.it

- ***Lutra***

Dutch Mammal Society – Zoogdiervereniging, Postbus 6531, 6503 GA Nijmegen, Pays-Bas. https://zoogdierwinkel.nl/Lutra

- ***Lynx***

De Gruyter Poland, Bogumiła Zuga 32A Str., 01-811 Warsaw, Pologne. https://content.sciendo.com

- ***Mammal Research (Acta Theriologica)***

Mammal Research Institute of the Polish Academy of Sciences – ul. Waszkiewicza 1c, 17-230 Bialowieza, Pologne. acta.rbs.bialowieza.pl

- ***Mammal Review & Mammal News***

Mammal Society – 33 Milton Abbas, Blandford Forum, Dorset DT11 0BL, Grande-Bretagne. www. Mammal.org.uk

- ***Mammalia***

c/o Pr. Christiane Denys, Muséum National d'Histoire Naturelle, Systématique et Évolution, 55 rue Buffon, 75231 Paris cedex, France. www.degruyter.com

- ***Mammalian Biology (Zeitschrift für Säugetierkunde)***

Deutsche Gesellschaft für Säugetierkunde – Staatliches Museum für Naturkunde Görlitz, Landesmuseum des Freistaates Sachsen, Am Museum 1, 02826 Görlitz, Allemagne. Dgshome.de

- ***Nyctalus***

Arbeitskreis Fledermäuse Sachsen-Anhalt e. V – Zechental 1, 06536 Südharz OT Stolberg, Allemagne. https://nyctalus.com

- ***Plecotus et al.***

c/o Sergei Kruskop, Zoological Museum of Moscow, Lomonosov State University, Bolshaya Nikitskaya st., bld. 2, 125009 Moscow, Russie. http://zmmu.msu.ru/bats/plecotus/plecot.htm

- ***Russian Journal of Theriology***

c/o Dr K.G.Mikhailov, Zoological Museum MGU, Bolshaya Nikitskaya Str. 6, Moscow 125009, Russie. http://zmmu.msu.ru/rjt/

- ***Journal of Bat Research & Conservation (Barbastella)***

Sociedad Española de Conservación y Estudio de los MUrcielagos (S.E.C.E.MU.) – Departamento de Ciencias de la Vida, Facultad de Biología, Ciencias Ambientales y Química, Campus Universitario, Ctra. N-II, Km. 33,6, Universidad de Alcalá, 28805 Alcalá de Henares, Espagne. www.secemu.es

- ***Vespertilio***

Česká společnost pro ochranu netopýrů (ČESON) c/o Petr Benda, Zoologické oddělení Národního musea, Václavské nám. 68, 115 79 Praha 1, Tchéquie. www.ceson.org

ORDER DIPROTODONTIA

Family Macropodidae

Notamacropus rufogriseus	Red-necked wallaby

ORDER HYRACOIDEA

Family Procaviidae

Procavia capensis	Rock hyrax

ORDER MACROSCELIDEA

Family Macroscelididae

Petrosaltator rozeti	North African elephant shrew

ORDER SIRENIA

Dugong dugong	Dugong

ORDER LAGOMORPHA

Family Ochotonidae

Ochotona pusilla	Steppe pika
Ochotona rufescens	Afghan pika

Family Leporidae

Lepus castroviejoi	Broom hare
Lepus corsicanus	Corsican hare
Lepus europaeus	Brown hare
Lepus granatensis	Iberian hare
Lepus mediterraneus	Mediterranean hare
Lepus microtis	African savanna hare
Lepus timidus	Mountain hare
Lepus tolai	Tolai hare
Oryctolagus cuniculus	Rabbit
Sylvilagus floridanus	Eastern cottontail rabbit

ORDER RODENTIA

Family Sciuridae

Atlantoxerus getulus	Barbary ground squirrel
Callosciurus erythraeus	Pallas's squirrel
Callosciurus finlaysonii	Thailand tree squirrel
Euxerus erythropus	Striped ground squirrel
Marmota bobak	Bobak marmot
Marmota marmota	Alpine marmot
Pteromys volans	Russian flying squirrel
Sciurus anomalus	Persian squirrel
Sciurus carolinensis	Grey squirrel
Sciurus meridionalis	Calabrian squirrel
Sciurus vulgaris	Red squirrel
Spermophilus citellus	European souslik
Spermophilus fulvus	Yellow souslik
Spermophilus major	Russet souslik
Spermophilus musicus	Caucasian souslik
Spermophilus pygmaeus	Little souslik
Spermophilus suslicus	Spotted souslik
Spermophilus taurensis	Tauren souslik
Spermophilus xanthoprymnus	Anatolia souslik
Tamias sibiricus	Siberian chipmunk

Family Castoridae

Castor canadensis	Canadian beaver
Castor fiber	European beaver

Family Gliridae

Dryomys aspromontis	Calabrian dormouse
Dryomys laniger	Woolly dormouse
Dryomys nitedula	Forest dormouse
Eliomys melanurus	Asian garden dormouse
Eliomys munbyanus	Maghreb garden dormouse
Eliomys quercinus	Garden dormouse
Glis glis	Fat dormouse
Muscardinus avellanarius	Hazel dormouse
Myomimus roachi	Roach's mouse-tailed dormouse
Myomimus setzeri	Setzer's mouse-tailed dormouse

Family Dipodidae

Allactaga major	Great jerboa
Dipus sagitta	Northern three-toed jerboa
Jaculus hirtipes	Desert jerboa
Jaculus jaculus	Lesser Egyptian jerboa
Jaculus loftusi	Arabian jerboa
Jaculus orientalis	Greater Egyptian jerboa
Pygeretmus pumilio	Dwarf fat-tailed jerboa
Scarturus aulacotis	Syrian five-toed jerboa
Scarturus elater	Small five-toed jerboa
Scarturus euphraticus	Euphrates jerboa
Scarturus tetradactylus	Four-toed jerboa
Scarturus williamsi	Williams's jerboa
Stylodipus telum	Thick-tailed three-toed jerboa

Family Sminthidae

Sicista armenica	Armenian birch mouse
Sicista betulina	Northern birch mouse
Sicista caucasica	Caucasian birch mouse
Sicista kazbegica	Kazbeg birch mouse
Sicista kluchorica	Kluchor birch mouse
Sicista loriger	Nordmann's birch mouse
Sicista strandi	Strand's birch mouse
Sicista subtilis	Southern birch mouse
Sicista trizona	Hungarian birch mouse

Family Calomyscidae

Calomyscus bailwardi	Iranian mouse-like hamster
Calomyscus elburzensis	Goodwin's mouse-like hamster
Calomyscus tsolovi	Tsolov's mouse-like hamster

Calomyscus urartensis	Urartsk mouse-like hamster

Sub-family Cricetinae

Allocricetulus eversmanni	Eversmann's hamster
Cricetulus migratorius	Grey hamster
Cricetus cricetus	Common hamster
Mesocricetus auratus	Golden hamster
Mesocricetus brandti	Brandt's hamster
Mesocricetus newtoni	Romanian hamster
Mesocricetus raddei	Ciscaucasian hamster

Sub-family Arvicolinae

Arvicola amphibius	Water vole
Arvicola italicus	Italian water vole
Arvicola monticola	Montane water vole
Arvicola sapidus	Southern water vole
Chionomys gud	Caucasian snow vole
Chionomys lasistanius	Lazistan snow vole
Chionomys nivalis	Snow vole
Chionomys roberti	Robert's snow vole
Clethrionomys glareolus	Bank vole
Clethrionomys rutilus	Red vole
Craseomys rufocanus	Grey-sided vole
Dicrostonyx torquatus	Arctic lemming
Dinaromys bogdanovi	Balkan snow vole
Ellobius lutescens	Transcaucasian mole-vole
Ellobius talpinus	Northern mole-vole
Lagurus lagurus	Steppe lemming
Lemmus lemmus	Norway lemming
Lemmus sibiricus	Siberian brown lemming
Microtus agrestis	Field vole
Microtus anatolicus	Anatolian vole
Microtus arvalis	Common vole
Microtus brachycercus	Calabria pine vole
Microtus cabrerae	Cabrera's vole
Microtus daghestanicus	Caucasian pine vole
Microtus dogramacii	Dogramaci's vole
Microtus duodecimcostatus	Mediterranean pine vole
Microtus elbeyli	Elbeyli vole
Microtus felteni	Balkan pine vole
Microtus gregalis	Narrow-headed vole
Microtus guentheri	Günther's vole
Microtus hartingi	Harting's vole
Microtus irani	Iranian vole
Microtus lavernedii	Lavernede's vole
Microtus liechtensteini	Liechtenstein's pine vole
Microtus lusitanicus	Lusitanian pine vole
Microtus majori	Major's pine vole
Microtus multiplex	Alpine pine vole
Microtus mustersi	Cyrenaican vole
Microtus mystacinus	East European vole
Microtus nebrodensis	Sicilian pine vole
Microtus obscurus	Altai vole
Microtus oeconomus	Root vole
Microtus pyrenaicus	Pyrenean pine vole
Microtus rossiaemeridionalis	Sibling vole
Microtus rozianus	Portuguese vole
Microtus savii	Savi's pine vole
Microtus schelkovnikovi	Schelkovnikov's pine vole
Microtus socialis	Social vole
Microtus subterraneus	Common pine vole
Microtus tatricus	Tatra pine vole
Microtus thomasi	Thomas's pine vole
Myopus schisticolor	Wood lemming
Ondatra zibethicus	Muskrat
Prometheomys schaposchnikowi	Long-clawed mole vole

Sub-family Gerbillinae

Gerbillus amoenus	Pleasant gerbil
Gerbillus andersoni	Anderson's gerbil
Gerbillus campestris	North African gerbil
Gerbillus cheesmani	Cheesman's gerbil
Gerbillus dasyurus	Wagner's gerbil
Gerbillus floweri	Flower's gerbil
Gerbillus gerbillus	Lesser Egyptian gerbil
Gerbillus henleyi	Pygmy gerbil
Gerbillus hesperinus	Western gerbil
Gerbillus hoogstraali	Hoogstraal's gerbil
Gerbillus latastei	Lataste's gerbil
Gerbillus mackilligini	Mackilligin's gerbil
Gerbillus maghrebi	Greater short-tailed gerbil
Gerbillus mesopotamiae	Mesopotamian gerbil
Gerbillus nancillus	Sudan gerbil
Gerbillus nanus	Baluchistan gerbil
Gerbillus occiduus	Occidental gerbil
Gerbillus perpallidus	Pale gerbil
Gerbillus pyramidum	Greater Egyptian gerbil
Gerbillus simoni	Lesser short-tailed gerbil
Gerbillus tarabuli	Tarabul's gerbil
Meriones crassus	Sundevall's jird
Meriones dahli	Dahl's jird
Meriones grandis	Moroccan jird
Meriones libycus	Libyan jird
Meriones meridianus	Midday jird
Meriones persicus	Persian jird
Meriones sacramenti	Buxton's jird
Meriones shawii	Shaw's jird
Meriones tamariscinus	Tamarisk jird
Meriones tristrami	Tristram's jird
Meriones vinogradovi	Vinogradov's jird
Pachyuromys duprasi	Fat-tailed gerbil
Psammomys obesus	Fat sand rat
Psammomys vexillaris	Lesser sand rat
Sekeetamys calurus	Bushy-tailed jird
Tatera indica	Indian gerbil

Sub-family Murinae

Apodemus agrarius	Striped field mouse
Apodemus alpicola	Alpine mouse
Apodemus epimelas	Western rock mouse
Apodemus flavicollis	Yellow-necked mouse
Apodemus hyrcanicus	Caucasian mouse
Apodemus mystacinus	Eastern rock mouse
Apodemus ponticus	Caucasian field mouse
Apodemus sylvaticus	Wood mouse
Apodemus uralensis	Pygmy field mouse
Apodemus witherbyi	Steppe field mouse
Arvicanthis niloticus	African grass rat
Lemniscomys barbarous	Barbary striped grass mouse
Mastomys erythroleucus	Guinea multimammate mouse
Micromys minutus	Harvest mouse
Mus cypriacus	Cypriot mouse
Mus macedonicus	Balkan short-tailed mouse
Mus musculus	House mouse
Mus spicilegus	Steppe mouse
Mus spretus	Algerian mouse
Nesokia bunnii	Long-tailed bandicoot rat
Nesokia indica	Short-tailed bandicoot rat
Rattus norvegicus	Brown rat
Rattus rattus	Black rat

Sub-family Deomyinae

Acomys cahirinus	Cairo spiny mouse
Acomys chudeaui	Chudeau's spiny mouse
Acomys cilicicus	Anatolia spiny mouse
Acomys dimidiatus	Eastern spiny mouse
Acomys minous	Cretan spiny mouse
Acomys nesiotes	Cyprus spiny mouse
Acomys russatus	Golden spiny mouse
Acomys seurati	Seurat's spiny mouse

Family Spalacidae

Nannospalax ehrenbergi	Palestine mole rat
Nannospalax leucodon	Lesser mole rat
Nannospalax xanthodon	Anatolian mole rat
Spalax arenarius	Sandy mole rat
Spalax giganteus	Giant mole rat
Spalax graecus	Balkan mole rat
Spalax microphthalmus	Greater mole rat
Spalax zemni	Podolsk mole rat

Family Ctenodactylidae

Ctenodactylus gundi	Common gundi
Ctenodactylus vali	Val's gundi
Massoutiera mzabi	Mzab gundi

Family Hystricidae

Hystrix cristata	Crested porcupine
Hystrix indica	Indian crested porcupine

Family Echimyidae

Myocastor coypus	Coypu

ORDER EULIPOTYPHLA

Family Erinaceidae

Atelerix algirus	Algerian hedgehog
Erinaceus concolor	Eastern hedgehog
Erinaceus europaeus	Western hedgehog
Erinaceus roumanicus	White-breasted hedgehog
Hemiechinus auritus	Long-eared hedgehog
Paraechinus aethiopicus	Desert hedgehog
Paraechinus hypomelas	Brandt's hedgehog

Family Soricidae

Crocidura aleksandrisi	Alexandrian shrew
Crocidura arispa	Jackass shrew
Crocidura canariensis	Canary shrew
Crocidura caspica	Caspian shrew
Crocidura floweri	Flower's shrew
Crocidura gueldenstaedtii	Güldenstädt's white-toothed shrew
Crocidura katinka	Katinka's shrew
Crocidura leucodon	Bicoloured white-toothed shrew
Crocidura lusitania	Mauritanian shrew
Crocidura olivieri	African giant shrew
Crocidura pachyura	Mediterranean shrew
Crocidura ramona	Negev shrew
Crocidura religiosa	Egyptian pygmy shrew
Crocidura russula	Greater white-toothed shrew
Crocidura sicula	Sicilian shrew
Crocidura suaveolens	Lesser white-toothed shrew
Crocidura susiana	Iranian shrew
Crocidura tarfayaensis	Tarfaya shrew
Crocidura viaria	Savanna path shrew
Crocidura whitakeri	Whitaker's shrew
Crocidura zimmermanni	Cretan white-toothed shrew
Diplomesodon pulchellus	Piebald shrew
Neomys anomalus	Southern water shrew
Neomys fodiens	Water shrew
Neomys milleri	Miller's water shrew
Neomys teres	Transcaucasian water shrew
Sorex alpinus	Alpine shrew
Sorex antinorii	Valais shrew
Sorex araneus	Common shrew
Sorex caecutiens	Masked shrew
Sorex coronatus	Millet's shrew
Sorex granarius	Spanish shrew
Sorex isodon	Taiga shrew
Sorex minutissimus	Least shrew
Sorex minutus	Pygmy shrew
Sorex raddei	Radde's shrew
Sorex samniticus	Apennine shrew
Sorex satunini	Caucasian shrew
Sorex volnuchini	Caucasian pygmy shrew

Suncus etruscus	Pygmy white-toothed shrew
Suncus murinus	Asian house shrew

Family Talpidae

Desmana moschata	Russian desman
Galemys pyrenaicus	Pyrenean desman
Talpa aquitania	Aquitanian mole
Talpa caeca	Blind mole
Talpa caucasica	Caucasian mole
Talpa davidiana	Persian mole
Talpa europaea	European mole
Talpa levantis	Levantine mole
Talpa martinorum	Martino's mole
Talpa occidentalis	Iberian mole
Talpa ognevi	Ognev's mole
Talpa romana	Roman mole
Talpa stankovici	Balkan mole
Talpa talyschensis	Talysch mole

ORDER PRIMATES

Family Cercopithecidae

Macaca sylvanus	Barbary macaque

ORDER CHIROPTERA

Family Pteropodidae

Rousettus aegyptiacus	Egyptian fruit bat

Family Rhinopomatidae

Rhinopoma cystops	Lesser mouse-tailed bat
Rhinopoma hardwickii	Hardwicke's mouse-tailed-bat
Rhinopoma microphyllum	Greater mouse-tailed bat
Rhinopoma muscatellum	Small mouse-tailed bat

Family Hipposideridae

Asellia tridens	Trident leaf-nosed bat
Hipposideros tephrus	Cabrera's leaf-nosed bat

Family Rhinolophidae

Rhinolophus blasii	Blasius' horseshoe bat
Rhinolophus clivosus	Cretzschmar's horseshoe bat
Rhinolophus euryale	Mediterranean horseshoe bat
Rhinolophus ferrumequinum	Greater horseshoe bat
Rhinolophus hipposideros	Lesser horseshoe bat
Rhinolophus mehelyi	Mehely's horseshoe bat

Family Emballonuridae

Taphozous nudiventris	Naked-rumped tomb bat
Taphozous perforatus	Egyptian tomb bat

Family Nycteridae

Nycteris thebaica	Egyptian slit-faced bat

Family Molossidae

Nyctinomus aegyptiacus	Egyptian free-tailed bat
Tadarida teniotis	European free-tailed bat

Family Miniopteridae

Miniopterus pallidus	Anatolian bent-winged bat
Miniopterus schreibersii	Schreibers' bat

Family Vespertilionidae

Barbastella barbastellus	Western barbastelle
Barbastella caspica	Caspian barbastelle
Barbastella leucomelas	Desert barbastelle
Eptesicus anatolicus	Anatolian serotine
Eptesicus bottae	Botta's serotine
Eptesicus gobiensis	Gobi serotine
Eptesicus isabellinus	Isabelline serotine
Eptesicus nilssonii	Northern bat
Eptesicus ognevi	Ognev's serotine
Eptesicus serotinus	Serotine
Hypsugo ariel	Fairy pipistrelle
Hypsugo savii	Savi's pipistrelle
Myotis alcathoe	Alcathoe's bat
Myotis bechsteinii	Bechstein's bat
Myotis blythii	Lesser mouse-eared bat
Myotis brandtii	Brandt's bat
Myotis capaccinii	Long-fingered bat
Myotis crypticus	Cryptic bat
Myotis dasycneme	Pond bat
Myotis daubentonii	Daubenton's bat
Myotis davidii	David's bat
Myotis emarginatus	Geoffroy's bat
Myotis escalerai	Iberian bat
Myotis myotis	Greater mouse-eared bat
Myotis mystacinus	Whiskered bat
Myotis nattereri	Natterer's bat
Myotis punicus	Maghrebian mouse-eared bat
Myotis schaubi	Schaub's bat
Myotis tschuliensis	Caucasian bat
Myotis zenatius	Zenati bat
Nyctalus azoreum	Azorean bat
Nyctalus lasiopterus	Greater noctule
Nyctalus leisleri	Leisler's bat
Nyctalus noctula	Noctule
Nycticeinops schlieffeni	Schlieffen's twillight bat
Otonycteris hemprichii	Hemprich's long-eared bat
Pipistrellus hanaki	Libyan pipistrelle
Pipistrellus kuhlii	Kuhl's pipistrelle
Pipistrellus maderensis	Madeira pipistrelle
Pipistrellus nathusii	Nathusius' pipistrelle
Pipistrellus pipistrellus	Common pipistrelle
Pipistrellus pygmaeus	Soprano pipistrelle
Plecotus auritus	Brown long-eared bat
Plecotus austriacus	Grey long-eared bat
Plecotus christii	Christie's long-eared bat
Plecotus gaisleri	Maghrebian long-eared bat
Plecotus kolombatovici	Balkan long-eared bat
Plecotus macrobullaris	Mountain long-eared bat
Plecotus sardus	Sardinian long-eared bat

Plecotus teneriffae	Tenerife long-eared bat
Rhyneptesicus nasutus	Sind serotine
Vansonia rueppellii	Rüppell's pipistrelle
Vespertilio murinus	Particoloured bat

Order Carnivora

Family Canidae

Canis anthus	African golden wolf
Canis aureus	Golden jackal
Canis lupus	Wolf
Nyctereutes procyonoides	Raccoon dog
Vulpes cana	Blanford's fox
Vulpes corsac	Corsac fox
Vulpes lagopus	Arctic fox
Vulpes rueppellii	Rüppell's fox
Vulpes vulpes	Red fox
Vulpes zerda	Fennec fox

Family Procyonidae

Procyon lotor	Raccoon

Family Ursidae

Ursus arctos	Brown bear
Ursus maritimus	Polar bear

Family Mustelidae

Gulo gulo	Wolverine
Lutra lutra	Eurasian otter
Lutrogale perspicillata	Smooth-coated otter
Martes foina	Stone marten
Martes martes	Pine marten
Meles leucurus	Asian badger
Meles meles	Badger
Mellivora capensis	Honey badger
Mustela erminea	Stoat
Mustela eversmannii	Steppe polecat
Mustela lutreola	European mink
Mustela nivalis	Weasel
Mustela putorius	Western polecat
Mustela sibirica	Siberian weasel
Mustela vison	American mink
Poecilictis libyca	Saharan striped polecat
Vormela peregusna	Marbled polecat

Family Odobenidae

Odobenus rosmarus	Walrus

Family Phocidae

Cystophora cristata	Hooded seal
Erignathus barbatus	Bearded seal
Halichoerus grypus	Grey seal
Monachus monachus	Mediterranean monk seal
Pagophilus groenlandicus	Harp seal
Phoca vitulina	Harbour seal
Pusa caspica	Caspian seal
Pusa hispida	Ringed seal

Family Viverridae

Genetta genetta	Common genet

Family Herpestidae

Herpestes ichneumon	Egyptian mongoose
Urva auropunctata	Small Indian mongoose
Urva edwardsii	Indian grey mongoose

Family Hyaenidae

Hyaena hyaena	Striped hyena

Family Felidae

Acinonyx jubatus	Cheetah
Caracal caracal	Caracal
Felis chaus	Jungle cat
Felis lybica	African wildcat
Felis margarita	Sand cat
Felis silvestris	Wildcat
Leptailurus serval	Serval
Lynx lynx	Eurasian lynx
Lynx pardinus	Iberian lynx
Otocolobus manul	Pallas's cat
Panthera pardus	Leopard

Order Cetartiodactyla

Family Balaenidae

Balaena mysticetus	Bowhead whale
Eubalaena glacialis	North Atlantic right whale

Family Balaenopteridae

Balaenoptera acutorostrata	Common minke whale
Balaenoptera borealis	Sei whale
Balaenoptera edeni	Bryde's whale
Balaenoptera musculus	Blue whale
Balaenoptera physalus	Fin whale
Megaptera novaeangliae	Humpback whale

Family Physeteridae

Physeter macrocephalus	Sperm whale

Family Kogiidae

Kogia breviceps	Pygmy sperm whale
Kogia sima	Dwarf sperm whale

Family Ziphiidae

Hyperoodon ampullatus	Northern bottlenose whale
Mesoplodon bidens	Sowerby's beaked whale
Mesoplodon densirostris	Blainville's beaked whale
Mesoplodon europaeus	Gervais' beaked whale
Mesoplodon mirus	True's beaked whale
Ziphius cavirostris	Cuvier's beaked whale

Family Monodontidae

Monodon monoceros	Narwhal
Delphinapterus leucas	Beluga

Family Delphinidae

Delphinus delphis	Common dolphin

Feresa attenuata	Pygmy killer whale
Globicephala macrorhynchus	Short-finned pilot whale
Globicephala melas	Long-finned pilot whale
Grampus griseus	Risso's dolphin
Lagenodelphis hosei	Fraser's dolphin
Leucopleurus acutus	Atlantic white-sided dolphin
Lagenorhynchus albirostris	White-beaked dolphin
Orcinus orca	Killer whale
Pseudorca crassidens	False killer whale
Sousa plumbea	Plumbeous dolphin
Sousa teuszii	Atlantic Humpback dolphin
Stenella attenuata	Pantropical spotted dolphin
Stenella coeruleoalba	Striped dolphin
Stenella frontalis	Atlantic spotted dolphin
Stenella longirostris	Spinner dolphin
Steno bredanensis	Rough-toothed dolphin
Tursiops aduncus	Indo-Pacific bottlenose dolphin
Tursiops truncatus	Common bottlenose dolphin

Family Phocoenidae

Neophocaena phocaenoides	Indo-Pacific finless porpoise
Phocoena phocoena	Harbor porpoise

Family Cervidae

Alces alces	Elk
Axis axis	Axis deer
Capreolus capreolus	European roe deer
Capreolus pygargus	Siberian roe deer
Cervus elaphus	Red deer
Cervus nippon	Sika deer
Dama dama	Fallow deer
Dama mesopotamica	Mesopotamian fallow deer
Hydropotes inermis	Chinese water deer
Muntiacus reevesi	Reeves' muntjac
Odocoileus virginianus	White-tailed deer
Rangifer tarandus	Reindeer

Family Bovidae

Addax nasomaculatus	Addax
Ammotragus lervia	Barbary sheep (Aoudad)
Bos bonasus	European bison
Capra aegagrus	Wild goat
Capra caucasica	Western tur
Capra cylindricornis	Eastern tur
Capra ibex	Alpine ibex
Capra nubiana	Nubian ibex
Capra pyrenaica	Iberian ibex
Gazella cuvieri	Cuvier's gazelle
Gazella dorcas	Dorcas gazelle
Gazella gazella	Mountain gazelle
Gazella leptoceros	Slender-horned gazelle
Gazella subgutturosa	Goitered gazelle
Nanger dama	Dama gazelle
Oryx dammah	Scimitar-horned oryx
Oryx leucoryx	Arabian oryx
Ovibos moschatus	Musk ox
Ovis gmelinii	Mouflon
Rupicapra asiatica	Asian chamois
Rupicapra carpatica	Carpathian chamois
Rupicapra ornata	Abruzzi chamois
Rupicapra parva	Cantabrian chamois
Rupicapra pyrenaica	Pyrenean chamois
Rupicapra rupicapra	Alpine chamois
Saiga tatarica	Steppe saiga

Family Suidae

Sus scrofa	Wild boar

ORDER PERISSODACTYLA

Family Equidae

Equus hemionus	Onager

INDEX DES NOMS SCIENTIFIQUES

Les numéros en gras renvoient aux pages de la fiche descriptive de chaque espèce ayant une entrée. Les numéros en maigre renvoient aux autres citations de ces mêmes espèces et aux citations des espèces qui ne font pas l'objet d'une fiche ou citées dans les pages introductives.

INDEX DES NOMS VERNACULAIRES

Les numéros en gras renvoient aux pages de la fiche descriptive de chaque espèce ayant une entrée. Les numéros en maigre renvoient aux autres citations de ces mêmes espèces et aux citations des espèces qui ne font pas l'objet d'une fiche ou citée dans les pages introductives.

Les auteurs

Stéphane Aulagnier est professeur de biologie de la conservation à l'université Paul-Sabatier de Toulouse. Ex-directeur du laboratoire Comportement et écologie de la faune sauvage de l'Institut national de la recherche agronomique, il a occupé différentes fonctions au bureau de la Société française pour l'étude et la protection des Mammifères, dont la présidence. Il a notamment coédité *l'Atlas des Mammifères sauvages du Maroc*.

Patrick Haffner a été administrateur de la Société française pour l'étude et la protection des Mammifères pendant plusieurs années. Chef de mission dans l'unité mixte de service Patrimoine naturel (Muséum National d'Histoire Naturelle, Office français de la biodiversité, Centre national de la recherche scientifique), il est également membre pour la France du Delivery Group pour la seconde édition de *The Atlas of European Mammals*.

Tony Mitchell-Jones est président de l'European Mammal Foundation et prépare la deuxième édition de *The Atlas of European Mammals*, dont la publication est prévue en 2024. Docteur en zoologie, il a travaillé comme expert en conservation des Mammifères pour l'Agence de conservation de la nature en Angleterre, où il a développé une spécialisation pour la conservation des Chiroptères.

François Moutou est docteur-vétérinaire, président d'honneur de la Société française pour l'étude et la protection des Mammifères et ancien chercheur à l'Agence nationale de sécurité sanitaire des aliments dans le domaine de l'épidémiologie des maladies animales, dont les maladies de la faune sauvage.

Jan Zima (1952-2019) était professeur à la faculté des sciences de Brno. Depuis 1976, il travaillait sur la biologie moléculaire évolutive et comparée d'un grand nombre de familles d'Eulipotyphles et de Rongeurs. Auteur, entre autres, de 24 monographies, il a aussi collaboré à *The Atlas of European Mammals*, publié par la Societas Europaea Mammalogica en 1999.

Les illustrateurs

Jean Chevallier est illustrateur naturaliste depuis plus de 20 ans. Il a récemment illustré et coécrit *La Nature la nuit* chez Delachaux et Niestlé et participe régulièrement aux revues *Terre sauvage* et *La Salamandre*. Il anime également des stages d'initiation au dessin naturaliste et d'observation nocturne avec le CPIE de Brenne.

Julien Norwood est illustrateur naturaliste. Il est, entre autres, l'auteur des *Oiseaux du Muséum*, paru chez Delachaux et Niestlé en 2004.

Juan Varela Simó est illustrateur naturaliste. Il a illustré plus de 40 livres, magazines et articles et est l'auteur de 16 ouvrages dont le *Guide des oiseaux d'Espagne*. Son travail a été sélectionné par le jury des « Oiseaux dans l'art » et exposé dans de nombreuses galeries et musées tant en Europe qu'aux États-Unis.

Julie Borgese est illustratrice scientifique depuis 2015. Son travail s'étend de la représentation naturaliste à la biologie, en passant par la médecine et la physique. Elle a notamment travaillé avec le Musée océanographique de Monaco, le Muséum d'histoire naturelle de Nice, l'Inserm et le CNRS.